明日科技 编著

Java 开发手册

基础 · 案例 · 应用

全国百佳图书出版单位
化学工业出版社
·北京·

内容简介

《Java开发手册：基础·案例·应用》是“计算机科学与技术手册系列”图书之一，该系列图书内容全面，以理论联系实际、能学到并做到为宗旨，以技术为核心，以案例为辅助，引领读者全面学习基础技术、代码编写方法和具体应用项目。旨在为想要进入相应领域或者已经在该领域深耕多年的技术人员提供新而全的技术性内容及案例。

本书以Java开发为主要内容，分为3篇，分别是：基础篇、案例篇、应用篇，共30章，内容由浅入深，循序渐进，使读者在打好基础的同时逐步提升技能。本书内容包含了Java开发必备的基础知识和大量的实例和案例解析，使读者在学习相关技术和方法的同时，能够及时应用和消化相关知识。同时，本书在最后两章对两个大型应用项目进行了重点讲解，让读者亲自体验编程的乐趣。

本书适合Java开发从业者和Java爱好者阅读参考，也可作为高校计算机相关专业的教材。

图书在版编目（CIP）数据

Java开发手册：基础·案例·应用/明日科技编著．
—北京：化学工业出版社，2022.2
ISBN 978-7-122-40336-0

Ⅰ．①J…　Ⅱ．①明…　Ⅲ．①JAVA语言－程序设计
Ⅳ．①TP312.8

中国版本图书馆CIP数据核字（2021）第239132号

责任编辑：周　红　雷桐辉
责任校对：宋　玮
装帧设计：尹琳琳

出版发行：化学工业出版社
（北京市东城区青年湖南街13号　邮政编码100011）
印　　装：大厂聚鑫印刷有限责任公司
880mm×1230mm　1/16　印张29　字数839千字
2022年2月北京第1版第1次印刷

购书咨询：010-64518888
售后服务：010-64518899
网　　址：http://www.cip.com.cn
凡购买本书，如有缺损质量问题，本社销售中心负责调换。

定　　价：129.00元

前言

从工业 4.0 到“十四五”规划，我国信息时代正式踏上新的阶梯，电子设备已经普及，在人们的日常生活中随处可见。信息社会给人们带来了极大的便利，信息捕获、信息处理分析等在各个行业得到普遍应用，推动整个社会向前稳固发展。

计算机设备和信息数据的相互融合，对各个行业来说都是一次非常大的进步，已经渗入到工业、农业、商业、军事等领域，同时其相关应用产业也得到一定发展。就目前来看，各类编程语言的发展、人工智能相关算法的应用、大数据时代的数据处理和分析都是计算机科学领域各大高校、各个企业在不断攻关的难题，是挑战也是机遇。因此，我们策划编写了“计算机科学与技术手册系列”图书，旨在为想要进入相应领域的初学者或者已经在该领域深耕多年的从业者提供新而全的技术性内容，以及丰富、典型的实战案例。

Java 是 Sun 公司推出的能够跨平台、可移植性高、面向对象的编程语言。Java 凭借其易学易用、功能强大的特点，得到了广泛的应用。强大的跨平台特性使得 Java 应用程序可以在大部分系统平台上运行，让应用程序真正实现“一次编写，到处运行”的愿景。随着 Java 技术不断更新和发展，在云计算和移动互联网风靡的当下，Java 语言的优势和发展潜力会进一步得以体现。

本书内容

全书共分为 30 章，主要通过“基础篇（16 章）+ 案例篇（12 章）+ 应用篇（2 章）”3 大维度一体化进行讲解，本书的知识结构如下图所示：

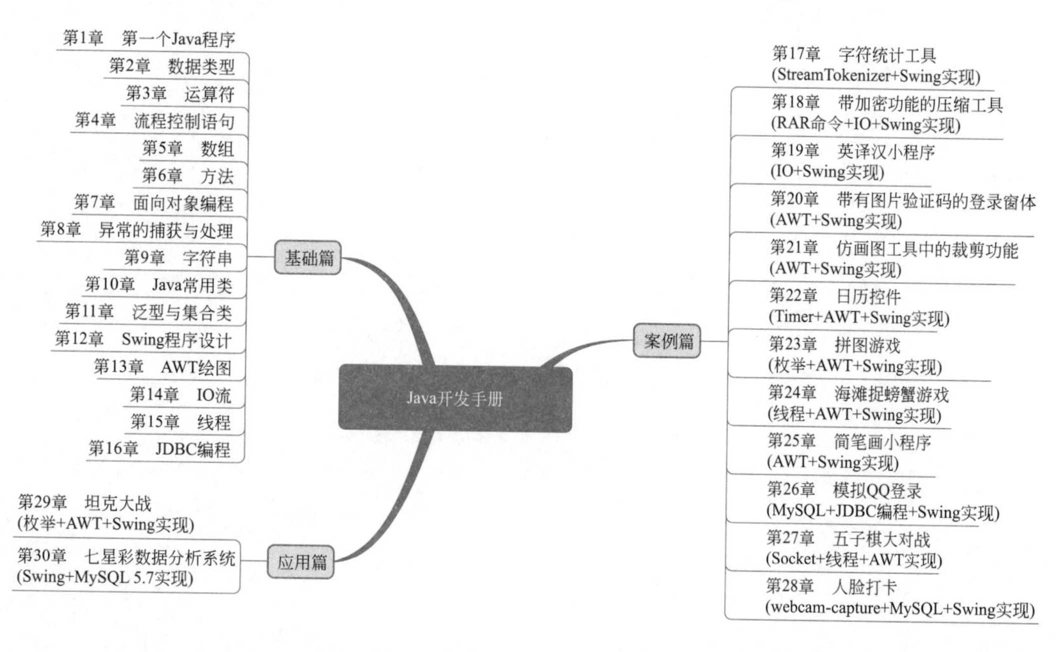

本书特色

1. 注释详尽、提升效率

书中的大部分实例都标注了详尽的代码注释，这样既能够降低代码的理解难度，又能够提高学习效率。

2. 整合思维、综合运用

基础篇的每一章末尾都会有一个综合实例，这个综合实例打破了每一章知识点的局限性，通过结合之前讲解的知识点，实现比较强大的功能，进而得到让读者耳目一新的运行结果。

3. 趣味案例、实用项目

案例篇中的案例强调趣味性，能够激发读者的主观能动性。应用篇中的两个项目兼顾趣味性和实用性，让读者学而不累，学有所得。

4. 高效栏目、贴心提示

本书根据讲解知识点的需要，设置了“注意”“说明”等高效栏目，既能够让读者快速理解知识点，又能够提醒读者规避编程陷阱。

本书由明日科技的开发团队策划并组织编写，主要编写人员有赵宁、申小琦、赛奎春、王小科、李磊、王国辉、高春艳、李再天、张鑫、周佳星、葛忠月、李春林、宋万勇、张宝华、杨丽、刘媛媛、庞凤、谭畅、何平、李菁菁、依莹莹等。在编写本书的过程中，我们本着科学、严谨的态度，力求精益求精，但疏漏之处在所难免，敬请广大读者批评指正。

感谢您阅读本书，希望本书能成为您编程路上的领航者。

祝您读书快乐！

编著者

如何使用本书

本书资源下载及在线交流服务

方法 1：使用微信立体学习系统获取配套资源。用手机微信扫描下方二维码，根据提示关注“易读书坊”公众号，选择您需要的资源和服务，点击获取。微信立体学习系统提供的资源和服务包括：

- 视 频 讲 解：**快速掌握编程技巧**
- 源 码 下 载：**全书代码一键下载**
- 配 套 答 案：**自主检测学习效果**
- 闯 关 练 习：**在线答题巩固学习**
- 学 习 打 卡：**学习计划及进度表**
- 拓 展 资 源：**术语解释指令速查**

扫码享受
全方位沉浸式学 Java

操作步骤指南

① 微信扫描本书二维码。② 根据提示关注“易读书坊”公众号。
③ 选取您需要的资源，点击获取。④ 如需重复使用可再次扫码。

方法 2：推荐加入 QQ 群：106933614（若此群已满，请根据提示加入相应的群），可在线交流学习，作者会不定时在线答疑解惑。

方法 3：使用学习码获取配套资源。

（1）激活学习码，下载本书配套的资源。

第一步：刮开后勒口的“在线学习码”（如图 1 所示），用手机扫描二维码（如图 2 所示），进入如图 3 所示的登录页面。单击图 3 页面中的“立即注册”成为明日学院会员。

第二步：登录后，进入如图 4 所示的激活页面，在“激活图书 VIP 会员”后输入后勒口的学习码，单击“立即激活”，成为本书的“图书 VIP 会员”，专享明日学院为您提供的有关本书的服务。

第三步：学习码激活成功后，还可以查看您的激活记录，如果您需要下载本书的资源，请单击如图 5 所示的云盘资源地址，输入密码后即可完成下载。

图1 在线学习码

图2 手机扫描二维码

图3 扫码后弹出的登录页面

图4 输入图书激活码

图5 学习码激活成功页面

（2）打开下载到的资源包，找到源码资源。本书共计 30 章，源码文件夹主要包括：实例源码、案例源码、项目源码，具体文件夹结构如下图所示。

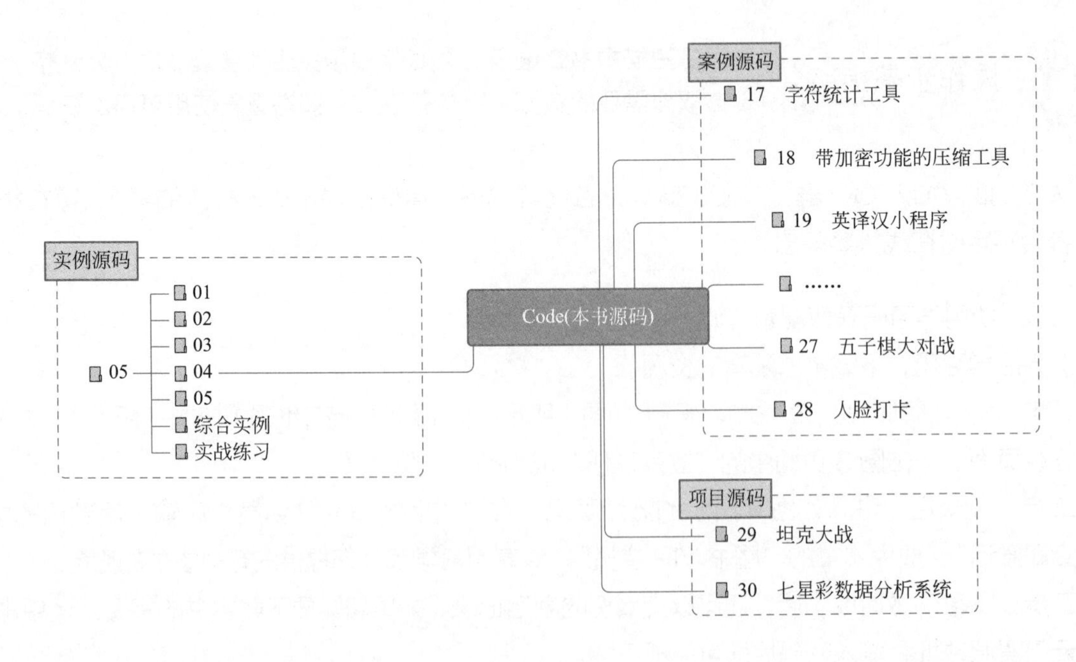

（3）使用开发环境［如 Eclipse IDE for Java Developers 2019-06 (4.12.0)］打开实例、案例或项目所对应 src 文件，运行即可。

本书约定

本书推荐系统及开发工具		
Win10系统（Win7、Win11兼容）	Eclipse IDE for Java Developers 2019-06 (4.12.0)	MySQL 5.7
Windows 10		MySQL

读者服务

为方便解决读者在学习本书过程中遇到的疑难问题及获取更多图书配套资源，我们在明日学院网站为您提供了社区服务和配套学习服务支持。此外，我们还提供了读者服务邮箱及售后服务电话等，如图书有质量问题，可以及时联系我们，我们将竭诚为您服务。

读者服务邮箱：mingrisoft@mingrisoft.com

售后服务电话：4006751066

目录

第 1 篇　基础篇

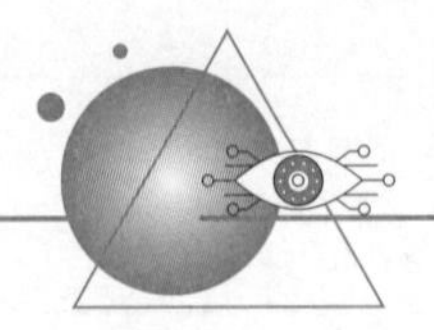

第 1 章　第一个 Java 程序

第 2 章　数据类型

第 3 章　运算符

第4章　流程控制语句

第5章　数组

第6章　方法

第7章 面向对象编程

第8章 异常的捕获与处理

第9章 字符串 111

第10章 Java 常用类

第11章 泛型与集合类

第12章 Swing 程序设计

第13章 AWT 绘图

第14章 IO 流

第 15 章 线程

第 16 章 JDBC 技术

第 2 篇　案例篇

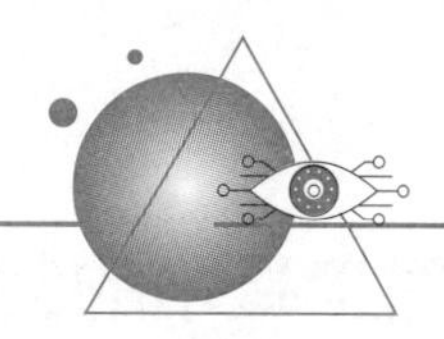

第 17 章　字符统计工具（StreamTokenizer+Swing 实现）

第 18 章　带加密功能的压缩工具（RAR 命令 + IO+ Swing 实现）

第 19 章　英译汉小程序（IO+ Swing 实现）

第 20 章　带有图片验证码的登录窗体（AWT + Swing 实现）

第21章 仿画图工具中的裁剪功能（AWT + Swing 实现）

第22章 日历控件（Timer + AWT + Swing 实现）

第23章 拼图游戏（枚举 + AWT + Swing 实现）

第24章 海滩捉螃蟹游戏（线程 + AWT + Swing 实现）

第25章 简笔画小程序（AWT + Swing 实现）

第26章 模拟 QQ 登录（MySQL + JDBC 编程 + Swing 实现）

第27章 五子棋大对战（Socket + 线程 +AWT 实现）

第28章 人脸打卡（webcam-capture + MySQL + Swing 实现）

第 3 篇　应用篇

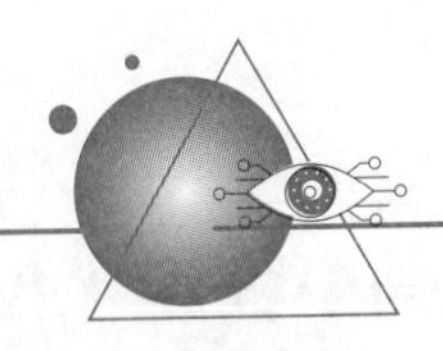

第 29 章　坦克大战（枚举 + 多线程 + AWT + Swing 实现）

第 30 章　七星彩数据分析系统（Swing + MySQL 5.7 实现）

第 1 篇　基础篇

- 第 1 章　第一个 Java 程序
- 第 2 章　数据类型
- 第 3 章　运算符
- 第 4 章　流程控制语句
- 第 5 章　数组
- 第 6 章　方法
- 第 7 章　面向对象编程
- 第 8 章　异常的捕获与处理
- 第 9 章　字符串
- 第 10 章　Java 常用类
- 第 11 章　泛型与集合类
- 第 12 章　Swing 程序设计
- 第 13 章　AWT 绘图
- 第 14 章　IO 流
- 第 15 章　线程
- 第 16 章　JDBC 技术

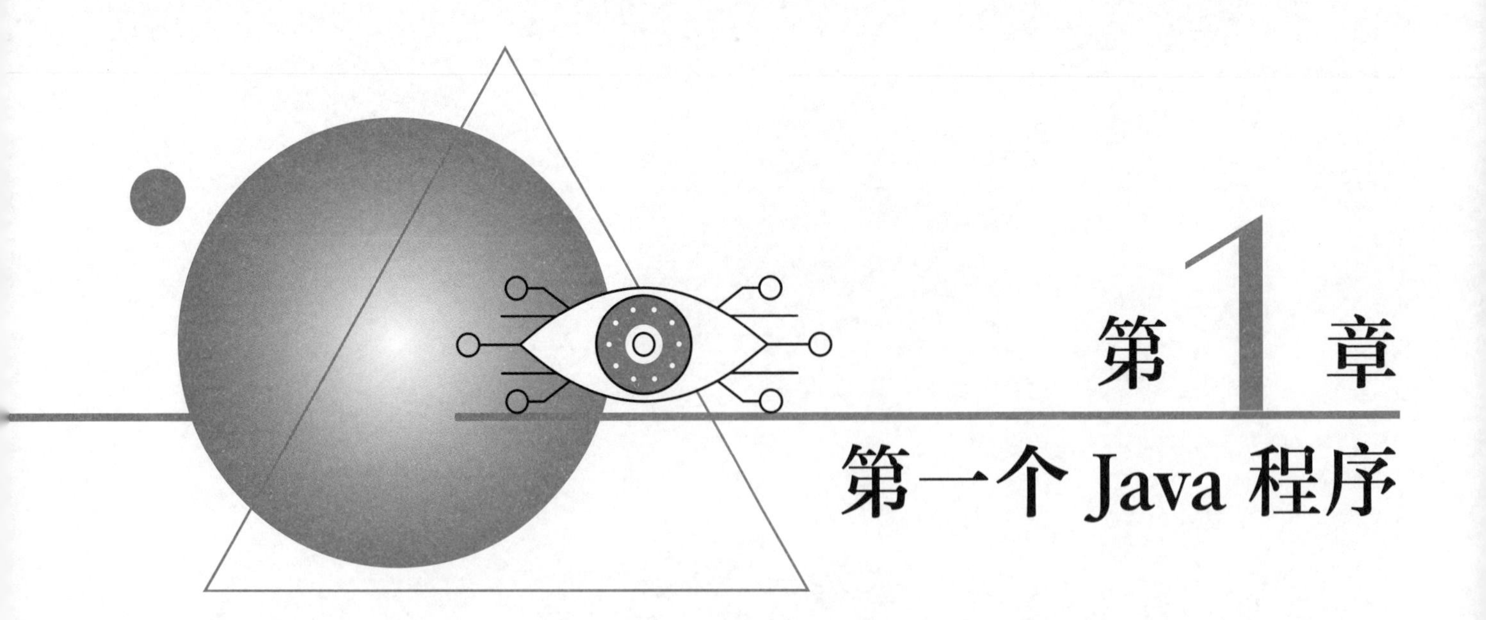

第1章 第一个 Java 程序

在学习 Java 这门编程语言之前，应该对 Java 程序的组成部分有一个基本的了解。本章将通过第一个 Java 程序的图示，先分别介绍这个 Java 程序的组成部分及其语法格式，再分别讲解如何在控制台中进行输入与输出操作，而后介绍在编写代码的过程中需要遵守的编码规范。

本章的知识结构如下图所示：

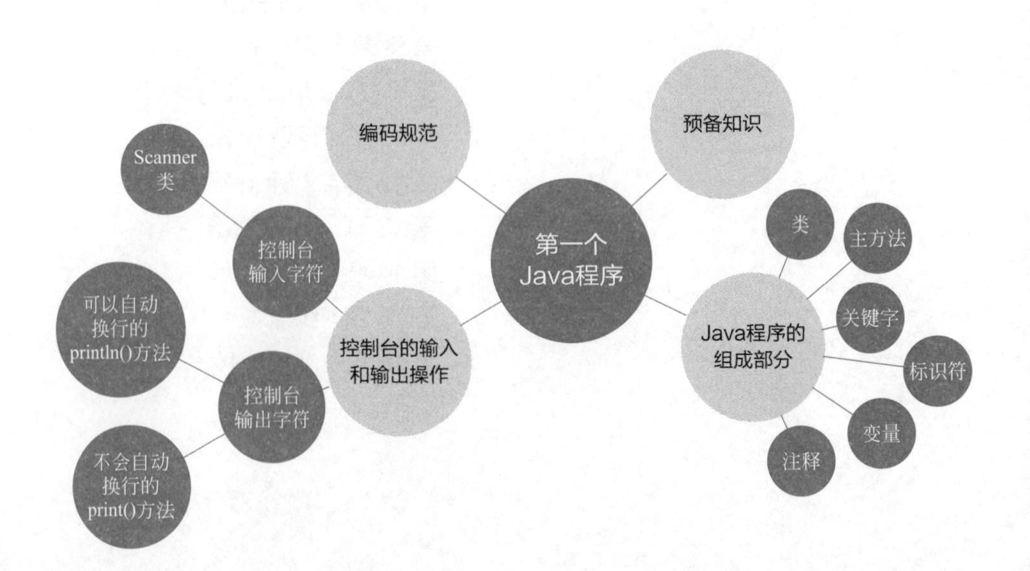

1.1 预备知识

计算机语言是人与计算机之间的沟通方式。Java 是一门简单易用、安全可靠的计算机语言。Java 语言的一个主要特点是跨平台性。所谓跨平台性，即同一个 Java 应用程序能够在不同的操作系统上运行。那么，什么是 Java 应用程序呢？ Java 应用程序，简称 Java 程序，是使用 Java 语句编写的程序。下面结合图 1.1，解析第一个 Java 程序。

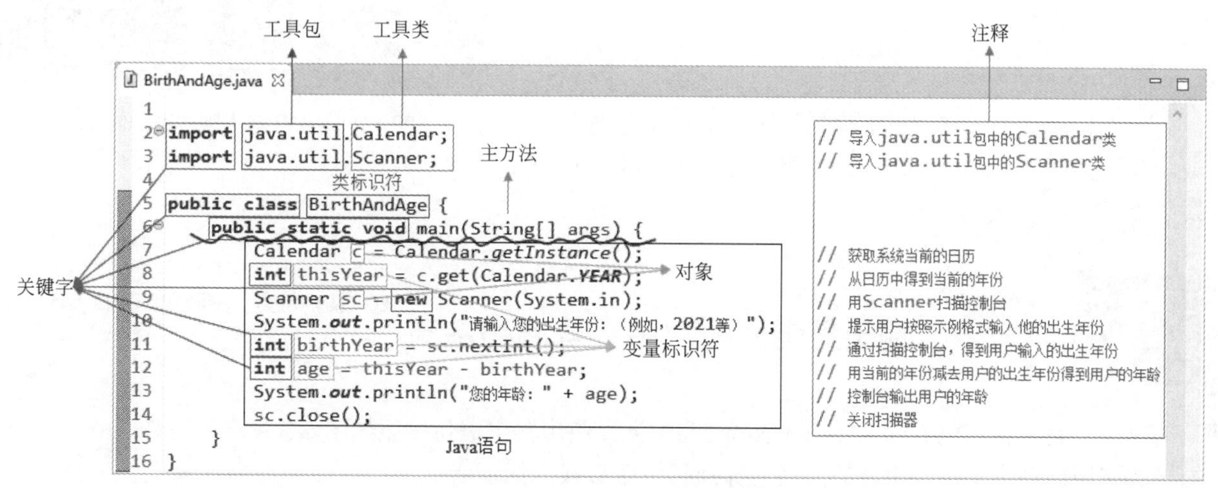

图 1.1 第一个 Java 程序

在解析这个 Java 程序之前，需要明确这个 Java 程序的作用是什么？其作用是根据用户在控制台上输入的出生年份，计算用户的年龄。具体内容如下所示：首先通过获取系统当前的日历，得到系统当前的年份；然后提示用户按照示例格式在控制台上输入自己的出生年份；最后用系统当前的年份减去用户输入自己的出生年份，即可得到这位用户的年龄。

明确了这个 Java 程序的作用后，再来熟悉图 1.1 中的词语：

- 工具包：Java 提供的、实用的类库，这个类库包含着一些实用的类和数据结构。
- 工具类：类库提供的、实用的类，这个类包含着一些实用的方法。
- 关键字：Java 语言中被赋予特定用途的单词。
- 主方法：Java 程序的入口。
- 标识符：Java 程序中的类名（例如图 1.1 中的 BirthAndAge）、方法名和变量名（例如图 1.1 中的 age、thisyear 和 birthYear）的统称。
- 类：类是 Java 程序重要的组成部分，大部分的 Java 语句都会被写在类中。
- 变量：数值可以被改变的量。
- 对象：类的具象化的体现（例如，如果一个人的名字是小明，就可以把小明看作人类的一个对象）。
- 注释：Java 代码的翻译，为了方便程序的阅读和理解。
- Java 语句：符合 Java 语法规则、被用于实现特定功能的代码。

1.2 Java 程序的组成部分

在 1.1 节中，结合图 1.1，已经简明扼要地解析了工具包、工具类、关键字、主方法、标识符、类、变量、对象、注释、Java 语句等词语。这些词语都是 Java 程序的组成部分。本节将着重对类、主方法、关键字、标识符、变量、注释进行讲解。

1.2.1 类

类是 Java 程序的基本单位，是包含某些共同特征的实体的集合。如图 1.2 所示，在某影视网上，按照电影 → 科幻 → 2019 的搜索方式，能够搜索到众多影视作品。换言之，这些影视作品可以被归纳为 2019 年上映的科幻电影类。

使用 Java 语言创建类时，需要使用 class 关键字，创建类的语法格式如下所示：

```
[ 修饰符 ] class 类名称 {  }
```

在图 1.1 中，class 被 public 修饰，由于 public 被称作公共类修饰符，使得 BirthAndAge 这个类被称作公共类，能够被其他类访问。

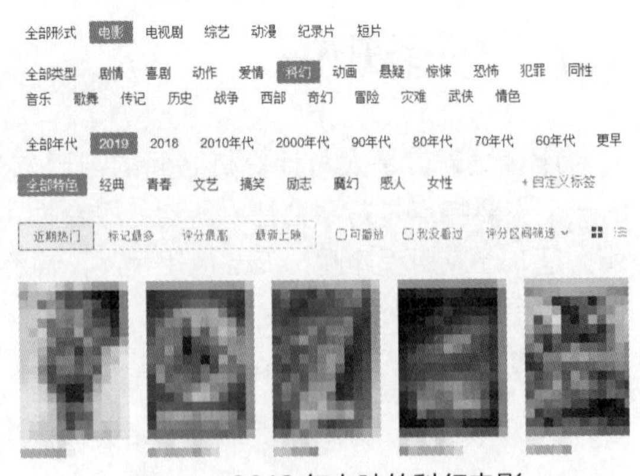

图 1.2 2019 年上映的科幻电影

实例 1.1 输出某电影的片名、导演和主演

实例位置：资源包 \Code\01\01

创建一个表示科幻电影的 ScienceFictionFilms 类，使用输出语句按照如图 1.3 所示的格式在控制台上输出某电影的片名、导演和主演。代码如下所示：

```
|  片名：****     |
|  导演：**       |
|  主演：**、***  |
```

图 1.3 在控制台上输出信息

```
01 public class ScienceFictionFilms {
02
03     public static void main(String[] args) {
04         // TODO Auto-generated method stub
05         System.out.println("-----------------");
06         System.out.println("|  片名: ****     |");
07         System.out.println("|  导演: **       |");
08         System.out.println("|  主演: **、***   |");
09         System.out.println("-----------------");
10     }
11
12 }
```

在编写上述代码时，要注意以下几个问题：

- class 与类名称之间必须至少有一个空格，否则 Eclipse 会出现如图 1.4 所示的错误提示。
- “{” 和 “}” 之间的内容叫作类体。以实例 1.1 为例，类体包含主方法、注释和 Java 语句等内容，详见图 1.5。

```
 2 public classScienceFictionFilms {
 3
 4⊖     public static void main(String[] args) {
 5         // TODO Auto-generated method stub
 6         System.out.println("---------------");
 7         System.out.println("|  片名：****     |");
 8         System.out.println("|  导演：**       |");
 9         System.out.println("|  主演：**、***  |");
10         System.out.println("---------------");
11     }
12
13 }
```

缺少一个空格

图 1.4 class 与类名称之间没有空格

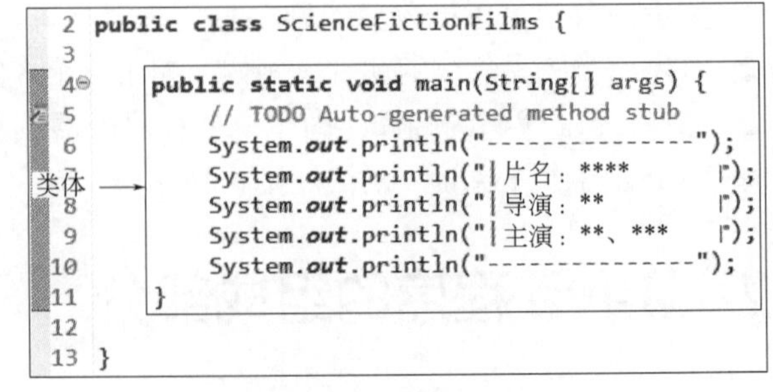

图 1.5 类体

- 类标识符（又称“类名”）须与“.java”文件的文件名保持一致。

在图 1.5 中，表示“科幻电影”的类名太复杂，现要将其修改为 Films。在 Eclipse 中，类名被修改完成后，按下快捷键 <Ctrl + S> 保存修改，这时 Eclipse 会出现如图 1.6 所示的错误提示。

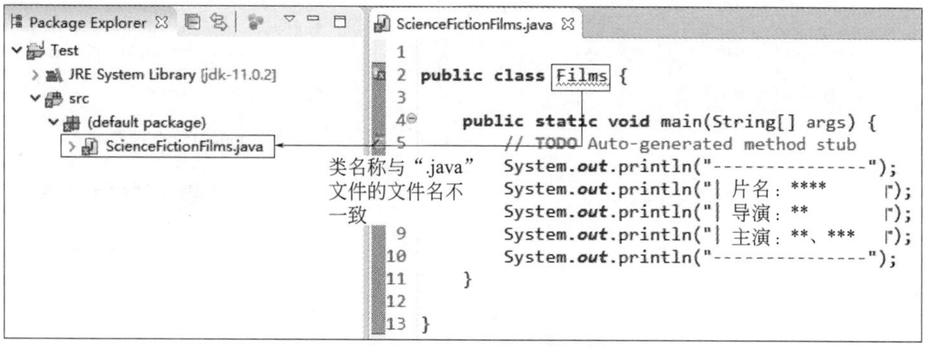

图 1.6 保存修改的类名后报错

为了消除图 1.6 所示的错误，先将鼠标悬停在类名称 Films 处，待弹出提示框后，再单击提示框中的 Rename File to ‘Films.java’ 选项，操作步骤如图 1.7 所示。

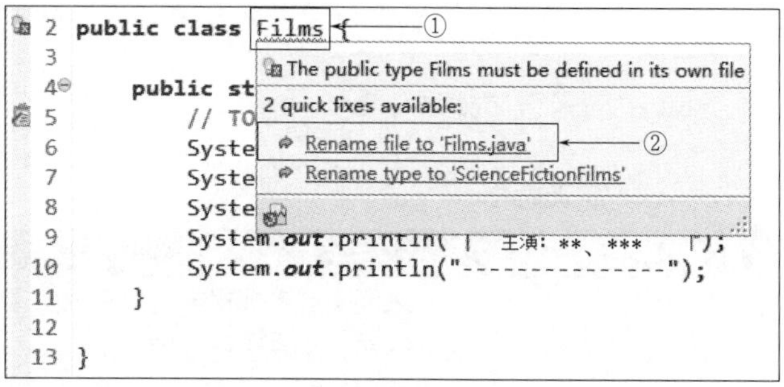

图 1.7 将“.java”文件的文件名修改为 Films

1.2.2 主方法

主方法，即 main 方法，是 Java 程序的入口，指定程序将从这里开始被执行。主方法的语法格式如下所示：

```
public static void main(String[] args){
    // 方法体
}
```

下面逐个解析主方法的各个组成部分：

- public：当 public 修饰方法时，public 被称作公共访问控制符，能够被其他类访问。
- static：被译为“全局”或者“静态”。主方法被 static 修饰后，当 Java 程序运行时，会被 JVM（Java 虚拟机）第一时间找到。
- void：指定主方法没有具体的返回值。如何理解返回值呢？如果把投篮看作一个方法，那么投篮方法将具有两个返回值：篮球被投进篮筐和篮球没有被投进篮筐。
- main：一个能够被 JVM 识别的、不可更改的、特殊的单词。
- String[] args：主方法的参数类型，参数类型是一个字符串数组，该数组的元素是字符串。

1.2.3 关键字

在讲解关键字之前，先把如图 1.5 所示的代码比作一个已经装修好的房间。如果说主方法是这个房间的门，那么注释和 Java 语句就相当于这个房间里的家具和电器。这个类比和关键字又有哪些联系呢？如果这个房间没有被装修，那么关键字就相当于构成这个房间的砖瓦、水泥和混凝土。

在 Java 语言中，关键字是一些被赋予特定意义的单词，是 Java 程序重要的组成部分。凡是在 Eclipse 中，显示为红色粗体的单词（图 1.8 中为正体粗体），都是关键字。在编写代码时，既要严格把控关键字的大小写，又要避免关键字的拼写错误；否则，Eclipse 将出现如图 1.8 和图 1.9 所示的错误提示。

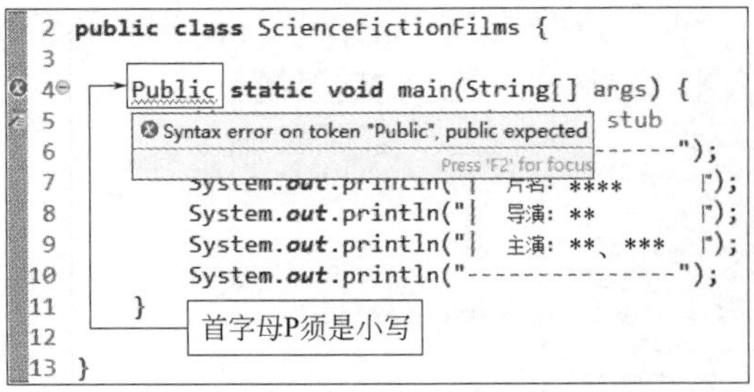

图 1.8　关键字的大小写错误

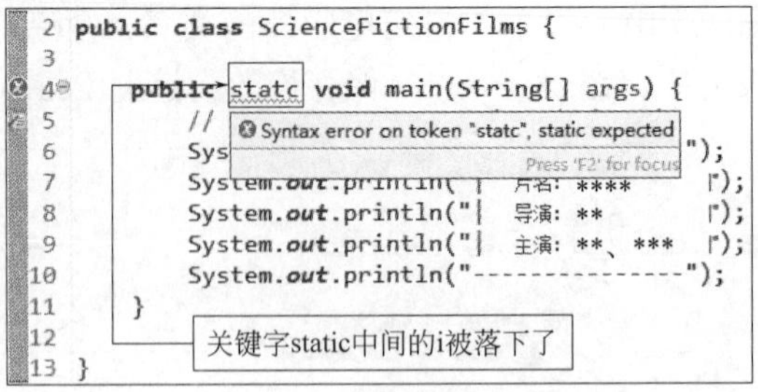

图 1.9　关键字的拼写错误

注意

> 读者朋友在使用 Java 语言中的关键字时，要多多留意以下两点。
> ① 表示关键字的英文单词都是小写的；
> ② 不要少写或者错写英文字母，如 import 写成 imprt，或 super 写成 supre。

Java 中的关键字如表 1.1 所示。

表 1.1　Java 关键字

关键字	说明
abstract	表明类或者成员方法具有抽象属性
assert	断言，用来进行程序调试
boolean	布尔类型
break	跳出语句，提前跳出一块代码
byte	字节类型
case	用在 switch 语句之中，表示其中的一个分支
catch	用在异常处理中，用来捕捉异常
char	字符类型
class	用于声明类
const	保留关键字，没有具体含义
continue	回到一个块的开始处
default	默认，例如在 switch 语句中表示默认分支
do	do-while 循环结构使用的关键字
double	双精度浮点类型
else	用在条件语句中，表明当条件不成立时的分支
enum	用于声明枚举
extends	用于创建继承关系
final	用于声明不可改变的最终属性，例如常量
finally	声明异常处理语句中始终会被执行的代码块
float	单精度浮点类型
for	for 循环语句关键字
goto	保留关键字，没有具体含义
if	条件判断语句关键字
implements	用于创建类与接口的实现关系
import	导入语句
instanceof	判断两个类的继承关系

续表

关键字	说明
int	整数类型
interface	用于声明接口
long	长整数类型
native	用来声明一个方法是由与计算机相关的语言（如 C/C++/FORTRAN 语言）实现的
new	用来创建新实例对象
package	包语句
private	私有权限修饰符
protected	受保护权限修饰符
public	公有权限修饰符
return	返回方法结果
short	短整数类型
static	静态修饰符
strictfp	用来声明 FP_strict（单精度或双精度浮点数）表达式遵循 IEEE 754 算术规范
super	父类对象
switch	分支结构语句关键字
synchronized	线程同步关键字
this	本类对象
throw	抛出异常
throws	方法将异常处理抛向外部方法
transient	声明不用序列化的成员域
try	尝试监控可能抛出异常的代码块
var	声明局部变量
void	表明方法无返回值
volatile	表明两个或者多个变量必须同步地发生变化
while	while 循环语句关键字

说明

①Java 语言中的关键字不是一成不变的，而是随着新版本的发布而不断变化的；
②Java 语言中的关键字不需要专门记忆，随着编写代码越来越熟练，自然就记住了。

1.2.4 标识符

什么是标识符呢？先来看一个生活实例：乘坐地铁时，偶遇了某位同事，随即喊出这位同事的名字，这个名字就是这位同事的“标识”。而在 Java 语言中，标识符是开发者在编写程序时，为类、方法等内容定义的名称。为了提高程序的可读性，在定义标识符时，要尽量遵循“见其名知其意”的原则。例如，当其他开发人员看到类名 ScienceFictionFilms 时，就会知道这个类表示的是科幻电影。

Java 标识符的具体命名规则如下所示：

① 标识符由一个或多个字母、数字、下划线“_”和美元符号“$”组成，字符之间不能有空格。

【正例】a / B / name / c18 / $table / _column3

【反例】hi! / left< / n a m e，错误演示如图 1.10 所示。

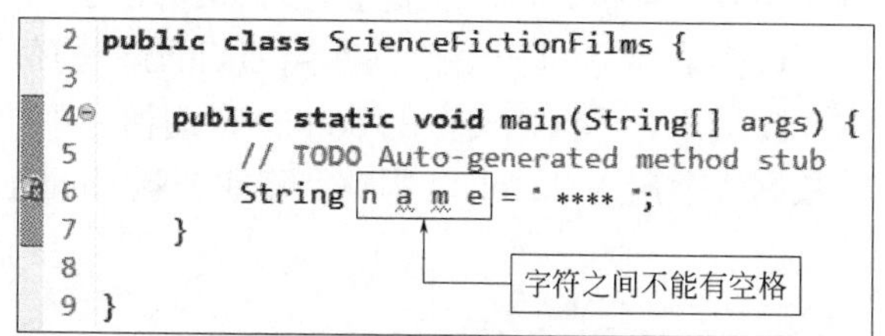

图 1.10 字符之间不能有空格

② 一个标识符可以由几个单词连接而成，以提高标识符的可读性。

对于类名称，每个单词的首字母均为大写。

【正例】表示“科幻电影类”的类名称是 ScienceFictionFilms。

对于变量或者方法名称，应采用驼峰式命名规则，即首个单词的首字母为小写，其余单词的首字母为大写。

【正例】表示“用户名”的变量名是 userName。

③ 标识符中的第一个字符不能为数字。

【反例】使用 24hMinutes 命名表示“24 个小时的分钟数”的变量，错误演示如图 1.11 所示。

④ 标识符不能是关键字。

【反例】使用 class 命名表示“班级”的变量，错误演示如图 1.12 所示。

```
2 public class Test {
3
4     public static void main(String[] args) {
5         // TODO Auto-generated method stub
6         int 24hMinutes = 24 * 60;
7     }
8
9 }
```

第一个字符不能为数字

图 1.11 标识符中的第一个字符不能为数字

```
2 public class Test {
3
4     public static void main(String[] args) {
5         // TODO Auto-generated method stub
6         int class = 6;
7     }
8
9 }
```

不能是关键字

图 1.12 标识符不能是关键字

说明

① Java 语言需要严格区分单词的大小写，同一个单词的不同形式所代表的含义是不同的。例如，Class 和 class 代表着两种完全不同的含义。Class 是一个类名称，而 class 是被用来修饰类的关键字。

② Java 可以用中文作为标识符，但中文标识符不符合开发规范。当 Java 代码的编译环境发生改变后，中文会变成乱码，将导致 Java 代码无法通过编译。

1.2.5 变量

先列举几个变量的生活示例：某天美元兑换人民币的汇率为 6.7295，某天 92 号汽油的价格为每升 6.95 元等。Java 把这些可以被改变数值的量称作变量。下面依次从声明变量、为变量赋值和同时声明多个变量这 3 个方面对变量进行讲解。

1. 声明变量

变量是被用来存储数值的，但计算机并不聪明，无法自动腾出指定大小的内存空间来存储这些数值。这时，需要借助 Java 语言提供的数据类型（第 2 章将详细介绍）予以实现。

声明变量的语法格式如下所示：

```
数据类型 变量标识符;
```

如图 1.13 所示，某电商平台有售玻璃后壳的手机壳，售价为 49.9 元。现声明表示手机壳售价的变量名为 shellPrice。

因为表示手机壳售价的变量 shellPrice 的值是一个小数，而在 Java 语言中，默认用表示浮点类型的 double 声明值为小数的变量，所以变量 shellPrice 的数据类型应为 double。因此，声明变量 shellPrice 的代码如下所示：

图 1.13 玻璃后壳的手机壳

```
double shellPrice;
```

2. 为变量赋值

声明变量后，要为变量赋值，为变量赋值的过程被称作定义、初始化或者赋初值。为变量赋值的语法格式如下所示：

```
数据类型 变量标识符 = 变量值；
```

例如，为上文中表示手机壳售价的变量 shellPrice 赋值，值为 49.9。代码如下所示：

```
double shellPrice = 49.9;
```

注意

选择正确的数据类型是至关重要的，否则，Eclipse 会出现如图 1.14 所示的错误提示。

```
2 public class PhoneShell {
3    public static void main(String[] args) {
4        int shellPrice = 49.9;
5    }
6 }
```

int被用于表示整数

图 1.14　数据类型选择不当

说明

int 是 Java 语言中的一种整数类型，其存储的是整数数值。而 48.9 是一个小数，使得等号左右两端的数据类型不匹配，因此需要使用 Java 语言中表示浮点类型的 double 予以存储。

3. 同时声明多个变量

对于相同数据类型的变量，可以同时声明多个。同时声明多个变量的语法格式如下所示：

```
数据类型 变量标识符 1, 变量标识符 2, ……, 变量标识符 n;
```

例如，某超市特价销售 3 种水果，即苹果 4.98 元每 500 克，橘子 3.98 元每 500 克和香蕉 2.98 元每 500 克。现同时声明表示苹果价格的变量 applePrice，表示橘子价格的变量 orangePrice 和表示香蕉价格的 bananaPrice。因为苹果价格、橘子价格和香蕉价格都是小数，所以这 3 个变量的数据类型均为 double。代码如下所示：

```
double applePrice, orangePrice, bananaPrice;
```

变量 applePrice、orangePrice 和 bananaPrice 被声明后，要分别为这 3 个变量赋值，进而表示这 3 种特价水果的价格。赋值的方式有两种：

① 声明时直接赋值：

```
double applePrice = 4.98, orangePrice = 3.98, bananaPrice = 2.98;
```

② 先声明，再赋值：

```
double applePrice, orangePrice, bananaPrice;
applePrice = 4.98;
orangePrice = 3.98;
bananaPrice = 2.98;
```

注意

多个变量在“先声明，再赋值”的过程中，多个赋值语句不能使用逗号间隔开且写在同一行。否则，Eclipse 会出现如图 1.15 所示的错误提示。

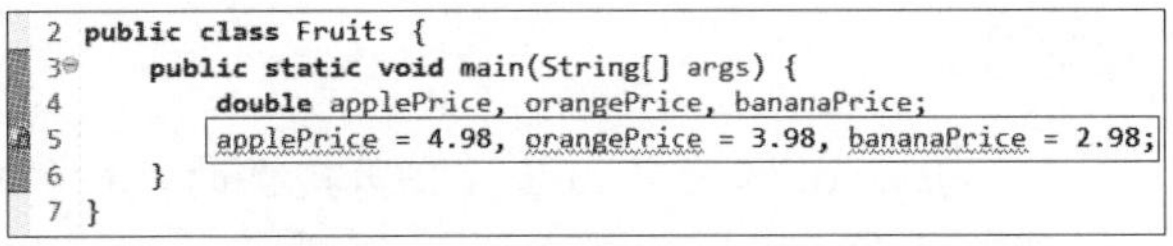

```
2 public class Fruits {
3    public static void main(String[] args) {
4        double applePrice, orangePrice, bananaPrice;
5        applePrice = 4.98, orangePrice = 3.98, bananaPrice = 2.98;
6    }
7 }
```

图 1.15　多个赋值语句不能使用逗号间隔开而写在同一行

1.2.6 注释

当遇到一个陌生的单词时，会借助英汉词典进行解惑，词典会给出这个单词的中文解释。Java 语言也具有如此贴心的功能，即“注释”。注释是一种对代码程序进行解释、说明的标注性文字，可以提高代码的可读性。在开篇代码中，“//”后面的内容就是注释，注释会被 Java 编译器忽略，不会参与程序的执行过程。

Java 提供了 3 种代码注释，分别为单行注释、多行注释和文档注释。

1. 单行注释

“//”为单行注释标记，从符号“//”开始直到换行为止的所有内容均作为注释而被编译器忽略。单行注释的语法格式如下所示：

```
// 注释内容
```

例如，声明一个 int 类型的，表示年龄的变量 age，并为变量 age 添加注释：

```
int age;    // 声明一个 int 类型（整数型）的，表示年龄的变量 age
```

注意

注释可以出现在代码的任意位置，但是不能分隔关键字或者标识符。错误演示如图 1.16 所示。

2. 多行注释

“/* */”为多行注释标记，符号“/*”与“*/”之间的所有内容均为注释内容。注释中的内容可以换行。多行注释标记的作用有两个：一是为 Java 代码添加必要信息；二是将一段代码注释为无效代码。多行注释标记的语法格式如下所示：

```
/*
    注释内容 1
    注释内容 2
    …
*/
```

例如，使用多行注释为实例 1.1 添加版权和作者信息，效果图如图 1.17 所示。

```
2  public class ScienceFictionFilms {
3
4      public static void//关键字 main(String[] args) {
5          // TODO Auto-generated method stub
6          System.out.println("----------------");
7          System.out.println("|片名：****        |");
8          System.out.println("|导演：**          |");
9          System.out.println("|主演：**、***     |");
10         System.out.println("----------------");
11     }
12
13 }
```

错误的位置

图 1.16　注释不能分隔关键字

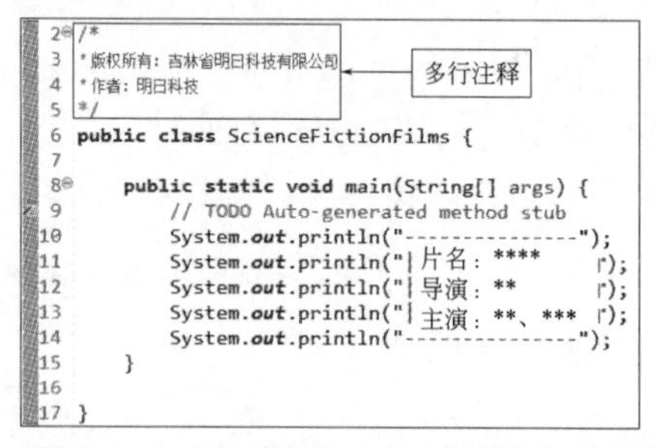

图 1.17　利用多行注释添加版权和作者信息

例如，使用多行注释将图 1.5 中的“类体”注释为无效代码，效果图如图 1.18 所示。

3. 文档注释

Java 语言还提供了一种借助 Javadoc 工具能够自动生成说明文档的注释，即文档注释。

说明

Javadoc 工具是由 Sun 公司提供的。待程序编写完成后，借助 Javadoc 就可以生成当前程序的说明文档。

“/**…*/”为文档注释标记，符号“/**”与“*/”之间的内容为文档注释内容。不难看出，文档注释与一般注释的最大区别在于它的起始符号是“/**”，而不是“/*”或“//”。

例如，使用文档注释为图 1.5 中的 main 方法添加注释，效果图如图 1.19 所示。

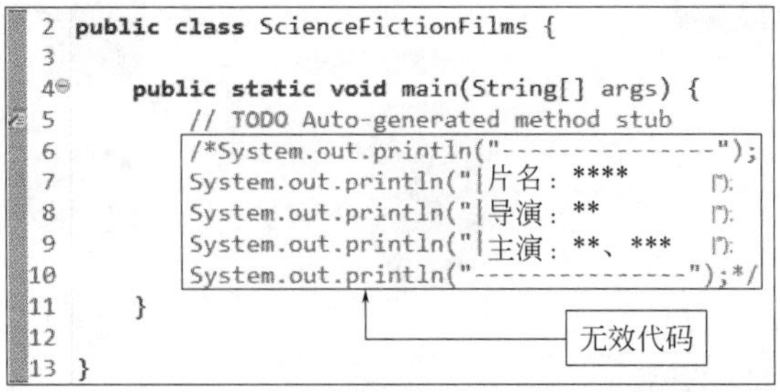

```
2  public class ScienceFictionFilms {
3
4      public static void main(String[] args) {
5          // TODO Auto-generated method stub
6          /*System.out.println("---------------");
7          System.out.println("|片名：****      |");
8          System.out.println("|导演：**        |");
9          System.out.println("|主演：**、***   |");
10         System.out.println("---------------");*/
11     }
12
13 }
```

无效代码

图 1.18　利用多行注释注释代码

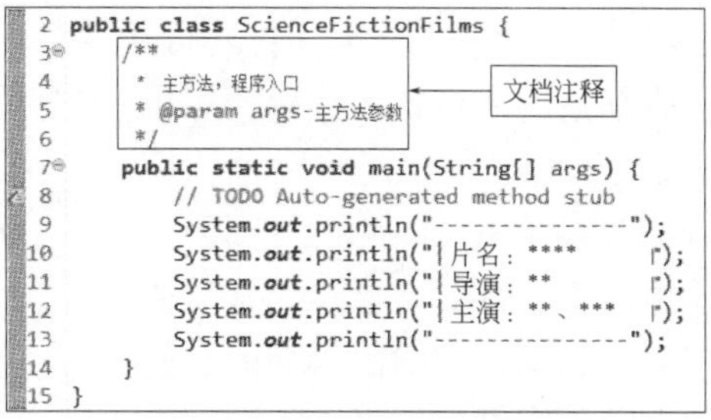

```
2  public class ScienceFictionFilms {
3      /**
4       * 主方法，程序入口
5       * @param args-主方法参数
6       */
7      public static void main(String[] args) {
8          // TODO Auto-generated method stub
9          System.out.println("---------------");
10         System.out.println("|片名：****      |");
11         System.out.println("|导演：**        |");
12         System.out.println("|主演：**、***   |");
13         System.out.println("---------------");
14     }
15 }
```

文档注释

图 1.19　为 main 方法添加文档注释

说明

一定要养成良好的编码习惯。软件编码规范中提到“可读性第一，效率第二”，所以程序员必须要在程序中添加适量的注释以提高程序的可读性和可维护性。建议程序中的注释总量要占程序代码总量的 20% ～ 50%。

表 1.2 提供了关于文档注释的标签语法。

表 1.2　文档注释的标签语法

文档注释的标签	解释
@version	指定版本信息
@since	指定最早出现在哪个版本
@author	指定作者
@see	生成参考其他的说明文档的连接
@link	生成参考其他的说明文档，它和 @see 标记的区别在于，@link 标记能够嵌入到注释语句中，为注释语句中的特殊词汇生成连接
@deprecated	用来注明被注释的类、变量或方法已经不提倡使用，在将来的版本中有可能被废弃
@param	描述方法的参数
@return	描述方法的返回值
@throws	描述方法抛出的异常，指明抛出异常的条件

说明

① 注释应该写在哪里？具体要求如下所示。

- 单行注释应该写在被注释的代码的上方或右侧。
- 多行注释的位置和单行注释相同，虽然多行注释可以写在代码之内，但不建议这样写，因为这样降低代码可读性。
- 文档注释必须写在被注释代码的上方。

② 注释是代码的说明书，说明代码是做什么的或者使用代码时需要注意的问题等内容。既不要写代码中直观体现的内容，也不要写毫无说明意义的内容。

1.3 控制台的输入和输出操作

生活中的输入与输出设备有很多。如图 1.20 所示，摄像机、扫描仪、话筒、键盘等都是输入设备，经过计算机解码后，由输入设备导入的图片、视频、音频和文字会在显示器、打印机、音响等输出设备进行输出显示。本节要讲解的控制台的输入和输出，指的是先使用键盘上输入字符，再将输入的字符显示在显示器上。

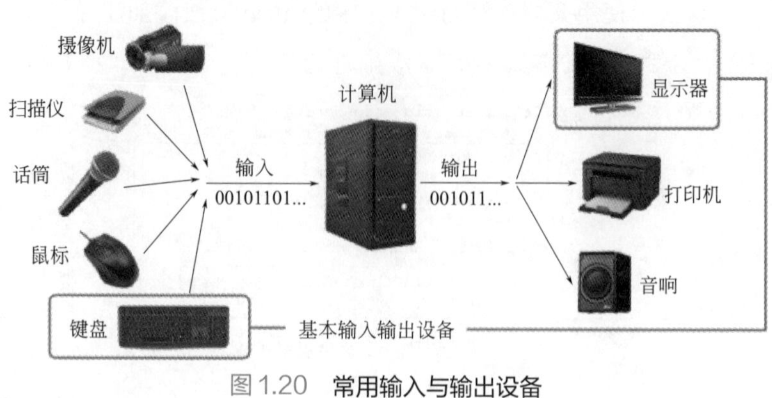

图 1.20 常用输入与输出设备

1.3.1 控制台输出字符

本节要讲解两种在控制台上输出字符的方法，具体如下所示：

1. 不会自动换行的 print() 方法

使用 print() 方法在控制台上输出字符后，光标会停留在这句话的末尾处，不会自动跳转到下一行的起始位置。

2. 可以自动换行的 println() 方法

println() 方法就是在 print 后面加一个“ln”（即“line”的简写）后缀，使用 println() 方法在控制台上输出字符后，光标会自动跳转到下一行的起始位置。

print() 方法与 println() 方法输出的对比效果如表 1.3 所示。

表 1.3 两种输出方法的效果对比

Java 语法	运行结果
System.*out*.print(" 梦想 "); System.*out*.print("insist"); System.*out*.print("(￣_￣)");	梦想 insist(￣_￣)
System.*out*.println(" 披萨 "); System.*out*.println("future"); System.*out*.println("(*^ ▽ ^*)");	披萨 future (*^ ▽ ^*)

注意

> 使用这两个方法的时候还要注意两点。
> ① System.*out*.println(“\n”); 会打印两个空行。
> ② System.*out*.print(); 无参数会报错。

实例 1.2 输出老者与小孩的对话内容

实例位置：资源包 \Code\01\02

创建一个表示“老人与小孩的故事”的 OlderAndChildStory 类，在这个类中创建 main() 方法，在 main() 方法中使用 println() 方法模拟如图 1.21 所示的老者与小孩的对话内容。代码如下所示：

```
01 public class OlderAndChildStory {
02   public static void main(String[] args) {
03       int age = 3; // 创建整数类型变量 age，记录小孩的年龄
04       // 控制台输出老者问的第一个问题：小朋友今年几岁啊？
05       System.out.println("老者：小朋友今年几岁啊？");
06       // 控制台输出小孩的回答：3 岁！
07       System.out.println("小孩：" + age + "岁！");
08       // 控制台输出老者问的第二个问题：那明年又是几岁啊？
09       System.out.println("老者：那明年又是几岁啊？");
10       // 小孩在自己的年龄上做了一次加法运算
11       int nextYearAge = age + 1;
12       // 控制台输出小孩的回答：4 岁！
13       System.out.println("小孩：" + nextYearAge + "岁！");
14   }
15 }
```

上述代码的运行结果如下所示：

```
老者：小朋友今年几岁啊？
小孩：3 岁！
老者：那明年又是几岁啊？
小孩：4 岁！
```

图 1.21 老者与小孩对话

1.3.2 控制台输入字符

有输出就会有输入，Java 能够从控制台中获取用户输入的信息，除需要借助一个被称作“扫描器”的 Scanner 类外，还需要借助标准输入流，即 System.in。

由于 Scanner 类在 java.util 包里，导致不能直接使用 Scanner 类。为了解决这个问题，需要使用 import 关键字导入 java.util 包里的 Scanner 类。代码如下所示：

```
import java.util.Scanner;
```

导入 Scanner 类后，就能够使用标准输入流（即 System.in）创建一个 Scanner 类对象，这个 Scanner 类对象此处使用标识符“sc”表示。代码如下所示：

```
Scanner sc = new Scanner(System.in);
```

Scanner 类对象被创建后，通过调用 Scanner 类中的方法，就能够获取用户输入的信息。在图 1.1 中，为了得到用户在控制台上输入的出生年份，使用已经创建的 Scanner 类对象（即 sc）调用了 Scanner 类中的 nextInt() 方法。代码如下所示：

```
int birthYear = sc.nextInt(); // 通过扫描控制台，得到用户输入的出生年份
```

那么，为什么要调用 nextInt() 方法呢？因为用户在控制台上输入的出生年份是一个整数，所以 Scanner 类对象扫描用户输入的信息后，返回的数值也是一个整数。由于 Java 默认的整数类型是 int，并且 Scanner 类中的 nextInt() 方法的返回值类型也是 int，因此为了得到用户输入的出生年份，调用了 Scanner 类中 nextInt() 方法。

除 nextInt() 方法外，Scanner 类还提供了如表 1.4 所示的常用方法。

表 1.4 Scanner 类的几个常用方法

方法名	返回类型	功能说明
next()	String	查找并返回此扫描器获取的下一个完整标记
nextBoolean()	boolean	扫描一个布尔值标记并返回

续表

方法名	返回类型	功能说明
nextBtye()	byte	扫描一个值返回 byte 类型
nextDouble()	double	扫描一个值返回 double 类型
nextFloat()	float	扫描一个值返回 float 类型
nextInt()	int	扫描一个值返回 int 类型
nextLine()	String	扫描一个值返回 String 类型
nextLong()	long	扫描一个值返回 long 类型
nextShort()	short	扫描一个值返回 short 类型
close()	void	关闭此扫描器

说明

nextLine() 方法扫描的内容是从第一个字符开始到换行符为止，而 next()、nextInt() 等方法扫描的内容是从第一个字符开始到这段完整内容结束。

1.4 编码规范

没有规矩，不成方圆。在编写代码的过程中，要严格遵守编码规范，这样不仅可以提升整个程序的美观性，还会给程序日后的维护提供很大方便。在此对编码规则做了以下总结，以供参考。

- 每条语句要单独占一行，一条命令要以分号结束。

注意

程序代码中的分号必须为英文状态下输入的，初学者经常会将“;”写成中文状态下的“；”，此时编译器会报出 illegal character（非法字符）这样的错误信息。

- 在声明变量时，尽量使每个变量的声明单独占一行，即使是相同的数据类型也要将其放置在单独的一行上，这样有助于添加注释。对于局部变量应在声明的同时对其进行初始化。
- 在 Java 代码中，关键字与关键字间如果有多个空格，这些空格均被视作一个。例如：

```
public    static    void    main(String args[])
```

等价于

```
public static void main(String args[])
```

多个空格没有任何意义，为了便于理解、阅读，应控制好空格的数量。

- 为了方便日后的维护，不要使用技术性很高且难懂的易混淆的语句。由于程序的开发与维护不能是同一个人，所以应尽量使用简单的技术完成程序需要的功能。
- 对于关键的方法要多加注释，这样有助于阅读者了解代码结构。

1.5 综合实例——计算两个数的和、差、积、商

本章主要讲解了 Java 程序的组成部分和控制台的输入、输出操作。灵活运用这两大内容，就能够编写有趣的、交互式的实例。

本节将编写一个有趣的，交互式的实例：首先，创建一个表示“算术”的 ArithmeticOperator 类，并且在这个类中创建一个 main() 方法；然后，在 main() 方法中，使用标准输入流（即 System.*in*）创建一个 Scanner 类对象，用于扫描用户在控制台上输入的数字；接着，分别提示用户输入第 1 个数字和第 2 个数字，并且分别获取用户输入的第 1 个数字和第 2 个数字；最后，计算这两个数的和、差、积、商，并且把计算后的结果输出在控制台上。下面将逐个步骤编写这个实例。

① 创建一个表示“算术”的 ArithmeticOperator 类，并且在这个类中创建一个 main() 方法。代码如下所示：

```
01 public class ArithmeticOperator {
02   public static void main(String[] args) {
03       // 方法体
04   }
05 }
```

② 由于 Scanner 类在 java.util 这个包里，导致不能直接使用 Scanner 类。为了解决这个问题，需要使用 import 关键字导入 java.util 包里的 Scanner 类。代码如下所示：

```
import java.util.Scanner;
```

③ 导入 Scanner 类后，就能够使用标准输入流（即 System.*in*）创建一个 Scanner 类对象，这个 Scanner 类对象此处使用标识符“sc”表示。代码如下所示：

```
Scanner sc = new Scanner(System.in); // 创建扫描器对象，扫描用户在控制台上输入的数字
```

④ 分别提示用户输入第 1 个数字和第 2 个数字，并且分别获取用户输入的第 1 个数字和第 2 个数字。这里要注意一个问题：用户输入的这两个数字既可能都是整数，又可能都是小数，还可能是一个小数和一个整数。那么，应该调用 Scanner 类中的哪个方法得到用户输入的数字呢？Java 语言默认的浮点数（即“小数”）类型是 double，当变量的数据类型是 double 时，这个变量的值既可以是小数，也可以是整数，因此应该调用 Scanner 类中返回值类型是 double 的方法，即 nextDouble() 方法。实现第④步的代码如下所示：

```
01 System.out.println("请输入第 1 个数字：");      // 提示用户输入第 1 个数字
02 double num1 = sc.nextDouble();                 // 得到用户输入的第 1 个数字
03 System.out.println("请输入第 2 个数字：");      // 提示用户输入第 2 个数字
04 double num2 = sc.nextDouble();                 // 得到用户输入的第 2 个数字
```

⑤ 分别用“+”“-”“*”“/”这 4 个运算符，计算这两个数的和、差、积、商，并且把计算后的结果输出在控制台上。代码如下所示：

```
01 System.out.println(num1 + " + " + num2 + " = " + (num1 + num2)); // 计算和
02 System.out.println(num1 + " - " + num2 + " = " + (num1 - num2)); // 计算差
03 System.out.println(num1 + " * " + num2 + " = " + (num1 * num2)); // 计算积
04 System.out.println(num1 + " / " + num2 + " = " + (num1 / num2)); // 计算商
```

说明

“+”运算符也有拼接字符串的功能。有关字符串的内容，将在本书后面的章节进行讲解。

⑥ 使用标准输入流（即 System.in）创建的 Scanner 类对象，在使用完毕后，一定要将其关闭。因为 System.in 属于 IO 流，一旦打开，就会一直占用资源。代码如下所示：

```
sc.close();// 关闭扫描器
```

通过①～⑥步，就编写完实现本实例功能的代码。现给出本实例的完整代码，以供参考。代码如下所示：

```
01 import java.util.Scanner;
02
03 public class ArithmeticOperator {
04   public static void main(String[] args) {
05       Scanner sc = new Scanner(System.in);              // 创建扫描仪对象，扫描用户在控制台上输入的数字
06       System.out.println(" 请输入第 1 个数字: ");         // 提示用户输入第 1 个数字
07       double num1 = sc.nextDouble();                      // 得到用户输入的第 1 个数字
08       System.out.println(" 请输入第 2 个数字: ");         // 提示用户输入第 2 个数字
09       double num2 = sc.nextDouble();                      // 得到用户输入的第 2 个数字
10       System.out.println(num1 + " + " + num2 + " = " + (num1 + num2)); // 计算和
11       System.out.println(num1 + " - " + num2 + " = " + (num1 - num2)); // 计算差
12       System.out.println(num1 + " * " + num2 + " = " + (num1 * num2)); // 计算积
13       System.out.println(num1 + " / " + num2 + " = " + (num1 / num2)); // 计算商
14       sc.close();// 关闭扫描器
15   }
16 }
```

上述代码的运行结果如图 1.22 所示。

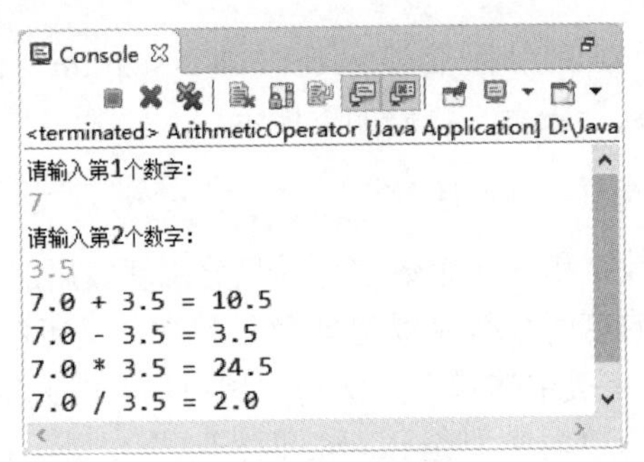

图 1.22　运行结果

1.6　实战练习

① 创建一个表示“关系运算”的 RelationalOperator 类，在这个类中创建 main() 方法。在 main() 方法中，使用标准输入流（即 System.in）创建一个 Scanner 类对象，用于扫描用户在控制台上输入的数字。分别提示用户输入第 1 个数字和第 2 个数字，并且分别调用 nextInt() 方法获取用户输入的第 1 个数字和第 2 个数字；最后，使用“<”“>”“==”这 3 个关系运算符比较这两个数字之间的关系。运行结果如图 1.23 所示。

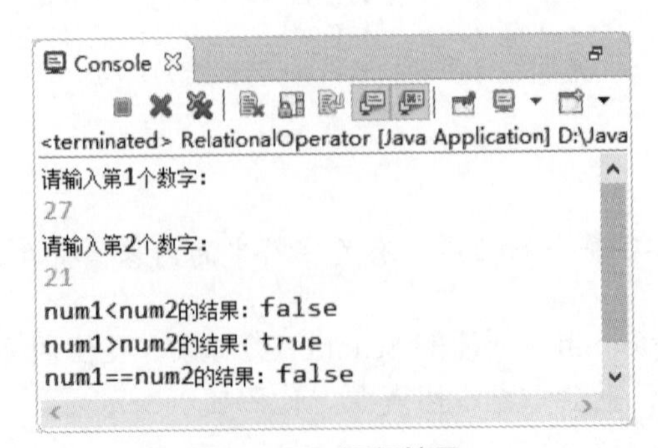

图 1.23　运行结果

② 创建一个表示“验证”密码的 LoginService 类，在这个类中创建 main() 方法。在 main() 方法中，使用标准输入流（即 System.in）创建一个 Scanner 类对象，用于扫描用户在控制台上输入的密码。提示用户在控制台上输入 6 位数字密码，并且调用 nextInt() 方法获取用户输入的密码。使用“==”关系运算符，判断用户输入的密码是不是 924867，如果是，控制台输出“true”；如果不是，控制台输出“false”。运行结果如图 1.24 所示。

图1.24　运行结果

小结

本章开篇以图示的方式浅析了第一个 Java 程序，不仅在图上标注了一些用于解析这个程序的名词，还在正文中分别对这些名词进行了解释。这些名词就是 Java 程序的组成部分，本章着重对其中的类、主方法、关键字、标识符、变量和注释进行了讲解。此外，本章还讲解了控制台的输入、输出操作，其中包括 print() 方法、println() 方法和 Scanner 类及其常用方法等。在编写代码的过程中，要严格遵守编码规范，为此本章总结了一些编码规则，以供参考。

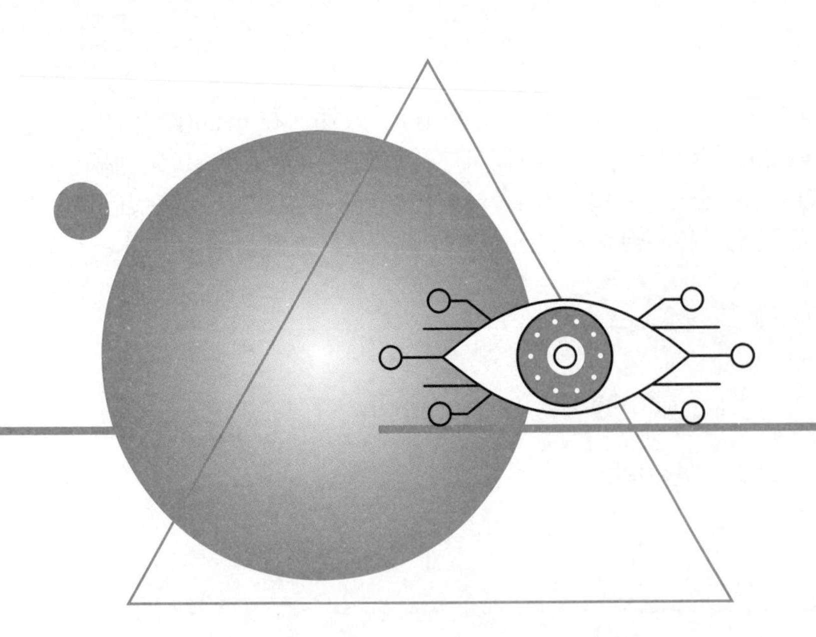

第2章 数据类型

扫码领取

- 教学视频
- 配套源码
- 练习答案
- ……

编写 Java 程序时，在使用变量前，必须先确定数据类型。为此，Java 语言提供了 8 种基本数据类型。此外，基本数据类型之间还能够进行类型转换，这种类型转换包括自动类型转换和强制类型转换。本章将对 8 种基本数据类型和类型转换进行讲解。

本章的知识结构如下图所示：

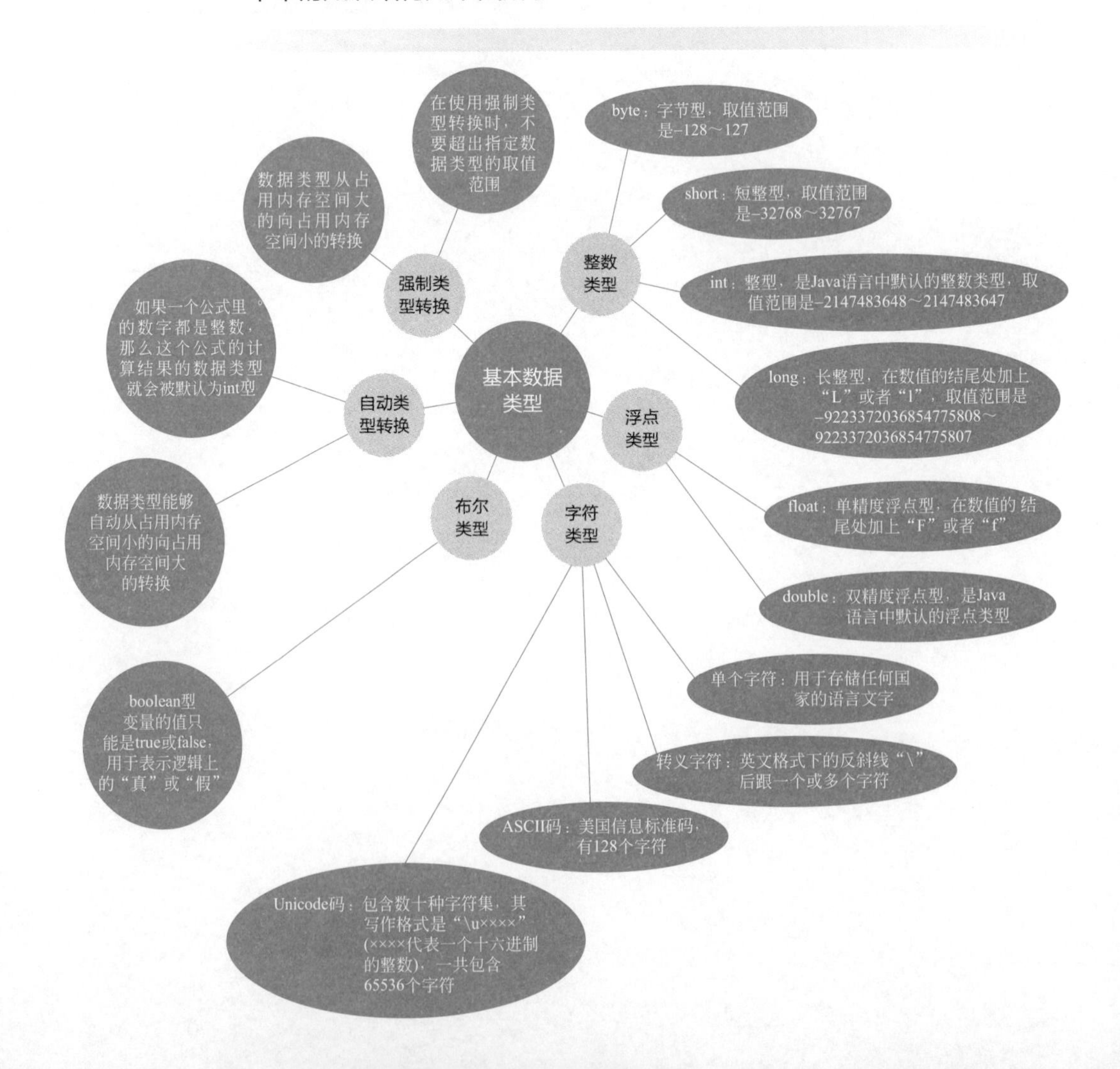

2.1 基本数据类型

在 Java 语言中，有 8 种基本数据类型。这 8 种基本数据类型可以被分为 3 大类，即数值类型（6 种）、字符类型（1 种）和布尔类型（1 种）。其中，数值类型包含整数类型（4 种）和浮点类型（2 种）。Java 的基本数据类型的示意图如图 2.1 所示。

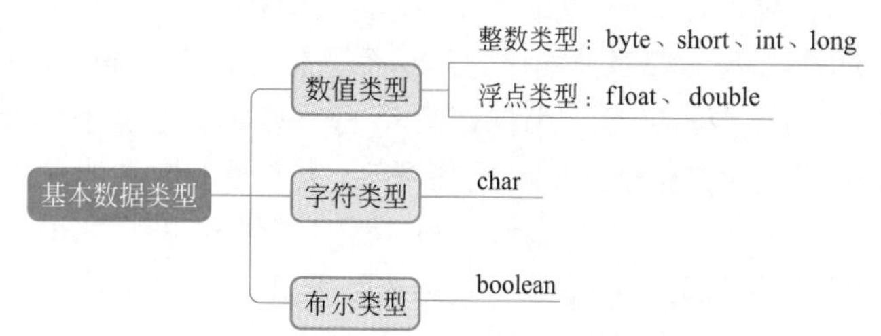

图 2.1 Java 的基本数据类型示意图

2.1.1 整数类型

整数类型被用于存储整数数值，这些整数数值既可以是正数，也可以是负数，还可以是零。例如，“截至 2019 年 5 月 21 日 7:11，您的话费余额为 0 元”，其中的 2019、5、21、7、11 和 0 等数值均属于类型。Java 语言提供 4 种整数类型，即 byte、short、int 和 long，这 4 种整数类型不仅占用的内存空间不同，取值范围也不同，具体如表 2.1 所示。

表 2.1 4 种整数类型占用的内存空间和取值范围

数据类型	内存分配空间		取值范围
	字节	长度	
byte	1 字节	8 位	-128 ～ 127
short	2 字节	16 位	-32768 ～ 32767
int	4 字节	32 位	-2147483648 ～ 2147483647
long	8 字节	64 位	-9223372036854775808 ～ 9223372036854775807

1. byte 型

byte 型被称作字节型，是占用内存空间最少的整数类型，即 1 个字节。取值范围也是整数类型中最小的，即 -128 ～ 127。

当声明 byte 型变量时，一条语句既可以声明一个变量，也可以同时声明多个变量。当为变量赋值时，既可以先声明变量再赋值，也可以在声明变量时直接赋值。代码如下所示：

```
01 byte b;                    // 先声明变量
02 b = 127;                   // 再赋值
03 byte c, d, e;              // 同时声明多个变量
04 byte f = 19, g = -45;      // 声明变量时直接赋值
```

但是，如果把 128 赋值给 byte 型变量 b 时，那么 Eclipse 将会出现如图 2.2 所示的错误提示。

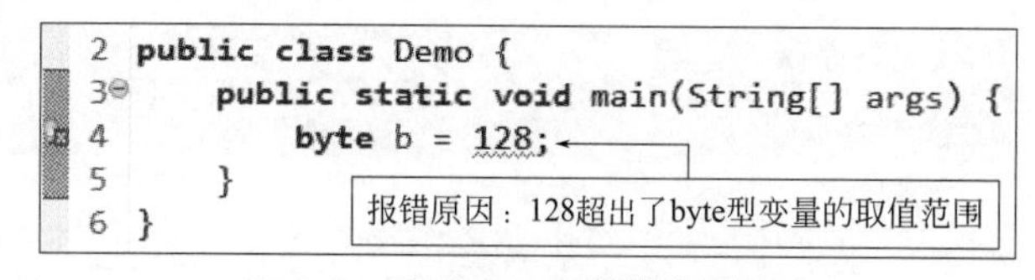

图 2.2 Eclipse 出现的错误提示

2. short 型

short 型被称作短整型，占 2 个字节的内存空间。因此，short 型变量的取值范围要比 byte 型变量的大很多，即 -32768 ～ 32767。

例如，先声明 short 型变量 min（表示“最小值”）和 max（表示“最大值”），再分别为变量 min 和 max 赋值，值分别为 -32768 和 32767。代码如下所示：

```
01 short min;
02 min = -32768;
03 short max = 32767;
```

3. int 型

int 型被称作整型，是 Java 语言中默认的整数类型。如何理解“默认的整数类型”呢？指的是如果一个整数不在 byte 型或 short 型的取值范围内，或者整数的格式不符合 long 型（后面将会介绍）的要求，那么当 Java 程序被编译时，这个整数会被当作 int 型。

int 型占 4 个字节的内存空间，其取值范围是 -2147483648 ～ 2147483647。虽然 int 型变量的取值范围较大，但使用时也要注意 int 型变量能取到的最大值和最小值，以免因数据溢出产生错误。

例如，把《零基础学 Java》的书号 9787569205688 赋值给一个 int 型变量 number 时，Eclipse 能够编译通过吗？ Eclipse 的效果图如图 2.3 所示。

4. long 型

long 型被称作长整型，占 8 个字节的内存空间，其取值范围是 -9223372036854775808 ～ 9223372036854775807。

如果把图 2.3 中的 int 修改为 long，则 Eclipse 效果图如图 2.4 所示。

```
2 public class Demo {
3⊖     public static void main(String[] args) {
4          int number = 9787569205688;
5      }
6 }
7
```

9787569205688超出了int型的取值范围

The literal 9787569205688 of type int is out of range

Press 'F2' for focus

图 2.3　Eclipse 出现的错误提示

```
2 public class Demo {
3⊖     public static void main(String[] args) {
4          long number = 9787569205688;
5      }
6 }
```

图 2.4　修改后的 Eclipse 效果图

不难看出，图 2.4 中的错误提示依然存在着。这是因为在为 long 型变量赋值时，Java 语言指定须在数值的结尾处加上“L”或者“l”（小写的“L”），所以图 2.4 中的代码要修改为如下格式：

```
long number = 9787569205688L;
```

数值结尾处的“L”还可以被写作小写，即

```
long number = 9787569205688l;
```

这样图 2.4 所示的错误提示就会消失。

2.1.2　浮点类型

浮点类型被用于存储小数数值。例如，一把天堂雨伞售价为 100.79 元，4 块蛋挞价格为 15.8 元。其中的 100.79、15.8 等小数数值均属于浮点类型。Java 语言把浮点类型分为单精度浮点类型（float）和双精度浮点类型（double）。float 和 double 占用的内存空间和取值范围如表 2.2 所示。

表 2.2　float 和 double 占用的内存空间和取值范围

数据类型	内存分配空间		取值范围
	字节	长度	
float	4 字节	32 位	1.4E-45 ～ 3.4028235E38
double	8 字节	64 位	4.9E-324 ～ 1.7976931348623157E308

1. float 型

float 型被称作单精度浮点型，占 4 个字节的内存空间，其取值范围为 1.4E-45 ～ 3.4028235E38。需要注意的是，在为 float 型变量赋值时，必须在数值的结尾处加上“F”或者“f”，就如同前面介绍的为 long 型变量赋值的规则一样。

例如，定义一个表示身高，值为 1.72 的 float 型变量 height。代码如下所示：

```
float height = 1.72F;
```

数值结尾处的“F”还可以被写作小写，即

```
float height = 1.72f;
```

2. double 型

double 型被称作双精度浮点型，是 Java 语言中默认的浮点类型，占 8 个字节的内存空间，其取值范围为 4.9E-324 ～ 1.7976931348623157E308。因为 double 型是默认的浮点类型，所以在为 double 型变量赋值时，可以直接把小数数值写在等号的右边。

例如，定义一个表示体温，值为 36.8 的 double 型变量 temperature。代码如下所示：

```
double temperature = 36.8;
```

浮点值属于近似值，在系统中运算后的结果可能与实际有偏差。以下面的这个公式为例：

```
double a = 4.35 * 100;
```

4.35* 100 的正确结果应该是 435，但控制台输出 a 的值却是 434.99999999999994，出现了 0.00000000000006 的误差。虽然这个误差极小，但没有被 Java 虚拟机忽略。

那么，如何避免这个极小的误差呢？需要借助 Java 提供的 Math 类中的 round() 方法进行四舍五入。关键代码如下所示：

```
double b = Math.round(a);
```

这样，控制台输出 b 的值就是正确的 435 了。

2.1.3 字符类型

char 型即字符类型，被用于存储单个字符，占 2 个字节的内存空间。定义 char 型变量时，char 型变量的值要用英文格式下的单引号（'）括起来。char 型变量的值有 3 种表示方式。

1. 单个字符

char 型常被用于表示单个字符，char 型能够被用于存储任何国家的语言文字。例如，定义值为 a 的 char 型变量 letter，代码如下所示：

```
char letter = 'a'; // 把小写字母 a 赋值给了 char 型变量 letter
```

注意

① 单引号必须是英文格式的。
② 单引号中只能有一个英文字母或者一个汉字。

2. 转义字符

在字符类型中有一类特殊的字符，即以英文格式下的反斜线“\”开头，反斜线“\”后跟一个或多个字符，这类字符被称作转义字符。转义字符须由 char 型定义，它不再是字符原有的含义，而是具有了新的意义。例如，转义字符“\n”的意思是“换行”。Java 语言中的转义字符如表 2.3 所示。

表 2.3 Java 语言中的转义字符及其含义

转义字符	含义
\ddd	1 ～ 3 位八进制数据所表示的字符，如 \456
\uxxxx	4 位十六进制所表示的字符，如 \u0052

续表

转义字符	含义
\'	单引号字符
\"	双引号字符
\\	反斜杠字符
\t	垂直制表符，将光标移到下一个制表符的位置
\r	回车
\f	换页

例如，使用转义字符定义值为反斜杠字符的 char 型变量 cr，在控制台上输出 char 型变量 cr 的值。关键代码如下所示：

```
01 char cr = '\\';
02 System.out.println(" 输出反斜杠：" + cr);
```

上述代码的运行结果如下所示：

```
输出反斜杠：\
```

说明

如表 2.3 所示，转义字符“\\”表示的是反斜杠字符（即“\”）。因此，使用输出语句输出转义字符“\\”的结果是反斜杠字符（即“\”）。

3. ASCII 码

char 型变量的值还可以使用 ASCII 码予以表示。ASCII 码是美国信息标准码，有 128 个字符被编码到计算机里，其中包括英文大、小写字母、数字和一些符号。这 128 个字符与十进制整数 0 ～ 127 一一对应。例如，大写字母 A 对应的 ASCII 码是 65，小写字母 a 对应的 ASCII 码是 97。

例如，分别定义值为 65 和 97 的 char 型变量 ch 和 cr，控制台上分别输出变量 ch 和 cr 的值。代码如下所示：

```
01 char ch = 65;
02 System.out.println(" 变量 ch 的值：" + ch);
03 char cr = 97;
04 System.out.println(" 变量 cr 的值：" + cr);
```

上述代码的运行结果如下所示：

```
变量 ch 的值：A
变量 cr 的值：a
```

为了提高开发的便利性，这里将给出常用字符与 ASCII 码对照表，如图 2.5 所示。

4. Unicode 码

Unicode 码包含数十种字符集，其写作格式是“\uXXXX”（XXXX 代表一个十六进制的整数），其取值范围是“\u0000”～“\uFFFF”（英文字母不区分大小写），一共包含 65536 个字符。其中，前 128 个字符和 ASCII 码中的字符完全相同。

例如，使用 Unicode 码和 char 型变量定义“天道酬勤”中的各个字符。代码如下所示：

```
01 char c1 = '\u5929'; // '\u5929' 表示 " 天 "
02 char c2 = '\u9053'; // '\u9053' 表示 " 道 "
03 char c3 = '\u916c'; // '\u916c' 表示 " 酬 "
```

```
04 char c4 = '\u52e4'; // '\u52e4' 表示"勤"
05 System.out.print(c1);
06 System.out.print(c2);
07 System.out.print(c3);
08 System.out.print(c4);
```

ASCII 非打印字符						ASCII 打印字符											
十进制	字符	代码	十进制	字符	代码	十进制	字符	十进制	字符	十进制	字符	十进制	字符	十进制	字符	十进制	字符
0	BLANK NULL	NUL	16	►	DLE	32	(space)	48	0	64	@	80	P	96	`	112	p
1	☺	SOH	17	◄	DC1	33	!	49	1	65	A	81	Q	97	a	113	q
2	☻	STX	18	↕	DC2	34	"	50	2	66	B	82	R	98	b	114	r
3	♥	ETX	19	‼	DC3	35	#	51	3	67	C	83	S	99	c	115	s
4	♦	EOT	20	¶	DC4	36	$	52	4	68	D	84	T	100	d	116	t
5	♣	ENQ	21	§	NAK	37	%	53	5	69	E	85	U	101	e	117	u
6	♠	ACK	22	■	SYN	38	&	54	6	70	F	86	V	102	f	118	v
7	•	BEL	23	↨	ETB	39	'	55	7	71	G	87	W	103	g	119	w
8	◘	BS	24	↑	CAN	40	(	56	8	72	H	88	X	104	h	120	x
9	○	TAB	25	↓	EM	41	)	57	9	73	I	89	Y	105	i	121	y
10	◙	LF	26	→	SUB	42	*	58	:	74	J	90	Z	106	j	122	z
11	♂	VT	27	←	ESC	43	+	59	;	75	K	91	[	107	k	123	{
12	♀	FF	28	∟	FS	44	,	60	<	76	L	92	\	108	l	124	|
13	♪	CR	29	↔	GS	45	−	61	=	77	M	93	]	109	m	125	}
14	♫	SO	30	▲	RS	46	.	62	>	78	N	94	^	110	n	126	~
15	☼	SI	31	▼	US	47	/	63	?	79	O	95	_	111	o	127	(del)

图 2.5　常用字符与 ASCII 码对照表

上述代码的运行结果如下所示：

```
天道酬勤
```

2.1.4　布尔类型

boolean 型被称作布尔类型，boolean 型变量的值只能是 true 或 false，用于表示逻辑上的“真”或“假”。声明 boolean 型变量的代码如下所示：

```
01 boolean yes = true;
02 boolean no = false;
```

2.2　类型转换

类型转换是将变量从一种数据类型更改为另一种数据类型的过程。Java 语言提供了 2 种类型转换的方式：数据从占用内存空间较小的数据类型，转换为占用内存空间较大的数据类型的过程，被称作自动类型转换（又被称作隐式类型转换）；反之，被称作强制类型转换（又被称作显示类型转换）。

2.2.1　自动类型转换

Java 的基本数据类型可以进行混合运算，不同类型的数据在运算过程中，先被自动转换为同一类型，再进行运算。数据类型根据占用内存空间的大小被划分为高低不同的级别，占用内存空间小的级别低，占用内存空间大的级别高，自动类型转换遵循低级到高级的转换规则。也就是说，数据类型能够自动从占用内存空间小的向占用内存空间大的转换。

Java 的基本数据类型自动类型转换后的结果如表 2.4 所示。

表 2.4　Java 的基本数据类型自动类型转换后的结果

操作数 1 的数据类型	操作数 2 的数据类型	转换后的数据类型
byte、short、char	int	int
byte、short、char、int	long	long
byte、short、char、int、long	float	float
byte、short、char、int、long、float	double	double

例如，分别对 byte、int、float、char 和 double 型变量进行加减乘除运算后，为运算结果选择合适的数据类型。代码如下所示：

```
01 byte b = 127;
02 int i = 150;
03 float f = 452.12f;
04 //float 的级别比 byte 的高，因此 b + f 运算结果的数据类型要选择级别更高的 float
05 float result1 = b + f;
06 //int 的级别比 byte 的高，因此 b * i 运算结果的数据类型要选择级别更高的 int
07 int result2 = b * i;
```

Java 语言中，int 型是默认的整数类型，double 型是默认的浮点类型。如果一个公式里的数字都是整数，那么这个公式的计算结果的数据类型就会被默认为 int 型。

例如，给 long 类型赋值一个公式。代码如下所示：

```
long a = 123456789 * 987654321;
```

控制台输出 a 的值，其结果却是“-67153019”。这是因为等号右边的 123456789 和 987654321 没有被指定数据类型，被默认当作 int 型进行计算，又由于计算后的结果超出了 int 型能取到的最大值，所以就得到了数据溢出的结果。

要想得到正确的计算结果，需要在计算之前给等号右边的数字后添加“L”或者“l”（小写的“L”），使得数字变成 long 型。上述代码有 3 种修改方式，具体如下所示：

```
01 long a = 123456789L * 987654321;        // 第 1 种修改方式：给第一个数添加 L 后缀
02 long a = 123456789 * 987654321L;        // 第 2 种修改方式：给第二个数添加 L 后缀
03 long a = 123456789L * 987654321L;       // 第 3 种修改方式：两个数都添加 L 后缀
```

这样就能够得到正确的 a 的值，即 121932631112635269。

再例如，计算 5 除以 2 的结果。代码如下所示：

```
double b = 5 / 2;
```

控制台输出 b 的值，其结果却是 2.0，而非 2.5。得到这种错误结果的原因与上述 long 型问题一样，即等号右边的 5 和 2 被默认当作 int 型进行计算，使得计算结果的数据类型也被默认为 int 型，即 2。而等号左边变量 b 的数据类型为 double，为了让等号左右两端的数据类型保持一致，等号右边 int 型的 2 自动转换为 double 型的 2.0。

为了得到正确的结算结果，就要在计算之前使得等号右边的数字变成 double 型。上述代码有 3 种修改方式，具体如下所示：

```
01 double b = 5.0 / 2;          // 第 1 种修改方式：第一个数改为 double 型
02 double b = 5 / 2.0;          // 第 2 种修改方式：第二个数改为 double 型
03 double b = 5.0 / 2.0;        // 第 3 种修改方式：两个数字都改为 double 型
```

这样就能够得到正确的 b 的值，即 2.5。

2.2.2 强制类型转换

当数据类型从占用内存空间大的向占用内存空间小的转换时，则必须使用强制类型转换（又被称作显式类型转换）。

当把一个整数赋值给一个 byte、short、int 或 long 型变量时，不可以超出这些数据类型的取值范围，否则数据就会溢出。

例如，定义一个值为 258 的 int 型变量 i，把 int 型变量 i 强制转换为 byte 型，控制台输出强制转换后的结果。代码如下所示：

```
01 int i = 258;
02 byte b = (byte)i;
03 System.out.println("b 的值：" + b);
```

上述代码的运行结果如下所示：

```
b 的值：2
```

由于 byte 型变量的取值范围是 −128 ～ 127，而 258 超过了这个范围，导致数据溢出。

因此，在使用强制类型转换时，一定要加倍小心，不要超出指定数据类型的取值范围。

注意

> boolean 类型的值不能转换为其他基本数据类型的值，其他基本数据类型的值也不能转换为 boolean 类型的值。

2.3 综合实例——数据丢失

Java 基本数据类型之间存在自动类型转换与强制类型转换两种转换方法，需要注意的是高类型向低类型转换时会发生数据丢失的情况。

创建 TypeConversion 类，在该类的主方法中创建各种基本类型的变量，在输出语句中分别输出所有变量累加值。注意每次累加值的数据类型，所有整数运算都被自动转换为 int 类型再进行运算，所有浮点数值都被自动转换为 double 类型进行运算。当高类型数据向低类型数据转换时，需注意运算结果是否丢失数据。代码如下所示：

```
01 public class TypeConversion {
02   public static void main(String[] args) {
03       byte b = 127;
04       char c = 'W';
05       short s = 23561;
06       int i = 3333;
07       long l = 400000L;
08       float f = 3.14159F;
09       double d = 54.523;
10       // 低类型向高类型自动转换
11       System.out.println(" 累加 bype 等于：" + b);
```

```
12        System.out.println(" 累加 char 等于: " + (b + c));
13        System.out.println(" 累加 short 等于: " + (b + c + s));
14        System.out.println(" 累加 int 等于: " + (b + c + s + i));
15        System.out.println(" 累加 long 等于: " + (b + c + s + i + l));
16        System.out.println(" 累加 float 等于: " + (b + c + s + i + l + f));
17        System.out.println(" 累加 double 等于: " + (b + c + s + i + l + f + d));
18        // 高类型到低类型的强制转换
19        System.out.println(" 把 long 强制类型转换为 int : " + (int) l);
20        // 高类型到低类型转换会丢失数据
21        System.out.println(" 把 int 强制类型转换为 short : " + (short) l);
22        // 实数到整数转换将舍弃小数部分
23        System.out.println(" 把 double 强制类型转换为 int : " + (int) d);
24        // 整数到字符类型的转换将获取对应编码的字符
25        System.out.println(" 把 short 强制类型转换为 char : " + (char) s);
26    }
27 }
```

上述代码的运行结果如下所示:

```
累加 bype 等于: 127
累加 char 等于: 214
累加 short 等于: 23775
累加 int 等于: 27108
累加 long 等于: 427108
累加 float 等于: 427111.16
累加 double 等于: 427165.67925
把 long 强制类型转换为 int : 400000
把 int 强制类型转换为 short : 6784
把 double 强制类型转换为 int : 54
把 short 强制类型转换为 char : 尉
```

2.4 实战练习

① 将 65 ～ 71 显式转换为 char 型并输出。

② 一辆货车运输箱子，载货区宽 2m，长 4m，一个箱子宽 1.5m，长 1.5m，请问载货区一层可以放多少个箱子?

小结

本章讲解的内容是 Java 的 8 种基本数据类型和基本数据类型之间的类型转换。当声明变量时，需要注意变量的取值范围，否则在使用变量时会出现编译错误或者浪费内存资源的情况。当一个公式里的数字都是 int 型时，这个公式的计算结果的数据类型会被默认为 int 型，这时不仅要注意这个计算结果有没有超出 int 型变量的取值范围，还要注意这个计算结果是否准确。在使用强制类型转换时，一定要加倍小心，不要超出指定数据类型的取值范围。

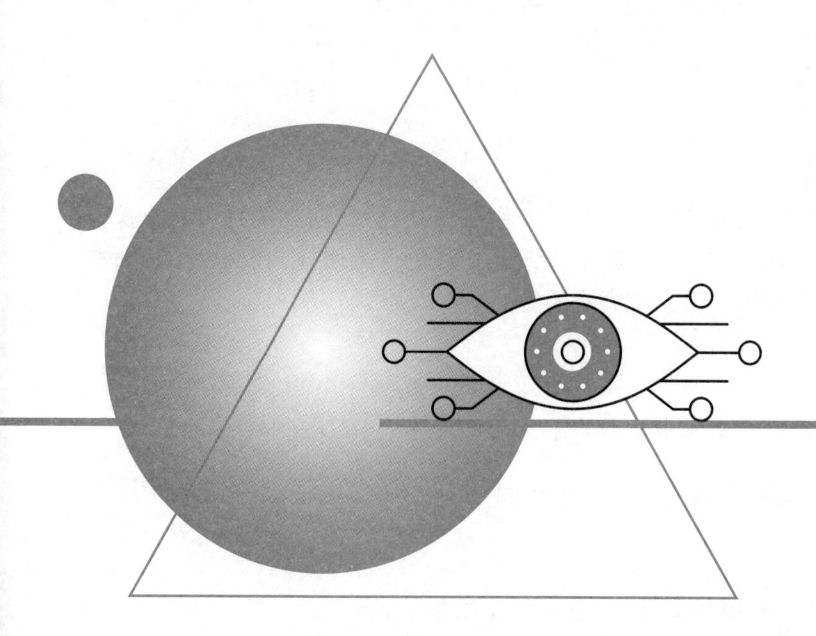

第3章 运算符

扫码领取

- 教学视频
- 配套源码
- 练习答案
- ……

Java 语言提供了功能丰富的运算符，运算符包括赋值运算符、算术运算符、自增和自减运算符、关系运算符、逻辑运算符、复合赋值运算符以及三元运算符等。这些运算符是 Java 编程的基础，用于对数据进行各种运算。

本章的知识结构如下图所示：

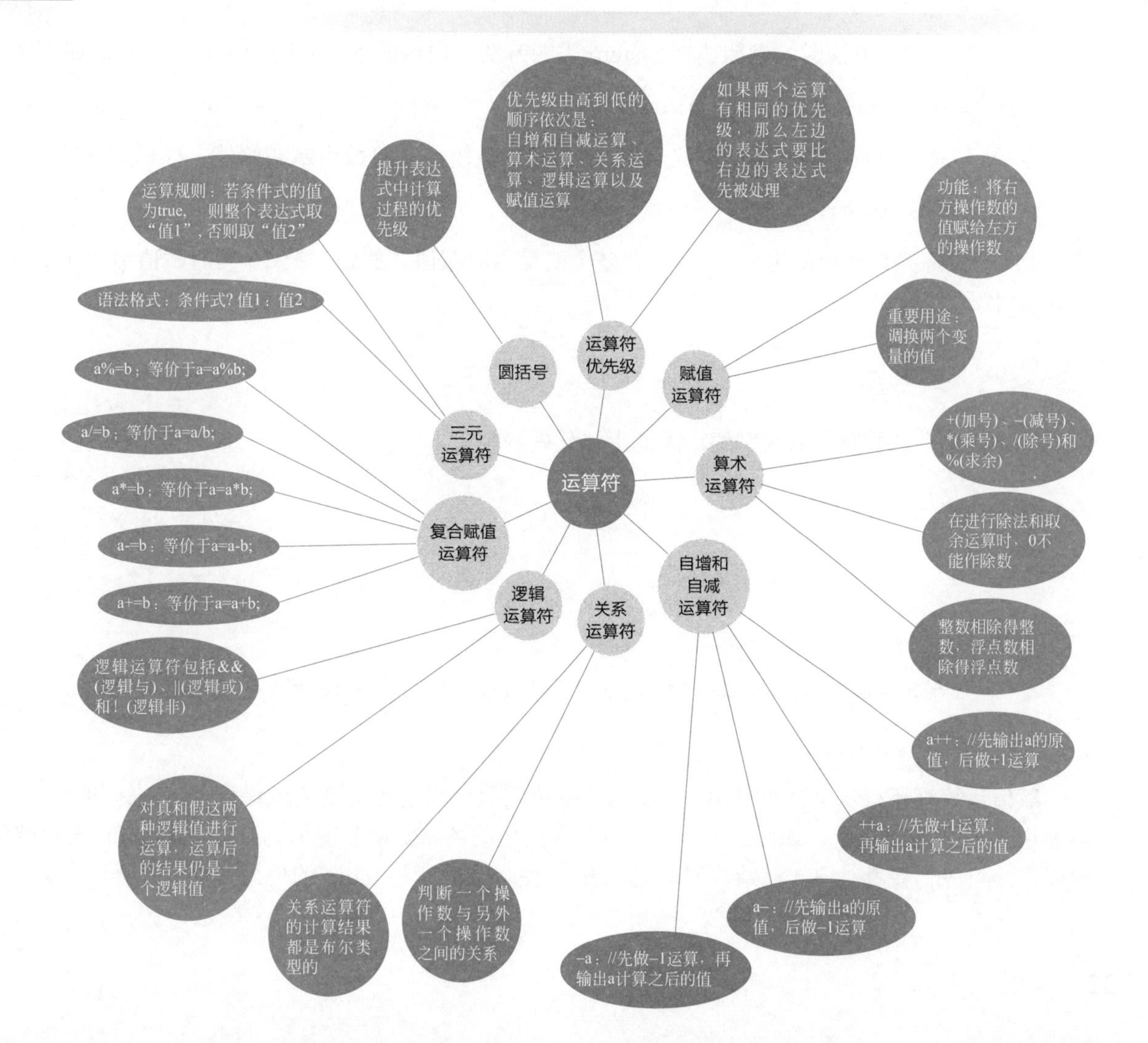

3.1 赋值运算符

赋值运算符以符号“=”表示，它是一个二元运算符（对两个操作数做处理），其功能是将右方操作数的值赋给左方的操作数。“=”左边的操作数必须是一个变量（或 final 常量、类属性、数组等），而右边的操作数则可以是变量、常量、表达式、类属性、方法或者数组等。

说明

有关类属性、方法和数组的内容，将会在本书后面的章节进行讲解。

当“=”右边是常量时，例如将数字 100 赋值给变量 a，代码如下所示：

```
int a = 100;
```

当“=”右边是变量时，例如将变量 a 的值赋值给变量 b，代码如下所示：

```
int b = a;
```

当“=”右边是表达式时，例如将 15 与 30 的相加之和赋值给变量 a，代码如下所示：

```
int a = 15 + 30;
```

当“=”右边是类属性时，例如将 Math 数学类的 PI 属性的值赋值给变量 b，代码如下所示：

```
double b = Math.PI;
```

当“=”右边是方法时，例如调用 System 类的方法获取当前系统时间的毫秒数，代码如下所示：

```
long t = System.currentTimeMillis();
```

当“=”右边是数组时，例如创建一个 int 类型的数组，并给数组赋初始值，代码如下所示：

```
int a[] = {15, 56, 21};
```

此外，Java 允许连续使用多个“=”为多个变量同时赋值。例如，把 15 同时赋值给 3 个 int 型变量 a、b 和 c，代码如下：

```
01 int a, b, c
02 a = b = c = 15;
```

上述代码会从右向左依次赋值，因此上述代码等同于：

```
01 c = 15;
02 b = c;
03 a = b;
```

说明

a = b = c = 15; 这种编码方式虽然可以执行，但是容易误读，是不规范的。因此，不推荐这种写法。

赋值运算符还有一个重要用途：调换两个变量的值。想要使用赋值运算符“=”来调换两个变量的值，需要引入一个临时变量。如图 3.1 所示，变量 a 的值为 4，变量 b 的值为 9，变量 temp 表示被引入的临时变量。首先，变量 a 把 4 赋给临时变量 temp，使得临时变量 temp 的值为 4，而变量 b 的值没有发生变化，仍为9；然后，变量b把9赋给变量a，变量a的值由4被修改为9；最后，临时变量temp把4赋给变量b，变量b的值由9被修改为4。这样，就实现了调换变量a和b的值。

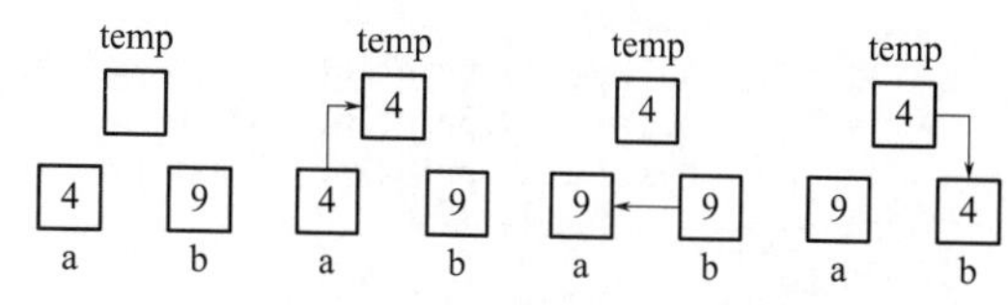

图3.1　使用临时变量调换两个变量值的过程

用代码描述图3.1所示的调换过程如下所示：

```
01 int a = 4;
02 int b = 9;
03 int temp = 0; // 需要给临时变量一个初始值，初始值不影响计算过程
04 temp = a;
05 a = b;
06 b = temp;
```

3.2　算术运算符

Java中的算术运算符主要有+（加号）、-（减号）、*（乘号）、/（除号）和%（求余），这些都是二元运算符。Java中算术运算符的功能及使用方式如表3.1所示。

表3.1　算术运算符

运算符	说明	实例	结果
+	加	11 + 15	26
-	减	4.56 - 0.16	4.4
*	乘	5 * 30	150
/	除	7 / 2	3
%	取余	12 % 10	2

说明

①“+”和“-”运算符还可以作为数据的正负符号，如+5、-7。

②“+”运算符也有拼接字符串的功能，例如，代码String a = “Hello” + “Java”执行后，字符串a被赋予的值为“HelloJava”。

实例3.1　计算两个数字的和、差、积、商和余数　　实例位置：资源包\Code\03\01

创建ArithmeticOperator类，用户输入两个数字后，分别用+、-、*、/和%这五种运算符对这两个数字进行运算，代码如下所示：

```
01 import java.util.Scanner;
02
03 public class ArithmeticOperator {
04   public static void main(String[] args) {
05       Scanner sc = new Scanner(System.in);                          // 创建扫描器，获取控制台输入的值
06       System.out.println("请输入两个数字，用空格隔开（num1 num2）：");  // 输出提示
07       double num1 = sc.nextDouble();                                // 记录输入的第一个数字
08       double num2 = sc.nextDouble();                                // 记录输入的第二个数字
09       System.out.println("num1+num2的和为：" + (num1 + num2));       // 计算和
10       System.out.println("num1-num2的差为：" + (num1 - num2));       // 计算差
```

```
11        System.out.println("num1*num2 的积为: " + (num1 * num2));          // 计算积
12        System.out.println("num1/num2 的商为: " + (num1 / num2));          // 计算商
13        System.out.println("num1%num2 的余数为: " + (num1 % num2));        // 计算余数
14        sc.close();// 关闭扫描器
15    }
16 }
```

运行结果如图 3.2 所示。

在使用算术运算符的过程中有两点要注意：

① 在进行除法和取余运算时，0 不能做除数。例如，对整数做的除法或取余运算时，将分母写为 0，代码如下所示：

```
01 int a = 5 / 0;
02 int b = 5 % 0;
```

这两行代码都会引发“java.lang.ArithmeticException: / by zero”算数异常。

对浮点数做的除法或取余运算时，将分母写为 0，代码如下所示：

```
01 double a = 5.0 / 0.0;
02 double b = 5.0 % 0.0;
```

运行之后的代码虽然不会发生异常，但 a 的值为 Infinity，表示无穷大；b 的值为 NaN，表示非数字。这两个结果是无法继续参与数学运算的，因此无意义。

② 整数相除得整数，浮点数相除得浮点数。对于初学者来说，在使用运算符的过程中最容易出现的错误就是搞混数据类型。例如，下面这行代码：

```
double b = 5 / 2;
```

b 的类型是 double，属于浮点数，可以有小数点，但 b 的值不是 5/2 = 2.5，真实的结果如图 3.3 所示。

```
Console
<terminated> ArithmeticOperator [Java Application] C:\
请输入两个数字，用空格隔开(num1 num2):
24 16
num1+num2的和为: 40.0
num1-num2的差为: 8.0
num1*num2的积为: 384.0
num1/num2的商为: 1.5
num1%num2的余数为: 8.0
```

图 3.2　算术运算符的使用

```
1 public class Demo {
2     public static void main(String[] args) {
3         double b = 5 / 2;
4         System.out.println(b);
5     }
6 }
```

```
Console
<terminated> Demo (7) [Java Application] C:\Program Files\Java\jdk\bin\javaw.exe
2.0
```

图 3.3　double b = 5 / 2; 的运行结果

产生这个结果的原因是因为“5 / 2”这个表达式是两个整型数字在相除，其结果是一个整型数字，也就是如图 3.4 所示的商。Java 虚拟机将这个商赋值给变量 b，2 这个整数数字会自动转为 double 类型的浮点数，就变成结果中的 2.0。

2 ← 商
2) 5
4
1 ← 余数

图 3.4　5 / 2 的计算过程

想要解决这个计算不准确的问题，办法很简单——将“整数在做运算”的场景改成“浮点数在做运算”的场景，Java 虚拟机会自动按照浮点数的类型计算结果。

将刚才的代码改成下面任意一种形式均可以得出正确结果。

```
01 double b1 = 5.0 / 2;
02 double b2 = 5 / 2.0;
03 double b3 = 5.0 / 2.0;
```

运行效果如图 3.5 所示，这样就可以得到 2.5 这个正确结果。

3.3 自增和自减运算符

自增、自减运算符是单目运算符，可以放在变量之前，也可以放在变量之后。自增、自减运算符的作用是使变量的值增 1 或减 1。以 int 型变量 a 为例，自增、自减运算符的语法格式如下所示：

```
a++;  // 先输出 a 的原值，后做 +1 运算
++a;  // 先做 +1 运算，再输出 a 计算之后的值
a--;  // 先输出 a 的原值，后做 -1 运算
--a;  // 先做 -1 运算，再输出 a 计算之后的值
```

```
1 public class Demo {
2     public static void main(String[] args) {
3         double b1 = 5.0 / 2;
4         System.out.println(b1);
5         double b2 = 5 / 2.0;
6         System.out.println(b2);
7         double b3 = 5.0 / 2.0;
8         System.out.println(b3);
9     }
10 }
```

```
Console
<terminated> Demo (7) [Java Application] C:\Program Files\Java\jdk\bin\javaw.exe
2.5
2.5
2.5
```

图 3.5 有浮点数参与的计算结果

对操作数进行自增和自减运算

实例位置：资源包 \Code\03\02

创建 AutoIncrementDecreasing 类，对一个 int 变量 a 先做自增运算，再做自减运算，代码如下所示：

```
01 public class AutoIncrementDecreasing {
02   public static void main(String[] args) {
03       int a = 1;                              // 创建整型变量 a，初始值为 1
04       System.out.println("a = " + a);         // 输出此时 a 的值
05       a++; // a = a + 1
06       System.out.println("a++ = " + a);       // 输出此时 a 的值
07       a++; // a = a + 1
08       System.out.println("a++ = " + a);       // 输出此时 a 的值
09       a++; // a = a + 1
10       System.out.println("a++ = " + a);       // 输出此时 a 的值
11       a--; // a = a - 1
12       System.out.println("a-- = " + a);       // 输出此时 a 的值
13   }
14 }
```

运行结果如下所示：

```
a = 1
a++ = 2
a++ = 3
a++ = 4
a-- = 3
```

自增自减运算符摆放位置不同，增减的操作顺序也会随之不同。前置的自增、自减运算符会先将变量的值加 1（减 1），然后再让该变量参与表达式的运算。后置的自增、自减运算符会先让变量参与表达式的运算，然后再将该变量加 1（减 1）。例如图 3.6 所示。

```
b=++a;        b=a++;
  ↓             ↓
a=a+1;        b=a;
b=a;          a=a+1;
```

图 3.6 自增运算符放在不同位置时的运算顺序

3.4 关系运算符

关系运算符属于二元运算符，用来判断一个操作数与另外一个操作数之间的关系。关系运算符的计算结果都是布尔类型的，它们如表 3.2 所示。

表 3.2 关系运算符

运算符	说明	实例	结果
==	等于	2 == 3	false
<	小于	2 < 3	true

续表

运算符	说明	实例	结果
>	大于	2 > 3	false
<=	小于等于	5 <= 6	true
>=	大于等于	7 >= 7	true
!=	不等于	2 != 3	true

实例 3.3

比较两个数字的关系

实例位置：资源包 \Code\03\03

创建 RelationalOperator 类，记录用户输入的两个数字，分别使用上表中的关系运算符判断这两个数字之间的关系，代码如下所示：

```
01 import java.util.Scanner;
02
03 public class RelationalOperator {
04   public static void main(String[] args) {
05       Scanner sc = new Scanner(System.in);                        // 创建扫描器，获取控制台输入的值
06       System.out.println("请输入两个整数，用空格隔开（num1 num2）：");  // 输出提示
07       int num1 = sc.nextInt();                                    // 记录输入的第一个数字
08       int num2 = sc.nextInt();                                    // 记录输入的第二个数字
09       System.out.println("num1<num2 的结果：" + (num1 < num2));      // 输出 " 小于 " 的结果
10       System.out.println("num1>num2 的结果：" + (num1 > num2));      // 输出 " 大于 " 的结果
11       System.out.println("num1==num2 的结果：" + (num1 == num2));    // 输出 " 等于 " 的结果
12       // 输出 " 不等于 " 的结果
13       System.out.println("num1!=num2 的结果：" + (num1 != num2));
14       // 输出 " 小于等于 " 的结果
15       System.out.println("num1<=num2 的结果：" + (num1 <= num2));
16       // 输出 " 大于等于 " 的结果
17       System.out.println("num1>=num2 的结果：" + (num1 >= num2));
18       sc.close(); // 关闭扫描器
19   }
20 }
```

运行结果如图 3.7 所示。

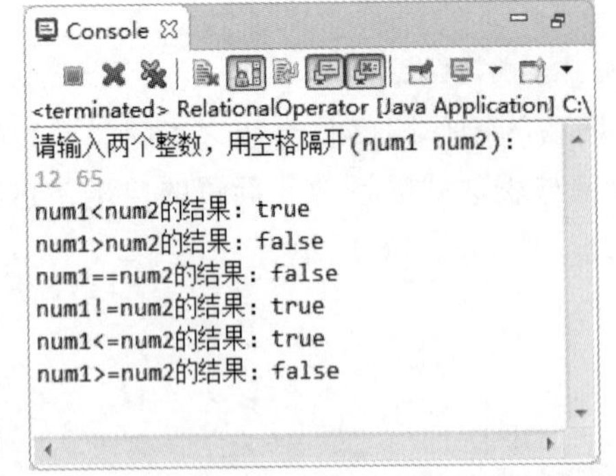

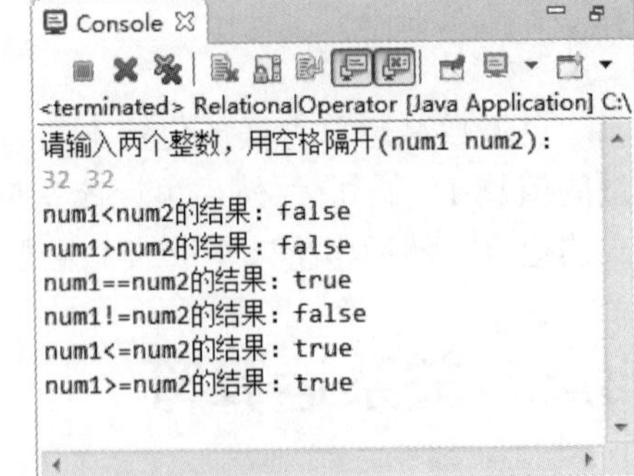

图 3.7　关系运算符比较两个数字的结果

3.5　逻辑运算符

假定某面包店在每周二的下午 7 点至 8 点和每周六的下午 5 点至 6 点，对生日蛋糕商品进行折扣让利促销活动，那么想参加折扣活动的顾客，就要在时间上满足这样的条件：周二并且 19:00 ～ 20:00 或者周六并且 17:00 ～ 18:00，这里就用到了逻辑关系。

逻辑运算符是对真和假这两种逻辑值进行运算，运算后的结果仍是一个逻辑值。逻辑运算符包括 &&（逻辑与）、||（逻辑或）和 !（逻辑非）。逻辑运算符计算的值必须是 boolean 型数据。在逻辑运算符中，除了“！”是一元运算符之外，其他都是二元运算符。Java 中的逻辑运算符如表 3.3 所示。

表 3.3　逻辑运算符

运算符	含义	举例	结果
&&	逻辑与	A && B	“对”与“错”= 错
||	逻辑或	A || B	“对”或“错”= 对
!	逻辑非	!A	不“对”= 错

注：为了方便理解，表格中将“真”“假”以“对”“错”的方式展示出来。

逻辑运算符的运算结果如表 3.4 所示。

表 3.4　逻辑运算符的运算结果

A	B	A&&B	A||B	！A
true	true	true	true	false
true	false	false	true	false
false	true	false	true	true
false	false	false	false	true

逻辑运算符与关系运算符同时使用，可以完成复杂的逻辑运算。

判断逻辑表达式的是与非

实例位置：资源包 \Code\03\04

创建 LogicalAndRelational 类，先利用关系运算符计算出布尔结果，再用逻辑运算符做二次计算，代码如下所示：

```
01 public class LogicalAndRelational {
02   public static void main(String[] args) {
03       int a = 2;                          // 声明 int 型变量 a
04       int b = 5;                          // 声明 int 型变量 b
05       // 声明 boolean 型变量，用于保存应用逻辑运算符 "&&" 后的返回值
06       boolean result = ((a > b) && (a != b));
07       // 声明 boolean 型变量，用于保存应用逻辑运算符 "||" 后的返回值
08       boolean result2 = ((a > b) || (a != b));
09       System.out.println(result);   // 将变量 result 输出
10       System.out.println(result2); // 将变量 result2 输出
11   }
12 }
```

运行结果如下所示：

```
false
true
```

3.6　复合赋值运算符

和其他主流编程语言一样，Java 中也有复合赋值运算符。所谓的复合赋值运算符，就是将赋值运算符与其他运算符合并成一个运算符来使用，从而同时实现两种运算符的效果。Java 中的复合运算符如表 3.5 所示。

以“+=”为例，虽然“a += 1”与“a = a + 1”两者的最后的计算结果是相同的，但是在不同的场景下，两种运算符都有各自的优势和劣势。

表 3.5　复合赋值运算符

运算符	说明	举例	等价效果
+=	相加结果赋予左侧	a += b;	a = a + b;
-=	相减结果赋予左侧	a -= b;	a = a - b;
*=	相乘结果赋予左侧	a *= b;	a = a * b;
/=	相除结果赋予左侧	a /= b;	a = a / b;
%=	取余结果赋予左侧	a %= b;	a = a % b;

① 低精度类型自增。在 Java 中，整数的默认类型为 int 型，所以这样的赋值语句会报错：

```
01 byte a = 1; // 创建 byte 型变量 a
02 a = a + 1; // 让 a 的值 +1，错误提示：无法将 int 型转换成 byte 型
```

在没有进行强制转换的条件下，a+1 的结果是一个 int 值，无法直接赋给一个 byte 变量。但是如果使用“+=”实现递增计算，就不会出现这个问题。

```
01 byte a = 1; // 创建 byte 型变量 a
02 a += 1; // 让 a 的值 +1
```

② 不规则的多值相加。“+=”虽然简洁、强大，但是有些时候是不好用的，比如下面这条语句：

```
a = (2 + 3 - 4) * 92 / 6;
```

这条语句如果改成复合赋值运算符就变得非常繁琐。

```
01 a += 2;
02 a += 3;
03 a -= 4;
04 a *= 92;
05 a /= 6;
```

注意

复合运算符中两个符号之间没有空格，不要写成“a + = 1;”这样错误的格式。

3.7　三元运算符

三元运算符的语法格式如下所示：

```
条件式 ? 值1 : 值2
```

三元运算符的运算规则：若条件式的值为 true，则整个表达式取“值 1”，否则取“值 2”。例如下面这条语句：

```
boolean b = 20 < 45 ? true : false;
```

如上例所示，表达式“20<45”的运算结果返回真，那么 boolean 型变量 b 取值为 true；相反，表达式如果“20<45”返回为假，则 boolean 型变量 b 取值 false。

三元运算符等价于 if…else 语句。

等价于“boolean b = 20 < 45 ? true : false;”的 if…else 语句如下所示：

```
01 boolean a; // 声明 boolean 型变量
02   if (20 < 45) // 将 20<45 作为判断条件
03       a = true; // 条件成立将 true 赋值给 a
04   else
05       a = false; // 条件不成立将 false 赋值给 a
```

3.8　圆括号

圆括号可以提高表达式中计算过程的优先级，在编写程序的过程中非常常用。如图 3.8 所示，使用圆括号更改运算的优先级，可以得到不同的结果。

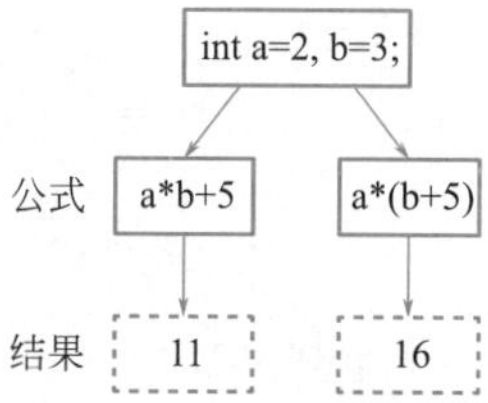

int a=2, b=3;
公式　a*b+5　a*(b+5)
结果　11　16

图 3.8　圆括号更改运算的优先级

3.9　运算符优先级

Java 中的表达式就是使用运算符连接起来的符合 Java 规则的式子。运算符的优先级决定了表达式中运算执行的先后顺序。通常优先级由高到低的顺序依次是：自增和自减运算、算术运算、比较运算、逻辑运算以及赋值运算。

如果两个运算有相同的优先级，那么左边的表达式要比右边的表达式先被处理。表 3.6 显示了在 Java 中众多运算符特定的优先级。

表 3.6　运算符的优先级

优先级	描述	运算符
1	括号	()
2	正负号	+、-
3	一元运算符	++、--、!
4	乘除	*、/、%
5	加减	+、-
6	比较大小	<、>、>=、<=
7	逻辑与运算	&&
8	逻辑或运算	||
9	三元运算符	?　:
10	赋值运算符	=

说明

在编写程序时尽量使用括号“()”运算符来限定运算次序，以免产生错误的运算顺序。

3.10　综合实例——精确地计算浮点数

当某个商品价格是 1.1 元，顾客现金支付 2 元时，使用基本数据类型进行找零运算会存在一些误差，其结果为 0.8999999999999999 元，而非 0.9 元，这是因为“1.1”是一个浮点数。为了能够精确地计算浮点数，Java 提供了 BigDecimal 类。

BigDecimal 类用于大数字的精确计算。它提供了用于对大数字进行加法、减法、乘法和除法的方法。具体如下所示：

① add() 方法。该方法实现两个 BigDecimal 类实例对象的加法运算，并将运算结果作为方法的返回值。该方法的声明如下所示：

```
public BigDecimal add(BigDecimal augend)
```

augend：与当前对象执行加法的操作数。

② subtract() 方法。该方法实现两个 BigDecimal 类实例对象的减法运算，并将运算结果作为方法的返回值。该方法的声明如下所示：

```
public BigDecimal subtract(BigDecimal subtrahend)
```

subtrahend：被当前对象执行减法的操作数。

③ multiply() 方法。该方法实现两个 BigDecimal 类实例对象的乘法运算，并将运算结果作为方法的返回值。该方法的声明如下所示：

```
public BigDecimal multiply(BigDecimal multiplicand)
```

multiplicand：乘法运算中的乘数。

④ divide() 方法。该方法实现两个 BigDecimal 类实例对象的除法运算，并将运算结果作为方法的返回值。该方法的声明如下所示：

```
public BigDecimal divide(BigDecimal divisor)
```

divisor：除法运算中的除数。

下面将在主方法中先定义两个 double 型变量并输出它们相减的结果，再用 BigDecimal 类的 subtract() 方法对相同的两个数进行减法运算，比较两个运行结果哪一个更精确。代码如下所示：

```
01 import java.math.BigDecimal;
02
03 public class AccuratelyFloat {
04   public static void main(String[] args) {
05       double money = 2;                              // 现有金额
06       double price = 1.1;                            // 商品价格
07       double result = money - price;
08       System.out.println(" 非精确计算 ");
09       System.out.println(" 剩余金额: " + result);      // 输出运算结果
10       // 精确浮点数的解决方法
11       BigDecimal money1 = new BigDecimal("2");       // 现有金额
12       BigDecimal price1 = new BigDecimal("1.1");     // 商品单击
13       BigDecimal result1 = money1.subtract(price1);
14       System.out.println(" 精确计算 ");
15       System.out.println(" 剩余金额: " + result1);     // 输出精确结果
16   }
17 }
```

上述代码的运行结果如下所示：

```
非精确计算
剩余金额: 0.8999999999999999
精确计算
剩余金额: 0.9
```

3.11 实战练习

① 判断 3 是不是偶数，再判断对 3 使用自增运算符后的结果是不是奇数。

② 通过互联网了解克莱姆法则后，使用克莱姆法则求解二元一次方程组：

$$\begin{cases} 21.8x + 2y = 28 \\ 7x + 8y = 62 \end{cases}$$

说明

克莱姆法则求解二元一次方程组的公式如图 3.9 所示。

$$\begin{matrix} ax + by = e \\ cx + dy = f \end{matrix} \qquad x = \frac{ed - bf}{ad - bc} \qquad y = \frac{af - ec}{ad - bc}$$

图 3.9 克莱姆法则求解二元一次方程组的公式

小结

本章着重讲解了 7 种运算符、圆括号和这 7 种运算符的优先级。当使用这些运算符时，要着重注意一下几个问题：①“a = b = c = 15;”这种编码方式虽然没有错误，但是不规范，因此不推荐；②“+”和“-”运算符还可以作为数据的正负符号（例如 +5、-7）；③自增、自减运算符可以放在变量之前，也可以放在变量之后；④关系运算符的计算结果都是布尔类型的；⑤逻辑运算符与关系运算符可以同时使用；⑥复合运算符中两个符号之间不能有空格；⑦在编写程序时尽量使用括号“( )”运算符来限定运算次序，以免产生错误的运算顺序。

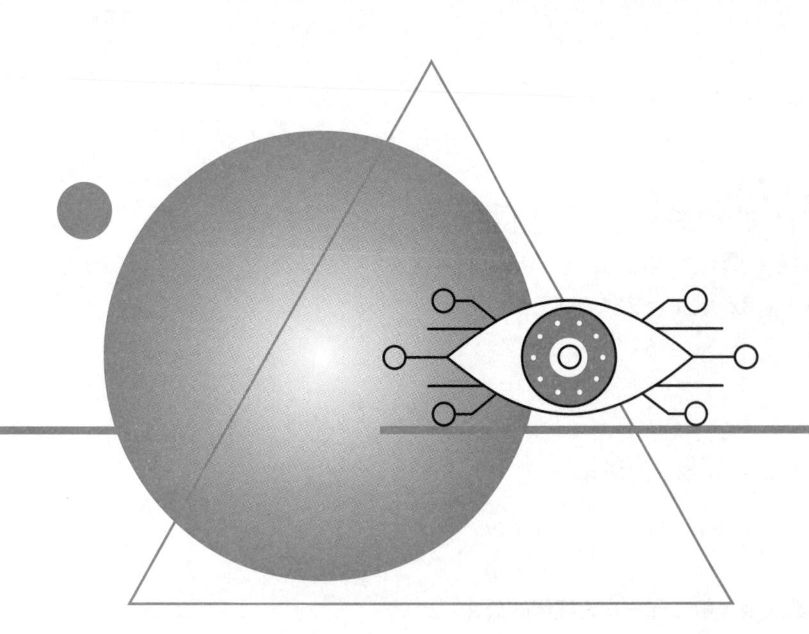

第4章 流程控制语句

Java 程序之所以能够按照开发人员的想法被执行，是因为程序中存在着控制语句。通过控制语句，能够改变程序被执行时的轨迹。在 Java 语言中，控制语句被分为分支和循环两类。其中，分支的作用是根据判断的结果（真或假）决定要被执行的一段语句序列；循环的作用是在满足一定条件下，反复执行一段语句序列。本章将分别对控制语句中分支和循环进行详解。

本章的知识结构如下图所示：

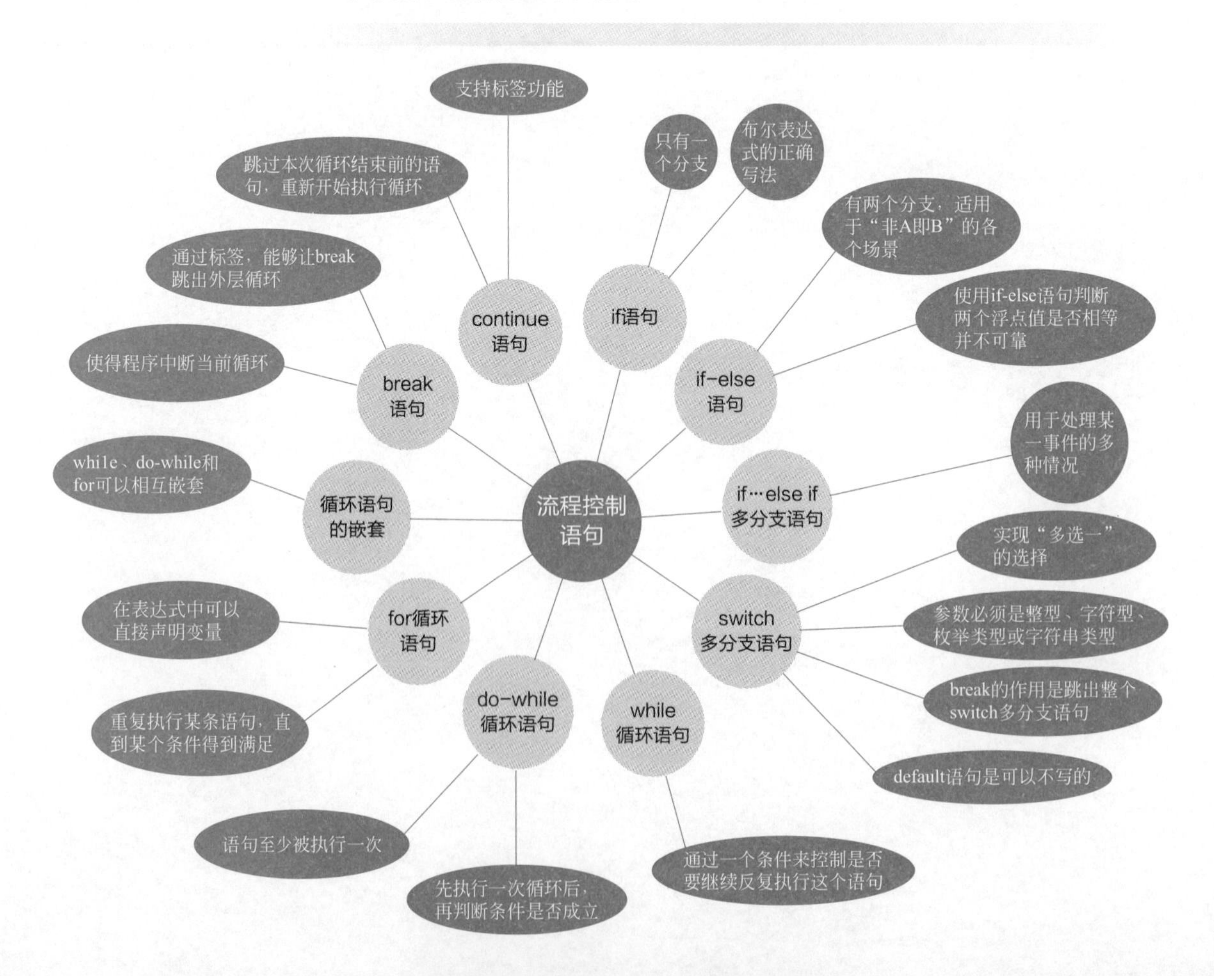

4.1 分支结构

所谓分支结构，指的是程序根据不同的条件执行不同的语句。如果把一个正在运行的程序比作一个小孩乘坐公交车，那么这个程序将有两个分支：一个分支是如果这个小孩的身高高于 1.2m，那么他需要购票；另一个分支是如果这个小孩的身高低于或等于 1.2m，那么他可以免费乘车。在 Java 语言中，分支结构包含 if 语句和 switch 语句。本节首先对 if 语句予以介绍。

4.1.1 if 语句

if 语句只有一个分支，即满足条件时执行 if 语句后“{}”中的语句序列；否则，不执行 if 语句后“{}”中的语句序列。if 语句的语法如下所示：

```
if (条件表达式或者布尔值) {
    语句序列 1
}
语句序列 2
```

说明

条件表达式的返回值必须是 true 或者 false。如果条件表达式的返回值是 true，那么程序先执行语句序列 1，再执行语句序列 2。如果条件表达式的返回值是 false，那么程序不执行语句序列 1，直接执行语句序列 2。

实例 4.1　是否缴纳个人所得税

实例位置：资源包 \Code\04\01

创建一个表示“税金”的 Taxes 类，在类中创建 main() 方法，在方法中创建 Scanner 类对象扫描用户在控制台上输入的工资。使用 if 语句作如下判断：如果工资不超过 5000 元，只扣除“五险一金”；如果工资超过 5000 元，除扣除“五险一金”外，还要缴纳个人所得税。代码如下所示：

```
01 import java.util.Scanner;                          // 引入扫描器类
02
03 public class Taxes {                               // 创建税金类
04     public static void main(String[] args) {
05         System.out.println("请输入您的工资金额：");     // 提示信息
06         Scanner sc = new Scanner(System.in);       // 用于控制台输入
07         // 把控制台输入的 double 型数值赋值给 double 型变量 salary（表示"工资"）
08         double salary = sc.nextDouble();
09         System.out.print("查询结果：");               // 提示信息
10         if (salary <= 5000) {                      // 如果输入的工资不超过 5000 元
11             System.out.println("只扣除"五险一金"");
12         }
13         if (salary > 5000) {                       // 如果输入的工资超过 5000 元
14             System.out.println("除扣除"五险一金"外，还要缴纳个人所得税");
15         }
16         sc.close();                                // 关闭扫描器对象
17     }
18 }
```

上述代码的运行结果如图 4.1 所示。

图 4.1　是否还要缴纳个人所得税

当使用 if 语句时，要注意以下两个问题：

① 省略必要的“{}”。在“{}”中，如果只有一条语句，那么可以省略“{}”。

在实例 4.1 中有如下代码：

```
01 if (salary <= 5000) { // 如果输入的工资不超过 5000 元
02     System.out.println(" 只扣除 " 五险一金 "");      →只有一条语句
03 }
```

因为上述代码“{}”中只有一条语句，所以“{}”能够被省略。省略“{}”后的代码如下所示：

```
01 if (salary <= 5000) // 如果输入的工资不超过 5000 元
02     System.out.println(" 只扣除 " 五险一金 "");
```

② 条件表达式后出现分号。在条件表达式后加上一个分号被看作是一个逻辑错误。如图 4.2 所示，这个错误既不是编译错误，又不是运行错误，而且 Eclipse 没有报错。因此，这个错误很难被发现。

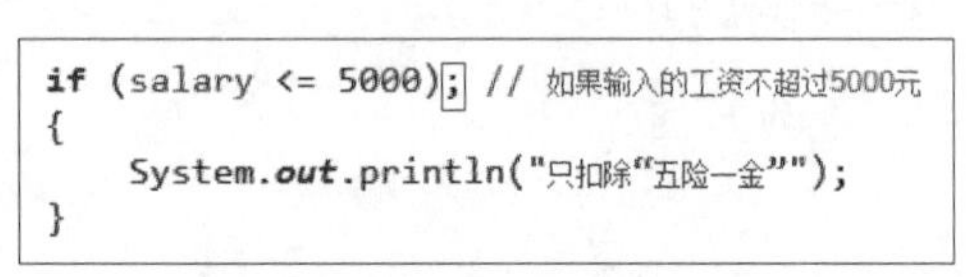
if (salary <= 5000); // 如果输入的工资不超过5000元
{
System.out.println("只扣除"五险一金"");
}
图 4.2　条件表达式后出现分号

为了避免如图 4.2 所示的这类错误，建议读者朋友在编写 if 语句时不要换行。

4.1.2　if-else 语句

在实例 4.1 中，使用两个 if 语句分别描述了工资不超过 5000 元和超过 5000 元的情况，这样的编码结构略显笨拙。因为程序需要进行两次判断：先判断输入的工资是否不超过 5000 元，再判断输入的工资是否超过 5000 元。

那么，是否有比 if 语句更便捷的分支结构，让程序从进行两次判断改善为仅进行一次判断？答案是肯定的，使用 if-else 语句，即可实现。

结合实例 4.1，所谓仅进行一次判断，即仅对输入的工资是否不超过 5000 元予以判断。具体的判断过程如下所示：如果工资不超过 5000 元，那么只扣除“五险一金”；反之，除扣除“五险一金”外，还要缴纳个人所得税。

if-else 语句有两个分支，即满足条件时，执行一个语句序列；否则，执行另一个语句序列。也就是说，if-else 语句适用于“非 A 即 B”的各个场景。if-else 语句的语法如下所示：

```
if ( 条件表达式 ) {
    语句序列 1
} else {
    语句序列 2
}
语句序列 3
```

说明

如果条件表达式的返回值是 true，那么程序先执行语句序列 1，再执行语句序列 3。如果条件表达式的返回值是 false，那么程序先执行语句序列 2，再执行语句序列 3。if-else 语句的执行流程如图 4.3 所示。

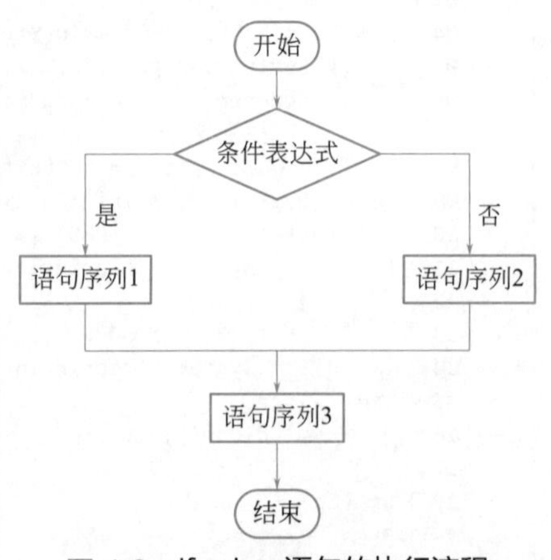
开始
条件表达式
是
否
语句序列1
语句序列2
语句序列3
结束
图 4.3　if-else 语句的执行流程

为了让实例 4.1 中程序从进行两次判断改善为仅进行一次判断，将使用 if-else 语句改写代码。代码如下所示：

```
01 if (salary <= 5000) { // 如果输入的工资不超过 5000 元
02     System.out.println(" 只扣除 " 五险一金 "");
03 } else { // 如果输入的工资超过 5000 元
04     System.out.println(" 除扣除 " 五险一金 " 外，还要缴纳个人所得税 ");
05 }
```

此外，当使用 if-else 语句判断两个浮点值是否相等时，要注意浮点值属于近似值，运算后的结果可能与实际有偏差。

例如，使用“==”运算符判断“2 − 0.1 − 0.1 − 0.1 − 0.1 − 0.1”的值是否是 1.5。代码如下所示：

```
01 double d = 2 - 0.1 - 0.1 - 0.1 - 0.1 - 0.1;
02 if (d == 1.5) {
03     System.out.println("d 的值是 1.5");
04 } else {
05     System.out.println("d 的值不是 1.5");
06 }
```

上述代码的运行结果如下所示：

```
d 的值不是 1.5
```

因此，使用 if-else 语句判断两个浮点值是否相等并不可靠，建议不要使用。

4.1.3 if…else if 多分支语句

在讲解 if…else if 多分支语句之前，先来了解下新的个税起征点升至 5000 元 / 月后，个税的征收级距发生的变化，新的个税征收级距如表 4.1 所示。

表 4.1　新的个税征收级距

征收级距（与 5000 元做差后的结果）（每月）	税率 /%
不超过 3000 元	3
超过 3000 ～ 12000 元的部分	10
超过 12000 ～ 25000 元的部分	20
超过 25000 ～ 35000 元的部分	25
超过 35000 ～ 55000 元的部分	30
超过 55000 ～ 80000 元的部分	35
超过 80000 元的部分	45

单独使用 if-else 语句，无法描述表 4.1 中的“征收级距”。为了解决这个问题，Java 提供了用于处理某一事件的多种情况的 if…else if 多分支语句。其语法格式如下所示：

```
if( 条件表达式 1){
    语句序列 1;
} else if( 条件表达式 2){
    语句序列 2;
}
… // 多个 else if 语句
} else {
    语句序列 n;
}
```

多分支 if-else 语句的执行流程如图 4.4 所示。

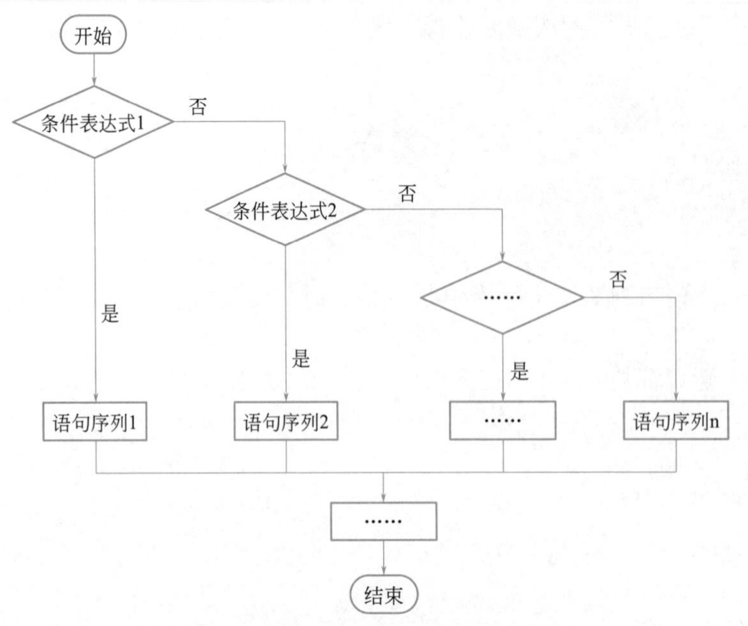

图 4.4　多分支 if-else 语句的执行流程

多分支 if...else if 语句和嵌套的 if-else 语句的作用是等价的，都能实现多重选择。使用多分支 if...else if 语句替换上小节嵌套的 if-else 语句。代码如下所示：

```
01 if (intervals <= 3000) {            // 结果不超过 3000 元
02     System.out.println(" 需缴纳 3% 的个税 ");
03 } else if (intervals <= 12000) { // 结果不超过 12000 元
04     System.out.println(" 需缴纳 10% 的个税 ");
05 } else if (intervals <= 25000) { // 结果不超过 25000 元
06     System.out.println(" 需缴纳 20% 的个税 ");
07 } else if (intervals <= 35000) { // 结果不超过 35000 元
08     System.out.println(" 需缴纳 25% 的个税 ");
09 } else if (intervals <= 55000) { // 结果不超过 55000 元
10     System.out.println(" 需缴纳 30% 的个税 ");
11 } else if (intervals <= 80000) { // 结果不超过 80000 元
12     System.out.println(" 需缴纳 35% 的个税 ");
13 } else {                          // 结果超过 80000 元
14     System.out.println(" 需缴纳 45% 的个税 ");
15 }
```

上述代码的运行结果如图 4.5 所示。

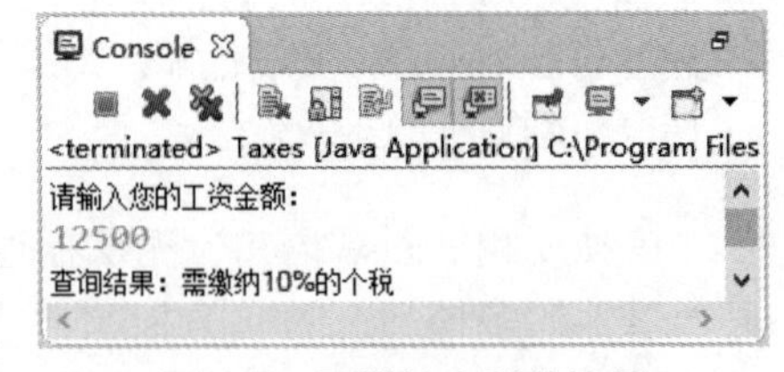

图 4.5　需缴纳个税的比例

4.1.4　switch 多分支语句

除嵌套 if-else 语句和多分支 if...else if 语句外，Java 还提供了更为简洁明了的 switch 语句，用以实现多重选择。switch 多分支语句的语法如下所示：

```
switch( 用于判断的参数 ){
case 值 1 : 语句序列 1; [break;]
case 值 2 : 语句序列 2; [break;]
......
case 值 n : 语句序列 n; [break;]
default : 语句序列 n+1; [break;]
}
```

注意

switch 多分支语句中的参数类型必须是整型、字符型、枚举类型或字符串类型（枚举类型和字符串类型将在本书的后续章节讲解），而且值 1 ～ n 的数据类型必须与参数类型相符。

当参数的值与 case 语句后的值相匹配时，程序开始执行当前 case 语句后的语句序列；当遇到 break 关键字时，程序将跳出 switch 多分支语句。

当参数的值与 case 语句后的值均不能匹配时，程序将执行 default 后的语句序列。其中，default 后的语句序列被称作默认情况下被执行的语句序列。

实例 4.2 是否缴纳个人所得税

实例位置：资源包 \Code\04\02

根据表 4.1 中的数据，使用 switch 语句编写一个程序：当用户在控制台上输入需缴纳的个税百分比，控制台输出相匹配的当月的工资范围。代码如下所示：

```
01 import java.util.Scanner;                                  // 引入扫描器类
02
03 public class Taxes {                                       // 创建税金类
04     public static void main(String[] args) {
05         System.out.println("请输入您需缴纳的个税百分比（%）: "); // 提示信息
06         Scanner sc = new Scanner(System.in);               // 用于控制台输入
07         int percent = sc.nextInt();                        // 表示用户输入的个税百分比
08         System.out.print("您当月的工资范围（元）: ");          // 提示信息
09         switch (percent) {
10         case 0: // 用户输入的个税百分比为 0%
11             System.out.println("0 ～ 5000");
12             break;
13         case 3: // 用户输入的个税百分比为 3%
14             System.out.println("5000 ～ 8000");
15             break;
16         case 10: // 用户输入的个税百分比为 10%
17             System.out.println("8000 ～ 17000");
18             break;
19         case 20: // 用户输入的个税百分比为 20%
20             System.out.println("17000 ～ 30000");
21             break;
22         case 25: // 用户输入的个税百分比为 25%
23             System.out.println("30000 ～ 40000");
24             break;
25         case 30: // 用户输入的个税百分比为 30%
26             System.out.println("40000 ～ 60000");
27             break;
28         case 35: // 用户输入的个税百分比为 35%
29             System.out.println("60000 ～ 85000");
30             break;
31         case 45: // 用户输入的个税百分比为 45%
32             System.out.println("85000 以上");
33             break;
34         default: // 用户输入的个税百分比不是上述 case 语句后的值
35             System.out.println("查询无结果！ \n 请查阅个税百分比后，再输入……");
36             break;
37         }
```

```
38          sc.close(); // 关闭控制台输入
39      }
40 }
```

上述代码的运行结果如图 4.6 所示。

以上述代码为例，如果省略 default 部分（图 4.7），当控制台输入的值为 26 时，程序的运行结果如图 4.8 所示。

从图 4.8 可知，虽然 default 部分能被省略，但是当控制台输入的值与 case 语句后的值不能匹配时，程序没有输出任何结果。因此，在程序设计过程中，要尽量保留并编写 default 部分的功能代码。

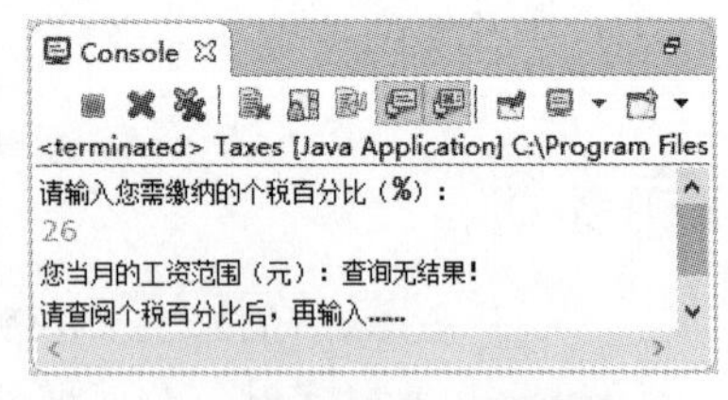

图 4.6　查询当月的工资的范围

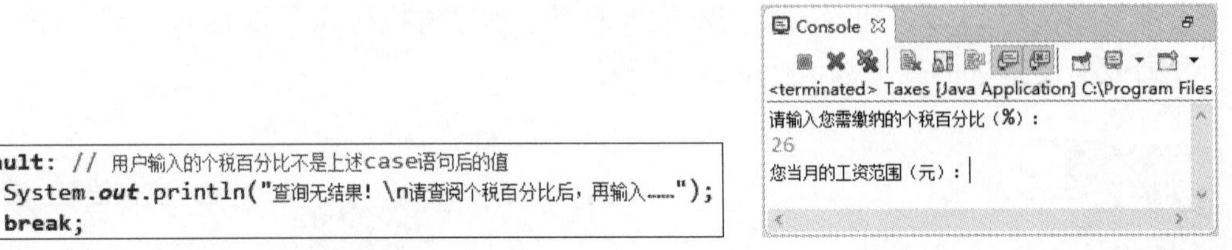

图 4.7　default 部分被省略

图 4.8　去掉 default 部分的运行结果

4.2　循环结构

循环结构可以简单地被理解为让程序重复地执行某一个语句序列，其中，语句序列被重复执行的次数是可控的。Java 提供了 3 种循环结构：while 循环、do-while 循环和 for 循环。下面将分别讲解。

4.2.1　while 循环

while 循环由条件表达式和 while 后面“{}”中的语句序列组成。while 循环的语法格式如下所示：

```
while（条件表达式）{
    语句序列；
}
```

条件表达式控制着 while 后面“{}”中的语句序列的执行。当条件表达式的返回值为 true 时，语句序列将被重复执行；当条件表达式的返回值为 false 时，while 循环被结束，程序将执行 while 循环后的其他语句序列。while 循环的执行流程如图 4.9 所示。

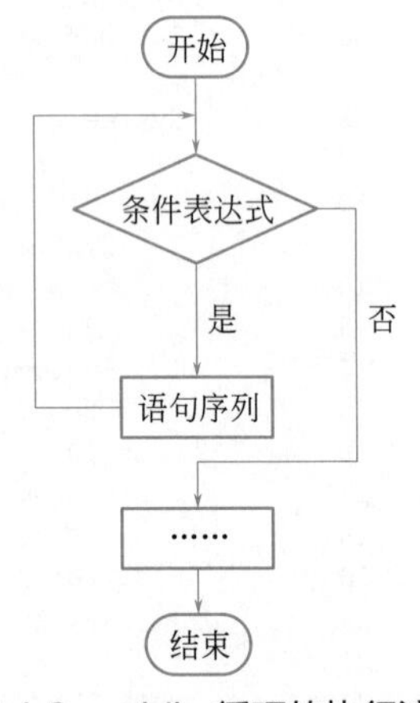

图 4.9　while 循环的执行流程

学生报数

实例位置：资源包 \Code\04\03

使用 while 循环模拟体育课上老师要求学生进行 1 ～ 20 的报数。代码如下所示（只提供类体部分的代码）：

```
01 int number = 1; // 报数从"1"开始
02 while (number <= 20) { // 报数时的数值不能超过 20
03     System.out.print(number + " "); // 控制台输出 number 的值
04     number++; // 相当于"number = number + 1;"
05 }
```

上述代码的运行结果如下所示：

```
1 2 3 4 5 6 7 8 9 10 11 12 13 14 15 16 17 18 19 20
```

使用 while 循环时，要避免以下几个常见错误：

① 如果在条件表达式后使用分号，那么 while 循环将被过早地结束，而且其中的语句序列将被视为空。以实例 4.3 为例，在 while (number <= 20) 后加分号。代码如下所示：

```
int number = 1;
while (number <= 20);  ← 在条件表达式后使用分号
```

上述代码等价于：

```
int number = 1;
while (number <= 20) {};  ← 语句序列将被视为空
```

② 如果把报数实例中的“number++”删掉，代码如下所示：

```
01 int number = 1;                          // 报数从 "1" 开始
02 while (number <= 20) {                   // 报数时的数值不能超过 20
03     System.out.print(number + " ");// 控制台输出 number 的值
04 }
```

上述代码的运行结果如图 4.10 所示。

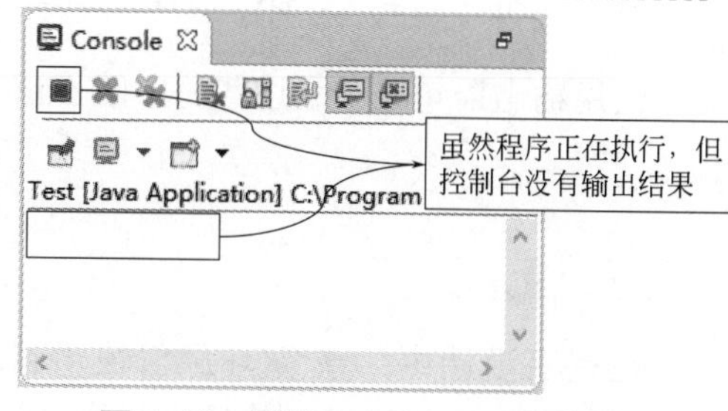

图 4.10 删掉 number++ 后的结果

这是因为 number 的值始终为 1，所以 number <= 20 的返回值始终为 true，while 循环就会始终被执行，成为无限循环。无限循环是一个常见的程序设计错误，要尽量避免。

③ 在程序设计过程中，循环经常会多执行一次或少执行一次，这类错误被称为“差一错误”。以实例 4.3 为例，如果把“number <= 20”写作“number < 20”，代码如下所示：

```
01 int number = 1;                          // 报数从 "1" 开始
02 while (number < 20) {                    // 报数时的数值不能超过 20
03     System.out.print(number + " ");// 控制台输出 number 的值
04     number++;                            // 相当于 "number = number + 1;"
05 }
```

上述代码的运行结果如下所示：

```
1 2 3 4 5 6 7 8 9 10 11 12 13 14 15 16 17 18 19
```

本例要模拟的是 1～20 的报数过程，但运行结果却是 1～19 的报数过程，这说明条件表达式被修改为“number < 20”后，使得循环少执行一次。

4.2.2 do-while 循环

do-while 循环和 while 循环的组成部分是相同的，不同的是 do-while 循环先执行一次 do 后面“{}”中的语句序列，再对条件表达式进行判断。如果条件表达式的返回值为 true，那么重复执行语句序列；如果条件表达式的返回值为 false，那么 do-while 循环被结束。do-while 循环的执行流程如图 4.11 所示。

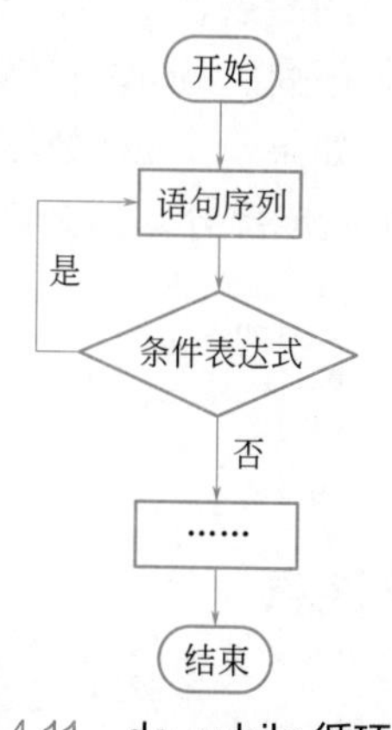

图 4.11 do-while 循环的执行流程

do-while 循环可以被理解为由 while 循环演变而来的。do-while 循环的语法格式如下所示：

```
do {
    语句序列 ;
} while ( 条件表达式 );
```

注意

do-while 循环结尾处的分号不能被省略。

实例 4.4 计算 1 ～ 20 的和

实例位置：资源包 \Code\04\04

使用 do-while 循环计算 1 ～ 20 的和。代码如下所示（只提供类体部分的代码）：

```
01 int number = 1;            // 起始数字为 1
02 int sum = 0;               // 初始时，和为 0
03 do {
04     sum = sum + number;    // 从 1 开始求和
05     number++;              // 等价于 "number = number + 1"
06 } while (number <= 20);    // 如果 number 的值超过 20，do-while 循环被结束
```

使用输出语句输出上述代码中的 sum 值，运行结果如下所示：

```
sum 值为 210
```

4.2.3 for 循环

在程序设计中，for 循环经常被用到。for 循环由初始化语句、判断条件语句和控制条件语句组成，并且使用英文格式下的分号，将各个组成部分分隔开。for 循环的语法格式如下所示：

```
for( 初始化语句 ; 判断条件语句 ; 控制条件语句 ) {
    语句序列 ;
}
```

当程序执行至 for 循环时，首先执行初始化语句；然后执行判断条件语句，如果判断条件语句的返回值为 true，将执行 for 循环中的语句序列，否则结束 for 循环；for 循环中的语句序列被执行后，接着执行控制条件语句；最后，程序返回至判断条件语句，根据判断条件语句的返回值判断是否继续执行 for 循环中的语句序列。for 循环的执行流程如图 4.12 所示。

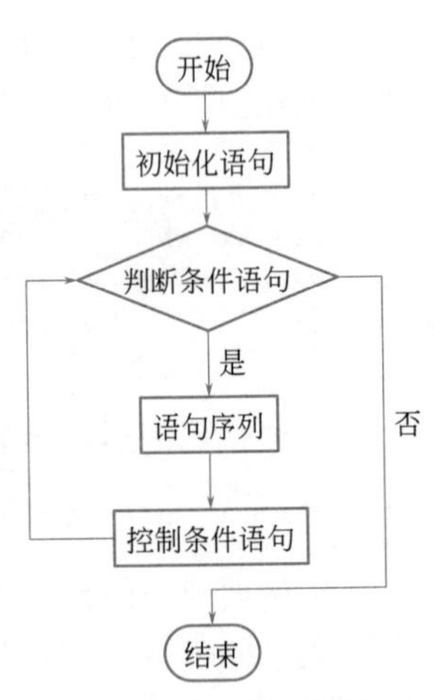

图 4.12 for 循环的执行流程

如果一个 for 循环同时省略了初始化语句、判断条件语句和控制条件语句这 3 个组成部分，那么这个 for 循环被称作无限循环。代码如下所示：

```
01 for ( ; ; ) {
02     // 语句序列
03 }
```

注意

虽然上述 for 循环省略了条件表达式，但是被省略的条件表达式被看作 true。因此，上述 for 循环也可写作如下格式：

```
01 for ( ;true; ) {
02     // 语句序列
03 }
```

4.2.4 嵌套 for 循环

当一个 for 循环被用在另一个 for 循环中时，就形成了嵌套 for 循环。嵌套 for 循环由一个外层 for 循环和一个或多个内层 for 循环组成。每当重复执行一次外层 for 循环时，程序将再次进入到内层 for 循环。

实例 4.5

输出九九乘法表

实例位置：资源包 \Code\04\05

使用嵌套 for 循环在控制台上输出如图 4.13 所示的九九乘法表。代码如下所示（只提供类体部分的代码）：

```
01 for(int i = 1;i <= 9;i++){          // i 的取值范围是从 1 ～ 9
02     for(int j = 1;j <= i;j++){      // j 的取值范围是从 1 ～ 9
03         // 不换行输出乘法表
04         System.out.print(j + "*" + i + "=" + i * j + "\t");
05     }
06     System.out.println();           // 在外层循环中换行
07 }
```

对于上述代码，控制外层 for 循环的变量是 i，控制内层 for 循环的变量是 j。在内层 for 循环中，针对每个 i 值，j 依次从 1 ～ 9 取值，这样就能够在每一行输出 i * j 的值。

```
1*1=1
1*2=2   2*2=4
1*3=3   2*3=6   3*3=9
1*4=4   2*4=8   3*4=12  4*4=16
1*5=5   2*5=10  3*5=15  4*5=20  5*5=25
1*6=6   2*6=12  3*6=18  4*6=24  5*6=30  6*6=36
1*7=7   2*7=14  3*7=21  4*7=28  5*7=35  6*7=42  7*7=49
1*8=8   2*8=16  3*8=24  4*8=32  5*8=40  6*8=48  7*8=56  8*8=64
1*9=9   2*9=18  3*9=27  4*9=36  5*9=45  6*9=54  7*9=63  8*9=72  9*9=81
i j
```

图 4.13　九九乘法表的效果图

4.3 控制循环结构

Java 提供了 break 和 continue 等关键字，用于控制程序在循环结构中的执行流程。因此，开发人员运用这些关键字，能够让程序设计更方便、更简洁。本节将分别讲解上述两个关键字的用法。

4.3.1 break

在 switch 语句中，break 能够使程序跳出 switch 多分支语句。如果 break 被用在循环结构中，那么当程序遇到 break 时，当前循环将被结束。break 有两种使用情况：一个是常被用到的不带标签的 break，另一个是带标签的 break。

1. 不带标签的 break

输出当和大于 1000 时的整数值

实例位置：资源包 \Code\04\06

模拟一道奥数题：对 1 ～ 100 之间的整数依次求和，在控制台上输出当和大于 1000 时的整数值。代码如下所示（只提供类体部分的代码）：

```
01 int max = 1000;                      // 最大和
02 int sum = 0;                         // 初始时，和为 0
03 for (int i = 1; i <= 100; i++) {     // i 的取值范围是从 1 ～ 100
04     sum += i;
05     if (sum > max) {                 // 如果已经求得的和大于 1000
06         System.out.println(" 和为 " + sum + " 时的整数值为 " + i);
07         break;                       // 结束 for 循环
08     }
09 }
```

上述代码的运行结果如下所示：

```
和为 1035 时的整数值为 45
```

上述代码不使用 break 的运行结果如下所示：

```
和为 1035 时的整数值为 45
和为 1081 时的整数值为 46
……
和为 4950 时的整数值为 99
和为 5050 时的整数值为 100
```

综上，因为在程序中使用了 break，所以当和大于 1000 时，for 循环就会被结束。如果省略了 break，那么程序将陆续输出和大于 1000 时的所有整数值。

2. 带标签的 break

带标签的 break 常用于嵌套 for 循环。使用带标签的 break 之前，开发人员要先为某个 for 循环添加标签（标签属于标识符的一种，能够被程序识别），再使用“break 标签名 ;”语句，指定 break 结束被添加标签的 for 循环。

实例 4.7 描述一辆车的行驶过程

实例位置：资源包 \Code\04\07

一辆油电混合轿车在充满电的情况下，纯电动模式以 80km/h 的速度匀速行驶，可行驶 8h；8h 后，还可以用汽油继续行驶 100km。

使用带标签的 break 编写一个程序：在这辆车的剩余电量只能行驶 5h，且油箱里没有可用的汽油的情况下（图 4.14），在控制台上输出这辆车的行驶过程。代码如下所示（只提供部分代码）：

图 4.14　一辆油电混合轿车的实时信息

```
01 int leftTime = 5;                            // 这辆车的剩余电量只能行驶 5 小时
02 boolean oilOrNot = false;                    // 油箱里没有可用的汽油
03 loop:                                        // 标签名为 loop，用来标记其紧邻的 for 循环
04 for (int i = 1; i <= 8; i++) {               // 这辆车在充满电的情况下，以纯电动的模式可行驶 8 小时
05     System.out.println(" 已行驶 " + i + " 小时 ");   // 记录已行驶的时间
06     if (i == leftTime) {                     // 这辆车已行驶 5 小时
```

```
07         for (int j = 0; j <= 100; j++) {     // 这辆车用汽油还可以继续行驶 100 公里
08             if (oilOrNot == false) {         // 油箱里没有可用的汽油
09                 System.out.println("油箱里没有可用的汽油，不能继续行驶。"); // 提示信息
10                 break loop;                  // 结束 loop 标记的 for 循环
11             }
12         }
13     }
14 }
```

这辆车的行驶过程如下所示：

```
已行驶 1 小时
……
已行驶 5 小时
油箱里没有可用的汽油，不能继续行驶。
```

注意

标签名的首字母一般为小写格式。此外，标签必须紧邻被其标记的 for 循环，正确的两种编码格式如下所示。

格式一：

```
01 loop:
02 for (int i = 1; i <= 8; i++) { // 这辆车在充满电的情况下，以纯电动的模式可行驶 8 小时
03     // 语句序列
04 }
```

格式二：

```
01 loop: for (int i = 1; i <= 8; i++) { // 这辆车在充满电的情况下，以纯电动的模式可行驶 8 小时
02     // 语句序列
03        }
```

4.3.2 continue

在 for、while 和 do-while 循环中，程序遇到 continue 时，先结束本次循环，再立即验证条件表达式的返回值，如果返回值为 true，那么将执行下一次循环；如果返回值为 false，那么循环将被结束。也就是说，continue 不会像 break 一样，立即结束循环。

实例 4.8 输出 1 ～ 100 之间所有偶数的和

实例位置：资源包 \Code\04\08

使用 continue 计算从 1 到 100 之间所有偶数的和。代码如下所示（只提供类体部分的代码）：

```
01 int sum = 0;                                     // 初始时，和为 0
02 for (int i = 1; i <= 100; i++) {                 // i 的取值范围为 1 ～ 100
03     if (i % 2 != 0) {                            // 如果 i 是奇数
04         continue;                                // 结束本次循环
05     }
06     sum += i;                                    // 如果 i 是偶数，开始求和。等价于 sum = sum + i;
07 }
08 System.out.println("2 + 4 + ... + 100 = " + sum);    // 输出 1 到 100 之间所有偶数的和
```

上述代码的运行结果如下所示：

```
2 + 4 + ... + 100 = 2550
```

4.4 综合实例——打印空心的菱形

打印空心的菱形实质上是在打印菱形的基础上加大了难度，其核心技术是嵌套 for 循环。

创建一个 Diamond 类，在这个类的主方法中有两个嵌套 for 循环分别打印了这个空心菱形的上半部分与下半部分。代码如下所示：

```
01 public class Diamond {
02   public static void main(String[] args) {
03       int size = 10;
04       if (size % 2 == 0) {
05           size++;                        // 计算菱形大小
06       }
07       for (int i = 0; i < size / 2 + 1; i++) {
08           for (int j = size / 2 + 1; j > i + 1; j--) {
09               System.out.print(" ");      // 输出左上角位置的空白
10           }
11           for (int j = 0; j < 2 * i + 1; j++) {
12               if (j == 0 || j == 2 * i) {
13                   System.out.print("*");  // 输出菱形上半部边缘
14               } else {
15                   System.out.print(" ");  // 输出菱形上半部空心
16               }
17           }
18           System.out.println("");
19       }
20       for (int i = size / 2 + 1; i < size; i++) {
21           for (int j = 0; j < i - size / 2; j++) {
22               System.out.print(" ");      // 输出菱形左下角空白
23           }
24           for (int j = 0; j < 2 * size - 1 - 2 * i; j++) {
25               if (j == 0 || j == 2 * (size - i - 1)) {
26                   System.out.print("*");  // 输出菱形下半部边缘
27               } else {
28                   System.out.print(" ");  // 输出菱形下半部空心
29               }
30           }
31           System.out.println("");
32       }
33   }
34 }
```

上述代码的运行结果如下所示：

```
     *
    * *
   *   *
  *     *
 *       *
*         *
 *       *
  *     *
   *   *
    * *
     *
```

4.5 实战练习

① BMI 身体质量指数的等级划分标准如下。

- “偏轻”，BMI 小于 18.5；
- “正常”，BMI 大于等于 18.5，小于 25；
- “偏重”，BMI 大于等于 25，小于 30；
- “肥胖”，BMI 大于等于 30。

根据控制台输入的身高（单位：m）、体重（单位：kg），输出 BMI 指数以及与该 BMI 指数对应的等级。

② 猜数字游戏。假设目标数字为 147，使用 while 循环实现控制台的多次输入，猜对终止程序。

小结

本章介绍了流程控制语句，其中包括分支结构、循环结构和控制循环结构。通过使用 if 语句和 switch 语句，能够控制程序根据不同的条件执行不同的语句；通过 while、do-while 循环语句和 for 循环语句，能够让程序重复地执行某一个语句序列，其中，语句序列被重复执行的次数是可控的；通过 break 和 continue，能够控制程序在循环结构中的执行流程。通过本章的学习，要学会根据具体需求恰当地使用流程控制语句，进而实现特定的功能。

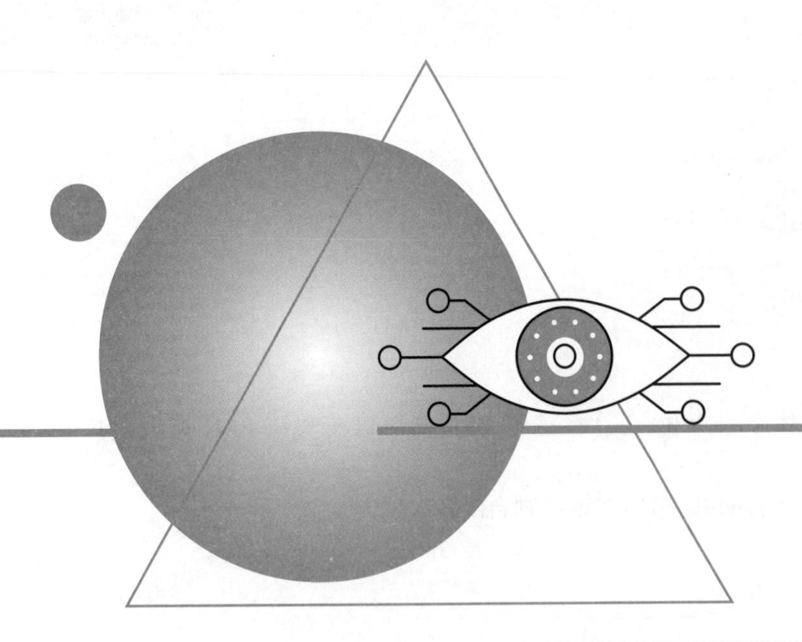

第5章 数组

扫码领取

· 教学视频
· 配套源码
· 练习答案
· ……

数组相当于一个容器，是一种重要的数据结构，用于存储一定数量的、同一种数据类型的数据。Java 同其他编程语言一样，把数组中的这些数据称作元素。为了操作这些元素，数组会对存储进来的元素进行编号，这些编号被称作元素的下标，元素的下标从 0 开始。本章先从元素和元素的下标讲起，再着重讲解一维数组及其基本操作，最后讲解二维数组的相关内容。

本章的知识结构如下图所示：

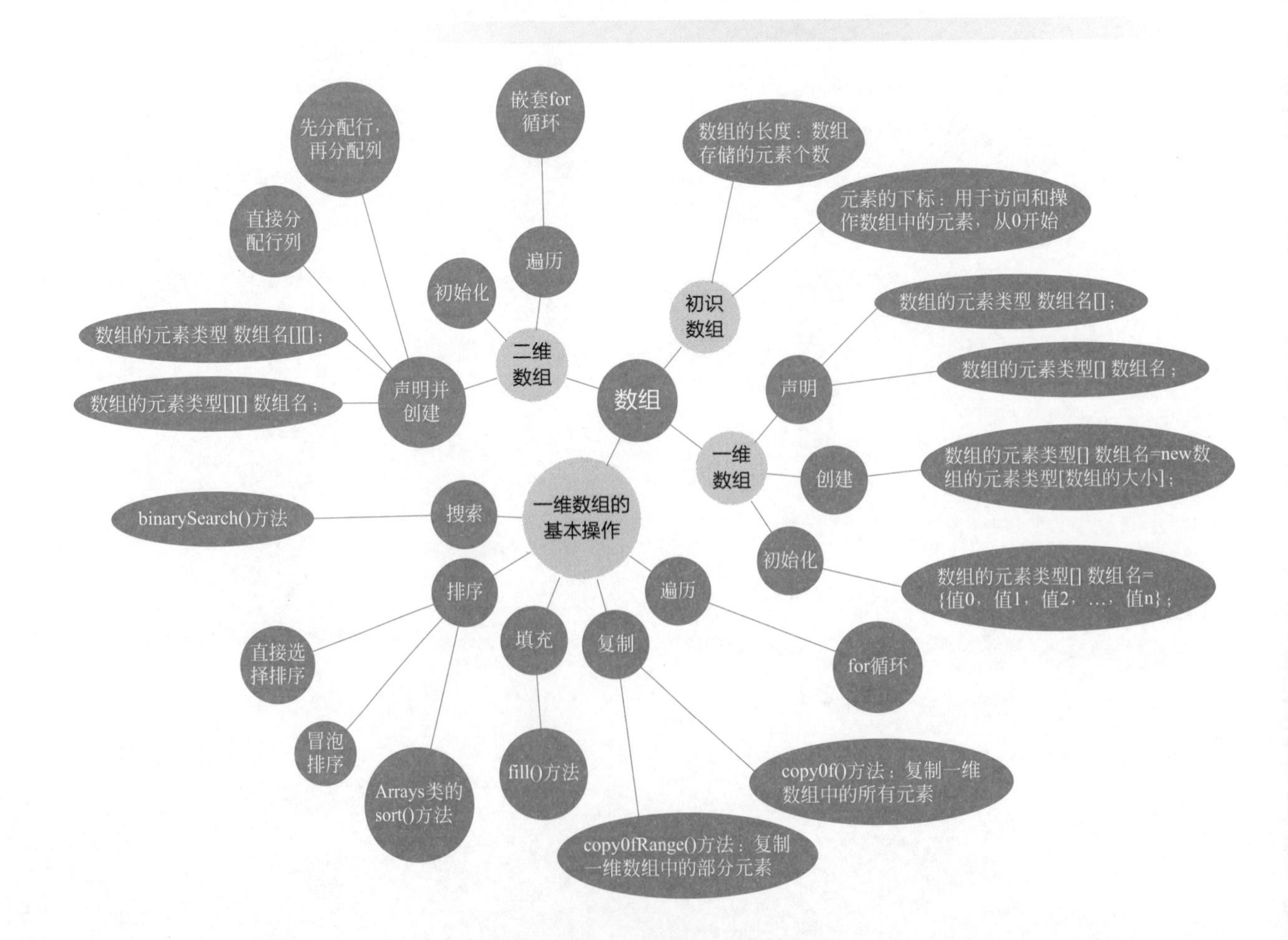

5.1 初识数组

为了处理程序设计过程中越来越庞大的数据量，Java 引入了数组。数组是一种数据结构（即计算机存储、组织数据的方式），用于存储指定个数的、具有相同数据类型的变量，这些个变量被称作元素。

Java 数组有两个重要的概念：数组的大小和数组中元素的下标。数组的大小指的是数组的长度，即数组能够存储的元素个数。如果把一辆限员 52 人的巴士车看作一个数组，那么这个数组的大小（即数组的长度）为 52。也就是说，这个数组能够存储的元素个数也为 52，示意图如图 5.1 所示。

图 5.1　把巴士车看作数组

数组中的元素是用于访问和操作的，为此 Java 提供了元素的下标予以实现。也就是说，通过元素的下标即可访问和操作数组中的元素。因为数组中的元素是连续摆放的，所以元素的下标也是连续的。但是，数组中第 1 个元素的下标为 0，不是 1。示意图如图 5.2 所示。

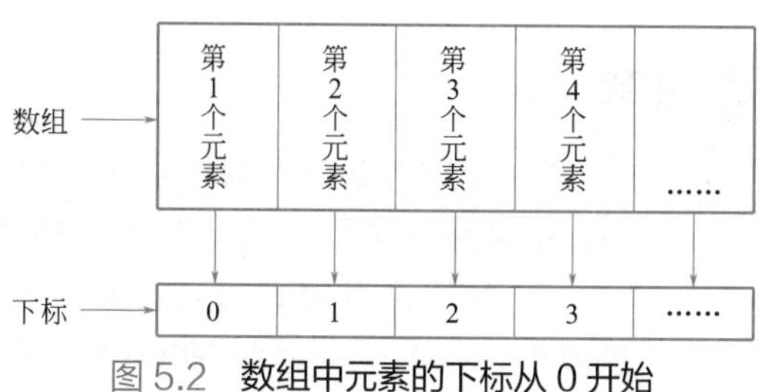

图 5.2　数组中元素的下标从 0 开始

Java 数组比较常用的是一维数组和二维数组。下面先对一维数组予以介绍。

5.2 一维数组

一维数组有两种常见的理解方式：其一，如果把内存看作一张 Excel 表格，那么一维数组中的元素将被存储在这张 Excel 表格的某一行；其二，一维数组可以被看作一个存储指定个数的、具有相同数据类型的变量的集合。本节将依次介绍一维数组的声明、创建和初始化这 3 方面内容。

说明

集合是指多个具有某种相同性质的、具体的或抽象的对象所构成的集体。

5.2.1 声明

在使用一维数组之前，不仅需要确定数组的元素类型，而且需要为一维数组命名（即引用一维数组时所使用的变量名），还需要使用符号“[ ]”，这个过程被称作一维数组的声明。声明一维数组的语法格式如下所示：

```
数组的元素类型 数组名[];
数组的元素类型[] 数组名;    —— 推荐使用，因为这种格式在程序设计过程中的使用频率更高
```

例如，声明一个 double 型的一维数组，用于存储一家超市上百件商品的价格。代码如下所示：

```
double prices[];
```

上述代码等价于：

```
double[] prices;
```

5.2.2 创建

声明一维数组后，需要使用 new 关键字创建一维数组。在创建一维数组的过程中，还需要确定数组的大小（即数组的长度）。创建一维数组的语法格式如下所示：

```
数组的元素类型 [] 数组名 = new 数组的元素类型 [ 数组的大小 ];
```

例如，声明一个 char 型的一维数组，用于存储 26 个大写的英文字母。代码如下所示：

```
char letters[] = new char[26];  ——推荐使用
```

上述代码等价于：

```
char letters[];
letters = new char[26];
```

注意

① 数组的大小在创建一维数组时，必须予以确定。否则，Eclipse 将会报错。以上述代码为例，如果省略了数组的大小 26，那么代码所在行的行标处将出现红叉，示意图如图 5.3 所示。

②“=”左右的数组的元素类型必须保持一致，否则，Eclipse 将会出现错误提示。以上述代码为例，如果一维数组 letters 的数据类型被替换为 int，那么 Eclipse 将提示须把数组 letters 的数据类型更正为 char，示意图如图 5.4 所示。

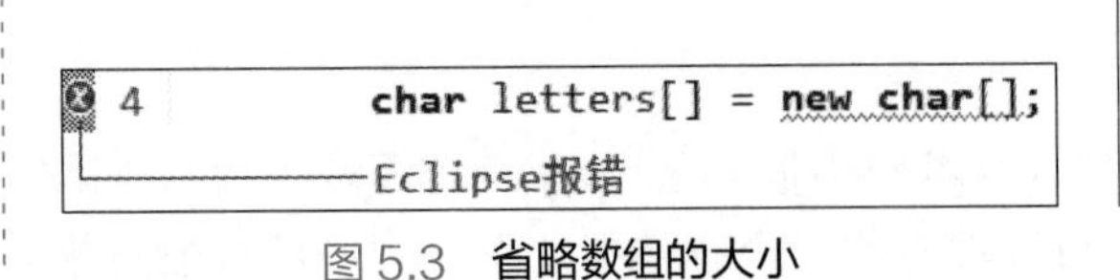

图 5.3 省略数组的大小

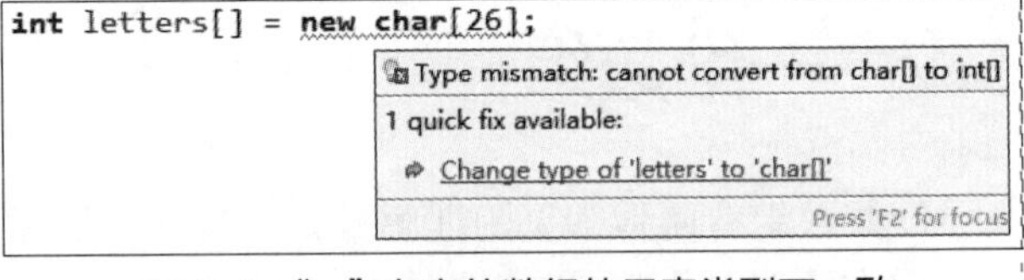

图 5.4 “=”左右的数组的元素类型不一致

5.2.3 初始化

一维数组的初始化指的是为一维数组中的元素赋值。例如，letters 是已经被创建的、char 型的、大小为 26 的一维数组，用于存储 26 个大写的英文字母。下面将为 letters 中的元素赋值。代码如下所示：

```
letters[0] = 'A';
letters[1] = 'B';
letters[2] = 'C';
......
letters[7] = 'H';
letters[8] = 'I';
letters[9] = 'J';
......
letters[14] = 'O';
letters[15] = 'P';
letters[16] = 'Q';
......
letters[23] = 'X';
letters[24] = 'Y';
letters[25] = 'Z';
```

注意

一旦数组的元素类型被确定后，数组中所有元素的数据类型都必须与数组的元素类型保持一致。否则，Eclipse 将会出现如图 5.5 所示的错误提示。

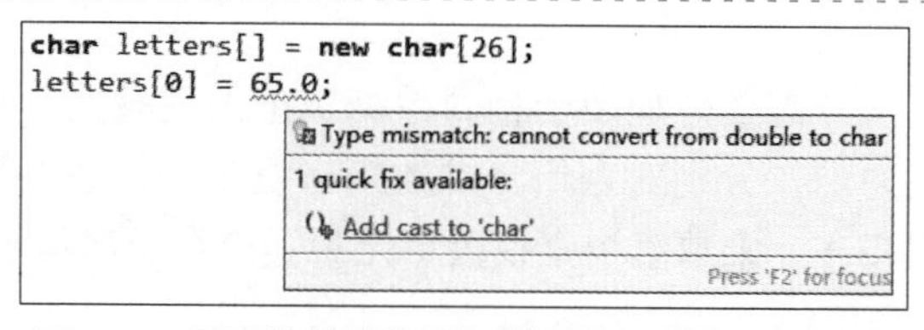

图 5.5　元素的数据类型与数组的元素类型不一致

说明

在图 5.5 中，letters 是 char 型数组，65.0 是 double 型值，这使得“=”左右两端的数据类型不一致。因此，Eclipse 提示要把 double 型的 65.0 强制转换为 char 型。

在为 letters 中的元素赋值的过程中，需要编写 26 行几乎完全相同的代码，这样不仅占篇幅，而且使得程序看起来很笨重。那么，应该如何优化这 26 行几乎完全相同的代码呢？答案就是使用 for 循环。代码如下所示：

```
01 /* i：元素的下标，从 0 开始；最后一个元素的下标为（letters.length – 1）
02  * j：在 ASCII 表中，大写字母 A 对应的 int 型值为 65
03  */
04 for (int i = 0, j = 65; i < letters.length; i++, j++) {
05     letters[i] = (char) j; // letters 是 char 型数组，因此，要把 int 型的 j 强制转换为 char
06 }
```

“数组名.length”表示的是数组的大小

初始化一维数组的方式方法除上述方法外，还可以把数组的声明、创建和初始化合并为一条语句，这条语句的语法格式如下所示：

```
数组的元素类型 [] 数组名 = { 值 0, 值 1, 值 2, …, 值 n};
```

因此，把 26 个大写的英文字母存储在 char 型数组 letters 中，还可以写作如下形式：

```
char[] letters = {'A', 'B', 'C', 'D', 'E', 'F', 'G',
        'H', 'I', 'J', 'K', 'L', 'M', 'N',
        'O', 'P', 'Q', 'R', 'S', 'T',
        'U', 'V', 'W', 'X', 'Y', 'Z'};
```

语法中的“}”和“;”有且只有一个，而且一个都不能少

注意

上述代码既可以写作一行代码，又可以写作多行代码，但需要注意以下内容。

① 上述代码中的所有标点必须是英文格式下的，否则，Eclipse 将会报错，效果图如图 5.6 所示。

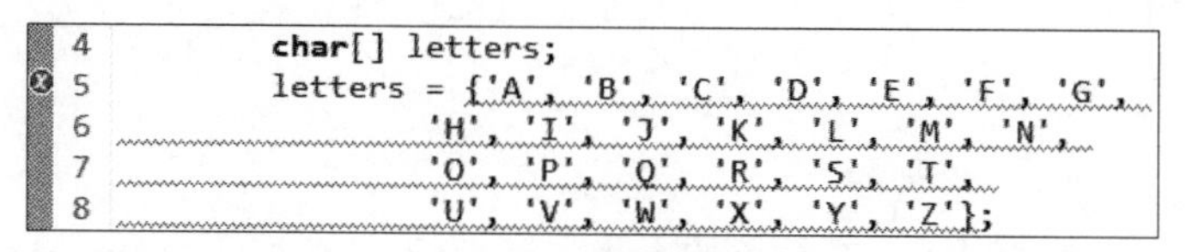

图 5.6　标点格式错误

② 使用上述语法时，必须把数组的声明、创建和初始化结合到一条语句中。否则，Eclipse 将会报错，效果图如图 5.7 所示。

```
4     char[] letters;
5     letters = {'A', 'B', 'C', 'D', 'E', 'F', 'G',
6             'H', 'I', 'J', 'K', 'L', 'M', 'N',
7             'O', 'P', 'Q', 'R', 'S', 'T',
8             'U', 'V', 'W', 'X', 'Y', 'Z'};
```

图 5.7　语法错误

5.3　一维数组的基本操作

当需要处理多个相同数据类型的变量时，操作数组比操作单一变量更加简单、方便。本节以一维数组为例，分别对遍历一维数组、复制一维数组、填充一维数组、对一维数组中的元素进行升序、降序排列和在一维数组中查找指定元素等内容予以详解。

5.3.1　遍历

遍历一维数组指的是把一维数组中的所有元素全部访问一遍。遍历一维数组时有两个要求：其一，所有元素必须都被访问一遍；其二，元素被访问时不能被修改。遍历一维数组需要借助 for 循环，其原理是通过元素的下标依次访问一维数组中的所有元素。

打印数组中的所有元素　　实例位置：资源包 \Code\05\01

先使用一个 for 循环，把 26 个大写的英文字母存储在 char 型数组 letters 中。再使用一个 for 循环遍历 letters 中的元素，并且把 letters 中的元素全部输出在控制台上。代码如下所示（只提供类体部分的代码）：

```
01 char[] letters = new char[26];
02 /* 第 1 个 for 循环：为 letters 中的元素赋值。其中，
03  * i：元素的下标，从 0 开始
04  * j：在 ASCII 表中，大写字母 A 对应的 int 型值为 65
05  */
06 for (int i = 0, j = 65; i < letters.length; i++, j++) {
07     letters[i] = (char) j; // letters 是 char 型数组，因此，要把 int 型的 j 强制转换为 char
08 }
09 /* 第 2 个 for 循环：遍历 letters 中的元素。其中，
10  * i：元素的下标，从 0 开始
11  */
12 for (int i = 0; i < letters.length; i++) {
13     System.out.print(letters[i] + " "); // 不换行输出 26 个大写的英文字母
14 }
```

上述代码的运行结果如图 5.8 所示。

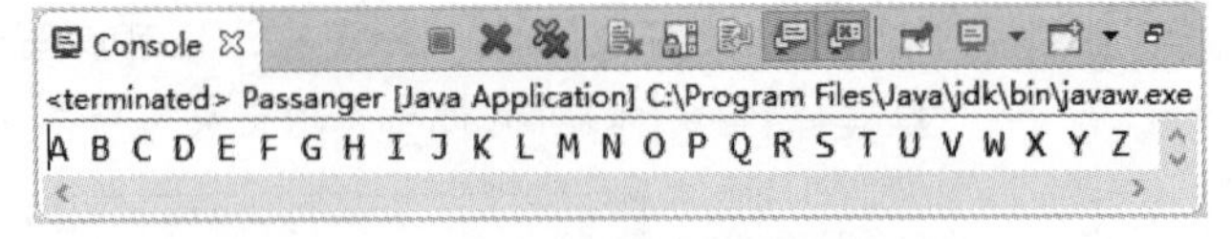

图 5.8　输出 26 个大写的英文字母

5.3.2　复制

复制是计算机的常用操作之一，例如复制文件等。在 Java 语言中，一维数组也能够被复制。即把一个一维数组中的所有元素或者部分元素复制到另一个一维数组中，这个过程被称作复制一维数组。Arrays 类是由 Java 提供的，用于操作数组的工具类。为了实现复制一维数组，Arrays 类提供了 copyOf() 方法和 copyOfRange() 方法。以 int 型一维数组为例，分别对 copyOf() 方法和 copyOfRange() 方法予以讲解。

① copyOf() 方法用于复制一维数组中的所有元素，其语法格式如下所示：

```
public static int[] copyOf(int[] original, int newLength)
```

- original：需要被复制的一维数组。
- newLength：原数组被复制后，新数组的大小。新数组的大小可以大于原数组的大小。

实例 5.2 新数组的大小可以大于原数组的大小

实例位置：资源包 \Code\05\02

把一个 int 型的包含 5 个元素的一维数组 array，复制到同为 int 型，但大小为 6 的一维数组 arrayCopy 中。代码如下所示（只提供类体部分的代码）：

```
01 int[] array = { 0, 1, 2, 3, 4 };                  // 原数组，包含 5 个元素
02 int[] arrayCopy = Arrays.copyOf(array, 6);  // 把原数组复制到新数组中，新数组的大小为 6
03 System.out.print(" 原数组：");
04 for (int i : array) {                              // 遍历输出原数组中的元素
05     System.out.print(i + " ");
06 }
07 System.out.println();
08 System.out.print(" 新数组：");
09 for (int i : arrayCopy) {                          // 遍历输出新数组中的元素
10     System.out.print(i + " ");
11 }
```

上述代码的运行结果如图 5.9 所示。

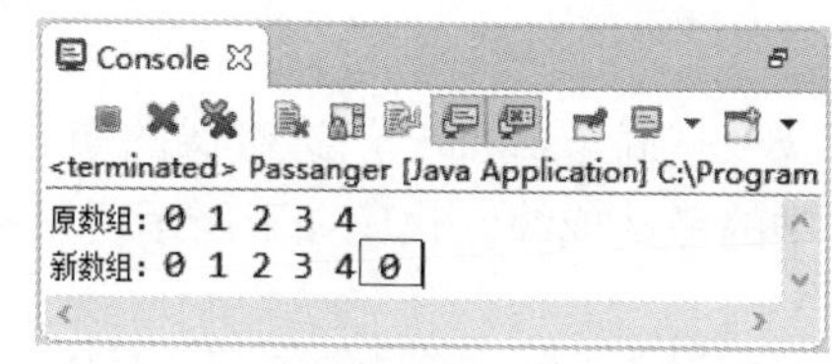

图 5.9　复制一维数组中的所有元素

从图 5.9 可以看出，新数组比原数组多了一个 0。对于 int 型一维数组，当新数组的大小大于原数组的大小时，新数组比原数组多出来的元素都将被赋初值 0，因为 0 是 int 型变量的默认值。

② copyOfRange( ) 方法用于复制一维数组中的部分元素，其语法格式如下所示：

```
public static int[] copyOfRange(int[] original, int from, int to)
```

- original： 需要被复制的一维数组。
- from： 原数组中的部分元素被复制时的起始下标，from 的取值范围是 0 ≤ from ＜ original.length。
- to： 原数组中的部分元素被复制时的终止下标，但新数组中的元素不包含原数组为终止下标的元素。此外，终止下标必须大于等于起始下标，而且终止下标可以大于原数组的大小。

实例 5.3 终止下标可以大于原数组的大小

实例位置：资源包 \Code\05\03

现有一个 int 型的包含 5 个元素的一维数组 array，把 array 中下标为 2 ～ 5 的元素复制到同为 int 型的一维数组 arrayRangeCopy 中。代码如下所示（只提供类体部分的代码）：

```
01 int[] array = { 0, 1, 2, 3, 4 };    // 原数组，包含 5 个元素
02 // 虽然 to 的值为 6，但是新数组复制的是原数组下标为 2 ～ 5 的元素
03 int[] arrayRangeCopy = Arrays.copyOfRange(array, 2, 6);
04 System.out.print(" 原数组：");
05 for (int i : array) {                // 遍历输出原数组中的元素
06     System.out.print(i + " ");
07 }
08 System.out.println();
09 System.out.print(" 新数组：");
10 for (int i : arrayRangeCopy) {       // 遍历输出新数组中的元素
11     System.out.print(i + " ");
12 }
```

上述代码的运行结果如图 5.10 所示。

因为 int 型一维数组 array 没有下标为 5 的元素，而 0 是 int 型变量的默认值，所以在一维数组 arrayRangeCopy 中，用 0 补充一维数组 array 下标为 5 的元素，示意图如图 5.10 所示。

图 5.10　复制一维数组中的所有元素

5.3.3　填充

填充一维数组，即用某个值为已创建的一维数组中的所有元素赋值。Arrays 类提供了用于填充一维数组的 fill() 方法。以 char 型一维数组为例，介绍 fill() 方法的语法格式：

```
public static void fill(char [] a, char val)
```

- a：要被填充的一维数组。
- val：被填充数组要被赋予的元素值。

实例 5.4　打印一位同学的 5 门选修课成绩

实例位置：资源包 \Code\05\04

某同学参加 5 门选修课的期末考试，该同学的考试成绩均为 A。编写一个程序，在控制台输出该同学的考试成绩。代码如下所示（只提供类体部分的代码）：

```
01 char[] scores = new char[5];                          // 创建大小为 5 的 char 型数组 scores
02 Arrays.fill(scores, 'A');                             // 把 scores 中的所有元素均赋值为 A
03 System.out.print(" 该同学的 5 门选修课的期末成绩：");  // 提示信息
04 for (char c : scores) {                               // 遍历 scores 中的所有元素
05     System.out.print(c + " ");                        // 不换行输出 scores 中的所有元素
06 }
```

上述代码的运行结果如下：

```
该同学的 5 门选修课的期末成绩：A A A A A
```

5.3.4　排序

Java 通过 Arrays 类的 sort() 方法，能够对一维数组中的所有元素进行升序排序。以 double 型一维数组为例，介绍 sort() 方法的语法格式如下所示：

```
public static void sort(double[] a)
```

- a：要被排序的一维数组。

实例 5.5　打印一位选手的最低分和最高分

实例位置：资源包 \Code\05\05

一位选手参加歌手选秀活动，这位选手一展歌喉后，5 位评委依次给出了 8.5、9.0、9.2、8.9 和 9.0 这 5 个分数。编写一个程序，在控制台输出这位选手的最低分和最高分。代码如下所示（只提供类体部分的代码）：

```
01 // 初始化 double 型数组 scores，用于存储 5 位评委给出的分数
02 double[] scores = {8.5, 9.0, 9.2, 8.9, 9.0};
03 // 按升序排列数组 scores 中的所有元素
```

```
04 Arrays.sort(scores);
05 // 数组 scores 被升序排列后，下标为 0 的第 1 个元素就是该选手得到的最低分
06 System.out.println(" 该选手得到的最低分: " + scores[0] + " 分 ");
07 // 下标为 (scores.length - 1) 的最后 1 个元素就是该选手得到的最高分
08 System.out.println(" 该选手得到的最高分: " + scores[scores.length - 1] + " 分 ");
```

上述代码的运行结果如下：

```
该选手得到的最低分: 8.5 分
该选手得到的最高分: 9.2 分
```

5.3.5 搜索

在已初始化的一维数组中，能够搜索指定元素，就像在一篇 Word 文档中搜索相同的文字内容一样。为了实现在已初始化的一维数组中搜索指定元素的功能，Arrays 类提供了 binarySearch() 方法。以 int 型一维数组为例，介绍 binarySearch() 方法的语法格式：

```
public static int binarySearch(int[] a, int key)
```

- a： 要被搜索的一维数组。
- key： 要被搜索的元素。

如果数组 a 存在 key，binarySearch() 方法返回 key 的下标；如果数组 a 不存在 key，binarySearch() 方法将返回“- (插入点下标 + 1)”。插入点下标指的是数组 a 中第一个大于 key 的元素下标。下面将编写一个程序予以解释：使用 binarySearch() 方法，在元素为 0，1，2，3，4，5，6，8 和 9 的 int 型一维数组 numbers 中搜索 1 和 7。代码如下所示：

```
01 int[] numbers = {0, 1, 2, 3, 4, 5, 6, 8, 9};
02 System.out.println(" 在 number 中，1 的下标: " + Arrays.binarySearch(numbers, 1));
03 System.out.println(" 在 number 中，7 的下标: " + Arrays.binarySearch(numbers, 7));
```

上述代码的运行结果如下：

```
在 number 中，1 的下标: 1
在 number 中，7 的下标: -8
```

说明

数组 numbers 不包含元素 7，而第一个比元素 7 大的是元素 8，那么插入点下标就是元素 8 的下标。元素 8 的下标是 7，因此 Arrays.binarySearch(numbers, 7) 的返回值是 −8。

5.4 二维数组

电影院是当今人们休闲娱乐的好去处，当人们迈进电影院的放映厅时，每个人都会根据电影票上的座位号入座。因为放映厅里每一排的座位号都是从 1 号开始，所以不同排会有重复的座位号。为了更快地让人们找到自己的座位，避免不必要的纠纷，电影票上的座位号由排和号两部分组成。例如，4 排 4 号、8 排 9 号等，这就形成了二维表结构。使用二维表结构表示放映厅里座位号的示意图如图 5.11 所示。

Java 使用二维数组表示二维表结构，因为二维表结构由行和列组成，所以二维数组中的元素借助行和列的下标来访问。那么，如何声明并创建二维数组？如何初始化二维数组？又如何遍历二维数组中的元

素？下面将依次讲解上述 3 个问题。

5.4.1 声明并创建

二维数组可以被看作由多个一维数组组成，声明二维数组有两种方式：

```
数组的元素类型 [][] 数组名；            ——推荐使用
数组的元素类型 数组名 [][];
```

例如，使用推荐的方式声明一个 boolean 型二维数组 seats，代码如下所示：

```
boolean[][] seats;
```

同一维数组一样，二维数组被声明后也要使用 new 创建二维数组。创建二维数组有以下两种方式。

1. 直接分配行列

直接分配行列适用于创建 n 排 m 列的二维数组。图 5.12 是图 5.11 的一部分，图 5.12 的座位分布是 7 排 10 列。

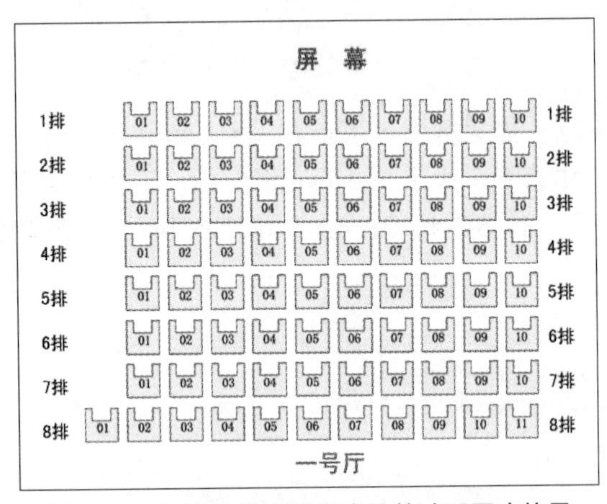

图 5.11 使用二维表结构表示放映厅里座位号

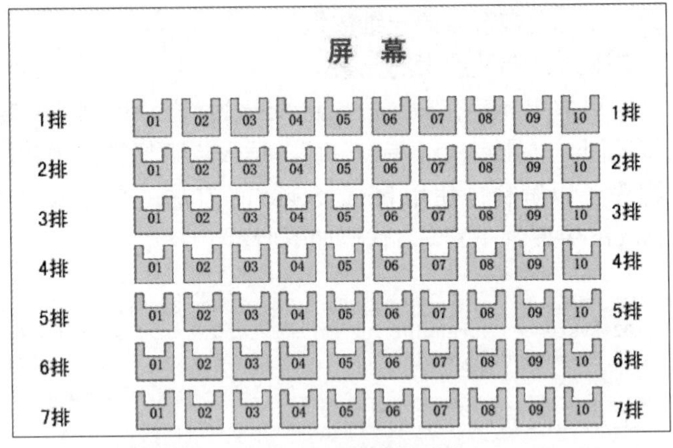

图 5.12 7 排 10 列的座位分布

使用直接分配行列的方式，创建一个 boolean 型的二维数组，用于表示图 5.12 中的座位是否有人入座。代码如下所示：

```
boolean[][] seats = new boolean[7][10]; // 可以被理解为 "seats 包含 7 个大小为 10 的一维数组 "
```

对于二维数组 seats，有两个下标：7 被看作行下标，10 被看作列下标。而且，行下标和列下标都是从 0 开始。

2. 先分配行，再分配列

在图 5.11 中，前 7 排每排均有 10 个座位，但是第 8 排比前 7 排多了一个座位。如何创建一个 boolean 型的二维数组，用于表示图 5.11 中的座位是否有人入座呢？诀窍就是“先分配行，再分配列”。代码如下所示：

```
boolean[][] seats = new boolean[8][]; // 有 8 排座位
seats[0] = new boolean[10];           // 第 1 排有 10 个座位
seats[1] = new boolean[10];           // 第 2 排有 10 个座位
......
seats[6] = new boolean[10];           // 第 7 排有 10 个座位
seats[7] = new boolean[11];           // 第 8 排有 11 个座位
```

注意

在创建二维数组的过程中，如果不分配“行”的内存空间，那么 Eclipse 将会报错。错误写法如下：

```
boolean[][] seats = new boolean[][];
```

或者

```
boolean[][] seats = new boolean[][10];
```

5.4.2 初始化

虽然 boolean 型的二维数组 seats 被创建后，其中的元素默认值均为 false，但是如何显式表示二维数组 seats 中各个元素的值呢？代码如下所示：

```
boolean[][] seats= {
        {false, false, false, false, false, false, false, false, false, false},
        {false, false, false, false, false, false, false, false, false, false},
        {false, false, false, false, false, false, false, false, false, false},
        {false, false, false, false, false, false, false, false, false, false},
        {false, false, false, false, false, false, false, false, false, false},
        {false, false, false, false, false, false, false, false, false, false},
        {false, false, false, false, false, false, false, false, false, false},
        {false, false, false, false, false, false, false, false, false, false, false},
};  ——→语法中的“}”和“;”有且只有一个，而且一个都不能少
```

这样，boolean 型二维数组 seats 的初始化操作就完成了。

注意

上述代码既可以写作一行代码，又可以写作多行代码，但是其中的标点符号必须是英文格式的，否则 Eclipse 将会报错。

boolean 型二维数组 seats 被初始化后，其中的元素默认值均为 false，表示放映厅里的座位尚未出售。如果 4 排 4 号被观影者买入，那么只需把 4 排 4 号的默认值由 false 修改为 true 即可。需要注意的是，二维数组的行下标和列下标都是从 0 开始。代码如下所示：

```
seats[3][3] = ture;  ——→因为行下标和列下标都是从0开始，所以[3][3]表示（3 + 1）排（3 + 1）号
```

5.4.3 遍历

通过 for 循环，能够遍历一维数组。那么，遍历二维数组的方式方法就是嵌套 for 循环。以被初始化的 boolean 型二维数组 seats 为例，使用嵌套 for 循环把二维数组 seats 中所有元素输出在控制台上。代码如下所示：

```
01 for (int i = 0; i < seats.length; i++) {
02     for (int j = 0; j < seats[i].length; j++) {
03         System.out.println(seats[i][j]);
04     }
05 }
```

说明

① seats.length 表示的是二维数组 seats 的大小。

② 二维数组 seats 包含 8 个一维数组，seats[i].length 表示的是每一个一维数组的大小。

5.5 综合实例——冒泡排序

除 Arrays 类的 sort() 方法外，对一维数组中的所有元素进行升序排列还可以使用冒泡排序。冒泡排序的工作原理可以被归纳为“小数往前放，大数往后放”。具体地说，冒泡排序通过比较相邻的元素值，如果满足条件，那么就交换两个元素的位置，即把小的元素移动到数组前面，把大的元素移动到数组后面。

使用冒泡排序对一个大小为 6 的一维数组进行升序排列，排序的过程和结果如图 5.13 所示。

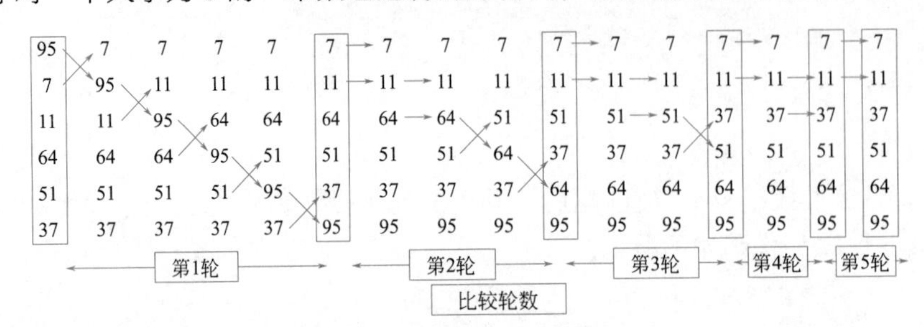

图 5.13 冒泡排序的排序过程

实现冒泡排序的代码如下所示：

```
01 public class BubbleSort {
02     /**
03      * 冒泡排序方法
04      * @param array 要排序的数组
05      */
06     public void sort(int[] array) {
07         for (int i = 1; i < array.length; i++) {
08             // 比较相邻两个元素，较大的数往后冒泡
09             for (int j = 0; j < array.length - i; j++) {
10                 // 如果前一个元素比后一个元素大，则两元素互换
11                 if (array[j] > array[j + 1]) {
12                     int temp = array[j]; // 把第一个元素值保存到临时变量中
13                     array[j] = array[j + 1]; // 把第二个元素值保存到第一个元素单元中
14                     // 把临时变量（也就是第一个元素原值）保存到第二个元素中
15                     array[j + 1] = temp;
16                 }
17             }
18         }
19         showArray(array); // 输出冒泡排序后的数组元素
20     }
21     /**
22      * 显示数组中的所有元素
23      * @param array 要显示的数组
24      */
25     public void showArray(int[] array) {
26         System.out.println("冒泡排序的结果：");
27         for (int i : array) { // 遍历数组
28             System.out.print(i + " "); // 输出每个数组元素值
29         }
30         System.out.println();
31     }
32     public static void main(String[] args) {
33         // 创建一个数组，这个数组元素是乱序的
34         int[] array = { 95, 7, 11, 64, 51, 37 };
35         // 创建冒泡排序类的对象
36         BubbleSort sorter = new BubbleSort();
37         // 调用排序方法将数组排序
38         sorter.sort(array);
39     }
40 }
```

上述代码的运行结果如下：

```
冒泡排序的结果：
7 11 37 51 64 95
```

说明

① 冒泡排序由双层循环实现，其中外层循环控制排序的轮数，总轮数等于数组长度减 1，因为最后一次循环只剩下一个数组元素，不需要对比。而内层循环用于比较相邻的元素值，以确定是否需要交换两个元素的位置，而且比较和交换的次数随排序的轮数的减少而减少。

② 算法完成第一轮比较后，把 95（最大元素）移动到底部，而后 95 将不会再参与下一轮的比较。以此类推，每一轮比较后，都会把剩余元素中的最大元素移动到底部。最后一轮比较被执行后，即可得到按升序排列的数组。

5.6 实战练习

① 将数字 1 到 9 放入一个 3×3 的网格，使得每行、每列以及每条对角线的值相加都相等。（提示：矩阵中心的元素为 5。）

② 遍历二维数组 int a[][] = {{ 23, 65, 43, 68 }, { 45, 99, 86, 80 }, { 76, 81, 34, 45 }, { 88, 64, 48, 25 }}; 后，再通过循环计算该二维数组的两条对角线之和。

小结

本章先介绍了 3 个概念：数组的大小、数组中的元素和元素的下标。需要注意的是，数组的下标从“0”开始，最后一个元素的下标是“数组名 .length-1”。又分别对一维数组和二维数组的声明、创建、初始化和遍历进行了讲解。除遍历外，还介绍了一些其他用于操作一维数组的方法。例如，用于复制一维数组的 copyOf() 方法和 copyOfRange() 方法、用于填充一维数组的 fill() 方法、用于对一维数组中的所有元素进行排序的 sort() 方法、用于在一维数组中搜索指定元素的 binarySearch() 方法等。

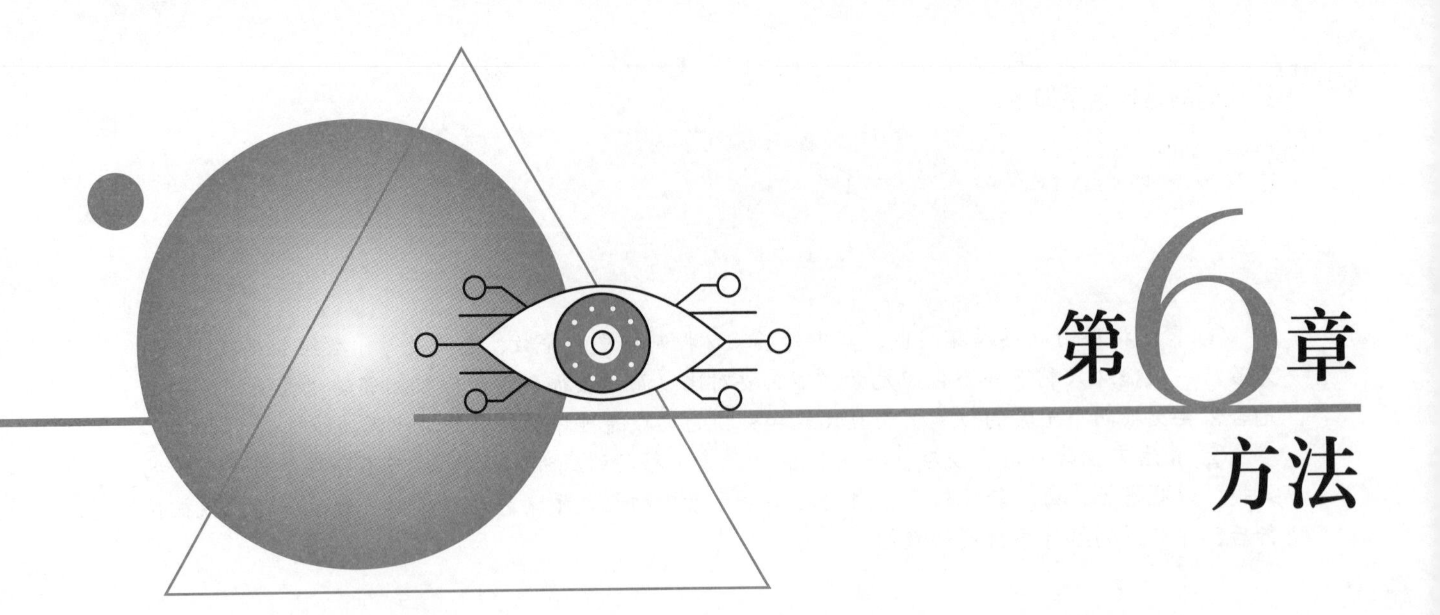

第6章 方法

Java 中的“方法”在其他编程语言中又被称作“函数”。一个 Java 程序可以含有许多个方法，每一个方法都包含一个方法头和一个方法体。其中，方法头是由修饰符、返回值类型、方法名称和参数名称及其数据类型组成；方法体是一些用于实现特定功能的 Java 代码，这些 Java 代码被放在一个英文格式下闭合的大括号（即“{ }”）中。本章要讲解的内容是如何定义方法和如何使用方法。

本章的知识结构如下图所示：

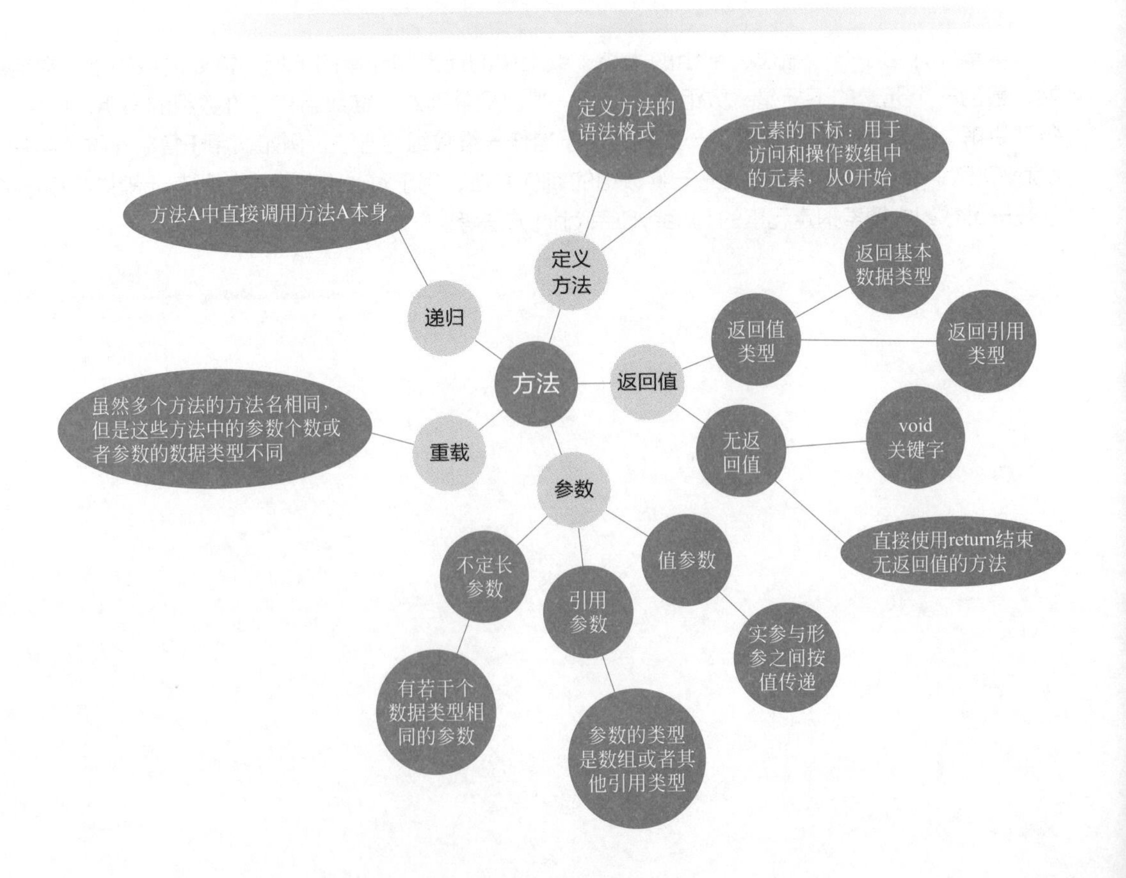

6.1 定义方法

在前面的章节中，经常会使用到输出语句“System.out.println()；”，其中，println() 就是一个方法。Java 定义的方法可以被视作 Java 语句的集合，用于执行某个功能。Java 定义的方法由访问控制符、返回值类型、方法名、参数类型、参数名和方法体组成。Java 定义方法的语法格式如下所示：

```
[ 访问控制符 ] [ 返回值类型 ] 方法名 ( [ 参数类型 参数名 ] ) {
        …// 方法体
        return 返回值 ;
}
```

其中，“访问控制符”既可以是 private、public、protected 中的任意一个，又可以被省略，其作用是控制方法的访问权限。“返回值类型”指的是方法返回值的数据类型，既可以是基本数据类型，也可以是引用类型。如果方法没有返回值，也就不具备返回值的数据类型，那么使用 void 关键字予以替代。一个方法既可以有参数，也可以没有参数。与方法返回值的数据类型相同，参数类型既可以是基本数据类型，也可以是引用类型。

例如，定义一个 showGoods 方法，用来输出库存商品信息，代码如下所示：

```
public void showGoods() {
        System.out.println(" 库存商品名称：");
}
```

说明

方法的定义必须在某个类中，定义方法时如果没有指定访问控制符，方法的默认访问权限为缺省（即只能在本类及同一个包中的类中进行访问）。

如果定义的方法有返回值，则必须使用 return 关键字返回一个指定类型的数据，并且返回值类型要与方法返回的值类型一致，例如，定义一个返回值类型为 int 的方法，就必须使用 return 返回一个 int 类型的值，代码如下所示：

```
01 public int showGoods() {
02     System.out.println(" 库存商品名称：");
03     return 1;
04 }
```

上面代码中，如果将“return 1;”删除，将会出现如图 6.1 所示的错误提示。

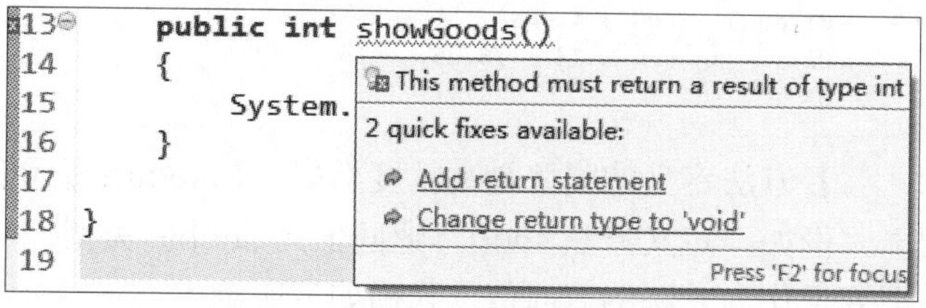

```
13     public int showGoods()
14     {
15         System.
16     }
17
18 }
19
This method must return a result of type int
2 quick fixes available:
Add return statement
Change return type to 'void'
Press 'F2' for focus
```

图 6.1　方法无返回值的错误提示

6.2 返回值

返回值代表方法运行结束之后产生的结果。方法可以返回任意类型的数据，也可以不返回任何数据。Java 语言中，除了类的构造方法以外，任何其他方法都必须写明返回值类型。类的构造方法将在后续章节中做介绍。

return 关键字修饰的就是方法的返回值，return 可以修饰常量、变量或表达式，return 修饰的值类型必须与方法定义的返回值类型相同或兼容。例如，方法的返回值为 Object 类型，那么 return 的结果可以是一个 Object 对象（类型相同），也可以是一个字符串对象（父类兼容子类）。return 语句除了有返回结果的意思以外，也代表方法的结束。当方法执行了 return 语句之后会立即结束并返回结果，return 语句之后的代码会被忽略掉。

6.2.1 返回值类型

方法可以返回任意类型的数据，其中包括自己创建的类类型。方法的返回值类型写法与定义该类型的声明语句相同，例如，声明一个 int 型变量写法如下所示：

```
int a;
```

方法返回 int 型的写法就如下所示：

```
int method(){ …… }
```

声明一个字符串类型写法如下所示：

```
String name = " 小明 ";
```

方法返回字符串类型的写法就如下所示：

```
String method(){ …… }
```

void 关键字则代表无返回值，没有任何返回值的方法写法如下所示：

```
void method(){ …… }
```

本小节将分别介绍方法返回基本数据类型和引用类型两种场景。

1. 返回基本数据类型

所有基本数据类型都可以作为方法的返回值类型。例如，定义名称为 add 的方法，返回值为 double 类型，计算 3.14 + 76.25 的结果，并将计算结果作为方法的返回值，代码如下所示：

```
01 double add() {
02     double result = 3.14 + 76.25;
03     return result;
04 }
```

return 关键字之后也可以直接写表达式。表达式会先算出结果，然后再交给 return 返回。上述代码可以写成如下形式，两种写法的结果完全一样。

```
01 double add() {
02     return 3.14 + 76.25;
03 }
```

若方法定义的类型是高精度类型，则 return 返回的低精度结果可以自动转为高精度结果。

例如，定义方法 add()，返回值为 double 类型，计算 12 +5 的结果并赋值给一个 int 型变量，将该 int 型变量作为方法的返回值，代码如下所示：

```
01 double add() {
02     int result = 12 + 5;
03     return result;
04 }
```

要注意的是，返回值可以自动把低精度值转为高精度值，但无法把高精度值自动转为低精度，如果方法的返回值是低精度类型，但表达式计算的结果是高精度类型，在返回之前必须强制转换。例如：

```
01 int add() {
02     double result = 12.2 + 5.6;
03     return (int) result;
04 }
```

说明

当方法可以返回运算结果之后，就可以将复杂的运算公式封装到一个方法中，想获得这个计算结果时直接调用方法即可，并且可以反复调用，不仅减少了代码量，还提高了代码的复用率。

实例 6.1 计算 1 ～ 100 的叠加和

实例位置：资源包 \Code\06\01

定义 MethodDemo 类，在该类中编写 add() 方法，方法返回值为 int 型，方法体中会计算 1 ～ 100 的叠加和，最后将此叠加和返回。在主方法中调用两次 add() 方法，并记录方法的返回值。代码如下所示：

```
01 public class MethodDemo {                             // 测试类
02     int add() {                                       // 在类中编写的 add() 方法
03         int sum = 0;                                  // 设定记录总和的变量
04         for (int i = 1; i <= 100; i++) {              // 循环 100 次
05             sum += i;                                 // 循环变量叠加
06         }
07         return sum;                                   // 返回最后叠加的结果
08     }
09
10     public static void main(String[] args) {          // 主方法
11         MethodDemo m = new MethodDemo();              // 创建测试类对象
12         int sum1 = m.add();                           // 调用 add 方法，并将方法返回值赋给 sum1
13         System.out.println(" 第一次调用方法的结果 =" + sum1);
14         int sum2 = m.add();                           // 调用 add 方法，并将方法返回值赋给 sum2
15         System.out.println(" 第二次调用方法的结果 =" + sum2);
16     }
17 }
```

运行结果如下所示：

```
第一次调用方法的结果 =5050
第二次调用方法的结果 =5050
```

2. 返回引用类型

引用类型包括数组类型和所有的类类型（Class Types），这种类型返回的结果通常包含多个值。

方法返回类型为数组类型时，return 返回的数组结果必须与返回值类型定义的数组元素类型相同、数组维度相同。例如，方法返回一维 int 型数组写法如下所示：

```
01 int[] get() {
02     int a[] = {31, 52, 3};
03     return a;
04 }
```

如果数组维数不符，则会发生错误。例如，方法返回类型为二维数组，但 return 返回的却是一维数组，就会出现类型无法转换的错误，错误代码如下所示：

```
01 int[][] get() {
02     int a[] = {31, 52, 3};
03     return a;  →此处会发生错误，int[] 无法转为 int[][]
04 }
```

数组类型与基本数据类型不同，没有自动转换类型的功能，即使是 int[] 数组也无法自动转为 double[] 数组。例如，方法的返回类型为 double[] 数组，但 return 却返回 int[] 型数组，也会出现类型无法转换的错误，错误代码如下所示：

```
01 double[] get() {
02     int a[] = {31, 52, 3};
03     return a;  →此处会发生错误，int[] 无法转为 double[]
04 }
```

方法返回类型为类类型时，对返回值的要求遵循类之间的继承关系，即可以返回本类对象和本类子类对象。

Object 类是所有类的父类，当方法的返回值类型为 Object 时，可以返回数组类型以外的任何值，例如，返回 Object 对象写法如下所示：

```
01 Object method() {
02     Object obj = new Object();
03     return obj;
04 }
```

返回数字类型写法如下所示：

```
01 Object method() {
02     return 12;
03 }
```

返回字符串类型写法如下所示：

```
01 Object method() {
02     return "Hello";
03 }
```

但如果方法的返回值类型不是 Object 类型，返回之前要判断一下结果对象是不是返回类型本类或子类的对象，如果是，则强制转为返回类型，如果不是，则进行其他处理。例如，返回类型为 java.lang 包下的 System 类，想要将 Obejct 对象作为返回值，判断过程如下所示：

```
01 System method() {                     // 方法返回值为 java.lang 包下的 System 类
02     Object obj = new Object();
03     // 判断 obj 是不是 System 的本类或子类对象
04     if (obj instanceof System) {      // 如果是
05         return (System) obj;          // 强制转为 System 类对象
06     } else {                          // 如果不是
07         return null;                  // 返回 null
08     }
09 }
```

6.2.2 无返回值

上一小节介绍的是有返回值的方法，但实际开发场景并不是所有的方法必须返回一个结果，例如程序结束前用于关闭资源的方法。本节将介绍无返回值方法的一些特性。

1. void 关键字

void 关键字是方法的一个返回类型，表示方法结束后不会提供返回任何结果。被 void 修饰过的方法不可以给变量或常量赋值，例如下面的写法就是错误的：

```
01 void method(){ …… }
02 Object obj = method();     // 此处会发生错误，void 类型无法转为 Object 类型
```

void 关键字只能在声明方法时使用，不能作为返回值使用，例如下面的写法就是错误的：

```
01 void method() {
02     return void;          // 此处会发生错误，void 关键字不能作为结果返回
03 }
```

无返回的方法可以不写 return 语句，方法体中所有代码依次执行完后，方法会自动结束，例如：

```
01 void method() {
02     int a = 90;
03     int b = a * 100 + 9541; // 计算完 b 的值之后方法自动结束
04 }
```

2. 直接使用 return 结束无返回值的方法

有返回值的方法可以使用“return 结果 ;”语句强制停止，无返回值的方法也可以利用 return 语句强制停止，只不过 return 后面不需要加任何结果，但要有分号。

使用 return 结束循环

实例位置：资源包 \Code\06\02

定义一个 VoidDemo 类，使用 return 语句结束方法体内的循环语句，代码如下所示：

```
01 public class VoidDemo {
02     void method() {                         // 类中编写的无返回值方法
03         for (int i = 0; i < 10; i++) {      // 循环 10 次
04             if (i == 3) {                   // 当 i 的值是 3 时
05                 return;                     // 结束方法，循环也会停止
06             }
07             System.out.println("i=" + i);   // 打印 i 的值
08         }
09     }
10     public static void main(String[] args) { // 主方法
11         VoidDemo v = new VoidDemo();        // 创建测试类对象
12         v.method();                         // 调用测试类的无返回值方法
13         System.out.println(" 程序结束 ");
14     }
15 }
```

运行结果如下所示：

```
i=0
i=1
i=2
程序结束
```

从这个结果可以看出，当 i 等于 3 的时候，循环就停止了。程序最后打印出了“程序结束”字样，说明循环停止后方法之外的代码仍在运行，所以造成循环停止的原因就是 return 语句结束了方法。

6.3 参数

调用方法时可以给该方法传递一个或多个值，传给方法的值叫作实参，在方法内部，接收实参的变量叫作形参，形参的声明语法与变量的声明语法一样。形参只在方法内部有效。Java 中方法的参数主要有 3 种，分别为值参数、引用参数和不定长参数，下面分别进行讲解。

6.3.1 值参数

在讲解值参数之前，需要明确什么是形参，什么是实参。形参全称“形式参数”，是编写方法的时候虚拟出来的变量。实参全称“实际参数”，是调用时给方法传递的确定值。形参没有具体值，仅用于占位。实参必须是具体值，实参可以使用常量、变量、表达式或方法返回值等。在方法的执行过程中，实参会将值传递给形参。如果实参是基本数据类型，修改形参不会影响实参原有的值；如果实参是引用类型，修改形参的同时也会修改实参原有的值。

值参数表明实参与形参之间按值传递，当使用值参数的方法被调用时，编译器为形参分配存储单元，然后将对应的实参的值复制到形参中，由于是值类型的传递方式，所以，在方法中对值类型的形参的修改并不会影响实参。

实例 6.3　修改形参不会影响实参原有的值　实例位置：资源包 \Code\06\03

定义一个 add 方法，用来计算两个数的和，该方法中有两个形参，但在方法体中，对其中的一个形参 x 执行加 y 操作，并返回 x；在 main 方法中调用该方法，为该方法传入定义好的实参；最后分别显示调用 add 方法计算之后的 x 值和实参 x 的值。代码如下所示：

```
01 public class Book {
02     public static void main(String[] args) {
03         Book book = new Book();                          // 创建 Book 对象
04         int x = 30;                                      // 定义实参变量 x
05         int y = 40;                                      // 定义实参变量 y
06         System.out.println(" 运算结果: " + book.add(x, y));  // 输出运算结果
07         System.out.println(" 实参 x 的值: " + x);            // 输出实参 x 的值
08     }
09     private int add(int x, int y){                       // 计算两个数的和
10         x = x + y;                                       // 对 x 进行加 y 操作
11         return x;                                        // 返回 x
12     }
13 }
```

运行结果如下所示。

```
运算结果: 70
实参 x 的值: 30
```

从这个结果可以看出，在方法中对形参 x 值的修改并没有改变实参 x 的值。

6.3.2 引用参数

如果在给方法传递参数时，参数的类型是数组或者其他引用类型，那么，在方法中对参数的修改会反映到原有的数组或者其他引用类型上，这种类型的方法参数被称之为引用参数。

实例 6.4 修改数组中元素的值

实例位置：资源包 \Code\06\04

定义一个 change 方法，该方法中有一个形参，类型为数组类型，在方法体中，改变数组的索引 0、1、2 这 3 处的值；在 main 方法中定义一个一维数组并初始化，然后将该数组作为参数传递给 change 方法，最后输出一维数组的元素。代码如下所示：

```
01 public class RefTest {                                  // 测试类
02     public static void main(String[] args) {
03         RefTest refTest = new RefTest();                // 创建测试类对象
04         int[] i = {0, 1, 2};                            // 定义一维数组，作为方法的实参
05         System.out.print("原始数据：");                   // 输出一维数组的原始元素值
06         for (int j = 0; j < i.length; j++) {
07             System.out.print(i[j] + " ");
08         }
09         refTest.change(i);                              // 调用方法改变数组元素的值
10         System.out.print("\n修改后的数据：");
11         for (int j = 0; j < i.length; j++) {
12             System.out.print(i[j] + " ");
13         }
14     }
15     public void change(int[] i) {                       // 可以修改数组中元素的值的方法
16         i[0] = 100;
17         i[1] = 200;
18         i[2] = 300;
19     }
20 }
```

运行结果如下所示。

```
原始数据：0 1 2
修改后的数据：100 200 300
```

6.3.3 不定长参数

声明方法时，如果有若干个相同类型的参数，可以定义为不定长参数，该类型的参数声明如下所示：

```
访问控制符 返回值类型 方法名 ( 参数类型… 参数名 )
```

参数类型和参数名之间是三个点，而不是其他数量个点或省略号。

实例 6.5 计算多个整数相加后的结果

实例位置：资源包 \Code\06\05

定义一个 add() 方法，将参数定义为 int 类型的不定长参数，在 main() 方法中调用该方法时传入多个 int 型变量，并输出计算结果。代码如下所示：

```
01 public class MultiTest {                                // 测试类
02     public static void main(String[] args) {
03         MultiTest multi = new MultiTest();              // 创建测试类对象
```

```
04        System.out.print("运算结果: " + multi.add(20, 30, 40, 50, 60));
05     }
06     int add(int... x) {                    // 定义 add 方法，并指定不定长参数的类型为 int
07         int result = 0;                    // 记录运算结果
08         for (int i = 0; i < x.length; i++){ // 遍历参数
09             result += x[i];                // 执行相加操作
10         }
11         return result;                     // 返回运算结果
12     }
13 }
```

运行结果如下所示:

运算结果: 200

注意

如果开发人员不知道方法被调用时会传入多少个参数，那么建议使用不定长参数。在使用过程中，不定长参数必须是方法中的最后一个参数，任何其他常规参数必须在它前面。

6.4 递归

小时候经常能听到一个永远都讲不完的故事: 从前有座山，山里有座庙，庙里有个老和尚给小和尚讲故事，讲的是从前有座山，山里有座庙，庙里有个老和尚给小和尚讲故事……

这个故事最大的特点就是: 故事中套着故事，而且每个故事讲的都是同一件事。在计算机语言中也有个与之类似的编程技巧，叫作递归。

递归是方法在方法体中调用自身的一种特性，可以抽象地理解为“我的里面还有一个我”或者“我让我帮我办事”。如果把这种递归的效果具象化，就类似摄影作品里的递归效果，如图 6.2 所示。

图 6.2 照片中的递归效果

方法 A 调用方法 B，方法 B 再调用方法 A，这种情况不叫递归。方法 A 中直接调用方法 A 本身，这种情况就属于递归。例如，将一个数字无限叠加的方法如下所示:

```
01 int method(int a) {
02     int result = method(a + 1); // 找到比参数大 1 的数字
03     return result;
04 }
```

这个方法使用了递归方式查找比参数大 1 的数字，这会导致程序寻找一个无穷大的正整数，最终会抛出 java.lang.StackOverflowError 递归太深导致堆栈溢出的错误。

注意

递归方法必须定义一个可以让方法停止的条件，否则方法永远递归下去。

将上面的代码优化一下，当递归到数字 100 时就停止继续递归，可这样写:

```
01 int method(int a) {
02     if (a == 100) {             // 如果参数是 100
03         return a;               // 不再继续查找，直接返回 100
04     }
05     int result = method(a + 1);    // 找到比参数大 1 的数字
06     return result;
07 }
```

这个方法是找到 100 后停止递归，最终返回的值就是 100。

递归的优点是问题描述清楚、代码可读性强、结构清晰，代码量比使用非递归方法少。缺点是递归的运行效率比较低，无论是从时间角度还是从空间角度都比非递归程序差。对于时间复杂度和空间复杂度要求较高的程序，要慎重使用递归方法。

实例 6.6 分别计算 4、5、6、10 的阶乘

实例位置：资源包 \Code\06\06

阶乘是一个数学术语。一个正整数的阶乘是所有小于或等于该数字的正整数的积，例如 3 的阶乘可以写成 3!，3! = 3×2×1 = 6。计算 N 的阶乘可以采用 N! = N×(N − 1)! 的方式进行递归运算，现定义一个 Factorial 类，在类中定义一个阶乘方法，调用这个方法分别计算 4、5、6、10 的阶乘。代码如下所示：

```
01 public class Factorial {              // 阶乘类
02     int calculate(int num) {          // 计算方法
03         if (num == 1) {               // 如果计算的数字是 1
04             return 1;                 // 直接返回 1
05         } else {                      // 如果不是 1
06             // 计算此数字前一个数字阶乘结果，再乘以此数字，返回最后的乘积
07             return calculate(num - 1) * num;
08         }
09     }
10     public static void main(String[] args) {         // 主方法
11         Factorial f = new Factorial();               // 创建阶乘类对象
12         System.out.println("4 的阶乘 = " + f.calculate(4));
13         System.out.println("5 的阶乘 = " + f.calculate(5));
14         System.out.println("6 的阶乘 = " + f.calculate(6));
15         System.out.println("10 的阶乘 = " + f.calculate(10));
16     }
17 }
```

运行结果如下所示：

```
4 的阶乘 = 24
5 的阶乘 = 120
6 的阶乘 = 720
10 的阶乘 = 3628800
```

6.5 综合实例——同名方法

在同一个类中允许同时存在一个以上的同名方法，只要这些方法的参数个数或类型不同即可。这些方法虽然同名，但互相之间是独立存在的。Java 将其称为方法的重载。

图 6.3 阐述了构成方法重载的条件。

下面通过一个实例演示如何构成方法的重载。

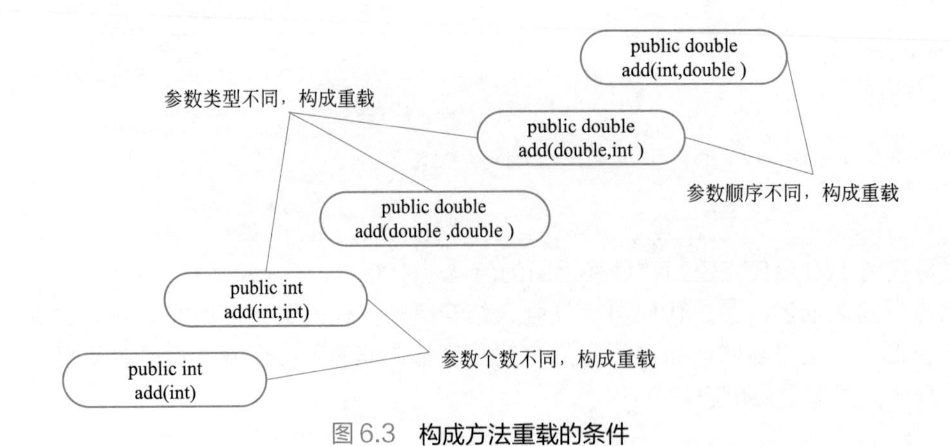

图 6.3　构成方法重载的条件

在项目中创建 OverLoadTest 类，在类中编写 add() 方法的多个重载形式，然后在主方法中分别输出这些方法的返回值，代码如下所示：

```
01 public class OverLoadTest {
02     // 定义第一个方法
03     public static int add(int a) {
04         return a;
05     }
06     // 定义与第一个方法名称相同、参数个数不同的方法
07     public static int add(int a, int b) {
08         return a + b;
09     }
10     // 定义与第一个方法名称相同、参数类型不同的方法
11     public static double add(double a, double b) {
12         return a + b;
13     }
14     // 定义与第一个方法名称相同、参数个数不同的方法
15     public static int add(int a, double b) {
16         return (int) (a + b);
17     }
18     // 定义与上一个方法参数次序不同的方法
19     public static int add(double a, int b) {
20         return (int) (a + b);
21     }
22     // 定义与第一个方法名称相同、采用不定长参数的方法
23     public static int add(int... a) {
24         int s = 0;
25         for (int i = 0; i < a.length; i++) { // 根据参数个数循环操作
26             s += a[i];// 将每个参数的值相加
27         }
28         return s;// 将计算结果返回
29     }
30     public static void main(String args[]) {
31         System.out.println("调用add(int)方法: " + add(1));
32         System.out.println("调用add(int,int)方法: " + add(1, 2));
33         System.out.println("调用add(double,double)方法: " + add(2.1, 3.3));
34         System.out.println("调用add(int a, double b)方法: " + add(1, 3.3));
35         System.out.println("调用add(double a, int b) 方法: " + add(2.1, 3));
36         System.out.println("调用add(int... a)不定长参数方法: "+
37                         add(1, 2, 3, 4, 5, 6, 7, 8, 9));
38         System.out.println("调用add(int... a)不定长参数方法: " + add(2, 3, 4));
39     }
40 }
```

运行结果如下所示。

```
调用 add(int) 方法: 1
调用 add(int,int) 方法: 3
调用 add(double,double) 方法: 5.4
调用 add(int a, double b) 方法: 4
调用 add(double a, int b) 方法: 5
调用 add(int... a) 不定长参数方法: 45
调用 add(int... a) 不定长参数方法: 9
```

在本实例中分别定义了6个方法，在这6个方法中，前两个方法的参数个数不同，所以构成了重载关系；前两个方法与第3个方法比较时，方法的参数类型不同，并且方法的返回值类型也不同，所以这3个方法也构成了重载关系；比较第4、第5两个方法时，发现除了参数的出现顺序不同之外，其他都相同，这样同样可以根据这个区别将两个方法构成重载关系；而最后一个使用不定长参数的方法，实质上与参数数量不同是一个概念，也构成了重载。

6.6 实战练习

① 在控制台上输入3个整数，编写一个无返回值的方法，判断这3个整数能否构成一个三角形。

② 使用递归方法模拟如下过程：一个人赶着鸭子去每个村庄卖，每经过一个村子卖去所赶鸭子数量的一半又一只。这样他经过了5个村子后还剩两只鸭子，问他出发时共赶多少只鸭子？经过每个村子时卖出多少只鸭子？

小结

本章主要讲解了如何定义方法、方法的返回值、方法中的参数、方法的重载和递归。在定义方法时，要明确方法的各个组成部分。在使用返回值时，要明确当前方法是否有返回值，如果有，需要确定返回值的数据类型。在使用方法中的参数时，要把形参和实参区分开，避免混淆。在使用方法的重载时，要注意定义重载方法的要求，即虽然方法的名称相同，但是方法中的参数个数或者参数的数据类型不同。递归是方法在方法体中调用自身的一种特性，例如，方法A中直接调用方法A本身。

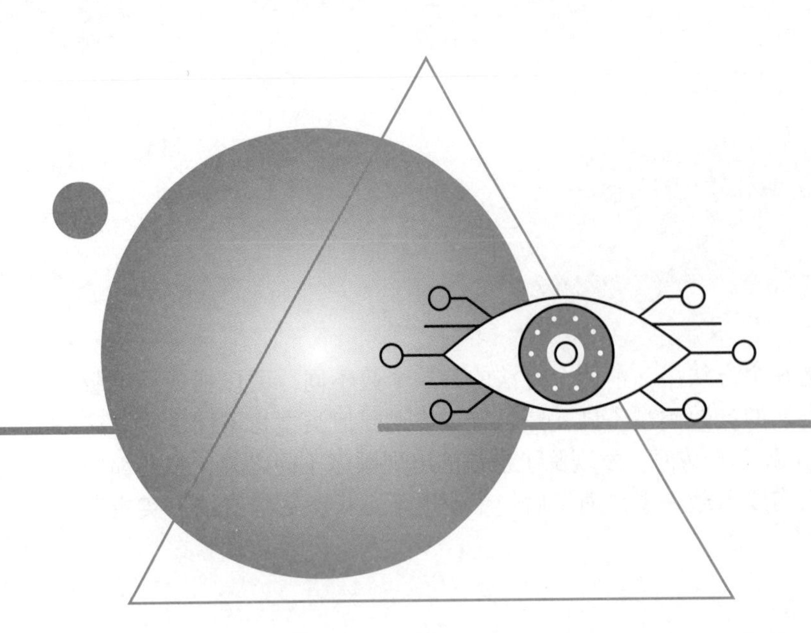

第7章 面向对象编程

在 Java 语言中经常被提到的两个名词是对象和类，实质上可以把类看作是对象的载体，开发人员通过类定义对象具有的属性和功能。面向对象编程有 3 个基本特性：封装、继承和多态。除此之外，面向对象编程的内容还包括抽象类、接口、访问控制和内部类等。应用面向对象思想编写程序，整个程序会变得非常有弹性。本章将依次对上述内容进行讲解。

本章的知识结构如下图所示：

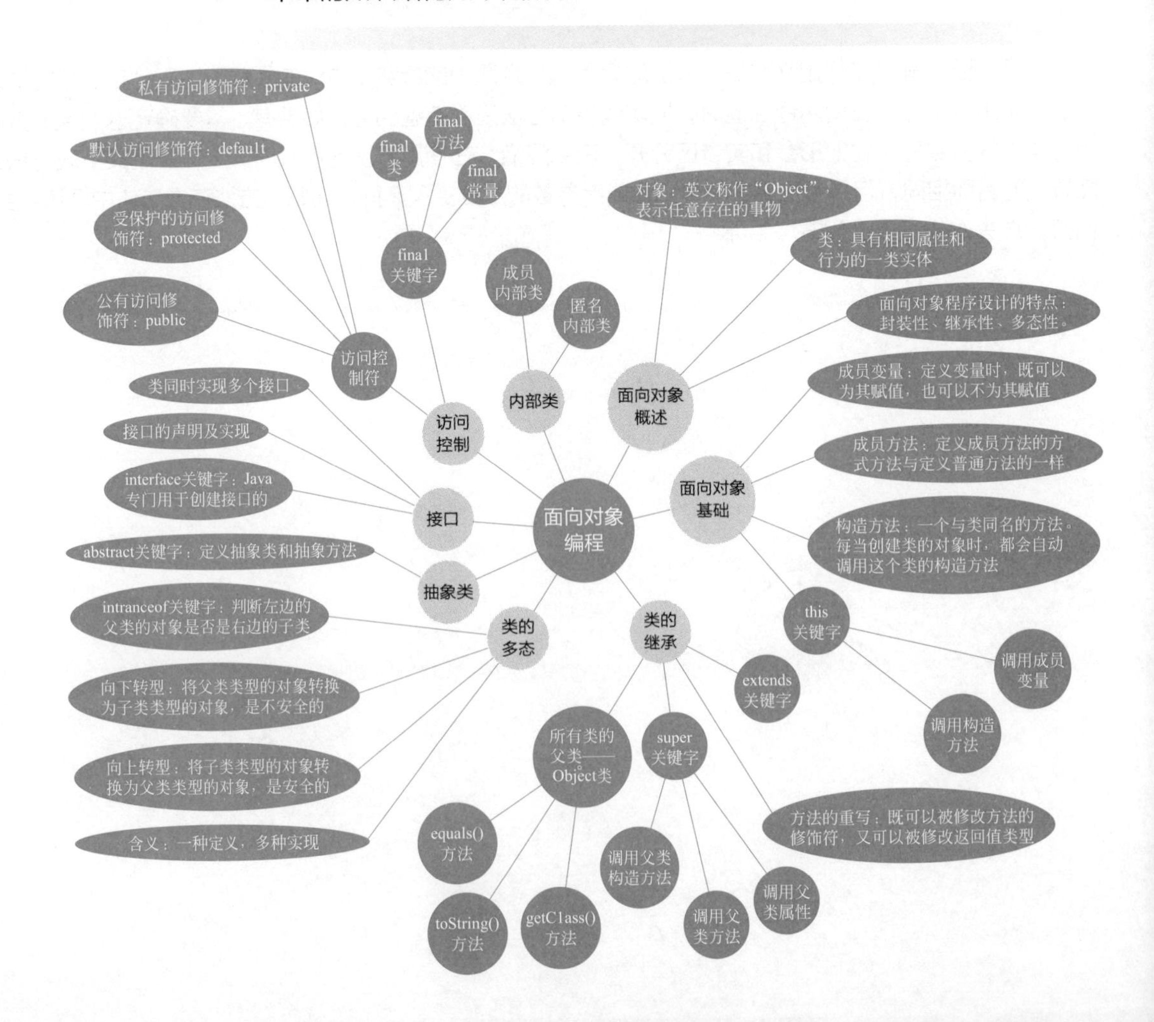

7.1 对象与类

面向对象思想是人类最自然的一种思维方式，这种思维方式会将具有相同特征的事物归类，例如生物就按照“界门纲目科属种”进行分类，常见的宠物狗中不管是长毛的、短毛的、腿长的、腿短的、高的、矮的、胖的、瘦的，都被分到了动物界脊椎动物门哺乳纲食肉目犬科犬属灰狼种这一个门类下。简单来说，所有的狗都属于犬类。

在日常对话中，对象经常用于描述情侣关系，因此很多初学者在学习过程中产生了概念混淆。面向对象中的“对象”是一种广义的抽象概念，英文称作“Object”，表示任意存在的事物。

7.1.1 对象

马路上有一个男孩，这个男孩的名字是小明。因为男孩是人类，所以这个名字是小明的男孩就是人类的一个对象。也就是说，对象是类的具象化的体现。

一个对象中可以划分出两大部分：静态部分和动态部分。静态部分被称为属性，属性是客观存在且不能被忽视的，例如人的身高、体重、性别、年龄等；动态部分指的是对象的行为，例如人的行为，包括吃饭、穿衣、睡觉、行走等。

7.1.2 类

类是对象的说明书，类虽然会忽略掉对象的一些不重要的特征，但是会把对象的主要特征和功能列举得清清楚楚。这种模式类似于人类的思维方式，人会按照明显的、具有共性的特征来区分事物。例如，绿苹果和红苹果是同一类水果，但黄苹果和黄香蕉就不是同一类水果。这是因为人在区分苹果和香蕉时，依据的是它们各自的形状。也就是说，人忽略掉了它们各自的颜色。

Java 语言是面向对象开发语言，在 Java 代码中创建类需要使用 class 关键字，其语法格式如下所示：

```
class 类名称 {  }
```

类的属性也叫作成员变量，类的行为也叫作成员方法，其定义的语法格式如下所示：

```
class 类名称 {
类型 成员变量名;
返回值 成员方法名([ 参数 ]){  }
}
```

类定义成员变量时可以直接赋值，也可以不赋值。如果不赋值则会使用对应类型的默认值。类中定义的成员变量和成员方法没有数量限制。

7.1.3 对象的创建

对象是根据类创建的。为了创建某个类的对象，需借助关键字 new 予以实现。

例如，现有一个表示人类的 People 类，使用关键字 new 创建一个 People 类的对象 tom。代码如下所示：

```
People tom = new People();
```

上面的这行代码包含了丰富的内容：既有类，又有对象，仅 People 这个单词就出现了两次。那么，在上述代码中，哪个是类？哪个是对象？ tom 又是什么呢?

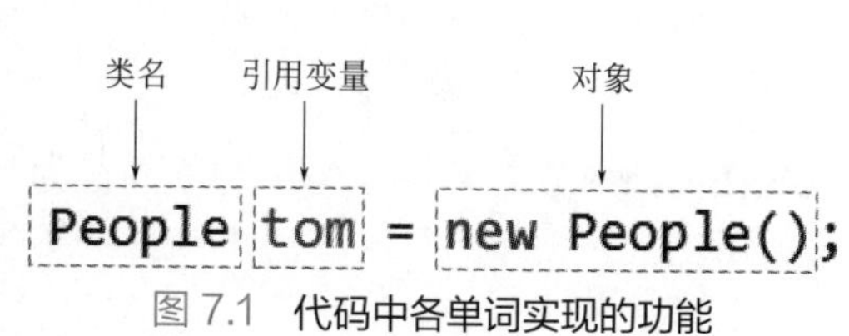

图 7.1 代码中各单词实现的功能

如图 7.1 所示，“=” 左端的 People 表示的是 People 类，“=” 右端的 new People() 表示的是 People 类的一个对象；而 tom

是一个引用变量，简单来说，tom 是 new People() 这个对象的代名词，就像张三、李四、王五等人名一样。

7.2 面向对象基础

在 Java 语言中，定义类时须使用关键字 class，关键字 class 的使用方法如下所示：

```
class 类名称 {
    // 类的成员变量，表示对象的属性
    // 类的成员方法，表示对象的方法
}
```

7.2.1 成员变量

在面向对象编程中，类中对象的属性是以成员变量的形式定义的，成员变量的定义方法如下所示：

```
数据类型 变量名称 [ = 值 ] ;
```

其中，[= 值] 表示可选内容，即定义成员变量时既可以为其赋值，也可以不为其赋值。

实例 7.1 定义鸟类中的成员变量

实例位置：资源包 \Code\07\01

定义一个鸟类（Bird 类），在 Bird 类中定义 4 个成员变量，分别为鸟类的翅膀（wing）、爪子（claw）、喙（beak）和羽毛（feather）。代码如下所示：

```
01 public class Bird {
02     String wing;                    // 翅膀
03     String claw;                    // 爪子
04     String beak;                    // 喙
05     String feather;                 // 羽毛
06 }
```

不难看出，成员变量的数据类型被设置为 Java 语言中合法的数据类型。与变量的使用方法相同，定义成员变量时既可以为其赋值，也可以不为其赋值。如果不为成员变量赋值，那么成员变量被使用时会被赋予默认值。Java 语言中常见数据类型的默认值如表 7.1 所示。

表 7.1 Java 语言中常见数据类型的默认值

数据类型	默认值	说明
byte、short、int、long	0	整型零
float、double	0.0	浮点零
char	'\u0000'	空字符
boolean	false	逻辑假
引用类型，例如 String	null	空值

7.2.2 成员方法

在面向对象编程中，类中对象的行为是以成员方法的形式定义的，定义成员方法的语法格式具体如下所示：

```
[ 权限修饰符 ] [ 返回值类型 ] 方法名 ( [ 参数类型 参数名 ] ) {
    …// 方法体
    return 返回值 ;
}
```

例如，在已创建的表示人类的 People 类中，定义一个吃东西的 eat() 方法。代码如下所示：

```
01 public class People {
02     void eat() { }
03 }
```

说明

方法必须定义在某个类中，定义方法时如果没有指定权限修饰符，方法的默认访问权限为缺省。

又例如，如果 People 类的一个对象（即引用变量 tom）想调用表示吃东西的 eat() 方法，须借助“对象 . 方法 ()”的格式予以实现。代码如右所示：

```
01 People tom = new People();
02 tom.eat();
```

7.2.3 构造方法

在类中除了成员方法外，还存在一种特殊类型的方法，即构造方法。构造方法是一个与类同名的方法，创建类的对象就是通过类的构造方法完成的。

构造方法的特点如下所示：

- 构造方法没有返回值类型，也不能定义为 void ；
- 构造方法的名称要与本类的名称完全相同；
- 构造方法的主要作用是创建类的对象。

例如，定义一个 Dog 类，Dog 类的构造方法声明如下所示：

```
class Dog {
    public Dog() { // 构造方法，其中 public 为构造方法修饰符
    }
}
```

定义好的构造方法会在创建对象的时候被调用，例如：

```
Dog lucky = new Dog();  ——→这里调用的就是构造方法
```

在类中声明构造方法时，还可以为其添加一个或者多个参数，即有参构造方法，Dog 类的有参构造方法声明如下所示：

```
class Dog {
    public Dog(int args) { // 参数为 int 型 args 的有参构造方法
        /* 在这里可以对成员变量进行初始化 */
    }
}
```

注意

如果在类中声明的构造方法都是有参构造方法，那么编译器不会为类自动创建一个默认的无参构造方法。当使用无参构造方法创建一个对象时，编译器就会报错。如果在类中没有声明任何构造方法，那么编译器会在类中自动创建一个默认的无参构造方法。

构造方法可以被设为私有，例如：

```
class Dog {
    private  Dog() { // 构造方法
    }
}
```

这种构造方法就无法被其他类调用，也就是无法执行“new Dog()”代码。

7.2.4 this 关键字

this 关键字用于表示本类当前的对象，当前对象不是某个 new 出来的实体对象，而是当前正在编辑的类。this 关键字只能在本类中使用。

this 关键主要有以下三个使用场景。

1. 调用成员变量

调用对象的成员变量可以通过“对象 . 成员变量”的方式，this 关键字也有这样的语法：

```
this.成员变量
```

这种语法只能在本类中使用。使用 this 调用本类成员变量可以有效地避免“名称冲突”问题。例如，如果构造方法中的参数名与成员变量名相同，把参数值赋值给成员变量时，成员变量必须使用 this 关键字。

实例 7.2 this 关键字的必要性

实例位置：资源包 \Code\07\02

在 Demo 类的构造方法中有两个与成员变量名相同的参数，当把这两个参数的值赋值给成员变量时，一个没有使用 this 关键字，另一个使用了 this 关键字，从结果上看会有不同。代码如下所示：

```
01 public class Demo {
02     String primitiveName;
03     String nickname;
04     public Demo(String primitiveName, String nickname) {
05         primitiveName = primitiveName;
06         this.nickname = nickname;
07     }
08     public static void main(String[] args) {
09         Demo somebody = new Demo("golden", " 够胆儿 ");
10         System.out.println("primitiveName = "+somebody.primitiveName);
11         System.out.println("nickname = "+somebody.nickname);
12     }
13 }
```

运行结果如下所示：

```
primitiveName = null
nickname = 够胆儿
```

从这个结果可以看出，primitiveName 成员变量没有使用 this 关键字，导致赋值失败。因为构造方法始终认为“primitiveName”这个名字表示的是参数，而不会认为这个名字还有成员变量的含义。this.nickname 则主动告知构造方法这个是成员变量，所以只有 nickname 成员变量才会被正确赋值。

2. 调用构造方法

如果类中有多个构造方法，使用 this 关键字可以在一个构造方法中调用另一个构造方法，调用语法

格式如下所示:

```
public Demo(){
   this( [参数] );
}
```

如果this()中没有参数，则表示调用本类无参构造方法；如果有参数，则会调用对应参数的构造方法。

例如，在Demo类中创建一个有参构造方法和一个无参构造方法，在无参构造方法中使用this关键字调用有参的构造方法，代码如下所示:

```
01 public class Demo {
02     public Demo() {// 无参构造方法
03         this(128);// 调用有参构造方法
04     }
05     public Demo(int a) {// 有参构造方法
06 
07     }
08 }
```

这样写之后，即使使用无参构造方法创建对象，在构造方法中也执行有参的构造过程。

使用this关键字调用其他构造方法时，this()上方不可以有其他代码，否则会抛出编译错误，如图7.2所示。

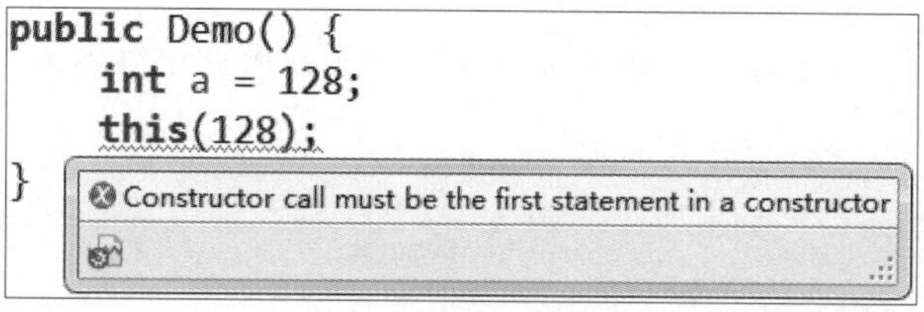

```
public Demo() {
    int a = 128;
    this(128);
}
```

Constructor call must be the first statement in a constructor

图7.2　this关键字调用构造方法的上方不可以有其他代码

7.3　static关键字

由static修饰的变量、常量和方法分别被称作静态变量、静态常量和静态方法，也被称作类的静态成员。

7.3.1　静态变量

如果一个局部变量被static修饰，这变量叫静态变量；如果一个类的成员变量被static修饰，那么这个成员变量就是静态成员变量，也可以简称为静态变量。

静态成员变量可以被该类的所有对象共享。如果一个对象修改了静态成员变量，其他对象读出的都是修改之后的值。例如一个水池，同时打开入水口和出水口，进水和出水这两个动作会同时影响到水池中的水量，此时水池中的水量就可以被认为是静态变量。

调用静态变量的语法与调用成员变量的方法不同，调用静态变量不需要创建类对象，其语法格式如下所示:

```
类名.静态类成员
```

实例7.3　**静态变量的使用方法**　实例位置：资源包\Code\07\03

先在Demo类中定义一个静态变量，再在main()方法中直接通过类名获取该静态变量的值，代码如下所示:

```
01 public class Demo {
02     static int count = 128; // 静态变量
```

```
03     public static void main(String[] args) {
04         System.out.println("count 的值 =" + Demo.count);
05     }
06 }
```

运行结果如下所示:

```
count 的值 =128
```

7.3.2 静态方法

用 static 修饰的方法就是静态方法。在 Java 语言中，想要调用某个类的成员方法，需要先创建这个类的对象。但有些情况无法创建对象或不应该创建类对象，这时候还想要调用类中的方法，就应该把被调用的方法修改为静态方法。

调用静态方法的语法格式如下所示:

```
类名 . 静态方法 ();
```

例如，不使用 new 关键字就可以调用静态方法，通常可以利用静态方法返回类对象，例如:

```
01 public class Demo {
02     static Demo getObject() {        // 静态方法返回本类对象
03         return new Demo();           // 用 new 关键字创建对象
04     }
05     public static void main(String[] args) {
06         Demo d = Demo.getObject(); // 通过静态方法创建对象
07     }
08 }
```

这种语法经常被用在设计模式的“工厂模式”中，通过调用工具类提供的不同的静态方法，可以返回对应的工具类对象。API 中常见的工具类有 System、Math 等，这些工具类都提供了大量静态方法。

7.4 类的继承

在 Java 语言中，继承的基本思想是子类既可以继承父类原有的属性和方法，又可以增加父类不具备的属性和方法，还可以重写父类原有的方法。例如，平行四边形是特殊的四边形；也就是说，平行四边形类继承了四边形类，平行四边形类在继承四边形类原有的属性和方法的同时，还增加了一些特有的属性和方法。

7.4.1 extends 关键字

在 Java 语言中，一个类继承另一个类需要使用关键字 extends，关键字 extends 的使用方法如下所示:

```
class Child extends Parent
```

注意

因为 Java 仅支持单继承，即一个类只可以有一个父类，所以类似下面的代码是错误的:

```
class Child extends Parent1, Parents2 {
}
```

→ 错误的继承语法，不可以同时继承多个父类

子类在继承父类之后，创建子类对象的同时也会调用父类的构造方法。

实例 7.4 父类、子类中的构造方法的执行顺序

实例位置：资源包 \Code\07\04

父类 Parent 和子类 Child 都各自有一个无参的构造方法，在 main() 方法中创建子类对象时，优先执行父类的构造方法，然后再执行子类的构造方法。代码如下所示：

```
01 class Parent {
02     public Parent() {
03         System.out.println(" 调用父类构造方法 ");
04     }
05 }
06 class Child extends Parent {
07     public Child() {
08         System.out.println(" 调用子类构造方法 ");
09     }
10 }
11 public class Demo {
12     public static void main(String[] args) {
13         new Child();
14     }
15 }
```

运行结果如下所示：

```
调用父类构造方法
调用子类构造方法
```

子类继承父类之后可以调用父类创建好的属性和方法。

实例 7.5 子类继承父类后调用父类的属性和方法

实例位置：资源包 \Code\07\05

Telephone 电话类作为父类衍生出 Mobile 手机类，手机类可以直接使用电话类的按键属性和拨打电话行为，写成 Java 代码则如下所示：

```
01 class Telephone {                    // 电话类
02   String button = "button:0 ～ 9";   // 成员属性，10 个按键
03   void call() {                      // 拨打电话功能
04       System.out.println(" 开始拨打电话 ");
05   }
06 }
07
08 class Mobile extends Telephone {    // 手机类继承电话类
09   String screen = "screen: 液晶屏 "; // 成员属性，液晶屏幕
10 }
11
12 public class Demo {
13   public static void main(String[] args) {
14       Mobile motto = new Mobile();
15       System.out.println(motto.button);      // 子类调用父类属性
16       System.out.println(motto.screen);      // 子类调用父类没有的属性
17       motto.call();                          // 子类调用父类方法
18   }
19 }
```

运行结果如下所示：

```
button:0 ~ 9
screen: 液晶屏
开始拨打电话
```

子类 Mobile 类仅创建了一个显示屏属性，剩余的其他属性和方法都是从父类 Telephone 类中继承的。

7.4.2 方法的重写

重写（又被称作覆盖）就是在子类中沿用父类的成员方法的方法名后，重新编写这个成员方法的方法体。这个成员方法既可以被修改方法的修饰符，又可以被修改返回值类型。

注意

当重写父类方法时，父类方法的修饰符只能从小的范围被修改为大的范围。如果父类中的 doit() 方法的修饰符为 protected，那么子类中的 doit () 方法的修饰符就只能被修改为 public，而不能被修改为 private。如图 7.3 所示的重写关系就是错误的。

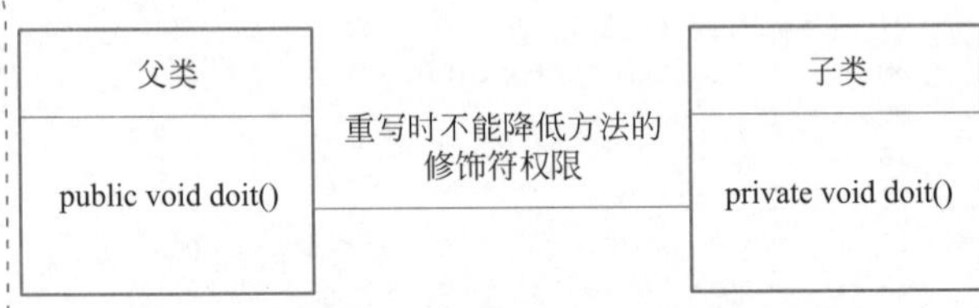

图 7.3 重写时不能降低方法的修饰符权限

子类重写父类的方法不会影响父类原有的调用关系，例如被子类重写的方法在父类的构造方法中被调用，再创造子类，子类的构造方法调用的则是被重写的新方法。

实例 7.6 子类重写的方法在父类的构造方法中被调用

实例位置：资源包 \Code\07\06

在父类 Telephone 电话类的构造方法中调用安装方法 install()，子类 Mobile 重写此方法，分别创建父类对象和子类对象，查看父类和子类分别输出的结果。代码如下所示：

```
01 class Telephone {                    // 电话类
02     public Telephone() {              // 构造方法
03         install();                    // 构造时安装电话
04     }
05     void install() {                  // 安装方法
06         System.out.println(" 铺设电话线，安装电话机 ");
07     }
08 }
09 class Mobile extends Telephone {     // 手机类
10     void install() {                  // 重写安装方法
11         System.out.println(" 办理电话卡，开通手机信号 ");
12     }
13 }
14 public class Demo {
15     public static void main(String[] args) {
16         new Telephone();              // 创建父类对象
17         new Mobile();                 // 创建子类对象
18     }
19 }
```

运行结果如下所示：

```
铺设电话线，安装电话机
办理电话卡，开通手机信号
```

此结果说明，父类调用的无参构造方法和子类调用的无参构造方法逻辑是相同的，但父类调用的 install() 方法和子类调用的 install() 方法逻辑不同。相当于“父子各用各自的方法”。

7.4.3 super 关键字

Java 使用 this 关键字代表本类对象，而在子类中也有一个关键字可以表示父类对象，这个关键字就是 super。super 关键字可以调用父类的属性、方法和构造方法，super 关键字的使用方法如下所示：

```
super.property;       // 调用父类的属性
super.method();       // 调用父类的成员方法
super();              // 调用父类的构造方法
```

1. 调用父类属性

如果子类的属性与父类的属性重名，则会覆盖父类属性，如果想调用父类属性，就需要使用 super 关键字。

实例 7.7 使用 super 关键字调用父类属性

实例位置：资源包 \Code\07\07

Computer 的名字叫电脑，而衍生出的子类 Pad 叫作平板电脑，子类可以利用父类的名称拼接出自己的名称，代码如下所示：

```
01 class Computer {
02     String name = " 电脑 ";
03     public void introduction() {
04         System.out.println(" 我是 " + name);
05     }
06 }
07 class Pad extends Computer {
08     String name = " 平板 " + super.name;// 使用父类属性拼接
09     public void introduction() {
10         System.out.println(" 我是 " + name);
11     }
12 }
13 public class Demo {
14     public static void main(String[] args) {
15         Computer c = new Computer();
16         c.introduction();
17         Pad p = new Pad();
18         p.introduction();
19     }
20 }
```

运行结果如下所示：

```
我是电脑
我是平板电脑
```

如果把 Computer 的 name 属性默认值改为“计算机”，Pad 输出的名称也会同步改为“平板计算机”。

2. 调用父类方法

如果子类把父类的方法重写，但还需要执行父类方法原有的逻辑，就可以使用 super 关键字调用父类原来的方法。

实例 7.8 使用 super 关键字调用父类方法

实例位置：资源包 \Code\07\08

父类方法可以返回一段文字信息，子类需要在这段信息基础之上追加日期，子类可以在重写方法时调用父类原有方法，并拼接一段日期字符串，代码如下所示：

```
01 class Parent {                        // 父类
02     String showMessage() {
03         return " 您的账户余额不足，请及时缴费！ ";
04     }
05 }
06 class Child extends Parent {          // 子类
07     String showMessage() {            // 重写父类方法
08  // 调用父类原有方法逻辑，在后面拼接时间字符串
09         return super.showMessage() + " 2018-11-12 12:02:00";
10     }
11 }
12 public class Demo {
13     public static void main(String[] args) {
14         Child c = new Child();
15         System.out.println(c.showMessage());
16     }
17 }
```

运行结果如下所示：

```
您的账户余额不足，请及时缴费！ 2018-11-12 12:02:00
```

这个结果就包含了父类原来的信息内容，使用 super 关键字大大降低了代码量，提高了代码重用率。

3. 调用父类构造方法

使用 super 调用父类构造方法的方式与使用 this 调用本类构造方法一致。

实例 7.9 使用 super 关键字调用父类构造方法

实例位置：资源包 \Code\07\09

在子类的无参构造方法中调用父类的有参构造方法，代码如下所示：

```
01 class Parent {                                  // 父类
02     String message;                             // 父类属性
03     public Parent(String message) {
04         this.message = message;
05     }
06 }
07 class Child extends Parent {                    // 子类
08     public Child() {
09         super(" 您的账户余额不足，请及时缴费！ ");     // 调用父类构造方法
10     }
11 }
12
13 public class Demo {
14     public static void main(String[] args) {
15         Child c = new Child();
16         System.out.println(c.message);
17     }
18 }
```

运行结果如下所示：

```
您的账户余额不足，请及时缴费！
```

子类在无参构造方法中调用父类有参构造方法，父类有参构造方法又会给 message 属性赋值，最后程序输出子类的 message 属性的值，就是 super() 方法中的参数。

7.4.4 所有类的父类——Object 类

在 Java 语言中，所有的类都直接或间接地继承了 java.lang.Object 类。Object 类是比较特殊的类，它是所有类的父类。当创建一个类时，除非已经指定这个类要继承其他类，否则都要继承 java.lang.Object 类。因为所有类都直接或间接地继承了 java.lang.Object 类，所以在创建一个类时，可以省略“extends Object”，示意图如图 7.4 所示。

在 Object 类中主要包括 clone()、finalize()、equals()、toString() 等方法，其中常用的两个方法为 equals() 和 toString() 方法。因为所有类都直接或间接地继承了 java.lang.Object 类，所以所有类都可以重写 Object 类中的方法。

```
class Anything {
    …
}
        ‖ 等价于
class Anything extends Object {
    …
}
```

图 7.4 创建类时可以省略 extends Object

注意

> Object 类中的 getClass()、notify()、notifyAll()、wait() 等方法不能被重写，因为这些方法被定义为 final 类型。

下面对 Object 类中的几个重要方法予以介绍。

1. getClass() 方法

Class 也是 Java API 中的一个类，表示正在运行的 Java 应用程序中的类和接口。一个对象调用 getClass() 方法后，可以获取该对象的 Class 类实例。例如，获取 String 的 Class 实例，并输出该实例，代码如下所示：

```
String name = new String("tom");
Class c = name.getClass();
System.out.println(c);
```

输出的结果如下所示：

```
class java.lang.String
```

通过返回的 Class 对象可以获知 name 变量所对应的完整类名。

2. toString() 方法

toString() 方法将返回某个对象的字符串表示形式。当使用输出语句输出某个类对象时，程序将自动调用 toString() 方法。

实例 7.10 输出 People 类对象的姓名和年龄

实例位置：资源包 \Code\07\10

创建 People 类，类中有姓名和年龄两个属性，重写 People 类的 toString() 方法，把该方法返回的结果写成自我介绍。在 main() 方法中创建 People 类对象，并使用输出语句输出该对象，代码如下所示：

```
01 class People {
02     String name;// 姓名
03     int age;// 年龄
04     public People(String name, int age) {
05         this.name = name;
06         this.age = age;
07     }
08     public String toString() {// 重写
09         return "我叫" + name + ", 今年" + age + "岁";
10     }
11 }
12 public class Demo {
13     public static void main(String[] args) {
14         People tom = new People("tom", 24);
15         System.out.println(tom);
16     }
17 }
```

运行结果如下所示:

```
我叫 tom，今年 24 岁
```

如果不重写 toString() 方法，People 类对象输出的则是“类名@哈希码”的形式，例如 People@139a55。

3. equals() 方法

equals 的英文是“等于”的意思，在 Java 中，Object 类提供的 equals() 方法用于比较的是两个对象的引用地址是否相等。API 中很多类都重写了 equals() 方法，例如，String、Integer 等，重写之后的 equals() 方法可以判断更具体的数据。最典型的例子就是使用 equals() 方法判断两个字符串常量是否相等，例如，使用构造方法创建两个字符串对象，分别使用 equals() 方法和“==”运算符进行比较，代码如下所示:

```
01 String key1 = new String("A129515");
02 String key2 = new String("A129515");
03 System.out.println(key1.equals(key2));
04 System.out.println(key1 == key2);
```

比较的结果如下所示:

```
true
false
```

7.5 类的多态

在 Java 语言中，多态的含义是“一种定义，多种实现”。例如，运算符“+”被用于两个整型变量之间，其作用是求和；被用于两个字符串对象之间，其作用是把它们连接在一起。类的多态性可以体现在两方面：一是方法的重载，这部分内容可参考第 6 章；二是类的上、下转型。本节将主要介绍类的上、下转型。

7.5.1 向上转型与向下转型

向上转型的意思是将子类对象变成父类对象，向下转型的意思是将父类对象变成子类对象。

1. 向上转型

子类对象可以直接赋值给父类对象，这就相当于按照父类来描述子类，例如，人类是教师类的父类，一名教师也是一个人。因此，Java 支持下面实例中的写法:

```
01 class People {
02 }
03 class Teacher extends People {
04 }
05 public class Demo {
06     public static void main(String[] args) {
07         People tom = new Teacher(); // 父类声明对象，由子类实例化
08     }
09 }
```

对象 tom 的类型是 People 类型，但是可以用 People 类的子类 Teacher 类进行实例化，这就是向上转型的语法。向上转型可以用如图 7.5 所示的方式去理解。

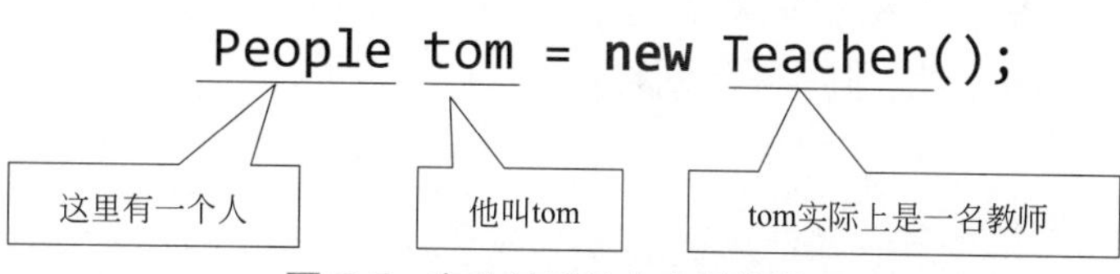

图 7.5　向上转型结合实例的说明

综上所述，向上转型就是把子类对象赋值给父类类型的变量。因为向上转型是从一个较具体的类转换为一个较抽象的类，所以向上转型是安全的。

2. 向下转型

通过向上转型可以推理出向下转型是把一个较抽象类转换为一个较具体的类，这样的转型通常会出现错误。例如，可以说某只鸽子是一只鸟，但不能说某只鸟是一只鸽子，因为鸽子是具体的，鸟是抽象的。一只鸟除了可能是鸽子，也有可能是老鹰、企鹅之类的。因此可以说向下转型是不安全的。

例如下面这个例子，就演示了向下转型时会发生的错误：

```
01 class Parent {
02 }
03 class Child extends Parent {
04 }
05 public class Demo {
06     public static void main(String[] args) {
07         Parent p = new Parent();
08         Child c = p; // 尝试把父类对象转为子类对象
09     }
10 }
```

这段代码无法执行，因为会发生如图 7.6 所示错误。

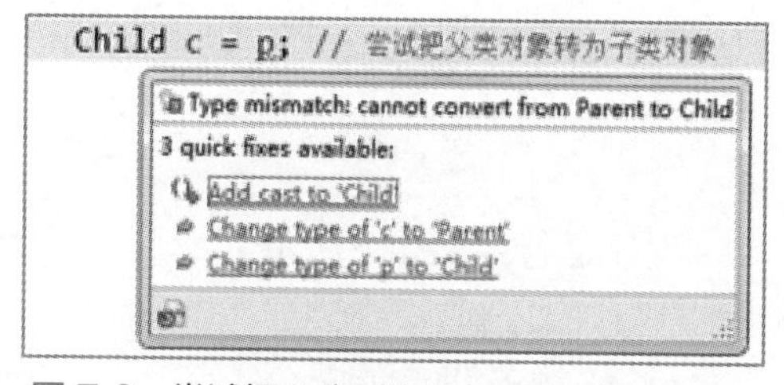

图 7.6　尝试把父类对象转为子类对象时发生的错误

想要正确地实现向下转型，需要使用强制转换语法，语法格式如下所示：

```
子类对象 = (子类类型) 父类对象 ;
```

所以实例中把父类对象转为子类对象的代码应该这样写：

```
Parent p = new Parent();
Child c = (Child) p; // 父类对象强制转为子类对象
```

注意

两个没有继承关系的对象不可以进行向上转型或向下转型。

7.5.2　关键字 instanceof

关键字 instanceof 既可以被用于判断父类对象是否为子类的实例，又可以被用于判断某个类是否实现了某个接口。使用语法格式如下所示：

```
子类对象 instanceof 父类名
```

注意

> 在 Java 语言中，关键字均为小写。

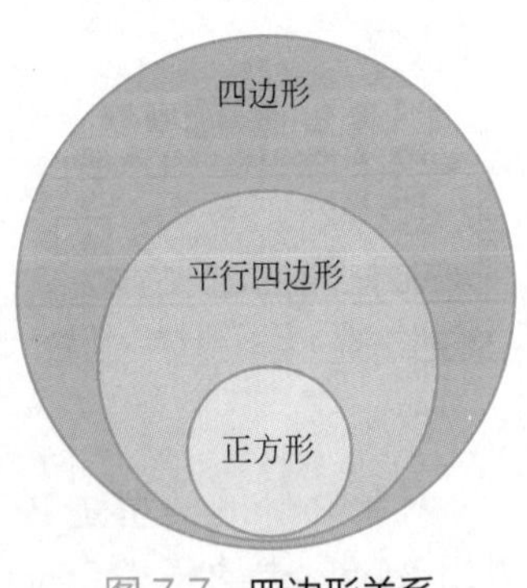

图 7.7　四边形关系

在几何学中，四边形中包含平行四边形，平行四边形中又包含了正方形，如图 7.7 所示。如果把这三种图形写成类，三个类就是依次继承的关系。

在这个继承关系前提下，“正方形 instanceof 平行四边形”就应该返回 true 的结果，但“平行四边形 instanceof 正方形”的结果就是 false。

实例 7.11　判断不同类对象之间的继承关系

实例位置：资源包 \Code\07\11

创建 Quadrangle 四边形、Parallelogram 平行四边形类、Square 正方形类和 Triangle 三角形类，其中 Parallelogram 类继承 Quadrangle 类，Square 类继承 Parallelogram 类。使用 instanceof 关键字判断不同类对象之间的继承关系。代码如下所示：

```
01 class Quadrangle {                                  // 四边形类
02 }
03 class Parallelogram extends Quadrangle {            // 平行四边形类
04 }
05 class Square extends Parallelogram {                // 正方形类
06 }
07 class Triangle {                                    // 三角形类
08 }
09 public class Demo {
10     public static void main(String[] args) {
11         Quadrangle q = new Quadrangle();
12         Parallelogram p = new Parallelogram();
13         Square s = new Square();
14         System.out.println("平行四边形是否继承四边形：" + (p instanceof Quadrangle));
15         System.out.println("矩形是否继承四边形：" + (s instanceof Quadrangle));
16         System.out.println("四边形是否继承矩形：" + (q instanceof Square));
17     }
18 }
```

程序运行结果如下所示：

```
平行四边形是否继承四边形：true
矩形是否继承四边形：true
四边形是否继承矩形：false
```

但如果创建了三角形对象，三角形对象使用 instanceof 与和自己没有任何继承关系的四边形类作判断，则会发生编译错误，错误提示如图 7.8 所示。无继承关系的对象或类之间不能使用 instanceof 关键字。

```
Triangle t = new Triangle();
System.out.println("三角形是否四边形：" + (t instanceof Quadrangle));
```

Incompatible conditional operand types Triangle and Quadrangle

图 7.8　三角形对象使用 instanceof 关键字发生错误

7.6　抽象类与接口

在 Java 语言中，并不是所有的类都是用来描绘对象的。如果一个类中没有包含足够的信息来描绘一个具体的对象，那么这样的类被称作抽象类。接口是一个抽象类型，是抽象方法的集合，一个类通过实现接口的方式，进而实现接口中的抽象方法。

7.6.1 抽象类与抽象方法

在 Java 语言中，抽象类不能被实例化。定义抽象类时，需要使用关键字 abstract，定义抽象类的语法格式如下所示：

```
[ 权限修饰符 ] abstract class 类名 {
    // 语句序列
}
```

同理，定义抽象方法时，也需要使用关键字 abstract，定义抽象方法的语法格式如下所示：

```
[ 权限修饰符 ] abstract 方法返回值类型 方法名 ( 参数列表 );
```

从上述语法可以看出，抽象方法直接以分号结尾，且没有方法体。虽然抽象方法本身没有任何意义，但是当某个类继承被用于承载抽象方法的抽象类时，在这个类中需要重写抽象类中的抽象方法。被重写的抽象方法既有意义，又有方法体。

创建抽象类和抽象方法时，需要遵循以下原则：

① 在抽象类中，既可以包含抽象方法，又可以不包含抽象方法，但是包含抽象方法的类必须被定义为抽象类。

② 抽象类不能被实例化，即使抽象类中不包含抽象方法，也不能被实例化。

③ 抽象类被继承后，子类需要重写抽象类中所有的抽象方法。

④ 如果继承抽象类的子类也是抽象类，那么可以不用重写父类中所有的抽象方法。

注意

构造方法不能定义为抽象方法。

例如，世界上有很多国家，各个国家的人说的语言可能不同，但不管哪一个国家的人都属于同一个人种——智人。所以说智人就是一个抽象的概念，一个智人可能是一个中国人，可能是一个英国人，也有可能是南非人，像智人这样的抽象概念就可以在程序中写成抽象类。

智人抽象类可以写成如下代码：

```
01 abstract class Sapiens {                    // 智人抽象类
02     String skinColour;                      // 肤色
03     abstract void say();                    // 抽象方法：说话
04 }
```

智人抽象类为父类，可以延伸出很多具体的类，例如，中国人、南非人和英国人，这三个国家的人可以写成以下方式：

```
01 class Chinese extends Sapiens {             // 中国人
02     public Chinese() {
03         skinColour = " 黄色 ";
04     }
05     void say() {                            // 实现父类的抽象方法
06         System.out.println(" 你好 ");
07     }
08 }
09 class SouthAfricans extends Sapiens {       // 南非人
10     public SouthAfricans() {
11         skinColour = " 黑色 ";
12     }
```

```
13     void say() {                    // 实现父类的抽象方法
14         System.out.println("Sawubona（祖鲁语）");
15     }
16 }
17 class Britisher extends Sapiens {  // 英国人
18     public Britisher() {
19         skinColour = "白色";
20     }
21     void say() {                    // 实现父类的抽象方法
22         System.out.println("Hello");
23     }
24 }
```

7.6.2 接口的声明及实现

使用抽象类时，可能会出现这样的问题：一个类在继承抽象类的同时，还需要继承另一个类。在Java语言中，类不允许多重继承，为了解决这一问题，接口就应运而生了。

接口是抽象类的延伸，可以把接口看作纯粹的抽象类。定义接口时，需要使用关键字interface，定义接口的语法格式如下所示：

```
[修饰符] interface 接口名 [extends 父接口名列表]{
}
```

- 修饰符：可选，用于指定接口的访问权限，可选值为public。如果省略则使用默认的访问权限。
- 接口名：接口名必须是合法的Java标识符。一般情况下，要求首字母大写。
- extends 父接口名列表：用于指定要定义的接口继承的父接口。

一个类实现一个接口时，需要使用关键字implements，语法格式如下所示：

```
class 类名  implements 接口名 {
}
```

例如，有的鸟类会飞，但有的鸟类只会跑，鸟类的父类不可能同时拥有飞行和奔跑这两个方法，所以这两个方法就可以写在接口里，让鸟类的子类自己选择实现移动的方法。

飞行接口的设计如下所示：

```
01 interface Flyable {
02     void flying();
03 }
```

奔跑接口设计如下所示：

```
01 interface Runable {
02     void running();
03 }
```

鸟类仅作为被继承的父类使用，不用写具体的属性和方法，设计如下所示：

```
01 class Bird{
02 }
```

创建老鹰类，老鹰类继承鸟类，同时实现飞行接口，代码如下所示：

```
01 class hawk extends Bird implements Flyable{
02     public void flying() {
03         System.out.println("老鹰飞翔");
04     }
05 }
```

创建鸵鸟类，鸵鸟类继承鸟类，同时实现奔跑接口，代码如下所示：

```
01 class Ostrich extends Bird implements Runable{
02     public void running() {
03         System.out.println(" 鸵鸟奔跑 ");
04     }
05 }
```

这样这个程序中，虽然老鹰和鸵鸟都是鸟，但以实现接口的方式选择了不同的移动方式。

7.6.3 类同时实现多个接口

一个类可以同时实现多个接口，其语法格式如下所示：

```
class 类名 implements 接口1,接口2,…,接口n{
}
```

在真实世界中，有的物体可以移动，有的物体可以发出声音，也有的物体同时具备这两种特性。在设计程序时可以把不同的特性都写成接口，物体写成类，物体有哪些特性就继承哪些接口。

例如，设计可发声接口 Soundable 和可移动接口 Movable，然后让火车类 Train 实现这两个接口，代码如下所示：

```
01 interface Soundable {                              // 可发声的
02     void makeVoice();                              // 发出声音
03 }
04 interface Movable {                                // 可移动的
05     void move();                                   // 移动
06 }
07 class Train implements Soundable, Movable { // 火车
08     public void move() {
09         System.out.println(" 沿着铁轨移动 ");
10     }
11     public void makeVoice() {
12         System.out.println(" 呜～呜～ ");
13     }
14 }
```

火车同时实现两个接口，就是同时具备了两种特性，火车类可以作为任意接口的实现类，例如：

```
Soundable s = new Train();
Movable m = new Train();
```

7.7 访问控制

Java 语言主要通过访问控制符、类包和 final 关键字控制类、变量以及方法的访问权限，本节将着重介绍访问控制符和 final 关键字。

7.7.1 访问控制符

Java 语言提供了 4 种权限修饰符：public、protected、default 和 private（被称作“缺省”，即什么也不写）。具体如下所示：

- public 被称作“公有访问修饰符”，用于修饰类、变量、方法和接口。
- protected 被称作“受保护的访问修饰符”，用于修饰变量和方法。
- default 被称作“默认访问修饰符”，用于修饰类、变量、方法和接口。
- private 被称作“私有访问修饰符”，用于修饰变量和方法。

不难发现，权限修饰符的作用是控制对类、变量、方法和接口的访问。这 4 种权限修饰符的访问权限从高到低依次为 public → protected → default → private。其中，访问权限越低，代表访问限制越严格。表 7.2 详细地列出了 public、protected、default 和 private 的访问权限。

表 7.2 Java 语言中访问控制符的访问权限

	public	protected	default	private
本类	可见	可见	可见	可见
与本类同包下的子类	可见	可见	可见	不可见
与本类同包下的非子类	可见	可见	可见	不可见
其他包中的子类	可见	可见	不可见	不可见
其他包中的非子类	可见	不可见	不可见	不可见

注意

声明类时，如果不使用 public 修饰符设置类的权限，则这个类默认为 default（缺省）修饰。

7.7.2 关键字 final

关键字 final 被译为“最后的，最终的”。换言之，被 final 修饰的类、变量和方法不能被改变。

1. final 类

被 final 修饰的类不能被继承。定义 final 类的语法格式如下所示：

```
final class 类名 {}
```

当把某个类设置为 final 类时，类中的所有方法都被隐式地设置为 final 形式，但是 final 类中的成员变量既可以被设置为 final 形式，又可以被设置为非 final 形式。

例如，String 字符串类就是一个 final 类，开发者无法继承 String 类，String 类的定义如下所示：

```
public final class String
    implements java.io.Serializable, Comparable<String>, CharSequence {
        （此处省略类中的代码）
}
```

一切尝试继承 String 的类都会报错，图 7.9 所示的就是一个错误场景。

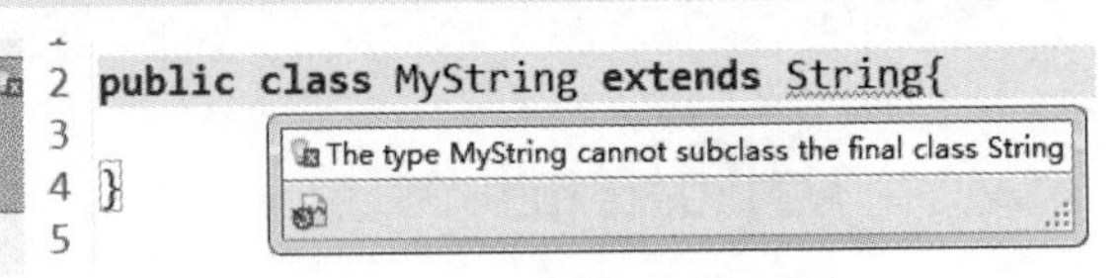
2 public class MyString extends String{
3
4 }
5
The type MyString cannot subclass the final class String

图 7.9 String 类无法被继承

2. final 方法

被 final 修饰的方法不能被重写。如果一个父类的某个方法被定义为 private final 的方法，那么这个方法不能被子类覆盖，否则会报错。

例如，图 7.10 就演示了 B 类继承 A 类之后，B 类试图重写 A 类的 final 方法，结果 Eclipse 抛出提示“Cannot override the final method”的错误提示。

```
class A {
    final void action() {

    }
}

class B extends A {
    void action() {
        Cannot override the final method from A
    }   1 quick fix available:
}        Remove 'final' modifier of 'A.action'(..)
```

图 7.10 final 方法无法被子类重写

3. final 常量

变量被 final 修饰时，这个变量的变量值不可以被改变。在 Java 语言中，把被 final 修饰的变量称作常量。使用 final 修饰变量时，必须为该变量赋值。

常量在开发中经常被用到，例如，Java 提供的 Math 类就提供了两个常用的常量，分别是圆周率和自然常数。

```
Math.PI                        // 圆周率，常量值为 3.141592653589793
Math.E                         // 自然常数，常量值为 2.718281828459045
```

常量有两种赋值方式，第一种是定义的时候直接赋值，另一种是在构造方法中赋值。不管哪种赋值方式，常量只能被赋值一次，赋完的值无法被更改。两种赋值方式如下所示：

```
01 public class Demo {
02     final int a = 128;        // 定义的时候赋值
03     final int b;
04     public Demo() {
05         b = 512;              // 在构造方法中赋值
06     }
07 }
```

注意

静态常量必须在定义时赋值。

7.8 内部类

在类中定义的类被称作内部类。例如，发动机被安装在汽车内部，如果把汽车定义为汽车类，发动机定义为发动机类，那么发动机类就是汽车类的内部类。内部类有很多种形式，本节将介绍最常用的成员内部类和匿名内部类。

7.8.1 成员内部类

类的成员除包含成员变量、方法和构造方法外，还包含成员内部类。定义成员内部类的语法格式如下所示：

```
public class OuterClass {             // 外部类
    private class InnerClass {        // 内部类
    // 语句序列
    }
}
```

如图 7.11 所示，外部类的成员方法和成员变量尽管都被 private 修饰，但仍可以在内部类中使用。

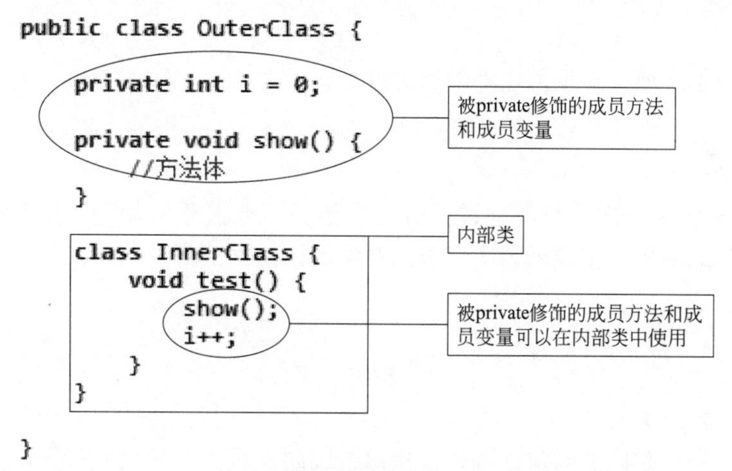

图 7.11　内部类可以使用外部类的私有成员

实例 7.12 心脏在跳动

实例位置：资源包 \Code\07\12

心脏是动物的重要器官，不断跳动的心脏就意味着鲜活的生命力。现在创建一个人类，把心脏类设计为人类里面的一个成员内部类。心脏类有一个跳动的方法，在一个人被创建时，心脏就开始不断地跳动。代码如下所示：

```
01 public class People {                        // 人类
02     final Heart heart = new Heart();         // 心脏属性
03     public People() {                        // 构造人类对象
04         heart.beating();                     // 心脏开始跳动
05     }
06     class Heart {                            // 人类内部的心脏类
07         public void beating() {              // 跳动
08             System.out.println(" 心脏：扑通扑通……");
09         }
10     }
11 }
```

当在 main() 方法创建一个人类对象时，也会创建一个心脏对象，并且心脏对象会在人类构造的时候开始跳动，例如下面的代码：

```
01 public static void main(String[] args) {
02     new People();
03 }
```

此代码执行后会在控制台输出如下内容：

```
心脏：扑通扑通……
```

想要在静态方法或其他类体中创建某个类的成员内部类对象，使用的语法比较特殊，创建成员内部类的语法格式如下所示：

```
外部类名 . 成员内部类名 内部类对象名 = 外部类对象 .new 成员内部类构造方法 ();
```

例如，在 main() 方法中创建人类的成员内部类——心脏类对象的代码如下所示：

```
01 public static void main(String[] args) {
02     People p = new People();
03     People.Heart h = p.new Heart();
04 }
```

创建成员内部类对象之前，必须创建外部类对象。

7.8.2 匿名内部类

匿名内部类只能被使用一次。也就是说，匿名内部类不能被重复使用，创建匿名内部类的对象后，这个匿名内部类就会立即消失。创建匿名内部类的对象的语法格式如下所示：

```
new A(){
    /* 匿名内部类中的语句序列 */
};
```

其中，A 代表接口名或类名。

匿名内部类经常用来创建临时对象，例如，接口的临时实现类、只会运行一次的线程对象等。

实例 7.13 匿名对象实现抽象方法

实例位置：资源包 \Code\07\13

首先创建一个接口，接口中只有一个抽象方法，代码如下所示：

```
01 interface Soundable { // 可发出声音的接口
02     void makeSound(); // 发声的抽象方法
03 }
```

然后在测试类的 main() 方法中使用 new 关键字创建接口匿名对象，并在匿名对象的最后一个大括号之后直接调用接口的方法，代码如下所示：

```
01 public class Demo {
02     public static void main(String[] args) {
03         new Soundable() {                    // 创建接口的匿名对象
04             public void makeSound() {        // 实现抽象方法
05                 System.out.println(" 有什么东西发出了巨大的响声 ");
06             }
07         }.makeSound();                       // 匿名对象调用自己的成员方法
08     }
09 }
```

运行 Demo 类，会在控制台中输出以下内容：

```
有什么东西发出了巨大的响声
```

这个结果就是匿名对象在实现抽象方法的同时，直接调用了该方法。整个过程中没有创建任何带有名字的类，虽然实现了接口，但是匿名内部类没有用到 class 关键字。

说明

使用匿名内部类时应该遵循以下原则：

- 匿名内部类没有构造方法。
- 匿名内部类不能定义静态的成员。
- 匿名内部类不能用 private、public、protected、static、final、abstract 等关键字修饰。
- 只可以创建一个匿名内部类对象。

7.9 综合实例——计算几何图形的面积

对于每个几何图形而言，虽然具有一些共同的属性，例如，名字、面积等，但是计算它们各自的面积的方法各不相同，例如计算矩形面积和圆形面积的方法就是不相同的。如果要编写一个能计算矩形面积和圆形面积的程序，从抽象类和抽象方法入手，应该如何进行编码呢？下面将演示如何使用抽象类和抽象方法编写这个程序。

编写类 Shape，该类是一个抽象类。在该类中定义两个方法：getName() 方法使用反射机制获得图形的名称，getArea() 方法是一个抽象方法，用于获得图形的面积。代码如下所示：

```
01 public abstract class Shape {
02   public String getName() { // 获得图形的名称
03       return this.getClass().getSimpleName();
04   }
```

```
05
06   public abstract double getArea();         // 获得图形的面积
07 }
```

编写圆类 Circle，该类继承自 Shape，并且实现了 Shape 类中的抽象方法 getArea()。通过圆类 Circle 的构造方法，获得了圆形的半径，而后通过 getArea() 方法，计算圆的面积。代码如下所示：

```
01 public class Circle extends Shape {
02   private double radius;
03
04   public Circle(double radius) {            // 获得圆形的半径
05       this.radius = radius;
06   }
07
08   @Override
09   public double getArea() {                 // 计算圆形的面积
10       return Math.PI * Math.pow(radius, 2);
11   }
12 }
```

编写矩形类 Rectangle，该类继承自 Shape，并且实现了 Shape 类中的抽象方法 getArea()。通过矩形类 Rectangle 的构造方法，获得了矩形的长和宽，而后通过 getArea() 方法，计算矩形的面积。代码如下所示：

```
01 public class Rectangle extends Shape {
02   private double length;
03   private double width;
04
05   public Rectangle(double length, double width) {    // 获得矩形的长和宽
06       this.length = length;
07       this.width = width;
08   }
09
10   @Override
11   public double getArea() {                           // 计算矩形的面积
12       return length * width;
13   }
14 }
```

编写测试类 Test，在该类中创建 Circle 对象和 Rectangle 对象。其中，圆形的半径为 1，矩形的宽、高都为 1。控制台分别输出这两个图形类的名称和面积。代码如下所示：

```
01 public class Test {
02   public static void main(String[] args) {
03       Circle circle = new Circle(1);                  // 创建圆形对象并将半径设置成 1
04       System.out.println("图形的名称是：" + circle.getName());
05       System.out.println("图形的面积是：" + circle.getArea());
06       Rectangle rectangle = new Rectangle(1, 1);      // 创建矩形对象并将长和宽设置成 1
07       System.out.println("图形的名称是：" + rectangle.getName());
08       System.out.println("图形的面积是：" + rectangle.getArea());
09   }
10 }
```

上述代码的运行结果如下所示：

```
图形的名称是：Circle
图形的面积是：3.141592653589793
图形的名称是：Rectangle
图形的面积是：1.0
```

7.10 实战练习

① 创建 3 个接口，分别是表示可增加的接口 Addable，表示可减少的接口 Reducible 和表示可变化的接口 Changeable，其中接口 Changeable 同时继承接口 Addable 和接口 Reducible。接口 Addable 中有一个表示增加的抽象方法 add()，接口 Reducible 中有一个表示减少的抽象方法 reduce()，接口 Changeable 中有一个表示均匀变化 2 个单位的常量 UNITS。编写满足以下要求的一段代码：创建一个泳池类 Pool，泳池类 Pool 声明了一个 double 型、表示当前水量的变量 amount；泳池类 Pool 实现接口 Changeable 后，根据上述已知条件，补充抽象方法 add() 和抽象方法 reduce() 的方法体。

② 创建一个抽象的水果类，类中有一个获取水果名称的抽象方法。创建人类，人类有个吃的方法，参数类型为水果类型，并可以在控制台打印吃了什么。请用匿名类创建吃方法的参数，让人类吃苹果和香蕉。

小结

本章知识点较多，要掌握继承与多态的机制，掌握重载、类型转换等技术，学会使用接口与抽象类。另外，本章还介绍了 final 关键字的用法、内部类等内容。建议仔细揣摩继承与多态机制，因为继承和多态本身是比较抽象的概念，深入理解需要一段时间。使用多态机制必须扩展编程视野，将编程的着眼点放在类与类之间的共同特性以及关系上，使软件开发具有更快的速度、更完善的代码组织架构以及更好的扩展性和维护性。

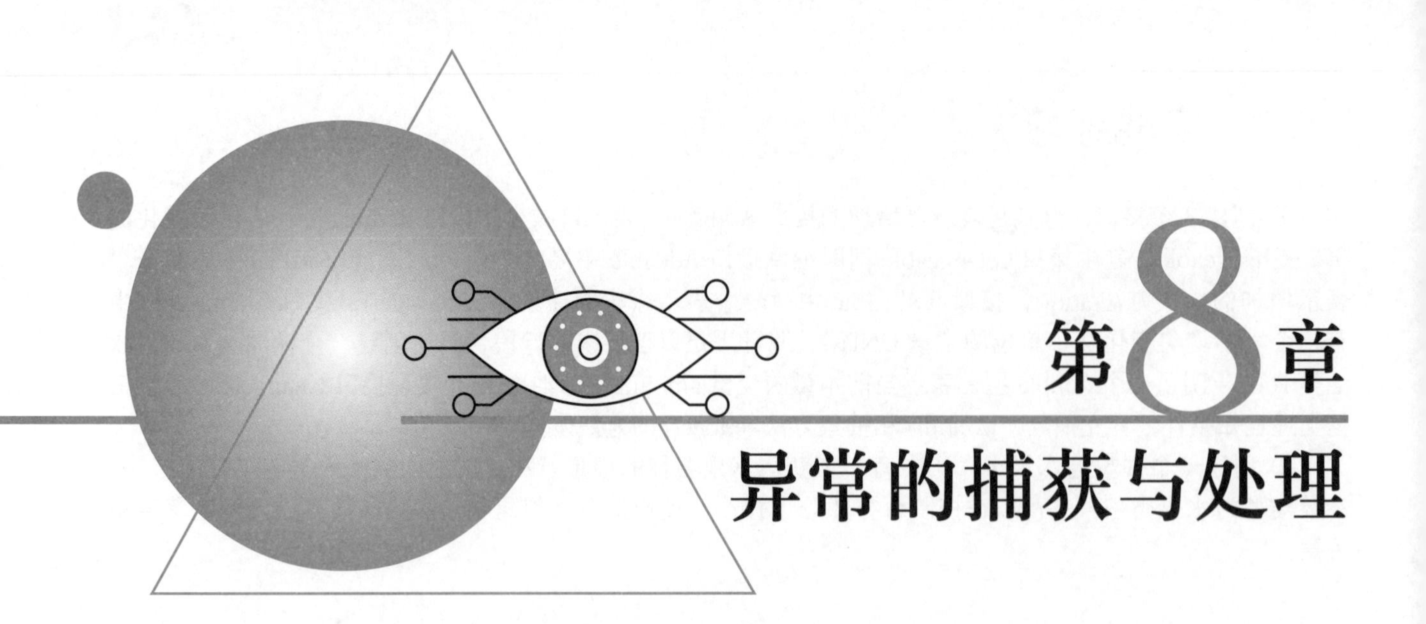

第8章 异常的捕获与处理

在 Java 语言中，运行时错误会被程序作为异常抛出。以控制台的输入输出为例，如果一个程序要求用户在控制台上输入一个 int 型值，用户却输入了一个 double 型值，那么，这个程序就会出现运行时错误，控制台将输出 InputMismatchException，即“输入不匹配异常”。本章将对如何捕获并处理异常予以讲解。

本章的知识结构如下图所示：

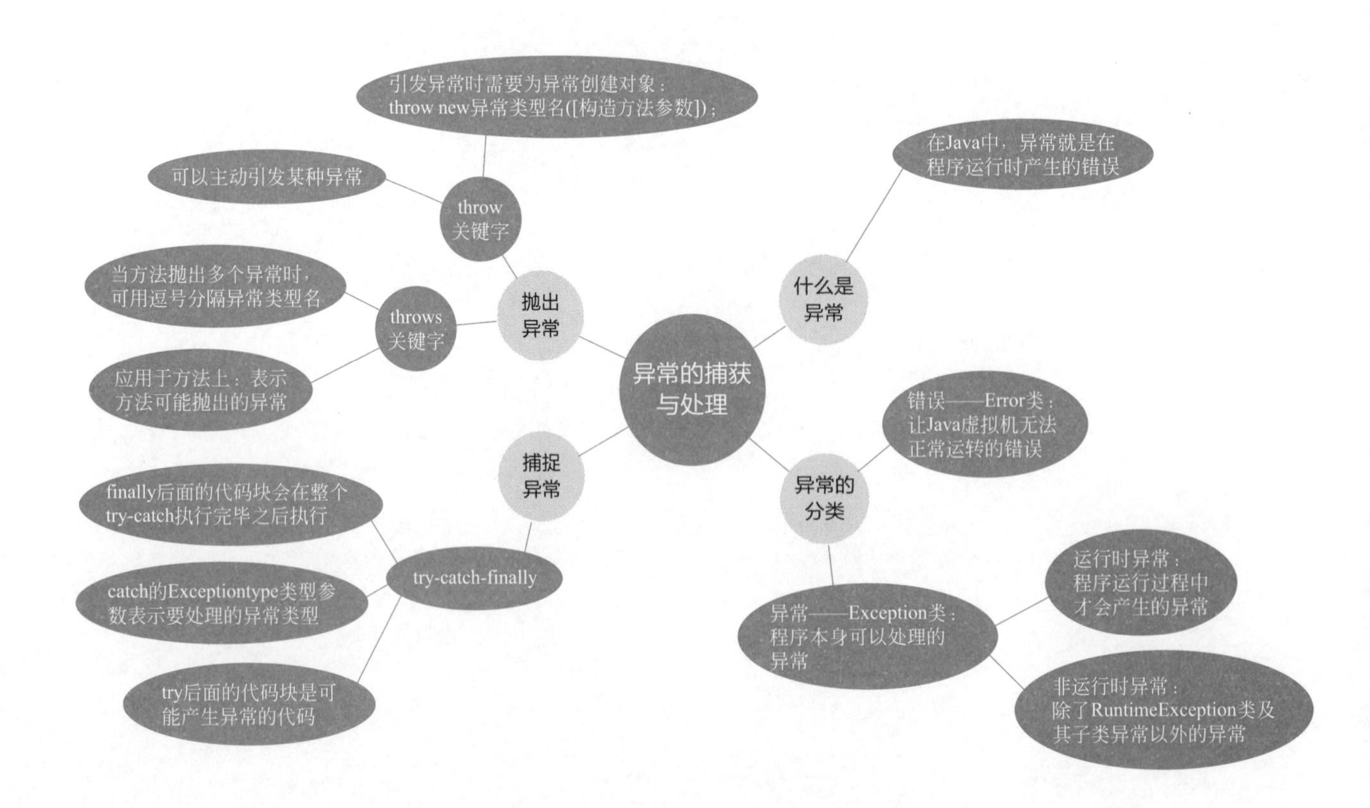

8.1 什么是异常

在 Java 语言中，异常是对象，表示阻止程序正常运行的错误。换言之，程序在运行过程中，如果 Java 虚拟机检测到一个不能被执行的操作，就会被终止运行，同时抛出异常。

如何抛出异常

实例位置：资源包 \Code\08\01

现以录入姓名、年龄、性别等个人信息为例，演示异常是如何被抛出的。代码如下所示：

```
01 Scanner sc = new Scanner(System.in);
02 System.out.println("请输入姓名：");
03 String name = sc.next();
04 System.out.println("请输入年龄：");
05 int age = sc.nextInt();          → 年龄的数据类型是int型
06 System.out.println("请输入性别：");
07 String sex = sc.next();
08 System.out.println("个人信息录入成功！请核对：\n 姓名："
09       + name + "\t 年龄：" + age + "\t 性别：" + sex);
10 sc.close();
```

运行上述代码，根据提示信息，在控制台上依次输入“Leon”和“12.5”后的运行结果如图 8.1 所示。

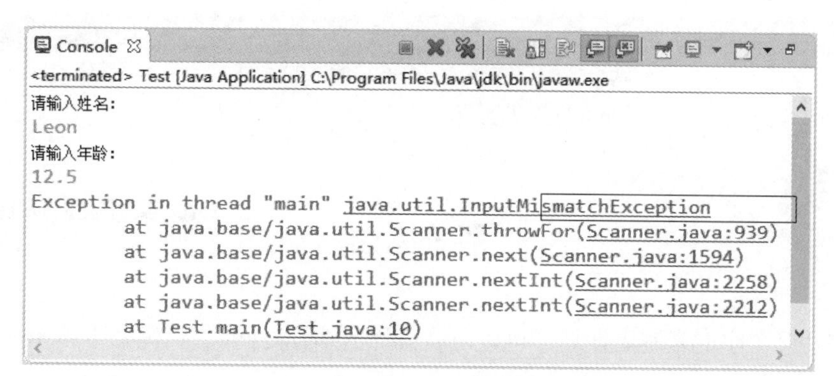

图 8.1 输入不匹配异常

String 是 Java 中的对象，用于表示字符串对象。

由图 8.1 可知，在控制台输入 12.5 后，正在运行的程序被终止，后续的代码将不被执行。这是因为 Java 虚拟机检测到一个错误：12.5 是 double 型值（年龄的数据类型是 int 型）。因此，程序会抛出 InputMismatchException 异常，即“输入不匹配异常”。

8.2 异常的类型

异常是对象，由异常类来定义。所有的 Java 异常类都直接或间接地继承自 java.lang 包下的 Throwable 类。Throwable 类的框架结构如图 8.2 所示。

- Throwable
  - Error
    - LinkageError
    - VirtualMachineError
    - ……
  - Exception
    - RuntimeException
      - IndexOutOfBoundsException
      - NullPointerException
      - Arithmetic Exception
      - IllegalArgumentException
      - ……
    - IOException
    - SQLException
    - ClassNotFoundException
    - ……

图 8.2　Throwable 类的框架结构

8.2.1　系统错误——Error 类

Java 使用 Error 类表示系统错误，系统错误是由 Java 虚拟机抛出的。系统错误很少发生，一旦发生，用户除了终止程序外，什么也不能做。常见的 Error 类的子类如表 8.1 所示。

表 8.1　常见的 Error 类的子类

类	可能引起系统错误的原因
LinkageError	两个类相互依赖，一个类被编译的同时，另一个类被修改，从而不相互兼容
VirtualMachineError	Java 虚拟机崩溃

实例 8.2　　**系统错误**　　实例位置：资源包 \Code\08\02

控制台输出“用几个小时来制定计划，可以节省几周的编程时间”。代码如下所示：

```
01 public class Demo {
02     public static void main(String[] args) {
03         System.out.println(" 用几个小时来制定计划，可以节省几周的编程时间 ")
04     }
05 }
```

上述代码的运行结果如图 8.3 所示。

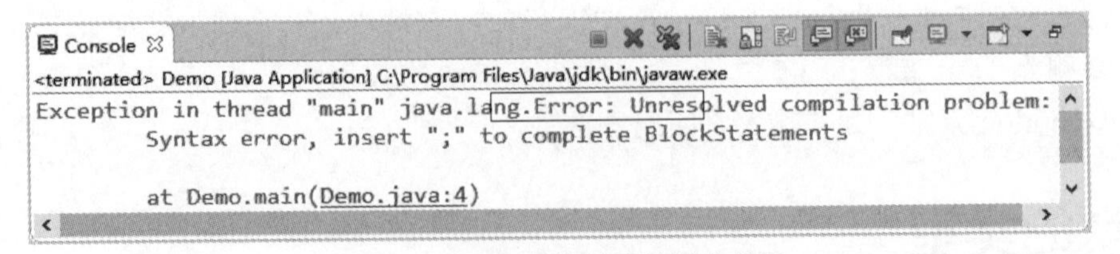

图 8.3　输出语句的结尾处缺少分号

由图 8.3 可知，Java 虚拟机检测到一个系统错误（输出语句的结尾处缺少分号），正在运行的程序被终止。

8.2.2 可控式异常——Exception 类

Java 使用 Exception 类表示可控式异常，可控式异常是由程序和外部环境共同引起的异常。这类异常能够被捕获并处理。常见的 Exception 类的子类如表 8.2 所示。

表 8.2 常见的 Exception 类的子类

类	可能引起系统错误的原因
IOException	试图打开一个不存在的文件
SQLException	数据库被访问时出现错误
ClassNotFoundException	试图使用一个不存在的类

"文件没有找到"异常

实例位置：资源包 \Code\08\03

读取 D 盘下不存在的 test.txt 文件中的内容。代码如下所示：

```
01 // 把 D 盘下的 test.txt 文件定义为路径名
02 String path = "D:\\test.txt";
03 try {
04     // 读取 D 盘下的 test.txt 文件中的内容
05     FileReader fis = new FileReader(path);
06 } catch (FileNotFoundException e) {
07     e.printStackTrace();
08 }
```

上述代码的运行结果如图 8.4 所示。

图 8.4 "文件没有找到"异常

由图 8.4 可知，程序因没有找到 D 盘下的 test.txt 文件，通过 try-catch 代码块捕获 FileNotFoundException（文件没有找到异常）。

说明

① FileReader 类用于以字符型读取指定文件中的内容。
② FileNotFoundException 是 IOException 的子类。
③ try-catch 代码块用于捕获并处理程序抛出的异常。
④ printStackTrace() 方法用于在控制台上输出异常信息。

8.2.3 运行时异常——RuntimeException 类

Java 使用 RuntimeException 类表示运行时异常，运行时异常指的是程序的设计错误。例如，错误的数据类型转换、使用一个越界的下标访问数组中的元素等。常见的 RuntimeException 类的子类如表 8.3 所示。

表 8.3　常见的 RuntimeException 类的子类

类	可能引起系统错误的原因
IndexOutOfBoundsException	使用一个越界的下标访问数组中的元素时
NullPointerException	通过一个值为 null 的引用变量访问一个对象
ArithmeticException	一个数除以 0
IllegalArgumentException	传递给方法的参数的数据类型不合适

实例 8.4　**空指针异常**　　实例位置：资源包 \Code\08\04

使用 equals() 方法比较 null 和空字符串是否相等。代码如下所示：

```
01 String strNull = null;
02 String strEmpty = ""; // 空字符串
03 System.out.println("null 和空字符串是否相等 " + strNull.equals(strEmpty));
```

上述代码的运行结果如图 8.5 所示。

由图 8.5 可知，值为 null 的引用变量访问一个字符串对象。否则，程序就会抛出空指针异常。

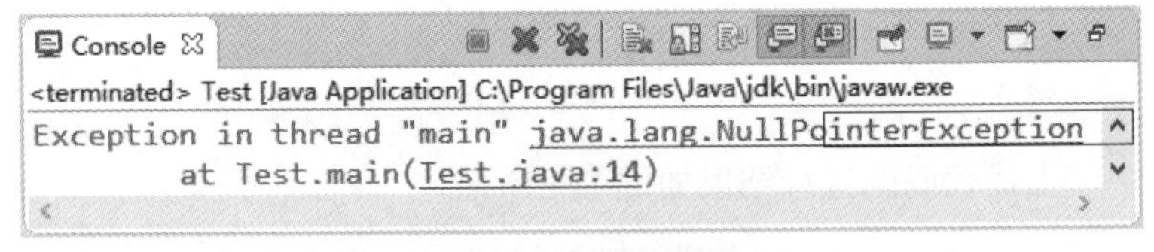

图 8.5　空指针异常

8.3　捕获异常

可控式异常是能够被捕获并处理的。因此，Java 提供了 try-catch-finally 代码块。在讲解 try-catch-finally 代码块之前，先详细地介绍下 try-catch 代码块。

8.3.1　try-catch 代码块

try-catch 代码块用于捕捉并处理异常。其中，try 块用于捕获可能发生异常的 Java 代码；catch 块用于处理指定类型的异常对象的 Java 代码。try-catch 代码块的语法如下：

```
try{
    //捕获可能发生异常的 Java 代码
} catch(Exceptiontype1 e1) {
    //处理异常对象 e1 的 Java 代码
} catch(Exceptiontype2 e2) {
    //处理异常对象 e2 的 Java 代码
}
......
catch(ExceptiontypeN eN) {
    //处理异常对象 eN 的 Java 代码
}
```

如果 try 块中的某行 Java 代码发生异常，那么程序将跳过 try 块中剩余的 Java 代码，进入到 catch 块。根据异常对象的类型，查找处理这个异常对象的 Java 代码。如果 try 块中没有发生异常，那么程序将跳过 catch 块中的 Java 代码。

实例 8.5 捕获 InputMismatchException 异常

实例位置：资源包 \Code\08\05

在录入姓名、年龄、性别等个人信息的过程中，因为年龄的数据类型是 int 型，所以在控制台输入 12.5 时，程序会抛出 InputMismatchException 异常，现使用 try-catch 代码块捕获并处理这个异常。代码如下所示：

```
01 Scanner sc = new Scanner(System.in);
02 System.out.println("请输入姓名: ");
03 try {
04     String name = sc.next();
05     System.out.println("请输入年龄: ");
06     int age = sc.nextInt();
07     System.out.println("请输入性别: ");
08     String sex = sc.next();
09     System.out.println("个人信息录入成功！请核对: \n 姓名: "
10             + name + "\t 年龄: " + age + "\t 性别: " + sex);
11 } catch (InputMismatchException ime) {
12     System.out.println("输入错误: 年龄须是整数！ ");
13 }
14 sc.close();
```

捕获并处理InputMismatchException异常

上述代码的运行结果如图 8.6 所示。

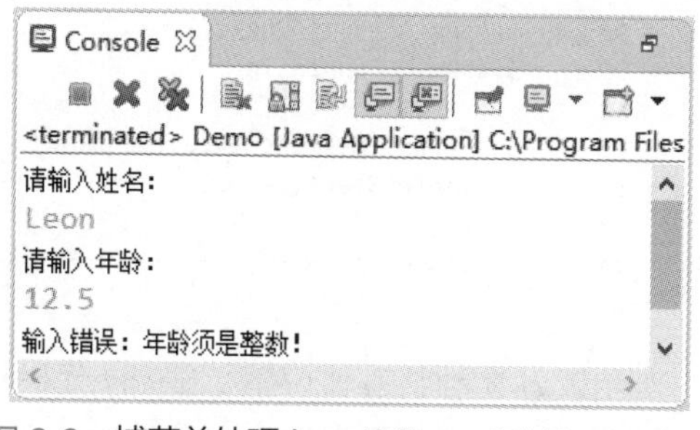

图 8.6　捕获并处理 InputMismatchException 异常

以上述代码为例，如果不具体指定异常对象的类型（即 InputMismatchException），那么可以使用 InputMismatchException 的父类 Exception 来替代。使用 Exception 替换后的代码如下：

```
01 ……
02 catch (Exception e) {
03     System.out.println("输入错误: 年龄须是整数！ ");
04 }
```

如果 try 块后搭配多个 catch 块，那么 catch 块中异常类的使用顺序必须是先子类后父类。否则，Eclipse 会出现如图 8.7 所示的错误提示。

```
15          } catch (Exception e) {
16              e.printStackTrace();
17          } catch (InputMismatchException ime) {
18              ime.p
19          }
20          sc.close(
21      }
22  }
23
```

Unreachable catch block for InputMismatchException. It is already handled by the catch block for Exception
2 quick fixes available:
Remove catch clause
Replace catch clause with throws
Press 'F2' for focus

图 8.7　先父类后子类时的错误提示

说明

Exception 类是 InputMismatchException 类的父类。图 8.7 中的异常类的正确使用顺序如图 8.8 所示。

```
15          } catch (InputMismatchException ime) {
16              ime.printStackTrace();
17          } catch (Exception e) {
18              e.printStackTrace();
19          }
20          sc.close();
```

图 8.8　异常类的正确使用顺序

8.3.2 finally 代码块

一个完整的异常处理代码块，除了 try-catch 代码块，还应该搭配 finally 代码块。如果一个程序使用 try-catch-finally 代码块捕获并处理异常，不论这个程序是否发生异常，finally 代码块中 Java 代码都会被执行。

关闭扫描器对象

实例位置：资源包 \Code\08\06

对于表示文本扫描器的 Scanner 对象，如果不调用 close() 方法予以关闭，就会继续扫描下一个文本单位。如果使用 try-catch-finally 代码块，为了释放 Scanner 对象占用的内存，需要把 Scanner 对象调用 close() 方法的代码置于 finally 代码块中。代码如下所示：

```
01 Scanner sc = new Scanner(System.in);
02 System.out.println("请输入姓名：");
03 try {
04     String name = sc.next();
05     System.out.println("请输入年龄：");
06     int age = sc.nextInt();
07     System.out.println("请输入性别：");
08     String sex = sc.next();
09     System.out.println("个人信息录入成功！请核对：\n 姓名："
10         + name + "\t 年龄：" + age + "\t 性别：" + sex);
11 } catch (InputMismatchException ime) {
12     ime.printStackTrace();
13 } finally {
14     sc.close();          关闭扫描器
15 }
```

在以下 3 种特殊情况下，finally 代码块不会被执行：

- finally 代码块中的 Java 代码发生了异常。
- 在 try 块中使用了 System.exit(0) 退出程序。
- 程序所在的线程"死亡"。

例如，对于上述代码，如果 try 块的最后一行代码是 System.exit(0)，那么 finally 代码块中的 sc.close() 会被执行吗？代码如下所示：

```
01 Scanner sc = new Scanner(System.in);
02 System.out.println("请输入姓名：");
03 try {
04     String name = sc.next();
05     System.out.println("请输入年龄：");
06     int age = sc.nextInt();
07     System.out.println("请输入性别：");
08     String sex = sc.next();
09     System.out.println("个人信息录入成功！请核对：\n 姓名："
10             + name + "\t 年龄：" + age + "\t 性别：" + sex);
11     System.exit(0); // 退出程序
12 } catch (InputMismatchException ime) {
13     ime.printStackTrace();
14 } finally {
15     System.out.println("扫描器对象将被关闭！ ");   为了增强效果，在关闭扫描器前，控制台输出提示信息
16     sc.close();
17 }
```

上述代码的运行结果如图 8.9 所示。

8.4 抛出异常

所谓抛出异常，就是将异常从一个地方传递到另一个地方。换言之，当异常被抛出时，程序正常的执行流程就会被终止。那么，如何捕获并处理被抛出的异常呢？Java 中的方法经常会抛出异常，所以当某个方法抛出异常时，调用这个方法的语句就会被至于 try-catch 代码块中，进而捕获并处理被抛出的异常。

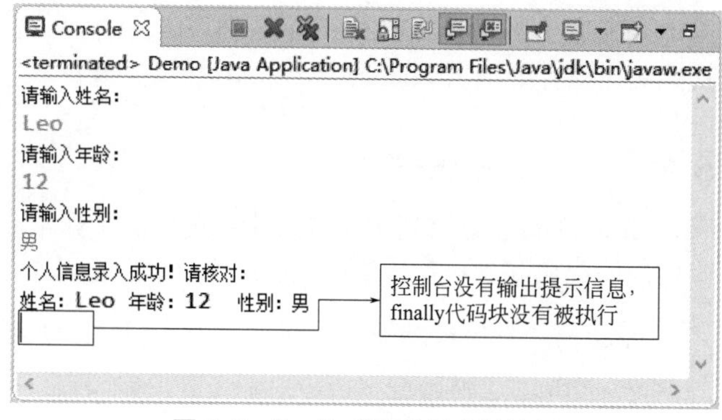

图 8.9　finally 代码块没有被执行

Java 提供了 throws 和 throw 关键字用于抛出方法中发生的异常，本节将分别予以讲解。

8.4.1 throws 关键字

在声明一个方法时，使用 throws 关键字抛出这个方法可能发生的异常。如果这个方法可能抛出多个异常，那么可以使用逗号分隔这些异常。使用 throws 关键字抛出异常的语法格式为：

```
返回值类型名 方法名（参数列表）throws 异常类型名 {
方法体
}
```

实例 8.7

抛出 7÷0 的异常

实例位置：资源包 \Code\08\07

编写一个程序，模拟期末考试测试题“计算 7÷0 的结果”。代码如下所示：

```
01 public static void main(String[] args) {
02     try {
03         divide(7, 0);                    // 调用静态的表示除法的 divide() 方法，其中被除数是 7，除数是 0
04     } catch (ArithmeticException e) {      // 捕获并处理算术异常
05         System.out.println(" 陷阱！除数不能为 0。");
06     }
07 }
08 /**
09          * 表示除法的方法
10  * @param dividend 被除数
11  * @param divisor 除数
12  * @return
13  * @throws ArithmeticException 算术异常
14  */
15 public static double divide(int dividend, int divisor) throws ArithmeticException {
16     double result = dividend / divisor;     // 计算 "7 ÷ 0"
17     return result;                          // 返回 "7 ÷ 0" 的结果
18 }
```

上述代码的运行结果如下所示：

```
陷阱！除数不能为 0。
```

上述代码通过调用静态的表示除法的 divide() 方法，计算 7÷0 的结果。但是，当除数为 0 时，程序会发生 ArithmeticException（算术异常）。因此，在声明 divide() 方法的同时，还需要使用 throws 关键字抛出这个方法可能发生的 ArithmeticException。这样，把调用 divide() 方法的代码置于 try-catch 代码块中，就能够捕获并处理 ArithmeticException。

8.4.2 throw 关键字

throw 关键字通常用于在方法体中抛出一个异常。程序执行到 throw 语句时，就会被立即终止，throw 语句后的代码都不执行。使用 throw 关键字抛出异常的语法格式为：

```
throw new 异常类型名(异常信息);
```

现使用 throw 关键字改写模拟期末考试测试题“计算 7 ÷ 0 的结果”。代码如下所示：

```
01 public static void main(String[] args) {
02     try {
03         divide(7, 0); // 调用静态的表示除法的 divide() 方法，其中被除数是 7，除数是 0
04     } catch (ArithmeticException e) { // 捕获并处理算术异常
05         e.printStackTrace(); // 控制台输出异常信息
06     }
07 }
08 /**
09  * 表示除法的方法
10  * @param dividend 被除数
11  * @param divisor 除数
12  * @return
13  * @throws ArithmeticException 算术异常
14  */
15 public static double divide(int dividend, int divisor) {
16     if (divisor == 0) { // 如果除数是 0
17         // 抛出算数异常，并在控制台输出异常对象的信息，即 " 陷阱！除数不能为 0。"
18         throw new ArithmeticException(" 陷阱！除数不能为 0。");
19     }
20     double result = dividend / divisor;
21     return result;
22 }
```

上述代码的运行结果如图 8.10 所示。

```
Console
<terminated> Demo [Java Application] C:\Program Files\Java\jdk\bin\javaw.exe
java.lang.ArithmeticException: 陷阱！除数不能为0。
        at Demo.divide(Demo.java:21)
```

图 8.10 使用 throw 关键字抛出的异常信息

8.5 自定义异常

使用 Java 提供的异常类可以描述在程序设计过程中出现的大部分异常，但是有些情况却是无法描述的。例如，用一个负数描述一个人的年龄。代码如下所示：

```
01 int age = -50;
02 System.out.println(" 小丽今年 "+age+" 岁了！ ");
```

虽然上述代码运行时没有任何问题，但是人的年龄不可能是负数。这类问题不符合常理，而且 Java 虚拟机也无法检测到其中的错误。对于这类问题，需要通过自定义异常，对其进行捕获并处理。

使用自定义异常类的步骤如下：

① 创建继承 Exception 类的自定义异常类；

② 在方法体中通过 throw 关键字抛出异常对象；

③ 如果在当前抛出异常的方法体中处理异常，须使用 try-catch 代码块捕获并处理。否则，在声明方法时，先使用 throws 关键字抛出这个方法可能发生的异常，再把调用这个方法的代码置于 try-catch 代码块中。

现使用自定义异常，解决年龄为负数的异常问题。步骤如下：

① 创建一个继承 Exception 类的自定义异常类 MyException。代码如下所示：

```
01 public class MyException extends Exception {
02     public MyException(String ErrorMessage) { // MyException 类构造方法，参数为异常信息
03         super(ErrorMessage); // 把异常信息传递给 Exception 类的构造方法
04     }
05 }
```

② 在项目中创建 Test 类，该类中包含一个带有 int 型参数的方法 avg()，该方法用于检查年龄是否小于 0：如果小于 0，则使用 throw 关键字抛出一个自定义的 MyException 异常对象，并在 main() 方法中对其进行捕捉并处理。代码如下所示：

```
01 public class Test {
02     // 定义方法，使用 throws 关键字抛出 MyException 异常
03     public static void avg(int age) throws MyException {
04         if (age < 0) {                                    // 如果年龄小于 0
05             throw new MyException(" 年龄不可以使用负数 ");   // 抛出 MyException 异常对象
06         } else {
07             System.out.println(" 小丽今年  " + age + " 岁了！ ");
08         }
09     }
10     public static void main(String[] args) {
11         try {
12             avg(-50);
13         } catch (MyException e) {
14             e.printStackTrace();
15         }
16     }
17 }
```

上述代码的运行结果如图 8.11 所示。

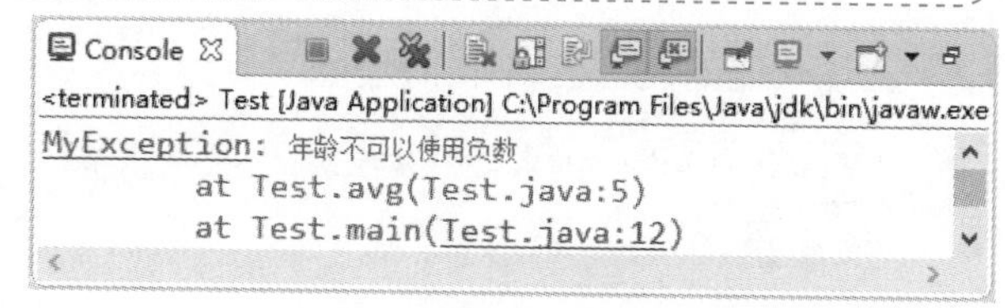

图 8.11　人的年龄不可以为负数

8.6　综合实例——规定西红柿单价不得超过 7 元

当某种商品的价格过高时，国家会对这种商品采取宏观调控，进而使得这种商品的价格趋于稳定。编写一个程序，规定西红柿单价不得超过 7 元，超过 7 元的情况作为异常抛出。不难发现，这个程序要抛出的是一个自定义异常，在 Java 语言中，当抛出一个自定义异常时，就要用到 throw 关键字。

除要用到 throw 关键字外，当创建自定义异常时，当前类要继承 RuntimeException 类或者 Exception 类。如果在上一级代码中使用 try-catch 代码块捕捉并处理产生的自定义异常，那么需要在当前方法中使用 throws 关键字抛出已经创建的自定义异常。

下面将对这个实例进行编码，代码如下所示：

```
01 import java.util.Scanner;
02
03 class PriceException extends Exception {              // 自定义价格异常类，并继承异常类
04     public PriceException(String message) {          // 创建价格异常类有参构造方法
05         super(message);                               // 调用异常类的有参构造方法
06     }
07 }
08
09 public class Tomato {                                 // 创建西红柿类
10     private double price;                             // 西红柿单价
```

```
11     public double getPrice() {                    // 获取西红柿单价
12         return price;
13     }
14     // 设置西红柿单价，如果产生价格异常，那么就抛出价格异常
15     public void setPrice(double price) throws PriceException {
16         if (price > 7.0) {                        // 如果西红柿单价大于 7 元
17             throw new PriceException(" 国家规定西红柿单价不得超过 7 元！！！ "); // 抛出价格异常
18         } else {                                  // 如果西红柿单价不大于 7 元
19             this.price = price;                   // 为西红柿类的 price 属性赋值
20         }
21     }
22     public static void main(String[] args) {
23         Scanner sc = new Scanner(System.in);      // 创建控制台输入对象
24         System.out.println(" 今天的西红柿单价 ( 单价格式为 "3.00") : "); // 控制台输出提示信息
25         String dayPrice = sc.next();              // 把控制台输入的西红柿单价赋值给变量 dayPrice
26         if (dayPrice.length() == 4) {             // 控制台输入的字符串长度为 4 时
27             // 将 String 类型的西红柿单价转换为 double 类型
28             double unitPriceDou = Double.parseDouble(dayPrice);
29             Tomato tomato = new Tomato(); // 创建西红柿对象
30             try {                                 // 把可能产生异常的 Java 代码放在 try 中
31                 tomato.setPrice(unitPriceDou);    // 西红柿对象调用设置西红柿单价的方法
32             } catch (Exception e) {               // 捕捉数组元素下标越界异常对象
33                 System.out.println(e.getMessage()); // 输出异常信息
34             } finally {
35                 sc.close();                       // 关闭控制台输入对象
36             }
37         } else {                                  // 控制台输入的字符串长度不为 4
38             // 输出提示信息
39             System.out.println(" 违规操作: "
40                     + " 输入西红柿单价时小数点后须保留两位有效数字（如 3.00）！ ");
41         }
42     }
43 }
```

上述代码的运行结果如下所示：

```
今天的西红柿单价 ( 单价格式为 "3.00") :
7.50
国家规定西红柿单价不得超过 7 元！！！
```

8.7 实战练习

① 编写一段循环执行的代码，当代码中出现异常时，循环中断；重新修改这段代码，当代码中出现异常时，循环不会中断。

② 创建类 Computer，该类中有一个计算两个数的最大公约数的方法，如果向该方法传递负整数，该方法就会抛出自定义异常。

小结

通过本章的学习，读者应了解异常的概念，掌握异常处理的方式方法以及如何创建、捕捉并处理自定义异常。Java 中的异常处理既可以使用 try-catch 代码块，也可以使用 throws 关键字。建议读者不要随意将异常抛出，凡是程序中产生的异常，都要被积极地处理。

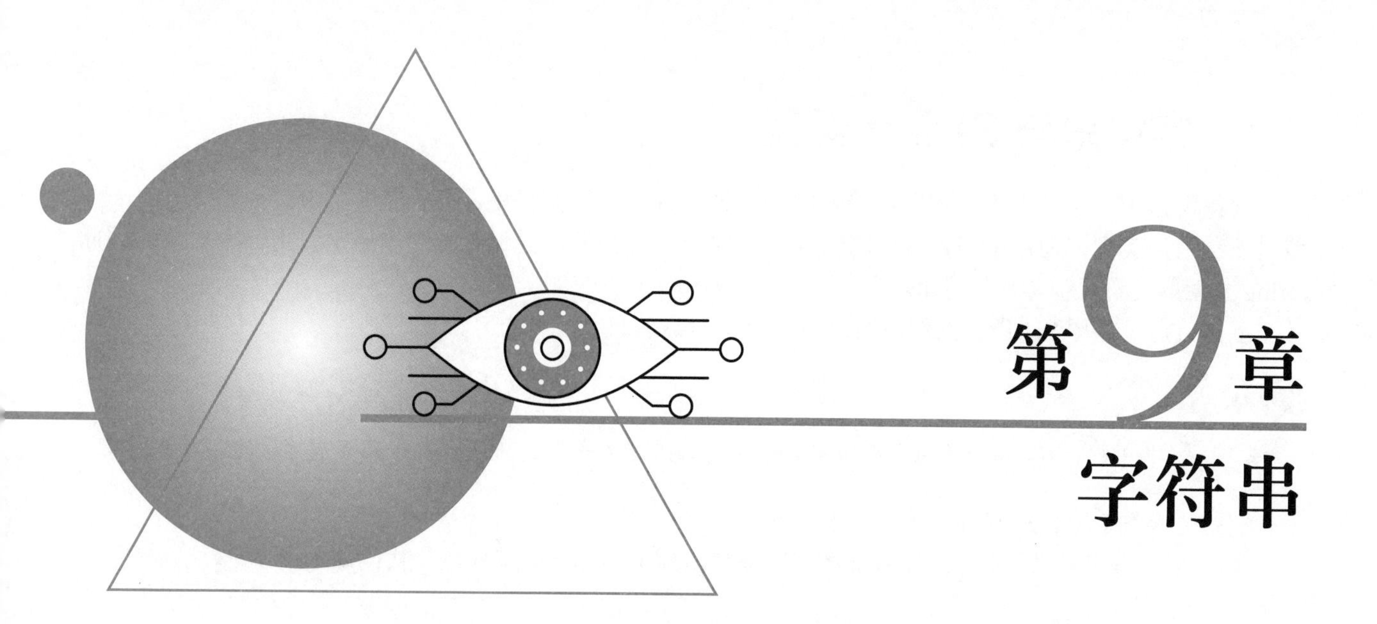

第9章 字符串

扫码领取

- 教学视频
- 配套源码
- 练习答案
- ……

在程序设计过程中，如果需要定义地理方位中的“东”“南”“西”“北”，可以使用只能表示一个字符的 char 型予以实现。但是，哪种数据类型能够定义“东南”“西南”“东北”“西北”这 4 个地理方位呢？为此，Java 提供了字符串对象。本章将对字符串对象的相关操作予以详解。

本章的知识结构如下图所示：

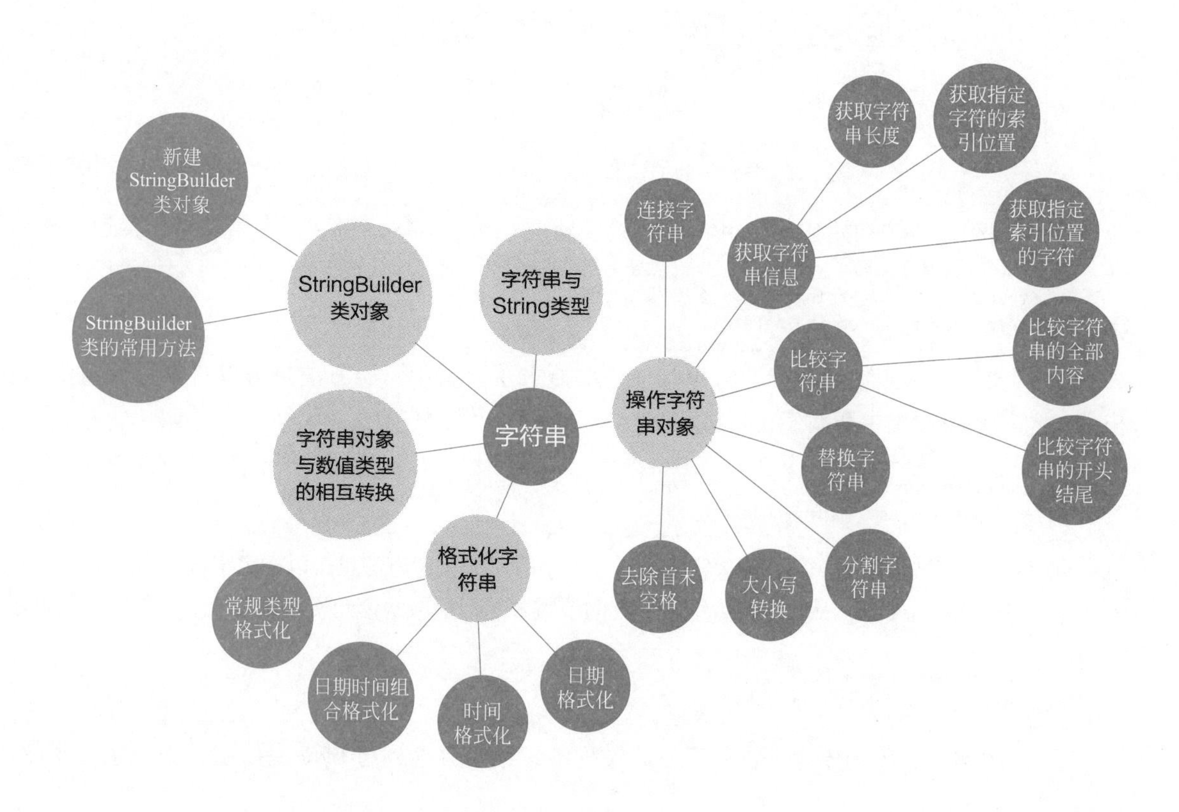

9.1 字符串与 String 类型

字符串是由一个或者多个字符组成的字符序列。为了表示字符串，Java 提供了 String 类型。String 类型是一种引用类型，使用引用类型声明的变量被称作引用变量，引用变量的作用是引用一个对象。因此，String 类型的变量又被称作字符串对象。

下面将通过如图 9.1 所示的示意图，标记上述内容中的专有名词。

说明

> 引用变量 words 的作用是引用了一个值为“任何足够先进的技术都等同于魔术”的字符串对象。

初始化字符串对象有 6 种方式，分别如下：

① 引用字符串常量。Java 允许直接将字符串常量赋值给 String 型变量。代码如下所示：

```
01 String a = "当你试图解决一个不理解的问题时，复杂化就产生了。";
02 String b = "红烧排骨", c = "香辣肉丝";
```

如果两个字符串对象引用相同的字符串常量，那么这两个字符串对象的内存地址和内容均相同。代码如下所示：

```
01 String str1, str2;
02 str1 = "控制复杂性是编程的本质";
03 str2 = "控制复杂性是编程的本质";
```

有关内存地址的示意图如图 9.2 所示。

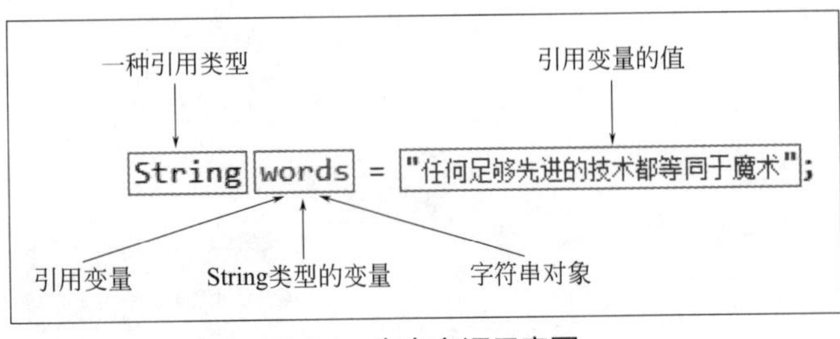

图 9.1　专有名词示意图

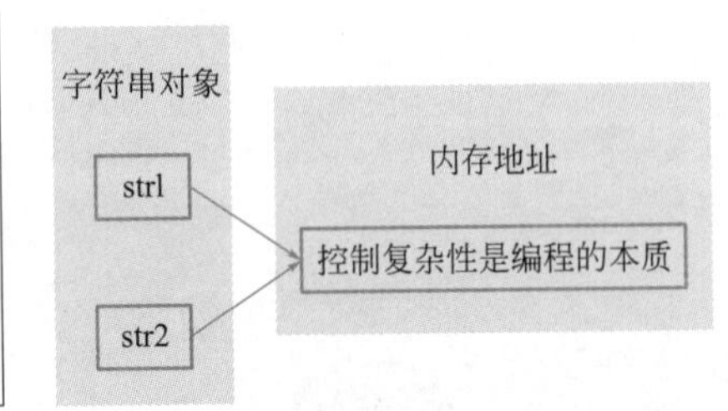

图 9.2　两个字符串对象引用相同的常量

② 利用构造方法初始化。使用 new 关键字新建 String 对象，将字符串常量当作构造方法参数。例如：

```
01 String str = new String("没有什么代码的执行速度比空代码更快");
02 String newStr = new String(str);
```

③ 利用字符数组初始化。字符串有多个构造方法，其中一个方法是可以将字符数组作为参数，新建出的对象就是将数组中所有字符拼接起来形成字符串。例如：

```
01 char[] charArray = {'s', 'u', 'c', 'c' 'e', 's', 's'};
02 String str = new String(charArray);
```

④ 提取字符数组中的一部分新建字符串对象。字符串的构造方法也可以指定字符数组的拼接范围，例如，定义一个字符数组 charArray，从该字符数组索引 3 的位置开始，提取两个元素，新建一个字符串。代码如下所示：

```
01 char[] charArray = {'失', '败', '是', '成' '功', '之', '母'};
02 String str = new String(charArray, 3, 2);
```

⑤ 利用字节数组初始化。在程序设计过程中，经常会遇到将 byte 型数组转换为字符串的情况。代码

如下所示:

```
01 byte[] byteArray = {65, 66, 67, 68};
02 String str = new String(byteArray);
```

控制台输出字符串对象 str 的结果如下:

```
ABCD
```

说明

byte 型数组中的 65、66、67 和 68 对应 ASCII 码表中的 A、B、C 和 D。

⑥ 提取字节数组中的一部分新建字符串对象。由于一个汉字占两个字节，所以要取字节数组中的汉字，至少要提取两个字节的内容:

```
01 byte[] byteArray = {65, 66, 67, 68};
02 String str = new String(byteArray, 0, 2);
```

9.2 操作字符串对象

为了操作字符串对象，Java 提供了 String 类中的方法。这些方法能够实现连接字符串、获取字符串信息、比较字符串、替换字符串、大小写转换等效果。下面依次讲解常用的操作字符串对象的方法。

9.2.1 连接字符串

连接字符串有两种方式: 使用“+”和使用 String 类的 concat() 方法。在程序设计的过程中，“+”要比 concat() 方法更常用。

concat() 方法的语法格式如下所示:

```
public String concat(String str)
```

- str : 要被连接的字符串对象，字符串对象 str 会被连接到当前字符串对象的末尾。

例如，分别使用“+”和 concat() 方法连接字符串“To be ”和“happy!”。代码如下所示:

```
01 String message1 = "To be " + "happy!";           // 使用 "+" 连接字符串
02 String message2 = "To be ".concat("happy!");      // 使用 concat() 方法连接字符串
```

说明

String 类中的方法只能通过一个字符串对象来调用。因此，代码“"To be ".concat("happy!")”可以被理解为值为“To be ”的字符串对象调用 concat() 方法，连接值为“happy!”的字符串对象。需要注意的是，代码中“concat”前的“.”不能被省略。

使用“+”还可以将字符串对象与其他数据类型的数据连接在一起。但是，当被用于数学运算时，需要特别注意运算符的优先级。

例如，控制台输出使用“+”连接字符串对象和整型数据后的结果。代码如下所示:

```
01 System.out.println("7 + 11 = " + 7 + 11);
02 System.out.println("7 + 11 = " + (7 + 11));
```

上述程序的运行结果如下所示:

```
7 + 11 = 711
7 + 11 = 18
```

不难看出，第一个输出结果因为没有使用括号，所以相当于先使用“+”把字符串对象“7 + 11 = ”和整数 7 连接起来，得到新的字符串对象“7 + 11 = 7”，再使用“+”把字符串对象“7 + 11 = 7”和整数 11 连接起来，得到新的字符串对象“7 + 11 = 711”。第二个输出结果相当于先计算整数 7 和 11 相加后的结果（即整数 18），再使用“+”把字符串对象“7 + 11 = ”和整数 18 连接起来，得到新的字符串对象“7 + 11 = 18”。

9.2.2 获取字符串信息

1. 获取字符串长度

使用 String 类中的 length() 方法，可以获得当前字符串中包含的 Unicode 代码单元个数。通常情况下，即包含的字符个数。这里空格也算字符。

例如，控制台输出值为“有信念的人经得起任何磨砺。”的字符串对象的长度。代码如下所示:

```
01 String message = "有信念的人经得起任何磨砺。";
02 System.out.println(""" + message + ""的长度: " + message.length());
```

上述程序的运行结果如下所示:

```
"有信念的人经得起任何磨砺。"的长度: 13
```

说明

String 类的 length() 方法和数组的 length 属性有本质上的区别。在程序设计的过程中，要注意区分。

2. 获取指定字符的索引位置

String 类的 indexOf() 方法和 lastIndexOf() 方法都可以获得符合要求的指定字符（或者指定字符串）在目标字符串中的索引值，其区别在于 indexOf() 方法是获得第一个符合要求的索引值，lastIndexOf() 方法是获得最后一个符合要求的索引值。

```
public int indexOf(String str)
```

- str：需要查找的字符串。

```
public int lastIndexOf(String str)
```

- str：需要查找的字符串。

例如，控制台输出值为“So say we can!”的字符串对象中字母 s 首次和末次出现的索引值。代码如下所示:

```
01 String message = "So say we can!";
02 System.out.println("s 首次出现的索引值: " + message.indexOf("s"));
03 System.out.println("s 末次出现的索引值: " + message.lastIndexOf("s"));
```

上述程序的运行结果如下所示:

```
s 首次出现的索引值: 3
s 末次出现的索引值: 3
```

indexOf() 和 lastIndexOf() 方法都是区分大小写的。

3. 获取指定索引位置的字符

String 类的 charAt() 方法可以获得目标字符串指定索引值的字符，charAt() 方法的语法格式如下所示：

public char charAt(int index)

- index：目标字符的索引，其值在 0 和“目标字符串的长度- 1”之间。

例如，控制台输出值为“So say we can!”的字符串对象中索引为奇数的字符。代码如下所示：

```
01 String message = "So say we can!";
02 System.out.println(message + " 的奇数索引字符: ");
03 for (int i = 0; i < message.length(); i++) {
04     if (i % 2 == 1) { // 如果 i 是奇数
05         System.out.print(message.charAt(i) + "_");
06     }
07 }
```

上述程序的运行结果如下所示：

```
So say we can! 的奇数索引字符:
o_s_y_w_ _a_!_
```

9.2.3 比较字符串

1. 比较字符串的全部内容

String 类的 equals() 方法可以用于比较两个字符串的全部内容是否完全相同，equalsIgnoreCase() 方法可以在忽略大小写的情况下比较两个字符串的全部内容是否完全相同。

equals() 方法的语法格式如下所示：

```
public boolean equals(Object anObject)
```

- anObject：用于比较的对象。

equalsIgnoreCase() 方法的语法格式如下所示：

```
public boolean equalsIgnoreCase(String anotherString)
```

- anotherString：用于比较的字符串对象。

例如，先使用 equals() 方法比较字符串对象“mrsoft”和“mrsoft ”是否完全相同，再使用 equalsIgnoreCase() 方法比较字符串对象“mrsoft”和“MrSoft”。代码如下所示：

```
01 String message1 = "mrsoft";
02 String message2 = "mrsoft ";
03 String message3 = "MrSoft";
04 System.out.println(message1 + " equals " + message2 + ": "
05         + message1.equals(message2));
06 System.out.println(message1 + " equalsIgnoreCase " + message3 + ": "
07         + message1.equalsIgnoreCase(message3));
```

上述程序的运行结果如下所示：

```
mrsoft equals mrsoft : false
mrsoft equalsIgnoreCase MrSoft: true
```

2. 比较字符串的开头结尾

String 类的 startsWith() 方法可以用于判断目标字符串是否已指定字符串开头，startsWith() 方法的语法格式如下所示：

```
public boolean startsWith(String prefix)
```

- prefix：字符串前缀。

String 类的 endsWith() 方法可以用于判断目标字符串是否已指定字符串结尾，endsWith() 方法的语法格式如下所示：

```
public boolean endsWith(String suffix)
```

- suffix：字符串后缀。

例如，判断值为“So say we can!”的字符串对象是否以“So”开头，以“!”结尾。代码如下所示：

```
01 String message = "So say we can!";
02 boolean startsWith = message.startsWith("So");
03 boolean endsWith = message.endsWith("!");
04 System.out.println(message + " 以 So 作为前缀：" + startsWith);
05 System.out.println(message + " 以！作为后缀：" + endsWith);
```

上述程序的运行结果如下所示：

```
So say we can! 以 So 作为前缀：true
So say we can! 以！作为后缀：true
```

9.2.4 替换字符串

String 类的 replace() 方法可以替换目标字符串中的指定字符串为另一个字符串。replace() 方法的语法格式如下所示：

```
public String replace(CharSequence target, CharSequence replacement)
```

- target：被替换的字符串。
- replacement：替换后的字符串。

说明

replaceAll() 和 replaceFirst() 方法也可以用于字符串替换，请读者参考 API 文档学习它们的使用方法。

例如，把值为“So say we can!”的字符串对象中的空格全部替换为换行符（“\n”）。代码如下所示：

```
01 String message = "So say we can!";
02 String replace = message.replace(" ", "\n");
03 System.out.println(" 替换后字符串：\n" + replace);
```

上述程序的运行结果如下所示：

```
替换后字符串：
So
say
we
can!
```

9.2.5 分割字符串

String 类的 split() 方法被用于分割字符串，返回值是一个字符串类型的数组。split() 方法的语法格式如下所示：

```
public String[] split(String regex)
```

- regex：用于分割字符串的指定字符串。

例如，控制台输出值为“So say we can!”的字符串对象中单词的个数。代码如下所示：

```
01 String message = "So say we can!";
02 String[] split = message.split(" ");
03 System.out.println(message + "中共有" + split.length + "个单词！");
```

上述程序的运行结果如下所示：

```
So say we can!中共有4个单词！
```

9.2.6 大小写转换

String 类的 toUpperCase() 方法和 toLowerCase() 方法被分别用于将目标字符串中的英文字符全部转换为大写和小写。

toUpperCase() 方法的语法格式如下所示：

```
public String toUpperCase()
```

toLowerCase() 方法的语法格式如下所示：

```
public String toLowerCase()
```

例如，控制台分别输出把值为“So say we can!”的字符串对象全部转换为大写和小写的结果。代码如下所示：

```
01 String message = "So say we can!";
02 System.out.print(message);
03 System.out.println("转换为大写形式：" + message.toUpperCase());
04 System.out.print(message);
05 System.out.println("转换为小写形式：" + message.toLowerCase());
```

上述程序的运行结果如下所示：

```
So say we can!转换为大写形式：SO SAY WE CAN!
So say we can!转换为小写形式：so say we can!
```

9.2.7 去除首末空格

String 类的 trim() 方法被用于去除目标字符串的首末空格。trim() 方法的语法格式如下所示：

```
public String trim()
```

例如，控制台上分别输出值为“过早的优化是罪恶之源。”的字符串对象去除首末空格前、后的长度。代码如下所示：

```
01 String message = "过早的优化是罪恶之源。"; // 定义字符串
02 System.out.println("未去除首末空格的字符串长度：" + message.length());
03 System.out.println("去除首末空格后的字符串长度：" + message.trim().length());
```

上述程序的运行结果如下所示：

```
未去除首末空格的字符串长度：13
去除首末空格后的字符串长度：11
```

9.3 格式化字符串

String 类的 format() 方法被用于格式化字符串对象。format() 方法有两种重载形式，本节只介绍 format() 方法比较常用的重载形式，其语法格式如下所示：

```
public static String format(String format,Object... args)
```

上述的 format() 方法使用指定的格式格式化字符串对象。其中，format 代表格式化字符串对象时要使用的格式；args 代表被格式化的字符串对象。

9.3.1 日期格式化

使用 format() 方法对日期进行格式化时，会用到日期格式化转换符。常用的日期格式化转换符如表 9.1 所示。

表 9.1 常用的日期格式化转换符

转换符	说明	示例
%te	一个月中的某一天（1～31）	6
%tb	指定语言环境的月份简称	Feb（英文）、二月（中文）
%tB	指定语言环境的月份全称	February（英文）、二月（中文）
%tA	指定语言环境的星期几全称	Monday（英文）、星期一（中文）
%ta	指定语言环境的星期几简称	Mon（英文）、星期一（中文）
%tc	包括全部日期和时间信息	星期二 六月 05 13:37:22 CST 2018
%tY	4 位年份	2018
%tj	一年中的第几天（001～366）	085
%tm	月份	06
%td	一个月中的第几天（01～31）	02
%ty	2 位年份	18

例如，在项目中新建 DateFormat 类。今天是小明的生日，在控制台上以年月日的形式输出小明的生日。代码如下所示：

```
01 Date date = new Date(); // 新建日期对象
02 /*
03  * "1$" 表示格式化第一个参数，"tY" 表示格式化时间中的年份字段
04  * 那么 "%1$tY" 输出的值为 date 对象中的年份，比如 2018
05  * 同理类推："%1$tm" 输出月；"%1$td" 输出日
06  */
07 String message = String.format(" 小明的生日：%1$tY 年 %1$tm 月 %1$td 日 ", date);
08 System.out.println(message);
```

上述程序的运行结果如下所示：

```
小明的生日：2018 年 11 月 12 日
```

9.3.2 时间格式化

使用 format() 方法对时间进行格式化时，会用到时间格式化转换符，时间格式化转换符要比日期格式化转换符更多更精确，时间格式化转换符可以将时间格式化为时、分、秒和毫秒。常用的时间格式化转换符如表 9.2 所示。

表 9.2 **常用的时间格式化转换符**

转换符	说明	示例
%tH	2 位数字的 24 时制的小时（00 ～ 23）	14
%tI	2 位数字的 12 时制的小时（01 ～ 12）	05
%tk	1 ～ 2 位数字的 24 时制的小时（0 ～ 23）	5
%tl	1 ～ 2 位数字的 12 时制的小时 (1 ～ 12)	10
%tM	2 位数字的分钟（00 ～ 59）	05
%tS	2 位数字的秒数（00 ～ 60）	12
%tL	3 位数字的毫秒数（000 ～ 999）	920
%tN	9 位数字的微秒数（000000000 ～ 999999999）	062000000
%tp	指定语言环境下上午或下午标记	下午（中文）、pm（英文）
%tz	相对于 GMT RFC 82 格式的数字时区偏移量	+0800
%tZ	时区缩写形式的字符串	CST
%ts	1970-01-01 00:00:00 至现在经过的秒数	例如：1528175861
%tQ	1970-01-01 00:00:00 至现在经过的毫秒数	例如：1528175911460

例如，控制台输出 12 小时制的当前时间。代码如下所示：

```
01 Date date = new Date(); // 新建日期对象
02 String message = String.format(" 当前时间: %1$tI 时 %1$tM 分 %1$tS 秒 ", date);
03 System.out.println(message);
```

上述程序的运行结果如下所示：

```
当前时间: 02 时 21 分 48 秒
```

9.3.3 日期时间组合格式化

因为日期与时间经常是同时出现的，所以格式化转换符还定义了各种日期和时间组合的格式，常用的日期和时间组合的格式化转换如表 9.3 所示。

表 9.3 **常用的日期和时间组合的格式化转换**

转换符	说明	示例
%tF	“年 - 月 - 日”格式（4 位年份）	2018-06-05
%tD	“月 / 日 / 年”格式（2 位年份）	06/05/18
%tc	全部日期和时间信息	星期二 六月 05 15:20:00 CST 2018
%tr	“时 : 分 : 秒 PM（AM）”格式（12 时制）	03:22:06 下午
%tT	“时 : 分 : 秒”格式（24 时制）	15:23:50
%tR	“时 : 分”格式（24 时制）	15:25

例如，控制台输出格式为“时 : 分 : 秒”的当前时间。代码如下所示：

```
01 Date date = new Date(); // 新建日期对象
02 String message = String.format(" 当前时间: %tT", date);
03 System.out.println(message);
```

上述程序的运行结果如下所示：

```
当前时间：14:23:47
```

9.3.4 常规类型格式化

在程序设计过程中，经常需要对常规数据类型的数据进行格式化。格式化的方式有两种，即转换符和转换符标识。

① 常用的转换符如表 9.4 所示。

表 9.4 **转换符**

转换符	说明	示例
%b、%B	结果被格式化为布尔类型	true
%h、%H	结果被格式化为散列码	A05A5198
%s、%S	结果被格式化为字符串类型	"abcd"
%c、%C	结果被格式化为字符类型	'a'
%d	结果被格式化为十进制整数	40
%o	结果被格式化为八进制整数	11
%x、%X	结果被格式化为十六进制整数	4b1
%e	结果被格式化为用计算机科学计数法表示的十进制数	1.700000e+01
%a	结果被格式化为带有效位数和指数的十六进制浮点值	0X1.C000000000001P4
%n	结果为特定于平台的行分隔符	—
%%	结果为字面值 '%'	%

例如，控制台分别输出十进制数 99 的八进制和十六进制表示。代码如下所示：

```
01 System.out.println(String.format("%1$d 的八进制表示：%1$o", 99));
02 System.out.println(String.format("%1$d 的十六进制表示：%1$x", 99));
```

上述程序的运行结果如下所示：

```
99 的八进制表示：143
99 的十六进制表示：63
```

② 常用的转换符标识如表 9.5 所示。

表 9.5 **转换符标识**

标识	说明
'-'	在最小宽度内左对其，不可以与 '0' 填充标识同时使用
'#'	用于八进制和十六进制格式，在八进制前加一个 0，在十六进制前加一个 0x
'+'	显示数字的正负号
' '	在正数前加空格，在负数前加负号
'0'	在不够最小位数的结果前用 0 填充
','	只适用于十进制，每三位数字用 ',' 分隔
'('	用括号把负数括起来

例如，使用表 9.5 中的转换符标识格式化字符串。代码如下所示：

```
01 // 让字符串输出的最大长度为 5，不足长度在前端补空格
02 System.out.println(String.format(" 输出长度为 5 的字符串 |%5d|", 123));
```

```
03 // 让字符串左对齐
04 System.out.println(String.format(" 左对齐 |%-5d|", 123));
05 // 在八进制前加一个 0
06 System.out.println(String.format("33 的八进制结果是: %#o", 33));
07 // 在十六进制前加一个 0x
08 System.out.println(String.format("33 的十六进制结果是: %#x", 33));
09 // 显示数字正负号
10 System.out.println(String.format(" 我是正数: %+d", 1));
11 // 显示数字正负号
12 System.out.println(String.format(" 我是负数: %+d", -1));
13 // 在正数前补一个空格
14 System.out.println(String.format(" 我是正数, 前面有空格 |% d|", 1));
15 // 在负数前补一个负号
16 System.out.println(String.format(" 我是负数, 前面有负号 |% d|", -1));
17 // 让字符串输出的最大长度为 5, 不足长度在前端补 0
18 System.out.println(String.format(" 前面不够的数用 0 填充: %05d", 12));
19 // 用逗号分隔数字
20 System.out.println(String.format(" 用逗号分隔: %,d", 123456789));
21 // 正数无影响
22 System.out.println(String.format(" 我是正数, 我没有括号: %(d", 13));
23 // 让负数用括号括起来
24 System.out.println(String.format(" 我是负数, 我有括号的: %(d", -13));
```

上述代码的运行结果如下所示：

```
输出长度为 5 的字符串 |  123|
左对齐 |123  |
33 的八进制结果是: 041
33 的十六进制结果是: 0x21
我是正数: +1
我是负数: -1
我是正数, 前面有空格 | 1|
我是负数, 前面有负号 |-1|
前面不够的数用 0 填充: 00012
用逗号分隔: 123,456,789
我是正数, 我没有括号: 13
我是负数, 我有括号的: (13)
```

9.4 字符串对象与数值类型的相互转换

通过强制类型转换，不能把字符串对象转换为数值类型。因此 Java 提供了如表 9.6 所示的静态方法予以实现。

表 9.6　将字符串对象转换为数值类型的方法

方法	功能说明
int Integer.parseInt(String s)	将字符串对象 s 转换成 int 类型
byte Byte.parseByte(String s)	将字符串对象 s 转换成 byte 类型
short Short .parseShort(String s)	将字符串对象 s 转换成 short 类型
long Long.parseLong(String s)	将字符串对象 s 转换成 long 类型
double Double .parseDouble(String s)	将字符串对象 s 转换成 double 类型
float Float.parseFloat(String s)	将字符串对象 s 转换成 float 类型

例如，将字符串对象分别转换成 int、byte、short、long、double、float 类型变量。代码如下所示：

```
01 // 新建字符串对象, 赋值整型数字
02 String strInt = "235";
```

```
03 // 将字符串对象转换成整型变量
04 int intValue = Integer.parseInt(strInt);
05 // 输出结果
06 System.out.println("intValue 中数字乘以 2 的结果 = " + (intValue * 2));
07 // 新建字符串对象，赋值 byte 型数字
08 String strByte = "12";
09 // 将字符串对象转换成 byte 变量
10 byte byteValue = Byte.parseByte(strByte);
11 // 输出结果
12 System.out.println("byteValue 中数字除以 2 的结果 = " + (byteValue / 2));
13 // 新建字符串对象，赋值 short 型数字
14 String strShort = "35";
15 // 将字符串对象转换成 short 变量
16 short shortValue = Short.parseShort(strShort);
17 // 输出结果
18 System.out.println("shortValue 中数字加 2 的结果 = " + (shortValue + 2));
19 // 新建字符串对象，赋值 long 型数字
20 String strLong = "9876543200000";
21 // 将字符串对象转换成 long 变量
22 long longValue = Long.parseLong(strLong);
23 // 输出结果
24 System.out.println("longValue 中数字减去 100000 的结果 = " + (longValue - 100000L));
25 // 新建字符串对象，赋值 double 型数字
26 String strDouble = "3.1415926";
27 // 将字符串对象转换成 double 变量
28 double doubleValue = Double.parseDouble(strDouble);
29 // 输出结果
30 System.out.println("doubleValue 中数字加 0.001 的结果  = " + (doubleValue + 0.001));
31 // 新建字符串对象，赋值 float 型数字
32 String strFloat = "8.02f";
33 // 将字符串对象转换成 float 变量
34 float floatValue = Float.parseFloat(strFloat);
35 // 输出结果
36 System.out.println("floatValue 中数字  = " + floatValue);
```

上述代码的运行结果如下所示：

```
intValue 中数字乘以 2 的结果 = 470
byteValue 中数字除以 2 的结果 = 6
shortValue 中数字加 2 的结果 = 37
longValue 中数字减去 100000 的结果 = 9876543100000
doubleValue 中数字加 0.001 的结果  = 3.1425926
floatValue 中数字  = 8.02
```

此外，还能将字符串对象表示二进制、八进制、十六进制或者二十八进制的值，转换为十进制的值。代码如下所示：

```
01 // 初始化二进制字符串对象
02 String str_2 = "110001";
03 // 将字符串对象按照二进制解析
04 int binary = Integer.parseInt(str_2, 2);
05 // 输出结果
06 System.out.println(" 二进制转换为十进制: " + str_2 + " → " + binary);
07 // 初始化八进制字符串对象
08 String str_8 = "143";
09 // 将字符串对象按照八进制解析
10 int octal = Integer.parseInt(str_8, 8);
11 // 输出结果
12 System.out.println(" 八进制转换为十进制: " + str_8 + " → " + octal);
13 // 初始化十六进制字符串对象
14 String str_16 = "-FF";
15 // 将字符串对象按照十六进制解析
16 int hex = Integer.parseInt(str_16, 16);
```

```
17 // 输出结果
18 System.out.println("十六进制转换为十进制: " + str_16 + " → " + hex);
19 // 初始化二十八进制字符串对象
20 String str_28 = "amlk";
21 // 将字符串对象按照二十八进制解析
22 int value = Integer.parseInt(str_28, 28);
23 // 输出结果
24 System.out.println("二十八进制转换为十进制: " + str_28 + " → " + value);
```

上述代码的运行结果如下所示：

```
二进制转换为十进制: 110001 → 49
八进制转换为十进制: 143 → 99
十六进制转换为十进制: -FF → -255
二十八进制转换为十进制: amlk → 237376
```

数值类型转换为字符串对象的方式方法有两种：显式转换和隐式转换。

① 显式转换就是通过 String 类提供的方法予以实现，这些方法如表 9.7 所示。

表 9.7 数值类型转换为字符串对象的方法

方法	功能描述
static String valueOf(double d)	以字符串的形式表示 double 型变量的值
static String valueOf(float f)	以字符串的形式表示 float 型变量的值
static String valueOf(int i)	以字符串的形式表示 int 型变量的值
static String valueOf(long l)	以字符串的形式表示 long 型变量的值

例如，使用表 9.7 中的相应方法，分别以字符串的形式表示值为 520.1314 的 double 型变量和值为 5203344 的 int 型变量。代码如下所示：

```
01 String strDou = String.valueOf(520.1314);
02 String strInt = String.valueOf(5203344);
```

② 隐式转换是程序设计过程中最常用的转换方式，其实现方式是先通过“+”运算符，把数值和英文格式的闭合双引号连接起来；再通过“=”运算符，把连接后的结果赋值给字符串对象。代码如下所示：

```
01 // 通过"+"运算符，把数值和英文格式的闭合双引号连接起来
02 String str1 = "" + 520.1314;
03 String str2 = "91" + 203344;
04 System.out.println("str1 = " + str1);
05 System.out.println("str2 = " + str2);
```

上述代码的运行结果如下所示：

```
str1 = 520.1314
str2 = 91203344
```

9.5 StringBuilder 类对象

StringBuilder 类对象表示的是一个长度可变的、执行效率较高的字符序列。相比值不可修改的字符串对象，StringBuilder 类对象的值是可以被直接修改的。为此，Java 提供了用于操作 StringBuilder 类对象的相关方法。本节将对 StringBuilder 类对象予以详解。

9.5.1 新建 StringBuilder 类对象

新建一个 StringBuilder 类对象，不能像新建字符串对象一样，直接引用字符串常量；必须使用 new 关键字。新建 StringBuilder 类对象有如下格式：

```
01 StringBuilder sbd = new StringBuilder();// 新建一个 StringBuilder 类对象，无初始值
02 StringBuilder sbd = new StringBuilder("abc");// 新建一个 StringBuilder 类对象，初始值为 "abc"
03 StringBuilder sbd = new StringBuilder(32);// 新建一个 StringBuilder 类对象，可以容纳 32 个字符
```

9.5.2 StringBuilder 类的常用方法

使用 StringBuilder 类的相关方法，能够直接修改 StringBuilder 类对象的值。例如，在 StringBuilder 类对象的值的末尾处追加新的字符串，删除或替换 StringBuilder 类对象中的字符等。下面对 StringBuilder 类的常用方法进行讲解。

1. append() 方法

append() 方法用于在 StringBuilder 类对象的值的末尾处追加新的字符串，其效果相当于使用“+”运算符连接字符串。append() 方法的语法格式如下所示：

```
StringBuilder append(Object obj)
```

- obj：任意数据类型的对象，例如，String、int、double、Boolean 等，都可以拼接到 StringBuilder 类对象的值的末尾处。

例如，使用 append() 方法，在初始值为“锄禾日当午”的 StringBuilder 类对象基础上，补齐《悯农》的剩余诗句。代码如下所示：

```
01 StringBuilder sbd = new StringBuilder(" 锄禾日当午，");
02 sbd.append(" 汗滴禾下土。");
03 sbd.append(" 谁知盘中餐，");
04 sbd.append(" 粒粒皆辛苦。");
05 System.out.println(sbd);
```

上述代码的运行结果如下所示：

```
锄禾日当午，汗滴禾下土。谁知盘中餐，粒粒皆辛苦。
```

2. setCharAt() 方法

setCharAt() 方法用于根据指定的索引位置，修改 StringBuilder 类对象的值中的字符。setCharAt() 方法的语法格式如下所示：

void setCharAt(int index, char ch)

- index：被替换字符的索引。
- ch：替换后的新的字符。

例如，找到并修改“如火如荼”中的错别字。代码如下所示：

```
01 StringBuilder sbd = new StringBuilder(" 如火如茶 ");
02 System.out.println("sbd 的原值是：" + sbd);
03 sbd.setCharAt(3, ' 荼 '); // 将 " 茶 " 改成 " 荼 "
04 System.out.println("sbd 的新值是：" + sbd);
```

上述代码的运行结果如下所示：

```
sbd 的原值是：如火如茶
sbd 的新值是：如火如荼
```

9

3. insert() 方法

insert() 方法用于在指定的索引位置，向 StringBuilder 类对象的值中插入一个字符串。insert() 方法的语法格式如下所示：

```
StringBuilder insert(int offset, String str)
```

- offset：指定的索引位置。
- str：被插入的字符串。

例如，把古诗词“少小离家老大回，＿＿＿＿＿＿。儿童相见不相识，笑问客从何处来。”补充完整。代码如下所示：

```
01 StringBuilder sbd = new StringBuilder("少小离家老大回,。儿童相见不相识，笑问客从何处来。");
02 System.out.println("sbd 的原值是: " + sbd);
03 sbd.insert(8, "乡音无改鬓毛衰");
04 System.out.println("sbd 的新值是: " + sbd);
```

上述代码的运行结果如下所示：

```
sbd 的原值是：少小离家老大回,。儿童相见不相识，笑问客从何处来。
sbd 的新值是：少小离家老大回,乡音无改鬓毛衰。儿童相见不相识，笑问客从何处来。
```

4. reverse() 方法

reverse() 方法用于倒置 StringBuilder 类对象的值，倒置就是前后颠倒所有字符的顺序。reverse() 方法的语法格式如下所示：

```
StringBuilder reverse()
```

例如，颠倒词能够充分体现汉语灵动摇曳的特点，控制台输出“人名”的颠倒词。代码如下所示：

```
01 StringBuilder sbd = new StringBuilder("人名");
02 System.out.println("sbd 的原值是: " + sbd);
03 sbd.reverse();
04 System.out.println("sbd 的新值是: " + sbd);
```

上述代码的运行结果如下所示：

```
sbd 的原值是：人名
sbd 的新值是：名人
```

5. delete() 方法

delete() 方法用于删除 StringBuilder 类对象的值中从“起始索引”到“终止索引-1”范围内的字符序列。delete() 方法的语法格式如下所示：

```
StringBuilder delete(int start, int end)
```

- start：起始索引（包含）。
- end：终止索引（不包含）。

StringBuilder 类对象的值被删除的范围是从 start 至“end－1”。如果 start 等于 end，StringBuilder 类对象的值不发生改变。

例如，删除“君子天行健以自强不息”中语句不通顺的部分。代码如下所示：

```
01 StringBuilder sbd = new StringBuilder("君子天行健以自强不息");
02 System.out.println("sbd 的原值是: " + sbd);
03 sbd.delete(2, 5); // 删除"天行健"
04 System.out.println("sbd 的新值是: " + sbd);
```

上述代码的运行结果如下所示：

```
sbd 的原值是：君子天行健以自强不息
sbd 的新值是：君子以自强不息
```

9.6 综合实例——把数字金额转为大写金额

在处理财务账款时，一般需要使用大写金额。例如在银行窗口进行转账业务时，需要将转账金额写成大写的金额。也就是说，如果要转账 567894321 元，则需要写成“伍亿陆仟柒佰捌拾玖万肆仟叁佰贰拾壹元整”。对于这种情况，手动填写不仅麻烦，而且容易出错，那么能否通过一个程序，把数字金额转为大写金额呢？下面将演示如何对上述需求进行编码。

在项目中创建 ConvertMoney 类，在该类的主方法中接收用户输入的金额，然后通过 convert() 方法把金额转换成大写金额的字符串格式，并输出到控制台。代码如下所示：

```
01 public static void main(String[] args) {
02         Scanner scan = new Scanner(System.in);          // 创建扫描器
03         System.out.println(" 请输入一个金额：");
04         // 获取金额转换后的字符串
05         String convert = convert(scan.nextLong());
06         System.out.println(convert);                    // 输出转换结果
07    }
```

编写金额转换方法 convert()，在该方法中创建 DecimalFormat 类的实例对象，通过这个格式器对象把金额数字格式化，设置金额仅为整数值。调用 getLong() 方法返回转换后的结果。代码如下所示：

```
01 public static String convert(long d) {
02     // 实例化 DecimalFormat 对象
03     DecimalFormat df = new DecimalFormat("#0");
04     // 格式化 int 数字
05     String strNum = df.format(d);
06     // 整数部分大于 12 不能转换
07     if (strNum.length() > 12) {
08         System.out.println(" 数字太大，不能完成转换！ ");
09         return "";
10     }
11     // 转换结果
12     String result = getLong(strNum) + " 元整 ";
13     return result; // 返回新的字符串
14 }
```

编写 getLong() 方法，该方法用于把数字金额转为大写金额，先把数字转换为字符串并反转字符顺序，再为每个数字添加对应的大写单位。代码如下所示：

```
01 public static String getLong(String num) {
02         num = new StringBuffer(num).reverse().toString(); // 反转字符串
03         StringBuffer temp = new StringBuffer(); // 创建一个 StringBuffer 对象
04         for (int i = 0; i < num.length(); i++) {// 加入单位
05             temp.append(STR_UNIT[i]);
06             temp.append(STR_NUMBER[num.charAt(i) - 48]);
07         }
08         num = temp.reverse().toString();// 反转字符串
09         num = numReplace(num, " 零拾 ", " 零 "); // 替换字符串的字符
10         num = numReplace(num, " 零佰 ", " 零 "); // 替换字符串的字符
11         num = numReplace(num, " 零仟 ", " 零 "); // 替换字符串的字符
12         num = numReplace(num, " 零万 ", " 万 "); // 替换字符串的字符
13         num = numReplace(num, " 零亿 ", " 亿 "); // 替换字符串的字符
```

```
14        num = numReplace(num, "零零", "零"); // 替换字符串的字符
15        num = numReplace(num, "亿万", "亿"); // 替换字符串的字符
16        // 如果字符串以零结尾，则将其除去
17        if (num.lastIndexOf("零") == num.length() - 1) {
18            num = num.substring(0, num.length() - 1);
19        }
20        return num;
21    }
```

上述代码的运行结果如下所示：

```
请输入一个金额:
123456789
壹亿贰仟叁佰肆拾伍万陆仟柒佰捌拾玖元整
```

注意

本程序只适用于整数金额。

9.7 实战练习

① 某网站已注册四名用户，用户名和密码分别为 mrsoft 和 mingRI，mr 和 Mr1234，miss 和 MissYeah 以及 Admin 和 admin，且用户信息被存储在二维数组中，控制台分别输入用户名和密码后实现用户的登录。实例的运行效果如图 9.3 所示。

② 公司名单上有 5 名员工，名单的内容为“周七，张三，李四，王五，赵六”，员工李四申请离职后，请将李四的名字从公司名单中删除。实例的运行效果如图 9.4 所示。

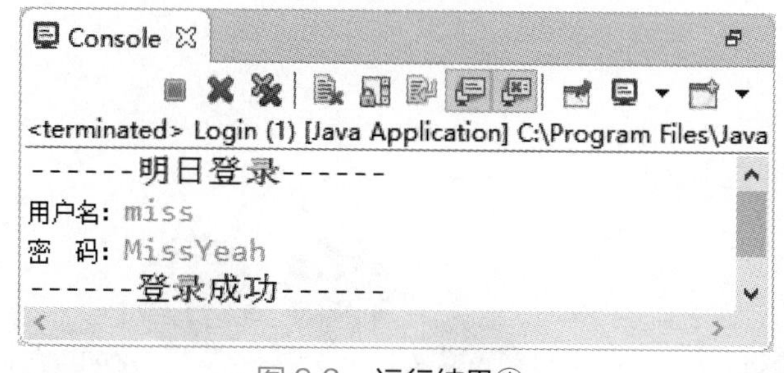

图 9.3　运行结果①

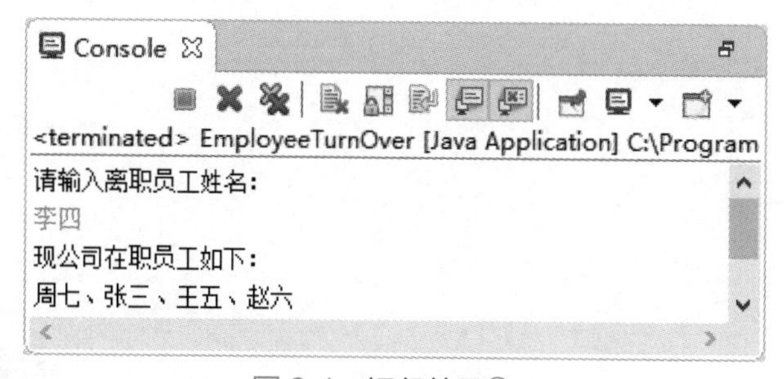

图 9.4　运行结果②

小结

因为在开发过程中，处理字符串的代码将会占据很大比例，所以学习、理解和操作字符序列，是学习编程的重中之重。本章介绍了很多字符串相关操作：获取字符串的内容和长度、查找某个位置的字符以及将字符串替换成指定内容等。如果读者想要了解更多关于 String 类的使用方法，可以参考官方提供的 API 文档。

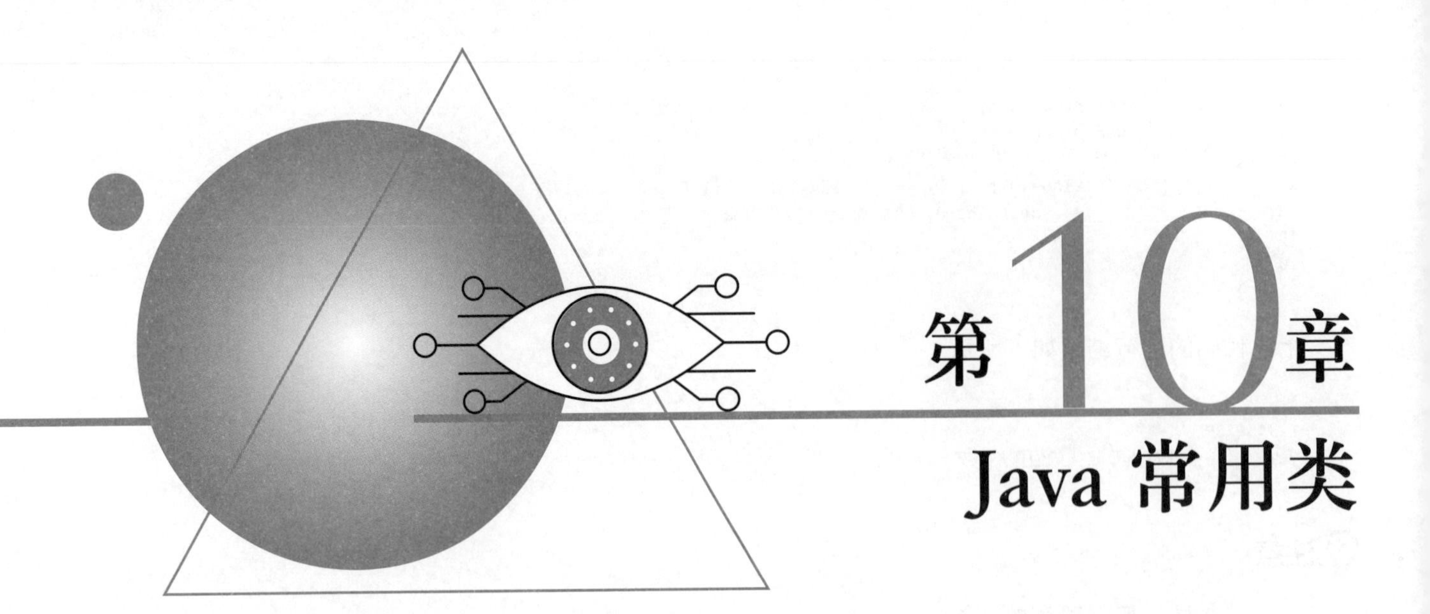

第10章 Java常用类

为了提升 Java 程序的开发效率，Java 的类包中提供了很多常用类方便开发人员使用。正所谓，术业有专攻，在常用类中主要包含可以将基本数据类型封装起来的包装类、解决常见数学问题的 Math 类、生成随机数的 Random 类，以及处理日期时间的相关类，本章将对这些 Java 中的常用类进行讲解。

本章的知识结构如下图所示：

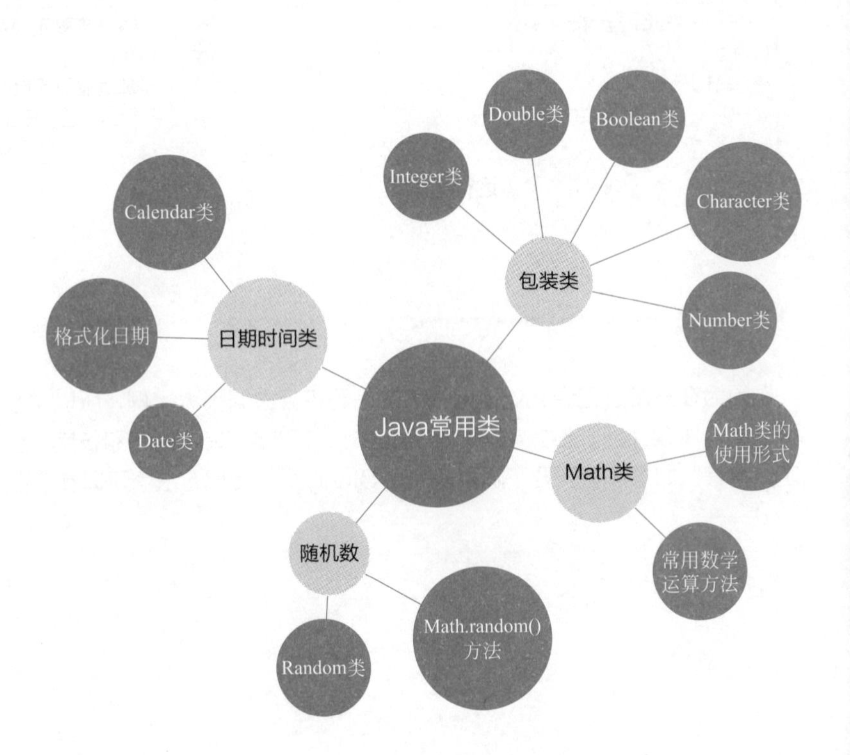

10.1 包装类

Java 是一种面向对象语言，但在 Java 中不能定义基本数据类型的对象。为了能将基本数据类型视为对象进行处理，Java 提出了包装类的概念，它主要是将基本数据类型封装在包装类中，如 int 型数值的包装类 Integer，boolean 型的包装类 Boolean 等，这样便可以把这些基本数据类型转换为对象进行处理。Java 中的包装类及其对应的基本数据类型如表 10.1 所示。

表 10.1 包装类及其对应的基本数据类型

包装类	对应的基本数据类型	包装类	对应的基本数据类型
Byte	byte	Short	short
Integer	int	Long	long
Float	float	Double	double
Character	char	Boolean	boolean

说明

Java 是可以直接处理基本数据类型的，但在有些情况下需要将其作为对象来处理，这时就需要将其转换为包装类了，这里的包装类相当于基本数据类型与对象类型之间的一个桥梁。由于包装类和基本数据类型间的转换，引入了装箱和拆箱的概念：装箱就是将基本数据类型转换为包装类，而拆箱就是将包装类转换为基本数据类型，这里只需要简单了解这两个概念即可。

10.1.1 Integer 类

java.lang 包中的 Integer 类、Byte 类、Short 类和 Long 类，分别将基本数据类型 int、byte、short 和 long 封装成一个类，由于这些类都是 Number 的子类，区别就是封装不同的数据类型，其包含的方法基本相同，所以本节以 Integer 类为例介绍整数包装类。

Integer 类在对象中包装了一个基本数据类型 int 的值，该类的对象包含一个 int 类型的字段，此外，该类提供了多个方法，能在 int 类型和 String 类型之间互相转换，同时还提供了其他一些处理 int 类型时非常有用的常量和方法。

1. 构造方法

Integer 类提供两种常用构造方法，第一种构造方法如下所示：

```
Integer (int number)
```

该方法以一个 int 型变量作为参数来获取 Integer 对象。例如，以 int 型变量作为参数创建 Integer 对象，代码如下所示：

```
01 Integer number = new Integer(128);
02 Integer maxValue = new Integer(9999);
```

第二种构造方法如下所示：

```
Integer (String str)
```

该方法以一个 String 型变量作为参数来获取 Integer 对象。例如，以 String 型变量作为参数创建 Integer 对象，代码如下所示：

```
01 Integer number = new Integer("100");
02 Integer peopleCount = new Integer("200");
```

注意

如果要使用字符串变量创建 Integer 对象，字符串变量的值必须是 int 型字面值，否则将会抛出 NumberFormatException 异常。

2. 常用方法（表 10.2）

表 10.2 Integer 类的常用方法

方法	功能描述
Integer valueOf(String str)	返回保存指定的 String 值的 Integer 对象
int parseInt(String str)	返回包含在由 str 指定的字符串中的数字的等价整数值
String toString()	返回一个表示该 Integer 值的 String 对象（可以指定进制基数）
String toBinaryString(int i)	以二进制无符号整数形式返回一个整数参数的字符串表示形式
String toHexString(int i)	以十六进制无符号整数形式返回一个整数参数的字符串表示形式
String toOctalString(int i)	以八进制无符号整数形式返回一个整数参数的字符串表示形式
equals(Object IntegerObj)	比较此对象与指定的对象是否相等
int intValue()	以 int 型返回此 Integer 对象
short shortValue()	以 short 型返回此 Integer 对象
byte byteValue()	以 byte 型返回此 Integer 的值
int compareTo(Integer anotherInteger)	在数字上比较两个 Integer 对象。如果这两个值相等，则返回 0；如果调用对象的数值小于 anotherInteger 的数值，则返回负值；如果调用对象的数值大于 anotherInteger 的数值，则返回正值

在表 10.2 介绍的方法中，最常用的就是可以将表示数字的字符串变为数字类型的 parseInt() 方法。例如，把值为 1314 的字符串转换为 int 型值，代码如下所示:

```
int a = Integer.parseInt( “1314” );
```

注意

使用 parseInt() 方法时要注意，参数字符串必须是有效的十进制数字字符串，否则会抛出 NumberFormatException 异常。

表 10.2 还介绍了一些用于进制转换的方法，例如把二进制、八进制和十六进制数转换为十进制数。下面将对这些方法予以讲解。

① 十进制与二进制互转。将二进制数转为十进制需要在数字前加 0B 前缀，代码如下所示:

```
int a = 0B110010; // 变量 a 的值为十进制数 50
```

Integer 类提供的 toBinaryString 可以将十进制数字转为二进制数的字符串形式，代码如下所示:

```
String s = Integer.toBinaryString(50); // 字符串 s 的值为 110010
```

② 十进制与八进制互转。将八进制数转为十进制需要在数字前加 0 前缀，代码如下所示:

```
int a = 010; // 变量 a 的值为十进制数 8
```

Integer 类提供的 toOctalString 可以将十进制数字转为八进制数的字符串形式，代码如下所示:

```
String s = Integer.toOctalString(8); // 字符串 s 的值为 10
```

③ 十进制与十六进制互转。将十六进制数转为十进制需要在数字前加 0x 前缀，代码如下所示：

```
int a = 0x10; // 变量 a 的值为十进制数 16
```

Integer 类提供的 toHexString 可以将十进制数字转为十六进制数的字符串形式，代码如下所示：

```
String s = Integer.toHexString(999); // 字符串 s 的值为 3e7
```

④ 十进制与任意进制互转。Integer 类可以将十进制数组与任意进制数字进行互转，实现这个功能需要用到下面两个方法：

```
public static Integer valueOf(String s, int radix)
```

第一种方法代码如上所示，可以将字符串 s 按照 radix 进制转为十进制的 Integer 对象。例如，七进制数字 1001 转为十进制数字的代码如下所示：

```
int a = Integer.valueOf("1001", 7);
```

最后 a 的值为 344。

```
public static String toString(int i, int radix)
```

第二种方法代码如上所示，可以将十进制数字 i 转为 radix 进制数字的字符串表现形式。例如，十进制数字 44027 转为三十六进制数字的结果代码如下所示：

```
String s = Integer.toString(44027, 36);
```

最后 s 的值为 xyz。因为每一位的值都大于 10，所以会用字母表示。

3. 常量（表 10.3）

表 10.3 Integer 类提供常量

常量名	说明
MAX_VALUE	表示 int 类型可取的最大值，即 $2^{31}-1$
MIN_VALUE	表示 int 类型可取的最小值，即 -2^{31}
SIZE	用来以二进制补码形式表示 int 值的位数，值为 32
TYPE	表示基本类型 int 的 Class 实例

10.1.2 Double 类

Double 类和 Float 类是对 double、float 基本类型的封装，它们都是 Number 类的子类，都是对小数进行操作，所以常用方法基本相同，本节将对 Double 类进行介绍。对于 Float 类可以参考 Double 类的相关介绍。

Double 类在对象中包装一个基本类型为 double 的值，每个 Double 类的对象都包含一个 double 类型的字段。此外，该类还提供多个方法，可以将 double 转换为 String，将 String 转换为 double，也提供了其他一些处理 double 时有用的常量和方法。

1. 构造方法

Double 类提供两种常用构造方法，第一种构造方法如下所示：

```
Double(double value)
```

该方法基于 double 参数创建 Double 类对象。例如，以 double 型变量作为参数创建 Double 对象，代码如下所示：

```
Double number = new Double(19.63);
```

第二种构造方法如下所示：

```
Double(String str)
```

该方法以一个 String 型变量作为参数来获取 Double 对象。例如，以 String 型变量作为参数创建 Double 对象，代码如下所示：

```
Double number = new Double("0.0002");
```

2. 常用方法（表 10.4）

表 10.4　Double 类的常用方法

方法	功能描述
Double valueOf(String str)	返回用参数字符串 str 表示的 double 值的 Double 对象
double parseDouble(String s)	返回一个新的 double 值，该值被初始化为用指定 String 表示的值，这与 Double 类的 valueOf 方法一样
double doubleValue()	以 double 形式返回此 Double 对象
boolean isNaN()	如果此 double 值是非数字（NaN）值，则返回 true；否则返回 false
int intValue()	以 int 形式返回 double 值
byte byteValue()	以 byte 形式返回 Double 对象值（通过强制转换）
long longValue()	以 long 形式返回此 double 的值（通过强制转换为 long 类型）
int compareTo(Double d)	对两个 Double 对象进行数值比较。如果两个值相等，则返回 0；如果调用对象的数值小于 d 的数值，则返回负值；如果调用对象的数值大于 d 的值，则返回正值
boolean equals(Object obj)	将此对象与指定的对象相比较
String toString()	返回此 Double 对象的字符串表示形式
String toHexString(double d)	返回 double 参数的十六进制字符串表示形式

例如，Double 类一些常用方法的示例代码如下所示：

```
01 Double dNum = Double.valueOf("3.14");
02 System.out.println("3.14 是否为非数字值: " + Double.isNaN(dNum.doubleValue()));
03 System.out.println("3.14 转换为 int 值为: " + dNum.intValue());
04 System.out.println(" 值为 3.14 的 Double 对象与 3.14 的比较结果: " + dNum.equals(3.14));
05 System.out.println("3.14 的十六进制表示为: " + Double.toHexString(dNum));
```

运行结果如下所示：

```
3.14  是否为非数字值: false
3.14  转换为 int 值为: 3
值为 3.14 的 Double 对象与 3.14 的比较结果: true
3.14  的十六进制表示为: 0x1.91eb851eb851fp1
```

3. 常量

Double 类提供的常量如表 10.5 所示。

表 10.5　Double 类提供的常量

常量名	说明
MAX_EXPONENT	返回 int 值，表示有限 double 变量可能具有的最大指数
MIN_EXPONENT	返回 int 值，表示标准化 double 变量可能具有的最小指数
NEGATIVE_INFINITY	返回 double 值，表示保存 double 类型的负无穷大值的常量
POSITIVE_INFINITY	返回 double 值，表示保存 double 类型的正无穷大值的常量

10.1.3 Boolean 类

Boolean 类将基本类型为 boolean 的值包装在一个对象中。一个 Boolean 类型的对象只包含一个类型为 boolean 的字段。此外，此类还为 boolean 和 String 的相互转换提供了许多方法，并提供了处理 boolean 时非常有用的一些其他常量和方法。

1. 构造方法

Boolean 类提供两种常用的构造方法，第一种构造方法如下所示：

```
Boolean(boolean value)
```

该方法创建一个表示 value 参数的 Boolean 对象。例如，创建一个表示 value 参数的 Boolean 对象，代码如下所示：

```
01 Boolean b1 = new Boolean(true);
02 Boolean b2 = new Boolean(false);
```

第二种构造方法如下所示：

```
Boolean(String str)
```

该方法以 String 变量作为参数创建 Boolean 对象。如果 String 参数不为 null 且在忽略大小写时等于 true，则分配一个表示 true 值的 Boolean 对象，否则获得一个 false 值的 Boolean 对象。例如，以 String 变量作为参数，创建 Boolean 对象。代码如下所示：

```
01 Boolean bool1 = new Boolean("true");
02 Boolean bool2 = new Boolean("false");
03 Boolean bool3 = new Boolean("ok");
```

2. 常用方法（表 10.6）

表 10.6 Boolean 类的常用方法

方法	功能描述
boolean booleanValue()	将 Boolean 对象的值以对应的 boolean 值返回
boolean equals(Object obj)	判断调用该方法的对象与 obj 是否相等。当且仅当参数不是 null，而且与调用该方法的对象一样，都表示同一个 boolean 值的 Boolean 对象时，才返回 true
boolean parseBoolean(String s)	将字符串参数解析为 boolean 值
String toString()	返回表示该 boolean 值的 String 对象
boolean valueOf(String s)	返回一个用指定的字符串表示值的 boolean 值

例如，使用不同参数创建 Boolean 对象的示例代码如下所示：

```
01 Boolean b1 = new Boolean(true);
02 Boolean b2 = new Boolean("ok");
03 System.out.println("b1: " + b1.booleanValue());
04 System.out.println("b2: " + b2.booleanValue());
```

运行结果如下所示：

```
b1: true
b2: false
```

3. 常量（表 10.7）

表 10.7　Boolean 提供的常量

常量名	说明
TRUE	对应基值 true 的 Boolean 对象
FALSE	对应基值 false 的 Boolean 对象
TYPE	基本类型 boolean 的 Class 对象

10.1.4　Character 类

Character 类在对象中包装一个基本类型为 char 的值，该类提供了多种方法，以确定字符的类别（小写字母、数字等），并可以很方便地将字符从大写转换成小写，反之亦然。

1. 构造方法

Character 类的构造方法语法格式如下所示：

```
Character(char value)
```

该类的构造方法的参数必须是一个 char 类型的数据。通过该构造方法将一个 char 类型数据包装成一个 Character 类对象。一旦 Character 类被创建，它包含的数值就不能改变了。

例如，以 char 型变量作为参数，创建 Character 对象。代码如下所示：

```
01 Character c1 = new Character('k');
02 Character c2 = new Character('3');
03 Character c3 = new Character('\n');
```

2. 常用方法

Character 类提供了很多方法来完成对字符的操作，常用的方法如表 10.8 所示。

表 10.8　Character 类的常用方法

方法	功能描述
char charvalue()	返回此 Character 对象的值
int compareTo(Character anotherCharacter)	根据数字比较两个 Character 对象，若这两个对象相等则返回 0
Boolean equals(Object obj)	将调用该方法的对象与指定的对象相比较
char toUpperCase(char ch)	将字符参数转换为大写
char toLowerCase(char ch)	将字符参数转换为小写
String toString()	返回一个表示指定 char 值的 String 对象
char charValue()	返回此 Character 对象的值
boolean isUpperCase(char ch)	判断指定字符是否是大写字符
boolean isLowerCase(char ch)	判断指定字符是否是小写字符
boolean isLetter(char ch)	判断指定字符是否为字母
boolean isDigit(char ch)	判断指定字符是否为数字

例如，isUpperCase() 可以判断字符是否是大写英文字符，toLowerCase() 方法可以将大写英文字符变为小写，这两个方法的示例代码如下所示：

```
01 Character mychar1 = new Character('A');
02 if (Character.isUpperCase(mychar1)) { // 判断是否为大写字母
03     System.out.println(mychar1 + " 是大写字母 ");
04     System.out.println(" 转换为小写字母的结果：" + Character.toLowerCase(mychar1));
05 }
```

上述代码的运行结果如下所示：

```
A是大写字母
转换为小写字母的结果：a
```

isLowerCase() 方法可以判断字符是否是小写英文字符，toUpperCase() 方法可以将小写英文字符变为大写，这两个方法的使用如下所示：

```
01 Character mychar2 = new Character('a');
02 if (Character.isLowerCase(mychar2)) { // 判断是否为小写字母
03     System.out.println(mychar2 + "是小写字母");
04     System.out.println("转换为大写字母的结果：" + Character.toUpperCase(mychar2));
05 }
```

上述代码的运行结果如下所示：

```
a是小写字母
转换为大写字母的结果：A
```

如果判断某个字符是否为‘0’～‘9’中的某个数字，那么需要借助 Character 提供的 isDigit(char ch) 方法予以实现。例如，使用 isDigit(char ch) 方法分别判断 0、‘0’、‘a’和 56 是否为‘0’～‘9’中的某个数字，代码如下所示：

```
01 System.out.println(Character.isDigit(0));          // Unicode码中的空字符
02 System.out.println(Character.isDigit('0'));        // 数字0
03 System.out.println(Character.isDigit('a'));        // 字符a
04 System.out.println(Character.isDigit(56));         // Unicode码中的字符'8'
```

上述代码的运行结果如下所示：

```
false
true
false
true
```

此外，Character 还提供了用于判断某个字符是否为英文字母的 isLetter(char ch) 方法。例如，使用 isLetter(char ch) 方法分别判断‘?’、‘\n’、‘a’、‘A’和 69 是否为英文字母。代码如下所示：

```
01 System.out.println(Character.isLetter('?'));       // 字符问号
02 System.out.println(Character.isLetter('\n'));      // 换行符
03 System.out.println(Character.isLetter('a'));       // 字符a
04 System.out.println(Character.isLetter('A'));       // 字符A
05 System.out.println(Character.isLetter(69));        // Unicode码中的字符'E'
```

上述代码的运行结果如下所示：

```
false
false
true
true
true
```

10.1.5 Number类

前面介绍了 Java 中的包装类，对于数值型的包装类，它们有一个共同的父类——Number 类，该类是一个抽象类，它是 Byte、Integer、Short、Long、Float 和 Double 类的父类，其子类必须提供将表示的数值转换为 byte、int、short、long、float 和 double 的方法。例如，doubleValue() 方法返回双精度值，floatValue() 方法返回浮点值，这些方法如表 10.9 所示。

表 10.9　数值型包装类的共有方法

方法	功能描述
byte byteValue()	以 byte 形式返回指定的数值
int intValue()	以 int 形式返回指定的数值
float floatValue()	以 float 形式返回指定的数值
short shortValue()	以 short 形式返回指定的数值
long longValue()	以 long 形式返回指定的数值
double doubleValue()	以 double 形式返回指定的数值

Number 类的方法分别被 Number 的各子类所实现，也就是说，在 Number 类的所有子类中都包含以上这几种方法。

装箱和拆箱概念中的“箱子”就是包装类的对象。装箱就是将基本数据类型值放到一个对象“箱子”里，过程如图 10.1 所示；拆箱就是把基本类型数值从对象这个“箱子”里拿出来，过程如图 10.2 所示。装箱和拆箱的过程由 Java 虚拟机自动完成。

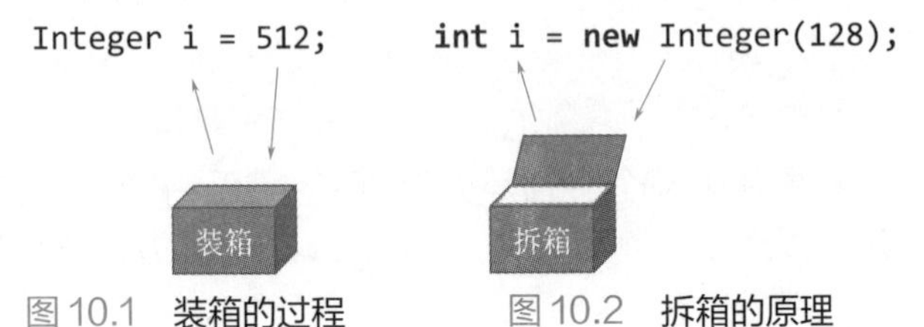

图 10.1　装箱的过程　　图 10.2　拆箱的原理

10.2　Math 类

前面的章节已经学习过 +、-、*、/、% 等基本的算术运算符，使用它们可以进行基本的数学运算，但是，如果碰到了一些复杂的数学运算，该怎么办呢？ Java 提供了一个执行数学基本运算的 Math 类，该类包括常用的数学运算方法，如三角函数方法、指数函数方法、对数函数方法、平方根函数方法等一些常用数学函数，除此之外还提供了一些常用的数学常量，如 PI、E 等。本节将介绍 Math 类以及其中的一些常用方法。

10.2.1　Math 类的使用形式

Math 类表示数学类，它位于 java.lang 包中，由系统默认调用，该类中提供了众多数学函数方法，主要包括三角函数方法，指数函数方法，取整函数方法，取最大值、最小值以及绝对值函数方法，这些方法都被定义为 static 形式，因此在程序中可以直接通过类名进行调用，使用形式如下所示：

```
Math. 数学方法
```

在 Math 类中除了函数方法之外还存在一些常用的数学常量，如 PI、E 等，这些数学常量作为 Math 类的成员变量出现，调用起来也很简单。可以使用如下形式调用：

```
01 Math.PI  // 表示圆周率 π 的值
02 Math.E   // 表示自然对数底数 e 的值
```

例如，下面代码用来分别输出 PI 和 E 的值，代码如下所示：

```
01 System.out.println(" 圆周率 π 的值为：" + Math.PI);
02 System.out.println(" 自然对数底数 e 的值为：" + Math.E);
```

上面代码的输出结果为：

```
圆周率 π 的值为：3.141592653589793
自然对数底数 e 的值为：2.718281828459045
```

10.2.2 常用数学运算方法

Math 类中的常用数学运算方法较多，大致可以将其分为 4 大类别，分别为三角函数方法，指数函数方法，取整函数方法，以及取最大值、最小值和绝对值函数方法，下面分别进行介绍。

1. 三角函数方法（表 10.10）

表 10.10 Math 类中的三角函数方法

方法	功能描述
double sin(double a)	返回角的三角正弦
double cos(double a)	返回角的三角余弦
double tan(double a)	返回角的三角正切
double asin(double a)	返回一个值的反正弦
double acos(double a)	返回一个值的反余弦
double atan(double a)	返回一个值的反正切
double toRadians(double angdeg)	将角度转换为弧度
double toDegrees(double angrad)	将弧度转换为角度

以上每个方法的参数和返回值都是 double 型的，将这些方法的参数的值设置为 double 型是有一定道理的，参数以弧度代替角度来实现，其中 1°等于 π/180 弧度，所以 180°可以使用 π 弧度来表示。除了可以获取角的正弦、余弦、正切、反正弦、反余弦、反正切之外，Math 类还提供了角度和弧度相互转换的方法 toRadians() 和 toDegrees()。但需要注意的是，角度与弧度的转换通常是不精确的。

实例 10.1 三角函数的使用方法

实例位置：资源包 \Code\10\01

Math 提供的三角函数的使用方法如下所示：

```
01 public class TrigonometricFunction {
02     public static void main(String[] args) {
03         // 取 90°的正弦
04         System.out.println("90 度的正弦值: " + Math.sin(Math.PI / 2));
05         System.out.println("0 度的余弦值: " + Math.cos(0)); // 取 0°的余弦
06         // 取 60°的正切
07         System.out.println("60 度的正切值: " + Math.tan(Math.PI / 3));
08         // 取 2 的平方根与 2 商的反正弦
09         System.out.println("2 的平方根与 2 商的反弦值: " + Math.asin(Math.sqrt(2) / 2));
10         // 取 2 的平方根与 2 商的反余弦
11         System.out.println("2 的平方根与 2 商的反余弦值: " + Math.acos(Math.sqrt(2) / 2));
12         System.out.println("1 的反正切值: " + Math.atan(1)); // 取 1 的反正切
13         // 取 120°的弧度值
14         System.out.println("120 度的弧度值: " + Math.toRadians(120.0));
15         // 取 π/2 的角度
16         System.out.println("π/2 的角度值: " + Math.toDegrees(Math.PI / 2));
17     }
18 }
```

运行结果如下所示：

```
90 度的正弦值: 1.0
0 度的余弦值: 1.0
60 度的正切值: 1.7320508075688767
2 的平方根与 2 商的反弦值: 0.7853981633974484
```

```
2 的平方根与 2 商的反余弦值: 0.7853981633974483
1 的反正切值: 0.7853981633974483
120 度的弧度值: 2.0943951023931953
π/2 的角度值: 90.0
```

通过运行结果可以看出，90°的正弦值为 1，0°的余弦值为 1，60°的正切与 Math.sqrt(3) 的值应该是一致的，也就是取 3 的平方根。在结果中可以看到第 4 ～ 6 行的值是基本相同的，这个值换算后正是 45°，也就是获取的 Math.sqrt(2)/2 反正弦、反余弦值与 1 的反正切值都是 45°。最后两行语句实现的是角度和弧度的转换，其中 Math.toRadians(120.0) 语句是获取 120°的弧度值，而 Math. toDegrees(Math.PI/2) 语句是获取 π/2 的角度。读者可以将这些具体的值使用 π 的形式表示出来，与上述结果是基本一致的，这些结果不能做到十分精确，因为 π 本身也是一个近似值。

2. 指数函数方法（表 10.11）

表 10.11　Math 类中的与指数相关的函数方法

方法	功能描述
double exp(double a)	用于获取 e 的 a 次方，即取 e^a
double double log(double a)	用于取自然对数
double double log10(double a)	用于取底数为 10 的对数
double sqrt(double a)	用于取 a 的平方根，其中 a 的值不能为负值
double cbrt(double a)	用于取 a 的立方根
double pow(double a,double b)	用于取 a 的 b 次方

指数运算包括求方根、取对数以及求 n 次方。为了使读者更好地理解这些指数函数方法的用法，下面举例说明。

实例 10.2 指数运算函数的使用方法

实例位置：资源包 \Code\10\02

Math 提供的指数运算函数的使用方法如下所示：

```
01 public class ExponentFunction {
02     public static void main(String[] args) {
03         System.out.println("e 的平方值: " + Math.exp(2));       // 取 e 的 2 次方
04          // 取以 e 为底 2 的对数
05         System.out.println(" 以 e 为底 2 的对数值: " + Math.log(2));
06          // 取以 10 为底 2 的对数
07         System.out.println(" 以 10 为底 2 的对数值: " + Math.log10(2));
08         System.out.println("4 的平方根值: " + Math.sqrt(4));    // 取 4 的平方根
09         System.out.println("8 的立方根值: " + Math.cbrt(8));    // 取 8 的立方根
10         System.out.println("2 的 2 次方值: " + Math.pow(2, 2)); // 取 2 的 2 次方
11     }
12 }
```

运行结果如下所示：

```
e 的平方值: 7.38905609893065
以 e 为底 2 的对数值: 0.6931471805599453
以 10 为底 2 的对数值: 0.3010299956639812
4 的平方根值: 2.0
8 的立方根值: 2.0
2 的 2 次方值: 4.0
```

3. 取整方法

在具体的问题中，取整操作使用也很普遍，所以 Java 在 Math 类中添加了数字取整方法。Math 类中常用的取整方法如表 10.12 所示。

表 10.12　Math 类中常用的取整方法

方法	功能描述
double ceil(double a)	返回大于等于参数的最小整数
double floor(double a)	返回小于等于参数的最大整数
double rint(double a)	返回与参数最接近的整数，如果两个同为整数且同样接近，则结果取偶数
double round(float a)	将参数加上 0.5 后返回与参数最近的整数
double round(double a)	将参数加上 0.5 后返回与参数最近的整数，然后强制转换为长整型

下面以 1.5 作为参数，演示使用取整方法后的返回值，在坐标轴上表示如图 10.3 所示。

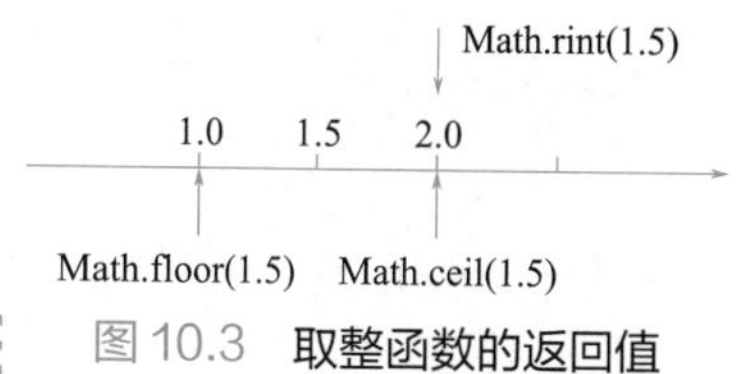

图 10.3　取整函数的返回值

注意

由于数 1.0 和数 2.0 距离数 1.5 都是 0.5 个单位长度，因此 Math.rint 返回偶数 2.0。

实例 10.3　取整方法的不同结果

实例位置：资源包 \Code\10\03

下面用一个实例来展示 ceil() 方法、floor() 方法、rint() 方法和 round() 方法的取值结果，代码如下所示：

```
01 public class IntFunction {
02     public static void main(String[] args) {
03         // 返回第一个大于等于参数的整数
04         System.out.println("使用 ceil() 方法取整：" + Math.ceil(5.2));
05         // 返回第一个小于等于参数的整数
06         System.out.println("使用 floor() 方法取整：" + Math.floor(2.5));
07         // 返回与参数最接近的整数
08         System.out.println("使用 rint() 方法取整：" + Math.rint(2.7));
09         // 返回与参数最接近的整数
10         System.out.println("使用 rint() 方法取整：" + Math.rint(2.5));
11         // 将参数加上 0.5 后返回最接近的整数
12         System.out.println("使用 round() 方法取整：" + Math.round(3.4f));
13         // 将参数加上 0.5 后返回最接近的整数，并将结果强制转换为长整型
14         System.out.println("使用 round() 方法取整：" + Math.round(2.5));
15     }
16 }
```

运行结果如下所示：

```
使用 ceil() 方法取整：6.0
使用 floor() 方法取整：2.0
使用 rint() 方法取整：3.0
使用 rint() 方法取整：2.0
使用 round() 方法取整：3
使用 round() 方法取整：3
```

4. 取最大值、最小值、绝对值函数方法

Math 类还有一些常用的数据操作方法，比如取最大值、最小值、绝对值等，它们的说明如表 10.13 所示。

表 10.13　Math 类中其他的常用数据操作方法

方法	功能描述
double max(double a,double b)	取 a 与 b 之间的最大值
int min(int a,int b)	取 a 与 b 之间的最小值，参数为整型
long min(long a,long b)	取 a 与 b 之间的最小值，参数为长整型
float min(float a,float b)	取 a 与 b 之间的最小值，参数为浮点型
double min(double a,double b)	取 a 与 b 之间的最小值，参数为双精度型
int abs(int a)	返回整型参数的绝对值
long abs(long a)	返回长整型参数的绝对值
float abs(float a)	返回浮点型参数的绝对值
double abs(double a)	返回双精度型参数的绝对值

实例 10.4　求两数的最大值和最小值以及一个数的绝对值

实例位置：资源包 \Code\10\04

调用 Math 类中的方法，实现求两数的最大值、最小值和取绝对值运算的代码如下所示：

```
01 public class AnyFunction {
02     public static void main(String[] args) {
03         System.out.println("4 和 8 较大者 :" + Math.max(4, 8));
04         System.out.println("4.4 和 4 较小者: " + Math.min(4.4, 4)); // 取两个参数的最小值
05         System.out.println("-7 的绝对值: " + Math.abs(-7)); // 取参数的绝对值
06     }
07 }
```

运行结果如下所示：

```
4 和 8 较大者 :8
4.4  和 4 较小者: 4.0
-7 的绝对值: 7
```

10.3　随机数

在实际开发中生成随机数的使用是很普遍的，所以在程序中生成随机数的操作很重要。在 Java 中主要提供了两种方式生成随机数，分别为调用 Math 类的 random() 方法和 Random 类提供的生成各种数据类型随机数的方法，下面分别进行讲解。

10.3.1　Math.random() 方法

在 Math 类中存在一个 random() 方法，用于生成随机数，该方法默认生成大于等于 0.0 小于 1.0 的 double 型随机数，即“0<=Math.random()<1.0”。

注意

Math.random() 的结果不会出现 1.0 这个值。

使用方法如下所示：

```
double d = Math.random();
```

d 的值可能是 0（包含 0）到 1 之间的任意一值。

实例 10.5 猜数字小游戏

实例位置：资源包 \Code\10\05

使用 Math.random() 方法实现一个简单的猜数字小游戏，要求：使用 Math.random() 方法生成一个 0 ～ 100 之间的随机数字，然后用户输入猜测的数字，判断输入的数字是否与随机生成的数字匹配，如果不匹配，提示相应的信息，如果匹配，则表示猜中，游戏结束。代码如下所示：

```
01 import java.util.Scanner;
02 public class NumGame {
03     public static void main(String[] args) {
04         System.out.println("——————猜数字游戏——————\n");
05         int iNum;
06         int iGuess;
07         Scanner in = new Scanner(System.in); // 创建扫描器对象，用于输入
08         iNum = (int) (Math.random() * 100); // 生成 0 到 100 之间的随机数
09         System.out.print(" 请输入你猜的数字：");
10         iGuess = in.nextInt(); // 输入首次猜测的数字
11         while ((iGuess != -1) && (iGuess != iNum)) { // 判断输入的数字不是 -1 或者基准数
12             if (iGuess < iNum) { // 若猜测的数字小于基准数，则提示用户输入的数太小，请重新输入
13                 System.out.print(" 太小，请重新输入：");
14                 iGuess = in.nextInt();
15             } else { // 若猜测的数字大于基准数，则提示用户输入的数太大，请重新输入
16                 System.out.print(" 太大，请重新输入：");
17                 iGuess = in.nextInt();
18             }
19         }
20         if (iGuess == -1) { // 若最后一次输入的数字是 -1，循环结束的原因是用户选择退出游戏
21             System.out.println(" 退出游戏！ ");
22         } else { // 若最后一次输入的数字不是 -1，用户猜对数字，获得成功，游戏结束
23             System.out.println(" 恭喜你，你赢了，猜中的数字是：" + iNum);
24         }
25         System.out.println("\n——————游戏结束——————");
26     }
27 }
```

运行结果如图 10.4 所示。

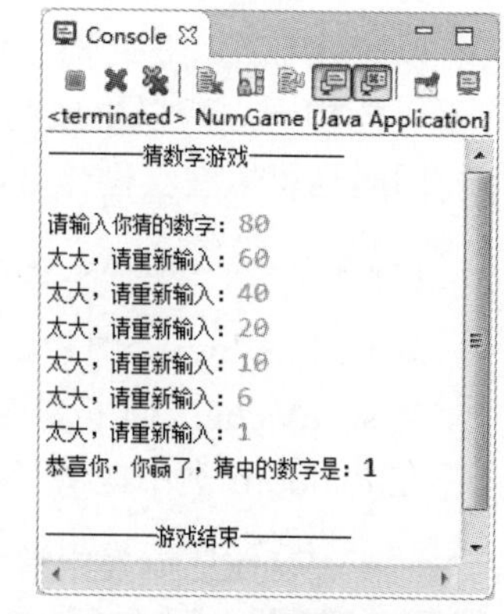

图 10.4　猜数字游戏

除了随机生成数字以外，使用 Math 类的 random() 方法还可以随机生成字符，例如，可以使用下面代码生成 a ～ z 之间的字符：

```
(char)('a'+Math.random()*('z'-'a'+1));
```

通过上述表达式可以求出更多的随机字符，如 A ～ Z 之间的随机字符，进而推理出求任意两个字符之间的随机字符，可以使用以下语句表示：

```
(char)(cha1+Math.random()*(cha2-cha1+1));
```

在这里可以将这个表达式设计为一个方法，参数设置为随机生成字符的上限与下限。下面举例说明。

实例 10.6 打印任意字符之间的随机字符

实例位置：资源包 \Code\10\06

在项目中创建 MathRandomChar 类，在类中编写 GetRandomChar() 方法生成随机字符，并在主方法中输出该字符。代码如下所示：

```
01 public class MathRandomChar {
02     // 定义获取任意字符之间的随机字符
03     public static char GetRandomChar(char cha1, char cha2) {
04         return (char) (cha1 + Math.random() * (cha2 - cha1 + 1));
05     }
06     public static void main(String[] args) {
07         // 获取 a ~ z 之间的随机字符
08         System.out.println(" 任意小写字符 " + GetRandomChar('a', 'z'));
09         // 获取 A ~ Z 之间的随机字符
10         System.out.println(" 任意大写字符 " + GetRandomChar('A', 'Z'));
11         // 获取 0 ~ 9 之间的随机字符
12         System.out.println("0 到 9 任意数字字符 " + GetRandomChar('0', '9'));
13     }
14 }
```

运行结果如下所示：

```
任意小写字符 t
任意大写字符 W
0 到 9 任意数字字符 8
```

注意

Math.random() 方法返回的值实际上是伪随机数，它通过复杂的运算而得到一系列的数，该方法是以当前时间作为随机数生成器的参数，所以每次执行程序都会产生不同的随机数。

10.3.2 Random 类

除了 Math 类中的 random() 方法可以获取随机数之外，Java 中还提供了一种可以获取随机数的方式，那就是 java.util.Random 类，该类表示一个随机数生成器，可以通过实例化一个 Random 对象创建一个随机数生成器。语法格式如下所示：

```
Random r = new Random();
```

其中，r 是指 Random 对象。

以这种方式实例化对象时，Java 编译器以系统当前时间作为随机数生成器的种子，因为每时每刻的时间不可能相同，所以生成的随机数将不同，但是如果运行速度太快，也会生成两次运行结果相同的随机数。同时也可以在实例化 Random 类对象时，设置随机数生成器的种子。语法格式如下所示：

```
Random r = new Random(seedValue);
```

- r：Random 类对象。
- seedValue：随机数生成器的种子。

在 Random 类中提供了获取各种数据类型随机数的方法，其常用方法及说明如表 10.14 所示。

表 10.14　Random 类中常用的获取随机数方法

方法	功能描述
int nextInt()	返回一个随机整数
int nextInt(int n)	返回大于等于 0 小于 n 的随机整数
long nextLong()	返回一个随机长整型值
boolean nextBoolean()	返回一个随机布尔型值
float nextFloat()	返回一个随机浮点型值
double nextDouble()	返回一个随机双精度型值
double nextGaussian()	返回一个概率密度为高斯分布的双精度型值

最常用的方法是 nextInt(int n) 方法，n 指定了随机数的最大取值范围，例如，生成一个 0 ～ 100 之间的随机数，代码如下所示：

```
Random r = new Random();
int a = r.nextInt(100 + 1);
```

因为随机数不会取到 n 值，所以想要随机数包含 100，需要在将最大范围设为 100+1。

不管是 Math.random() 方法还是 Random 类提供的方法，取值的起始范围都是从 0 开始的，但实际开发过程中很多随机数不能从 0 开始。

任何一个随机数范围都可以写复数的形式，即 a +bi。a 表示实部，bi 表示虚部，i 的取值范围为 0 ≤ i <1。例如，0 ～ 99 这个取值范围可以写成 0 + (99 + 1)i。如果最小取值不是 0 而是 10，最高取值不变，范围就变成了 10 ～ 99，这个范围可以写成 10 + (99 + 1 − 10)i。

当 0 ≤ i <1 时，10 + (99 + 1 − 10)i 的取值范围计算过程如下所示：

```
                      0 <= i < 1
10 + (99 + 1 - 10) * 0 <= 10 + (99+1 - 10) * i < 10 + (99 + 1 - 10) * 1
         10 + 90 * 0 <= 10 + (99+1 - 10) * i < 10 + 90 * 1
                10 <= 10 + (99+1 - 10) * i < 100
```

因为 Math.random() 的取值范围和 i 相同，所以取 x ～ y 之间的随机数可以写成：

```
x + Math.random() * (y-x)
```

注意

使用 Math.random() 方法获得的结果应该强制转换为 int 类型，否则会出现小数位，例如 99.3147。

Random 类的 nextInt(int n) 方法取值范围为“0 <= nextInt(int n) < n”，根据上述公式原理，取 x ～ y 之间的值可以写成（假设 Random 的对象为 r）：

```
x + r.nextInt(y - x)
```

10.4 日期时间类

在程序开发中，经常需要处理日期时间，Java 中提供了专门的日期时间类来处理相应的操作，本节将对 Java 中的日期时间类进行详细讲解。

10.4.1 Date 类

Date 类用于表示日期时间，它位于 java.util 包中，使用此类时需要引入此类。

使用 import 语句引入的方式如下所示：

```
import java.util.Date;
```

直接使用完整类名创建对象的方式如下所示：

```
java.util.Date date;
```

程序中使用该类表示时间时，需要使用其构造方法创建 Date 类的对象，其构造方法及说明如表 10.15 所示。

表 10.15 Date 类的构造方法及说明

构造方法	功能描述
Date()	分配 Date 对象并初始化此对象，以表示分配它的时间（精确到毫秒）
Date(long date)	分配 Date 对象并初始化此对象，以表示自从标准基准时间（即 1970 年 1 月 1 日 00:00:00 GMT）以来的指定毫秒数

例如，使用 Date 类的第 2 种方法创建一个 Date 类的对象，代码如下所示：

```
long timeMillis = System.currentTimeMillis();
Date date=new Date(timeMillis);
```

上面代码中的 System 类的 currentTimeMillis() 方法主要用来获取系统当前时间距标准基准时间的毫秒数，另外，这里需要注意的是，创建 Date 对象时使用的是 long 型整数，而不是 double 型，这主要是因为 double 型可能会损失精度。

使用 Date 类创建的对象表示日期和时间，它涉及最多的操作就是比较，例如两个人的生日，哪个较早，哪个又晚一些，或者两人的生日完全相同，其常用的方法如表 10.16 所示。

表 10.16 Date 类的常用方法及说明

方法	功能描述
boolean after(Date when)	测试当前日期是否在指定的日期之后
boolean before(Date when)	测试当前日期是否在指定的日期之前
long getTime()	获得自 1970 年 1 月 1 日 00:00:00 GMT 开始到现在所表示的毫秒数
void setTime(long time)	设置当前 Date 对象所表示的日期时间值，该值用以表示 1970 年 1 月 1 日 00:00:00 GMT 以后 time（毫秒）的时间点

实例 10.7 打印当前日期的毫秒数

实例位置：资源包 \Code\10\07

获取当前日期，并输出当前日期的毫秒数，代码如下所示：

```
01 Date date = new Date(); // 创建现在的日期
02 long value = date.getTime(); // 获得毫秒数
03 System.out.println(" 日期: " + date);
04 System.out.println(" 到现在所经历的毫秒数为: " + value);
```

运行此代码后，将在控制台输出日期及自 1970 年 1 月 1 日 00:00:00 GMT 开始至今所经历过的毫秒数，结果如下所示：

```
日期: Mon Oct 29 11:44:32 CST 2018
到现在所经历的毫秒数为: 1540784672921
```

说明

由于 Date 类所创建对象的时间是变化的，所以每次运行程序在控制台所输出的结果都是不一样的。笔者运行此代码的时间是 2018 年 10 月 29 日 上午 11:44:32。

10.4.2 格式化日期

从实例 10.7 中可以看到，如果在程序中直接输出 Date 对象，显示的是“Mon Feb 29 17:39:50 CST 2016”这种格式的日期时间，那么应该如何将其显示为“2016-02-29”或者“17:39:50”这样的日期时间格式呢？ Java 中提供了 DateFormat 类来实现类似的功能。

DateFormat 类是日期 / 时间格式化子类的抽象类，它位于 java.text 包中，可以按照指定的格式对日期或时间进行格式化。DateFormat 类提供了很多类方法，以获得基于默认或给定语言环境和多种格式化风格的默认日期 / 时间 Formatter，格式化风格主要包括 SHORT、MEDIUM、LONG 和 FULL 四种，分别如下所示：

- SHORT：完全为数字，例如，10.13.52 或 3:30pm。
- MEDIUM：较长，例如，Jan 12, 1952。
- LONG：更长，例如，January 12, 1952 或 3:30:32pm。
- FULL：完全指定，例如，Tuesday、April 12、1952 AD 或 3:30:42pm PST。

另外，使用 DateFormat 类还可以自定义日期时间的格式。要格式化一个当前语言环境下的日期，首先需要创建 DateFormat 类的一个对象，由于它是抽象类，因此可以使用其静态工厂方法 getDateInstance 进行创建，语法格式如下所示：

```
DateFormat df = DateFormat.getDateInstance();
```

使用 getDateInstance() 方法获取的是该国家 / 地区的标准日期格式，另外，DateFormat 类还提供了一些其他静态工厂方法，例如，使用 getTimeInstance() 方法可获取该国家 / 地区的时间格式，使用 getDateTimeInstance() 方法可获取日期和时间格式。

DateFormat 类的常用方法及说明如表 10.17 所示。

表 10.17　DateFormat 类的常用方法及说明

方法	功能描述
String format(Date date)	将一个 Date 格式化为日期 / 时间字符串
Calendar getCalendar()	获取与此日期 / 时间格式器关联的日历
static DateFormat getDateInstance()	获取日期格式器，该格式器具有默认语言环境的默认格式化风格
static DateFormat getDateTimeInstance()	获取日期 / 时间格式器，该格式器具有默认语言环境的默认格式化风格
static DateFormat getInstance()	获取为日期和时间使用 SHORT 风格的默认日期 / 时间格式器
static DateFormat getTimeInstance()	获取时间格式器，该格式器具有默认语言环境的默认格式化风格
Date parse(String source)	将字符串解析成一个日期，并返回这个日期的 Date 对象

例如，将当前日期按照 DateFormat 默认格式输出：

```
01 DateFormat df = DateFormat.getInstance();
02 System.out.println(df.format(new Date()));
```

结果如下所示：

```
18-10-24 上午 10:13
```

输出长类型格式的当前时间：

```
01 DateFormat df = DateFormat.getTimeInstance(DateFormat.LONG);
02 System.out.println(df.format(new Date()));
```

结果如下所示：

```
上午 10 时 13 分 48 秒
```

输出长类型格式的当前日期：

```
01 DateFormat df = DateFormat.getDateInstance(DateFormat.LONG);
02 System.out.println(df.format(new Date()));
```

结果如下所示:

```
2018年10月24日
```

输出长类型格式的当前日期和时间:

```
01 DateFormat df = DateFormat.getDateTimeInstance(DateFormat.LONG, DateFormat. LONG);
02 System.out.println(df.format(new Date()));
```

结果如下所示:

```
2018年10月24日 上午10时13分48秒
```

由于 DateFormat 类是一个抽象类，不能用 new 创建实例对象，因此，除了使用 getXXXInstance() 方法创建其对象外，还可以使用其子类，例如 SimpleDateFormat 类，该类是一个以与语言环境相关的方式来格式化和分析日期的具体类，它允许进行格式化（日期→ 文本）、分析（文本→日期）和规范化。

SimpleDateFormat 类提供了 19 个格式化字符，可以让开发者随意编写日期格式，这 19 个格式化字符如表 10.18 所示。

表 10.18 SimpleDateFormat 的格式化字符

字母	日期或时间元素	表示	示例
G	Era 标志符	Text	AD
y	年	Year	1996; 96
M	年中的月份	Month	July; Jul; 07
w	年中的周数	Number	27
W	月份中的周数	Number	2
D	年中的天数	Number	189
d	月份中的天数	Number	10
F	月份中的星期	Number	2
E	星期中的天数	Text	Tuesday; Tue
a	am/pm 标记	Text	PM
H	一天中的小时数（0～23）	Number	0
k	一天中的小时数（1～24）	Number	24
K	am/pm 中的小时数（0～11）	Number	0
h	am/pm 中的小时数（1～12）	Number	12
m	小时中的分钟数	Number	30
s	分钟中的秒数	Number	55
S	毫秒数	Number	978
z	时区	General time zone	Pacific Standard Time; PST; GMT-08:00
Z	时区	RFC 822 time zone	-800

通常这些字符出现的数量会影响数字的格式。yyyy 表示 4 位年份，例如 2008; yy 表示两位，则 2008 就会显示为 08；但只有一个 y 的话，会按照 yyyy 显示；如果超过 4 个 y，例如 yyyyyy，则会在 4 位年份左侧补 0，结果为 002008。

一些常用的日期时间格式例如:

日期、时间	对应的格式
2018/10/25	yyyy/MM/dd
2018.10.25	yyyy.MM.dd
2018-09-15 13:30:25	yyyy-MM-dd HH:mm:ss
2018 年 10 月 24 日 10 时 25 分 07 秒 星期三	yyyy 年 MM 月 dd 日 HH 时 mm 分 ss 秒 EE
下午 3 时	ah 时
今年已经过去了 297 天	今年已经过去了 D 天

10.4.3 Calendar 类

打开 Java API 文档可以看到 java.util.Date 类提供的大部分方法都已经过时，因为 Date 类在设计之初没有考虑到国际化，而且很多方法也不能满足用户需求，比如需要获取指定时间的年月日时分秒信息，或者想要对日期时间进行加减运算等复杂的操作，Date 类已经不能胜任，因此 JDK 提供了新的时间处理类 Calendar 类。

Calendar 类是一个抽象类，它为特定瞬间与一组诸如 YEAR、MONTH、DAY_OF_MONTH、HOUR 等日历字段之间的转换提供了一些方法，并为操作日历字段（例如，获得下星期的日期）提供了一些方法。另外，该类还为实现包范围外的具体日历系统提供了其他字段和方法，这些字段和方法被定义为 protected。

Calendar 类提供了一个类方法 getInstance()，以获得此类型的一个通用的对象。Calendar 的 getInstance 方法返回一个 Calendar 对象，其日历字段已由当前日期和时间初始化，其使用方法如下所示：

```
Calendar rightNow = Calendar.getInstance();
```

说明

由于Calendar 类是一个抽象类，不能用 new 关键字创建实例对象，因此除了使用 getInstance() 方法创建其对象外，必须使用其子类，例如 GregorianCalendar 类。

Calendar 类提供的常用字段及说明如表 10.19 所示。

表 10.19 Calendar 类提供的常用字段及说明

字段名	说明
DATE	get 和 set 的字段数字，指示一个月中的某天
DAY_OF_MONTH	get 和 set 的字段数字，指示一个月中的某天
DAY_OF_WEEK	get 和 set 的字段数字，指示一个星期中的某天
DAY_OF_WEEK_IN_MONTH	get 和 set 的字段数字，指示当前月中的第几个星期
DAY_OF_YEAR	get 和 set 的字段数字，指示当前年中的天数
HOUR	get 和 set 的字段数字，指示上午或下午的小时
HOUR_OF_DAY	get 和 set 的字段数字，指示一天中的小时
MILLISECOND	get 和 set 的字段数字，指示一秒中的毫秒
MINUTE	get 和 set 的字段数字，指示一小时中的分钟
MONTH	指示月份的 get 和 set 的字段数字，一月用 0 记录
SECOND	get 和 set 的字段数字，指示一分钟中的秒
time	日历的当前设置时间，以毫秒为单位，表示自格林威治标准时间 1970 年 1 月 1 日 0:00:00 后经过的时间
WEEK_OF_MONTH	get 和 set 的字段数字，指示当前月中的星期数
WEEK_OF_YEAR	get 和 set 的字段数字，指示当前年中的星期数
YEAR	指示年的 get 和 set 的字段数字

Calendar 类提供的常用方法及说明如表 10.20 所示。

表 10.20 Calendar 类提供的常用方法及说明

方法	功能描述
void add(int field, int amount)	根据日历的规则，为给定的日历字段添加或减去指定的时间量
boolean after(Object when)	判断此 Calendar 表示的时间是否在指定 Object 表示的时间之后，返回判断结果
boolean before(Object when)	判断此 Calendar 表示的时间是否在指定 Object 表示的时间之前，返回判断结果
int get(int field)	返回给定日历字段的值
static Calendar getInstance()	使用默认时区和语言环境获得一个日历
Date getTime()	返回一个表示此 Calendar 时间值（从历元至现在的毫秒偏移量）的 Date 对象
long getTimeInMillis()	返回此 Calendar 的时间值，以毫秒为单位
abstract void roll(int field, boolean up)	在给定的时间字段上添加或减去（上 / 下）单个时间单元，不更改更大的字段
void set(int field, int value)	将给定的日历字段设置为给定值
void set(int year, int month, int date)	设置日历字段 YEAR、MONTH 和 DATE 的值
void set(int year, int month, int date, int hourOfDay, int minute)	设置日历字段 YEAR、MONTH、DATE、HOUR_OF_DAY 和 MINUTE 的值
void set(int year, int month, int date, int hourOfDay, int minute, int second)	设置字段 YEAR、MONTH、DATE、HOUR_OF_DAY、MINUTE 和 SECOND 的值
void setTime(Date date)	使用给定的 Date 设置此 Calendar 的时间
voidsetTimeInMillis(long millis)	用给定的 long 值设置此 Calendar 的当前时间值

说明

从上面的表格中可以看到，add() 方法和 roll() 方法都用来为给定的日历字段添加或减去指定的时间量，它们的主要区别在于：使用 add() 方法时会影响大的字段，像数学里加法的进位或错位，而使用 roll() 方法设置的日期字段只是进行增加或减少，不会改变更大的字段。

10.5 综合实例——打印当前月份的日历

日历是日常生活工作中用于查看“今天是几号？”“今天是星期几？”“这个月是几月？”“这个月有多少天？”等信息的工具。通过手机和电脑，用户能够很直观地看到当前月份的日历。那么，如何用 Java 模拟当前月份的日历呢？本实例将演示如何使用 Calendar 类在控制台打印当前月份的日历。

Calendar 类最善于做日期和时间的计算，通过 Calendar 提供的 add()、set() 和 get() 方法可以灵活地打印当前月份的日历，代码如下所示：

```
01 import java.util.Calendar;
02 public class MyCalendar {
03     public static void main(String[] args) {
04         StringBuilder str = new StringBuilder();       // 用于记录输出内容
05         Calendar c = Calendar.getInstance();           // 获取当期日历对象
06         int year = c.get(Calendar.YEAR);               // 当前年
07         int month = c.get(Calendar.MONTH) + 1;         // 当前月
08         c.add(Calendar.MONTH, 1);                      // 向后加一个月
09         c.set(Calendar.DAY_OF_MONTH, 0);               // 日期变为上个月最后一天
```

```
10        int dayCount = c.get(Calendar.DAY_OF_MONTH);           // 获取月份总天数
11        c.set(Calendar.DAY_OF_MONTH, 1);                       // 将日期设为月份第一天
12        int week = c.get(Calendar.DAY_OF_WEEK);                // 获取第一天的星期数
13        int day = 1;                                           // 从第一天开始
14        str.append("\t\t" + year + "-" + month + "\n");        // 显示年月
15        str.append("日\t一\t二\t三\t四\t五\t六\n");             // 星期列
16        for (int i = 1; i <= 7; i++) {                         // 先打印空白日期
17            if (i < week) {                                    // 如果当前星期小于第一天的星期
18                str.append("\t");                              // 不记录日期
19            } else {
20                str.append(day + "\t");                        // 记录日期
21                day++;                                         // 日期递增
22            }
23        }
24        str.append("\n");                                      // 换行
25        int i = 1;                                             // 7 天换一行功能用到的临时变量
26        while (day <= dayCount) {                              // 如果当前天数小于等于最大天数
27            str.append(day + "\t");                            // 记录日期
28            if (i % 7 == 0) {                                  // 如果输出到第七天
29                str.append("\n");                              // 换行
30            }
31            i++;                                               // 临时变量递增
32            day++;                                             // 天数递增
33        }
34        System.out.println(str);                               // 打印日历
35    }
36 }
```

运行结果如图 10.5 所示。

说明

① c.set(Calendar.DAY_OF_MONTH, 0); 获取的是上个月的最后一天，所以调用前需要将月份往后加一个月。

② Calendar.MONTH 的第一个月使用 0 记录，所以在获得月份数字后要 +1。年和日是从 1 开始记录的，不需要 +1。

③ Calendar.DAY_OF_WEEK 的第一天是周日，周一是第二天，周六是最后一天。

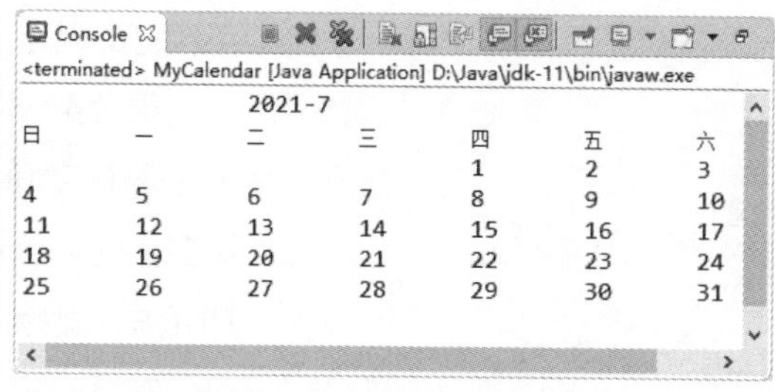

图 10.5　打印当前月份的日历

10.6 实战练习

① 假设 2164 年 10 月 16 日是一个特殊的日期，请你编写一个计时器，计算当前日期距离 2164 年 10 月 16 日还剩多少天?

② 把 A 地设为坐标原点，B 地的坐标为（3.8，4.2），C 地的坐标为（3.2，4.5），在不计算出结果的前提下，使用 Math.min() 方法输出 B、C 两地哪一个地点距 A 地更近。

小结

本章主要讲解了 Java 中的包装类 Integer 类、Integer 类的父类 Number 类、Math 类、Random 类和日期时间类。学习本章后，要掌握并在实际开发过程中灵活应用上述内容。

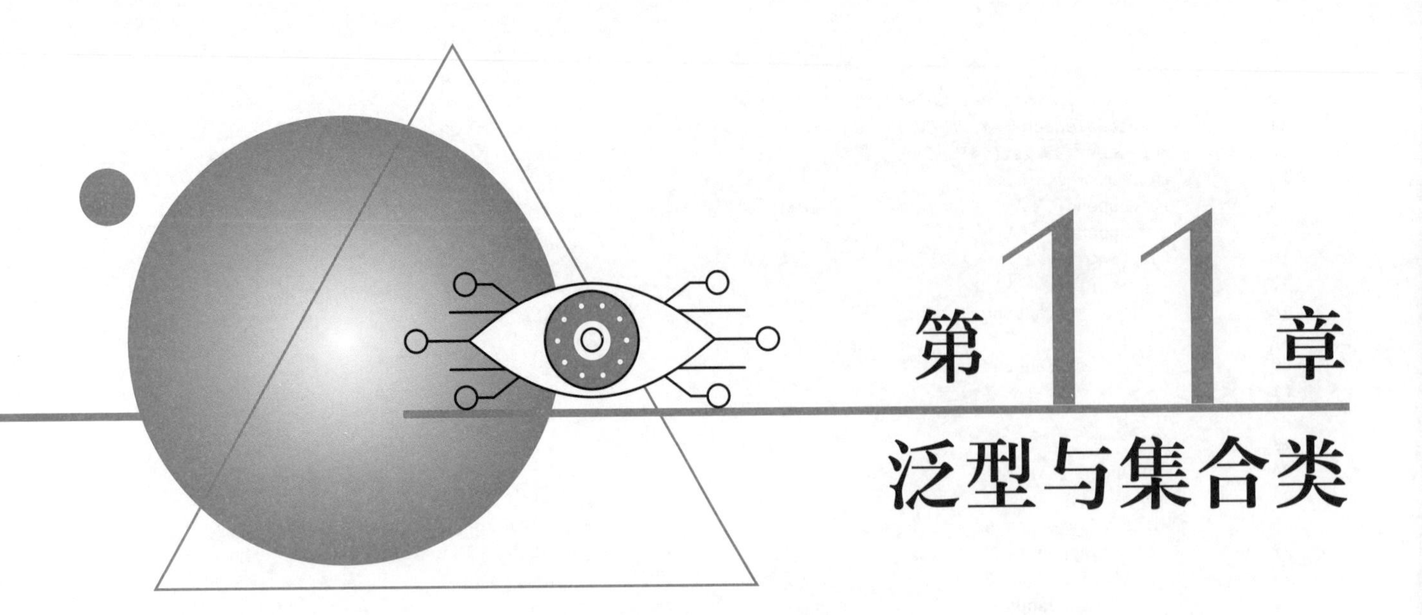

第11章 泛型与集合类

JDK 1.5 版本提出了泛型的概念，泛型允许在定义类、接口、方法时声明类型形参，通过类型形参在创建对象、调用方法时指定参数的数据类型。以集合为例，在没有泛型之前，集合中的元素被当作 Object 类型处理，当程序从集合中取出元素时，如果对元素进行强制类型转换，那么程序就容易出现 ClassCastExeception 异常；而使用泛型的集合可以限制集合中元素的数据类型，如果试图向集合添加与指定数据类型不相符的元素，编译器就会报错，进而使得程序更加健壮。

集合类包括 Set 集合、List 队列和 Map 键值对。集合可以被看作一个没有空间限制，想装多少元素就装多少元素的容器。Java 提供了许多操作集合中元素的方法，例如，使用迭代器遍历集合，向集合中添加元素、删除集合中的元素和查询集合中的元素等。

本章的知识结构如下图所示：

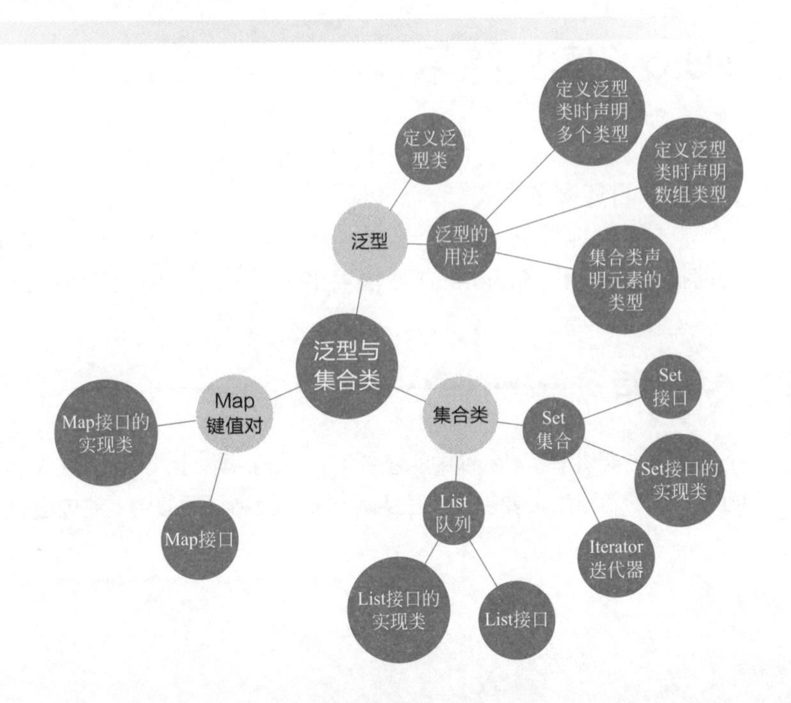

11.1 泛型

Java 语言中的参数化类型被称为泛型。以集合为例，集合可以使用泛型限制被添加元素的数据类型，如果把不符合指定数据类型的元素添加到集合内，编译器就会报错。例如，Set<String> 表示 Set 集合只能存储字符串类型的元素，如果把非字符串类型的元素添加到Set集合内，编译器就会报错。编译器报错的示意图如图 11.1 所示。

除了集合，泛型还被应用于定义类、接口、方法等。

```
6     Set<String> set = new HashSet<>();
7     set.add("123");
8     set.add("456");
9     /*
10     * 因为789的数据类型为int型,
11     * 而Set<String>表明Set集合只能保存字符串类型的对象,
12     * 所以编辑器会报错
13     */
14    set.add(789);
```

图 11.1 编译器报错的示意图

11.1.1 定义泛型类

定义泛型类的语法格式如下所示:

```
class 类名 <T> {
}
```

其中，T 表示泛型，是某种护具类型的替代符，在创建类对象时需要指明 T 的具体类型，否则会默认 T 为 Object 类型。

例如，定义一个带泛型的 Car 类，泛型名称为 T，为 Car 类添加 hull 属性，hull 的类型采用泛型，代码如下所示:

```
01 public class Car<T> {
02     private T hull;
03 }
```

说明

通常泛型都是用单个大写英文字母命名。在定义泛型类时，一般类型名称使用 T 来表达；而容器的元素使用 E 来表达。

11.1.2 泛型的用法

1. 定义泛型类时声明多个类型

定义泛型类时，可以声明多个被传入参数的类型。语法格式如下所示:

```
class MutiOverClass<T1,T2> {
}
```

其中，MutiOverClass 为泛型类的类名，T1 和 T2 代表被传入参数的类型。例如:

```
MutiOverClass<Boolean, Float> = new MutiOverClass<Boolean, Float>(true, 2.89f);
```

2. 定义泛型类时声明数组类型

定义泛型类时也可以声明数组类型。例如，创建 Book<T> 类，在类中创建 T 类型的数组属性，在构造方法中为这个属性赋值，代码如下所示:

```
01 public class Book<T> {              // 定义带泛型的 Book<T> 类
02     private T[] bookInfo;           // 数组类型形参：书籍信息
```

```
03     public Book(T[] bookInfo) {     // 参数为书籍信息字符串数组
04         this.bookInfo = bookInfo;
05     }
06 }
```

在程序中给 Book 类设定泛型并传入值的方法如下所示：

```
01 String[] info = { "《Java 开发详解》", "明日科技", "119.00"};
02 Book<String> book = new Book<String>(info);
```

3. 集合类声明元素的类型

在集合中应用泛型可以保证集合中元素的数据类型的唯一性，从而提高代码的安全性和可维护性。

例如，Set<E> 集合的泛型限定了集合中可以存放的元素类型，创建 Set 集合对象时，指定类型语法格式如下所示：

```
Set<Integer> number = new HashSet<Integer>();     // 集合中只能存放整数
```

从 JDK7 版本开始，第二个泛型可以不写，Java 虚拟机会自动判断，上面的代码可写为：

```
Set<Integer> number = new HashSet<>();
```

除了 Integer 类型以外，可以给 Set 设置任何类型，例如：

```
01 Set<Double> set1 = new HashSet<>();          // 集合中只能存放浮点数
02 Set<String> set2 = new HashSet<>();          // 集合中只能存放字符串
03 Set<Set> set3 = new HashSet<>();             // 集合中只能存放其他集合
04 Set set4 = new HashSet();                    // 不使用泛型，泛型默认为 Object，集合可以存放任何值
```

说明

基本数据类型无法作为泛型，需要使用对应的包装类类型。

List 和 Map 同样可以设置泛型，使用方法与 Set 相同。List<E> 的泛型限定了队列中可以存放的元素，Map<K,V> 有两个泛型，K 限定了键的类型，V 限定了值的类型。

默认可以使用任何类型来实例化一个泛型类对象，但 Java 中也对泛型类实例的类型作了限制，这主要通过对类型参数 T 实现继承来体现，语法格式如下所示：

```
class 类名称 <T extends superclass>
```

其中，superclass 指泛型必须继承的某个接口或类。

使用泛型限制后，泛型类的类型必须实现或继承 anyClass 这个接口或类。无论 anyClass 是接口还是类，在进行泛型限制时都必须使用 extends 关键字。

实例 11.1 在类中限制泛型类型

实例位置：资源包 \Code\11\01

在项目中创建 LimitClass 类，在该类中限制泛型类型。代码如下所示：

```
01 import java.util.*;
02 public class LimitClass<T extends List> { // 限制泛型的类型
03     public static void main(String[] args) {
04         // 可以实例化已经实现 List 接口的类
05         LimitClass<ArrayList> l1 = new LimitClass<ArrayList>();
```

```
06          LimitClass<LinkedList> l2 = new LimitClass<LinkedList>();
07          // 这句是错误的，因为 HashMap 没有实现 List() 接口
08          LimitClass<HashMap> l3 = new LimitClass<HashMap>();
09      }
10 }
```

上面代码中，将泛型做了限制，设置泛型类型必须实现 List 接口。例如，ArrayList 和 LinkedList 都实现了 List 接口，而 HashMap 没有实现 List 接口，所以在这里不能实例化 HashMap 类型的泛型对象。

当没有使用 extends 关键字限制泛型类型时，默认 Object 类下的所有子类都可以实例化泛型类对象。如图 11.2 所示的两个语句是等价的。

```
public class Demo<T> {
    // ...
}
```

```
public class Demo<T extends Object> {
    // ...
}
```

图 11.2　两个等价的泛型类

11.2　集合类

java.util 包中的集合类就像一个装有多个对象的容器，提到容器就不难想到数组，数组与集合的不同之处在于，数组的长度是固定的，集合的长度是可变的；数组既可以存放基本类型的数据，又可以存放对象，集合只能存放对象。集合类中最常用的是 List 队列和 Set 集合。Map 键值对虽不是集合，但经常和集合一起使用，其中 List 队列中的 List 接口和 Set 集合中的 Set 接口都继承了 Collection 接口。List 队列和 Set 集合除提供了 List 接口和 Set 接口外，还提供了不同的实现类。List 队列、Set 集合和 Map 键值对的继承关系如图 11.3 所示。

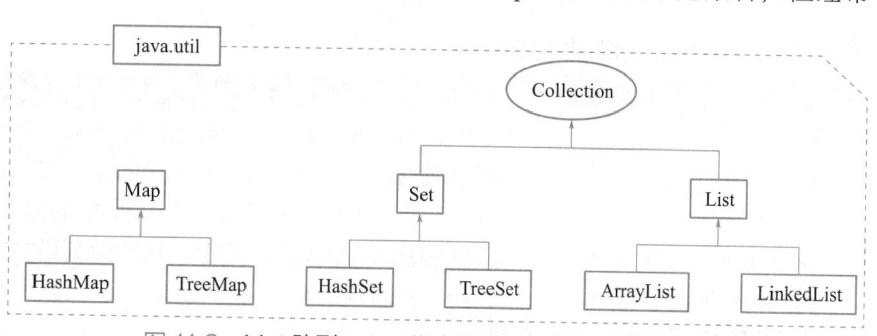

图 11.3　List 队列、Set 集合和 Map 键值对的继承关系

说明

Collection 接口虽然不能直接被使用，但提供了操作集合以及集合中元素的方法，而且 List 接口和 Set 接口都可以调用 Collection 接口中的方法。Collection 接口的常用方法及说明如表 11.1 所示。

表 11.1　Collection 接口的常用方法及说明

方法	功能描述
add(Object e)	将指定的对象添加到当前集合内
remove(Object o)	将指定的对象从当前集合内移除
isEmpty( )	返回 boolean 值，用于判断当前集合是否为空
iterator( )	返回用于遍历集合内元素的迭代器对象
size( )	返回 int 型值，获取当前集合中元素的个数

11.2.1　Set 集合

Set 集合中的元素不按特定的方式排序，只是简单地被存储在 Set 集合中，但 Set 集合中的元素不能重复。

1. Set 接口

Set 接口继承了 Collection 接口。因为 Set 集合中的元素不能重复，所以在向 Set 集合中添加元素时，

需要先判断新增元素是否已经存在于集合中，再确定是否执行添加操作。向使用 HashSet 实现类创建的 Set 集合中添加元素的流程图如图 11.4 所示。

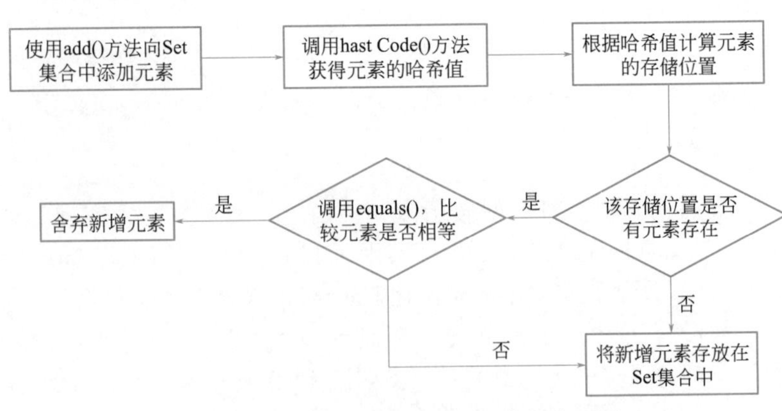

图 11.4　向 Set 集合中添加元素的流程图

2. Set 接口的实现类

Set 接口有很多实现类，最常用的是 HashSet 类和 TreeSet 类。HashSet 叫作哈希集合，也叫散列集合，HashSet 利用哈希码（也叫散列码）排列元素的实现类，可以储存 null 对象。TreeSet 叫树集合，TreeSet 不仅实现了 Set 接口，还实现了 java.util.SortedSet 接口，因此 TreeSet 通过 Comparable 比较接口自定义元素排序规则，例如，升序排列、降序排列。TreeSet 不可以储存 null。

TreeSet 类除了可以使用 Collection 接口中的方法外，还提供了额外的操作集合中元素的方法，这些方法如表 11.2 所示。

表 11.2　TreeSet 类增加的方法

方法	功能描述
first()	返回当前 Set 集合中的第一个（最低）元素
last()	返回当前 Set 集合中的最后一个（最高）元素
comparator()	返回对当前 Set 集合中的元素进行排序的比较器。如果使用的是自然顺序，则返回 null
headSet(E toElement)	返回一个新的 Set 集合，新集合包含截止元素之前的所有元素
subSet(E fromElement, E toElement)	返回一个新的 Set 集合，新集合包含起始元素（包含）与截止元素（不包含）之间的所有元素
tailSet(E fromElement)	返回一个新的 Set 集合，新集合包含起始元素（包含）之后的所有元素

虽然 HashSet 类和 TreeSet 类都是 Set 接口的实现类，它们不允许有重复元素，但 HashSet 类在遍历集合中的元素时不关心元素之间的顺序，而 TreeSet 类则会按自然顺序（升序排列）遍历集合中的元素。

实例 11.2　查看 HashSet 集合中的元素值和排列顺序

实例位置：资源包 \Code\11\02

给 HashSet 集合添加元素，并输出集合对象，查看集合中的元素值和排列顺序，代码如下所示：

```
01 import java.util.*;
02 public class Demo {
03     public static void main(String args[]) {
04         HashSet<String> hashset = new HashSet<>();   // 哈希集合
05         hashset.add(" 零基础学 Java");               // 向集合添加数据
06         hashset.add("Java 从入门到精通 ");
07         hashset.add("Java 从入门到项目实践 ");
08         hashset.add("Python 从入门到项目实践 ");
09         hashset.add("Android 从入门到精通 ");
10         System.out.println(hashset);
11     }
12 }
```

上述代码的运行结果如下所示：

```
[Java 从入门到精通, Android 从入门到精通, Python 从入门到项目实践, Java 从入门到项目实践, 零基础学 Java]
```

从这个结果中看不出元素排列的规则，因为集合使用哈希算法计算出的哈希码对元素进行排列。

实例 11.3　查看 TreeSet 集合中的元素值和排列顺序

实例位置：资源包 \Code\11\03

把实例 11.2 中的 HashSet 改为 TreeSet，比较一下两者排列顺序的不同，代码如下所示：

```
01 import java.util.*;
02 public class Demo {
03     public static void main(String args[]) {
04         TreeSet<String> treeset = new TreeSet<>(); // 树集合
05         treeset.add(" 零基础学 Java"); // 向集合添加数据
06         treeset.add("Java 从入门到精通 ");
07         treeset.add("Java 从入门到项目实践 ");
08         treeset.add("Python 从入门到项目实践 ");
09         treeset.add("Android 从入门到精通 ");
10         System.out.println(treeset);
11     }
12 }
```

上述代码的运行结果如下所示：

```
[Android 从入门到精通, Java 从入门到精通, Java 从入门到项目实践, Python 从入门到项目实践, 零基础学 Java]
```

从这个结果可以看出树集合排列元素的顺序是字符串首字母顺序。

3. Iterator 迭代器

想要把 Set 集合中的元素依次输出，需要用到迭代器。java.util 包中的 Iterator 接口是一个专门被用于遍历集合中元素的迭代器，其常用方法如表 11.3 所示。

表 11.3　Iterator 迭代器的常用方法

方法	功能描述
hasNext( )	如果仍有元素可以迭代，则返回 true
next( )	返回迭代的下一个元素
remove( )	从迭代器指向的 Collection 中移除迭代器返回的最后一个元素（可选操作）

注意

> Iterator 迭代器中的 next( ) 方法返回值类型是 Object。

使用 Iterator 迭代器时，须使用 Collection 接口中的 iterator( ) 方法创建一个 Iterator 对象。

实例 11.4　Iterator 迭代器的使用方法

实例位置：资源包 \Code\11\04

创建 IteratorTest 类，首先在 main( ) 方法中创建元素类型为 String 的 List 队列对象，然后使用 add( ) 方法向集合中添加元素，最后使用 Iterator 迭代器遍历并输出集合中的元素。代码如下所示：

```
01 import java.util.*; // 导入 java.util 包，其他实例都要添加该语句
02 public class IteratorTest {
```

```
03     public static void main(String args[]) {
04         Collection<String> co = new HashSet<>();      // 实例化集合类对象
05         co.add(" 零基础学 Java");                      // 向集合添加数据
06         co.add("Java 从入门到精通 ");
07         co.add("Java 从入门到项目实践 ");
08         Iterator<String> it = co.iterator();          // 获取集合的迭代器
09         while (it.hasNext()) {                        // 判断是否有下一个元素
10             String str = (String) it.next();          // 获取迭代出的元素
11             System.out.println(str);
12         }
13     }
14 }
```

上述代码的运行结果如下所示:

```
Java 从入门到精通
Java 从入门到项目实践
零基础学 Java
```

除 Iterator 迭代器外，foreach 循环也可以自动迭代集合中的元素。虽然使用 foreach 循环的代码量要比使用 Iterator 迭代器少很多，但灵活性不如 Iterator 迭代器。

实例 11.4 中的 Iterator 迭代器示例代码可以简化为:

```
01 Collection<String> co = new HashSet<>(); // 实例化集合类对象
02 co.add(" 零基础学 Java"); // 向集合添加数据
03 co.add("Java 从入门到精通 ");
04 co.add("Java 从入门到项目实践 ");
05 for(String s:co){ // foreach 循环自动迭代，循环变量类型为集合的泛型类型
06     System.out.println(s);
07 }
```

上述代码的运行结果与原示例的运行结果一致:

```
Java 从入门到精通
Java 从入门到项目实践
零基础学 Java
```

为了实现快速向 Set 集合中添加元素，JDK9 版本为常用的集合接口新增了 of(E… elements) 方法，这个方法解决了集合每添加一个元素就要调用一次 add() 方法的问题，使用方式如下所示:

```
01 Set<String> s1 = Set.of(" 零基础学 Java", "Java 从入门到精通 ", "Java 从入门到项目实践 ");
02 Set<Integer> s2 = Set.of(12, 65, 782, 999, 100, -8);
```

说明

List 接口和 Map 接口同样提供了 of() 方法。

利用集合的不重复性，可以有效去除数组或队列中的重复数据。例如，去除数组中的重复数据，可利用以下方式:

```
01 int a[] = {1, 1, 2, 2, 3, 3, 4, 4, 5, 5};
02 HashSet<Integer> set = new HashSet<>();
03 for (int tmp : a) { // 数组元素添加到集合中
04     set.add(tmp);
05 }
```

set 不会保存重复数据，最后 set 中的元素为:

```
[1, 2, 3, 4, 5]
```

HashSet 根据哈希码和 equals() 方法判断对象的唯一性，除了数字、字符以外，只要 HashSet 保存的元素类重写了 hashCode() 方法和 equals() 方法就可以实现自定义的去重效果，具体方式请参照上方的“哈希码结合 equals() 的用法”相关内容。

11.2.2 List 队列

List 队列包括 List 接口和 List 接口的所有实现类。List 队列中的元素允许重复，且集合中元素的顺序就是元素被添加时的顺序，用户可通过索引（元素在集合中的位置）访问集合中的元素。

1. List 接口

因为 List 接口继承了 Collection 接口，所以 List 接口可以使用 Collection 接口中的所有方法。除 Collection 接口中的方法外，List 接口还提供了两个非常重要的方法，如表 11.4 所示。

表 11.4 List 接口的两个重要方法

方法	功能描述
get(int index)	获得指定索引位置上的元素
set(int index , Object obj)	将集合中指定索引位置的对象修改为指定的对象

2. List 接口的实现类

因为 List 接口不能被实例化，所以 Java 语言为其提供了实现类，其中最常用的实现类是 ArrayList 类与 LinkedList 类。ArrayList 类以数组的形式保存集合中的元素，能够根据索引位置随机且快速地访问集合中的元素；LinkedList 类以链表结构（是一种数据结构）保存集合中的元素，随机访问集合中元素的性能较差，但向集合中插入元素和删除集合中的元素的性能出色。

分别使用 ArrayList 类和 LinkedList 类实例化 List 接口的代码如下所示：

```
01 List<E> list = new ArrayList<>( );
02 List<E> list2 = new LinkedList<>( );
```

其中，E 代表元素的数据类型。例如，如果集合中的元素均为字符串类型，那么 E 为 String。

虽然 ArrayList 类和 LinkedList 类采用的数据结构不一样，但使用的方式基本一致。

实例 11.5 使用 ArrayList 类实现 List 队列

实例位置：资源包 \Code\11\05

使用 ArrayList 类实现 List 队列后，向队列中添加元素并依次输出的代码如下所示：

```
01 import java.util.*;
02 public class ListTest {
03     public static void main(String[] args) {
04         List<String> list = new ArrayList<>();          // 创建数组队列
05         list.add(" 零基础学 Java");                      // 向集合添加元素
06         list.add("Java 从入门到精通 ");
07         list.add("Java 从入门到项目实践 ");
08         list.add("Python 从入门到项目实践 ");
09         list.add("Android 从入门到精通 ");
10
11         for (int j = 0; j < list.size(); j++) {        // 循环遍历集合
12             System.out.println(list.get(j));           // 获取指定索引处的值
13         }
14     }
15 }
```

上述代码的运行结果如下所示:

```
零基础学 Java
Java 从入门到精通
Java 从入门到项目实践
Python 从入门到项目实践
Android 从入门到精通
```

如果想删除某个元素,将该元素的索引作为 remove() 方法的参数即可,例如,删除队列中索引为 2 的元素,代码如下所示:

```
list.remove(2);
```

队列与数组相同,索引也是从 0 开始。当队列删除一个元素之后,队列的长度会-1,因此某些情况下,使用 for 循环删除 List 元素会出现"失准"。例如下面这段代码,程序想要先删除索引 2 的元素,再删除索引 3 的元素,错误写法如下所示:

```
01 import java.util.*;
02 public class Demo {
03     public static void main(String args[]) {
04         List<Integer> list = new ArrayList<>();
05         list.add(0);
06         list.add(1);
07         list.add(2);
08         list.add(3);
09         list.add(4);
10 
11         list.remove(2);
12         list.remove(3);
13 
14         System.out.println(list);
15     }
16 }
```

开发者想要删除的是"2"和"3"这两个数字,但程序执行的结果为:

```
[0, 1, 3]
```

结果中删除的却是"2"和"4"这两个数字。出现"误删"的原因是因为第一次删除索引为 2 的元素后,后面的元素全部向前移动一位,导致这些元素的索引全都改变了,效果如图 11.5 所示,所以在索引 3 位置上的数字实际上是"4"。

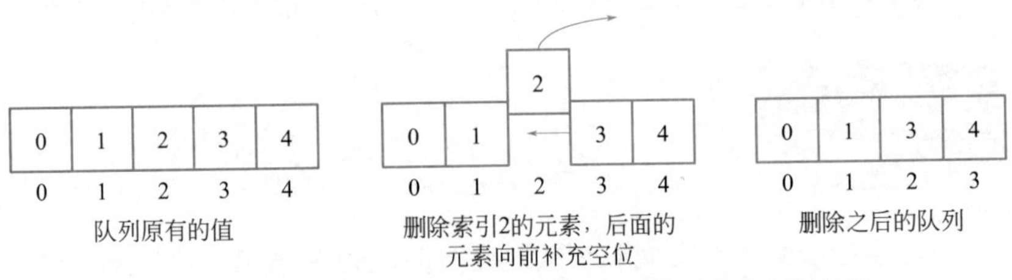

图 11.5 队里删除元素"2"之后,后面的元素会向前补位

有两种方案可以避免这种问题:

① for 循环中执行 remove() 方法后,让循环变量 i 的值不变。

② 优先删除索引大的元素。

在 JDK8 版本之后,List 队列添加了 sort() 方法,该方法可以重新排列元素的顺序,方法参数是 Comparator 比较器接口对象,该接口中的 compare() 方法可以指定元素排序规则,逻辑与 Comparable 接口的 compareTo() 方法一样。

例如,创建一个 ArrayList 对象,并添加一些数字,代码如下所示:

```
01 ArrayList<Integer> l = new ArrayList<>();
02 l.add(4);
```

```
03 l.add(1);
04 l.add(9);
05 l.add(8);
```

直接输出这个队列对象，输出值为：

```
[4, 1, 9, 8]
```

调用队列的 sort() 方法，并创建比较器的匿名对象，让队列中的元素按照从小到大排列，调用代码如下所示：

```
01 l.sort(new Comparator<Integer>() {
02     public int compare(Integer o1, Integer o2) {
03         return o1 - o2;
04     }
05 });
```

执行 sort() 方法之后，再输出队列对象，输出值为：

```
[1, 4, 8, 9]
```

除了 List 的 sort() 方法外，java.util.Collections 类提供的 sort() 方法也可以实现对 List 排序，直接将 List 对象作为参数传入即可，使用方法如下所示：

```
Collections.sort(l);
```

执行此方法后，List 中的元素会从小到大排序，队列输出的值为：

```
[1, 4, 8, 9]
```

11.3　Map 键值对

如果想使用 Java 语言存储具有映射关系的数据，那么就需要使用 Map 键值对。Map 键值对由 Map 接口和 Map 接口的实现类组成。

11.3.1　Map 接口

Map 接口虽然没有继承 Collection 接口，但提供了 key 到 value 的映射关系。Map 接口中不能包含相同的 key，并且每个 key 只能映射一个 value。Map 接口的常用方法如表 11.5 所示。

表 11.5　Map 接口的常用方法

方法	功能描述
put(Object key, Object value)	向 Map 键值对中添加 key 和 value
containsKey(Object key)	如果 Map 键值对中包含指定的 key，则返回 true
containsValue(Object value)	如果 Map 键值对中包含指定的 value，则返回 true
get(Object key)	如果 Map 键值对中包含指定的 key，则返回与 key 映射的 value，否则返回 null
keySet( )	返回一个新的 Set 集合，用来存储 Map 键值对中所有的 key
values( )	返回一个新的 Collection 集合，用来存储 Map 键值对中的 value

11.3.2　Map 接口的实现类

Map 接口常用的实现类有 HashMap 和 TreeMap：

- HashMap 类虽然能够通过哈希表快速查找其内部的映射关系，但不保证映射的顺序。在 key-value 对（键值对）中，由于 key 不能重复，所以最多只有一个 key 为 null，但可以有无数多个 value 为 null。
- TreeMap 类不仅实现了 Map 接口，还实现了 java.util.SortedMap 接口。由于使用 TreeMap 类实现的 Map 键值对存储 key-value 对（键值对）时，需要根据 key 进行排序，所以 key 不能为 null。

说明

建议使用 HashMap 类实现 Map 键值对，因为由 HashMap 类实现的 Map 键值对添加和删除映射关系效率更高。但是，如果希望 Map 键值对中的元素存在一定的顺序，应该使用 TreeMap 类实现 Map 键值对。

根据不同需求可灵活选用 HashMap 和 TreeMap。以效率最高的 HashMap 为例，在 Map 中写一个简历，内容包括姓名、年龄、学历、职业和工作经历，代码如下所示：

```
01 Map<String, String> map = new HashMap<>();
02 map.put("姓名", "张三");
03 map.put("年龄", "28岁");
04 map.put("学历", "本科");
05 map.put("职业", "软件开发工程师");
06 map.put("工作经历", "从事互联网企业软件开发工作5年，曾任项目组组长");
```

想要读取简历中的值需要调用 Map 的 get() 方法，方法参数是 Map 中的键，方法返回对应的值，例如：

```
01 String value1 = map.get("姓名");          //value1 获得的值是"张三"
02 String value2 = map.get("职业");          //value2 获得的值是"软件开发工程师"
03 String value3 = map.get("父母");          //value3 获得的值是 null
```

keySet() 方法可以获取 Map 中全部的 key 值，并封装成一个集合，使用方式如下所示：

```
01 Set<String> set = map.keySet();            // 构建 Map 键值对中所有 key 的 Set 集合
02 Iterator<String> it = set.iterator();      // 创建 Iterator 迭代器
03 System.out.println("key 值：");
04 while (it.hasNext()) {                     // 遍历并输出 Map 键值对中的 key 值
05     System.out.print(it.next() + "  ");
06 }
```

上述代码的运行结果如下所示：

```
key 值：
姓名   职业   学历   年龄   工作经历
```

values() 方法可以获取 Map 中全部的 value 值，并封装到一个 Collection 集合接口对象中，值的存放顺序与 keySet() 方法中 key 值的存放顺序一一对应，使用方式如下所示：

```
01 Collection<String> coll = map.values();    // 构建 Map 键值对中所有 value 值的集合
02 it = coll.iterator();
03 System.out.println("\nvalue 值：");
04 while (it.hasNext()) {                     // 遍历并输出 Map 键值对中的 value 值
05     System.out.print(it.next() + "  ");
06 }
```

上述代码的运行结果如下所示：

```
value 值：
张三   软件开发工程师   本科   28岁   从事互联网软件开发工作5年，曾任项目组组长
```

11.4 综合实例——随机抽扑克牌

List 队列最大的特点就是长度可以动态变化，删除元素之后，其他元素会迅速补位。利用这个特点可以模拟随机抽扑克牌的功能。

忽略花色的情况下，扑克牌有 13 张不同字面的牌，分别是数字“2”～“10”和字母“A”“J”“Q”“K”。将这 13 张牌放入 List 中，然后随机抽牌。下面将按照不重复抽牌和重复抽牌两种需求来设计代码。

1. 不重复抽牌

不重复抽牌指牌堆里每张牌只能抽一次，抽出之后不会再放回到牌堆中。想要实现这个功能可以使用 remove() 方法。remove() 方法在删除一个元素的同时也会将删除的元素返回，正好符合“抽牌且不放回”的要求。使用 Random 随机数类提供的 nextInt(int i) 方法随机创建一张牌的索引，方法参数使用队列长度 size() 方法。每抽出一张牌，队列的长度就会- 1，size() 方法的返回值就是牌堆里剩余的牌数。

在 13 张牌中随机抽取 10 张牌，要求每张牌都不能重复，实现代码如下所示：

```
01 import java.util.*;
02 public class Demo {
03     public static void main(String[] args) {
04         String pokers[] =
05             { "A", "2", "3", "4", "5", "6", "7", "8", "9", "10", "J", "Q", "K" };
06         List<String> list = Arrays.asList(pokers);            // 将数组封装成 List 对象
07         // 将 list 封装成 ArrayList 对象，这样就可以调用 remove 方法了
08         list = new ArrayList<>(list);
09         Random r = new Random();                              // 随机数
10         for (int i = 0; i < 10; i++) {
11             int randomIndex = r.nextInt(list.size());         // 从当前队列中随机取值
12             String randomPoker = list.remove(randomIndex);    // 删除某一个元素，并返回此元素值
13             System.out.println(" 第 " + (i + 1) + " 次抽出: " + randomPoker);
14         }
15     }
16 }
```

上述代码的运行结果如下所示：

```
第 1 次抽出: A
第 2 次抽出: 2
第 3 次抽出: J
第 4 次抽出: 3
第 5 次抽出: 9
第 6 次抽出: 7
第 7 次抽出: 4
第 8 次抽出: K
第 9 次抽出: 10
第 10 次抽出: 8
```

这个是随机抽牌的结果，每次运行时抽出的牌都不一样，但永远不会抽出相同的牌。

2. 可重复抽牌

将上述代码中的 remove() 方法改成 get() 方法，在抽牌的时候就不会删除元素了，每次抽出的牌还会放回牌堆中，下一次抽牌还有可能抽出同样的牌。

原代码第 12 行。

```
String randomPoker = list.remove(randomIndex);
```

改为：

```
String randomPoker = list.get(randomIndex);
```

修改之后的运行结果如下所示:

```
第 1 次抽出: 7
第 2 次抽出: A
第 3 次抽出: 10
第 4 次抽出: J
第 5 次抽出: 5
第 6 次抽出: 2
第 7 次抽出: 4
第 8 次抽出: 3
第 9 次抽出: 9
第 10 次抽出: 4
```

这个是随机抽牌的结果，每次运行时抽出的牌都不一样，但这个结果中就重复抽到数字“4”。

11.5 实战练习

① 模拟账户存取款——使用 ArrayList 类模拟账户存取款，运行结果如图 11.6 所示。

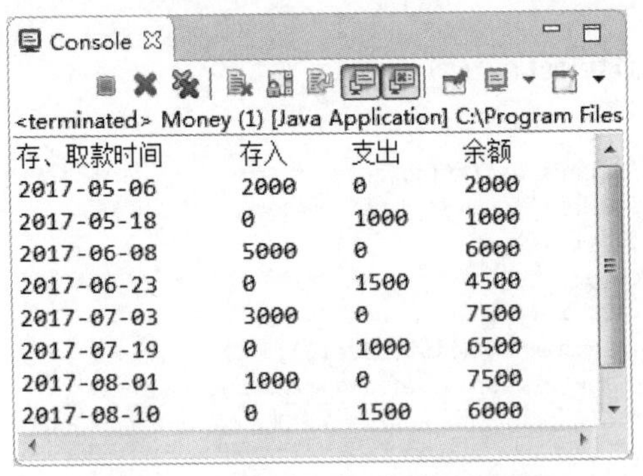

Console ☒

<terminated> Money (1) [Java Application] C:\Program Files

存、取款时间	存入	支出	余额
2017-05-06	2000	0	2000
2017-05-18	0	1000	1000
2017-06-08	5000	0	6000
2017-06-23	0	1500	4500
2017-07-03	3000	0	7500
2017-07-19	0	1000	6500
2017-08-01	1000	0	7500
2017-08-10	0	1500	6000

图 11.6 **模拟账户存取款的效果图**

② 使用 Map 接口实现类，输出东北三省的每个省份中的主要城市。

小结

本章主要讲解了泛型和 Java 中常见的集合，其中集合包括 Collection 接口、List 集合、Set 集合和 Map 集合。读者学习本章内容时，要了解每种集合的特点，重点掌握遍历并输出集合中元素、添加元素、删除元素的方法。

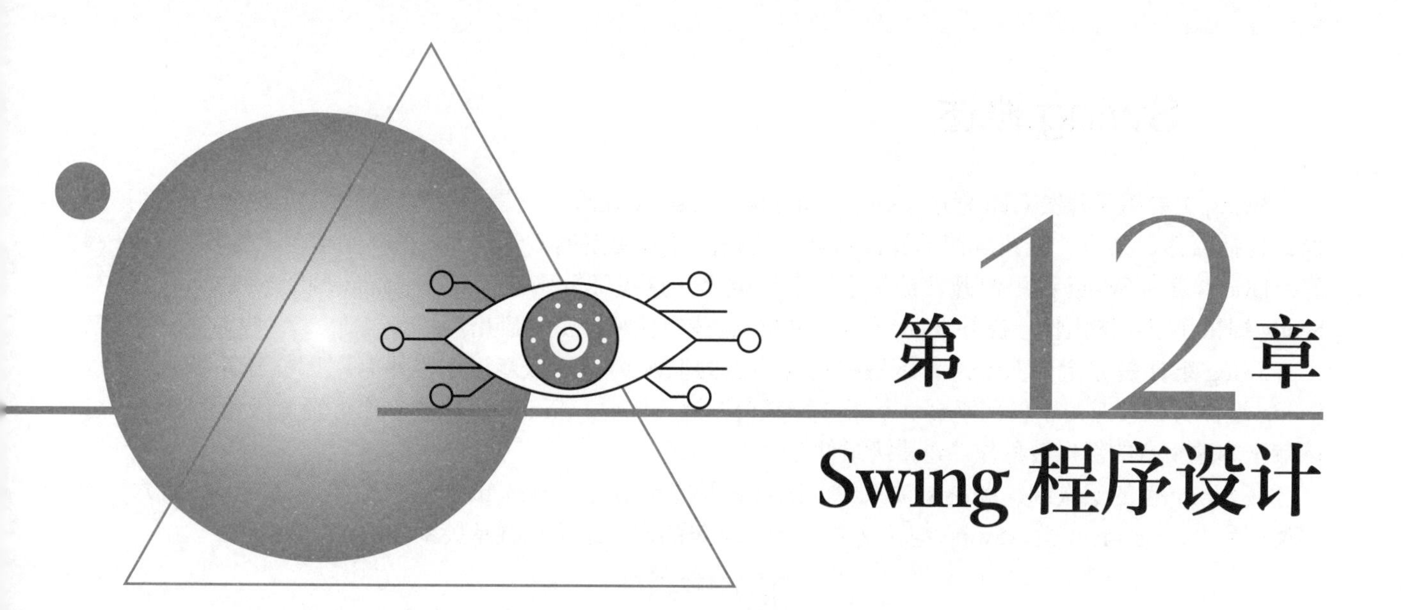

第12章 Swing程序设计

Swing 功能强大，并且性能优良。Swing 中的大多数组件均为轻量级组件，使用 Swing 开发出的窗体风格会与当前平台（例如 Windows、Linux 等）的窗体风格保持一致。本章主要讲解 Swing 中的基本要素，包括窗体的布局、容器、常用组件，以及如何创建表格等内容。

本章的知识结构如下图所示：

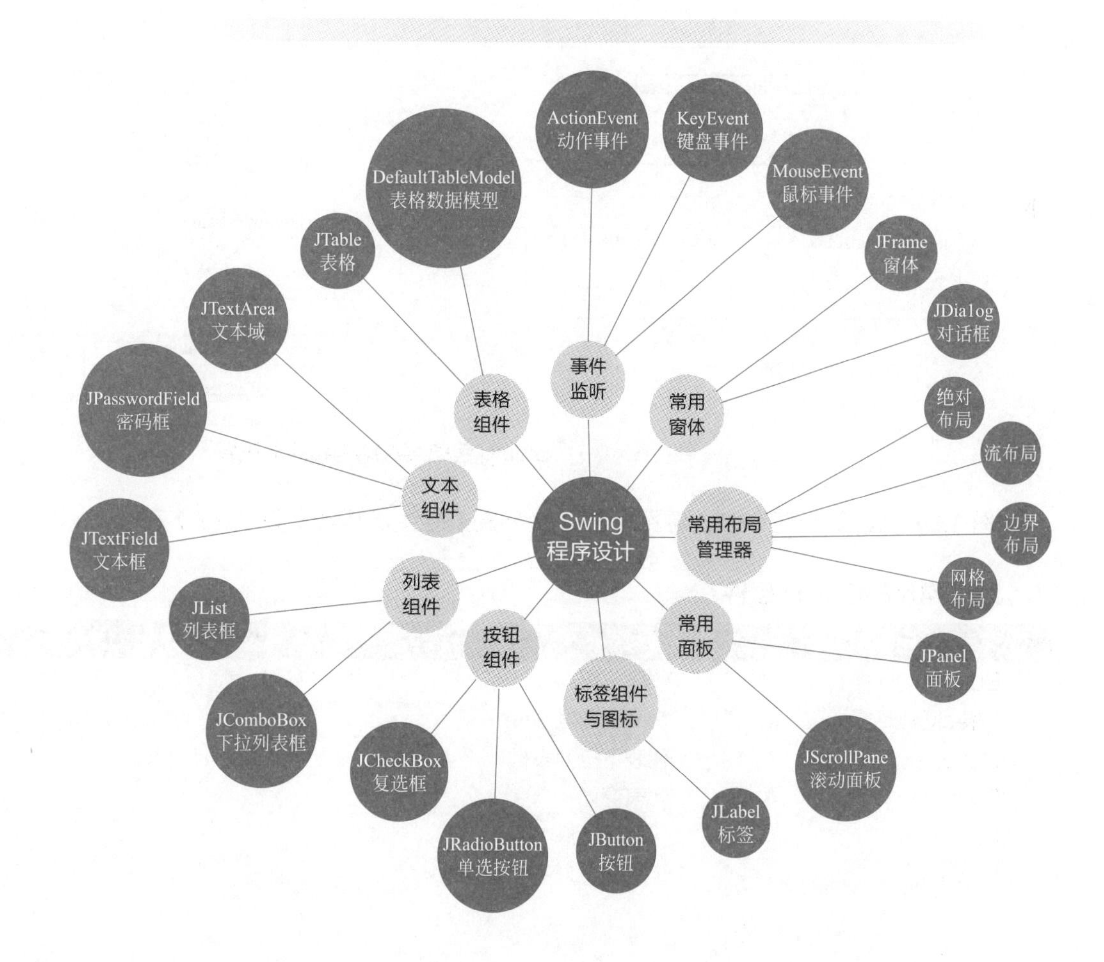

12.1 Swing 概述

Swing 主要用来开发 GUI 程序，GUI（Graphical User Interface）是应用程序提供给用户操作的图形界面，包括窗体、菜单、按钮等图形界面元素，例如，经常使用的 QQ 软件、360 安全卫士等均为 GUI 程序。Java 语言为 Swing 程序的开发提供了丰富的类库，这些类分别被存储在 java.awt 和 javax.swing 包中。Swing 提供了丰富的组件，在开发 Swing 程序时，这些组件被广泛地应用。

Swing 组件是完全由 Java 语言编写的组件。因为 Java 语言不依赖于本地平台（即操作系统），所以 Swing 组件可以被应用于任何平台。基于“跨平台”这一特性，Swing 组件被称作“轻量级组件”；反之，依赖于本地平台的组件被称作“重量级组件”。

在 Swing 包的层次结构和继承关系中，比较重要的类是 Component 类（组件类）、Container 类（容器类）和 JComponent 类（Swing 组件父类）。Swing 包的层次结构和继承关系如图 12.1 所示。

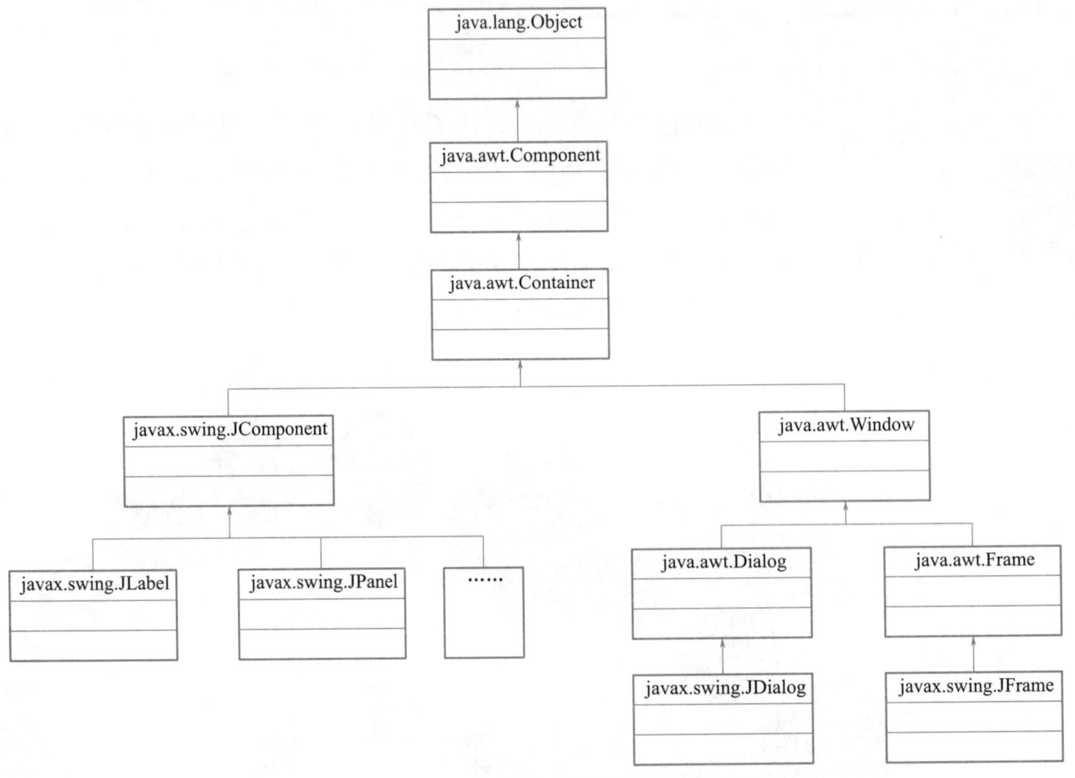

图 12.1 Swing 包的层次结构和继承关系

图 12.1 包含了一些 Swing 组件，常用的 Swing 组件及其含义如表 12.1 所示。

表 12.1 常用的 Swing 组件

组件名称	定义
JButton	代表按钮
JCheckBox	代表复选框
JComBox	代表下拉列表框
JFrame	代表窗体
JDialog	代表对话框
JLabel	代表标签

续表

组件名称	定义
JRadioButton	代表单选按钮
JList	代表列表框
JTextField	代表文本框
JPasswordField	代表密码框
JTextArea	代表文本域
JOptionPane	代表选择面板

12.2 Swing 常用窗体

在开发 Swing 程序时，窗体是 Swing 组件的承载体。Swing 中常用的窗体包括 JFrame 和 JDialog，本节将分别对其予以讲解。

12.2.1 JFrame 窗体

开发 Swing 程序的流程可以被简单地概括为首先通过继承 javax.swing.JFrame 类创建一个窗体，然后向这个窗体中添加组件，最后为添加的组件设置监听事件。下面将详细讲解 JFrame 窗体的使用方法。

JFrame 类的常用构造方法包括以下两种形式：

- public JFrame()：创建一个初始不可见、没有标题的窗体。
- public JFrame(String title)：创建一个不可见、具有标题的窗体。

例如，创建一个不可见、具有标题的窗体，代码如下所示：

```
JFrame jf = new JFrame(" 登录系统 ");
Container container = jf.getContentPane();
```

在创建窗体后，先调用 getContentPane() 方法将窗体转换为容器，再调用 add() 方法或者 remove() 方法向容器中添加组件或者删除容器中的组件。

向容器中添加按钮，代码如下所示：

```
JButton okBtn = new JButton(" 确定 ")
container.add(okBtn);
```

删除容器中的按钮，代码如下所示：

```
container.remove(okBtn);
```

创建窗体后，要对窗体进行设置，例如，设置窗体的位置、大小、是否可见等。JFrame 类提供的相应方法实现上述设置操作，具体如下所示：

- setBounds(int x, int y, int width, int height)：设置窗体左上角在屏幕中的坐标为 (x, y)，窗体的宽度为 width，窗体的高度为 height。
- setLocation(int x, int y)：设置窗体左上角在屏幕中的坐标为 (x, y)。
- setSize(int width, int height)：设置窗体的宽度为 width，高度为 height。
- setVisibale(boolean b)：设置窗体是否可见。b 为 true 时，表示可见；b 为 false 时，表示不可见。
- setDefaultCloseOperation(int operation)：设置窗体的关闭方式，默认值为 DISPOSE_ ON_CLOSE。Java 语言提供了多种窗体的关闭方式，常用的有 4 种，如表 12.2 所示。

表 12.2　JFrame 窗体关闭的几种方式

窗体关闭方式	实现功能
DO_NOTHING_ON_CLOSE	表示单击“关闭”按钮时，窗体无任何操作
DISPOSE_ON_CLOSE	表示单击“关闭”按钮时，隐藏并释放窗体
HIDE_ON_CLOSE	表示单击“关闭”按钮时，隐藏窗体
EXIT_ON_CLOSE	表示单击“关闭”按钮时，退出窗体并关闭程序

实例 12.1　向窗体中添加标签

实例位置：资源包 \Code\12\01

创建 JFreamTest 类，使之继承 JFrame 类，在 JFreamTest 类中创建一个内容为“这是一个 JFrame 窗体”的标签后，把这个标签添加到窗体中。代码如下所示：

```
01 import java.awt.*;                                              // 导入 AWT 包
02 import javax.swing.*;                                           // 导入 Swing 包
03 public class JFreamTest extends JFrame {                        // 继承 JFrame 类
04     public void CreateJFrame(String title) {
05         JFrame jf = new JFrame(title);
06         Container container = jf.getContentPane();              // 获取主容器
07         JLabel jl = new JLabel(" 这是一个 JFrame 窗体 ");
08         jl.setHorizontalAlignment(SwingConstants.CENTER);       // 使标签上的文字居中
09         container.add(jl);                                      // 将标签添加到容器中
10         container.setBackground(Color.white);                   // 设置容器的背景颜色
11         jf.setVisible(true);                                    // 使窗体可见
12         jf.setSize(300, 150);                                   // 设置窗体大小
13         jf.setDefaultCloseOperation(WindowConstants.EXIT_ON_CLOSE); // 关闭窗体则停止程序
14     }
15     public static void main(String args[]) {                    // 主方法
16         new JFreamTest().CreateJFrame(" 创建一个 JFrame 窗体 ");
17     }
18 }
```

说明

上面代码中使用 import 关键字导入了 java.awt.* 和 javax.swing.* 这两个包，在开发 Swing 程序时，通常都需要使用这两个包。

运行结果如图 12.2 所示。

QQ 的聊天框中有一个“向好友发送窗口抖动”的功能。所谓窗口抖动，可以被理解为抖动窗体。抖动窗体实际上是一个动画效果，在一定时间内让窗体坐标有规律地变化，在视觉上看到的就是抖动效果。实现动画效果需要用到线程方面知识，例如 Thread.sleep() 方法可以让程序休眠指定时间（毫秒）。窗体每抖动一次都要休眠几十毫秒，如果不休眠，抖动频率会过快，肉看觉察不到动画效果。

图 12.2　向窗体中添加标签

实例 12.2　抖动窗体

实例位置：资源包 \Code\12\02

一个让窗体抖动起来的实例，代码如下所示：

```
01 import javax.swing.JFrame;
02 public class ShakeFrame extends JFrame {
03     public ShakeFrame() {
04         setBounds(200, 200, 150, 150);
05         setDefaultCloseOperation(EXIT_ON_CLOSE);
06         setVisible(true);
07         shaking();                              // 调用抖动方法，让窗体显示之后立即抖动
08     }
09     private void shaking() {                    // 抖动方法
10         int count = 10;                         // 抖动次数
11         int range = 5;                          // 抖动幅度
12         int vector = 1;                         // 抖动方向
13         int x = getX();                         // 获取窗体横坐标
14         int y = getY();                         // 获取窗体纵坐标
15         for (int i = 0; i < count; i++) {       // 循环十次
16             x += range * vector;                // 横坐标变化
17             y += range * vector;                // 纵坐标变化
18             vector *= -1;                       // 方向变化
19             setLocation(x, y);                  // 重新设置窗体位置
20             try {
21                 Thread.sleep(50);               // 休眠 50 毫秒
22             } catch (InterruptedException e) {
23                 e.printStackTrace();
24             }
25         }
26     }
27     public static void main(String[] args) {
28         new ShakeFrame();
29     }
30 }
```

运行之后可以立即看到窗体抖动效果，如果想再次触发抖动效果，调用该类的 shaking() 方法即可。

12.2.2 JDialog 对话框

JDialog 对话框继承了 java.awt.Dialog 类，其功能是从一个窗体中弹出另一个窗体，例如使用 IE 浏览器时弹出的确定对话框。JDialog 对话框与 JFrame 窗体类似，被使用时也需要先调用 getContentPane() 方法把 JDialog 对话框转换为容器，再对 JDialog 对话框进行设置。

JDialog 类常用的构造方法如下所示：

- public JDialog()：创建一个没有标题和父窗体的对话框。
- public JDialog(Frame f)：创建一个没有标题，但指定父窗体的对话框。
- public JDialog(Frame f, boolean model)：创建一个没有标题，但指定父窗体和模式的对话框。如果 model 为 true，那么弹出对话框之后，用户无法操作父窗体。
- public JDialog(Frame f, String title)：创建一个指定标题和父窗体的对话框。
- public JDialog(Frame f, String title, boolean model)：创建一个指定标题、父窗体和模式的对话框。

单击按钮弹出对话框

实例位置：资源包 \Code\12\03

创建 MyJDialog 类，使之继承 JDialog 窗体，在父窗体中添加按钮，当用户单击按钮时，弹出对话框。代码如下所示：

```
01 import java.awt.*;
02 import java.awt.event.*;
```

```
03 import javax.swing.*;
04 class MyJDialog extends JDialog {                                  // 继承 JDialog 类
05     public MyJDialog(MyFrame frame) {
06         // 实例化一个 JDialog 类对象，指定对话框的父窗体、窗体标题和类型
07         super(frame, " 第一个 JDialog 窗体 ", true);
08         Container container = getContentPane();                    // 获取主容器
09         container.add(new JLabel(" 这是一个对话框 "));               // 在容器中添加标签
10         setBounds(120, 120, 100, 100);                             // 设置对话框窗体在桌面显示的坐标和大小
11     }
12 }
13 public class MyFrame extends JFrame {                              // 创建父窗体类
14     public MyFrame() {
15         Container container = getContentPane();                    // 获得窗体主容器
16         container.setLayout(null);                                 // 容器使用 null 布局
17         JButton bl = new JButton(" 弹出对话框 ");                    // 定义一个按钮
18         bl.setBounds(10, 10, 100, 21);                             // 定义按钮在容器中的坐标和大小
19         bl.addActionListener(new ActionListener() {  /             / 为按钮添加点击事件
20             public void actionPerformed(ActionEvent e) {
21                 MyJDialog dialog = new MyJDialog(MyFrame.this);    // 创建 MyJDialo 对话框
22                 dialog.setVisible(true);                           // 使对话框可见
23             }
24         });
25         container.add(bl);                                         // 将按钮添加到容器中
26         container.setBackground(Color.WHITE);                      // 容器背景色为白色
27         setSize(200, 200);                                         // 窗体大小
28         setDefaultCloseOperation(WindowConstants.EXIT_ON_CLOSE);   // 关闭窗体则停止程序
29         setVisible(true);                                          // 使窗体可见
30     }
31     public static void main(String args[]) {
32         new MyFrame();
33     }
34 }
```

运行结果如图 12.3 所示。

在本实例中，为了使对话框从父窗体弹出，首先创建了一个 JFrame 窗体，然后向父窗体中添加一个按钮，接着为按钮添加一个鼠标单击监听事件，最后通过用户单击按钮实现弹出对话框的功能。

图 12.3　从父窗体中弹出对话框

12.3　常用布局管理器

开发 Swing 程序时，在容器中使用布局管理器能够设置窗体的布局，进而控制 Swing 组件的位置和大小。Swing 常用的布局管理器为绝对布局管理器、流布局管理器、边界布局管理器和网格布局管理器。本节将分别对其予以讲解。

12.3.1　绝对布局管理器

绝对布局指的是硬性指定组件在容器中的位置和大小，其中组件的位置通过绝对坐标的方式来指定。使用绝对布局的步骤如下所示：

① 使用 Container.setLayout(null) 取消容器的布局管理器。

② 使用 Component.setBounds(int x, int y, int width, int height) 设置每个组件在容器中的位置和大小。

实例 12.4　**绝对布局定位按钮组件**　实例位置：资源包 \Code\12\04

创建继承 JFrame 窗体的 AbsolutePosition 类，设置布局管理器为绝对布局，在窗体中创建两个按钮组件，将按钮分别定位在不同的位置上。代码如下所示：

```
01 import java.awt.*;
02 import javax.swing.*;
03 public class AbsolutePosition extends JFrame {
04     public AbsolutePosition() {
05         setTitle(" 本窗体使用绝对布局 ");                    // 窗体标题
06         setLayout(null);                                  // 使用 null 布局
07         setBounds(0, 0, 250, 150);                        // 设置窗体的坐标与宽高
08         Container c = getContentPane();                   // 获取主容器
09         JButton b1 = new JButton(" 按钮 1");              // 创建按钮
10         JButton b2 = new JButton(" 按钮 2");
11         b1.setBounds(10, 30, 80, 30);                     // 设置按钮的位置与大小
12         b2.setBounds(60, 70, 100, 20);
13         c.add(b1);                                        // 将按钮添加到容器中
14         c.add(b2);
15         setVisible(true);                                 // 使窗体可见
16
17         setDefaultCloseOperation(WindowConstants.EXIT_ON_CLOSE);   // 关闭窗体则停止程序
18     }
19     public static void main(String[] args) {
20         new AbsolutePosition();
21     }
22 }
```

运行结果如图 12.4 所示。

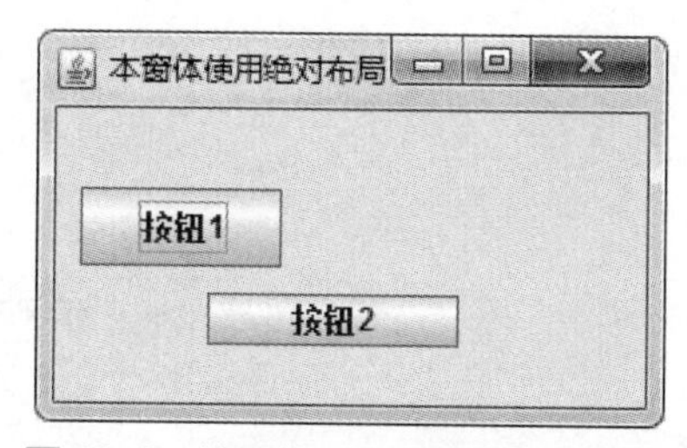

图 12.4　使用绝对布局设置两个按钮在窗体中的位置

12.3.2　流布局管理器

流布局（FlowLayout）管理器是 Swing 中最基本的布局管理器。使用流布局管理器摆放组件时，组件被从左到右摆放。当组件占据了当前行的所有空间时，溢出的组件会被移动到当前行的下一行。默认情况下，每一行组件的排列方式被指定为居中对齐，但是通过设置可以更改每一行组件的排列方式。

FlowLayout 类具有以下常用的构造方法：

- public FlowLayout()
- public FlowLayout(int alignment)
- public FlowLayout(int alignment,int horizGap,int vertGap)

构造方法中的 alignment 参数表示使用流布局管理器时每一行组件的排列方式，该参数可以被赋予 FlowLayout.LEFT、FlowLayout.CENTER 或 FlowLayout.RIGHT，这 3 个值的详细说明如表 12.3 所示。

表 12.3　ailgnment 参数值及其说明

ailgnment 参数值	说明
FlowLayout.LEFT	每一行组件的排列方式被指定为左对齐
FlowLayout.CENTER	每一行组件的排列方式被指定为居中对齐
FlowLayout.RIGHT	每一行组件的排列方式被指定为右对齐

在 public FlowLayout(int alignment, int horizGap, int vertGap) 构造方法中，还存在 horizGap 与 vertGap 两个参数，这两个参数分别以像素为单位指定组件与组件之间的水平间隔与垂直间隔。

实例 12.5　流布局定位按钮组件

实例位置：资源包 \Code\12\05

创建 FlowLayoutPosition 类，并继承 JFrame 类。设置当前窗体的布局管理器为流布局管理器，运行程

序后调整窗体大小，查看流布局管理器对组件的影响。代码如下所示：

```
01 import java.awt.*;
02 import javax.swing.*;
03 public class FlowLayoutPosition extends JFrame {
04     public FlowLayoutPosition() {
05         setTitle(" 本窗体使用流布局管理器 ");            // 设置窗体标题
06         Container c = getContentPane();
07         // 窗体使用流布局，组件右对齐，组件之间的水平间隔为 10 像素，垂直间隔 10 像素
08         setLayout(new FlowLayout(FlowLayout.RIGHT, 10, 10));
09         for (int i = 0; i < 10; i++) {                // 在容器中循环添加 10 个按钮
10             c.add(new JButton("button" + i));
11         }
12         setSize(300, 200);                            // 设置窗体大小
13 
14         setDefaultCloseOperation(WindowConstants.DISPOSE_ON_CLOSE); // 关闭窗体则停止程序
15         setVisible(true);                             // 设置窗体可见
16     }
17     public static void main(String[] args) {
18         new FlowLayoutPosition();
19     }
20 }
```

运行结果如图 12.5 所示，使用鼠标改变窗体大小，组件的摆放位置也会发生变化。

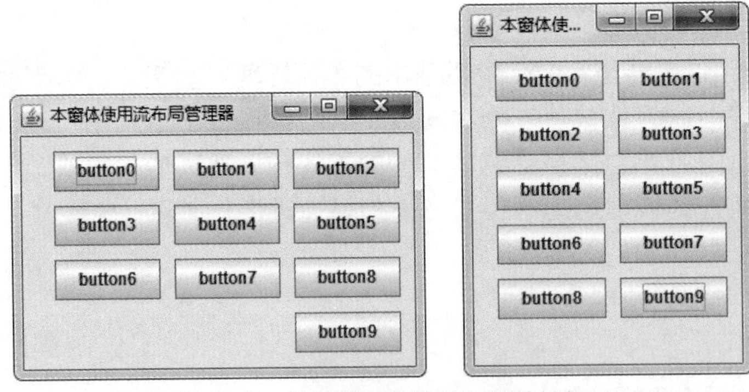

图 12.5　使用流布局管理器摆放按钮

12.3.3　边界布局管理器

使用 Swing 创建窗体后，容器默认的布局管理器是边界布局 (BorderLayout)，边界布局管理器把容器划分为东、南、西、北、中 5 个区域，如图 12.6 所示。

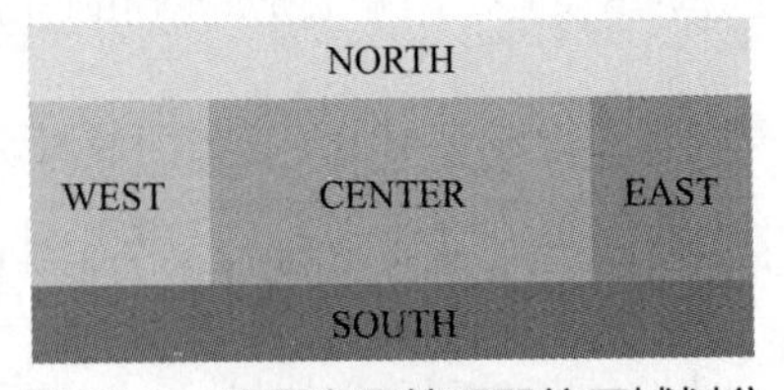

图 12.6　边界布局管理器的区域划分

当组件被添加到被设置为边界布局管理器的容器时，需要使用 BorderLayout 类中的成员变量指定被添加的组件在边界布局管理器的区域，BorderLayout 类中的成员变量及其说明如表 12.4 所示。

表 12.4　BorderLayout 类中的成员变量及其说明

成员变量	含义
BorderLayout.NORTH	在容器中添加组件时，组件被置于北部
BorderLayout.SOUTH	在容器中添加组件时，组件被置于南部
BorderLayout.EAST	在容器中添加组件时，组件被置于东部
BorderLayout.WEST	在容器中添加组件时，组件被置于西部
BorderLayout.CENTER	在容器中添加组件时，组件被置于中间

说明

如果使用了边界布局管理器，在向容器中添加组件时，如果不指定要把组件添加到哪个区域，那么当前组件会被默认添加到 CENTER 区域；如果向同一个区域中添加多个组件，那么后放入的组件会覆盖先放入的组件。

add() 方法被用于实现向容器中添加组件的功能，并设置组件的摆放位置，add() 方法常用的语法格式如下所示：

```
public void add(Component comp, Object constraints)
```

- comp：被添加的组件。
- constraints：被添加组件的布局约束对象。

实例 12.6　边界布局定位按钮组件　实例位置：资源包 \Code\12\06

创建 BorderLayoutPosition 类，并继承 JFrame 类，设置该窗体的布局管理器为边界布局管理器，分别在窗体的东、南、西、北、中添加 5 个按钮。代码如下所示：

```
01 import java.awt.*;
02 import javax.swing.*;
03 public class BorderLayoutPosition extends JFrame {
04     public BorderLayoutPosition() {
05         setTitle(" 这个窗体使用边界布局管理器 ");
06         Container c = getContentPane();                              // 获取主容器
07         setLayout(new BorderLayout());                               // 容器使用边界布局
08         JButton centerBtn = new JButton(" 中 ");
09         JButton northBtn = new JButton(" 北 ");
10         JButton southBtn = new JButton(" 南 ");
11         JButton westBtn = new JButton(" 西 ");
12         JButton eastBtn = new JButton(" 东 ");
13         c.add(centerBtn, BorderLayout.CENTER);                       // 中部添加按钮
14         c.add(northBtn, BorderLayout.NORTH);                         // 北部添加按钮
15         c.add(southBtn, BorderLayout.SOUTH);                         // 南部添加按钮
16         c.add(westBtn, BorderLayout.WEST);                           // 西部添加按钮
17         c.add(eastBtn, BorderLayout.EAST);                           // 东部添加按钮
18         setSize(350, 200);                                           // 设置窗体大小
19         setVisible(true);                                            // 设置窗体可见
20         setDefaultCloseOperation(WindowConstants.DISPOSE_ON_CLOSE);  // 关闭窗体则停止程序
21     }
22     public static void main(String[] args) {
23         new BorderLayoutPosition();
24     }
25 }
```

运行结果如图 12.7 所示。

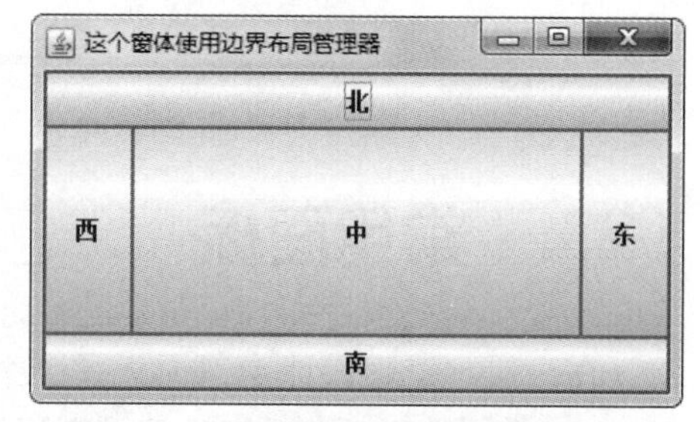

图 12.7　使用边界布局管理器摆放按钮

12.3.4　网格布局管理器

网格布局（GridLayout）管理器能够把容器划分为网格，组件可以按行、列进行排列。在网格布局管理器中，网格的个数由行数和列数决定，且每个网格的大小都相同，例如，一个两行两列的网格布局管理器能够产生 4 个大小相等的网格。组件从网格的左上角开始，按照从左到右、从上到下的顺序被添加到网格中，

且每个组件都会填满整个网格。改变窗体大小时，组件的大小也会随之改变。

网格布局管理器主要有以下两个常用的构造方法：

- public GridLayout(int rows, int columns)
- public GridLayout(int rows, int columns, int horizGap, int vertGap)

其中，参数 rows 和 columns 分别代表网格的行数和列数，这两个参数只允许有一个参数可以为 0，被用于表示一行或一列可以排列任意多个组件；参数 horizGap 和 vertGap 分别代表网格之间的水平间距和垂直间距。

实例 12.7 网格布局定位按钮组件

实例位置：资源包 \Code\12\07

创建 GridLayoutPosition 类，并继承 JFrame 类，设置该窗体使用网格布局管理器，实现一个 7 行 3 列的网格后，向每个网格中添加按钮组件。代码如下所示：

```
01 import java.awt.*;
02 import javax.swing.*;
03 public class GridLayoutPosition extends JFrame {
04     public GridLayoutPosition() {
05         Container c = getContentPane();
06         // 设置容器使用网格布局管理器，设置 7 行 3 列的网格
07         // 组件间水平间距为 5 像素，垂直间距为 5 像素
08         setLayout(new GridLayout(7, 3, 5, 5));
09         for (int i = 0; i < 20; i++) {
10             c.add(new JButton("button" + i)); // 循环添加按钮
11         }
12         setSize(300, 300);
13         setTitle(" 这是一个使用网格布局管理器的窗体 ");
14         setVisible(true);
15         setDefaultCloseOperation(WindowConstants.EXIT_ON_CLOSE);
16     }
17     public static void main(String[] args) {
18         new GridLayoutPosition();
19     }
20 }
```

运行结果如图 12.8 所示。当改变窗体的大小时，组件的大小也会随之改变。

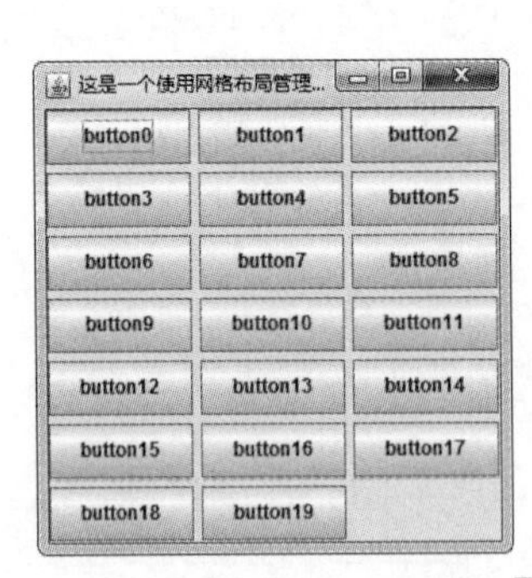

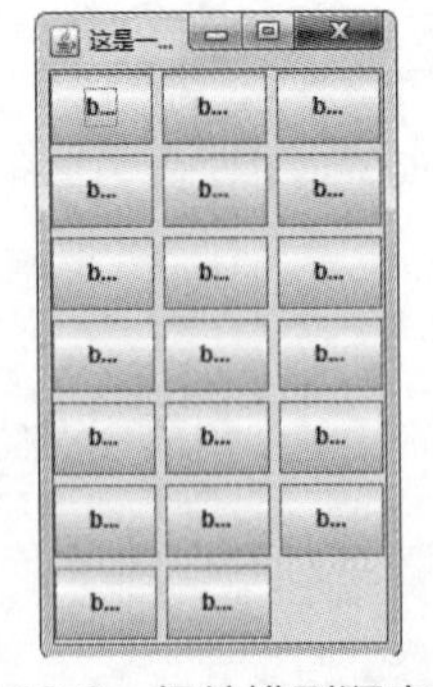

图 12.8　组件排列顺序不发生

12.4　常用面板

在 Swing 程序设计中，面板是一个容器，被用于容纳其他组件，但面板必须被添加到其他容器中。Swing 中常用的面板包括 JPanel 面板和 JScrollPane 面板。下面将分别予以讲解。

12.4.1 JPanel 面板

JPanel 面板继承 java.awt.Container 类。使用 JPanel 面板时，须依赖于 JFrame 窗体。

实例 12.8 向 JPanel 面板添加按钮组件

实例位置：资源包 \Code\12\08

创建 JPanelTest 类，并继承 JFrame 类。首先设置窗体的布局管理器为两行两列的网格布局管理器，然后创建 4 个面板，并为这 4 个面板设置不同的布局管理器，最后向每个面板中添加按钮。代码如下所示：

```
01 import java.awt.*;
02 import javax.swing.*;
03 public class JPanelTest extends JFrame {
04     public JPanelTest() {
05         Container c = getContentPane();
06         // 将整个容器设置为 2 行 2 列的网格布局，组件水平间隔 10 像素，垂直间隔 10 像素
07         c.setLayout(new GridLayout(2, 2, 10, 10));
08         // 初始化一个面板，此面板使用 1 行 4 列的网格布局，组件水平间隔 10 像素，垂直间隔 10 像素
09         JPanel p1 = new JPanel(new GridLayout(1, 4, 10, 10));
10         // 初始化一个面板，此面板使用边界布局
11         JPanel p2 = new JPanel(new BorderLayout());
12         // 初始化一个面板，此面板使用 1 行 2 列的网格布局，组件水平间隔 10 像素，垂直间隔 10 像素
13         JPanel p3 = new JPanel(new GridLayout(1, 2, 10, 10));
14         // 初始化一个面板，此面板使用 2 行 1 列的网格布局，组件水平间隔 10 像素，垂直间隔 10 像素
15         JPanel p4 = new JPanel(new GridLayout(2, 1, 10, 10));
16         // 给每个面板都添加边框和标题，使用 BorderFactory 工厂类生成带标题的边框对象
17         p1.setBorder(BorderFactory.createTitledBorder(" 面板 1"));
18         p2.setBorder(BorderFactory.createTitledBorder(" 面板 2"));
19         p3.setBorder(BorderFactory.createTitledBorder(" 面板 3"));
20         p4.setBorder(BorderFactory.createTitledBorder(" 面板 4"));
21         // 在面板 1 中添加按钮
22         p1.add(new JButton("b1"));
23         p1.add(new JButton("b1"));
24         p1.add(new JButton("b1"));
25         p1.add(new JButton("b1"));
26         // 向面板 2 中添加按钮
27         p2.add(new JButton("b2"), BorderLayout.WEST);
28         p2.add(new JButton("b2"), BorderLayout.EAST);
29         p2.add(new JButton("b2"), BorderLayout.NORTH);
30         p2.add(new JButton("b2"), BorderLayout.SOUTH);
31         p2.add(new JButton("b2"), BorderLayout.CENTER);
32         // 向面板 3 中添加按钮
33         p3.add(new JButton("b3"));
34         p3.add(new JButton("b3"));
35         // 向面板 4 中添加按钮
36         p4.add(new JButton("b4"));
37         p4.add(new JButton("b4"));
38         // 向容器中添加面板
39         c.add(p1);
40         c.add(p2);
41         c.add(p3);
42         c.add(p4);
43         setTitle(" 在这个窗体中使用了面板 ");
44         setSize(500, 300);
45         setVisible(true);
46         setDefaultCloseOperation(WindowConstants.DISPOSE_ON_CLOSE); // 关闭动作
47     }
48     public static void main(String[] args) {
49         new JPanelTest();
50     }
51 }
```

运行结果如图 12.9 所示。

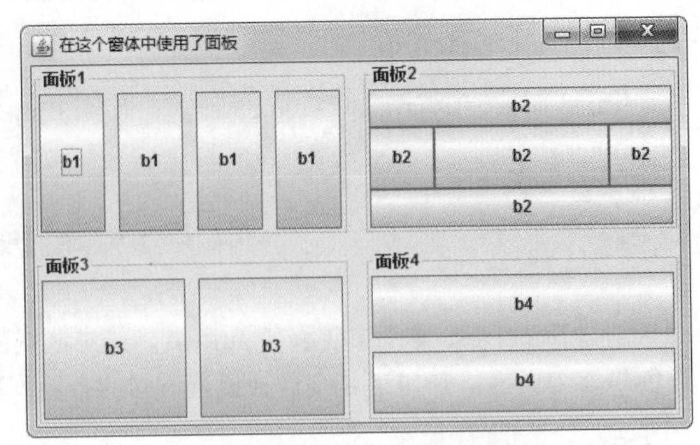

图 12.9 JPanel 面板的应用

12.4.2 JScrollPane 滚动面板

JScrollPane 面板是带滚动条的面板，被用于在较小的窗体中显示较大篇幅的内容。需要注意的是，JScrollPane 滚动面板不能使用布局管理器，且只能容纳一个组件。如果需要向 JScrollPane 面板中添加多个组件，那么需要先将多个组件添加到 JPanel 面板，再将 JPanel 面板添加到 JScrollPane 滚动面板。

实例 12.9 向 JScrollPane 面板添加文本域组件

实例位置：资源包 \Code\12\09

创建 JScrollPaneTest 类，并继承 JFrame 类，首先初始化文本域组件，并指定文本域组件的大小；然后创建一个 JScrollPane 面板，并把文本域组件添加到 JScrollPane 面板；最后把 JScrollPane 面板添加到窗体。代码如下所示：

```
01 import java.awt.*;
02 import javax.swing.*;
03 public class JScrollPaneTest extends JFrame {
04     public JScrollPaneTest() {
05         Container c = getContentPane();                  // 获取主容器
06         // 创建文本区域组件，文本域默认大小为 20 行、50 列
07         JTextArea ta = new JTextArea(20, 50);
08         // 创建 JScrollPane 滚动面板，并将文本域放到滚动面板中
09         JScrollPane sp = new JScrollPane(ta);
10         c.add(sp);                                       // 将该面板添加到主容器中
11         setTitle(" 带滚动条的文字编译器 ");
12         setSize(200, 200);
13         setVisible(true);
14         setDefaultCloseOperation(WindowConstants.DISPOSE_ON_CLOSE);
15     }
16     public static void main(String[] args) {
17         new JScrollPaneTest();
18     }
19 }
```

运行结果如图 12.10 所示。

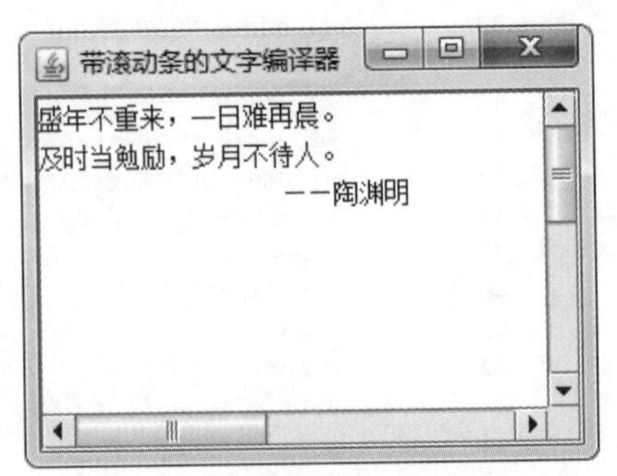

图 12.10 JPanel 面板的应用

12.5 标签组件与图标

在 Swing 程序设计中，标签（JLabel）被用于显示文本、图标等内容。在 Swing 应用程序的用户界面中，用户能够通过标签上的文本、图标等内容获得相应的提示信息。本节将对 Swing 标签的用法、创建标签和在标签上显示文本、图标等内容予以讲解。

12.5.1 JLabel 标签组件

标签（JLabel）的父类是 JComponent 类。虽然标签不能被添加监听器，但是标签显示的文本、图标等内容可以被指定对齐方式。

通过 JLabel 类的构造方法，可以创建多种标签，例如，显示只有文本的标签、只有图标的标签或包含文本和图标的标签等。JLabel 类常用的构造方法如下所示：

- public JLabel()：创建一个不带图标或文本的标签。
- public JLabel(Icon icon)：创建一个带图标的标签。
- public JLabel(Icon icon, int aligment)：创建一个带图标的标签，并设置图标的水平对齐方式。
- public JLabel(String text, int aligment)：创建一个带文本的标签，并设置文本的水平对齐方式。
- public JLabel(String text, Icon icon, int aligment)：创建一个带文本和图标的 JLabel 对象，并设置文本和图标的水平对齐方式。

例如，向 JPanel 面板中添加一个 JLabel 标签组件，代码如下所示：

```
01 JLabel  labelContacts = new JLabel(" 联系人 ");                // 设置标签的文本内容
02 labelContacts.setForeground(new Color(0, 102, 153));          // 设置标签的字体颜色
03 labelContacts.setFont(new Font(" 宋体 ", Font.BOLD, 13));      // 设置标签的字体、样式、大小
04 labelContacts.setBounds(0, 0, 194, 28);                       // 设置标签的位置及大小
05 panelTitle.add(labelContacts);                                 // 把标签放到面板中
```

12.5.2 图标的使用

在 Swing 程序设计中，图标经常被添加到标签、按钮等组件，使用 javax.swing.ImageIcon 类可以依据现有的图片创建图标。ImageIcon 类实现了 Icon 接口，ImageIcon 类有多个构造方法，常用的构造方法如下所示:

- public ImageIcon()：创建一个 ImageIcon 对象，再使用 ImageIcon 对象调用 setImage(Image image) 方法设置图片。
- public ImageIcon(Image image)：依据现有的图片创建图标。
- public ImageIcon(URL url)：依据现有图片的路径创建图标。

实例 12.10 依据现有的图片创建图标

实例位置：资源包 \Code\12\10

创建 MyImageIcon 类，并继承 JFrame 类，在类中创建 ImageIcon 对象，首先使用 ImageIcon 对象依据现有的图片创建图标，然后使用 public JLabel(String text, int aligment) 构造方法创建一个 JLabel 对象，最后使用 JLabel 对象调用 setIcon() 方法为标签设置图标。代码如下所示：

```
01 import java.awt.*;
02 import java.net.URL;
03 import javax.swing.*;
04 public class MyImageIcon extends JFrame {
05     public MyImageIcon() {
06         Container container = getContentPane();
07         JLabel jl = new JLabel(" 这是一个 JFrame 窗体 ");                      // 创建标签
08         URL url = MyImageIcon.class.getResource("pic.png");                  // 获取图片所在的 URL
09         Icon icon = new ImageIcon(url);                                       // 获取图片的 Icon 对象
10         jl.setIcon(icon);                                                     // 为标签设置图片
11         jl.setHorizontalAlignment(SwingConstants.CENTER);                     // 设置文字放置在标签中间
12         jl.setOpaque(true);                                                   // 设置标签为不透明状态
13         container.add(jl);                                                    // 将标签添加到容器中
14         setSize(300, 200);                                                    // 设置窗体大小
15         setVisible(true);                                                     // 使窗体可见
16         setDefaultCloseOperation(WindowConstants.EXIT_ON_CLOSE);              // 关闭窗体则停止程序
17     }
18     public static void main(String args[]) {
19         new MyImageIcon();
20     }
21 }
```

运行结果如图 12.11 所示。

图 12.11　依据现有的图片创建图标

注意

java.lang.Class 类中的 getResource() 方法可以获取资源文件的路径。

12.6　按钮组件

在 Swing 程序设计中，按钮是较为常见的组件，被用于触发特定的动作。Swing 提供了多种按钮组件：按钮、单选按钮、复选框等。本节将分别对其进行讲解。

12.6.1　JButton 按钮

Swing 按钮由 JButton 对象表示，JButton 常用的构造方法如下所示：

- public JButton()：创建一个不带文本或图标的按钮。
- public JButton(String text)：创建一个带文本的按钮。
- public JButton(Icon icon)：创建一个带图标的按钮。
- public JButton(String text, Icon icon)：创建一个带文本和图标的按钮。

创建 JButton 对象后，如果要对 JButton 对象进行设置，那么可以使用 JButton 类提供的方法，JButton 类的常用方法及说明如表 12.5 所示。

表 12.5　JButton 类的常用方法及说明

方法	说明
setIcon(Icon defaultIcon)	设置按钮的图标
setToolTipText(String text)	为按钮设置提示文字
setBorderPainted(boolean b)	如果 b 的值为 true 且按钮有边框，那么绘制边框；borderPainted 属性的默认值为 true
setEnabled(boolean b)	设置按钮是否可用：b 的值为 true 时，表示按钮可用；b 的值为 false 时，表示按钮不可用

实例 12.11　操作按钮组件

实例位置：资源包 \Code\12\11

创建 JButtonTest 类，并继承 JFrame 类，在窗体中创建按钮组件，设置按钮的图标，为按钮添加动作监听器。代码如下所示：

```
01 import java.awt.*;
02 import java.awt.event.*;
03 import javax.swing.*;
04 public class JButtonTest extends JFrame {
05     public JButtonTest() {
06         Icon icon = new ImageIcon("src/imageButtoo.jpg");          // 获取图片文件
07         setLayout(new GridLayout(3, 2, 5, 5));                     // 设置网格布局管理器
08         Container c = getContentPane();                            // 获取主容器
09         JButton btn[] = new JButton[6];                            // 创建按钮数组
10         for (int i = 0; i < btn.length; i++) {
11             btn[i] = new JButton();                                // 实例化数组中的对象
```

```
12              c.add(btn[i]);                                              // 将按钮添加到容器中
13          }
14          btn[0].setText(" 不可用 ");
15          btn[0].setEnabled(false);                                       // 设置按钮不可用
16          btn[1].setText(" 有背景色 ");
17          btn[1].setBackground(Color.YELLOW);
18          btn[2].setText(" 无边框 ");
19          btn[2].setBorderPainted(false);                                 // 设置按钮边框不显示
20          btn[3].setText(" 有边框 ");
21          btn[3].setBorder(BorderFactory.createLineBorder(Color.RED));    // 添加红色线型边框
22          btn[4].setIcon(icon);                                           // 为按钮设置图标
23          btn[4].setToolTipText(" 图片按钮 ");                            // 设置鼠标悬停时提示的文字
24          btn[5].setText(" 可点击 ");
25          btn[5].addActionListener(new ActionListener() {                 // 为按钮添加监听事件
26              public void actionPerformed(ActionEvent e) {
27                  // 弹出确认对话框
28                  JOptionPane.showMessageDialog(JButtonTest.this, " 点击按钮 ");
29              }
30          });
31          setDefaultCloseOperation(EXIT_ON_CLOSE);
32          setVisible(true);
33          setTitle(" 创建不同样式的按钮 ");
34          setBounds(100, 100, 400, 200);
35      }
36      public static void main(String[] args) {
37          new JButtonTest();
38      }
39  }
```

运行结果如图 12.12 所示。

图 12.12　按钮组件的应用

12.6.2　JRadioButton 单选按钮

Swing 单选按钮由 JRadioButton 对象表示。在 Swing 程序设计中，需要把多个单选按钮添加到按钮组，当用户选中某个单选按钮时，按钮组中的其他单选按钮将不能被同时选中。

1. 单选按钮

创建 JRadioButton 对象需要使用 JRadioButton 类的构造方法。JRadioButton 类常用的构造方法如下所示：

- public JRadioButton()：创建一个未被选中、文本未被设定的单选按钮。
- public JRadioButton(Icon icon)：创建一个未被选中、文本未被设定，但具有指定图标的单选按钮。
- public JRadioButton(Icon icon, boolean selected)：创建一个具有指定图标、选择状态，但文本未被设定的单选按钮。
- public JRadioButton(String text)：创建一个具有指定文本，但未被选中的单选按钮。
- public JRadioButton(String text, Icon icon)：创建一个具有指定文本、指定图标，但未被选中的单选按钮。
- public JRadioButton(String text, Icon icon, boolean selected)：创建一个具有指定文本、指定图标和选择状态的单选按钮。

根据上述构造方法的相关介绍，不难发现，单选按钮的图标、文本和选择状态等属性能够被同时设定。例如，使用 JRadioButton 类的构造方法创建一个文本为“选项 A”的单选按钮，代码如下所示：

```
zJRadioButton rbtn = new JRadioButton( “选项 A” );
```

2. 按钮组

Swing 按钮组由 ButtonGroup 对象表示，多个单选按钮被添加到按钮组后，能够实现“选项有多个，但只能选中一个”的效果。ButtonGroup 对象被创建后，可以使用 add() 方法把多个单选按钮添加到 ButtonGroup 对象中。

例如，在应用程序窗体中定义一个单选按钮组，代码如下所示：

```
01 JRadioButton jr1 = new JRadioButton();
02 JRadioButton jr2 = new JRadioButton();
03 JRadioButton jr3 = new JRadioButton();
04 ButtonGroup group = new ButtonGroup();  // 按钮组
05 group.add(jr1);
06 group.add(jr2);
07 group.add(jr3);
```


实例 12.12 选择性别

实例位置：资源包 \Code\12\12

创建 RadioButtonTest 类，并继承 JFrame 类，窗体中有男女两个性别可以选择，且只能选择其一。代码如下所示：

```
01 import javax.swing.*;
02 public class RadioButtonTest extends JFrame {
03     public RadioButtonTest() {
04         setDefaultCloseOperation(JFrame.EXIT_ON_CLOSE);
05         setTitle(" 单选按钮的使用 ");
06         setBounds(100, 100, 240, 120);
07         getContentPane().setLayout(null); // 设置绝对布局
08         JLabel lblNewLabel = new JLabel(" 请选择性别: ");
09         lblNewLabel.setBounds(5, 5, 120, 15);
10         getContentPane().add(lblNewLabel);
11         JRadioButton rbtnNormal = new JRadioButton(" 男 ");
12         rbtnNormal.setSelected(true);
13         rbtnNormal.setBounds(40, 30, 75, 22);
14         getContentPane().add(rbtnNormal);
15         JRadioButton rbtnPwd = new JRadioButton(" 女 ");
16         rbtnPwd.setBounds(120, 30, 75, 22);
17         getContentPane().add(rbtnPwd);
18         /**
19          * 创建按钮组，把交互面板中的单选按钮添加到按钮组中
20          */
21         ButtonGroup group = new ButtonGroup();
22         group.add(rbtnNormal);
23         group.add(rbtnPwd);
24     }
25     public static void main(String[] args) {
26         RadioButtonTest frame = new RadioButtonTest(); // 创建窗体对象
27         frame.setVisible(true); // 使窗体可见
28     }
29 }
```

运行结果如图 12.13 所示，当选中某一个单选按钮时，另一个单选按钮会取消选中状态。

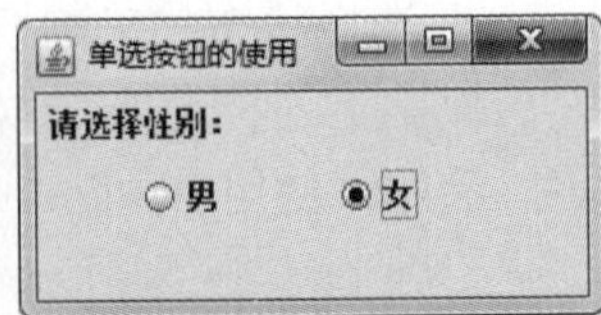

图 12.13 单选按钮组件的应用

12.6.3 JCheckBox 复选框

复选框组件由 JCheckBox 对象表示。与单选按钮不同的是，窗体中的复选框可以被选中多个，这是因为每一个复选框都提供“被选中”和“不被选中”两种状态。

JCheckBox 的常用构造方法如下所示：

- public JCheckBox()：创建一个文本、图标未被设定且默认未被选中的复选框。
- public JCheckBox(Icon icon, Boolean checked)：创建一个具有指定图标（指定初始时是否被选中），但文本未被设定的复选框。
- public JCheckBox(String text, Boolean checked)：创建一个具有指定文本（指定初始时是否被选中），但图标未被设定的复选框。

实例 12.13 打印 3 个复选框的选中状态

实例位置：资源包 \Code\12\13

创建 CheckBoxTest 类，并继承 JFrame 类，窗体中有 3 个复选框按钮和一个普通按钮，当单击普通按钮时，在控制台上分别输出 3 个复选框的选中状态。代码如下所示：

```
01 import java.awt.*;
02 import java.awt.event.*;
03 import javax.swing.*;
04 public class CheckBoxTest extends JFrame {
05     public CheckBoxTest() {
06         setVisible(true);
07         setBounds(100, 100, 170, 110);                           // 窗体坐标和大小
08         setDefaultCloseOperation(EXIT_ON_CLOSE);
09         Container c = getContentPane();                          // 获取主容器
10         c.setLayout(new FlowLayout());                           // 容器使用流布局
11         JCheckBox c1 = new JCheckBox("1");                       // 创建复选框
12         JCheckBox c2 = new JCheckBox("2");
13         JCheckBox c3 = new JCheckBox("3");
14         c.add(c1);                                               // 容器添加复选框
15         c.add(c2);
16         c.add(c3);
17         JButton btn = new JButton(" 打印 ");                      // 创建打印按钮
18         btn.addActionListener(new ActionListener() {             // 打印按钮动作事件
19             public void actionPerformed(ActionEvent e) {
20                 // 在控制台分别输出三个复选框的选中状态
21                 System.out.println(c1.getText() + " 按钮选中状态: " + c1.isSelected());
22                 System.out.println(c2.getText() + " 按钮选中状态: " + c2.isSelected());
23                 System.out.println(c3.getText() + " 按钮选中状态: " + c3.isSelected());
24             }
25         });
26         c.add(btn);                                               // 容器添加打印按钮
27     }
28     public static void main(String[] args) {
29         new CheckBoxTest();
30     }
31 }
```

运行结果如图 12.14 所示，选中第一、二个复选框后。

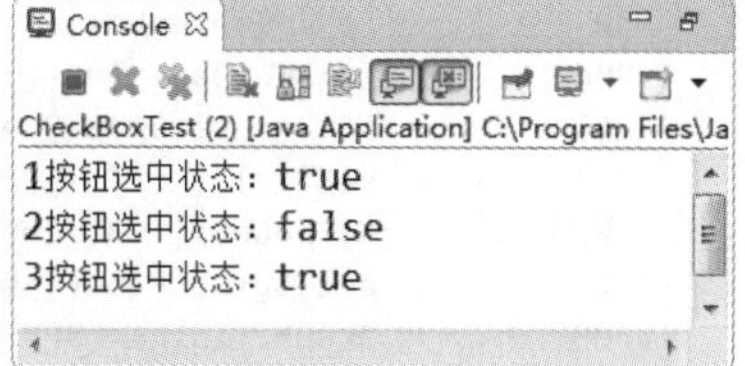

图 12.14　复选框组件的应用

12.7 列表组件

Swing 中提供两种列表组件，分别为下拉列表框（JComboBox）与列表框（JList）。下拉列表框与列表框都是带有一系列列表项的组件，用户可以从中选择需要的列表项。列表框较下拉列表框更直观，它将所有的列表项罗列在列表框中，但下拉列表框较列表框更为便捷、美观，它将所有的列表项隐藏起来，当用户选用其中的列表项时才会显现出来。本节将详细讲解列表框与下拉列表框的应用。

12.7.1 JComboBox 下拉列表框

初次使用 Swing 中的下拉列表框时，会感觉到 Swing 中的下拉列表框与 Windows 操作系统中的下拉列表框有一些相似，实质上两者并不完全相同，因为 Swing 中的下拉列表框不仅可以供用户从中选择列表项，也提供编辑列表项的功能。

下拉列表框是一个条状的显示区，它具有下拉功能，在下拉列表框的右侧存在一个倒三角形的按钮，当用户单击该按钮时，下拉列表框中的项目将会以列表形式显示出来。

下拉列表框组件由 JComboBox 对象表示，JComboBox 类是 javax.swing.JComponent 类的子类。JComboBox 类的常用构造方法如下所示：

- public JComboBox(ComboBoxModel dataModel)：创建一个 JComboBox 对象，下拉列表中的列表项使用 ComboBoxModel 中的列表项，ComboBoxModel 是一个用于组合框的数据模型。
- public JComboBox(Object[] arrayData)：创建一个包含指定数组中的元素的 JComboBox 对象。
- public JComboBox(Vector vector)：创建一个包含指定 Vector 对象中的元素的 JComboBox 对象。Vector 对象中的元素可以通过整数索引进行访问，而且 Vector 对象中的元素可以根据需求被添加或者移除。

JComboBox 类的常用方法及说明如表 12.6 所示。

表 12.6 JComboBox 类的常用方法及说明

方法	说明
addItem(Object anObject)	为项列表添加项
getItemCount()	返回列表中的项数
getSelectedItem()	返回当前所选项
getSelectedIndex()	返回列表中与给定项匹配的第一个选项
removeItem(Object anObject)	项列表中移除项
setEditable(boolean aFlag)	确定 JComboBox 中的字段是否可编辑，参数设置为 true，表示可以编辑，否则不能编辑。

实例 12.14 选择证件类型

实例位置：资源包 \Code\12\14

创建 JComboBoxTest 类，并继承 JFrame 类，窗体中有一个包含多个列表项的下拉列表框，当单击“确定”按钮时，把被选中的列表项显示在标签上。代码如下所示：

```
01 import java.awt.event.*;
02 import javax.swing.*;
03 public class JComboBoxTest extends JFrame {
04     public JComboBoxTest() {
05         setDefaultCloseOperation(JFrame.EXIT_ON_CLOSE);
06         setTitle(" 下拉列表框的使用 ");
07         setBounds(100, 100, 317, 147);
08         getContentPane().setLayout(null);                    // 设置绝对布局
09         JLabel lblNewLabel = new JLabel(" 请选择证件: ");
10         lblNewLabel.setBounds(28, 14, 80, 15);
11         getContentPane().add(lblNewLabel);
12         JComboBox<String> comboBox = new JComboBox<String>();   // 创建一个下拉列表框
13         comboBox.setBounds(110, 11, 80, 21);                 // 设置坐标
14         comboBox.addItem(" 身份证 ");                         // 为下拉列表中添加项
15         comboBox.addItem(" 军人证 ");
16         comboBox.addItem(" 学生证 ");
17         comboBox.addItem(" 工作证 ");
18         comboBox.setEditable(true);
```

```
19          getContentPane().add(comboBox);                          // 将下拉列表添加到容器中
20          JLabel lblResult = new JLabel("");
21          lblResult.setBounds(0, 57, 146, 15);
22          getContentPane().add(lblResult);
23          JButton btnNewButton = new JButton(" 确定 ");
24          btnNewButton.setBounds(200, 10, 67, 23);
25          getContentPane().add(btnNewButton);
26          btnNewButton.addActionListener(new ActionListener() {      // 为按钮添加监听事件
27              @Override
28              public void actionPerformed(ActionEvent arg0) {
29                  // 获取下拉列表中的选中项
30                  lblResult.setText(" 您选择的是: " + comboBox.getSelectedItem());
31              }
32          });
33      }
34      public static void main(String[] args) {
35          JComboBoxTest frame = new JComboBoxTest();               // 创建窗体对象
36          frame.setVisible(true);                                  // 使窗体可见
37      }
38  }
```

运行结果如图 12.15 所示。

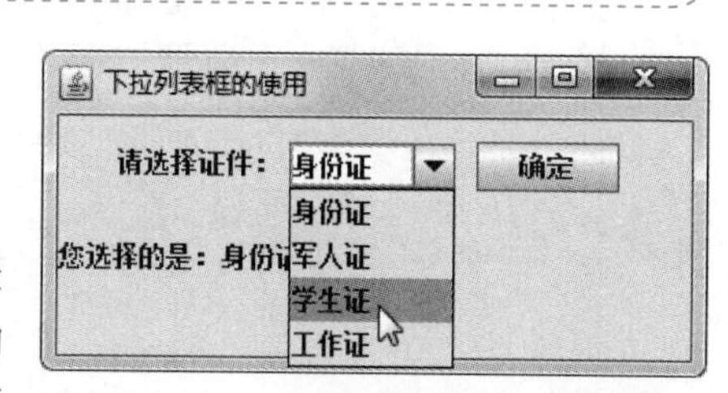

图 12.15　下拉列表框组件的应用

12.7.2　JList 列表框

列表框组件被添加到窗体中后，就会被指定长和宽。如果列表框的大小不足以容纳列表项的个数，那么需要设置列表框具有滚动效果，即把列表框添加到滚动面板。用户在选择列表框中的列表项时，既可以通过单击列表项的方式选择，也可以通过“单击列表项 + 按住 Shift 键”的方式连续选择，又可以通过“单击列表项 + 按住 Ctrl 键”的方式跳跃式选择，并能够在非选择状态和选择状态之间反复切换。

列表框组件由 JList 对象表示，JList 类的常用构造方法如下所示：

- public void JList()：创建一个空的 JList 对象。
- public void JList(Object[] listData)：创建一个显示指定数组中的元素的 JList 对象。
- public void JList(Vector listData)：创建一个显示指定 Vector 中的元素的 JList 对象。
- public void JList(ListModel dataModel)：创建一个显示指定的非 null 模型的元素的 JList 对象。

例如，使用数组类型的数据作为创建 JList 对象的参数，代码如下所示：

```
01 String[] contents = {"列表 1"," 列表 2"," 列表 3"," 列表 4"};
02 JList jl = new JList(contents);
```

例如，使用 Vector 类型的数据作为创建 JList 对象的参数，代码如下所示：

```
01 Vector contents = new Vector();
02 JList jl = new JList(contents);
03 contents.add(" 列表 1");
04 contents.add(" 列表 2");
05 contents.add(" 列表 3");
06 contents.add(" 列表 4");
```

实例 12.15　**列表框组件的使用**　　实例位置：资源包 \Code\12\15

创建 JListTest 类，并继承 JFrame 类，在窗体中创建列表框对象，当单击“确认”按钮时，把被选中的列表项显示在文本域上。代码如下所示：

```
01 import java.awt.Container;
02 import java.awt.event.*;
03 import javax.swing.*;
04 public class JListTest extends JFrame {
05     public JListTest() {
06         Container cp = getContentPane();                    // 获取窗体主容器
07         cp.setLayout(null);                                 // 容器使用绝对布局
08         // 创建字符串数组，保存列表中的数据
09         String[] contents = {" 列表 1", " 列表 2", " 列表 3", " 列表 4", " 列表 5", " 列表 6"};
10         JList<String> jl = new JList<>(contents);           // 创建列表，并将数据作为构造参数
11         JScrollPane js = new JScrollPane(jl);               // 将列表放入滚动面板
12         js.setBounds(10, 10, 100, 109);                     // 设定滚动面板的坐标和大小
13         cp.add(js);
14         JTextArea area = new JTextArea();                   // 创建文本域
15         JScrollPane scrollPane = new JScrollPane(area);     // 将文本域放入滚动面板
16         scrollPane.setBounds(118, 10, 73, 80);              // 设定滚动面板的坐标和大小
17         cp.add(scrollPane);
18         JButton btnNewButton = new JButton(" 确认 ");        // 创建确认按钮
19         btnNewButton.setBounds(120, 96, 71, 23);            // 设定按钮的坐标和大小
20         cp.add(btnNewButton);
21         btnNewButton.addActionListener(new ActionListener() { // 添加按钮事件
22             public void actionPerformed(ActionEvent e) {
23                 // 获取列表中选中的元素，返回 java.util.List 类型
24                 java.util.List<String> values = jl.getSelectedValuesList();
25                 area.setText("");                           // 清空文本域
26                 for (String value : values) {
27                     area.append(value + "\n");              // 在文本域循环追加 List 中的元素值
28                 }
29             }
30         });
31         setTitle(" 在这个窗体中使用了列表框 ");
32         setSize(217, 167);
33         setVisible(true);
34         setDefaultCloseOperation(EXIT_ON_CLOSE);
35     }
36     public static void main(String args[]) {
37         new JListTest();
38     }
39 }
```

运行结果如图 12.16 所示。

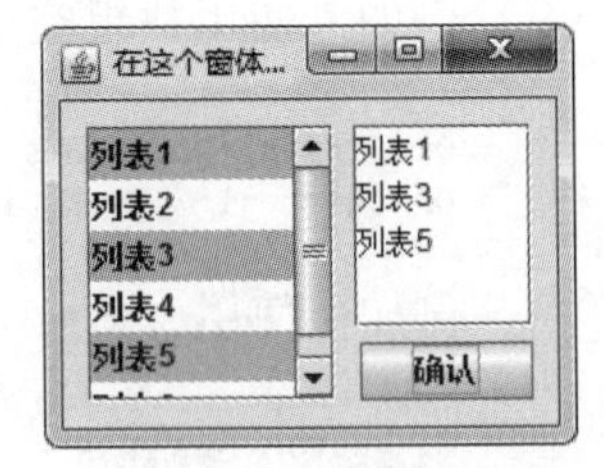

图 12.16　列表框的使用

12.8 文本组件

文本组件在开发 Swing 程序过程中经常被用到，尤其是文本框组件和密码框组件。使用文本组件可以很轻松地操作单行文字、多行文字、口令字段等文本内容。

12.8.1 JTextField 文本框组件

文本框组件由 JTextField 对象表示。JTextField 类的常用构造方法如下所示：

- public JTextField()：创建一个文本未被指定的文本框。
- public JTextField(String text)：创建一个指定文本的文本框。
- public JTextField(int fieldwidth)：创建一个指定列宽的文本框。
- public JTextField(String text, int fieldwidth)：创建一个指定文本和列宽的文本框。
- public JTextField(Document docModel, String text, int fieldWidth)：创建一个指定文本模型和列宽

的文本框。

如果要为一个文本未被指定的文本框设置文本内容，那么需要使用 setText() 方法。setText() 方法的语法如下所示：

```
public void setText(String t)
```

参数 t 表示文本框要显示的文本内容。

实例 12.16 清除文本框中的文本内容

实例位置：资源包 \Code\12\16

创建 JTextFieldTest 类，并继承 JFrame 类，在窗体中创建一个指定文本的文本框，当单击“清除”按钮时，文本框中的文本内容将被清除。代码如下所示：

```
01 import java.awt.*;
02 import java.awt.event.*;
03 import javax.swing.*;
04 public class JTextFieldTest extends JFrame {
05     public JTextFieldTest() {
06         Container c = getContentPane();                          // 获取窗体主容器
07         c.setLayout(new FlowLayout());
08         JTextField jt = new JTextField(" 请点击清除按钮 ");         // 设定文本框初始值
09         jt.setColumns(20);                                       // 设置文本框长度
10         jt.setFont(new Font(" 宋体 ", Font.PLAIN, 20));           // 设置字体
11         JButton jb = new JButton(" 清除 ");
12         jt.addActionListener(new ActionListener() {              // 为文本框添加回车事件
13             public void actionPerformed(ActionEvent arg0) {
14                 jt.setText(" 触发事件 ");                         // 设置文本框中的值
15             }
16         });
17         jb.addActionListener(new ActionListener() {              // 为按钮添加事件
18             public void actionPerformed(ActionEvent arg0) {
19                 System.out.println(jt.getText());                // 输出当前文本框的值
20                 jt.setText("");                                  // 将文本框置空
21                 jt.requestFocus();                               // 焦点回到文本框
22             }
23         });
24         c.add(jt);                                               // 窗体容器添加文本框
25         c.add(jb);                                               // 窗体添加按钮
26         setBounds(100, 100, 250, 110);
27         setVisible(true);
28         setDefaultCloseOperation(EXIT_ON_CLOSE);
29     }
30     public static void main(String[] args) {
31         new JTextFieldTest();
32     }
33 }
```

运行结果如图 12.17 所示。

图 12.17　清除文本框中的文本内容

12.8.2 JPasswordField 密码框

密码框组件由 JPasswordField 对象表示，其作用是把用户输入的字符串以某种符号进行加密。JPasswordField 类的常用构造方法如下所示：

- public JPasswordField()：创建一个文本未被指定的密码框。
- public JPasswordFiled(String text)：创建一个指定文本的密码框。
- public JPasswordField(int fieldwidth)：创建一个指定列宽的密码框。

- public JPasswordField(String text, int fieldwidth)：创建一个指定文本和列宽的密码框
- public JPasswordField(Document docModel, String text, int fieldWidth)：创建一个指定文本模型和列宽的密码框。

JPasswordField 类提供了 setEchoChar() 方法，这个方法被用于改变密码框的回显字符。setEchoChar() 方法的语法如下所示：

```
public void setEchoChar(char c)
```

参数 c 表示密码框要显示的回显字符。

例如，创建 JPasswordField 对象，并设置密码框的回显字符为“#”。代码如下所示：

```
01 JPasswordField jp = new JPasswordField();
02 jp.setEchoChar('#');                                   // 设置回显字符
```

那么，如何获取 JPasswordField 对象中的字符呢？代码如下所示：

```
01 JPasswordField passwordField = new JPasswordField();   // 密码框对象
02 char ch[] = passwordField.getPassword();               // 获取密码字符数组
03 String pwd = new String(ch);                           // 将字符数组转换为字符串
```

12.8.3 JTextArea 文本域

文本域组件由 JTextArea 对象表示，其作用是接受用户的多行文本输入。JTextArea 类的常用构造方法如下所示：

- public JTextArea()：创建一个文本未被指定的文本域。
- public JTextArea(String text)：创建一个指定文本的文本域。
- public JTextArea(int rows,int columns)：创建一个指定行高和列宽，但文本未被指定的文本域。
- public JTextArea(Document doc)：创建一个指定文档模型的文本域。
- public JTextArea(Document doc,String Text,int rows,int columns)：创建一个指定文档模型、文本内容以及行高和列宽的文本域。

JTextArea 类提供了一个 setLineWrap(boolean wrap) 方法，这个方法被用于设置文本域中的文本内容是否可以自动换行。如果参数 wrap 的值为 true，那么文本域中的文本内容会自动换行；否则不会自动换行。

此外，JTextArea 类还提供了一个 append(String str) 方法，这个方法被用于向文本域中添加文本内容。

实例 12.17　向文本域中添加文本内容　　实例位置：资源包 \Code\12\17

创建 JTextAreaTest 类，并继承 JFrame 类，在窗体中创建文本域对象，设置文本域自动换行，向文本域中添加文本内容。代码如下所示：

```
01 import java.awt.*;
02 import javax.swing.*;
03 public class JTextAreaTest extends JFrame {
04     public JTextAreaTest() {
05         setSize(200, 100);
06         setTitle("定义自动换行的文本域");
07         setDefaultCloseOperation(WindowConstants.DISPOSE_ON_CLOSE);
08         Container cp = getContentPane();                // 获取窗体主容器
```

```
09          // 创建一个文本内容为 " 文本域 "、行高和列宽均为 6 的文本域
10          JTextArea jt = new JTextArea(" 文本域 ", 6, 6);
11          jt.setLineWrap(true);                                // 可以自动换行
12          cp.add(jt);
13          setVisible(true);
14      }
15      public static void main(String[] args) {
16          new JTextAreaTest();
17      }
18 }
```

运行结果如图 12.18 所示。

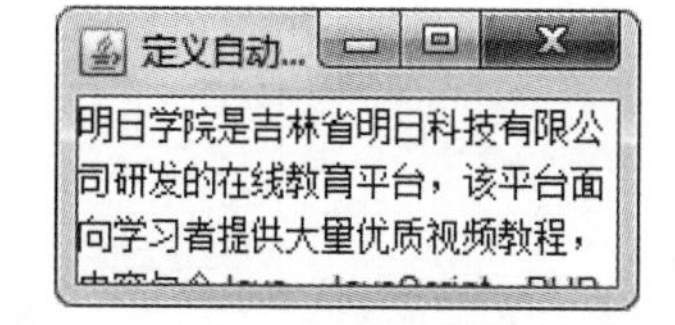

图 12.18　向文本域中添加文本内容

12.9　表格组件

Swing 表格由 JTable 对象表示，其作用是把数据以表格的形式显示给用户。本节将学习如何创建、定制、操纵表格等内容。

12.9.1　创建表格

JTable 类除提供了默认的构造方法外，还提供了被用于显示二维数组中的元素的构造方法，这个构造方法的语法如下所示：

```
JTable(Object[][] rowData, Object[] columnNames)
```

参数说明如下所示：

- rowData：存储表格数据的二维数组。
- columnNames：存储表格列名的一维数组。

在使用表格时，要先把表格添加到滚动面板，再把滚动面板添加到窗体的相应位置。

实例 12.18　一个具有滚动条的表格

实例位置：资源包 \Code\12\18

利用构造方法 JTable(Object[][] rowData, Object[] columnNames) 创建一个具有滚动条的表格。代码如下所示：

```
01 import java.awt.*;
02 import javax.swing.*;
03 public class JTableDemo extends JFrame {
04     public static void main(String args[]) {
05         JTableDemo frame = new JTableDemo();
06         frame.setVisible(true);
07     }
08     public JTableDemo() {
09         setTitle(" 创建可以滚动的表格 ");
10         setBounds(100, 100, 240, 150);
11         setDefaultCloseOperation(JFrame.EXIT_ON_CLOSE);
12         String[] columnNames = {"A", "B"};                 // 定义表格列名数组
13         // 定义表格数据数组
14         String[][] tableValues = {{"A1", "B1"}, {"A2", "B2"}, {"A3", "B3"},
15                 {"A4", "B4"}, {"A5", "B5"}};
16         // 创建指定列名和数据的表格
17         JTable table = new JTable(tableValues, columnNames);
18         // 创建显示表格的滚动面板
```

```
19          JScrollPane scrollPane = new JScrollPane(table);
20          // 将滚动面板添加到边界布局的中间
21          getContentPane().add(scrollPane, BorderLayout.CENTER);
22      }
23 }
```

运行结果如图 12.19 所示。当窗体的高度变小时，将出现滚动条，效果图如图 12.20 所示。

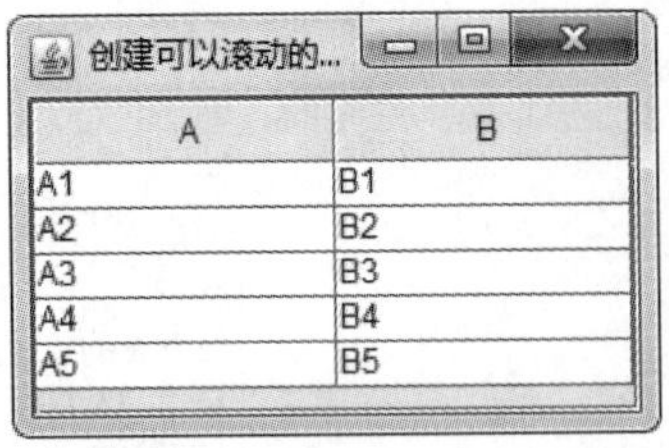

图 12.19　滚动条未出现的表格

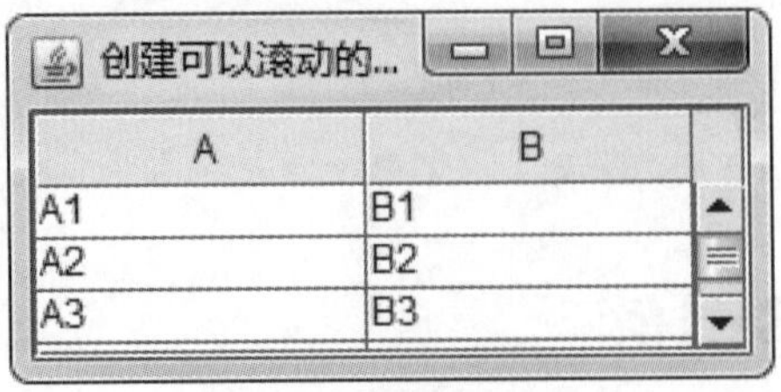

图 12.20　滚动条出现的表格

12.9.2　设置表格

表格被创建后，还需要根据具体的需求对其进行一系列的设置。表 12.7 中列出了 JTable 类中被用于设置表格的常用方法。

表 12.7　JTable 类中用来设置表格的常用方法

方法	说明
setRowHeight(int rowHeight)	设置表格的行高，默认为 16 像素
setRowSelectionAllowed(boolean sa)	设置是否允许选中表格行，默认为允许选中，设为 false 表示不允许选中
setSelectionMode(int sm)	设置表格行的选择模式
setSelectionBackground(Color bc)	设置表格选中行的背景色
setSelectionForeground(Color fc)	设置表格选中行的前景色（通常情况下为文字的颜色）
setAutoResizeMode(int mode)	设置表格的自动调整模式

实例 12.19　设置表格样式

实例位置：资源包 \Code\12\19

利用表 12.7 中的方法设置表格：选中行的背景色为黄色，文字颜色为红色，并且所有单元格的文本内容居中对齐。代码如下所示：

```
01 import java.awt.*;
02 import java.util.*;
03 import javax.swing.*;
04 import javax.swing.table.*;
05 public class JTableStylesDemo extends JFrame {
06     public static void main(String args[]) {
07         JTableStylesDemo frame = new JTableStylesDemo();
08         frame.setVisible(true);
09     }
10     public JTableStylesDemo() {
11         setTitle(" 设置表格 ");
12         setBounds(100, 100, 500, 375);
13         setDefaultCloseOperation(EXIT_ON_CLOSE);
14         final JScrollPane scrollPane = new JScrollPane();
```

```
15          getContentPane().add(scrollPane, BorderLayout.CENTER);
16          String[] columnNames = {"A", "B", "C", "D", "E", "F", "G"};
17          Vector<String> columnNameV = new Vector<>();
18          for (int column = 0; column < columnNames.length; column++) {
19              columnNameV.add(columnNames[column]);
20          }
21          Vector<Vector<String>> tableValueV = new Vector<>();
22          for (int row = 1; row < 21; row++) {
23              Vector<String> rowV = new Vector<String>();
24              for (int column = 0; column < columnNames.length; column++) {
25                  rowV.add(columnNames[column] + row);
26              }
27              tableValueV.add(rowV);
28          }
29          JTable table = new MTable(tableValueV, columnNameV);
30          // 关闭表格列的自动调整功能
31          table.setAutoResizeMode(JTable.AUTO_RESIZE_OFF);
32          // 选择模式为单选
33          table.setSelectionMode(ListSelectionModel.SINGLE_SELECTION);
34          // 被选择行的背景色为黄色
35          table.setSelectionBackground(Color.YELLOW);
36          // 被选择行的前景色（文字颜色）为红色
37          table.setSelectionForeground(Color.RED);
38          table.setRowHeight(30); // 表格的行高为 30 像素
39          scrollPane.setViewportView(table);
40      }
41      private class MTable extends JTable {            // 实现自己的表格类
42          public MTable(Vector<Vector<String>> rowData,
43                  Vector<String> columnNames) {
44              super(rowData, columnNames);
45          }
46          @Override
47          public JTableHeader getTableHeader() {       // 设置表格头
48              // 获得表格头对象
49              JTableHeader tableHeader = super.getTableHeader();
50              tableHeader.setReorderingAllowed(false); // 设置表格列不可重排
51              DefaultTableCellRenderer hr = (DefaultTableCellRenderer) tableHeader
52                      .getDefaultRenderer();           // 获得表格头的单元格对象
53              // 设置列名居中显示
54              hr.setHorizontalAlignment(DefaultTableCellRenderer.CENTER);
55              return tableHeader;
56          }
57          // 设置单元格
58          @Override
59          public TableCellRenderer getDefaultRenderer(Class<?> columnClass) {
60              // 获得表格的单元格对象
61              DefaultTableCellRenderer cr =
62                  (DefaultTableCellRenderer) super.getDefaultRenderer(columnClass);
63              // 设置单元格内容居中显示
64              cr.setHorizontalAlignment(DefaultTableCellRenderer.CENTER);
65              return cr;
66          }
67          @Override
68          public boolean isCellEditable(int row, int column) { // 表格不可编辑
69              return false;
70          }
71      }
72  }
```

运行结果如图 12.21 所示。

12.9.3　操纵表格

在开发 Swing 程序过程中，经常需要获得一些表格信息，例如表格的行数和列数等。JTable 类中经常被用于获得表格信息的 3 个方法如下所示：

- getRowCount()：获得表格的行数。
- getColumnCount()：获得表格的列数。
- getColumnName(int column)：获得指定索引位置的列名。

此外，表 12.8 中列出了经常被用于操纵表格中被选中行的方法。

图 12.21　设置表格样式

表 12.8　JTable 类中经常用来操纵表格被选中行的方法

方法	说明
setRowSelectionInterval(int from, int to)	选中行索引从 from（包含）到 to（包含）的所有行
addRowSelectionInterval(int from, int to)	将行索引从 from 到 to 的所有行追加为表格的选中行
isRowSelected(int row)	查看行索引为 row 的行是否被选中
selectAll()	选中表格中的所有行
clearSelection()	取消所有被选中行的被选中状态
getSelectedRowCount()	获得表格中被选中行的数量，返回值为 int 型；如果没有被选中的行，则返回 -1
getSelectedRow()	获得被选中行中最小的行索引值，返回值为 int 型，如果没有被选中的行，则返回 -1
getSelectedRows()	获得所有被选中行的索引值，返回值为 int 型数组

注意

由 JTable 类实现的表格的行索引和列索引均从 0 开始，即第一行的索引为 0，第二行的索引为 1，依此类推。

JTable 类还提供了一个用来移动表格列位置的方法，即 moveColumn(int column, int targetColumn) 方法。其中，参数 column 表示欲移动列的索引值，targetColumn 为目的列的索引值。移动表格列的具体执行方式如图 12.22 所示。

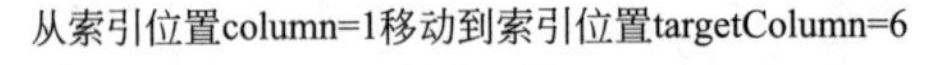

从索引位置column=1移动到索引位置targetColumn=6

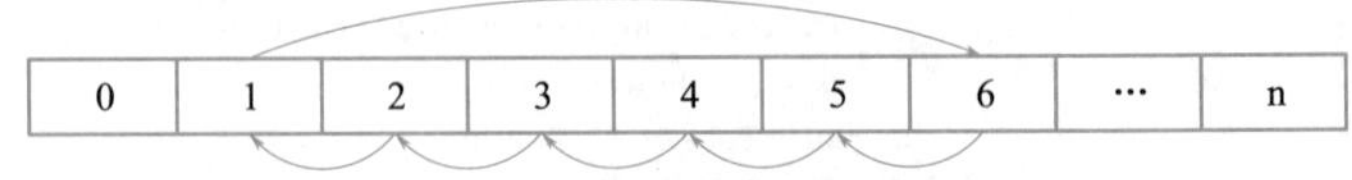

图 12.22　移动表格列的具体执行方式

实例 12.20　操作表格的被选中行

实例位置：资源包 \Code\12\20

使用表 12.8 中的方法操作表格的被选中行。代码如下所示：

```
01 import java.awt.*;
02 import java.awt.event.*;
03 import java.util.*;
```

```
04 import javax.swing.*;
05 public class SettingTableValues extends JFrame {
06     private JTable table;
07     public static void main(String args[]) {
08         SettingTableValues frame = new SettingTableValues();
09         frame.setVisible(true);
10     }
11     public SettingTableValues() {
12         setTitle("操纵表格");
13         setBounds(100, 100, 500, 375);
14         setDefaultCloseOperation(EXIT_ON_CLOSE);
15         final JScrollPane scrollPane = new JScrollPane();
16         getContentPane().add(scrollPane, BorderLayout.CENTER);
17         String[] columnNames = {"A", "B", "C", "D", "E", "F", "G"};
18         Vector<String> columnNameV = new Vector<>();
19         for (int column = 0; column < columnNames.length; column++) {
20             columnNameV.add(columnNames[column]);
21         }
22         Vector<Vector<String>> tableValueV = new Vector<>();
23         for (int row = 1; row < 21; row++) {
24             Vector<String> rowV = new Vector<>();
25             for (int column = 0; column < columnNames.length; column++) {
26                 rowV.add(columnNames[column] + row);
27             }
28             tableValueV.add(rowV);
29         }
30         table = new JTable(tableValueV, columnNameV);
31         table.setRowSelectionInterval(1, 3);                    // 设置选中行
32         table.addRowSelectionInterval(5, 5);                    // 添加选中行
33         scrollPane.setViewportView(table);
34         JPanel buttonPanel = new JPanel();
35         getContentPane().add(buttonPanel, BorderLayout.SOUTH);
36         JButton selectAllButton = new JButton("全部选择");
37         selectAllButton.addActionListener(new ActionListener() {
38             public void actionPerformed(ActionEvent e) {
39                 table.selectAll();                              // 选中所有行
40             }
41         });
42         buttonPanel.add(selectAllButton);
43         JButton clearSelectionButton = new JButton("取消选择");
44         clearSelectionButton.addActionListener(new ActionListener() {
45             public void actionPerformed(ActionEvent e) {
46                 table.clearSelection();                         // 取消所有选中行的选择状态
47             }
48         });
49         buttonPanel.add(clearSelectionButton);
50         System.out.println("表格共有" + table.getRowCount() + "行"
51                 + table.getColumnCount() + "列");
52         System.out.println("共有" + table.getSelectedRowCount() + "行被选中");
53         System.out.println("第3行的选择状态为:" + table.isRowSelected(2));
54         System.out.println("第5行的选择状态为:" + table.isRowSelected(4));
55         System.out.println("被选中的第一行的索引是:" + table.getSelectedRow());
56         int[] selectedRows = table.getSelectedRows();          // 获得所有被选中行的索引
57         System.out.print("所有被选中行的索引是:");
58         for (int row = 0; row < selectedRows.length; row++) {
59             System.out.print(selectedRows[row] + "  ");
60         }
61         System.out.println();
62         System.out.println("列移动前第2列的名称是:" + table.getColumnName(1));
63         System.out.println("列移动前第2行第2列的值是:" + table.getValueAt(1, 1));
64         table.moveColumn(1, 5);                                 // 将位于索引1的列移动到索引5处
65         System.out.println("列移动后第2列的名称是:" + table.getColumnName(1));
66         System.out.println("列移动后第2行第2列的值是:" + table.getValueAt(1, 1));
67     }
68 }
```

运行结果如图 12.23 所示，同时控制台将输出如图 12.24 所示的信息。其中，表格的第 2、3、4、6 行被选中，且列名为 B 的列从索引为 1 的位置移动到索引为 5 的位置上。当单击“全部选择”按钮时，将选中表格的所有行；当单击“取消选择”按钮时，将取消被选中行的被选中状态。

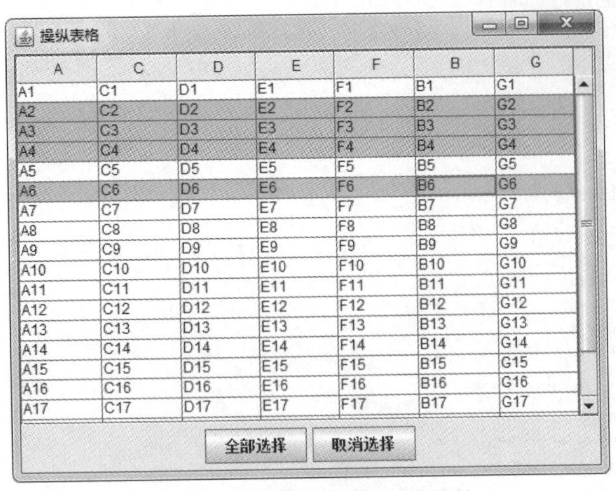

图 12.23 被选中指定行的表格

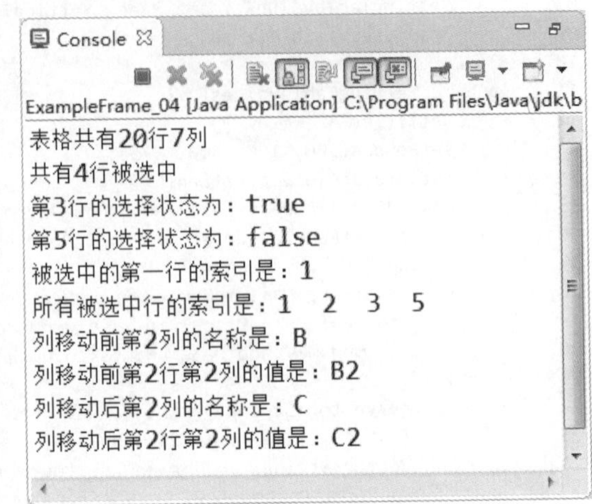

图 12.24 输出到控制台的信息

12.9.4 使用表格模型创建表格

Swing 使用 TableModel 接口定义了一个表格模型，AbstractTableModel 抽象类实现了 TableModel 接口的大部分方法，只有以下 3 个抽象方法没有实现：

- public int getRowCount()；
- public int getColumnCount()；
- public Object getValueAt(int rowIndex, int columnIndex)；

为了实现使用表格模型创建表格的功能，Swing 提供了表格模型类，即 DefaultTableModel 类。DefaultTableModel 类继承了 AbstractTableModel 抽象类且实现了上述 3 个抽象方法。DefaultTableModel 类提供的常用构造方法如表 12.9 所示。

表 12.9 DefaultTableModel 类提供的常用构造方法

构造方法	说明
DefaultTableModel()	创建一个 0 行 0 列的表格模型
DefaultTableModel(int rowCount, int columnCount)	创建一个 rowCount 行 columnCount 列的表格模型
DefaultTableModel(Object[][] data, Object[] columnNames)	按照数组中指定的数据和列名创建一个表格模型
DefaultTableModel(Vector data, Vector columnNames)	按照向量中指定的数据和列名创建一个表格模型

表格模型被创建后，使用 JTable 类的构造方法 JTable(TableModel dm) 即可创建表格。表格被创建后，还可以使用 setRowSorter() 方法为表格设置排序器：当单击表格的某一列的列头时，在这一列的列名后将出现▲标记，说明将按升序排列表格中的所有行；当再次单击这一列的列头时，标记将变为▼，说明按降序排列表格中的所有行。

表格排序器

实例位置：资源包 \Code\12\21

利用表格模型创建了一个表格，并对表格使用了表格排序器。代码如下所示：

```
01 import java.awt.*;
02 import javax.swing.*;
03 import javax.swing.table.*;
04 public class SortingTable extends JFrame {
05     private static final long serialVersionUID = 1L;
06     public static void main(String args[]) {
07         SortingTable frame = new SortingTable();
08         frame.setVisible(true);
09     }
10     public SortingTable() {
11         setTitle(" 表格模型与表格 ");
12         setBounds(100, 100, 500, 375);
13         setDefaultCloseOperation(JFrame.EXIT_ON_CLOSE);
14         JScrollPane scrollPane = new JScrollPane();
15         getContentPane().add(scrollPane, BorderLayout.CENTER);
16         String[] columnNames = {"A", "B"};              // 定义表格列名数组
17         // 定义表格数据数组
18         String[][] tableValues = {{"A1", "B1"}, {"A2", "B2"}, {"A3", "B3"}};
19         // 创建指定表格列名和表格数据的表格模型
20         DefaultTableModel tableModel = new DefaultTableModel(tableValues, columnNames);
21         JTable table = new JTable(tableModel);          // 创建指定表格模型的表格
22         table.setRowSorter(new TableRowSorter<>(tableModel));
23         scrollPane.setViewportView(table);
24     }
25 }
```

运行结果如图 12.25 所示。单击名称为 B 的列头，将得到如图 12.26 所示的效果，此时 B 列的数据按升序排列；再次单击名称为 B 的列头，将得到如图 12.27 所示的效果，此时 B 列的数据按降序排列。

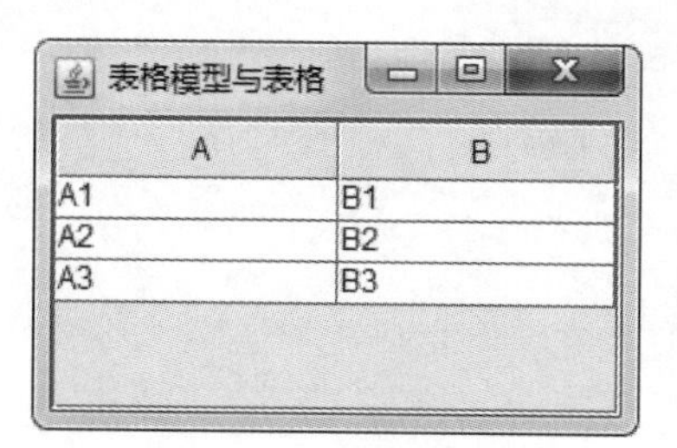

图 12.25　运行效果

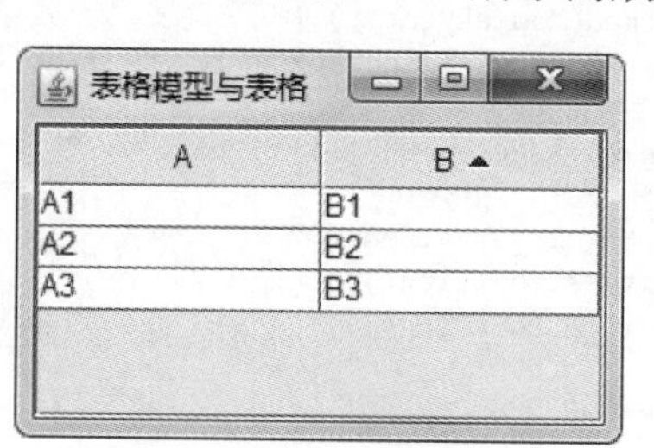

图 12.26　升序排列

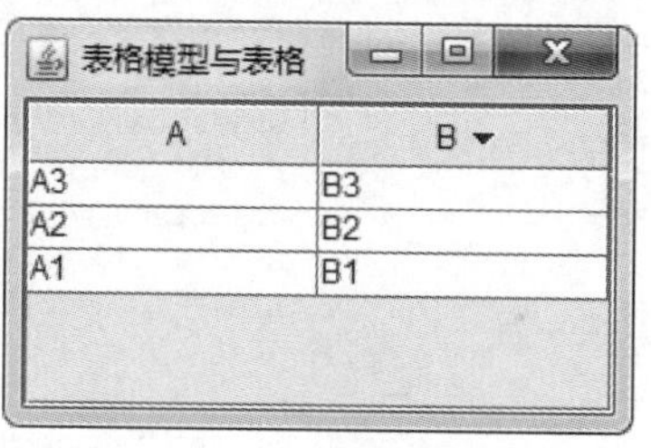

图 12.27　降序排列

12.9.5　维护表格模型

表格中的数据内容需要予以维护，例如使用 getValueAt() 方法获得表格中某一个单元格的值，使用 addRow() 方法向表格中添加新的行，使用 setValueAt() 方法修改表格中某一个单元格的值，使用 removeRow() 方法从表格中删除指定行等。

注意

当删除表格模型中的指定行时，每删除一行，其后所有行的索引值将相应地减 1，所以当连续删除多行时，需要注意对删除行索引的处理。

实例 12.22

维护表格模型

实例位置：资源包 \Code\12\22

本实例通过维护表格模型，实现了向表格中添加新的数据行，修改表格中某一单元格的值，以及从表格中删除指定的数据行。代码如下所示：

```
01 import java.awt.*;
02 import java.awt.event.*;
03 import javax.swing.*;
04 import javax.swing.table.*;
05 public class AddAndDeleteDemo extends JFrame {
06     private DefaultTableModel tableModel;               // 定义表格模型对象
07     private JTable table;                               // 定义表格对象
08     private JTextField aTextField;
09     private JTextField bTextField;
10     public static void main(String args[]) {
11         AddAndDeleteDemo frame = new AddAndDeleteDemo();
12         frame.setVisible(true);
13     }
14     public AddAndDeleteDemo() {
15         setTitle(" 维护表格模型 ");
16         setBounds(100, 100, 400, 200);
17         setDefaultCloseOperation(JFrame.EXIT_ON_CLOSE);
18         final JScrollPane scrollPane = new JScrollPane();
19         getContentPane().add(scrollPane, BorderLayout.CENTER);
20         String[] columnNames = {"A", "B"};              // 定义表格列名数组
21          // 定义表格数据数组
22         String[][] tableValues = {{"A1", "B1"}, {"A2", "B2"}, {"A3", "B3"}};
23         // 创建指定表格列名和表格数据的表格模型
24         tableModel = new DefaultTableModel(tableValues, columnNames);
25         table = new JTable(tableModel);                 // 创建指定表格模型的表格
26         table.setRowSorter(new TableRowSorter<>(tableModel)); // 设置表格的排序器
27         // 设置表格的选择模式为单选
28         table.setSelectionMode(ListSelectionModel.SINGLE_SELECTION);
29         // 为表格添加鼠标事件监听器
30         table.addMouseListener(new MouseAdapter() {
31             public void mouseClicked(MouseEvent e) {          // 发生了单击事件
32                 int selectedRow = table.getSelectedRow();     // 获得被选中行的索引
33                 // 从表格模型中获得指定单元格的值
34                 Object oa = tableModel.getValueAt(selectedRow, 0);
35                 // 从表格模型中获得指定单元格的值
36                 Object ob = tableModel.getValueAt(selectedRow, 1);
37                 aTextField.setText(oa.toString());            // 将值赋值给文本框
38                 bTextField.setText(ob.toString());            // 将值赋值给文本框
39             }
40         });
41         scrollPane.setViewportView(table);
42         JPanel panel = new JPanel();
43         getContentPane().add(panel, BorderLayout.SOUTH);
44         panel.add(new JLabel("A : "));
45         aTextField = new JTextField("A4", 10);
46         panel.add(aTextField);
47         panel.add(new JLabel("B : "));
48         bTextField = new JTextField("B4", 10);
49         panel.add(bTextField);
50         JButton addButton = new JButton(" 添加 ");
51         addButton.addActionListener(new ActionListener() {
52             public void actionPerformed(ActionEvent e) {
53                 String[] rowValues = {aTextField.getText(),
54                         bTextField.getText()};                // 创建表格行数组
55                 tableModel.addRow(rowValues);                 // 向表格模型中添加一行
56                 int rowCount = table.getRowCount() + 1;
57                 aTextField.setText("A" + rowCount);
58                 bTextField.setText("B" + rowCount);
59             }
60         });
61         panel.add(addButton);
62         JButton updButton = new JButton(" 修改 ");
63         updButton.addActionListener(new ActionListener() {
64             public void actionPerformed(ActionEvent e) {
65                 int selectedRow = table.getSelectedRow();     // 获得被选中行的索引
66                 if (selectedRow != -1) {                      // 判断是否存在被选中行
67                     // 修改表格模型当中的指定值
68                     tableModel.setValueAt(aTextField.getText(), selectedRow, 0);
```

```
69                  // 修改表格模型当中的指定值
70                  tableModel.setValueAt(bTextField.getText(), selectedRow, 1);
71              }
72          }
73      });
74      panel.add(updButton);
75      JButton delButton = new JButton(" 删除 ");
76      delButton.addActionListener(new ActionListener() {
77          public void actionPerformed(ActionEvent e) {
78              int selectedRow = table.getSelectedRow();       // 获得被选中行的索引
79              if (selectedRow != -1)                          // 判断是否存在被选中行
80                  tableModel.removeRow(selectedRow);          // 从表格模型当中删除指定行
81          }
82      });
83      panel.add(delButton);
84    }
85 }
```

运行结果如图 12.28 所示。其中，A、B 文本框分别用来编辑 A、B 列中单元格的数据内容。当单击“添加”按钮时，可以将编辑好的数据内容添加到表格；当选中表格的某一行时，在 A、B 文本框中将分别显示对应列的信息。重新编辑表格中某一个单元格的值后，单击“修改”按钮即可修改被选中的单元格的值；当单击“删除”按钮时，可以删除表格中被选中的行。

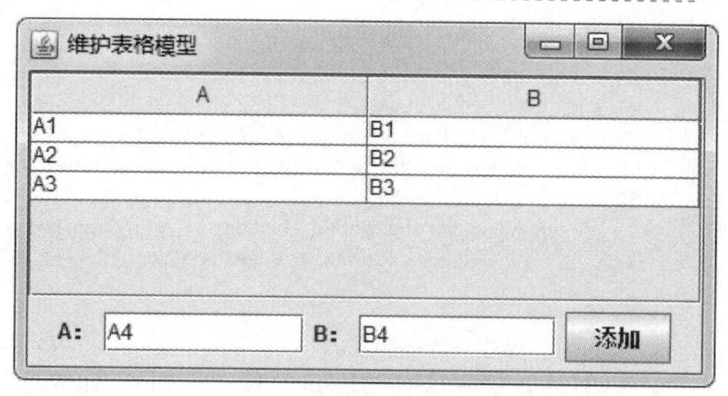

图 12.28　维护表格模型

12.9.6　创建具有行、列标题栏的表格

当窗体不能显示出表格的所有数据内容时，如果滚动水平、竖直方向上的滚动条，将会导致表格左侧、上方的数据内容不可见。为了大幅度提升表格的可读性，具有行、列标题栏的表格应运而生。

实例 12.23　具有行、列标题栏的表格

实例位置：资源包 \Code\12\23

本实例将实现一个具有行、列标题栏的表格。运行本实例后将得到如图 12.29 所示的窗体，在表格最左侧的“日期”列下方没有滚动条；移动水平滚动条后将得到如图 12.30 所示的效果，表格最左侧的“日期”列仍然可见。

提供行、列标题栏的表格

日期	商品1	商品2	商品3	商品4	商品
1	46	91	767	4	280
2	616	577	739	350	951
3	46	720	678	761	105
4	567	518	51	219	20
5	459	617	97	298	658
6	858	750	229	693	784
7	858	275	908	550	560
8	135	225	489	214	546
9	0	736	138	522	782
10	153	226	803	869	253
11	661	205	352	842	362
12	631	137	455	367	180
13	821	399	462	971	166
14	991	932	580	946	756
15	85	902	874	932	678

图 12.29　具有行、列标题栏的表格

提供行、列标题栏的表格

日期	品6	商品7	商品8	商品9	商品10
1		959	583	282	855
2		781	19	571	100
3		311	121	381	107
4		491	76	447	795
5		660	353	729	880
6		677	622	229	445
7		599	179	8	308
8		479	820	3	508
9		102	559	213	557
10		994	563	525	362
11		860	171	988	106
12		682	908	634	681
13		107	964	991	714
14		375	731	351	619
15		1	571	411	596

图 12.30　移动水平滚动条后的效果

实现本实例的关键步骤如下所示：

① 创建 MfixedColumnTable 类，并继承 JPanel 类，在类中声明 3 个属性。代码如下所示：

```
01 public class MfixedColumnTable  extends JPanel {
02     private Vector<String> columnNameV;                    // 表格列名数组
03     private Vector<Vector<Object>> tableValueV;            // 表格数据数组
04     private int fixedColumn = 1;                           // 固定列数量
05 }
```

② 创建用于最左侧列被固定的表格模型类 FixedColumnTableModel，并继承 AbstractTableModel 抽象类。FixedColumnTableModel 类除了需要实现 AbstractTableModel 抽象类的 3 个抽象方法外，还需要重构 getColumnName(int columnIndex) 方法。代码如下所示：

```
01 private class FixedColumnTableModel extends AbstractTableModel {
02     public int getColumnCount() {                              // 返回固定列的数量
03         return fixedColumn;
04     }
05     public int getRowCount() {                                 // 返回行数
06         return tableValueV.size();
07     }
08     public Object getValueAt(int rowIndex, int columnIndex) {// 返回指定单元格的值
09         return tableValueV.get(rowIndex).get(columnIndex);
10     }
11     public String getColumnName(int columnIndex) {             // 返回指定列的名称
12         return columnNameV.get(columnIndex);
13     }
14 }
```

③ 创建除最左侧列被固定，其他列可移动的表格模型类 FloatingColumnTableModel。FloatingColumnTableModel 类同样继承了 AbstractTableModel 抽象类，并实现了 AbstractTableModel 抽象类的 3 个抽象方法。此外，FloatingColumnTableModel 类还需要重构 getColumnName(int columnIndex) 方法。代码如下所示：

```
01 private class FloatingColumnTableModel extends AbstractTableModel {
02     private static final long serialVersionUID = 1L;
03     public int getColumnCount() {                                   // 返回可移动列的数量
04         return columnNameV.size() - fixedColumn;                    // 需要扣除固定列的数量
05     }
06     public int getRowCount() {                                      // 返回行数
07         return tableValueV.size();
08     }
09     public Object getValueAt(int rowIndex, int columnIndex) {       // 返回指定单元格的值
10         // 需要为列索引加上固定列的数量
11         return tableValueV.get(rowIndex).get(columnIndex + fixedColumn);
12     }
13     public String getColumnName(int columnIndex) {                  // 返回指定列的名称
14         // 需要为列索引加上固定列的数量
15         return columnNameV.get(columnIndex + fixedColumn);
16     }
17 }
```

注意

在处理与表格列有关的信息时，均需要在表格总列数的基础上减去固定列的数量。

④ 在 MfixedColumnTable 类中再声明 4 个属性。代码如下所示：

```
01 private JTable fixedColumnTable;                                     // 固定列表格对象
02 private FixedColumnTableModel fixedColumnTableModel;                 // 固定列表格模型对象
03 private JTable floatingColumnTable;                                  // 移动列表格对象
04 private FloatingColumnTableModel floatingColumnTableModel;           // 移动列表格模型对象
```

⑤ 为表格中的被选中行添加 MListSelectionListener 监听器：当选中表格可见部分的某一行时，会同步选中表格其他不可见部分的对应行。代码如下所示：

```
01 private class MListSelectionListener implements ListSelectionListener {
02     boolean isFixedColumnTable = true;                          // 默认由选中固定列表格中的行触发
03     public MListSelectionListener(boolean isFixedColumnTable) {
04         this.isFixedColumnTable = isFixedColumnTable;
05     }
06     public void valueChanged(ListSelectionEvent e) {
07         if (isFixedColumnTable) {                               // 由选中固定列表格中的行触发
08             int row = fixedColumnTable.getSelectedRow();        // 获得固定列表格中的选中行
09             // 同时选中右侧可移动列表格中的相应行
10             floatingColumnTable.setRowSelectionInterval(row, row);
11         } else {                                                // 由选中可移动列表格中的行触发
12             // 获得可移动列表格中的选中行
13             int row = floatingColumnTable.getSelectedRow();
14             // 同时选中左侧固定列表格中的相应行
15             fixedColumnTable.setRowSelectionInterval(row, row);
16         }
17     }
18 }
```

⑥ 当使用 MfixedColumnTable 类的构造方法时，需要传入 3 个参数，分别为存储表格列名的数组、存储表格数据的数组和固定列数量。代码如下所示：

```
01 public MfixedColumnTable(Vector<String> columnNameV,
02         Vector<Vector<Object>> tableValueV, int fixedColumn) {
03     setLayout(new BorderLayout());
04     this.columnNameV = columnNameV;
05     this.tableValueV = tableValueV;
06     this.fixedColumn = fixedColumn;
07     // 创建固定列表格模型对象
08     fixedColumnTableModel = new FixedColumnTableModel();
09     // 创建固定列表格对象
10     fixedColumnTable = new JTable(fixedColumnTableModel);
11     // 获得选择模型对象
12     ListSelectionModel fixed = fixedColumnTable.getSelectionModel();
13     // 选择模式为单选
14     fixed.setSelectionMode(ListSelectionModel.SINGLE_SELECTION);
15     // 添加行被选中的事件监听器
16     fixed.addListSelectionListener(new MListSelectionListener(true));
17     // 创建可移动列表格模型对象
18     floatingColumnTableModel = new FloatingColumnTableModel();
19     // 创建可移动列表格对象
20     floatingColumnTable = new JTable(floatingColumnTableModel);
21     // 关闭表格的自动调整功能
22     floatingColumnTable.setAutoResizeMode(JTable.AUTO_RESIZE_OFF);
23     // 获得选择模型对象
24     ListSelectionModel floating = floatingColumnTable.getSelectionModel();
25     // 选择模式为单选
26     floating.setSelectionMode(ListSelectionModel.SINGLE_SELECTION);
27     // 添加行被选中的事件监听器
28     MListSelectionListener listener = new MListSelectionListener(false);
29     floating.addListSelectionListener(listener);
30     JScrollPane scrollPane = new JScrollPane();                 // 创建一个滚动面板对象
31     // 将固定列表格头放到滚动面板的左上方
32     scrollPane.setCorner(JScrollPane.UPPER_LEFT_CORNER,
33             fixedColumnTable.getTableHeader());
34     // 创建一个用来显示基础信息的视口对象
35     JViewport viewport = new JViewport();
36     viewport.setView(fixedColumnTable);                         // 将固定列表格添加到视口中
37     // 设置视口的首选大小为固定列表格的首选大小
38     viewport.setPreferredSize(fixedColumnTable.getPreferredSize());
```

```
39     // 将视口添加到滚动面板的标题视口中
40     scrollPane.setRowHeaderView(viewport);
41     // 将可移动表格添加到默认视口
42     scrollPane.setViewportView(floatingColumnTable);
43     add(scrollPane, BorderLayout.CENTER);
44 }
```

⑦ 创建 Test 类，编写用于测试具有行、列标题栏的表格的测试类。具体代码如下所示：

```
01 import java.awt.BorderLayout;
02 import java.util.Vector;
03 import javax.swing.JFrame;
04 public class Test extends JFrame {
05     public static void main(String args[]) {
06         try {
07             Test frame = new Test();
08             frame.setVisible(true);
09         } catch (Exception e) {
10             e.printStackTrace();
11         }
12     }
13     public Test() {
14         setTitle(" 提供行、列标题栏的表格 ");
15         setBounds(100, 100, 500, 375);
16         setDefaultCloseOperation(JFrame.EXIT_ON_CLOSE);
17         Vector<String> columnNameV = new Vector<>();
18         columnNameV.add(" 日期 ");
19         for (int i = 1; i < 21; i++) {
20             columnNameV.add(" 商品 " + i);
21         }
22         Vector<Vector<Object>> tableValueV = new Vector<>();
23         for (int row = 1; row < 31; row++) {
24             Vector<Object> rowV = new Vector<>();
25             rowV.add(row);
26             for (int col = 0; col < 20; col++) {
27                 rowV.add((int) (Math.random() * 1000));
28             }
29             tableValueV.add(rowV);
30         }
31         MfixedColumnTable panel = new MfixedColumnTable(columnNameV,
32                 tableValueV, 1);
33         getContentPane().add(panel, BorderLayout.CENTER);
34     }
35 }
```

12.10 事件监听器

前文中一直在讲解组件，这些组件本身并不带有任何功能。例如，在窗体中定义一个按钮，当用户单击该按钮时，虽然按钮可以凹凸显示，但在窗体中并没有实现任何功能。这时需要为按钮添加特定事件监听器，该监听器负责处理用户单击按钮后实现的功能。本节将着重讲解 Swing 中常用的两个事件监听器，即动作事件监听器与焦点事件监听器。

12.10.1 动作事件

动作事件（ActionEvent）监听器是 Swing 中比较常用的事件监听器，很多组件的动作都会使用它监听，如按钮被单击。表 12.10 描述了动作事件监听器的接口与事件源。

表 12.10　动作事件监听器

事件名称	事件源	监听接口	添加或删除相应类型监听器的方法
ActionEvent	JButton、JList、JTextField 等	ActionListener	addActionListener()、removeActionListener()

下面以单击按钮事件为例来说明动作事件监听器，当用户单击按钮时，将触发动作事件。

实例 12.24　为按钮组件添加动作监听器

实例位置：资源包 \Code\12\24

创建 SimpleEvent 类，使该类继承 JFrame 类，在类中创建按钮组件，为按钮组件添加动作监听器，然后将按钮组件添加到窗体中。代码如下所示：

```
01 public class SimpleEvent extends JFrame{
02     private JButton jb=new JButton(" 我是按钮，单击我 ");
03     public SimpleEvent(){
04         setLayout(null);
05         … // 省略非关键代码
06         cp.add(jb);
07         jb.setBounds(10, 10,100,30);
08         // 为按钮添加一个实现 ActionListener 接口的对象
09         jb.addActionListener(new jbAction());
10     }
11     // 定义内部类实现 ActionListener 接口
12     class jbAction implements ActionListener{
13         // 重写 actionPerformed() 方法
14         public void actionPerformed(ActionEvent arg0) {
15             jb.setText(" 我被单击了 ");
16         }
17     }
18     …// 省略主方法
19 }
```

运行本实例，结果如图 12.31 所示。

图 12.31　按钮添加动作事件后的点击效果

在本实例中，为按钮设置了动作监听器。由于获取事件监听时需要获取实现 ActionListener 接口的对象，所以定义了一个内部类 jbAction 实现 ActionListener 接口，同时在该内部类中实现了 actionPerformed() 方法，也就是在 actionPerformed() 方法中定义当用户单击该按钮后实现怎样的功能。

12.10.2　键盘事件

当向文本框中输入内容时，将发生键盘事件。KeyEvent 类负责捕获键盘事件，可以通过为组件添加实现了 KeyListener 接口的监听器类来处理相应的键盘事件。

KeyListener 接口共有 3 个抽象方法，分别在发生击键事件（按下并释放键）、按键被按下（手指按下键但不松开）和按键被释放（手指从按下的键上松开）时被触发。KeyListener 接口的定义如下所示：

```
01 public interface KeyListener extends EventListener {
02     public void keyTyped(KeyEvent e);               // 发生击键事件时被触发
03     public void keyPressed(KeyEvent e);             // 按键被按下时被触发
04     public void keyReleased(KeyEvent e);            // 按键被释放时被触发
05 }
```

在每个抽象方法中均传入了 KeyEvent 类的对象，KeyEvent 类中比较常用的方法如表 12.11 所示。

表 12.11　KeyEvent 类中的常用方法

方法	功能简介
getSource()	用来获得触发此次事件的组件对象，返回值为 Object 类型
getKeyChar()	用来获得与此事件中的键相关联的字符
getKeyCode()	用来获得与此事件中的键相关联的整数 keyCode
getKeyText(int keyCode)	用来获得描述 keyCode 的标签，如 A、F1 和 HOME 等
isActionKey()	用来查看此事件中的键是否为“动作”键
isControlDown()	用来查看 Ctrl 键在此次事件中是否被按下，当返回 true 时表示被按下
isAltDown()	用来查看 Alt 键在此次事件中是否被按下，当返回 true 时表示被按下
isShiftDown()	用来查看 Shift 键在此次事件中是否被按下，当返回 true 时表示被按下

说明

在 KeyEvent 类中以“VK_”开头的静态常量代表各个按键的 keyCode，可以通过这些静态常量判断事件中的按键，获得按键的标签。

实例 12.25　模拟一个虚拟键盘

实例位置：资源包 \Code\12\25

通过键盘事件模拟一个虚拟键盘。首先需要自定义一个 addButtons 方法，用来将所有的按键添加到一个 ArrayList 集合中，然后添加一个 JTextField 组件，并为该组件添加 addKeyListener 事件监听，在该事件监听中重写 keyPressed 和 keyReleased 方法，分别用来在按下和释放键时执行相应的操作。代码如下所示：

```
01 Color green = Color.GREEN;       // 定义 Color 对象，用来表示按下键的颜色
02 Color white = Color.WHITE;       // 定义 Color 对象，用来表示释放键的颜色
03 ArrayList<JButton> btns = new ArrayList<JButton>(); // 定义一个集合，用来存储所有的按键 ID
04 // 自定义一个方法，用来将容器中的所有 JButton 组件添加到集合中
05 private void addButtons() {
06     for (Component cmp : contentPane.getComponents()) {      // 遍历面板中的所有组件
07         if (cmp instanceof JButton) {                        // 判断组件的类型是否为 JButton 类型
08             btns.add((JButton) cmp);                         // 将 JButton 组件添加到集合中
09         }
10     }
11 }
12 public KeyBoard() {                                          //KeyBoard 的构造方法
13     ……// 省略部分代码
14     textField = new JTextField();
15     textField.addKeyListener(new KeyAdapter() {              // 文本框添加键盘事件的监听
16         char word;                                           // 用于记录按下的字符
17         public void keyPressed(KeyEvent e) {                 // 按键被按下时被触发
18             word = e.getKeyChar();                           // 获取按下键表示的字符
19             for (int i = 0; i < btns.size(); i++) {          // 遍历存储按键 ID 的 ArrayList 集合
20                 // 判断按键是否与遍历到的按键的文本相同
21                 if (String.valueOf(word).equalsIgnoreCase(btns.get(i).getText())) {
22                     btns.get(i).setBackground(green);        // 将指定按键颜色设置为绿色
23                 }
24             }
25         }
26         public void keyReleased(KeyEvent e) {                // 按键被释放时被触发
27             word = e.getKeyChar();                           // 获取释放键表示的字符
28             for (int i = 0; i < btns.size(); i++) {          // 遍历存储按键 ID 的 ArrayList 集合
29                 // 判断按键是否与遍历到的按键的文本相同
30                 if (String.valueOf(word).equalsIgnoreCase(btns.get(i).getText())) {
31                     btns.get(i).setBackground(white);        // 将指定按键颜色设置为白色
```

```
32                }
33            }
34        }
35    });
36    panel.add(textField, BorderLayout.CENTER);
37    textField.setColumns(10);
38 }
```

运行本实例，将鼠标定位到文本框组件中，然后按下键盘上的按键，窗体中的相应按钮会变为绿色，释放按键时，相应按钮变为白色，效果如图 12.32 所示。

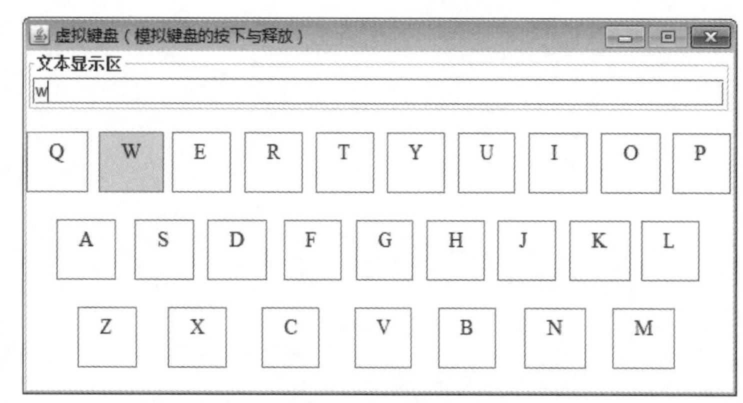

图 12.32　键盘事件

12.10.3　鼠标事件

所有组件都能发生鼠标事件，MouseEvent 类负责捕获鼠标事件，可以通过为组件添加实现了 MouseListener 接口的监听器类来处理相应的鼠标事件。

MouseListener 接口共有 5 个抽象方法，分别在光标移入或移出组件、鼠标按键被按下或释放和发生单击事件时被触发。所谓单击事件，就是按键被按下并释放。需要注意的是，如果按键是在移出组件之后才被释放，则不会触发单击事件。MouseListener 接口的定义如下所示：

```
01 public interface MouseListener extends EventListener {
02     public void mouseEntered(MouseEvent e);          // 光标移入组件时被触发
03     public void mousePressed(MouseEvent e);          // 鼠标按键被按下时被触发
04     public void mouseReleased(MouseEvent e);         // 鼠标按键被释放时被触发
05     public void mouseClicked(MouseEvent e);          // 发生单击事件时被触发
06     public void mouseExited(MouseEvent e);           // 光标移出组件时被触发
07 }
```

在每个抽象方法中均传入了 MouseEvent 类的对象，MouseEvent 类中比较常用的方法如表 12.12 所示。

表 12.12　MouseEvent 类中的常用方法

方法	功能简介
getSource()	用来获得触发此次事件的组件对象，返回值为 Object 类型
getButton()	用来获得代表此次按下、释放或单击的按键的 int 型值
getClickCount()	用来获得单击按键的次数

当需要判断触发此次事件的按键时，可以通过表 12.13 中的静态常量判断由 getButton() 方法返回的 int 型值代表的键。

表 12.13　MouseEvent 类中代表鼠标按键的静态常量

静态常量	常量值	代表的键
BUTTON1	1	代表鼠标左键
BUTTON2	2	代表鼠标滚轮
BUTTON3	3	代表鼠标右键

实例 12.26 如何使用鼠标事件监听器中各个方法

实例位置：资源包 \Code\12\26

通过本实例，演示鼠标事件监听器接口 MouseListener 中各个方法的使用场景，代码如下所示：

```
01 /**
02     * 判断按下的鼠标键，并输出相应提示
03     * @param e 鼠标事件
04     */
05 private void mouseOper(MouseEvent e){
06     int i = e.getButton();                              // 通过该值可以判断按下的是哪个键
07     if (i == MouseEvent.BUTTON1)
08         System.out.println(" 按下的是鼠标左键 ");
09     else if (i == MouseEvent.BUTTON2)
10         System.out.println(" 按下的是鼠标滚轮 ");
11     else if (i == MouseEvent.BUTTON3)
12         System.out.println(" 按下的是鼠标右键 ");
13 }
14 public MouseEvent_Example() {
15     ……                                                  // 省略部分代码
16     final JLabel label = new JLabel();
17     label.addMouseListener(new MouseListener() {
18         public void mouseEntered(MouseEvent e) {        // 光标移入组件时被触发
19             System.out.println(" 光标移入组件 ");
20         }
21         public void mousePressed(MouseEvent e) {        // 鼠标按键被按下时被触发
22             System.out.print(" 鼠标按键被按下，");
23             mouseOper(e);
24         }
25         public void mouseReleased(MouseEvent e) {       // 鼠标按键被释放时被触发
26             System.out.print(" 鼠标按键被释放，");
27             mouseOper(e);
28         }
29         public void mouseClicked(MouseEvent e) {        // 发生单击事件时被触发
30             System.out.print(" 单击了鼠标按键，");
31             mouseOper(e);
32             int clickCount = e.getClickCount();         // 获取鼠标单击次数
33             System.out.println(" 单击次数为 " + clickCount + " 下 ");
34         }
35         public void mouseExited(MouseEvent e) {         // 光标移出组件时被触发
36             System.out.println(" 光标移出组件 ");
37         }
38     });
39      ……                                                 // 省略部分代码
```

运行本实例，首先将光标移入窗体，然后单击鼠标左键，接着双击鼠标左键，最后将光标移出窗体，在控制台将得到如图 12.33 所示的信息。

注意

从图 12.33 中可以发现，当双击鼠标时，每一次点击鼠标将触发一次单击事件。

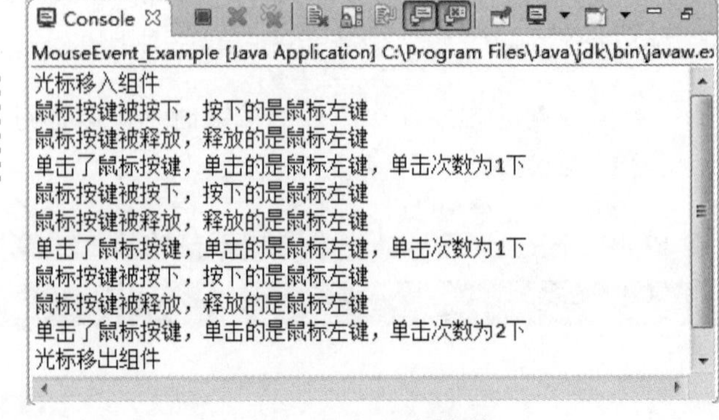

图 12.33　鼠标事件

12.11 综合实例——自定义最大化、最小化和关闭按钮

为了使初始界面更加美观，不仅需要设计窗体的外观，还需要设计窗体的最大化、最小化和关闭按

钮。本实例需要实现取消窗体修饰、按钮外观设置、改变窗体状态等功能。下面将依次对这些功能进行讲解。

（1）取消窗体修饰

JFrame 窗体默认采用本地系统的窗体修饰，这样会使窗体有标题栏以及标题栏上的所有按钮。但是有些情况需要开发人员根据需求自己定义窗体外观，这时就要禁止 JFrame 继承本地系统的窗体外观修饰，这可以通过 setUndecorated() 方法实现。该方法的声明如下所示：

```
public void setUndecorated(boolean undecorated)
```

- undecorated： 用于指定是否禁止采用本地系统对窗体的修饰，默认值为 false，如果该参数为 true，窗体将没有任何标题栏内容及窗体边框，它看上去像一块灰色的布料贴在屏幕上。

（2）设置按钮外观

按钮的外观一般需要设置其图标属性，这包括按钮按下与抬起的图标、鼠标经过的图标等。但设置图标无法达到预期效果，因为按钮原有外观与边框会显得不自然，所以要对按钮进行特殊设置。

除了 setIcon() 方法可以为鼠标设置普通状态图标之外，还可以设置按钮的其他状态图标，如设置鼠标经过按钮时显示的图标。这需要调用按钮的 setRolloverIcon() 方法，其方法声明如下所示：

```
public void setRolloverIcon(Icon rolloverIcon)
```

- rolloverIcon： 鼠标经过按钮时显示的图标对象。

要定义鼠标新的外观就必须取消原有外观的绘制，下面介绍关键方法。

```
button.setFocusPainted(false);
button.setBorderPainted(false);
button.setContentAreaFilled(false);
```

这 3 个方法分别取消按钮的焦点绘制、边框绘制及内容绘制，这样按钮就没有外观和任何效果了，就像窗体取消修饰效果一样。

（3）改变窗体状态

实例中自定义的最大化、最小化按钮都需要控制窗体的状态，这需要通过 JFrame 类的 setExtendedState() 方法来实现，其方法声明如下所示：

```
public void setExtendedState(int state)
```

- state： 该参数是位于 JFrame 类中的窗体状态常量，其可选值如表 12.14 所示。

表 12.14 **窗体状态常量说明**

枚举值	描述
ICONIFIED	最小化的窗口
NORMAL	默认大小的窗口
MAXIMIZED_HORIZ	水平方向最大化窗口
MAXIMIZED_VERT	垂直方向最大化窗口
MAXIMIZED_BOTH	水平与垂直方向都最大化的窗口

掌握了上述内容后，即可编写用于实现本实例的代码。

在项目中新建窗体类 ControlFormStatus。为窗体添加背景图片，在窗体右上角放置 3 个按钮，分别是最小化、最大化和关闭按钮。然后设置窗体的 Undecorated 属性为 true 来阻止窗体采用本机系统的修饰，这样窗体就没有标题栏和边框了。

编写最小化按钮的事件处理方法，在该方法中改变窗体的状态值为 ICONIFIED 最小化常量。代码如下所示：

```
01 protected void do_button_itemStateChanged(ActionEvent e) {
02       setExtendedState(JFrame.ICONIFIED); // 窗体最小化
03 }
```

编写关闭按钮的事件处理方法，在该方法中调用销毁窗体的方法，如果窗体是当前仅剩的唯一窗体，那么程序就会自动退出；如果存在执行业务处理的线程，那么会等待线程结束而关闭虚拟机。代码如下所示:


```
01 protected void do_button_2_actionPerformed(ActionEvent e) {
02       dispose(); // 销毁窗体
03 }
```

编写最大化按钮的事件处理方法，该按钮是JToggleButton按钮类的实例对象，所以它有选择与取消选择两种状态，在按钮处于选择状态时，应设置窗体最大化，而当按钮被取消选择时，恢复窗体原有大小。代码如下所示:

```
01 protected void do_button_1_itemStateChanged(ItemEvent e) {
02       if (e.getStateChange() == ItemEvent.SELECTED) {
03           setExtendedState(JFrame.MAXIMIZED_BOTH);   // 最大化窗体
04       } else {
05           setExtendedState(JFrame.NORMAL);           // 恢复普通窗体状态
06       }
07 }
```

编写自定义窗体标题栏面板的鼠标事件处理方法，当用户拖动自定义窗体标题栏时，应该实现窗体移动的效果。代码如下所示:

```
01 protected void do_topPanel_mousePressed(MouseEvent e) {
02       pressedPoint = e.getPoint();                  // 记录鼠标坐标
03   }
04   protected void do_topPanel_mouseDragged(MouseEvent e) {
05       Point point = e.getPoint();                   // 获取当前坐标
06       Point locationPoint = getLocation();          // 获取窗体坐标
07          // 计算移动后的新坐标
08       int x = locationPoint.x + point.x - pressedPoint.x;
09       int y = locationPoint.y + point.y - pressedPoint.y;
10       setLocation(x, y);                            // 改变窗体位置
11 }
```

本实例的运行结果如图 12.34 所示。

12.12 实战练习

① 使用键盘事件（↑：北，↓：南，←：西，→：东），查看十字路口的全景图。

② 窗体被激活时，窗体失去焦点，信号灯为红灯，此时玛丽奥原地不动；鼠标单击窗体使得窗体获得焦点后，信号灯转为绿灯，此时按下“→”控制玛丽奥向前移动。

图 12.34 运行结果

小结

本章对 Swing 程序设计的基础知识进行了详细讲解，包括 JFrame 窗体、JDialog 对话框、常用的布局管理器和面板、常用的组件、列表的操作、事件监听器等，本章的重点是各种组件的使用方法，这些方法要熟练掌握。通过对本章的学习，要能够自主设计基本的 Swing 窗体程序，并能够灵活运用各种组件完善窗体的功能，实现组件的事件处理。

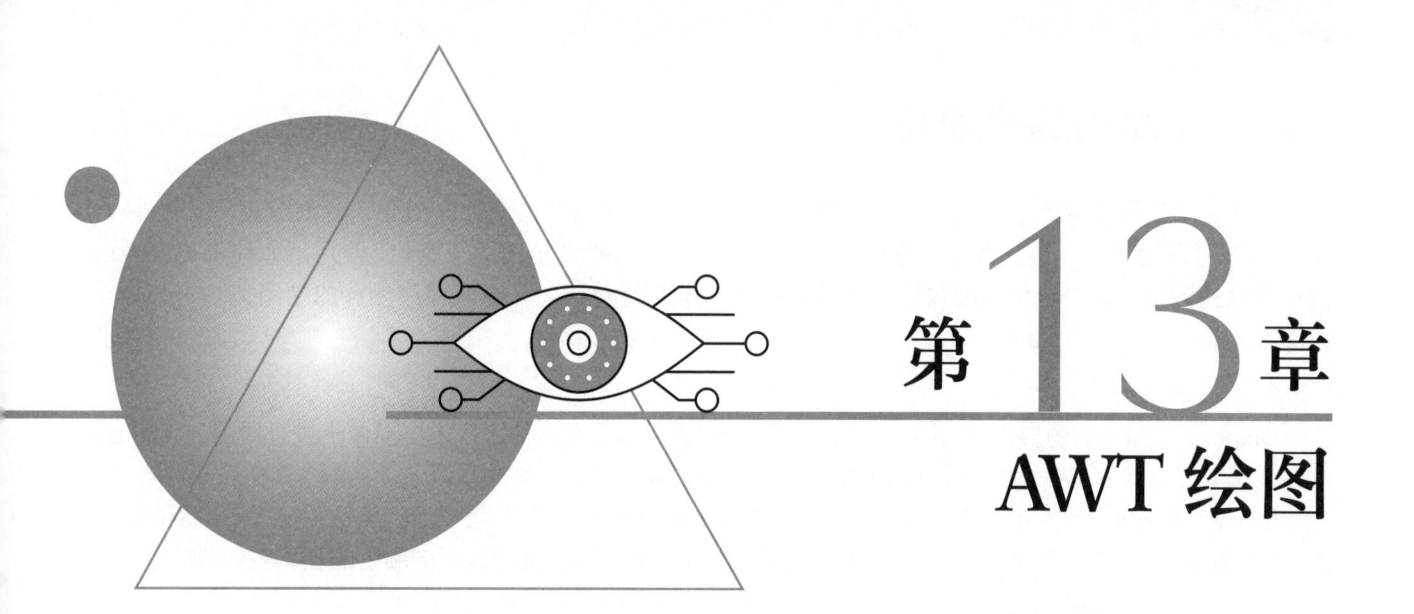

第13章 AWT绘图

要开发高级的应用程序就应该适当掌握图像处理相关的技术，使用它可以为程序提供数据统计、图表分析等功能，提高程序的交互能力。本章将介绍 Java 中的绘图技术。

本章的知识结构如下图所示：

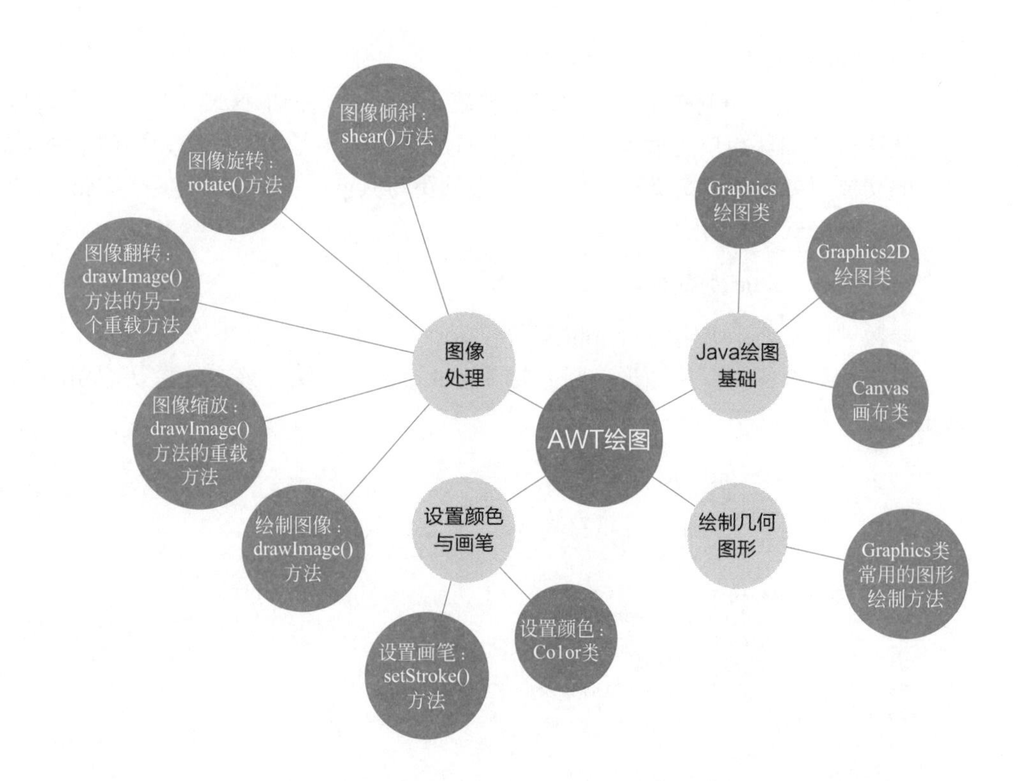

13.1 Java 绘图基础

绘图是高级程序设计中非常重要的技术，例如，应用程序需要绘制闪屏图像、背景图像、组件外观，Web 程序可以绘制统计图、数据库存储的图像资源等。正所谓“一图胜千言”，使用图像能够更好地表达程序运行的结果，进行细致的数据分析与保存等。本节将介绍 Java 语言程序设计的绘图类 Graphics 与 Graphics2D，及画布类 Canvas。

1. Graphics 绘图类

Graphics 类是所有图形上下文的抽象基类，它允许应用程序在组件以及闭屏图像上进行绘制。Graphics 类封装了 Java 支持的基本绘图操作所需的状态信息，主要包括颜色、字体、画笔、文本、图像等。

Graphics 类提供了绘图常用的方法，利用这些方法可以实现直线、矩形、多边形、椭圆、圆弧等形状和文本、图像的绘制操作。另外，在执行这些操作之前，还可以使用相应的方法，设置绘图的颜色和字体等状态属性。

2. Graphics2D 绘图类

使用 Graphics 类可以完成简单的图形绘制任务，但是它所实现的功能非常有限，如无法改变线条的粗细、不能对图像使用旋转和模糊等过滤效果。

Graphics2D 继承 Graphics 类，实现了功能更加强大的绘图操作的集合。由于 Graphics2D 类是 Graphics 类的扩展，也是推荐使用的 Java 绘图类，所以本章主要介绍如何使用 Graphics2D 类实现 Java 绘图。

说明

Graphics2D 是推荐使用的绘图类，但是程序设计中提供的绘图对象大多是 Graphics 类的实例对象，这时应该使用强制类型转换将其转换为 Graphics2D 类型。例如：

```
01 public void paint(Graphics g) {
02   Graphics2D g2 = (Graphics2D) g;   // 强制类型转换为 Graphics2D 类型
03 }
```

3. Canvas 画布类

Canvas 类是一个画布组件，它表示屏幕上一个空白矩形区域，应用程序可以在该区域内绘图，或者可以从该区域捕获用户的输入事件。使用 Java 在窗体中绘图时，必须创建继承 Canvas 类的子类，以获得有用的功能（如创建自定义组件），然后必须重写其 paint 方法，以便在 Canvas 上执行自定义图形，paint 方法的语法格式如下所示:

```
public void paint(Graphics g)
```

参数 g 用来表示指定的 Graphics 上下文。

另外，如果需要重绘图形，则需要调用 repaint() 方法，该方法是从 Component 继承的一个方法，用来重绘此组件，其语法格式如下所示:

```
public void repaint()
```

例如，创建一个画布，并重写其 paint 方法，代码如下所示:

```
01 class CanvasTest extends Canvas {                    // 创建画布
02   public void paint(Graphics g) {                    // 重写 paint 方法
03       Graphics2D g2 = (Graphics2D) g;                // 创建 Graphics2D 对象，用于画图
04       …// 绘制图形的代码
05   }
06 }
```

13.2 绘制几何图形

Java 可以分别使用 Graphics 和 Graphics2D 绘制图形，Graphics 类使用不同的方法实现不同图形的绘制，例如，drawLine() 方法可以绘制直线、drawRect() 方法用于绘制矩形、drawOval() 方法用于绘制椭圆形等。

Graphics 类常用的图形绘制方法如表 13.1 所示。

表 13.1　Graphics 类常用的图形绘制方法

方法	说明	举例	绘图效果
drawArc(int x, int y, int width, int height, int startAngle, int arcAngle)	弧形	drawArc(100,100,100,50,270,200);	
drawLine(int x1, int y1, int x2, int y2)	直线	drawLine(10,10,50,10); drawLine(30,10,30,40);	
drawOval(int x, int y, int width, int height)	椭圆	drawOval(10,10,50,30);	
drawPolygon(int[] xPoints, int[] yPoints, int nPoints)	多边形	int[] xs={10,50,10,50}; int[] ys={10,10,50,50}; drawPolygon(xs, ys, 4);	
drawPolyline(int[] xPoints, int[] yPoints, int nPoints)	多边线	int[] xs={10,50,10,50}; int[] ys={10,10,50,50}; drawPolyline(xs, ys, 4);	
drawRect(int x, int y, int width, int height)	矩形	drawRect(10, 10, 100, 50);	
drawRoundRect(int x, int y, int width, int height, int arcWidth, int arcHeight)	圆角矩形	drawRoundRect(10, 10, 50, 30,10,10);	
fillArc(int x, int y, int width, int height, int startAngle, int arcAngle)	实心弧形	fillArc(100,100,50,30,270,200);	
fillOval(int x, int y, int width, int height)	实心椭圆	fillOval(10,10,50,30);	
fillPolygon(int[] xPoints, int[] yPoints, int nPoints)	实心多边形	int[] xs={10,50,10,50}; int[] ys={10,10,50,50}; fillPolygon(xs, ys, 4);	
fillRect(int x, int y, int width, int height)	实心矩形	fillRect(10, 10, 50, 30);	
fillRoundRect(int x, int y, int width, int height, int arcWidth, int arcHeight)	实心圆角矩形	g.fillRoundRect(10, 10, 50, 30,10,10);	

Graphics2D 类是继承 Graphics 类编写的，它包含了 Graphics 类的绘图方法并添加了更强的功能，在创建绘图类时推荐使用该类。Graphics2D 可以分别使用不同的类来表示不同的形状，如 Line2D、Rectangle2D 等。

要绘制指定形状的图形，首先需要创建并初始化该图形类的对象，这些图形类必须是 Shape 接口的实现类，然后使用 Graphics2D 类的 draw() 方法绘制该图形对象或者使用 fill() 方法填充该图形对象，这两个方法的语法格式分别如下所示：

```
draw(Shape form)
fill(Shape form)
```

其中，form 是指实现 Shape 接口的对象。java.awt.geom 包中提供了如下一些常用的图形类，这些图形类都实现了 Shape 接口。

- Arc2D：所有存储 2D 弧度的对象的抽象超类，其中 2D 弧度由窗体矩形、起始角度、角跨越（弧的长度）和闭合类型（OPEN、CHORD 或 PIE）定义。

- CubicCurve2D： 定义 (x,y) 坐标空间内的三次参数曲线段。
- Ellipse2D： 描述窗体矩形定义的椭圆。
- Line2D：(x,y) 坐标空间中的线段。
- Path2D： 提供一个表示任意几何形状路径的简单而又灵活的形状。
- QuadCurve2D： 定义 (x,y) 坐标空间内的二次参数曲线段。
- Rectangle2D： 描述通过位置 (x,y) 和尺寸 (w x h) 定义的矩形。
- RoundRectangle2D： 定义一个矩形，该矩形具有由位置 (x,y)、尺寸 (w x h) 以及圆角弧的宽度和高度定义的圆角。

另外，还有一个实现 Cloneable 接口的 Point2D 类，该类定义了表示 (x,y) 坐标空间中位置的点。

注意

各图形类都是抽象类型的，在不同图形类中有 Double 和 Float 两个实现类，这两个实现类以不同精度构建图形对象。为方便计算，在程序开发中经常使用 Double 类的实例对象进行图形绘制，但是如果程序中要使用成千上万个图形，则建议使用 Float 类的实例对象进行绘制，这样会节省内存空间。

在 Java 程序中绘制图形的基本步骤如下：

① 创建 JFrame 窗体对象；
② 创建 Canvas 画布，并重写其 paint 方法；
③ 创建 Graphics2D 或者 Graphics 对象，推荐使用 Graphics2D；
④ 设置颜色及画笔（可选）；
⑤ 调用 Graphics2D 对象的相应方法绘制图形。

下面通过一个实例演示如何按照上述步骤在 Swing 窗体中绘制图形。

实例 13.1 绘制图形

实例位置：资源包 \Code\13\01

创建 DrawTest 类，在类中创建图形类的对象，然后使用 Graphics2D 类的对象调用从 Graphics 类继承的 drawOval 方法绘制一个圆形，调用从 Graphics 类继承的 fillRect 方法填充一个矩形，最后再分别使用 Graphics2D 类的 draw 方法和 fill 方法分别绘制一个矩形和填充一个圆形。代码如下所示：

```
01 import java.awt.*;
02 import java.awt.geom.*;
03 public class DrawTest extends JFrame {
04   public DrawTest() {
05       super();
06       initialize();                                      // 调用初始化方法
07   }
08   private void initialize() {                            // 初始化方法
09       this.setSize(300, 200);                            // 设置窗体大小
10       setDefaultCloseOperation(JFrame.EXIT_ON_CLOSE);    // 设置窗体关闭模式
11       add(new CanvasTest());                             // 设置窗体面板为绘图面板对象
12       this.setTitle(" 绘制几何图形 ");                    // 设置窗体标题
13   }
14   public static void main(String[] args) {               // 主方法
15       new DrawTest().setVisible(true);                   // 创建本类对象，让窗体可见
16   }
17   class CanvasTest extends Canvas {                      // 创建画布
18       public void paint(Graphics g) {
```

```
19            super.paint(g);
20            Graphics2D g2 = (Graphics2D) g;                    // 创建 Graphics2D 对象，用于画图
21            g2.drawOval(5, 5, 100, 100);                       // 调用从 Graphics 类继承的 drawOval 方法绘制圆形
22            g2.fillRect(15, 15, 80, 80);                       // 调用从 Graphics 类继承的 fillRect 方法填充矩形
23            Shape[] shapes = new Shape[2];                              // 声明图形数组
24            shapes[0] = new Rectangle2D.Double(110, 5, 100, 100);       // 创建矩形对象
25            shapes[1] = new Ellipse2D.Double(120, 15, 80, 80);          // 创建圆形对象
26            for (Shape shape : shapes) {                                // 遍历图形数组
27                Rectangle2D bounds = shape.getBounds2D();
28                if (bounds.getWidth() == 80)
29                    g2.fill(shape);                                     // 填充图形
30                else
31                    g2.draw(shape);                                     // 绘制图形
32            }
33        }
34    }
35 }
```

程序运行结果如图 13.1 所示。

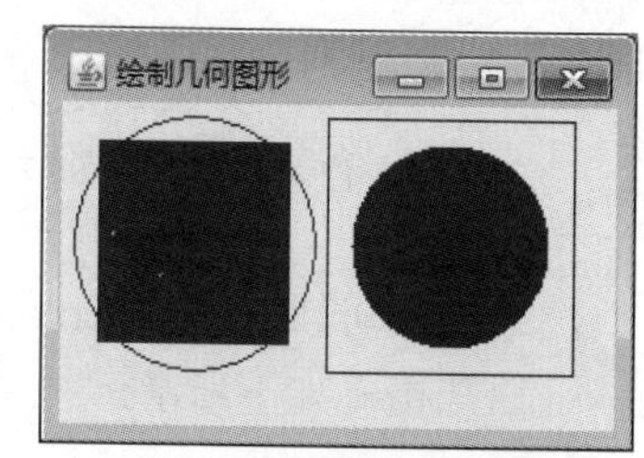

图 13.1　**绘制并填充几何图形**

13.3　设置颜色与画笔

Java 语言使用 java.awt.Color 类封装颜色的各种属性，并对颜色进行管理。另外，在绘制图形时还可以指定线条的粗细和虚实等画笔属性，该属性通过 Stroke 接口指定。本节对如何设置颜色与画笔进行详细讲解。

13.3.1　设置颜色

使用 Color 类可以创建任何颜色的对象，不用担心不同平台是否支持该颜色，因为 Java 以跨平台和与硬件无关的方式支持颜色管理。

创建 Color 对象的构造方法如下：

```
Color col = new Color(int r, int g, int b)
```

或

```
Color col = new Color(int rgb)
```

- r：该参数是三原色中红色的取值。
- g：该参数是三原色中绿色的取值。
- b：该参数是三原色中蓝色的取值。
- rgb：颜色值，该值是红、绿、蓝三原色的总和。

Color 类定义了常用色彩的常量值，如表 13.2 所示，这些常量都是静态的 Color 对象，可以直接使用这些常量值定义颜色对象。

表 13.2　**常用的 Color 常量**

常量名	颜色值
Color BLACK	黑色
Color BLUE	蓝色
Color CYAN	青色
Color DARK_GRAY	深灰色
Color GRAY	灰色

续表

常量名	颜色值
Color GREEN	绿色
Color LIGHT_GRAY	浅灰色
Color MAGENTA	洋红色
Color ORANGE	橘黄色
Color PINK	粉红色
Color RED	红色
Color WHITE	白色
Color YELLOW	黄色

说明

Color 类提供了大写和小写两种常量书写形势，它们表示的颜色是一样的，例如，Color.RED 和 Color.red 表示的都是红色，推荐使用大写。

绘图类可以使用 setColor() 方法设置当前颜色。

语法格式如下所示：

```
setColor(Color color);
```

其中，参数 color 是 Color 对象，代表一个颜色值，如红色、黄色或默认的黑色。

实例 13.2 绘制彩色的横线和竖线

实例位置：资源包 \Code\13\02

在窗口中绘制一条红色的横线和一条蓝色的竖线，代码如下所示：

```
01 import java.awt.*;
02 import javax.swing.JFrame;
03 public class ColorTest extends JFrame {
04     public ColorTest() {
05         setSize(200, 120);                                      // 设置窗体大小
06         setDefaultCloseOperation(JFrame.EXIT_ON_CLOSE);        // 设置窗体关闭模式
07         add(new CanvasTest());                                  // 设置窗体面板为绘图面板对象
08         setTitle(" 设置颜色 ");                                  // 设置窗体标题
09         setVisible(true);
10     }
11     public static void main(String[] args) {
12         new ColorTest();
13     }
14 }
15 class CanvasTest extends Canvas {                               // 创建自定义画布
16     public void paint(Graphics g) {                             // 重写 paint() 方法
17         Graphics2D g2 = (Graphics2D) g;                         // 转为 Graphics2D 对象，用于画图
18         g2.setColor(Color.RED);                                 // 设置颜色为红色
19         g2.drawLine(5, 30, 100, 30);                            // 绘制横线
20         g2.setColor(Color.BLUE);                                // 设置颜色为红色
21         g2.drawLine(30, 5, 30, 60);                             // 绘制竖线
22     }
23 }
```

说明

设置绘图颜色以后，再进行绘图或者绘制文本，都会采用该颜色作为前景色；如果想再绘制其他颜色的图形或文本，则需要再次调用 setColor() 方法设置其他颜色。

13.3.2 设置画笔

默认情况下，Graphics 绘图类使用的画笔属性是粗细为 1 个像素的正方形，而 Graphics2D 类可以调用 setStroke() 方法设置画笔的属性，如改变线条的粗细、虚实和定义线段端点的形状、风格等。

语法格式如下所示：

```
setStroke(Stroke stroke)
```

其中，参数 stroke 是 Stroke 接口的实现类。

setStroke() 方法必须接受一个 Stroke 接口的实现类作参数，java.awt 包中提供了 BasicStroke 类，它实现了 Stroke 接口，并且通过不同的构造方法创建不同画笔属性的对象。这些构造方法包括：

```
BasicStroke()
BasicStroke(float width)
BasicStroke(float width, int cap, int join)
BasicStroke(float width, int cap, int join, float miterlimit)
BasicStroke(float width, int cap, int join, float miterlimit, float[] dash, float dash_phase)
```

这些构造方法中的参数说明如表 13.3 所示。

表 13.3 参数说明

参数	说明
width	画笔宽度，此宽度必须大于或等于 0.0f。如果将宽度设置为 0.0f，则将画笔设置为当前设备的默认宽度
cap	线端点的装饰
join	应用在路径线段交汇处的装饰
miterlimit	斜接处的剪裁限制。该参数值必须大于或等于 1.0f
dash	表示虚线模式的数组
dash_phase	开始虚线模式的偏移量

cap 参数可以使用 CAP_BUTT、CAP_ROUND 和 CAP_SQUARE 常量，这 3 个常量属于 BasicStroke 类，它们对线端点的装饰效果如图 13.2 所示。

join 参数用于修饰线段交汇效果，可以使用 JOIN_BEVEL、JOIN_MITER 和 JOIN_ROUND 常量，这 3 个常量属于 BasicStroke 类，它们的效果如图 13.3 所示。

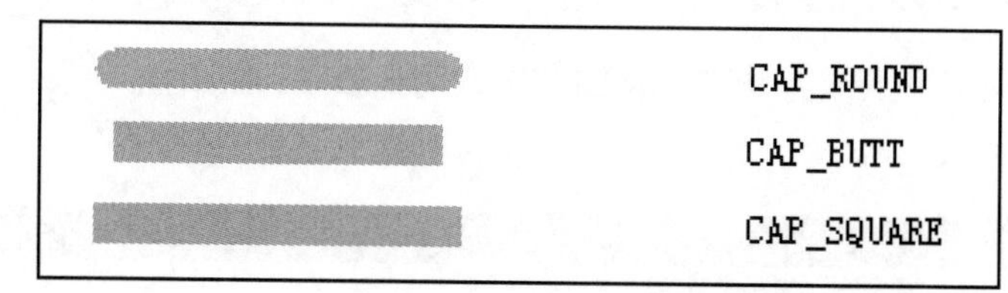

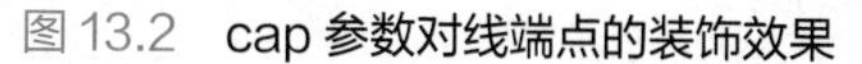
图 13.2 cap 参数对线端点的装饰效果

图 13.3 join 参数修饰线段交汇的效果

下面通过一个实例演示使用不同属性的画笔绘制线条的效果。

实例 13.3 使用不同的画笔绘制直线

实例位置：资源包 \Code\13\03

创建 StrokeTest 类，在类中创建图形类的对象，分别使用 BasicStroke 类的两种构造方法创建两个不同的画笔，然后分别使用这两个画笔绘制直线。代码如下所示：

```
01 import java.awt.*;
02 import javax.swing.JFrame;
03 public class StrokeTest extends JFrame {
04     public StrokeTest() {
05         setSize(200, 120);                                  // 设置窗体大小
06         setDefaultCloseOperation(JFrame.EXIT_ON_CLOSE);     // 设置窗体关闭模式
07         add(new CanvasTest());                              // 设置窗体面板为绘图面板对象
08         setTitle(" 设置画笔 ");                              // 调用初始化方法
09         setVisible(true);
10     }
11     public static void main(String[] args) {
12         new StrokeTest();
13     }
14 }
15 class CanvasTest extends Canvas {                           // 创建自定义画布
16     public void paint(Graphics g) {                         // 重写 paint() 方法
17         Graphics2D g2 = (Graphics2D) g;                     // 创建 Graphics2D 对象，用于画图
18         Stroke stroke = new BasicStroke(8);                 // 创建画笔，宽度为 8
19         g2.setStroke(stroke);                               // 设置画笔
20         g2.drawLine(20, 30, 120, 30);       // 调用从 Graphics 类继承的 drawLine 方法绘制直线
21         // 创建画笔，宽度为 12，线端点的装饰为 CAP_ROUND，应用在路径线段交汇处的装饰为 JOIN_BEVEL
22         Stroke roundStroke = new BasicStroke(12, BasicStroke.CAP_ROUND,
23                 BasicStroke.JOIN_BEVEL);
24         g2.setStroke(roundStroke);
25         g2.drawLine(20, 50, 120, 50);       // 调用从 Graphics 类继承的 drawLine 方法绘制直线
26     }
27 }
```

程序运行结果如图 13.4 所示。

图 13.4 设置画笔

13.4 图像处理

开发高级的桌面应用程序，必须掌握一些图像处理与动画制作的技术，比如在程序中显示统计图、销售趋势图、动态按钮等。本节将对使用 Java 对图像处理的方法进行详细讲解。

13.4.1 绘制图像

绘图类不仅可以绘制几何图形和文本，还可以绘制图像，用来将图像资源显示到上下文中，其语法格式如下所示：

```
drawImage(Image img, int x, int y, ImageObserver observer)
```

该方法将 img 图像显示在 x、y 指定的位置上，方法中涉及的参数说明如表 13.4 所示。

表 13.4 参数说明

参数	说明
img	要显示的图像对象
x	图像左上角的 x 坐标
y	图像左上角的 y 坐标
observer	当图像重新绘制时要通知的对象

说明

> Java 中默认支持的图像格式主要有 jpg（jpeg）、gif 和 png 这 3 种。

下面通过一个实例演示如何在画布绘制图片文件中的图像。

实例 13.4 绘制图像

实例位置：资源包 \Code\13\04

创建 DrawImage 类，使用 drawImage 方法在窗体中绘制图像，并使图像的大小保持不变。图片文件 img.png 放到项目中 src 源码文件夹下的默认包中，其位置如图 13.5 所示。

DrawImage 类的代码如下所示：

```
01 import java.awt.*;
02 import java.net.*;
03 import javax.swing.*;
04
05 public class DrawImage extends JFrame {
06     Image img; // 显示的图片
07
08     public DrawImage() {
09         URL imgUrl = DrawImage.class.getResource("img.png"); // 获取图片资源的路径
10         img = Toolkit.getDefaultToolkit().getImage(imgUrl);  // 获取图片资源
11         this.setSize(500, 250);                              // 设置窗体大小
12         setDefaultCloseOperation(JFrame.EXIT_ON_CLOSE);      // 设置窗体关闭模式
13         add(new CanvasPanel());                              // 设置窗体面板为绘图面板对象
14         this.setTitle(" 绘制图片 ");                          // 设置窗体标题
15     }
16
17     public static void main(String[] args) {
18         new DrawImage().setVisible(true);
19     }
20
21     class CanvasPanel extends Canvas {
22         public void paint(Graphics g) {
23             Graphics2D g2 = (Graphics2D) g;
24             g2.drawImage(img, 0, 0, this);                   // 显示图片
25         }
26     }
27 }
```

程序运行结果如图 13.6 所示。

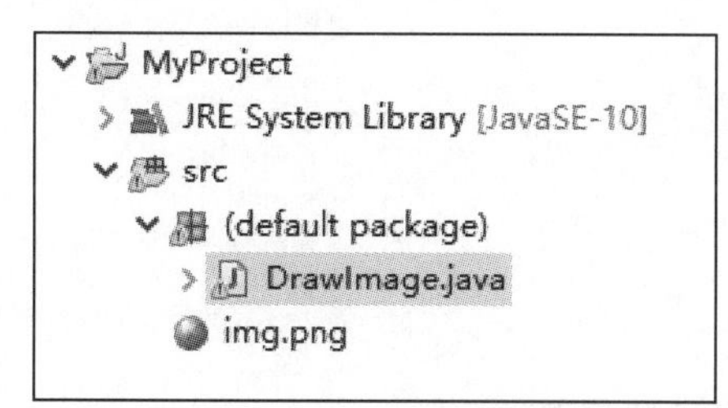

图 13.5　图片文件和与 Java 文件在项目中的位置

图 13.6　在窗体中绘制图像

13.4.2　图像缩放

在 13.4.1 节讲解绘制图像时，使用了 drawImage() 方法将图像以原始大小显示在窗体中，要想实现图

像的放大与缩小，则需要使用它的重载方法。

语法格式如下所示：

```
drawImage(Image img, int x, int y, int width, int height, ImageObserver observer)
```

该方法将 img 图像显示在 x、y 指定的位置上，并指定图像的宽度和高度属性，方法中涉及的参数说明如表 13.5 所示。

表 13.5 参数说明

参数	说明
img	要显示的图像对象
x	图像左上角的 x 坐标
y	图像左上角的 y 坐标
width	图像的宽度
height	图像的高度
observer	当图像重新绘制时要通知的对象

下面通过一个实例演示通过 drawImage() 方法放大和缩小图片效果。

实例 13.5 放大和缩小图像

实例位置：资源包 \Code\13\05

创建 ZoomImage 类，在窗体中显示原始大小的图像，然后通过两个按钮的单击事件，分别显示该图像放大与缩小后的效果。代码如下所示：

```
01 import java.awt.*;
02 import javax.swing.*;
03 public class ZoomImage extends JFrame {
04   private int imgWidth, imgHeight;                                  // 定义图像的宽和高
05   private double num;                                               // 图片变化增量
06   private JPanel jPanImg = null;                                    // 显示图像的面板
07   private JPanel jPanBtn = null;                                    // 显示控制按钮的面板
08   private JButton jBtnBig = null;                                   // 放大按钮
09   private JButton jBtnSmall = null;                                 // 缩小按钮
10   private CanvasTest canvas = null;                                 // 绘图面板
11   public ZoomImage() {
12       initialize();                                                 // 调用初始化方法
13   }
14   private void initialize() {                                       // 界面初始化方法
15       this.setBounds(100, 100, 500, 420);                           // 设置窗体大小和位置
16       setDefaultCloseOperation(JFrame.EXIT_ON_CLOSE);               // 设置窗体关闭模式
17       this.setTitle(" 图像缩放 ");                                   // 设置窗体标题
18       jPanImg = new JPanel();                                       // 主容器面板
19       canvas = new CanvasTest();                                    // 获取画布
20       jPanImg.setLayout(new BorderLayout());                        // 主容器面板
21       jPanImg.add(canvas, BorderLayout.CENTER);                     // 将画布放到面板中央
22       setContentPane(jPanImg);                                      // 将主容器面板作为窗体容器
23       jBtnBig = new JButton(" 放大 (+)");                            // 放大按钮
24       jBtnBig.addActionListener(new java.awt.event.ActionListener() {
25           public void actionPerformed(java.awt.event.ActionEvent e) {
26               num += 20;                                            // 设置正整数增量，每次点击图片宽高加 20
27               canvas.repaint();                                     // 重绘放大的图像
28           }
29       });
30       jBtnSmall = new JButton(" 缩小 (-)");                          // 缩小按钮
31       jBtnSmall.addActionListener(new java.awt.event.ActionListener() {
```

```
32         public void actionPerformed(java.awt.event.ActionEvent e) {
33             num -= 20;                                          // 设置负整数增量，每次点击图片宽高减 20
34             canvas.repaint();                                   // 重绘缩小的图像
35         }
36     });
37     jPanBtn = new JPanel();                                     // 按钮面板
38     jPanBtn.setLayout(new FlowLayout());                        // 采用流式布局
39     jPanBtn.add(jBtnBig);                                       // 添加按钮
40     jPanBtn.add(jBtnSmall);                                     // 添加按钮
41     jPanImg.add(jPanBtn, BorderLayout.SOUTH);                   // 放到容器底部
42 }
43 public static void main(String[] args) {                        // 主方法
44     new ZoomImage().setVisible(true);                           // 创建主类对象并显示窗体
45 }
46 class CanvasTest extends Canvas {                               // 创建画布
47     public void paint(Graphics g) {                             // 重写 paint 方法，用来重绘图像
48         // 使用 ImageIcon 类获取图片资源，图片文件在项目的 src 源码文件夹的默认包中
49         Image img = new ImageIcon("src/img.png").getImage();
50         imgWidth = img.getWidth(this);                          // 获取图像宽度
51         imgHeight = img.getHeight(this);                        // 获取图像高度
52         int newW = (int) (imgWidth + num);                      // 计算图像放大后的宽度
53         int newH = (int) (imgHeight + num);                     // 计算图像放大后的高度
54         g.drawImage(img, 0, 0, newW, newH, this);               // 绘制指定大小的图像
55     }
56 }
57 }
```

说明

repaint() 方法将调用 paint() 方法，实现组件或画布的重画功能，类似于界面刷新。

运行程序，效果如图 13.7 所示，单击“放大 (+)”按钮，效果如图 13.8 所示，单击“缩小 (-)”按钮，效果如图 13.9 所示。

图 13.7　原始效果

图 13.8　图像放大效果

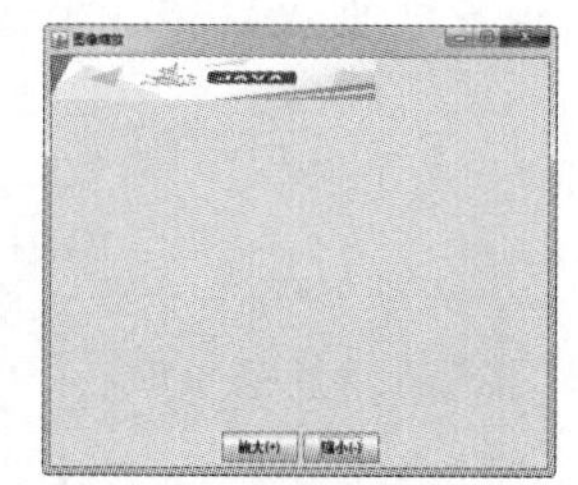
图 13.9　图像缩小效果

13.4.3　图像翻转

图像的翻转需要使用 drawImage() 方法的另一个重载方法。

语法格式如下所示：

```
drawImage(Image img, int dx1, int dy1, int dx2, int dy2, int sx1, int sy1, int sx2, int sy2, ImageObserver
observer)
```

此方法总是用非缩放的图像来呈现缩放的矩形，并动态地执行所需的缩放。此操作不使用缓存的缩放图像。执行图像从源到目标的缩放，要将源矩形的第一个坐标映射到目标矩形的第一个坐标，源矩形的第二个坐标映射到目标矩形的第二个坐标，按需要缩放和翻转子图像以保持这些映射关系。方法中涉及的参数说明如表 13.6 所示。

表 13.6 **参数说明**

参数	说明
img	要绘制的指定图像
dx1	目标矩形第一个位置的 x 坐标
dy1	目标矩形第一个位置的 y 坐标
dx2	目标矩形第二个位置的 x 坐标
dy2	目标矩形第二个位置的 y 坐标
sx1	源矩形第一个位置的 x 坐标
sy1	源矩形第一个位置的 y 坐标
sx2	源矩形第二个位置的 x 坐标
sy2	源矩形第二个位置的 y 坐标
observer	当图像重新绘制时要通知的对象

源矩形的第一个坐标和第二个坐标指的就是图片未翻转之前，左上角的坐标和右下角的坐标，如图 13.10 所示的 (a,b) 和 (c,d)。当图片水平翻转之后，原左上角的点会移动到右上角位置，右下角的点会移动到左下角位置，如图 13.11 所示，此时的 (a,b) 和 (c,d) 的值会发生改变，改变之后的坐标就是目标矩形的第一个坐标和第二个坐标。

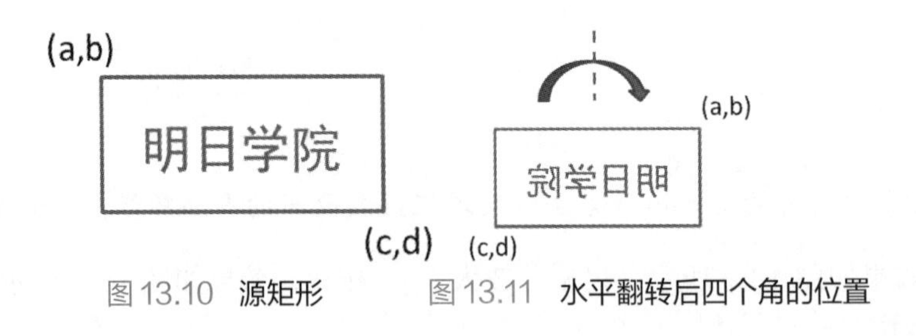

图 13.10 **源矩形**　　图 13.11 **水平翻转后四个角的位置**

同样，让源矩形做垂直翻转，坐标变化如图 13.12 所示，让源矩形做 360 度翻转，坐标变化如图 13.13 所示。

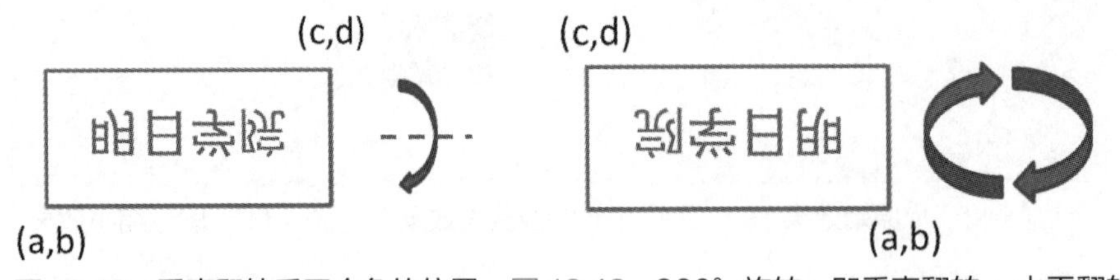

图 13.12 **垂直翻转后四个角的位置**　图 13.13 **360° 旋转，即垂直翻转 + 水平翻转**

下面通过一个实例来演示如何使用代码翻转图像。

实例 13.6 翻转图像

实例位置：资源包 \Code\13\06

创建一个窗体，并展示一张图片。图片下方有两个按钮：水平翻转、垂直翻转。单击按钮之后，窗体中的图片会做出相应的翻转。代码如下所示：

```
01 import java.awt.*;
02 import java.net.URL;
```

```
03 import javax.swing.*;
04 public class PartImage extends JFrame {
05     private Image img;
06     private int dx1, dy1, dx2, dy2;
07     private int sx1, sy1, sx2, sy2;
08     private JPanel jPanel = null;
09     private JPanel jPanel1 = null;
10     private JButton jButton = null;
11     private JButton jButton1 = null;
12     private MyCanvas canvasPanel = null;
13     private int imageWidth = 473;                              // 图片宽
14     private int imageHeight = 200;                             // 图片高
15 
16     public PartImage() {
17         initialize();                                          // 调用初始化方法
18         dx2 = sx2 = imageWidth;                                // 初始化图像大小
19         dy2 = sy2 = imageHeight;
20     }
21 
22     // 界面初始化方法
23     private void initialize() {
24         URL imgUrl = PartImage.class.getResource("img.png"); // 获取图片资源的路径
25         img = Toolkit.getDefaultToolkit().getImage(imgUrl);  // 获取图片资源
26         this.setBounds(100, 100, 500, 250);                   // 设置窗体大小和位置
27         this.setContentPane(getJPanel());
28         setDefaultCloseOperation(JFrame.EXIT_ON_CLOSE);       // 设置窗体关闭模式
29         this.setTitle(" 图片翻转 ");                           // 设置窗体标题
30     }
31 
32     // 获取内容面板的方法
33     private JPanel getJPanel() {
34         if (jPanel == null) {
35             jPanel = new JPanel();
36             jPanel.setLayout(new BorderLayout());
37             jPanel.add(getControlPanel(), BorderLayout.SOUTH);
38             jPanel.add(getMyCanvas1(), BorderLayout.CENTER);
39         }
40         return jPanel;
41     }
42 
43     // 获取按钮控制面板的方法
44     private JPanel getControlPanel() {
45         if (jPanel1 == null) {
46             GridBagConstraints gridBagConstraints = new GridBagConstraints();
47             gridBagConstraints.gridx = 1;
48             gridBagConstraints.gridy = 0;
49             jPanel1 = new JPanel();
50             jPanel1.setLayout(new GridBagLayout());
51             jPanel1.add(getJButton(), new GridBagConstraints());
52             jPanel1.add(getJButton1(), gridBagConstraints);
53         }
54         return jPanel1;
55     }
56 
57     // 获取水平翻转按钮
58     private JButton getJButton() {
59         if (jButton == null) {
60             jButton = new JButton();
61             jButton.setText(" 水平翻转 ");
62             jButton.addActionListener(new java.awt.event.ActionListener() {
63                 public void actionPerformed(java.awt.event.ActionEvent e) {
64                     sx1 = Math.abs(sx1 - imageWidth);      // 横坐标水平互换
65                     sx2 = Math.abs(sx2 - imageWidth);
66                     canvasPanel.repaint();
```

```
67                }
68            });
69        }
70        return jButton;
71    }
72
73    // 获取垂直翻转按钮
74    private JButton getJButton1() {
75        if (jButton1 == null) {
76            jButton1 = new JButton();
77            jButton1.setText(" 垂直翻转 ");
78            jButton1.addActionListener(new java.awt.event.ActionListener() {
79                public void actionPerformed(java.awt.event.ActionEvent e) {
80                    sy1 = Math.abs(sy1 - imageHeight);   // 纵坐标垂直互换
81                    sy2 = Math.abs(sy2 - imageHeight);
82                    canvasPanel.repaint();
83                }
84            });
85        }
86        return jButton1;
87    }
88
89    // 获取画板面板
90    private MyCanvas getMyCanvas1() {
91        if (canvasPanel == null) {
92            canvasPanel = new MyCanvas();
93        }
94        return canvasPanel;
95    }
96
97    // 画板
98    class MyCanvas extends JPanel {
99        public void paint(Graphics g) {
100           // 绘制指定大小的图片
101           g.drawImage(img, dx1, dy1, dx2, dy2, sx1, sy1, sx2, sy2, this);
102        }
103    }
104
105    // 主方法
106    public static void main(String[] args) {
107        new PartImage().setVisible(true);
108    }
109 }
```

运行结果如图 13.14、图 13.15 和图 13.16 所示。

图 13.14　原图效果

图 13.15　水平翻转效果

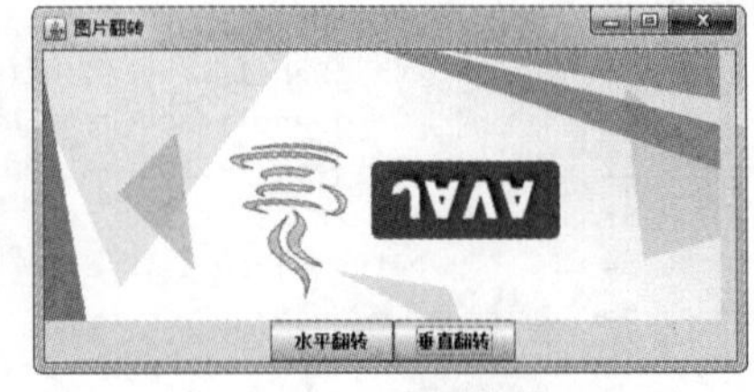
图 13.16　垂直翻转效果

13.4.4　图像旋转

图像的旋转需要调用 Graphics2D 类的 rotate() 方法，该方法将根据指定的弧度旋转图像。

语法格式如下所示:

```
rotate(double theta)
```

其中，theta 是指旋转的弧度。

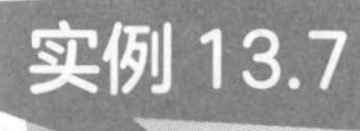

该方法只接受旋转的弧度作为参数，可以使用 Math 类的 toRadians() 方法将角度转换为弧度。toRadians() 方法接收角度值作为参数，返回值是转换完毕的弧度值。

下面通过一个实例演示图像旋转效果。

实例 13.7 旋转图像

实例位置：资源包 \Code\13\07

在窗体中绘制 3 个旋转后的图像，每个图像的旋转角度值为 5，代码如下所示：

```
01 import java.awt.*;
02 import java.net.URL;
03 import javax.swing.*;
04 public class RotateImage extends JFrame {
05     private Image img;
06     private MyCanvas canvasPanel = null;
07
08     public RotateImage() {
09         initialize();                                      // 调用初始化方法
10     }
11
12     private void initialize() {                            // 界面初始化方法
13         // 获取图片资源的路径
14         URL imgUrl = RotateImage.class.getResource("img.png");
15         img = Toolkit.getDefaultToolkit().getImage(imgUrl);   // 获取图片资源
16         canvasPanel = new MyCanvas();
17         setBounds(100, 100, 400, 370);                     // 设置窗体大小和位置
18         add(canvasPanel);
19         setDefaultCloseOperation(JFrame.EXIT_ON_CLOSE);    // 设置窗体关闭模式
20         setTitle(" 图片旋转 ");                             // 设置窗体标题
21     }
22
23     class MyCanvas extends JPanel {                        // 画板
24         public void paint(Graphics g) {
25             Graphics2D g2 = (Graphics2D) g;
26             g2.rotate(Math.toRadians(5));                  // 旋转角度
27             g2.drawImage(img, 70, 10, 300, 200, this);     // 绘制图片
28             g2.rotate(Math.toRadians(5));
29             g2.drawImage(img, 70, 10, 300, 200, this);
30             g2.rotate(Math.toRadians(5));
31             g2.drawImage(img, 70, 10, 300, 200, this);
32             g2.rotate(Math.toRadians(5));
33             g2.drawImage(img, 70, 10, 300, 200, this);
34         }
35     }
36
37     // 主方法
38     public static void main(String[] args) {
39         new RotateImage().setVisible(true);
40     }
41 }
```

运行结果如图 13.17 所示。

13.4.5 图像倾斜

可以使用 Graphics2D 类提供的 shear() 方法设置绘图的倾斜方向，从而使图像实现倾斜的效果。

语法格式如下所示：

```
shear(double shx, double shy)
```

- shx：水平方向的倾斜量。
- shy：垂直方向的倾斜量。

下面通过一个实例演示图像的倾斜效果。

图 13.17 图像旋转效果

实例 13.8 倾斜图像

实例位置：资源包 \Code\13\08

在窗体中绘制图像，使图像在水平方向实现倾斜效果，代码如下所示：

```
01 import java.awt.*;
02 import java.net.URL;
03 import javax.swing.*;
04 public class TiltImage extends JFrame {
05     private Image img;
06     private MyCanvas canvasPanel = null;
07     public TiltImage() {
08         initialize();                                        // 调用初始化方法
09     }
10     // 界面初始化方法
11     private void initialize() {
12         // 获取图片资源的路径
13         URL imgUrl = TiltImage.class.getResource("img.png");
14         img = Toolkit.getDefaultToolkit().getImage(imgUrl);  // 获取图片资源
15         canvasPanel = new MyCanvas();
16         this.setBounds(100, 100, 400, 250);                  // 设置窗体大小和位置
17         add(canvasPanel);
18         setDefaultCloseOperation(JFrame.EXIT_ON_CLOSE);      // 设置窗体关闭模式
19         this.setTitle(" 图片倾斜 ");                          // 设置窗体标题
20     }
21     // 画板
22     class MyCanvas extends JPanel {
23         public void paint(Graphics g) {
24             Graphics2D g2 = (Graphics2D) g;
25             g2.shear(0.3, 0);
26             g2.drawImage(img, 0, 0, 300, 200, this);         // 绘制指定大小的图片
27         }
28     }
29     // 主方法
30     public static void main(String[] args) {
31         new TiltImage().setVisible(true);
32     }
33 }
```

运行结果如图 13.18 所示。

13.5 综合实例——绘制花瓣

图 13.18 水平倾斜的图片效果

本实例演示如何使用坐标轴平移和图形旋转等技术绘制花瓣。本实例不仅需要在 JPanel 类的子类中，重写 JComponent 类的 paint() 方法，还需要在 paint() 方法中使用 Graphics2D 类的 translate()、setColor()、rotate()

和 fill() 方法。这 4 个方法的作用如下所示：

- 使用 Graphics2D 类的 translate() 方法，将坐标轴平移到指定点。
- 使用 Graphics2D 类的 setColor() 方法，设置颜色。
- 使用 Graphics2D 类的 rotate() 方法，旋转绘图上下文。
- 使用 Graphics2D 类的 fill() 方法，在指定位置绘制带填充色的椭圆。

熟悉上述4个方法的作用后，新建一个项目，在项目中创建一个继承JFrame类的窗体类DrawFlowerFrame。在窗体类 DrawFlowerFrame 中，创建内部面板类 DrawFlowerPanel。在内部面板类 DrawFlowerPanel 中，重写 JComponent 类的 paint() 方法。内部面板类 DrawFlowerPanel 的代码如下所示：

```
01 class DrawFlowerPanel extends JPanel {                                    // 创建内部面板类
02     public void paint(Graphics g) {                                       // 重写 paint() 方法
03         Graphics2D g2 = (Graphics2D)g;                                    // 获得 Graphics2D 对象
04         // 平移坐标轴
05         g2.translate(drawFlowerPanel.getWidth()/2, drawFlowerPanel.getHeight()/2);
06         // 绘制绿色花瓣
07         Ellipse2D.Float ellipse = new Ellipse2D.Float(30, 0, 70, 20); // 创建椭圆对象
08         Color color = new Color(0,255,0);                             // 创建颜色对象
09         g2.setColor(color);                                           // 指定颜色
10         g2.fill(ellipse);                                             // 绘制椭圆
11         int i=0;
12         while (i<8){
13             g2.rotate(30);                                            // 旋转画布
14             g2.fill(ellipse);                                         // 绘制椭圆
15             i++;
16         }
17         // 绘制红色花瓣
18         ellipse = new Ellipse2D.Float(20, 0, 60, 15);                 // 创建椭圆对象
19         color = new Color(255,0,0);                                   // 创建颜色对象
20         g2.setColor(color);                                           // 指定颜色
21         g2.fill(ellipse);                                             // 绘制椭圆
22         i=0;
23         while (i<15){
24             g2.rotate(75);                                            // 旋转画布
25             g2.fill(ellipse);                                         // 绘制椭圆
26             i++;
27         }
28         // 绘制黄色花瓣
29         ellipse = new Ellipse2D.Float(10, 0, 50, 15);                 // 创建椭圆对象
30         color = new Color(255,255,0);                                 // 创建颜色对象
31         g2.setColor(color);                                           // 指定颜色
32         g2.fill(ellipse);                                             // 绘制椭圆
33         i=0;
34         while (i<8){
35             g2.rotate(30);                                            // 旋转画布
36             g2.fill(ellipse);                                         // 绘制椭圆
37             i++;
38         }
39         // 绘制红色中心点
40         color = new Color(255, 0, 0);                                 // 创建颜色对象
41         g2.setColor(color);                                           // 指定颜色
42         ellipse = new Ellipse2D.Float(-10, -10, 20, 20);              // 创建椭圆对象
43         g2.fill(ellipse);                                             // 绘制椭圆
44     }
45 }
```

本实例的运行结果如图 13.19 所示。

13.6 实战练习

① 绘制四个指定角度的填充扇形，并设置填充扇形的颜色分别为黄、红、青和黑，运行效果如图 13.20 所示。

② 通过在文本框中输入宽度和高度缩放比例（只能被 10 整除），对窗体上显示的图片进行缩放，运行效果如图 13.21 所示。

图 13.19　**绘制花瓣**

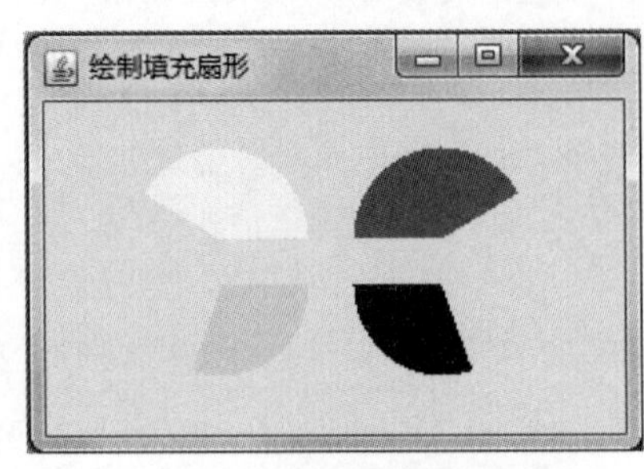

图 13.20　**设置填充扇形的颜色**

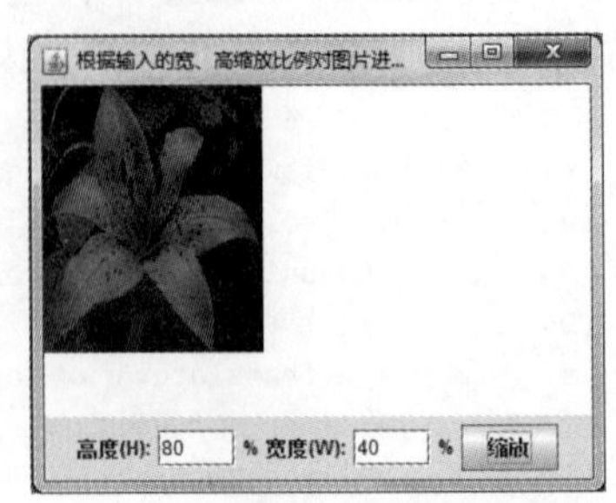

图 13.21　**根据文本框中输入的宽度和高度缩放比例缩放图像**

小结

本章讲解了 Java 的绘图技术，它是 java.awt 包所提供的功能。这些功能包括基本几何图形的绘制、设置绘图颜色与画笔、绘制文本、绘制图像以及图像的缩放、翻转、倾斜、旋转等。通过本章的学习，需要熟练掌握基本的绘图技术和图像处理技术，并能够对这些知识进行扩展，绘制出符合实际应用的图形（例如柱形图、饼形图、折线图或者其他的复杂图形）。

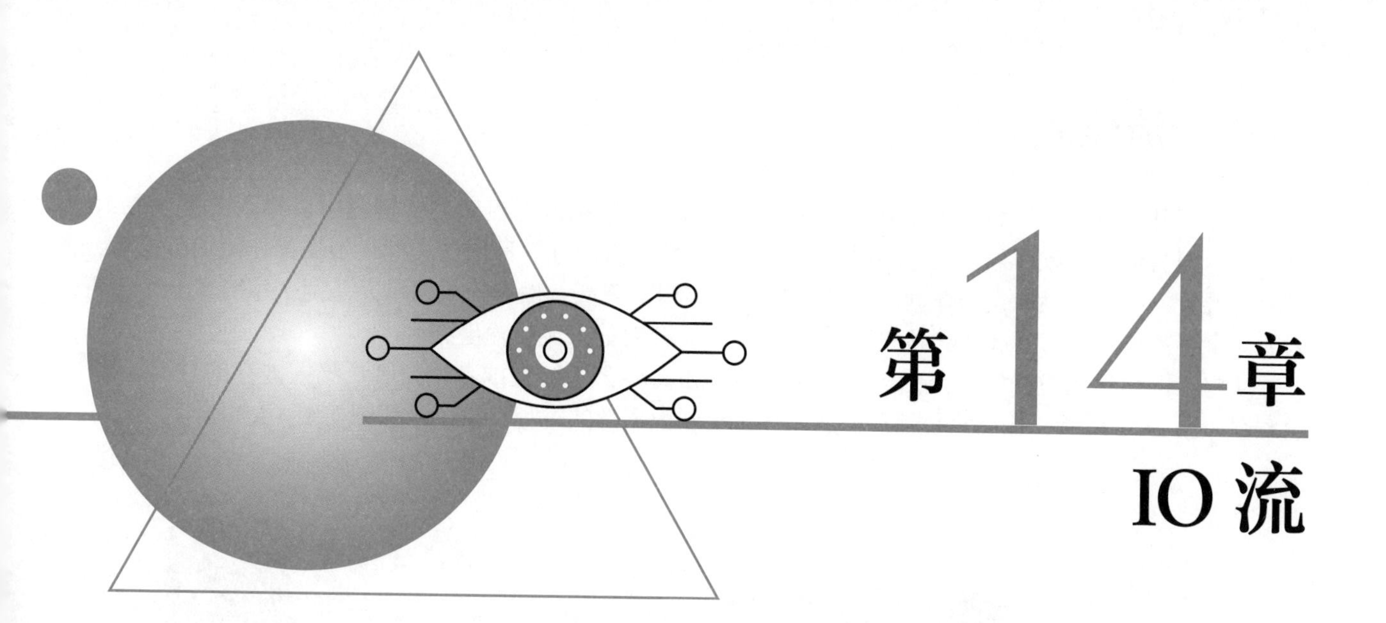

第14章 IO流

把数据存储在变量、对象或数组中都是暂时的，也就是说，程序运行后，被存储在变量、对象或数组中的数据就会丢失。为了长时间地存储程序运行过程中的数据，Java 语言提供了 I/O（输入 / 输出）技术。通过 I/O（输入 / 输出）技术，能够把程序运行过程中的数据存储在文件（如文本文件、二进制文件等）中，以达到长时间存储数据的目的。掌握 I/O 处理技术能够提高对数据的处理能力。

本章的知识结构如下图所示：

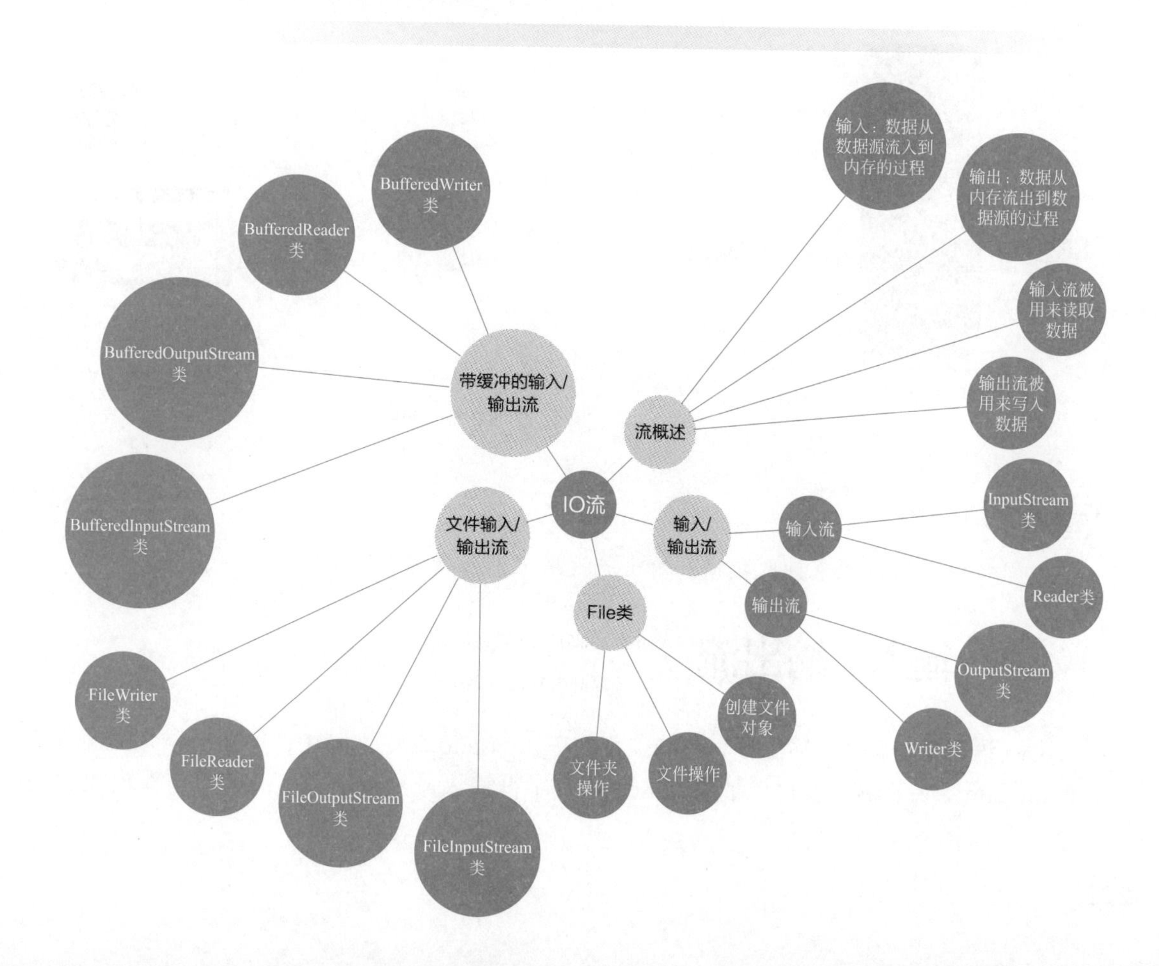

14.1 流概述

在程序开发过程中，将输入与输出设备之间的数据传递抽象为流，例如键盘可以输入数据，显示器可以显示键盘输入的数据等。按照不同的分类方式，可以将流分为不同的类型：根据操作流的数据单元，可以将流分为字节流（操作的数据单元是一个字节）和字符流（操作的数据单元是两个字节或一个字符，因为一个字符占两个字节）；根据流的流向，可以将流分为输入流和输出流。

从内存的角度出发，输入是指数据从数据源（如文件、压缩包或者视频等）流入内存的过程，输入示意图如图 14.1 所示；输出流是指数据从内存流出到数据源的过程，输出示意图如图 14.2 所示。

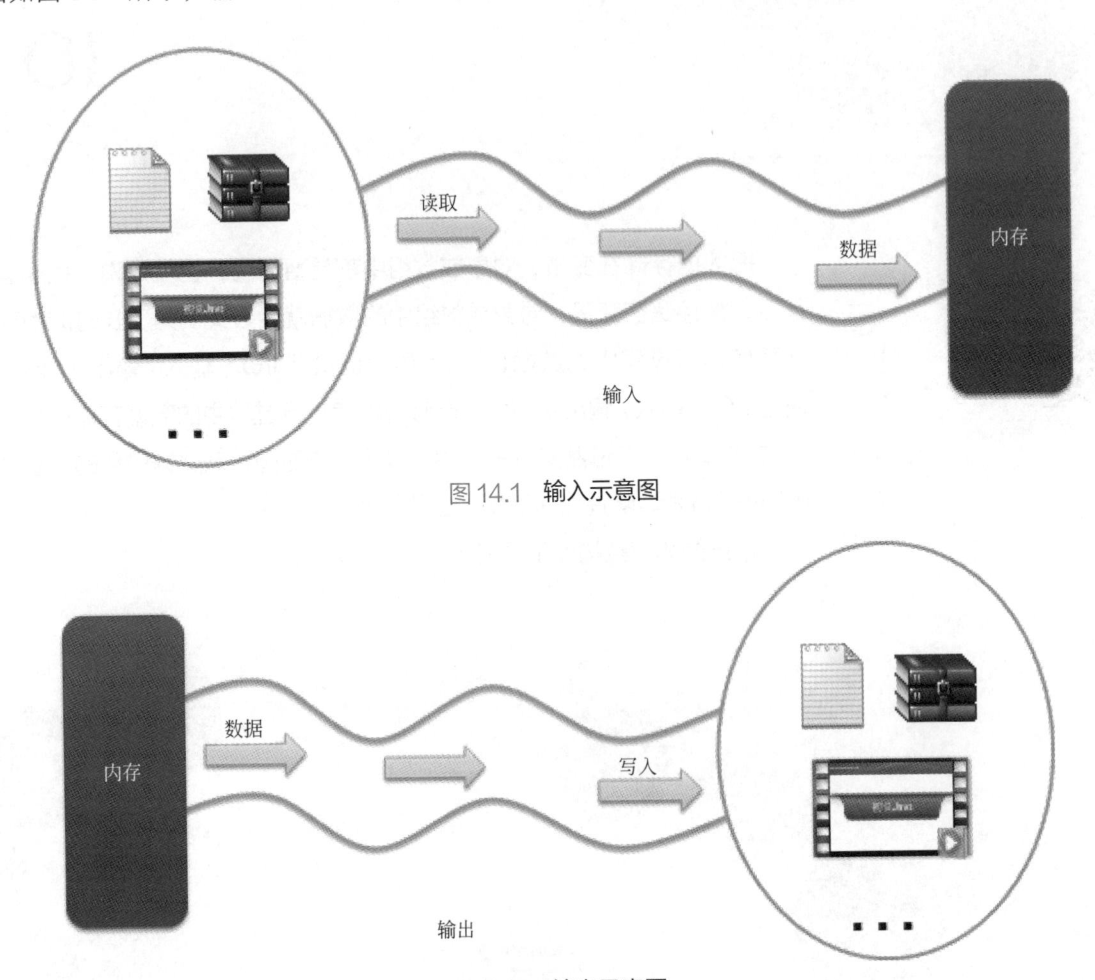

图 14.1　输入示意图

图 14.2　输出示意图

说明

输入流被用来读取数据，输出流被用来写入数据。

14.2 输入 / 输出流

Java 语言把与输入 / 输出流有关的类都放在了 java.io 包中。其中，所有与输入流有关的类都是抽象类 InputStream（字节输入流）或抽象类 Reader（字符输入流）的子类；而所有与输出流有关的类都是抽象类OutputStream（字节输出流）或抽象类Writer（字符输出流）的子类。

14.2.1 输入流

输入流抽象类有两种，分别是InputStream字节输入流和Reader字符输入流。

1. InputStream类

InputStream类是字节输入流的抽象类，是所有字节输入流的父类。InputStream类的具体层次结构如图14.3所示。

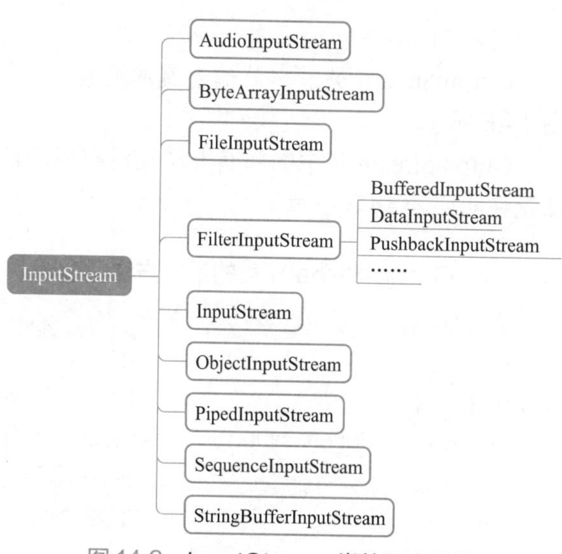

图14.3 InputStream类的层次结构

InputStream类中所有方法遇到错误时都会引发IOException异常，该类的常用方法及说明如表14.1所示。

表14.1 InputStream类的常用方法及说明

方法	返回值	说明
read( )	int	从输入流中读取数据的下一个字节，返回0～255范围内的int字节值。如果因为已经到达流末尾而没有可用的字节，则返回值 -1
read(byte[ ] b)	int	从输入流中读取一定长度的字节，并以整数的形式返回字节数
mark(int readlimit)	void	在输入流的当前位置放置一个标记，readlimit参数告知此输入流在标记位置失效之前允许读取的字节数
reset( )	void	将输入指针返回到当前所做的标记处
skip(long n)	long	跳过输入流上的n个字节并返回实际跳过的字节数
markSupported( )	boolean	如果当前流支持mark( )/reset( )操作就返回True
close( )	void	关闭此输入流并释放与该流关联的所有系统资源

说明

并不是所有的InputStream类的子类都支持InputStream中定义的所有方法，如skip( )、mark( )、reset( )等方法只对某些子类有用。

2. Reader类

Java中的字符是Unicode编码，是双字节的，而InputStream类是用来处理字节的，并不适合处理字符。为此，Java提供了专门用来处理字符的Reader类，Reader类是字符输入流的抽象类，也是所有字符输入流的父类。Reader类的具体层次结构如图14.4所示。

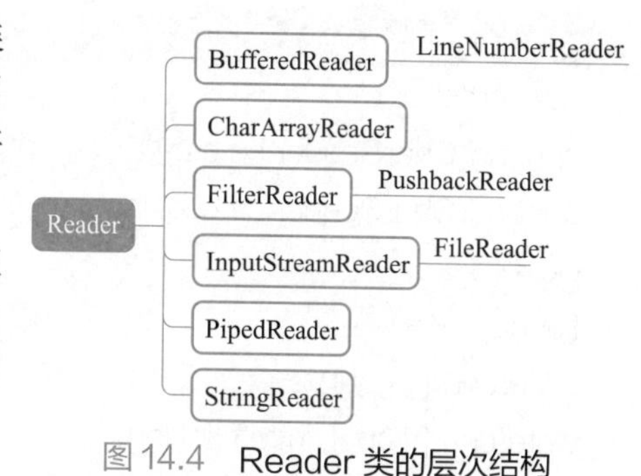

图14.4 Reader类的层次结构

Reader类中的方法与InputStream类中的方法类似，但需要注意的一点是，Reader类中的read( )方法的参数为char类型的数组；另外，除了表14.1中的方法外，它还提供了一个ready( )方法，该方法用来判断是否准备读取流，其返回值为boolean类型。

14.2.2 输出流

输出流抽象类也有两种，分别是OutputStream字节输出流和Writer字符输出流。

1. OutputStream 类

OutputStream 类是字节输出流的抽象类，是所有字节输出流的父类。OutputStream 类的具体层次如图 14.5 所示。

OutputStream 类中的所有方法均没有返回值，在遇到错误时会引发 IOException 异常，该类的常用方法及说明如表 14.2 所示。

表 14.2　OutputStream 类的常用方法及说明

方法	说明
write(int b)	将指定的字节写入此输出流
write(byte[ ] b)	将 b 个字节从指定的 byte 数组写入此输出流
write(byte[ ] b, int off, int len)	将指定 byte 数组中从偏移量 off 开始的 len 个字节写入此输出流
flush( )	彻底完成输出并清空缓冲区
close( )	关闭输出流

2. Writer 类

Writer 类是字符输出流的抽象类，是所有字符输出流的父类。Writer 类的层次结构如图 14.6 所示。

图 14.5　OutputStream 类的层次结构

图 14.6　Writer 类的层次结构

Writer 类的常用方法及说明如表 14.3 所示。

表 14.3　Writer 类的常用方法及说明

方法	说明
append(char c)	将指定字符添加到此 writer
append(CharSequence csq)	将指定字符序列添加到此 writer
append(CharSequence csq, int start, int end)	将指定字符序列的子序列添加到此 writer.Appendable
close( )	关闭此流，但要先刷新它
flush( )	刷新该流的缓冲
write(char[ ] cbuf)	写入字符数组
write(char[ ] cbuf, int off, int len)	写入字符数组的某一部分
write(int c)	写入单个字符
write(String str)	写入字符串
write(String str, int off, int len)	写入字符串的某一部分

14.3 File 类

File 类是 java.io 包中用来操作文件的类，通过调用 File 类中的方法，可实现创建、删除、重命名文件等功能。使用 File 类的对象可以获取文件的基本信息，如文件所在的目录、文件名、文件大小、文件的修改时间等。

14.3.1 创建文件对象

使用 File 类的构造方法能够创建文件对象，常用的 File 类的构造方法有如下 3 种：

（1）File(String pathname)

根据传入的路径名称创建文件对象。

- pathname：被传入的路径名称（包含文件名）。

例如，在 D 盘的根目录下创建文本文件 1.txt，代码如下所示：

```
File file = new File("D:/ 学习笔记 .txt");
```

（2）File(String parent, String child)

根据传入的父路径（磁盘根目录或磁盘中的某一文件夹）和子路径（文件名）创建文件对象。

- parent：父路径（磁盘根目录或磁盘中的某一文件夹）。例如 D:/ 或 D:/doc/。
- child：子路径（文件名）。例如 letter.txt。

例如，在 D 盘的 doc 文件夹中创建文本文件 1.txt，代码如下所示：

```
File file = new File("D:/Java 资料 /", " 学习笔记 .txt");
```

（3）File(File f, String child)

根据传入的父文件对象（磁盘中的某一文件夹）和子路径（文件名）创建文件对象。

- parent：父文件对象（磁盘中的某一文件夹），例如 D:/doc/。
- child：子路径（文件名），例如 letter.txt。

例如，先在 D 盘中创建 doc 文件夹，再在 doc 文件夹中创建文本文件 1.txt，代码如下所示：

```
File folder = new File("D:/Java 资料 /");
File file = new File(folder, "1.txt");
```

说明

对于 Microsoft Windows 平台，包含盘符的路径名前缀由驱动器号和一个“:”组成，文件夹分隔符可以是“/”也可以是“\\”（即“\”的转义字符）。

Java 支持文件的绝对路径和相对路径。绝对路径也叫完整路径，绝对路径包括文件所在的盘符、文件夹结构和文件全名。如果被调用的文件是 Java 项目中的文件，则同项目中的 Java 代码可以使用相对路径获取该文件对象。相对路径不需要写明文件所在的盘符，只要写明文件在 Java 项目中的路径即可。

表 14.4 展示了 Java 代码读取不同路径文件时，对应路径字符串写法。

表 14.4　文件所在位置与其对应路径字符串的写法

文件所在位置	代码中的路径字符串	路径类型
MyProject JRE System Library [JavaSE-10] src com.mr.note 学习笔记.txt	new File(“src/com/mr/note/ 学习笔记 .txt”); new File(“src\\com\\mr\\note\\ 学习笔记 .txt”);	相对路径

续表

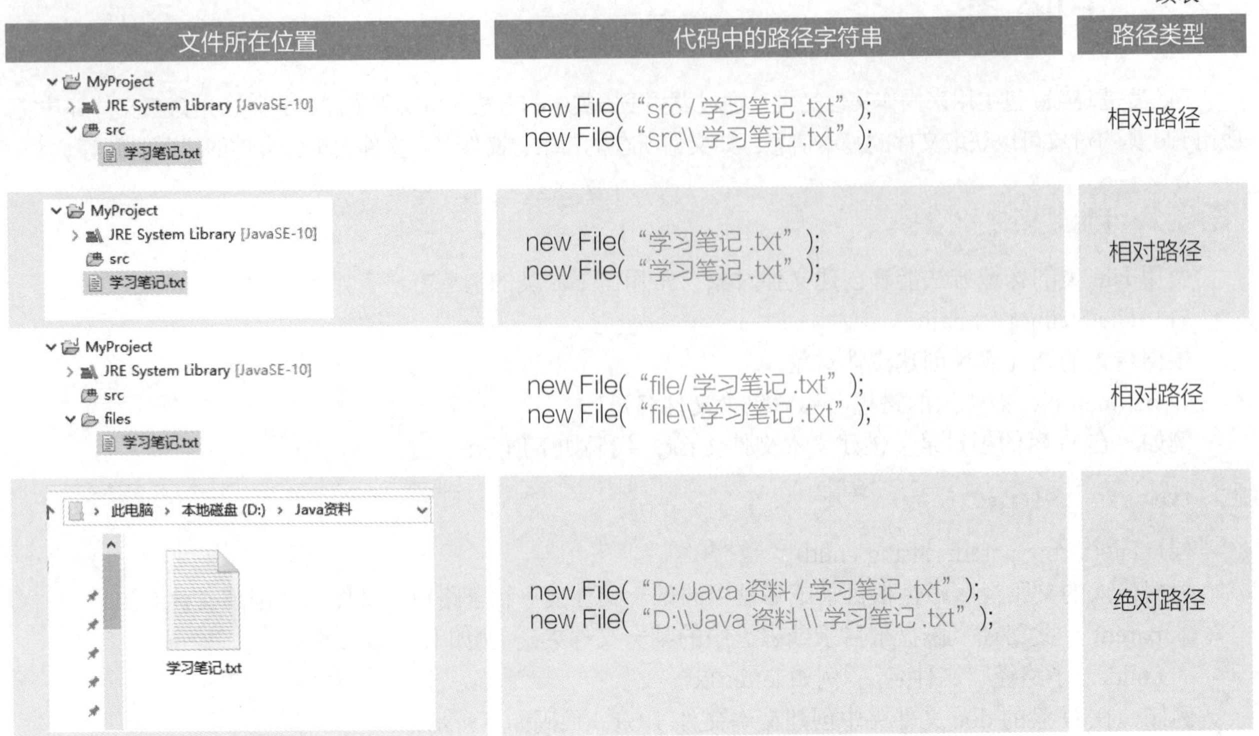

文件所在位置	代码中的路径字符串	路径类型
MyProject JRE System Library [JavaSE-10] src 学习笔记.txt	new File("src / 学习笔记 .txt"); new File("src\\ 学习笔记 .txt");	相对路径
MyProject JRE System Library [JavaSE-10] src 学习笔记.txt	new File("学习笔记 .txt"); new File("学习笔记 .txt");	相对路径
MyProject JRE System Library [JavaSE-10] src files 学习笔记.txt	new File("file/ 学习笔记 .txt"); new File("file\\ 学习笔记 .txt");	相对路径
此电脑 › 本地磁盘 (D:) › Java资料 学习笔记.txt	new File("D:/Java 资料 / 学习笔记 .txt"); new File("D:\\Java 资料 \\ 学习笔记 .txt");	绝对路径

14.3.2 文件操作

File 类提供了操作文件的相应方法，常见的文件操作主要包括判断文件是否存在、创建文件、重命名文件、删除文件以及获取文件基本信息等。File 类中操作文件的常用方法及说明如表 14.5 所示。

表 14.5 File 类中操作文件的常用方法及说明

方法	返回值	说明
canRead( )	boolean	判断文件是否是可读的
canWrite( )	boolean	判断文件是否可被写入
createNewFile( )	boolean	当且仅当不存在具有指定名称的文件时，创建一个新的空文件
createTempFile(String prefix, String suffix)	File	在默认临时文件夹中创建一个空文件，使用给定前缀和后缀生成其名称
createTempFile(String prefix, String suffix, File directory)	File	在指定文件夹中创建一个新的空文件，使用给定的前缀和后缀字符串生成其名称
delete( )	boolean	删除指定的文件或文件夹
exists( )	boolean	测试指定的文件或文件夹是否存在
getAbsoluteFile( )	File	返回抽象路径名的绝对路径名形式
getAbsolutePath( )	String	获取文件的绝对路径
getName( )	String	获取文件或文件夹的名称
getParent( )	String	获取文件的父路径
getPath( )	String	获取路径名字符串
getFreeSpace( )	long	返回此抽象路径名指定的分区中未分配的字节数
getTotalSpace( )	long	返回此抽象路径名指定的分区大小
length( )	long	获取文件的长度（以字节为单位）
isFile( )	boolean	判断是不是文件

续表

方法	返回值	说明
isHidden( )	boolean	判断文件是否是隐藏文件
lastModified( )	long	获取文件最后修改时间
renameTo(File dest)	boolean	重新命名文件
setLastModified(long time)	boolean	设置文件或文件夹的最后一次修改时间
setReadOnly( )	boolean	将文件或文件夹设置为只读
toURI( )	URI	构造一个表示此抽象路径名的 file: URI

说明

表 14.5 中的 delete( ) 方法、exists( ) 方法、getName( ) 方法、getAbsoluteFile( ) 方法、getAbsolutePath( ) 方法、getParent( ) 方法、getPath( ) 方法、setLastModified(long time) 方法和 setReadOnly( ) 方法同样适用于文件夹操作。

下面通过一个实例演示利用 Java 代码创建文件、删除文件和读取文件属性。

实例 14.1 创建、删除文件和读取文件属性

实例位置：资源包 \Code\14\01

创建类 FileTest，在主方法中判断“程序日志 .log”文件是否存在，如果不存在，则创建该文件；如果存在，则获取文件的相关信息。文件的相关信息包括文件是否可读、文件的名称、绝对路径、是否隐藏、字节数、最后修改时间，获得这些信息之后，将文件删除。代码如下所示：

```
01 import java.io.File;
02 import java.io.IOException;
03 import java.text.SimpleDateFormat;
04 import java.util.Date;
05 public class FileTest {
06     public static void main(String[] args) {
07         File file = new File("程序日志 .log"); // 创建文件对象
08         if (!file.exists()) { // 如果文件不存在（程序第一次运行时，执行的语句块）
09             System.out.println("未在指定目录下找到文件名为 '" + file.getName() +
10                     "' 的文本文件！正在创建 ...");
11             try {
12                 file.createNewFile(); // 创建该文件
13             } catch (IOException e) {
14                 e.printStackTrace();
15             }
16             System.out.println("文件创建成功！");
17         } else { // 文件存在（程序第二次运行时，执行的语句块）
18             System.out.println("找到文件名为 '" + file.getName() + "' 的文件！");
19             if (file.isFile() && file.canRead()) { // 该文件是一个标准文件且该文件可读
20                 System.out.println("文件可读！正在读取文件信息 ...");
21                 System.out.println("文件名：" + file.getName()); // 输出文件名
22                 // 输出文件的绝对路径
23                 System.out.println("文件的绝对路径：" + file.getAbsolutePath());
24                 // 输出文件是否被隐藏
25                 System.out.println("文件是否是隐藏文件：" + file.isHidden());
26                 // 输出该文件中的字节数
27                 System.out.println("文件中的字节数：" + file.length());
28                 long tempTime = file.lastModified(); // 获取该文件最后的修改时间
29                 // 日期格式化对象
30                 SimpleDateFormat sdf = new SimpleDateFormat(
31                         "yyyy/MM/dd HH:mm:ss");
```

```
32                  Date date = new Date(tempTime); // 使用 " 文件最后修改时间 " 创建 Date 对象
33                  String time = sdf.format(date); // 格式化 " 文件最后的修改时间 "
34                  System.out.println(" 文件最后的修改时间: " + time);// 输出该文件最后的修改时间
35                  file.delete(); // 查完该文件信息后, 删除文件
36                  System.out.println(" 文件是否被删除了: " + !file.exists());
37              } else { // 文件不可读
38                  System.out.println(" 文件不可读! ");
39              }
40          }
41      }
42 }
```

第一次运行程序时，因为当前文件夹中不存在 test.txt 文件，所以需要先创建 test.txt 文件，运行结果图如图 14.7 所示。

第二次运行程序时，获取 test.txt 文件的相关信息后，再删除 test.txt 文件，运行结果图如图 14.8 所示。

```
Console
<terminated> FileTest (2) [Java Application] C:\Program Files\Java\jdk\bin\javaw.exe (2018年11月9日 下午
未在指定目录下找到文件名为'程序日志.log'的文本文件！正在创建...
文件创建成功！
```

图 14.7　创建 test.txt 文件

```
Console
<terminated> FileTest (2) [Java Application] C:\Program Files\Java\jdk\bin\javaw.exe (2018年11月9日 下午
找到文件名为'程序日志.log'的文件！
文件可读！正在读取文件信息...
文件名：程序日志.log
文件的绝对路径：D:\EclipseJ2SE\workspace\Demo\程序日志.log
文件是否是隐藏文件：false
文件中的字节数：0
文件最后的修改时间：2018/11/09 13:34:57
文件是否被删除了：true
```

图 14.8　获取 test.txt 文件信息后删除 test.txt 文件

14.3.3　文件夹操作

File 类不仅提供了操作文件的相应方法，还提供了操作文件夹的相应方法。常见的文件夹操作主要包括判断文件夹是否存在、创建文件夹、删除文件夹、获取文件夹中的子文件夹及文件等。File 类中操作文件夹的常用方法及说明如表 14.6 所示。

表 14.6　File 类中操作文件夹的常用方法及说明

方法	返回值	说明
isDirectory( )	boolean	判断是不是文件夹
list( )	String[ ]	返回字符串数组，这些字符串指定此抽象路径名表示的目录中的文件和目录
list(FilenameFilter filter)	String[ ]	返回字符串数组，这些字符串指定此抽象路径名表示的目录中满足指定过滤器的文件和目录
listFiles( )	File[ ]	返回抽象路径名数组，这些路径名表示此抽象路径名表示的目录中的文件
listFiles(FileFilter filter)	File[ ]	返回抽象路径名数组，这些路径名表示此抽象路径名表示的目录中满足指定过滤器的文件和目录
listFiles(FilenameFilter filter)	File[ ]	返回抽象路径名数组，这些路径名表示此抽象路径名表示的目录中满足指定过滤器的文件和目录
mkdir( )	boolean	创建此抽象路径名指定的目录
mkdirs( )	boolean	创建此抽象路径名指定的目录，包括所有必需但不存在的父目录

下面通过一个实例演示如何使用 File 类的相关方法操作文件夹。

实例位置：资源包 \Code\14\02

操作文件夹

创建类 FolderTest，首先在主方法中判断 C 盘下是否存在 Test 文件夹，如果不存在，则创建 Test 文件

夹，并在 Test 文件夹下创建 10 个子文件夹。然后获取并输出 C 盘根目录下的所有文件及文件夹（包括隐藏的文件夹）。代码如下所示：

```
01 import java.io.File;
02 public class FolderTest {
03     public static void main(String[] args) {
04         String path = "C:\\ 测试文件夹 ";                          // 声明文件夹 Test 所在的目录
05         for (int i = 1; i <= 10; i++) {                            // 循环获得 i 值，并用 i 命名新的文件夹
06             File folder = new File(path + "\\" + i);              // 根据新的目录创建 File 对象
07             if (!folder.exists()) {                                // 文件夹不存在
08                 folder.mkdirs();                                   // 创建新的文件夹（包括不存在的父文件夹）
09             }
10         }
11         System.out.println(" 文件夹创建成功，请打开 C 盘查看！ \n\nC 盘文件及文件夹列表如下：");
12         File file = new File("C:\\");                              // 根据路径名创建 File 对象
13         File[] files = file.listFiles();                           // 获得 C 盘的所有文件和文件夹
14         for (File folder : files) {                                // 遍历 files 数组
15             if (folder.isFile())                                   // 判断是否为文件
16                 System.out.println(folder.getName() + " 文件 ");  // 输出 C 盘下所有文件的名称
17             else if (folder.isDirectory())                         // 判断是否为文件夹
18                 // 输出 C 盘下所有文件夹的名称
19                 System.out.println(folder.getName() + " 文件夹 ");
20         }
21     }
22 }
```

上述程序的运行结果如图 14.9 所示，创建的文件夹效果图如图 14.10 所示。

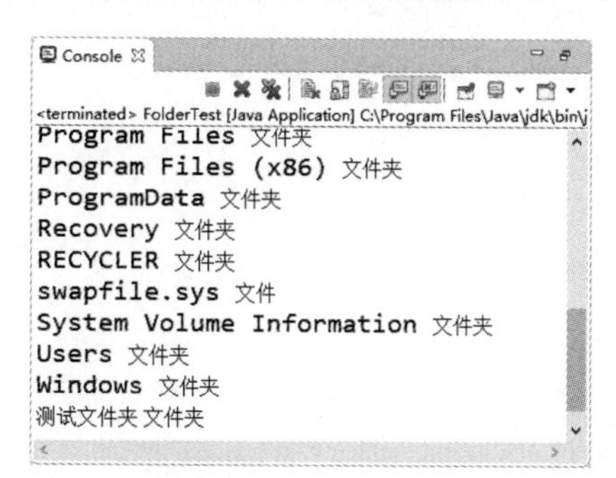

图 14.9　**使用 File 类对文件夹进行操作**

图 14.10　**创建的文件夹效果**

日常使用电脑办公时，经常会遇到要给文件重新命名的情况，如果是一两个文件，手动改一下就可以了，但如果需要重新命名几十个甚至上百个文件，这种工作就应该交给计算机自动完成。File 类提供的 renameTo(File f) 方法就可以实现更改文件名称的功能。

实例 14.3　遍历了一个文件夹中所有的文件

实例位置：资源包 \Code\14\03

下面的实例遍历了一个文件夹中所有的文件，把每个文件的文件名里的“mrkj”字样都改成了“明日科技”，代码如下所示：

```
01 import java.io.File;
02 public class RenameFiles {
03     public static void main(String[] args) {
04         File dir = new File("D:\\ 视频文件 \\");
05         File fs[] = dir.listFiles();
06         for (File f : fs) {
```

```
07              String filename = f.getName();
08              filename = filename.replace("mrkj", "明日科技");
09              f.renameTo(new File(f.getParentFile(), filename));    // 重命名
10          }
11      }
12 }
```

程序运行之前，D:\ 视频文件 \ 目录下的文件列表如图 14.11 所示。程序运行之后，该目录下所有文件名字中带有“mrkj”字样的都被替换为“明日科技”字样，效果如图 14.12 所示。

mrkj-1-什么是Java.mp4
mrkj-2-Java的版本.mp4
mrkj-3-Java API文档.mp4
mrkj-4-JDK的下载.mp4
mrkj-5-JDK的安装.mp4
mrkj-5-配置JDK.mp4

图 14.11　程序运行前的文件列表

明日科技-1-什么是Java.mp4
明日科技-2-Java的版本.mp4
明日科技-3-Java API文档.mp4
明日科技-4-JDK的下载.mp4
明日科技-5-JDK的安装.mp4
明日科技-5-配置JDK.mp4

图 14.12　程序运行之后的文件列表

实例 14.4　批量删除文件

实例位置：资源包 \Code\14\04

批量删除文件与批量重命名的逻辑类似，File 类提供的 delete() 方法可以删除文件。下面的实例遍历了一个文件夹中所有的文件，把所有后缀名为“.jpg”或“.png”的文件全部删除，代码如下所示：

```
01 import java.io.File;
02 public class DeleteFiles {
03     public static void main(String[] args) {
04         File dir = new File("D:/ 临时文件夹 /");
05         File fs[] = dir.listFiles();
06         for (File f : fs) {
07             String filename = f.getName();
08             // 如果文件是以 .jpg 或 .png 为后缀
09             if (filename.endsWith(".jpg") || filename.endsWith(".png")) {
10                 f.delete();    // 删除
11             }
12         }
13     }
14 }
```

14.4　文件输入 / 输出流

程序运行期间，大部分数据都被存储在内存中；当程序结束或被关闭时，存储在内存中的数据将会消失。如果需要永久保存数据，那么最好的办法就是把数据保存到磁盘的文件中。为此，Java 提供了文件输入 / 输出流，即 FileInputStream 类与 FileOutputStream 类。

14.4.1　FileInputStream 类与 FileOutputStream 类

Java 提供了操作磁盘文件的 FileInputStream 类与 FileOutputStream 类。其中，读取文件内容使用的是 FileInputStream 类；向文件中写入内容使用的是 FileOutputStream 类。

① FileInputStream 类常用的构造方法如下：

- FileInputStream(String name)： 使用给定的文件名 name 创建一个 FileInputStream 对象。

- FileInputStream(File file)：使用File对象创建FileInputStream对象，该方法允许在把文件连接输入流之前对文件做进一步分析。

② FileOutputStream类常用的构造方法如下：

- FileOutputStream(File file)：创建一个向指定File对象表示的文件中写入数据的文件输出流。
- FileOutputStream(File file, boolean append)：创建一个向指定File对象表示的文件中写入数据的文件输出流。如果第2个参数为true，则将字节写入文件末尾处，而不是写入文件开始处。
- FileOutputStream(String name)：创建一个向具有指定名称的文件中写入数据的输出文件流。
- FileOutputStream(String name, boolean append)：创建一个向具有指定名称的文件中写入数据的输出文件流。如果第二个参数为true，则将字节写入文件末尾处，而不是写入文件开始处。

说明

FileOutputStream类是InputStream类的子类，FileOutputStream类的常用方法请参见表14.1；FileOutputStream类是OutputStream类的子类，FileOutputStream类的常用方法请参见表14.2。

FileInputStream类与FileOutputStream类操作的数据单元是一个字节，如果文件中有中文字符（占两个字节），那么使用FileInputStream类与FileOutputStream类读/写文件的过程中会产生乱码。那么，如何能够避免乱码的出现呢？下面将通过一个实例来解决乱码问题。

实例14.5 读/写文件的过程中避免乱码

实例位置：资源包\Code\14\05

创建FileStreamTest类，在主方法中先使用FileOutputStream类向文件word.txt写入“盛年不重来，一日再难晨。\n及时当勉励，岁月不待人。”，再使用FileInputStream类将word.txt中的数据读取到控制台上。代码如下所示：

```
01 import java.io.*;
02 public class FileStreamTest {
03     public static void main(String[] args) {
04         File file = new File("word.txt");    // 创建文件对象
05         try { // 捕捉异常
06             // 创建FileOutputStream对象，用来向文件中写入数据
07             FileOutputStream out = new FileOutputStream(file);
08             // 定义字符串，用来存储要写入文件的内容
09             String content = "盛年不重来，一日再难晨。\n及时当勉励，岁月不待人。";
10             // 创建byte型数组，将要写入文件的内容转换为字节数组
11             byte buy[] = content.getBytes();
12             out.write(buy);                  // 将数组中的信息写入到文件中
13             out.close();                     // 将流关闭
14         } catch (IOException e) {            // catch语句处理异常信息
15             e.printStackTrace();             // 输出异常信息
16         }
17         try {
18             // 创建FileInputStream对象，用来读取文件内容
19             FileInputStream in = new FileInputStream(file);
20             byte byt[] = new byte[1024];     // 创建byte数组，用来存储读取到的内容
21             int len = in.read(byt);          // 从文件中读取信息，并存入字节数组中
22             // 将文件中的信息输出
23             System.out.println("文件中的信息是：");
24             System.out.println(new String(byt, 0, len));
25             in.close();                      // 关闭流
26         } catch (Exception e) {
27             e.printStackTrace();
```

```
28          }
29      }
30 }
```

运行结果如下所示:

```
文件中的信息是:
盛年不重来，一日再难晨。
及时当勉励，岁月不待人。
```

注意

虽然 Java 在程序结束时会自动关闭所有打开的流，但是当使用完流后，显式地关闭所有打开的流仍是一个好习惯。

14.4.2 FileReader 类与 FileWriter 类

FileReader 类和 FileWriter 类对应了 FileInputStream 类和 FileOutputStream 类。其中，读取文件内容使用的是 FileReader 类；向文件中写入内容使用的是 FileWriter 类。FileReader 类与 FileWriter 类操作的数据单元是一个字符，如果文件中有中文字符，那么使用 FileReader 类与 FileOutputStream 类读 / 写文件的过程中则会避免乱码的产生。

说明

FileReader 类是 Reader 类的子类，其常用方法与 Reader 类似，而 Reader 类中的方法又与 InputStream 类中的方法类似，所以 Reader 类的方法请参见表 14.1；FileWriter 类是 Writer 类的子类，该类的常用方法请参见表 14.3。

下面通过一个实例介绍 FileReader 与 FileWriter 类的用法。

实例 14.6 FileReader 与 FileWriter 类的用法

实例位置：资源包 \Code\14\06

创建 ReaderAndWriter 类，在主方法中先使用 FileWriter 类向文件 word.txt 中写入控制台输入的内容，再使用 FileReader 类将 word.txt 中的数据读取到控制台上。代码如下所示:

```
01 import java.io.*;
02 import java.util.*;
03 public class ReaderAndWriter {
04 public static void main(String[] args) {
05         while (true) {                                        // 设置无限循环，实现控制台的多次输入
06             try {
07                 // 在当前目录下创建名为 "word.txt" 的文本文件
08                 File file = new File("word.txt");
09                 if (!file.exists()) {                         // 如果文件不存在时，创建新的文件
10                     file.createNewFile();
11                 }
12                 System.out.println(" 请输入要执行的操作序号: (1. 写入文件; 2. 读取文件 )");
13                 Scanner sc = new Scanner(System.in);          // 控制台输入
14                 int choice = sc.nextInt();                    // 获得 " 要执行的操作序号 "
15                 switch (choice) {                             // 以 " 操作序号 " 为关键字的多分支语句
16                 case 1:                                       // 控制台输入 1
17                     System.out.println(" 请输入要写入文件的内容: ");
```

```
18                  String tempStr = sc.next();          // 获得控制台上要写入文件的内容
19                  FileWriter fw = null;                // 声明字符输出流
20                  try {
21                      // 创建可扩展的字符输出流，向文件中写入新数据时不覆盖已存在的数据
22                      fw = new FileWriter(file, true);
23                      // 把控制台上的文本内容写入到 "word.txt" 中
24                      fw.write(tempStr + "\r\n");
25                  } catch (IOException e) {
26                      e.printStackTrace();
27                  } finally {
28                      fw.close();                      // 关闭字符输出流
29                  }
30                  System.out.println(" 上述内容已写入到文本文件中！ ");
31                  break;
32              case 2:                                  // 控制台输入 2
33                  FileReader fr = null;                // 声明字符输入流
34                  // "word.txt" 中的字符数为 0 时，控制台输出 " 文本中的字符数为 0！！！ "
35                  if (file.length() == 0) {
36                      System.out.println(" 文本中的字符数为 0！！！ ");
37                  } else {                             // "word.txt" 中的字符数不为 0 时
38                      try {
39                          // 创建用来读取 "word.txt" 中的字符输入流
40                          fr = new FileReader(file);
41                          // 创建可容纳 1024 个字符的数组，用来储存读取的字符数的缓冲区
42                          char[] cbuf = new char[1024];
43                          int hasread = -1;            // 初始化已读取的字符数
44                          // 循环读取 "word.txt" 中的数据
45                          while ((hasread = fr.read(cbuf)) != -1) {
46                              // 把 char 数组中的内容转换为 String 类型输出
47                              System.out.println(" 文件 "word.txt" 中的内容：\n"
48                                  + new String(cbuf, 0, hasread));
49                          }
50                      } catch (IOException e) {
51                          e.printStackTrace();
52                      } finally {
53                          fr.close();                  // 关闭字符输入流
54                      }
55                  }
56                  break;
57              default:
58                  System.out.println(" 请输入符合要求的有效数字！ ");
59                  break;
60              }
61          } catch (InputMismatchException imexc) {
62              System.out.println(" 输入的文本格式不正确！请重新输入 ...");
63          } catch (IOException e) {
64              e.printStackTrace();
65          }
66      }
67  }
68 }
```

运行程序，按照提示输入 1，可以向 word.txt 中写入控制台输入的内容；输入 2，可以读取 word.txt 中的数据，上述程序的运行结果如图 14.13 所示。

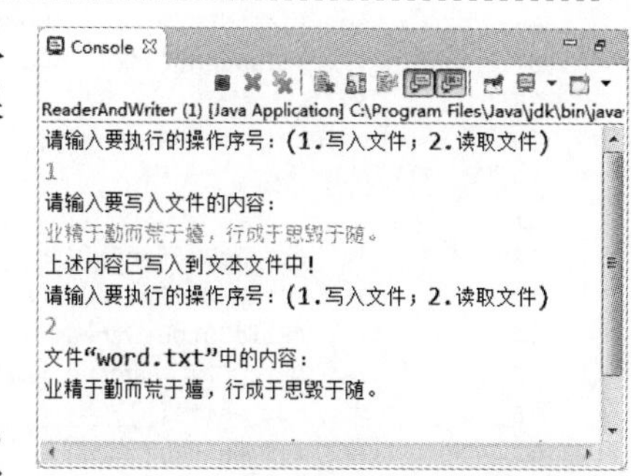

图 14.13 向文件中写入、读取控制台输入的内容

14.5 带缓冲的输入 / 输出流

缓冲是 I/O 的一种性能优化。缓冲流为 I/O 流增加了内存缓冲区。有了缓冲区，使得在 I/O 流上执行 skip( )、mark( ) 和 reset( ) 方法都成为可能。

14.5.1 BufferedInputStream 类与 BufferedOutputStream 类

BufferedInputStream 类可以对所有 InputStream 的子类进行带缓冲区的包装，以达到性能的优化。BufferedInputStream 类有两个构造方法：

- BufferedInputStream(InputStream in)：创建了一个带有大小为 8KB（8192 字节）的缓冲区的缓冲输入流。
- BufferedInputStream(InputStream in, int size)：按指定的大小来创建缓冲输入流。

说明

一个最优的缓冲区的大小，取决于它所在的操作系统、可用的内存空间以及机器配置。

BufferedOutputStream 类中的 flush( ) 方法被用来把缓冲区中的字节写入到文件中，并清空缓存。BufferedOutputStream 类也有两个构造方法：

- BufferedOutputStream(OutputStream in)：创建一个带有大小为 8KB（8192 字节）的缓冲区的缓冲输出流。
- BufferedOutputStream(OutputStream in, int size)：以指定的大小来创建缓冲输出流。

注意

即使在缓冲区没有满的情况下，使用 flush( ) 方法也会将缓冲区的字节强制写入到文件中，习惯上称这个过程为刷新。

下面通过一个实例演示缓冲流在提升效率方面的效果。

实例 14.7　提升效率的缓冲流

实例位置：资源包 \Code\14\07

创建 BufferedStreamTest 类，在类中创建一个超长的字符串 value，首先使用 FileOutputStream 文件字节输出流将该字符串写入到文件中，然后使用 BufferedOutputStream 缓冲字节输出流将字符串写入到文件中。记录两次写入的前后时间，并在控制台中输出。代码如下所示：

```
01 import java.io.*;
02 public class BufferedStreamTest {
03     static String value = "";                          // 准备写入文件的字符串
04     static void initString() {                         // 为字符串赋值
05         StringBuilder sb = new StringBuilder();
06         for (int i = 0; i < 1000000; i++) {            // 循环一百万次
07             sb.append(i);                              // 字符串后拼接数字
08         }
09         value = sb.toString();
10     }
11 
12     static void noBuffer(){                            // 只用文件流写数据，不用缓冲流
13         long start = System.currentTimeMillis();       // 记录运行前时间
14         try (FileOutputStream fos = new FileOutputStream("不使用缓冲 .txt");) {
15             byte b[] = value.getBytes();               // 字符串的字节数组
16             fos.write(b);                              // 文件输出流写入字节
17             fos.flush();                               // 刷新
18         } catch (FileNotFoundException e) {
19             e.printStackTrace();
20         } catch (IOException e) {
```

```
21              e.printStackTrace();
22          }
23          long end = System.currentTimeMillis();       // 记录运行完毕时间
24          System.out.println(" 无缓冲运行毫秒数: " + (end - start));
25      }
26
27      static void useBuffer() {                        // 使用缓冲流写数据
28          long start = System.currentTimeMillis();     // 记录运行前时间
29          try (FileOutputStream fos = new FileOutputStream(" 不使用缓冲 .txt");
30                  BufferedOutputStream bos = new BufferedOutputStream(fos)) {
31              byte b[] = value.getBytes();
32              bos.write(b);                            // 缓冲输出流写入字节
33              bos.flush();                             // 刷新
34          } catch (FileNotFoundException e) {
35              e.printStackTrace();
36          } catch (IOException e) {
37              e.printStackTrace();
38          }
39          long end = System.currentTimeMillis();       // 记录运行完毕时间
40          System.out.println(" 有缓冲运行毫秒数: " + (end - start));
41      }
42
43      public static void main(String args[]) {
44          initString();                                // 拼接出一个超长的字符串
45          noBuffer();                                  // 先用普通文件流的方式写入文件
46          useBuffer();                                 // 再用缓冲流的方式写入文件
47      }
48  }
```

运行结果如图 14.14 所示。

从这个结果可以看出，使用缓冲流可以提高写入速度。写入的数据量越大，缓冲流的优势就越明显。

```
Console
<terminated> BufferedStreamTest [Java Application] C:\F
无缓冲运行毫秒数: 110
有缓冲运行毫秒数: 79
```

图 14.14　使用缓冲流和不使用缓冲流的运行效率对比

14.5.2　BufferedReader 类与 BufferedWriter 类

BufferedReader 类与 BufferedWriter 类分别继承 Reader 类与 Writer 类，这两个类同样具有内部缓冲机制，并以行为单位进行输入 / 输出。

BufferedReader 类的常用方法及说明如表 14.7 所示。

表 14.7　BufferedReader 类的常用方法及说明

方法	返回值	说明
read( )	int	读取单个字符
readLine( )	String	读取一个文本行，并将其返回为字符串。若无数据可读，则返回 null

BufferedWriter 类的常用方法及说明如表 14.8 所示。

表 14.8　BufferedWriter 类的常用方法及说明

方法	返回值	说明
write(String s, int off, int len)	void	写入字符串的某一部分
flush( )	void	刷新该流的缓冲
newLine( )	void	写入一个行分隔符

下面通过一个实例演示 BufferedReader 和 BufferedWriter 最常用的方法。

实例 14.8 BufferedReader 和 BufferedWriter 类的用法

实例位置：资源包 \Code\14\08

创建 BufferedTest 类，在主方法中先使用 BufferedWriter 类将字符串数组中的元素写入到 word.txt 中，再使用 BufferedReader 类读取 word.txt 中的数据，并将 word.txt 中的数据输出在控制台上。代码如下所示：

```
01 import java.io.*;
02 public class BufferedTest {
03     public static void main(String args[]) {
04         // 定义字符串数组
05         String content[] = {" 种豆南山下 ", " 草盛豆苗稀 ", " 晨兴理荒秽 ", " 带月荷锄归 ",
06                 " 道狭草木长 ", " 夕露沾我衣 ", " 衣沾不足惜 ", " 但使愿无违 "};
07         File file = new File("word.txt");                            // 创建文件对象
08         try (FileWriter fw = new FileWriter(file);
09                 BufferedWriter bufw = new BufferedWriter(fw);) {
10             for (int k = 0, length = content.length; k < length; k++) { // 遍历字符串数组
11                 bufw.write(content[k]);                              // 将字符串数组中元素写入到磁盘文件中
12                 bufw.newLine();                                      // 换行
13             }
14         } catch (IOException e) {
15             e.printStackTrace();
16         }
17 
18         try (FileReader fr = new FileReader(file);
19                 BufferedReader bufr = new BufferedReader(fr);) {
20             String tmp = null;                                       // 保存数据的临时字符串
21             int i = 1;                                               // 输出的行数
22             // 一次读出一行内容，如果读出的是有效字符串，则进入循环
23             while ((tmp = bufr.readLine()) != null) {
24                 System.out.println(" 第 " + (i++) + " 行 :" + tmp);      // 输出文件数据
25             }
26         } catch (IOException e) {
27             e.printStackTrace();
28         }
29     }
30 }
```

运行结果如下所示：

```
第 1 行：种豆南山下
第 2 行：草盛豆苗稀
第 3 行：晨兴理荒秽
第 4 行：带月荷锄归
第 5 行：道狭草木长
第 6 行：夕露沾我衣
第 7 行：衣沾不足惜
第 8 行：但使愿无违
```

字节流的相关类名称都是以“Stream”结尾的，字符流相关类名称都是以“Reader”或“Writer”结尾的。字节流的使用场景最多，字符流使用起来最方便，是否可以把字节流按照字符流的方式进行读写呢？ Java 提供的字节流转字符流工具类可以实现这个功能。

InputStreamReader 是把字节输入流转为字符输入流的工具类，该类的常用构造方法如下：

- InputStreamReader(InputStream in)：将字节输入流作为构造参数，转为字符输入流。
- InputStreamReader(InputStream in, String charsetName)：将字节输入流作为构造参数，转为字符输入流。字节转为字符时，按照 charsetName 指定的字符编码转换。

OutputStreamWriter 是把字节输出流转为字符输出流的工具类，该类的常用构造方法如下：

- OutputStreamWriter(OutputStream out)：将字节输出流作为构造参数，转为字符输出流。

- OutputStreamWriter(OutputStream out, String charsetName)：将字节输出流作为构造参数，转为字符输出流。字节转为字符时，按照 charsetName 指定的字符编码转换。

例如，文件字节输入流转为缓冲字符输入流的代码如下所示：

```
01 FileInputStream fis = new FileInputStream("D:/ 学习笔记 ");
02 InputStreamReader isr = new InputStreamReader(fis);
03 BufferedReader br = new BufferedReader(isr);
```

文件字节输出流转为缓冲字符输出流的代码如下所示：

```
01 FileOutputStream fos = new FileOutputStream("D:/ 学习笔记 ");
02 OutputStreamWriter osw = new OutputStreamWriter(fos);
03 BufferedWriter bw = new BufferedWriter(osw);
```

14.6 综合实例——批量移动文件

File 类没有移动文件的方法，想要移动文件需要先将文件转成数据流，再把数据流写入到其他位置。如果想要批量移动文件，可以把遍历文件的代码封装成一个方法，把流操作封装成另一个方法，这样可以让程序功能模块化。

例如，创建 MoveFiles 类，在类中创建两个静态属性，一个用于记录文件移动之后的位置，也就是目标文件夹，一个用于判断是否启用移动后删除源文件的功能。类的定义如下所示：

```
01 public class MoveFiles {
02     static String moveTo = "";                          // 移动之后的位置
03     static boolean delFile = false;                     // 移动之后是否删除源文件
04 }
```

读取和写入的操作使用“文件流 + 缓冲流”的形式，这样可以大大提高运行效率。流的操作封装成 fileMove() 方法，该方法第一个参数是源文件的完成文件名，第二个参数是文件移动之后的完整文件名。缓冲流的缓冲区设为 1024 字节，输入流每次读出 1024 字节数据之后，直接交给输出流写到硬盘上，直到整个文件都读取完毕。fileMove() 方法的代码如下所示：

```
01 static void fileMove(String oldFile, String newFile) {
02     int bytered = 0;                                              // 一次读取出的字节数
03     byte[] buffer = new byte[1024];                               // 缓冲区
04     try (InputStream in = new FileInputStream(oldFile);           // 文件字节输入流
05             FileOutputStream ou = new FileOutputStream(newFile);  // 文件字节输出流
06             BufferedInputStream bi = new BufferedInputStream(in); // 缓冲流
07             BufferedOutputStream bo = new BufferedOutputStream(ou);) {
08         while ((bytered = bi.read(buffer)) != -1) {               // 如果向缓冲区输入有效数据
09             bo.write(buffer, 0, bytered);                         // 将读出的数据写到硬盘上
10             bo.flush();                                           // 刷新流
11         }
12         System.out.println(" 完成移动 " + newFile);
13     } catch (IOException e) {
14         e.printStackTrace();
15     }
16 }
```

有了移动文件的方法之后，就设计遍历文件的 move() 方法。该方法的参数是等待转移文件的文件夹地址，采用递归的方式进入源文件下的每一个子文件夹，只要发现文件，就调用 fileMove() 方法转移文件。如果删除源文件的标志 delFile 是 true，在转移之后还会调用源文件的 delete() 方法将其从硬盘上删除。

move() 方法的代码如下所示:

```
01 static void move(String fileAddre) {
02     File file = new File(fileAddre);
03     if (file.isDirectory()) {                          // 如果是文件夹，则进入文件夹继续遍历
04         File[] filelist = file.listFiles();
05         for (File temp : filelist) {
06             move(temp.getAbsolutePath());              // 递归
07         }
08     } else {                                           // 如果是文件
09         if (file.getName().endsWith("mp4")) {          // 移动所有的 .mp4 后缀的文件
10             String oldFile = file.getAbsolutePath();
11             String newFile = moveTo + file.getName();
12             fileMove(oldFile, newFile);
13             if (delFile) {                             // 如果删除源文件
14                 file.delete();                         // 删除源文件
15             }
16         }
17     }
18 }
```


最后在主方法中为 MoveFiles 类的两个静态属性赋值，在调用移动方法之前，先判断一个移动的目标文件夹是否存在，如果不存在则使用 mkdirs() 创建这个路径，如果在目标路径不存在的情况下强行移动文件会发生异常。主方法的代码如下所示:

```
01 public static void main(String[] args) {
02     delFile = true;                                    // 移动之后删除源文件
03     moveTo = "D:/Java 学习资料 / 视频 /";               // 移动到的目标文件夹
04     File f = new File(moveTo);                         // 目标文件夹对象
05     if (!f.exists()) {                                 // 如果没有这个文件夹
06         f.mkdirs();                                    //创建文件夹
07     }
08     move("G:/ 视频 /");                                 // 把 G 盘下 " 视频 " 文件夹中的文件移动出来
09 }
```

14.7 实战练习

① 在当前项目文件夹下，根据当前时间（精确至毫秒）生成并命名文件。

② 实现一个电子通讯录：单击“录入个人信息”按钮，将文本框中的姓名、Email 和电话保存到“contacts.txt”中，然后再单击“查看个人信息”按钮，将“contacts.txt”中文本内容输出在控制台上。

小结

本章介绍的 Java I/O（输入 / 输出）机制提供了一套全面的 API，以方便从不同的数据源读取和写入字符或字节数据。了解并学习 Java 的字节流和字符流后，还需掌握字节流和字符流的相关子类，通过这些子类所实现的数据流可以把数据输出到指定的设备终端，也可以使用指定的设备终端输入数据。

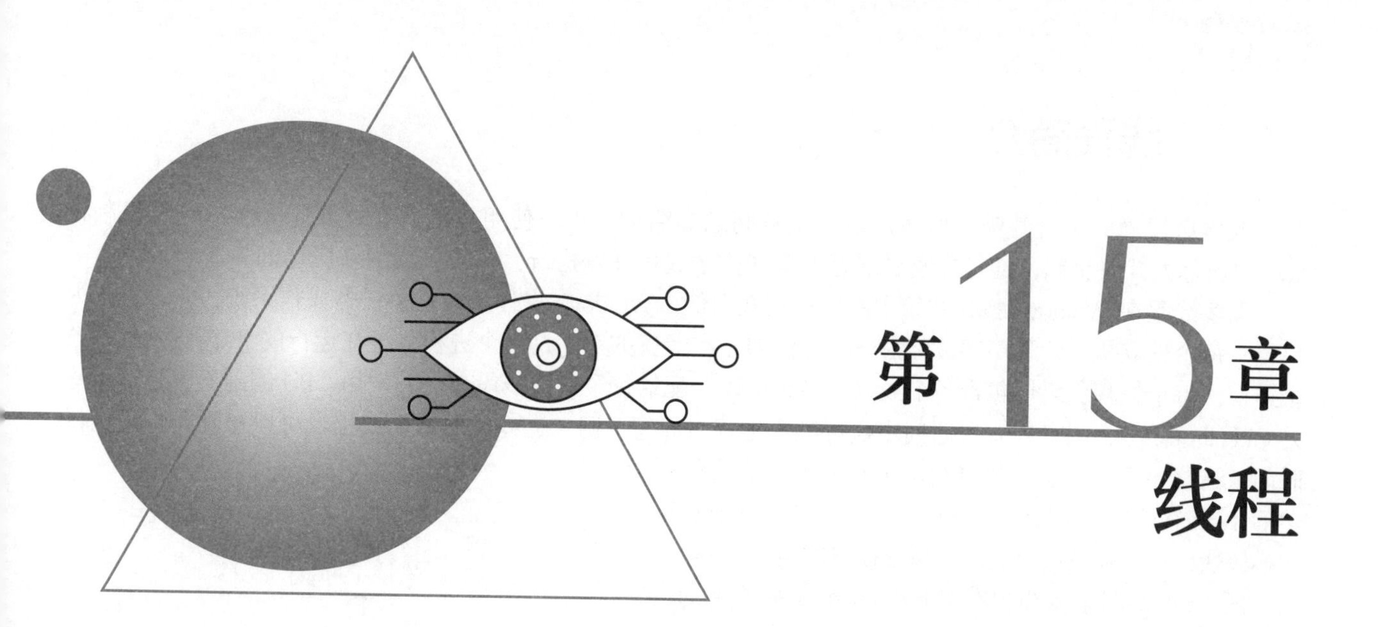

第15章 线程

Java 语言为了实现在同一时间运行多个任务，引入了多线程的概念。Java 语言通过 start( ) 方法启动多线程。多线程常被应用于并发机制的程序中，例如网络程序等。本章将结合实例由浅入深地向读者朋友介绍在程序开发过程中如何创建并使用多线程。

本章的知识结构如下图所示：

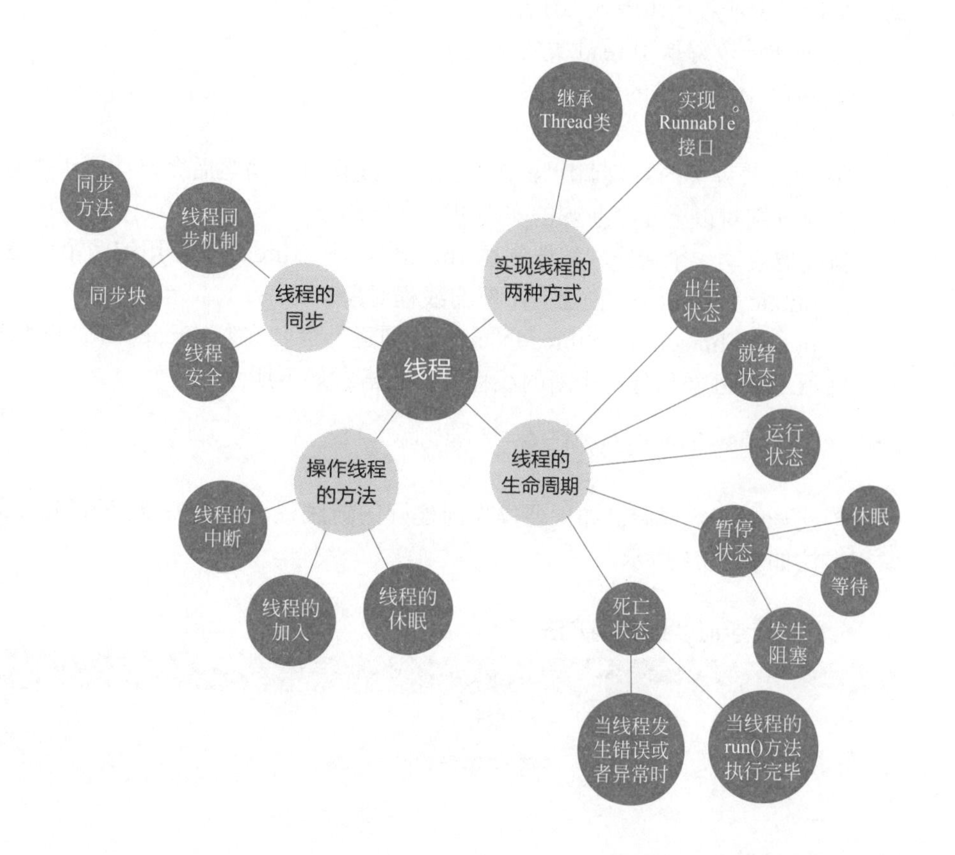

15.1 线程简介

人体可以同时进行呼吸、血液循环、思考问题等活动；用户使用电脑听着歌曲聊天等，这种机制在 Java 中被称为并发机制，通过并发机制可以实现多个线程并发执行，这样多线程就应运而生了。

以多线程在 Windows 操作系统中的运行模式为例，Windows 操作系统是多任务操作系统，它以进程为单位。每个独立执行的程序都被称为进程，例如正在运行的 QQ 是一个进程，正在运行的 IE 浏览器也是一个进程，每个进程都可以包含多个线程。系统可以分配给每个进程一段有限的使用 CPU 的时间（也可以称为 CPU 时间片），CPU 在这段时间中执行某个进程（同理，同一进程中的每个线程也可以得到一小段执行时间，这样一个进程就可以具有多个并发执行的线程），然后下一个 CPU 时间片又执行另一个进程。由于 CPU 转换较快，所以使得每个进程好像是被同时执行一样。

图 15.1 说明了多线程在 Windows 操作系统中的运行模式。

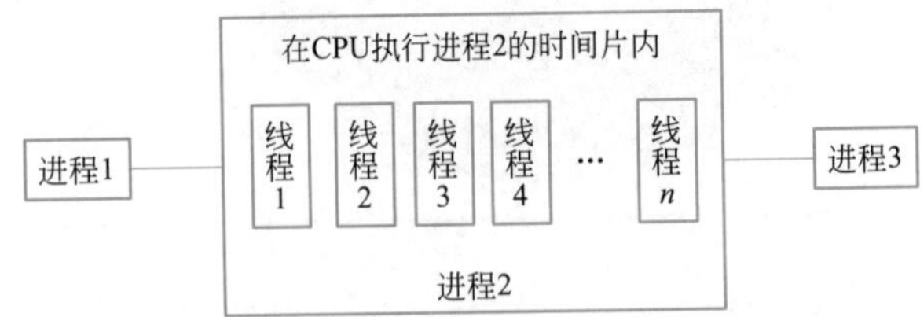

图 15.1 多线程在 Windows 操作系统中的运行模式

15.2 实现线程的两种方式

Java 提供了两种方式实现线程，分别为继承 java.lang.Thread 类与实现 java.lang.Runnable 接口。本节将着重讲解这两种实现线程的方式。

15.2.1 继承 Thread 类

Thread 类是 java.lang 包中的一个类，Thread 类的对象被用来代表线程，通过继承 Thread 类创建、启动并执行一个线程的步骤如下所示：

① 创建一个继承 Thread 类的子类；

② 覆写 Thread 类的 run 方法；

③ 创建线程类的一个对象；

④ 通过线程类的对象调用 start 方法启动线程（启动之后会自动调用覆写的 run 方法执行线程）。

下面分别对以上 4 个步骤的实现进行介绍。

首先要启动一个新线程需要创建 Thread 实例。Thread 类常用的两个构造方法如下所示：

- public Thread( )：创建一个新的线程对象。
- public Thread(String threadName)：创建一个名称为 threadName 的线程对象。

继承 Thread 类创建一个新的线程的语法格式如下所示：

```
public class ThreadTest extends Thread{
}
```

创建一个新线程后，如果要操作创建好的新线程，那么需要使用 Thread 类提供的方法，Thread 类的常用方法如表 15.1 所示。

表 15.1 Thread 类的常用方法

方法	说明
interrupt( )	中断线程
join( )	等待该线程终止

续表

方法	说明
join(long millis)	等待该线程终止的时间最长为 millis 毫秒
run( )	如果该线程是使用独立的 Runnable 运行对象构造的，则调用该 Runnable 对象的 run 方法；否则，该方法不执行任何操作并返回
setPriority(int newPriority)	更改线程的优先级
sleep(long millis)	在指定的毫秒数内让当前正在执行的线程休眠（暂停执行）
start( )	使该线程开始执行；Java 虚拟机调用该线程的 run 方法
yield( )	暂停当前正在执行的线程对象，并执行其他线程

当一个类继承 Thread 类后，就在线程类中重写 run( ) 方法，并将实现线程功能的代码写入 run( ) 方法中，然后调用 Thread 类的 start( ) 方法启动线程，线程启动之后会自动调用覆写的 run( ) 方法执行线程。

Thread 类对象需要一个任务来执行，任务是指线程在启动之后执行的工作，任务的代码被写在 run( ) 方法中。run( ) 方法必须使用以下语法格式：

```
public void run( ){
}
```

注意

如果 start( ) 方法调用一个已经启动的线程，系统将抛出 IllegalThreadStateException 异常。

Java 虚拟机调用 Java 程序的 main( ) 方法时，就启动了主线程。如果程序员想启动其他线程，那么需要通过线程类对象调用 start( ) 方法来实现，例如：

```
01 public static void main(String[] args) {
02     ThreadTest  test = new ThreadTest( );
03     test.start( );
04 }
```

实例 15.1 在 run() 方法中循环输出数字 0 ～ 9

实例位置：资源包 \Code\15\01

创建一个自定义的线程类，继承 Thread 类，重写父类的 run() 方法，在 run() 方法中循环输出数字 0 ～ 9，最后在 main() 方法中启动这个线程，看输出的结果如何。代码如下所示：

```
01 public class ThreadTest extends Thread {     // 继承 Thread 类
02     public void run() {                      // 重写 run() 方法
03         for (int i = 0; i < 10; i++) {
04             System.out.print(i + " ");
05         }
06     }
07
08     public static void main(String[] args) {
09         ThreadTest test = new ThreadTest(); // 创建线程对象
10         test.start();                       // 启动线程
11     }
12 }
```

运行结果如下所示：

```
0 1 2 3 4 5 6 7 8 9
```

main() 方法中没有调用 run() 方法，但是却执行了 run() 方法中的代码，这是因为 start() 方法向计算机申请到线程资源之后，会自动执行 run() 方法。

注意

启动线程应调用 start() 而不是 run() 方法。如果直接调用线程的 run() 方法，则不会向计算机申请线程资源，也就不会出现异步运行的效果。

15.2.2 实现 Runnable 接口

如果当前类不仅要继承其他类（非 Thread 类），还要实现多线程，那么该如何处理呢？继承 Thread 类肯定不行，因为 Java 不支持多继承。在这种情况下，只能通过当前类实现 Runnable 接口来创建 Thread 类对象。

Object 类的子类实现 Runnable 接口的语法格式如下所示：

```
public class ThreadTest extends Object implements Runnable
```

说明

从 Java API 中可以发现，Thread 类已经实现了 Runnable 接口，Thread 类的 run( ) 方法正是 Runnable 接口中的 run( ) 方法的具体实现。

实现 Runnable 接口的程序会创建一个 Thread 对象，并将 Runnable 对象与 Thread 对象相关联。Thread 类中有以下两个构造方法：

- public Thread(Runnable target)：分配新的 Thread 对象，以便将 target 作为其运行对象。
- public Thread(Runnable target,String name)：分配新的 Thread 对象，以便将 target 作为其运行对象，将指定的 name 作为其名称。

使用 Runnable 接口启动新的线程的步骤如下所示：

① 创建 Runnable 对象；

② 使用参数为 Runnable 对象的构造方法创建 Thread 对象；

③ 调用 start( ) 方法启动线程。

通过 Runnable 接口创建线程时，首先需要创建一个实现 Runnable 接口的类，然后创建该类的对象，接下来使用 Thread 类中相应的构造方法创建 Thread 对象，最后使用 Thread 对象调用 Thread 类中的 start( ) 方法启动线程。图 15.2 表明了实现 Runnable 接口创建线程的流程。

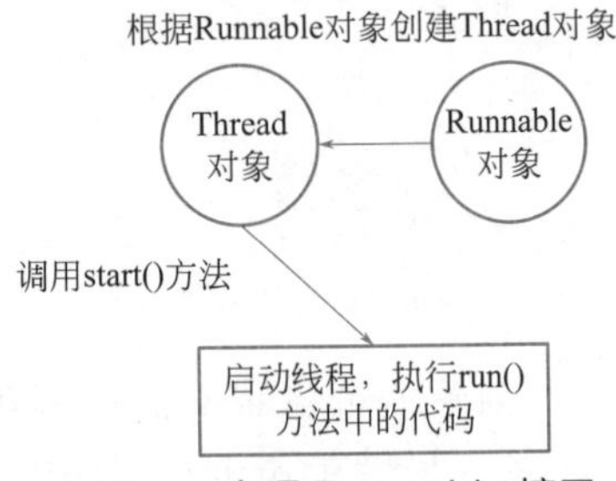

图 15.2 实现 Runnable 接口创建线程的流程

实例 15.2　使用 Runnable 接口循环输出数字 0 ～ 9　实例位置：资源包 \Code\15\02

将循环输出数字 0 ～ 9 的实例改用 Runnable 接口实现，代码如下所示：

```
01 public class RunnableDemo implements Runnable {              // 实现接口
02     public void run() {                                         // 实现 run() 方法
03         for (int i = 0; i < 10; i++) {
04             System.out.print(i + " ");
```

```
05          }
06      }
07
08      public static void main(String[] args) {
09          RunnableDemo demo = new RunnableDemo();           // 创建接口对象
10          Thread t = new Thread(demo);                      // 把接口对象作为参数创建线程
11          t.start();                                        // 启动线程
12      }
13 }
```

运行结果如下所示：

```
0 1 2 3 4 5 6 7 8 9
```

Runnable 接口与 Thread 类可以实现相同的功能。

池化操作是指将大量资源虚拟成一个资源池，程序想要调用资源需要向资源池“租用”资源，使用完之后还要“退还”给资源池。这样就大大降低了系统开销。就像租车公司一样，用户可以租车，用完之后要还给租车公司，这样用户不需要买车就能开到车。资源池还有一个好处就是可以防止缺乏资源导致系统崩溃，如果申请资源的程序太多，资源太少，资源池则会让程序依次排队等待资源。这也和日常生活中用户把车还给租车公司，租车公司才能将车租给下一个人的情况一样。

Java 中的 ExecutorService 类就有类似的功能，它可以将多个线程对象放到一个大池子中，设定最大并发数，然后所有线程依次排队执行。

下面通过一个实例介绍 ExecutorService 线程池的效果。

实例 15.3 线程池的用法

实例位置：资源包 \Code\15\03

创建一个小窗体，窗体中放置 5 个滑动条，通过线程让滑动条的值慢慢变化。利用 ExecutorService 线程池确保每次只有两个滑动条在滑动，其他滑动条都处于等待状态。代码如下所示：

```
01 import java.awt.GridLayout;
02 import java.util.concurrent.ExecutorService;
03 import java.util.concurrent.Executors;
04 import javax.swing.*;
05 class PrintThread extends Thread {                        // 可以改变滑动条值的线程
06     JSlider s = null;                                     // 滑动条
07     public PrintThread(JSlider s) {
08         this.s = s;
09     }
10     public void run() {
11         for (int i = 0; i <= 100; i++) {                  // 从 0 循环至 100
12             try {
13                 Thread.sleep(50);                         // 休眠 50 毫秒
14             } catch (InterruptedException e) {
15                 e.printStackTrace();
16             }
17             s.setValue(i);                                // 更改滑动条的值
18         }
19     }
20 }
21 public class ThreadPool {                                 //测试类
22     private JSlider s1 = new JSlider(0, 100, 0);          // 滑动条 1，最小值 0，最大值 100，初始值 0
23     private JSlider s2 = new JSlider(0, 100, 0);          // 滑动条 2
24     private JSlider s3 = new JSlider(0, 100, 0);          // 滑动条 3
25     private JSlider s4 = new JSlider(0, 100, 0);          // 滑动条 4
26     private JSlider s5 = new JSlider(0, 100, 0);          // 滑动条 5
```

```
27      class MyFrame extends JFrame {                          // 内部类，可视化窗体
28          public MyFrame() {
29              JPanel p = new JPanel(new GridLayout(5, 1));    // 面板采用 5 行 1 列布局
30              p.add(s1);                                      // 按顺序添加滑动条
31              p.add(s2);
32              p.add(s3);
33              p.add(s4);
34              p.add(s5);
35              setContentPane(p);                              // 面板作为窗体主容器
36              setTitle(" 线程池 ");                            // 标题
37              setSize(200, 150);                              // 宽高
38              setDefaultCloseOperation(JFrame.EXIT_ON_CLOSE); // 关闭窗体则停止程序
39              setVisible(true);                               // 显示窗体
40          }
41      }
42      public static void main(String[] args) {
43          ThreadPool demo = new ThreadPool();
44          demo.new MyFrame();                                 // 创建内部类中的窗体对象
45          PrintThread p1 = new PrintThread(demo.s1);          // 控制滑动条 1 的线程
46          PrintThread p2 = new PrintThread(demo.s2);          // 控制滑动条 2 的线程
47          PrintThread p3 = new PrintThread(demo.s3);          // 控制滑动条 3 的线程
48          PrintThread p4 = new PrintThread(demo.s4);          // 控制滑动条 4 的线程
49          PrintThread p5 = new PrintThread(demo.s5);          // 控制滑动条 5 的线程
50          // 创建线程池，最多可同时运行 2 个线程，其他线程处于等待状态
51          ExecutorService pool = Executors.newFixedThreadPool(2);
52          pool.execute(p1);                                   // 线程放入线程池
53          pool.execute(p2);
54          pool.execute(p3);
55          pool.execute(p4);
56          pool.execute(p5);
57          pool.shutdown();                                    // 按顺序依次关闭线程
58      }
59  }
```

运行程序后，可以看到窗体中有五个滑动条，效果如图 15.3 所示。第一和第二个滑动条会立即向右滑动，当第一和第二个滑动条滑到终点后，第三和第四个滑动条开始向右滑动直到终点，效果如图 15.4 所示，最后第五个滑动条开始滑动直到终点。这个程序就演示了最大并发量为 2 的线程池每次只允许两个线程同时进行。

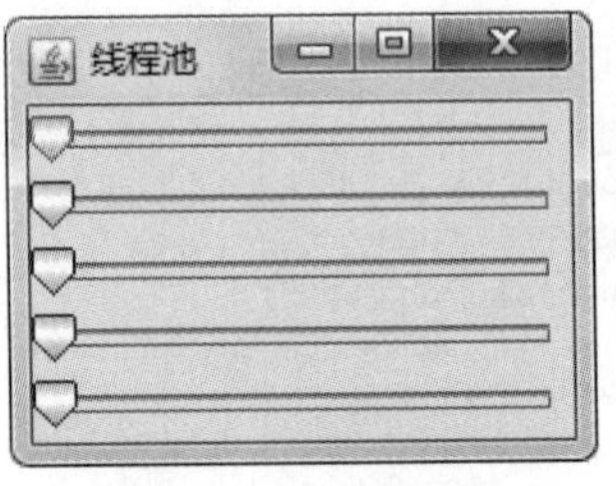

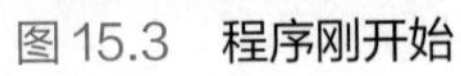
图 15.3　程序刚开始

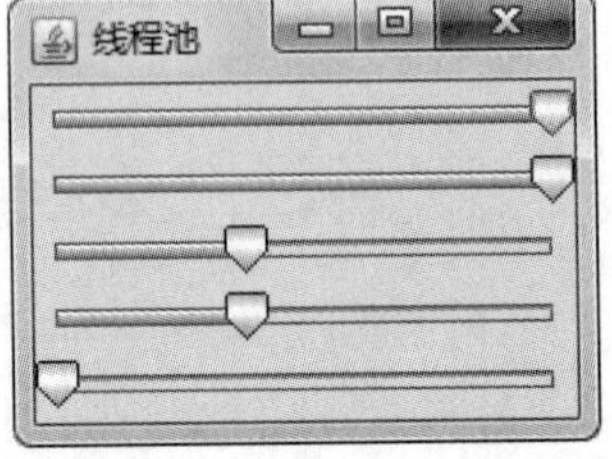

图 15.4　两个滑动条同时移动

15.3　线程的生命周期

线程具有生命周期，其中包含 5 种状态，分别为出生状态、就绪状态、运行状态、暂停状态（包括休眠、等待和阻塞等）和死亡状态。

出生状态就是线程被创建时的状态；当线程对象调用 start( ) 方法后，线程处于就绪状态（又被称为可执行状态）；当线程得到系统资源后就进入了运行状态。一旦线程进入运行状态，它会在就绪与运行状态下转换，同时也有可能进入暂停或死亡状态。当处于运行状态下的线程调用 sleep( )、wait( ) 或者发生阻塞时，会进入暂停状态；当在休眠结束、调用 notify( ) 方法或 notifyAll( ) 方法，或者阻塞解除时，线程会重新进入就绪状态；当线程的 run( ) 方法执行完毕，或者线程发生错误、异常时，线程进入死亡状态。

图 15.5 描述了线程生命周期中的各种状态。

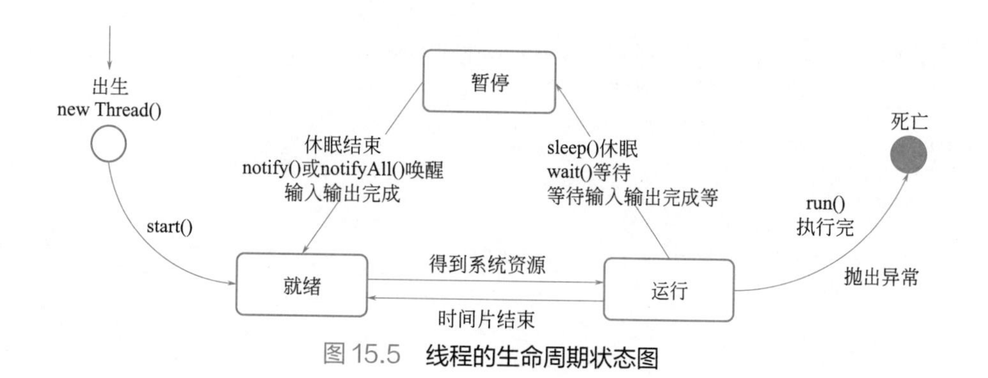

图 15.5　线程的生命周期状态图

15.4　操作线程的方法

操作线程有很多方法，这些方法可以使线程从某一种状态过渡到另一种状态，本节将对如何对线程执行休眠、加入和中断操作进行讲解。

15.4.1　线程的休眠

能控制线程行为的方法之一是调用 sleep( ) 方法，sleep( ) 方法需要指定线程休眠的时间，线程休眠的时间以毫秒为单位。sleep( ) 方法的使用方法如下所示：

```
01 try {
02     Thread.sleep(2000);
03 } catch (InterruptedException e) {
04     e.printStackTrace( );
05 }
```

上述代码会使线程在 2 秒之内不会进入就绪状态。由于 sleep( ) 方法的执行有可能抛出 InterruptedException 异常，所以将 sleep( ) 方法放在 try/catch 块中。虽然使用了 sleep( ) 方法的线程在一段时间内会醒来，但是并不能保证它醒来后就会进入运行状态，只能保证它进入就绪状态。

下面通过一个窗体实例，直观地演示休眠对程序的影响。

实例 15.4　每 0.1 秒在随机位置绘制随机颜色的线段　实例位置：资源包 \Code\15\04

创建 SleepMethodTest 类，该类继承了 JFrame 类，实现每 0.1 秒就在窗体中随机位置绘制随机颜色的线段，代码如下所示：

```
01 import java.awt.*;
02 import java.util.Random;
03 import javax.swing.JFrame;
04 public class SleepMethodTest extends JFrame {
05     private static final long serialVersionUID = 1L;
06     private Thread t;
07     // 定义颜色数组
08     private static Color[] color = { Color.BLACK, Color.BLUE, Color.CYAN,
09             Color.GREEN, Color.ORANGE, Color.YELLOW,
10             Color.RED, Color.PINK, Color.LIGHT_GRAY };
11     private static final Random rand = new Random( );          // 创建随机对象
12     private static Color getC( ) {                             // 获取随机颜色值的方法
```

```
13          // 随机产生一个 color 数组长度范围内的数字，以此为索引获取颜色
14          return color[rand.nextInt(color.length)];
15      }
16      public SleepMethodTest( ) {
17          t = new Thread(new Draw( ));                          // 创建匿名线程对象
18          t.start( );                                            // 启动线程
19      }
20      class Draw implements Runnable {                          // 定义内部类，用来在窗体中绘制线条
21          int x = 30;                                            // 定义初始坐标
22          int y = 50;
23          public void run( ) {                                   // 重写线程接口方法
24              while (true) {                                     // 无限循环
25                  try {
26                      Thread.sleep(100);                         // 线程休眠 0.1 秒
27                  } catch (InterruptedException e) {
28                      e.printStackTrace( );
29                  }
30                  Graphics graphics = getGraphics();             // 获取组件绘图对象，该方法由父类提供
31                  graphics.setColor(getC( ));                    // 设置绘图颜色
32                  graphics.drawLine(x, y, 100, y++);             // 绘制直线并递增垂直坐标
33                  if (y >= 80) {
34                      y = 50;
35                  }
36              }
37          }
38      }
39      public static void main(String[] args) {
40          init(new SleepMethodTest( ), 100, 100);
41      }
42      // 初始化程序界面的方法
43      public static void init(JFrame frame, int width, int height) {
44          frame.setVisible(true);
45          frame.setDefaultCloseOperation(JFrame.EXIT_ON_CLOSE);
46          frame.setSize(width, height);
47      }
48  }
```

运行本实例，结果如图 15.6 所示。

在本实例中定义了 getC( ) 方法，该方法用于随机产生 Color 类型的对象，并且在产生线程的内部类中使用 getGraphics( ) 方法获取 Graphics 对象，使用获取到的 Graphics 对象调用 setColor( ) 方法为图形设置颜色，调用 drawLine( ) 方法绘制一条线段，线段的位置会根据纵坐标的变化自动调整。

图 15.6　**在窗体中自动画彩色线段**

使用线程的休眠还可以模拟电子时钟。电子时钟经常出现在各类软件中，操作系统、浏览器、办公软件、游戏都能看到电子时钟。电子时钟的值可以不断变化，时刻提醒用户当前的时间。现在的电子时钟相关程序已经带有非常丰富的功能，例如备忘录、生日提醒、闹钟、秒表等，但这里要介绍的是其最基本的功能——计时。

想要让自己开发的程序能够时时刻刻展示当前的时间，最简单的办法就是使用线程休眠的办法。

实例 15.5　一个简单的电子时钟

实例位置：资源包 \Code\15\05

创建一个窗体，在窗体中有一个标签用于展示时间，创建一个线程，这个线程会获取本地时间并写到标签中，然后休眠 1 秒，1 秒醒来后再将本地时间写到标签中，如此循环，就做出了一个最简单的电子时钟。代码如下所示:

```
01 import java.text.SimpleDateFormat;
02 import java.util.Date;
03 import javax.swing.*;
04 public class ThreadClock extends Thread {
05     JLabel time = new JLabel();                                          // 展示时间的文本框
06     public ThreadClock() {
07         JFrame frame = new JFrame();
08         time.setHorizontalAlignment(SwingConstants.CENTER);              // 居中
09         frame.add(time);
10         frame.setDefaultCloseOperation(JFrame.EXIT_ON_CLOSE);
11         frame.setSize(150, 100);
12         frame.setVisible(true);
13     }
14     public void run() {
15         SimpleDateFormat sdf = new SimpleDateFormat("HH:mm:ss");        // 日期格式化对象
16         while (true) {
17             String timeStr = sdf.format(new Date());                     // 格式化当前日期
18             time.setText(timeStr);                                       // 将时间展示在文本框中
19             try {
20                 Thread.sleep(1000);                                      // 休眠 1 秒
21             } catch (InterruptedException e) {
22                 e.printStackTrace();
23             }
24         }
25     }
26     public static void main(String[] args) {
27         ThreadClock clock = new ThreadClock();
28         clock.start();
29     }
30 }
```

运行结果如图 15.7 所示，窗体中的文本是电脑时间，每秒都会发生变化。

图 15.7　电子时钟窗体

15.4.2　线程的加入

假如当前程序为多线程程序且存在一个线程 A，现在需要插入线程 B，并要求线程 B 执行完毕后，再继续执行线程 A，此时可以使用 Thread 类中的 join( ) 方法来实现。这就好比 A 正在看电视，突然 B 上门收水费，A 必须付完水费后才能继续看电视。

当某个线程使用 join( ) 方法加入到另外一个线程时，另一个线程会等待该线程执行完毕后再继续执行。

下面是一个使用 join( ) 方法的实例。

实例 15.6　使用 join( ) 方法控制进度条的滚动

实例位置：资源包 \Code\15\06

创建 JoinTest 类，该类继承了 JFrame 类。窗口中有两个进度条，进度条的进度由线程来控制，通过使用 join( ) 方法使第一个进度条达到 20% 进度时进入等待状态，直到第二个进度条达到 100% 进度后才继续。代码如下所示：

```
01 import java.awt.BorderLayout;
02 import javax.swing.*;
03 public class JoinTest extends JFrame {
04     private static final long serialVersionUID = 1L;
05     private Thread threadA;                                         // 定义两个线程
06     private Thread threadB;
07     final JProgressBar progressBarA = new JProgressBar();           // 定义两个进度条组件
```

```
08      final JProgressBar progressBarB = new JProgressBar();
09      public JoinTest() {
10          // 将进度条设置在窗体最北面
11          getContentPane().add(progressBarA, BorderLayout.NORTH);
12          // 将进度条设置在窗体最南面
13          getContentPane().add(progressBarB, BorderLayout.SOUTH);
14          progressBarA.setStringPainted(true);                    // 设置进度条显示数字字符
15          progressBarB.setStringPainted(true);
16          // 使用匿名内部类形式初始化 Thread 实例
17          threadA = new Thread(new Runnable() {
18              public void run() {
19                  for (int i = 0; i <= 100; i++) {
20                      progressBarA.setValue(i);                   // 设置进度条的当前值
21                      try {
22                          Thread.sleep(100);                      // 使线程 A 休眠 100 毫秒
23                          if (i == 20) {
24                              threadB.join();                     // 使线程 B 调用 join( ) 方法
25                          }
26                      } catch (InterruptedException e) {
27                          e.printStackTrace();
28                      }
29                  }
30              }
31          });
32          threadA.start(); // 启动线程 A
33          threadB = new Thread(new Runnable() {
34              public void run() {
35                  for (int i = 0; i <= 100; i++) {
36                      progressBarB.setValue(i);                   // 设置进度条的当前值
37                      try {
38                          Thread.sleep(100);                      // 使线程 B 休眠 100 毫秒
39                      } catch (InterruptedException e) {
40                          e.printStackTrace();
41                      }
42                  }
43              }
44          });
45          threadB.start();                                        // 启动线程 B
46          setDefaultCloseOperation(JFrame.EXIT_ON_CLOSE);         // 关闭窗体后停止程序
47          setSize(100, 100);                                      // 设定窗体宽高
48          setVisible(true);                                       // 窗体可见
49      }
50      public static void main(String[] args) {
51          new JoinTest();
52      }
53  }
```

运行本实例，结果如图 15.8 所示。

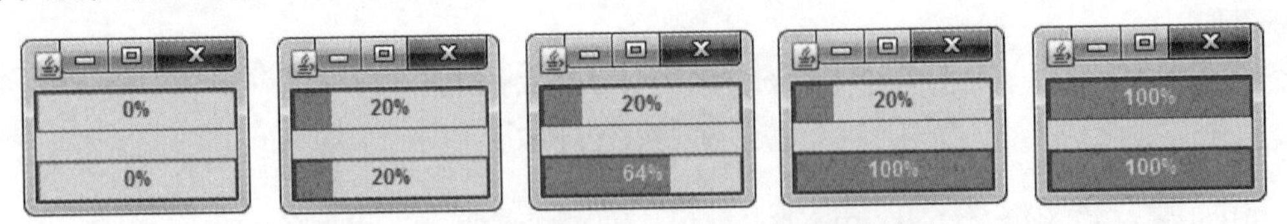

图 15.8　**使用 join( ) 方法控制进度条的滚动**

在本实例中同时创建了两个线程，这两个线程分别负责进度条的滚动。在线程 A 的 run( ) 方法中使线程 B 的对象调用 join( ) 方法，而 join( ) 方法使线程 A 暂停运行，直到线程 B 执行完毕后，再执行线程 A，也就是下面的进度条滚动完毕后，上面的进度条再滚动。

15.4.3　线程的中断

以往会使用 stop( ) 方法停止线程，但 JDK 早已废除了 stop( ) 方法，不建议使用 stop( ) 方法来停止线

程。现在提倡在 run( ) 方法中使用无限循环的形式，然后使用一个布尔型标记控制循环的停止。

例如，创建一个 InterruptedTest 类，该类实现了 Runnable 接口，并设置线程正确的停止方式，代码如下所示：

```
01 public class InterruptedTest implements Runnable {
02     private boolean isContinue = false;              // 设置一个标记变量，默认值为 false
03     public void run( ) {                             // 重写 run( ) 方法
04         while (true) {
05             //…
06             if (isContinue)                          // 当 isContinue 变量为 true 时，停止线程
07               break;
08         }
09     }
10     public void setContinue( ) {                     // 定义设置 isContinue 变量为 true 的方法
11         this.isContinue = true;
12     }
13 }
```

如果线程是因为使用了 sleep( ) 或 wait( ) 方法进入了就绪状态，可以使用 Thread 类中 interrupt( ) 方法使线程离开 run( ) 方法，同时结束线程，但程序会抛出 InterruptedException 异常，用户可以在处理该异常时完成线程的中断业务，如终止 while 循环。

下面通过一个实例演示如何使用“异常法”中断线程。

实例 15.7 线程被中断

实例位置：资源包 \Code\15\07

创建 InterruptedSwing 类，该类实现了 Runnable 接口，创建一个进度条，在 run() 方法中不断增加进度条的值，当达到 50% 进度时，调用线程的 interrupt() 方法。在 run() 方法中所有的代码都要套在 try-catch 语句中，当 interrupt() 方法被调用时，线程就会处于中断状态，无法继续执行循环而进入 catch 语句中。代码如下所示：

```
01 import java.awt.BorderLayout;
02 import javax.swing.*;
03 public class InterruptedSwing extends JFrame {
04     Thread thread;
05     public static void main(String[] args) {
06         new InterruptedSwing();
07     }
08     public InterruptedSwing() {
09         JProgressBar progressBar = new JProgressBar();          // 创建进度条
10         // 将进度条放置在窗体合适位置
11         getContentPane().add(progressBar, BorderLayout.NORTH);
12         progressBar.setStringPainted(true);                     // 设置进度条上显示数字
13         thread = new Thread() {                                 // 使用匿名内部类方式创建线程对象
14             public void run() {
15                 try {
16                     for (int i = 0; i <= 100; i++) {
17                         progressBar.setValue(i);                // 设置进度条的当前值
18                         if (i == 50) {
19                             interrupt();                        // 执行线程中断
20                         }
21                         Thread.sleep(100);                      // 使线程休眠 100 毫秒
22                     }
23                 } catch (InterruptedException e) {              // 捕捉 InterruptedException 异常
24                     System.out.println(" 当前线程被中断 ");
25                 }
```

```
26                }
27            };
28            thread.start(); // 启动线程
29            setDefaultCloseOperation(JFrame.EXIT_ON_CLOSE); // 关闭窗体后停止程序
30            setSize(100, 100); // 设定窗体宽高
31            setVisible(true);
32        }
33 }
```

运行本实例，结果如图 15.9 所示。

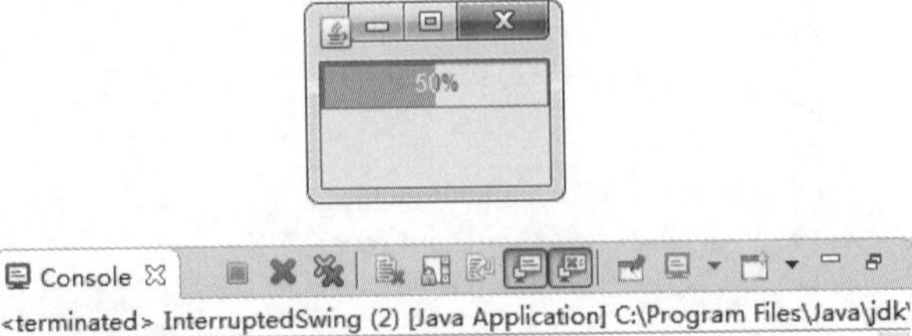

图 15.9　线程被中断

15.5　线程的同步

在单线程程序中，每次只能做一件事情，后面的事情需要等待前面的事情完成后才可以进行。如果使用多线程程序，就会发生两个线程抢占资源的问题，例如两个人以相反方向同时过同一个独木桥。为此，Java 提供了线程同步机制来防止多线程编程中抢占资源。

15.5.1　线程安全

实际开发中，多线程应用很广泛。这种多线程的程序通常会发生问题，以商品的剩余库存为例，在代码中判断商品的剩余库存是否大于 0，如果大于 0 则执行把商品出售给顾客的功能，但当两个线程同时访问这段代码时（假如这时只剩下一件商品），第一个线程将这件商品售出，与此同时第二个线程也已经执行并完成判断商品的剩余库存是否大于 0 的操作，并得出商品的剩余库存大于 0 的结论，于是它也执行将这件商品售出的操作，这样商品的剩余库存就会变为负数。所以在编写多线程程序时，应该考虑到线程安全问题。实质上线程安全问题来源于两个线程同时存取单一对象的数据。

实例 15.8　**模拟商品的剩余库存**　实例位置：资源包 \Code\15\08

在项目中创建 ThreadSafeTest 类，该类实现了 Runnable 接口，在未考虑到线程安全问题的基础上，模拟商品的剩余库存。代码如下所示：

```
01 public class ThreadSafeTest implements Runnable {    // 实现 Runnable 接口
02     int count = 10;                                  // 设置当前库存数
03     public void run() {
04         while (count > 0) {                          // 当还有剩余库存时发货
05             try {
06                 Thread.sleep(100);                   // 使当前线程休眠 100 毫秒
07             } catch (InterruptedException e) {
08                 e.printStackTrace();
09             }
10             --count;                                 // 库存量减 1
11             System.out.println(Thread.currentThread().getName()
12                     + "---- 卖出一件，剩余库存：" + count);
13         }
14     }
15
16     public static void main(String[] args) {
17         ThreadSafeTest t = new ThreadSafeTest();
18         Thread tA = new Thread(t, " 线程一 ");          // 以本类对象分别实例化 4 个线程
```

```
19          Thread tB = new Thread(t, " 线程二 ");
20          Thread tC = new Thread(t, " 线程三 ");
21          Thread tD = new Thread(t, " 线程四 ");
22          tA.start(); // 分别启动线程
23          tB.start();
24          tC.start();
25          tD.start();
26      }
27 }
```

运行本实例，结果如图 15.10 所示。

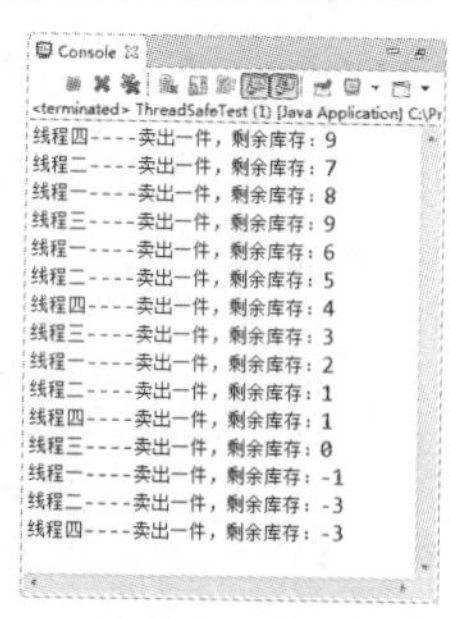

图 15.10　**商品的剩余库存为负值**

从图 15.10 中可以看出，打印到最后的剩余库存为负值，这样就出现了问题。这是由于同时创建了 4 个线程，这 4 个线程执行 run( ) 方法，在 num 变量为 1 时，线程一、线程二、线程三、线程四都对 num 变量有存储功能，当线程一执行 run( ) 方法时，还没有来得及做递减操作，就指定它调用 sleep( ) 方法进入就绪状态，这时线程二、线程三和线程四也都进入了 run( ) 方法，发现 num 变量依然大于 0，但此时线程一休眠时间已到，将 num 变量值递减，同时线程二、线程三、线程四也都对 num 变量进行递减操作，从而产生了负值。

15.5.2　线程同步机制

那么该如何解决资源共享的问题呢？基本上所有解决多线程资源冲突问题的方法都是采用给定时间只允许一个线程访问共享资源，这时就需要给共享资源上一道锁。这就好比一个人上洗手间时，他进入洗手间后会将门锁上，出来时再将锁打开，然后其他人才可以进入。

1. 同步块

在 Java 中提供了同步机制，可以有效地防止资源冲突。同步机制使用 synchronized 关键字，使用该关键字包含的代码块称为同步块，也称为临界区，语法格式如下所示：

```
synchronized (Object) {
}
```

通常将共享资源的操作放置在 synchronized 定义的区域内，这样当其他线程获取到这个锁时，就必须等待锁被释放后才可以进入该区域。Object 为任意一个对象，每个对象都存在一个标志位，并具有两个值，分别为 0 和 1。一个线程运行到同步块时，首先检查该对象的标志位，如果为 0 状态，表明此同步块内存在其他线程，这时当期线程处于就绪状态，直到处于同步块中的线程执行完同步块中的代码后，该对象的标识位设置为 1，当期线程才能开始执行同步块中的代码，并将 Object 对象的标识位设置为 0，以防止其他线程执行同步块中的代码。

实例 15.9　使用同步块模拟商品的剩余库存

实例位置：资源包 \Code\15\09

修改实例 15.8 的代码，把对 num 操作的代码设置在同步块中。修改之后的代码如下所示：

```
01 public class ThreadSafeTest implements Runnable {     // 实现 Runnable 接口
02     int count = 10;                                   // 设置当前库存数
03     public void run() {
04         while (true) {                                // 无限循环
05             synchronized (this) {                     // 同步代码块，对当前对象加锁
06                 if (count > 0) {                      // 当还有剩余库存时发货
07                     try {
```

```
08                          Thread.sleep(100);           // 使当前线程休眠 100 毫秒
09                      } catch (InterruptedException e) {
10                          e.printStackTrace();
11                      }
12                      --count;                         // 库存量减 1
13                      System.out.println(Thread.currentThread().getName()
14                              + "---- 卖出一件，剩余库存：" + count);
15                  } else {
16                      break;
17                  }
18              }
19          }
20      }
21
22      public static void main(String[] args) {
23          ThreadSafeTest t = new ThreadSafeTest();
24          Thread tA = new Thread(t, " 线程一 ");           // 以本类对象分别实例化 4 个线程
25          Thread tB = new Thread(t, " 线程二 ");
26          Thread tC = new Thread(t, " 线程三 ");
27          Thread tD = new Thread(t, " 线程四 ");
28          tA.start();                                   // 分别启动线程
29          tB.start();
30          tC.start();
31          tD.start();
32      }
33 }
```

运行本实例，结果如图 15.11 所示。从这个结果可以看出，打印到最后的剩余库存没有出现负数，这是因为检查商品的剩余库存的操作在同步块内，所有线程获取的商品的剩余库存是同步的。

```
<terminated> ThreadSafeTest (1) [Java Application] C:\Pr
线程一----卖出一件，剩余库存：9
线程三----卖出一件，剩余库存：8
线程三----卖出一件，剩余库存：7
线程三----卖出一件，剩余库存：6
线程四----卖出一件，剩余库存：5
线程二----卖出一件，剩余库存：4
线程四----卖出一件，剩余库存：3
线程四----卖出一件，剩余库存：2
线程四----卖出一件，剩余库存：1
线程四----卖出一件，剩余库存：0
```

图 15.11　设置同步块模拟商品的剩余库存

2. 同步方法

同步方法就是在方法前面使用 synchronized 关键字修饰的方法，其语法格式如下所示：

```
synchronized void method(){
    ……
}
```

同步方法可以保证在同一时间仅会被一个对象调用，也就是不同的线程会排队调用某一个同步方法。

实例 15.10　使用同步方法模拟商品的剩余库存

实例位置：资源包 \Code\15\10

将同步块实例代码修改为采用同步方法的方式，将共享资源操作放置在一个同步方法中，代码如下所示：

```
01 public class ThreadSafeTest implements Runnable {   // 实现 Runnable 接口
02     int count = 10;                                   // 设置当前库存数
03     public void run() {
04         while (doit()) {                              // 直接将方法作为循环条件
05         }
06     }
07     public synchronized boolean doit() {              // 定义同步方法
08         if (count > 0) {                              // 当还有剩余库存时发货
09             try {
10                 Thread.sleep(100);                    // 使当前线程休眠 100 毫秒
11             } catch (InterruptedException e) {
```

```
12                e.printStackTrace();
13            }
14            --count;                                    // 库存量减 1
15            System.out.println(Thread.currentThread().getName()
16                    + "---- 卖出一件，剩余库存: " + count);
17            return true;                                // 让循环继续执行
18        } else {                                        // 当库存为 0 时
19            return false;                               // 让循环停止执行
20        }
21    }
22    public static void main(String[] args) {
23        ThreadSafeTest t = new ThreadSafeTest();
24        Thread tA = new Thread(t, " 线程一 ");          // 以本类对象分别实例化 4 个线程
25        Thread tB = new Thread(t, " 线程二 ");
26        Thread tC = new Thread(t, " 线程三 ");
27        Thread tD = new Thread(t, " 线程四 ");
28        tA.start();                                     // 分别启动线程
29        tB.start();
30        tC.start();
31        tD.start();
32    }
33 }
```

运行结果如图 15.12 所示，将共享资源的操作放置在同步方法中，运行结果与使用同步块的结果一致。

图 15.12　使用同步方法的效果

3. 线程暂停与恢复

Thread 提供的 suspend() 暂停方法和 resume() 恢复方法已经被 JDK 标记为过时，因为这两个方法容易导致线程锁死。想要使一个线程不被终止的条件下可以暂停和恢复运行，最常用的办法是利用 Object 提供的 wait() 等待方法和 notify() 唤醒方法。例如下面这个实例就是利用这两个方法实现了暂停与恢复。

实例 15.11　线程的暂停与恢复

实例位置：资源包 \Code\15\11

创建 SuspendDemo 类继承 Thread 线程类，声明 suspend 属性用作暂停的标志，创建 suspendNew() 方法作为暂停线程方法，创建 resumeNew() 方法作为恢复运行方法。在 SuspendDemo 类的构造方法中创建一个小窗体，窗体中不断滚动 0 ～ 10 的数字，当用户单击按钮时，数字停止滚动，再次点击按钮，数字机则继续滚动。整个程序中仅使用一个线程（JVM 主线程除外）。代码如下所示：

```
01 import java.awt.*;
02 import java.awt.event.*;
03 import javax.swing.*;
04 public class SuspendDemo extends Thread {
05     boolean suspend = false;                                  // 暂停标志
06     JLabel num = new JLabel();                                // 滚动数字的标签
07     JButton btn = new JButton(" 停止 ");
08     public SuspendDemo() {
09         JFrame frame = new JFrame();
10         JPanel panel = new JPanel(new BorderLayout());
11         num.setHorizontalAlignment(SwingConstants.CENTER);    // 居中
12         num.setFont(new Font(" 黑体 ", Font.PLAIN, 55));      // 字体
13         panel.add(num, BorderLayout.CENTER);
14         panel.add(btn, BorderLayout.SOUTH);
15         frame.setContentPane(panel);                          // 设置主容器
```

```
16          frame.setDefaultCloseOperation(JFrame.EXIT_ON_CLOSE);
17          frame.setSize(100, 150);
18          frame.setVisible(true);
19          btn.addActionListener(new ActionListener() {
20              public void actionPerformed(ActionEvent e) {
21                  switch (btn.getText()) {
22                      case " 继续 " :
23                          resumeNew();        // 继续线程
24                          btn.setText(" 停止 ");
25                          break;
26                      case " 停止 " :
27                          suspendNew();       // 暂停线程
28                          btn.setText(" 继续 ");
29                          break;
30                  }
31              }
32          });
33      }
34      public synchronized void suspendNew() { // 暂停线程
35          suspend = true;
36      }
37      public synchronized void resumeNew() {  // 继续线程
38          suspend = false;
39          notify();                           // Object 类提供的唤醒方法
40      }
41      public void run() {
42          int i = 0;
43          while (true) {
44              num.setText(String.valueOf(i++));
45              if (i > 10) {
46                  i = 0;
47              }
48              try {
49                  Thread.sleep(100);
50                  synchronized (this) {
51                      while (suspend) {       // 如果暂停标志为 true
52                          wait();             // Object 提供的等待方法
53                      }
54                  }
55              } catch (InterruptedException e) {
56                  e.printStackTrace();
57              }
58          }
59      }
60      public static void main(String[] args) {
61          SuspendDemo demo = new SuspendDemo();
62          demo.start();
63      }
64  }
```

运行结果如图 15.13 所示，当用户单击“停止”按钮时，数字会停止滚动，按钮名称也会变为“继续”，再次单击按钮，数字会继续滚动。

图 15.13　数字滚动时的截图

在程序中让文字滚动和停止，除了使用“暂停 / 恢复”策略外，还可以使用“新建 / 销毁”策略。

15.6　综合实例——抽奖系统

现要使用线程的相关方法开发一个抽奖系统，用于抽奖的电话号码不停地在屏幕上滚动，单击停止按钮后就会出现一个中奖的电话号码。开发者可以在用户单击开始按钮时创建一个线程用于滚动进行抽奖的电话号码，用户单击停止按钮时销毁这个线程。每一次抽奖都创建了一个新线程。

创建 LotterySystem 类继承 JFrame，用一个 List 对象作为奖池，每次抽中一名中奖者，奖池会将该中奖者的名字去掉，奖池内的名单数量会随着抽奖次数的增多而减少。LotterySystem 类有一个 ThreadLocal 对象属性，这个对象用于保存让名单滚动的线程，相当于一个线程池。抽奖开始时会从这个线程池中获取一个线程，如果池中没有线程就创建一个新线程，抽奖结束之后会把线程交还给线程池，线程池会将线程销毁。抽奖系统的代码如下所示：

```
01 import java.util.List;
02 import java.util.*;
03 import javax.swing.*;
04 import java.awt.*;
05 import java.awt.event.*;
06 public class LotterySystem extends JFrame {
07     // 待抽奖的名单列表
08     String values[] = {"186****1234", "132****4567", "159****9873",
09             "177****1234", "135****6543"};
10     // 线程池，保存当前滚动抽奖所用的线程
11     private final ThreadLocal<Thread> THREAD_LOCAL = new ThreadLocal<Thread>();
12     private final String START = " 开始 ", STOP = " 停止 ";        // 两个按钮文本
13     private List<String> list;                                    // 奖池
14     private Random random = new Random();                         // 随机数
15     private JLabel screen;                                        // 滚动和显示中奖的文本的标签
16 
17     public LotterySystem() {
18         list = new ArrayList<>(Arrays.asList(values));            // 名单列表放入奖池
19         JPanel c = new JPanel();
20         c.setLayout(new BorderLayout());
21         screen = new JLabel(" 请点击开始 ");
22         screen.setHorizontalAlignment(SwingConstants.CENTER);
23         screen.setFont(new Font(" 宋体 ", Font.PLAIN, 61));
24         c.add(screen, BorderLayout.CENTER);
25         JButton btn = new JButton(START);
26         JPanel southPanel = new JPanel();
27         southPanel.add(btn);
28         c.add(southPanel, BorderLayout.SOUTH);
29         setContentPane(c);
30 
31         btn.addActionListener(new ActionListener() {
32             public void actionPerformed(ActionEvent e) {
33                 String btnText = btn.getText();                   // 获取按钮文本
34                 if (START.equals(btnText)) {                      // 如果单击了开始按钮
35                     if (list.size() == 0) {                       // 如果奖池里没有名单了
36                         screen.setText(" 谢谢参与 ");
37                         btn.setVisible(false);                    // 隐藏按钮
38                         // 弹出对话框
39                         JOptionPane.showMessageDialog(LotterySystem.this,
40                                 " 所有手机号都抽完了 ");
41                     } else {
42                         btn.setText(" 停止 ");
43                         startDraw();                              // 开始抽奖
44                     }
45                 } else if (STOP.equals(btnText)) {                // 如果单击了停止按钮
46                     stopDraw();                                   // 停止抽奖
47                     btn.setText(" 开始 ");
48                 }
49             }
50         });
51 
52         setTitle(" 抽奖 ");
53         setDefaultCloseOperation(JFrame.EXIT_ON_CLOSE);
54         setBounds(100, 100, 400, 230);
```

```
55    }
56    private void startDraw() {                                      // 停止抽奖
57        Thread t = THREAD_LOCAL.get();                              // 从池中获取线程
58        if (t == null) {                                            // 如果线程是空的
59            t = new Thread() {                                      // 创建新线程
60                public void run() {
61                    System.out.println(" 开始滚动 ");
62                    try {
63                        while (true) {
64                            if (interrupted()) {                    // 如果线程是中断状态
65                                throw new InterruptedException();   // 抛出中断异常
66                            }
67                            for (String tmp : values) {             // 滚动显示名单列表
68                                screen.setText(tmp);
69                            }
70                        }
71                    } catch (InterruptedException e) {
72                        // 随机获取中奖者索引
73                        int winningIndex = random.nextInt(list.size());
74                        // 删除中奖者，并打印在屏幕中
75                        screen.setText(list.remove(winningIndex));
76                        System.out.println(" 停止滚动 ");
77                    }
78                }
79            };
80            THREAD_LOCAL.set(t);
81        }
82        t.start();
83    }
84    private void stopDraw() {                                       // 停止抽奖
85        Thread t = THREAD_LOCAL.get();
86        if (t != null) {
87            if (!Thread.interrupted()) {
88                t.interrupt();
89            }
90            THREAD_LOCAL.set(null);
91        }
92    }
93    public static void main(String[] args) {
94        LotterySystem frame = new LotterySystem();
95        frame.setVisible(true);
96    }
97 }
```

程序运行后效果如图 15.14 所示。当用户单击“开始”按钮后，窗体中会快速滚动抽奖名单，如图 15.15 所示。当所有名单都中奖之后，奖池就空了，这时再单击“开始”按钮会弹出不能再抽奖的提示，效果如图 15.16 所示。最后抽奖结束的界面如图 15.17 所示。

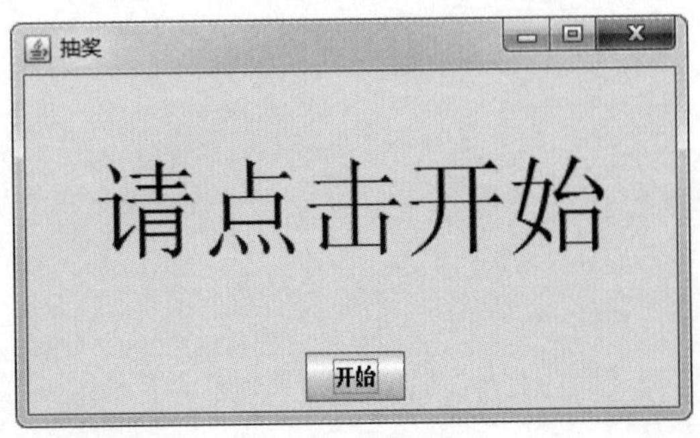

图 15.14　等待开始

图 15.15　抽奖名单滚动中

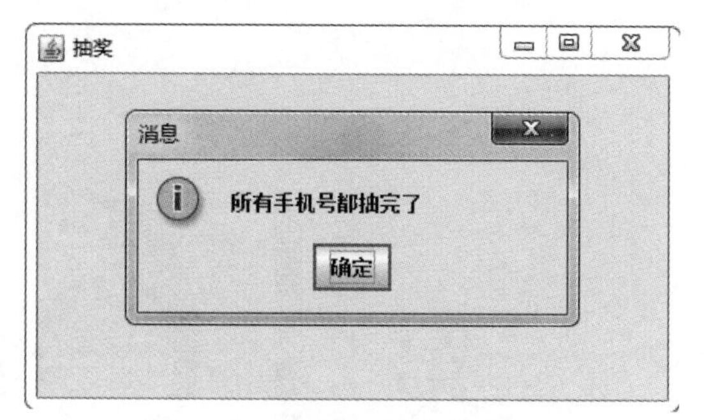

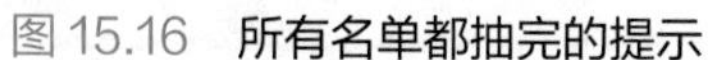

图 15.16 所有名单都抽完的提示

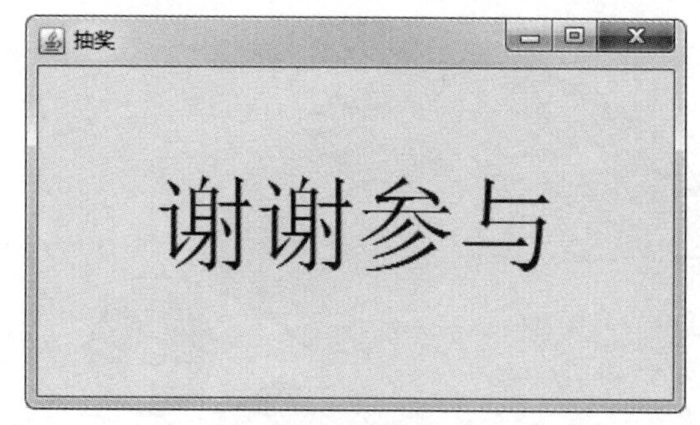

图 15.17 抽奖结束

15.7 实战练习

① 通过实现 Runnable 接口模拟下载进度条：单击“开始下载”按钮后，“开始下载”按钮失效且进度条从 0 不断加 5，直至加至 100。进度条达到 100 后，失效的“开始下载”按钮变为被启用的“下载完成”按钮，单击“下载完成”按钮后，销毁当前窗体。

② 模拟红绿灯变化场景：红灯亮 8 秒，绿灯亮 5 秒，黄灯亮 2 秒。

小结

本章首先对线程进行了简单的概述，然后讲解了如何通过继承 Thread 类和实现 Runnable 接口的方式实现线程，接着对线程的生命周期进行了描述，最后对线程的常见操作（包括线程的休眠、加入、中断与同步）进行了详细讲解。学习多线程编程就像进入了一个全新的领域，它与以往的编程思想截然不同，初学者应该积极转换编程思维，以进入多线程编程的思维方式。多线程本身是一种非常复杂的机制，完全理解它也需要一段时间，并且需要深入地学习。通过本章的学习，读者应该学会如何创建基本的多线程程序，并熟练掌握常用的线程操作。

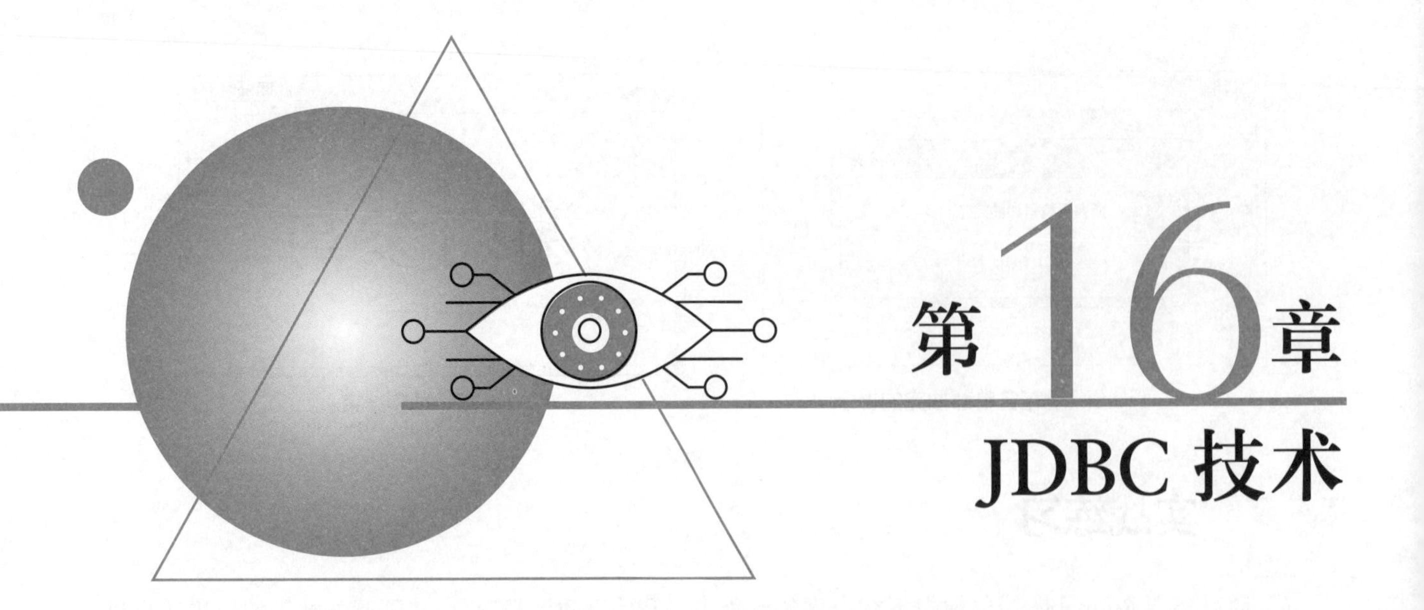

第16章 JDBC 技术

学习 Java 语言，必然要学习 JDBC 技术，因为使用 JDBC 技术可以非常方便地操作各种主流数据库。大部分应用程序都是使用数据库存储数据的，通过 JDBC 技术，既可以根据指定条件查询数据库中的数据，又可以对数据库中的数据进行增加、删除、修改等操作。本章将向读者介绍如何使用 JDBC 技术操作 MySQL 数据库。

本章的知识结构如下图所示：

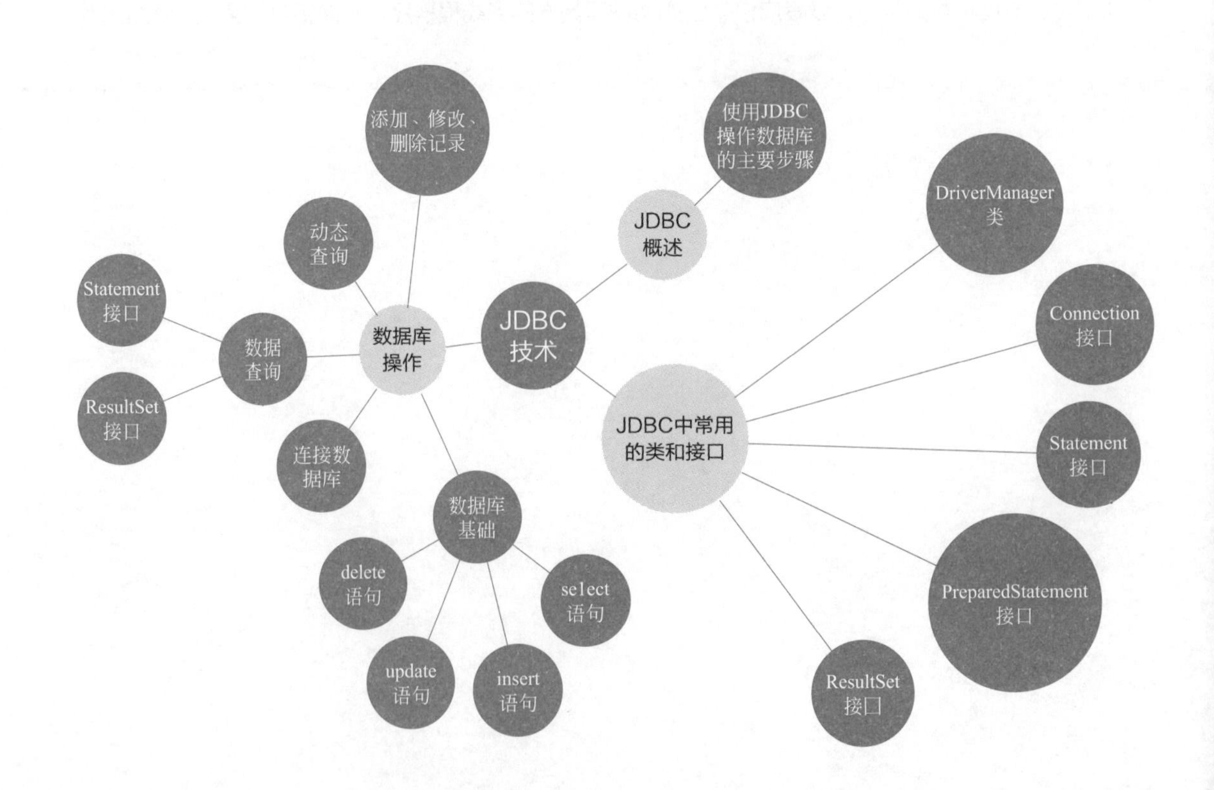

16.1 JDBC概述

JDBC的全称是Java DataBase Connectivity，它是一种被用于执行SQL语句的Java API（API，应用程序设计接口）。通过使用JDBC，就可以使用相同的API访问不同的数据库。需要注意的是，JDBC并不能直接访问数据库，必须依赖数据库厂商提供的JDBC驱动程序。使用JDBC操作数据库的主要步骤如图16.1所示。

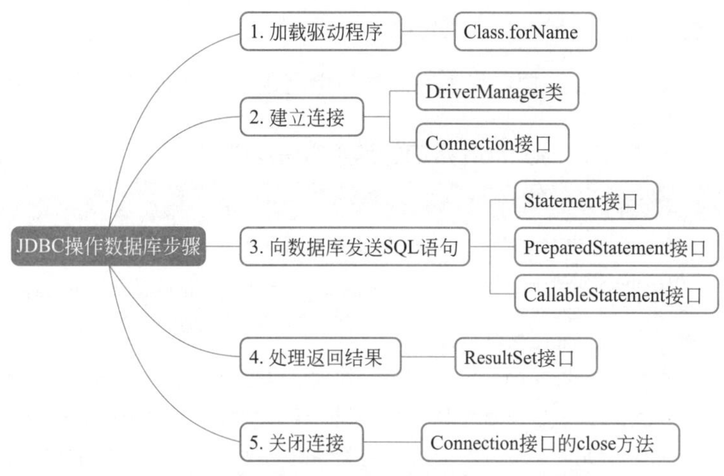

图16.1 使用JDBC操作数据库的主要步骤

16.2 JDBC中常用的类和接口

Java提供了丰富的类和接口用于数据库编程，利用这些类和接口可以方便地访问并处理存储在数据库中的数据。本节将介绍一些常用的JDBC接口和类，这些接口和类都在java.sql包中。

16.2.1 DriverManager类

DriverManager类是JDBC的管理层，被用来管理数据库中的驱动程序。在使用Java操作数据库之前，须使用Class类的静态方法forName(String className)加载能够连接数据库的驱动程序。

例如，加载MySQL数据库驱动程序（包名为mysql_connector_java_5.1.36_bin.jar）的代码如下所示：

```
01 try { // 加载MySQL数据库驱动
02     Class.forName("com.mysql.jdbc.Driver");
03 } catch (ClassNotFoundException e) {
04     e.printStackTrace();
05 }
```

加载完连接数据库的驱动程序后，Java会自动将驱动程序的实例注册到DriverManager类中，这时即可通过DriverManager类的getConnection()方法与指定数据库建立连接。DriverManager类的常用方法及说明如表16.1所示。

表16.1 DriverManager类的常用方法及说明

方法	功能描述
getConnection(String url, String user, String password)	根据3个入口参数（依次是连接数据库的URL、用户名、密码），与指定数据库建立连接

例如，使用DriverManager类的getConnection()方法，与本地MySQL数据库建立连接的代码如下所示：

```
DriverManager.getConnection( “jdbc:mysql://127.0.0.1:3306/test” ,” root” ,” password” );
```

说明

127.0.0.1表示本地IP地址，3306是MySQL的默认端口，test是数据库名称。

16.2.2 Connection 接口

Connection 接口代表 Java 端与指定数据库之间的连接，Connection 接口的常用方法及说明如表 16.2 所示。

表 16.2 Connection 接口的常用方法及说明

方法	功能描述
createStatement()	创建 Statement 对象
createStatement(int resultSetType, int resultSetConcurrency)	创建一个 Statement 对象，Statement 对象被用来生成一个具有给定类型、并发性和可保存性的 ResultSet 对象
preparedStatement()	创建预处理对象 preparedStatement
prepareCall(String sql)	创建一个 CallableStatement 对象来调用数据库存储过程
isReadOnly()	查看当前 Connection 对象的读取模式是否是只读模式
setReadOnly()	设置当前 Connection 对象的读写模式，默认为非只读模式
commit()	使所有上一次提交 / 回滚后进行的更改成为持久更改，并释放此 Connection 对象当前持有的所有数据库锁
roolback()	取消在当前事务中进行的所有更改，并释放此 Connection 对象当前持有的所有数据库锁
close()	立即释放此 Connection 对象的数据库和 JDBC 资源，而不是等待它们被自动释放

通过访问数据库的 URL 获取数据库连接对象

实例位置：资源包 \Code\16\01

加载 MySQL 数据库驱动类后，通过访问数据库的 URL 获取数据库连接对象，代码如下所示：

```
01 Connection con;    // 声明 Connection 对象
02 try {              // 加载 MySQL 数据库驱动类
03   Class.forName("com.mysql.jdbc.Driver");
04 } catch (ClassNotFoundException e) {
05   e.printStackTrace();
06 }
07 try {              // 通过访问数据库的 URL 获取数据库连接对象
08   con=DriverManager.getConnection("jdbc:mysql://127.0.0.1:3306/test","root","root");
09 } catch (SQLException e) {
10   e.printStackTrace();
11 }
```

16.2.3 Statement 接口

Statement 接口是被用来执行静态 SQL 语句的工具接口，Statement 接口的常用方法及说明如表 16.3 所示。

表 16.3 Statement 接口的常用方法及说明

方法	功能描述
execute(String sql)	执行静态的 SELECT 语句，该语句可能返回多个结果集
executeQuery(String sql)	执行给定的 SQL 语句，该语句返回单个 ResultSet 对象
clearBatch()	清空此 Statement 对象的当前 SQL 命令列表
executeBatch()	将一批命令提交给数据库来执行，如果全部命令执行成功，则返回更新计数组成的数组。数组元素的排序与 SQL 语句的添加顺序对应
addBatch(String sql)	将给定的 SQL 命令添加到此 Statement 对象的当前命令列表中。如果驱动程序不支持批量处理，将抛出异常
close()	释放 Statement 实例占用的数据库和 JDBC 资源

例如，使用连接数据库对象 con 的 createStatement() 方法创建 Statement 对象，代码如下所示：

```
01 try {
02   Statement stmt = con.createStatement();
03 } catch (SQLException e) {
04   e.printStackTrace();
05 }
```

16.2.4 PreparedStatement 接口

PreparedStatement 接口是 Statement 接口的子接口，是被用来执行动态 SQL 语句的工具接口。PreparedStatement 接口的常用方法及说明如表 16.4 所示。

表 16.4 PreparedStatement 接口的常用方法及说明

方法	功能描述
setInt(int index , int k)	将指定位置的参数设置为 int 值
setFloat(int index , float f)	将指定位置的参数设置为 float 值
setLong(int index,long l)	将指定位置的参数设置为 long 值
setDouble(int index , double d)	将指定位置的参数设置为 double 值
setBoolean(int index ,boolean b)	将指定位置的参数设置为 boolean 值
setDate(int index , date date)	将指定位置的参数设置为对应的 date 值
executeQuery()	在此 PreparedStatement 对象中执行 SQL 查询，并返回该查询生成的 ResultSet 对象
setString(int index String s)	将指定位置的参数设置为对应的 String 值
setNull(int index , int sqlType)	将指定位置的参数设置为 SQL NULL
executeUpdate()	执行前面包含的参数的动态 INSERT、UPDATE 或 DELETE 语句
clearParameters()	清除当前所有参数的值

例如，使用连接数据库对象 con 的 prepareStatement() 方法创建 PrepareStatement 对象，其中需要设置一个参数，代码如下所示：

```
01 PrepareStatement  ps = con.prepareStatement("select * from tb_stu where name = ?");
02 ps.setInt(1, " 阿强 ");  // 将 sql 中第 1 个问号的值设置为 " 阿强 "
```

16.2.5 ResultSet 接口

ResultSet 接口类似于一个临时表，用来暂时存放对数据库中的数据执行查询操作后的结果。ResultSet 对象具有指向当前数据行的指针，指针开始的位置在第一条记录的前面，通过 next() 方法可向下移动指针。ResultSet 接口的常用方法及说明如表 16.5 所示。

表 16.5 ResultSet 接口的常用方法及说明

方法	功能描述
getInt()	以 int 形式获取此 ResultSet 对象的当前行的指定列值。如果列值是 NULL，则返回值是 0
getFloat()	以 float 形式获取此 ResultSet 对象的当前行的指定列值。如果列值是 NULL，则返回值是 0
getDate()	以 data 形式获取 ResultSet 对象的当前行的指定列值。如果列值是 NULL，则返回 null
getBoolean()	以 boolean 形式获取 ResultSet 对象的当前行的指定列值。如果列值是 NULL，则返回 null
getString()	以 String 形式获取 ResultSet 对象的当前行的指定列值。如果列值是 NULL，则返回 null

续表

方法	功能描述
getObject()	以 Object 形式获取 ResultSet 对象的当前行的指定列值。如果列值是 NULL，则返回 null
first()	将指针移到当前记录的第一行
last()	将指针移到当前记录的最后一行
next()	将指针向下移一行
beforeFirst()	将指针移到集合的开头（第一行位置）
afterLast()	将指针移到集合的尾部（最后一行位置）
absolute(int index)	将指针移到 ResultSet 给定编号的行
isFrist()	判断指针是否位于当前 ResultSet 集合的第一行。如果是，返回 true；否则返回 false
isLast()	判断指针是否位于当前 ResultSet 集合的最后一行。如果是，返回 true；否则返回 false
updateInt()	用 int 值更新指定列
updateFloat()	用 float 值更新指定列
updateLong()	用指定的 long 值更新指定列
updateString()	用指定的 string 值更新指定列
updateObject()	用 Object 值更新指定列
updateNull()	将指定的列值修改为 NULL
updateDate()	用指定的 date 值更新指定列
updateDouble()	用指定的 double 值更新指定列
getrow()	查看当前行的索引号
insertRow()	将插入行的内容插入到数据库
updateRow()	将当前行的内容同步到数据表
deleteRow()	删除当前行，但并不直接同步到数据库中，而是在执行 close() 方法后同步到数据库

16

说明

使用 updateXXX() 方法更新数据库中的数据时，并没有将数据库中被操作的数据同步到数据库中，需要执行 updateRow() 方法或 insertRow() 方法才可以更新数据库中的数据。

实例 16.2 输出 ResultSet 对象中的数据

实例位置：资源包 \Code\16\02

通过 Statement 对象 sql 调用 executeQuery() 方法，把数据表 tb_stu 中的所有数据存储到 ResultSet 对象中，然后输出 ResultSet 对象中的数据，代码如下所示：

```
01 ResultSet res = sql.executeQuery("select * from tb_stu");    // 获取查询的数据
02 while (res.next()) {                                          // 如果当前语句不是最后一条，则进入循环
03   String id = res.getString("id");                            // 获取列名是 id 的字段值
04   String name = res.getString("name");                        // 获取列名是 name 的字段值
05   String sex = res.getString("sex");                          // 获取列名是 sex 的字段值
06   String birthday = res.getString("birthday");                // 获取列名是 birthday 的字段值
07   System.out.print(" 编号：" + id);                            // 将列值输出
08   System.out.print(" 姓名：" + name);
09   System.out.print(" 性别：" + sex);
10   System.out.println(" 生日：" + birthday);
11 }
```

16.3 数据库操作

16.2 节中介绍了JDBC中常用的类和接口，通过这些类和接口可以实现对数据库中的数据进行查询、添加、修改、删除等操作。本节以操作MySQL数据库为例，介绍几种常见的数据库操作。

16.3.1 数据库基础

数据库是一种存储结构，它允许使用各种格式输入、处理和检索数据。不必在每次需要数据时重新输入数据。例如，当需要某人的电话号码时，需要查看电话簿，按照姓名来查阅，这个电话簿就是一个数据库。

当前比较流行的数据库主要有MySQL、Oracle、SQL Server等，它们各有各的特点。SQL语句是操作数据库的基础。使用SQL语句可以很方便地操作数据库中的数据。本节将介绍用于查询、添加、修改和删除数据的SQL语句的语法，操作的数据表以tb_employees为例，数据表tb_employees的部分数据如图16.2所示。

employee_id	employee_name	employee_sex	employee_salary
1	张三	男	2600.00
2	李四	男	2300.00
3	王五	男	2900.00
4	小丽	女	3200.00
5	赵六	男	2450.00
6	小红	女	2200.00
7	小明	男	3500.00
8	小刚	男	2000.00
9	小华	女	3000.00

图16.2 tb_employees表的部分数据

1. select语句

select语句用于查询数据表中的数据。语法格式如下所示：

```
SELECT 所选字段列表 FROM 数据表名
WHERE 条件表达式 GROUP BY 字段名 HAVING 条件表达式（指定分组的条件）
ORDER BY 字段名[ASC|DESC]
```

例如，查询tb_employees表中所有女员工的姓名和工资，并按工资升序排列，SQL语句如下所示：

```
select employee_name, employee_salary form tb_employees where employee_sex = '女' order by employee_salary;
```

2. insert语句

insert语句用于向数据表中插入新数据。语法格式如下所示：

```
insert into 表名[(字段名1,字段名2…)]
values(属性值1,属性值2, …)
```

例如，向tb_employees表中插入数据，SQL语句如下所示：

```
insert into tb_employees values(2, 'lili', '女', 3500);
```

3. update语句

update语句用于修改数据表中的数据。语法格式如下所示：

```
UPDATE 数据表名 SET 字段名 = 新的字段值 WHERE 条件表达式
```

例如，修改tb_employees表中编号是2的员工薪水为4000，SQL语句如下所示：

```
update tb_employees set employee_salary = 4000 where employee_id = 2;
```

4. delete语句

delete语句用于删除数据表中的数据。语法格式如下所示：

```
delete from 数据表名 where 条件表达式
```

例如，将 tb_employees 表中编号为 2 的员工删除，SQL 语句如下所示：

```
delete from tb_employees where employee_id = 2;
```

16.3.2 连接数据库

要访问数据库，首先要加载数据库的驱动程序（只需要在第一次访问数据库时加载一次），然后每次访问数据时创建一个 Connection 对象，接着执行操作数据库的 SQL 语句，最后在完成数据库操作后销毁前面创建的 Connection 对象，释放与数据库的连接。

实例 16.3 连接 MySQL 数据库

实例位置：资源包 \Code\16\03

在项目中创建类 Conn，并创建 getConnection() 方法，获取与 MySQL 数据库的连接，在主方法中调用 getConnection() 方法连接 MySQL 数据库，代码如下所示：

```
01 import java.sql.*;                                    // 导入 java.sql 包
02 public class Conn {                                   // 创建类 Conn
03   Connection con;                                     // 声明 Connection 对象
04   public Connection getConnection() {                 // 建立返回值为 Connection 的方法
05       try {                                           // 加载数据库驱动类
06           Class.forName("com.mysql.jdbc.Driver");
07           System.out.println(" 数据库驱动加载成功 ");
08       } catch (ClassNotFoundException e) {
09           e.printStackTrace();
10       }
11       try {                                           // 通过访问数据库的 URL 获取数据库连接对象
12           con = DriverManager.getConnection("jdbc:mysql:"
13                   + "//127.0.0.1:3306/test", "root", "root");
14           System.out.println(" 数据库连接成功 ");
15       } catch (SQLException e) {
16           e.printStackTrace();
17       }
18       return con;                                     // 按方法要求返回一个 Connection 对象
19   }
20   public static void main(String[] args) {            // 主方法
21       Conn c = new Conn();                            // 创建本类对象
22       c.getConnection();                              // 调用连接数据库的方法
23   }
24 }
```

运行结果如图 16.3 所示。

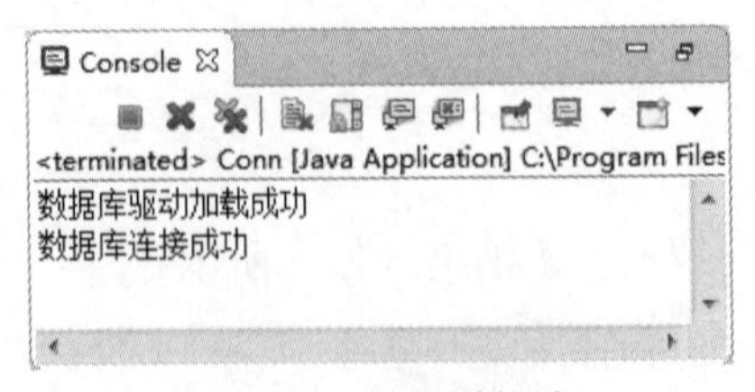

图 16.3 连接数据库

说明

① 本实例中将连接数据库作为单独的一个方法，并以 Connection 对象作为返回值，这样写的好处是在遇到对数据库执行操作的程序时可直接调用 Conn 类的 getConnection() 方法获取连接，增加了代码的重用性。

② 加载数据库驱动程序之前，首先需要确定数据库驱动类是否成功加载到程序中，如果没有加载，可以按以下步骤加载，此处以加载 MySQL 数据库的驱动包为例介绍：

a. 将 MySQL 数据库的驱动包 mysql_connector_java_5.1.36_bin.jar 拷贝到当前项目下。

b. 选中当前项目，单击右键，选择“Build Path”/“Configure Build Path…”菜单项，在弹出的对话框（图 16.4）左侧选中“Java Build Path”，然后在右侧选中 Libraries 选项卡，单击“Add External JARs…”按钮，在弹出的对话框中选择要加载的数据库驱动包，即可在中间区域显示选择的 JAR 包，最后单击 Apply 按钮即可。

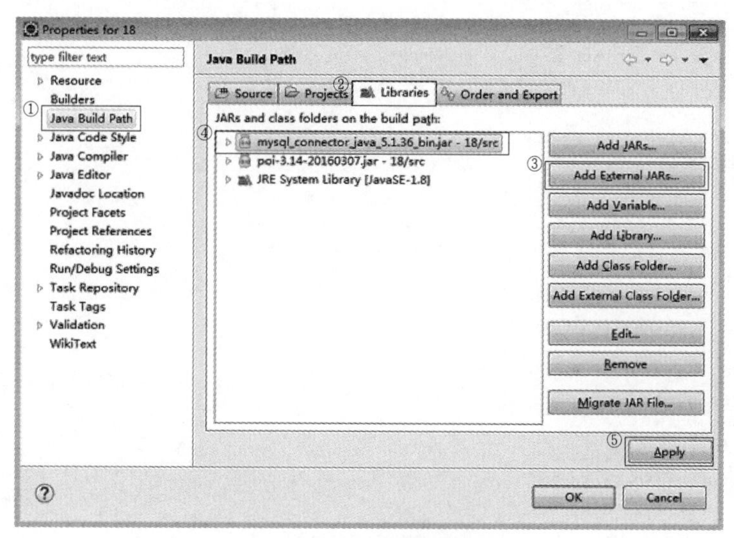

图 16.4　**导入数据库驱动包**

16.3.3　数据查询

数据查询主要通过 Statement 接口和 ResultSet 接口实现，其中，Statement 接口用来执行 SQL 语句，ResultSet 用来存储查询结果。下面通过一个例子演示如何查询数据表中的数据，编写代码之前要先将资源包 \Code\16\04 目录下的 test.sql 文件通过“source 命令”导入到 MySQL 数据库中。

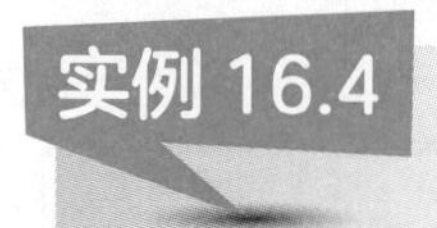

查询、遍历数据表 tb_stu 中的数据　　**实例位置：资源包 \Code\16\04**

本实例使用 getConnection() 方法获取与数据库的连接，在主方法中查询数据表 tb_stu 中的数据，把查询的结果存储在 ResultSet 中，使用 ResultSet 中的方法遍历查询的结果。代码如下所示：

```
01 import java.sql.*;
02 public class Gradation {                         // 创建类
03   // 连接数据库方法
04   public Connection getConnection() throws ClassNotFoundException, SQLException {
05       Class.forName("com.mysql.jdbc.Driver");
06       Connection con = DriverManager.getConnection
07          ("jdbc:mysql://127.0.0.1:3306/test", "root", "123456");
08       return con;                                // 返回 Connection 对象
09   }
10   public static void main(String[] args) {       // 主方法
11       Gradation c = new Gradation();             // 创建本类对象
12       Connection con = null;                     // 声明 Connection 对象
13       Statement stmt = null;                     // 声明 Statement 对象
```

```
14      ResultSet res = null;                                    // 声明 ResultSet 对象
15      try {
16          con = c.getConnection();                             // 与数据库建立连接
17          stmt = con.createStatement();                        // 实例化 Statement 对象
18          res = stmt.executeQuery("select * from tb_stu");     // 执行 SQL 语句，返回结果集
19          while (res.next()) {                                 // 如果当前语句不是最后一条，则进入循环
20              String id = res.getString("id");                 // 获取列名是 "id" 的字段值
21              String name = res.getString("name");             // 获取列名是 "name" 的字段值
22              String sex = res.getString("sex");               // 获取列名是 "sex" 的字段值
23              // 获取列名是 "birthday" 的字段值
24              String birthday = res.getString("birthday");
25              System.out.print(" 编号: " + id);                 // 将列值输出
26              System.out.print(" 姓名 :" + name);
27              System.out.print(" 性别 :" + sex);
28              System.out.println(" 生日: " + birthday);
29          }
30      } catch (Exception e) {
31          e.printStackTrace();
32      } finally { // 依次关闭数据库连接资源
33          if (res != null) {
34              try {
35                  res.close();
36              } catch (SQLException e) {
37                  e.printStackTrace();
38              }
39          }
40          if (stmt != null) {
41              try {
42                  stmt.close();
43              } catch (SQLException e) {
44                  e.printStackTrace();
45              }
46          }
47          if (con != null) {
48              try {
49                  con.close();
50              } catch (SQLException e) {
51                  e.printStackTrace();
52              }
53          }
54      }
55  }
56 }
```

运行结果如图 16.5 所示。

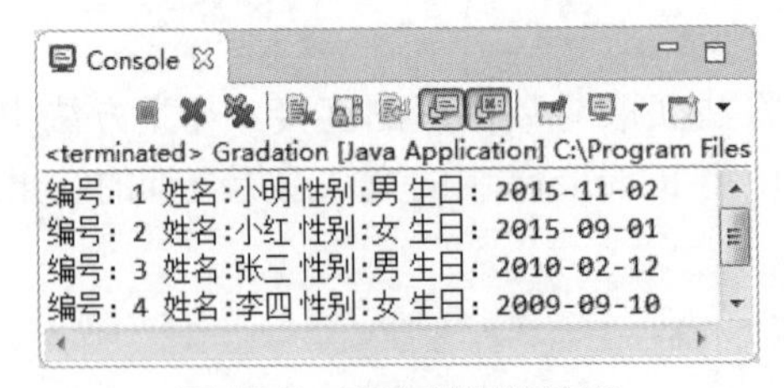

图 16.5　查询数据并输出

注意

可以通过列的序号来获取结果集中指定的列值。例如，获取结果集中 id 列的列值，可以写成 getString(“id”)，由于 id 列是数据表中的第一列，所以也可以写成 getString(1) 来获取。结果 res 的结构如图 16.6 所示。

```
mysql> select * from tb_stu;
+----+------+-----+------------+
| id | name | sex | birthday   |
+----+------+-----+------------+
|  1 | 小明 | 男  | 2015-11-02 |
|  2 | 小红 | 女  | 2015-09-01 |
|  3 | 张三 | 男  | 2010-02-12 |
|  4 | 李四 | 女  | 2009-09-10 |
+----+------+-----+------------+
4 rows in set
```

图 16.6 结果集结构

16.3.4 动态查询

向数据库发送一个 SQL 语句，数据库中的 SQL 解释器负责把 SQL 语句生成底层的内部命令，然后执行这个命令，进而完成相关的数据操作。

如果不断地向数据库发送 SQL 语句，那么就会增加数据库中的 SQL 解释器的负担，从而降低执行 SQL 语句的速度。为了避免这类情况，可以通过 Connection 对象的 preparedStatement(String sql) 方法对 SQL 语句进行预处理，生成数据库底层的内部命令，并将这个命令封装在 PreparedStatement 对象中，通过调用 PreparedStatement 对象的相应方法执行底层的内部命令，这样就可以减轻数据库中的 SQL 解释器的负担，提高执行 SQL 语句的速度。

对 SQL 进行预处理时可以使用通配符“?”来代替任何字段值。例如：

```
PreparedStatement ps = con.prepareStatement("select * from tb_stu where name = ?");
```

在执行预处理语句前，必须用相应方法来设置通配符所表示的值。例如：

```
ps.setString(1, "小王");
```

上述语句中的“1”表示从左向右的第几个通配符，“小王”表示设置的通配符的值。将通配符的值设置为小王后，功能等同于：

```
PreparedStatement ps = con.prepareStatement("select * from tb_stu where name = '小王'");
```

尽管书写两条语句看似麻烦了一些，但使用预处理语句可以使应用程序更容易动态地设定 SQL 语句中的字段值，从而实现动态查询的功能。

注意

通过 setXXX() 方法为 SQL 语句中的通配符赋值时，建议使用与通配符的值的数据类型相匹配的方法，也可以利用 setObject() 方法为各种类型的通配符赋值。例如：

```
sql.setObject(2, “李丽”);
```

实例 16.5

动态查询

实例位置：资源包 \Code\16\05

本实例动态地获取指定编号的同学的信息，这里以查询编号为 4 的同学的信息为例，代码如下所示：

```
01 import java.sql.*;
02 public class Prep {                    // 创建类 Perp
03   static Connection con;              // 声明 Connection 对象
04   static PreparedStatement ps;        // 声明预处理对象
```

```
05   static ResultSet res;                                   // 声明结果集对象
06   public Connection getConnection() {                     // 与数据库连接方法
07       try {
08           Class.forName("com.mysql.jdbc.Driver");
09           con = DriverManager.getConnection("jdbc:mysql:"
10                   + "//127.0.0.1:3306/test", "root", "root");
11       } catch (Exception e) {
12           e.printStackTrace();
13       }
14       return con;                                         // 返回 Connection 对象
15   }
16   public static void main(String[] args) {                // 主方法
17       Prep c = new Prep();                                // 创建本类对象
18       con = c.getConnection();                            // 获取与数据库的连接
19       try {
20           ps = con.prepareStatement("select * from tb_stu"
21                   + " where id = ?");                     // 实例化预处理对象
22           ps.setInt(1, 4);                                // 设置参数
23           res = ps.executeQuery();                        // 执行预处理语句
24           // 如果当前记录不是结果集中最后一行，则进入循环体
25           while (res.next()) {
26               String id = res.getString(1);               // 获取结果集中第一列的值
27               String name = res.getString("name");        // 获取 name 列的列值
28               String sex = res.getString("sex");          // 获取 sex 列的列值
29               String birthday = res.getString("birthday"); // 获取 birthday 列的列值
30               System.out.print(" 编号: " + id);           // 输出信息
31               System.out.print(" 姓名: " + name);
32               System.out.print(" 性别 :" + sex);
33               System.out.println(" 生日: " + birthday);
34           }
35       } catch (Exception e) {
36           e.printStackTrace();
37       } finally { // 依次关闭数据库连接资源
38           /* 此处省略关闭代码 */
39       }
40   }
41 }
```

运行结果如图 16.7 所示。

图 16.7 动态查询

16.3.5 添加、修改、删除记录

通过 SQL 语句，除可以查询数据外，还可以对数据执行添加、修改和删除等操作，Java 中可通过 PreparedStatement 对象动态地对数据表中的原有数据进行修改操作，并通过 executeUpdate() 方法执行更新语句的操作。

实例 16.6 预处理语句

实例位置：资源包 \Code\16\06

本实例通过预处理语句动态地对数据表 tb_stu 中的数据执行添加、修改、删除的操作，然后通过遍历结果集，对比操作之前与操作之后的 tb_stu 表中的数据。代码如下所示：

```
01 import java.sql.*;
02 public class Renewal {                     // 创建类
03   static Connection con;                   // 声明 Connection 对象
04   static PreparedStatement ps;             // 声明 PreparedStatement 对象
05   static ResultSet res;                    // 声明 ResultSet 对象
06   public Connection getConnection() {
```

```
07        try {
08            Class.forName("com.mysql.jdbc.Driver");
09            con = DriverManager.getConnection
10                    ("jdbc:mysql://127.0.0.1:3306/test", "root", "root");
11        } catch (Exception e) {
12            e.printStackTrace();
13        }
14        return con;
15    }
16    public static void main(String[] args) {
17        Renewal c = new Renewal();                              // 创建本类对象
18        con = c.getConnection();                                // 调用连接数据库方法
19        try {
20            // 查询数据表 tb_stu 中的数据
21            ps = con.prepareStatement("select * from tb_stu");
22            res = ps.executeQuery();                            // 执行查询语句
23            System.out.println(" 执行增加、修改、删除前数据 :");
24            // 遍历查询结果集
25            while (res.next()) {
26                String id = res.getString(1);                   // 获取结果集中第一列的值
27                String name = res.getString("name");            // 获取 name 列的列值
28                String sex = res.getString("sex");              // 获取 sex 列的列值
29                String birthday = res.getString("birthday");    // 获取 birthday 列的列值
30                System.out.print(" 编号: " + id);                // 输出信息
31                System.out.print(" 姓名: " + name);
32                System.out.print(" 性别 :" + sex);
33                System.out.println(" 生日: " + birthday);
34            }
35            // 向数据表 tb_stu 中动态添加 name、sex、birthday 这三列的列值
36            ps = con.prepareStatement
37              ("insert into tb_stu(name,sex,birthday) values(?,?,?)");
38            //添加数据
39            ps.setString(1, " 张一 ");                          // 为 name 列赋值
40            ps.setString(2, " 女 ");                            //为 sex 列赋值
41            ps.setString(3, "2012-12-1");                       //为 birthday 列赋值
42            ps.executeUpdate();                                 // 执行添加语句
43            // 根据指定的 id 动态地更改数据表 tb_stu 中 birthday 列的列值
44            ps = con.prepareStatement("update tb_stu set birthday "
45                    + "= ? where id = ? ");
46            // 更新数据
47            ps.setString(1, "2012-12-02");                      //为 birthday 列赋值
48            ps.setInt(2, 1);                                    //为 id 列赋值
49            ps.executeUpdate();                                 // 执行修改语句
50            Statement stmt = con.createStatement();             // 创建 Statement 对象
51            // 删除数据
52            stmt.executeUpdate("delete from tb_stu where id = 1");
53            // 查询修改数据后的 tb_stu 表中数据
54            ps = con.prepareStatement("select * from tb_stu");
55            res = ps.executeQuery();                            // 执行 SQL 语句
56            System.out.println(" 执行增加、修改、删除后的数据 :");
57            // 遍历查询结果集
58            while (res.next()) {
59                String id = res.getString(1);                   // 获取结果集中第一列的值
60                String name = res.getString("name");            // 获取 name 列的列值
61                String sex = res.getString("sex");              // 获取 sex 列的列值
62                String birthday = res.getString("birthday");    // 获取 birthday 列的列值
63                System.out.print(" 编号: " + id);                // 输出信息
64                System.out.print(" 姓名: " + name);
65                System.out.print(" 性别 :" + sex);
66                System.out.println(" 生日: " + birthday);
67            }
68        } catch (Exception e) {
69            e.printStackTrace();
70        } finally {                                             // 依次关闭数据库连接资源
```

```
71            /* 此处省略关闭代码 */
72        }
73    }
74 }
```

运行结果如图 16.8 所示。

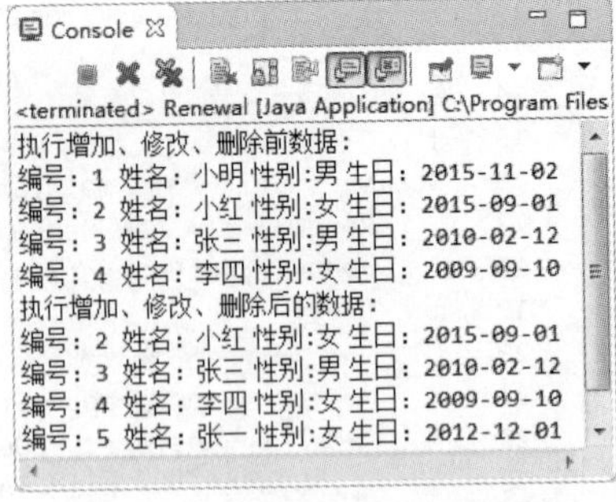

图 16.8 添加、修改和删除记录

说明

PreparedStatement 类中的 executeQuery() 方法被用来执行查询语句，而 PreparedStatement 类中的 executeUpdate() 方法可以被用来执行 DML 语句，如 INSERT、UPDATE 或 DELETE 语句，也可以被用来执行无返回内容的 DDL 语句。

16.4 综合实例——MySQL 数据备份

掌握 MySQL 数据库的备份技术非常重要。备份 MySQL 数据库的方法很多，可以通过 MySQL Tools 或者 phpMy Admin 管理工具进行备份，也可以通过 MySQLDUMP 命令进行备份。本实例将演示如何使用 MySQLDUMP 命令备份 MySQL 数据库。

本实例主要应用 java.lang 包中的 Runtime、Process 和 StringBuffer 类。首先通过 getRuntime() 方法获取与当前 Java 应用程序相关的 Runtime 类的对象，再应用 exec() 方法执行 MySQLDUMP 命令，然后应用 Process 类中的 getInputStream() 方法获取子进程的输入流，最后应用 StringBuffer 类中的 append() 方法将流中的数据追加到指定的字符序列中，完成数据的备份。下面对使用的方法进行详细讲解。

MYSQLDUMP 命令的语法格式如下所示：

```
mysqldump -uUser -pPass DataBase > Path
```

- User 是用户名；
- Pass 是密码；
- DataBase 是数据库名；
- Path 是数据库备份存储的位置。

掌握上述内容后，开始对本实例进行编码。

在项目中创建类 BackFrame，该类继承自 JFrame 类，实现窗体类。向窗体中添加标签、下拉列表、文本框和按钮等控件。代码如下所示：

```
01 public class BackFrame extends JFrame {
02     private JPanel contentPane;
03     private JTextField nameTextField;
04     private MySQLConn mySQLConn = new MySQLConn();
05     private JComboBox dataBaseComboBox;
06 
07     public static void main(String[] args) {
08         BackFrame frame = new BackFrame();
09         frame.setVisible(true);
10     }
11 
12     public BackFrame() {
13         setDefaultCloseOperation(JFrame.EXIT_ON_CLOSE);
14         setBounds(100, 100, 450, 230);
15         contentPane = new JPanel();
16         contentPane.setBorder(new EmptyBorder(5, 5, 5, 5));
17         setContentPane(contentPane);
18         contentPane.setLayout(null);
```

```
19          setTitle("MySQL 数据库备份 ");
20          JPanel panel = new JPanel();
21          panel.setBounds(0, 0, 434, 196);
22          contentPane.add(panel);
23          panel.setLayout(null);
24
25          JLabel messageLabel = new JLabel(" 选择需要备份的数据库: ");
26          messageLabel.setBounds(37, 39, 148, 15);
27          panel.add(messageLabel);
28          List list = mySQLConn.getDatabase();
29          String[] daName = new String[list.size()];
30          for (int i = 0; i < list.size(); i++) {
31              daName[i] = list.get(i).toString();
32          }
33          dataBaseComboBox = new JComboBox(daName);
34          dataBaseComboBox.setBounds(182, 36, 187, 21);
35          panel.add(dataBaseComboBox);
36
37          JLabel backLabel = new JLabel(" 备份文件保存名称: ");
38          backLabel.setBounds(62, 85, 117, 15);
39          panel.add(backLabel);
40
41          nameTextField = new JTextField();
42          nameTextField.setBounds(182, 82, 187, 21);
43          panel.add(nameTextField);
44          nameTextField.setColumns(10);
45
46          JButton backButton = new JButton(" 备份 ");
47          backButton.addActionListener(new ActionListener() {
48              public void actionPerformed(ActionEvent arg0) {
49                  do_backButton_actionPerformed(arg0);
50              }
51          });
52          backButton.setBounds(171, 141, 93, 23);
53          panel.add(backButton);
54      }
55
56      // 备份按钮的单击事件
57      protected void do_backButton_actionPerformed(ActionEvent arg0) {
58          String dataBase = dataBaseComboBox.getSelectedItem().toString();
59          String name = nameTextField.getText();
60          if (!dataBase.equals("") && (!name.equals(""))) {
61              mySQLConn.mysqldump(dataBase, "c:\\" + name);
62              JOptionPane.showMessageDialog(
63              getContentPane(), " 数据备份成功！ ", " 信息提示框 ", JOptionPane.WARNING_MESSAGE);
64          }
65      }
66 }
```

创建类 MySQLConn，在该类中定义备份 MySQL 数据库的方法 mysqldump()，该方法包含两个 String 类型的参数，分别用于定义要进行备份的数据库与备份数据库的文件名称。代码如下所示：

```
01 public class MySQLConn {
02     Connection conn = null;
03
04     public Connection getConnection() {
05         try {
06             Class.forName("com.mysql.jdbc.Driver");  // 加载 MySQL 数据库驱动
07             // 定义与连接数据库的 url
08             String url = "jdbc:mysql://localhost:3306/information_schema";
09             String user = "root";                    // 定义连接数据库的用户名
10             String passWord = "root";                // 定义连接数据库的密码
11             conn = DriverManager.getConnection(url, user, passWord); // 连接
```

```
12          } catch (Exception e) {
13              e.printStackTrace();
14          }
15          return conn;
16      }
17  
18      // 获取 MySQL 所有数据库方法
19      public List getDatabase() {
20          List list = new ArrayList();                          // 定义 List 集合对象
21          Connection con = getConnection();                     // 获取数据库连接
22          Statement st;                                         // 定义 Statement 对象
23          try {
24              st = con.createStatement();                       // 实例化 Statement 对象
25              // 指定查询所有数据库方法
26              ResultSet rs = st.executeQuery("select schema_name from SCHEMATA");
27              while (rs.next()) {                               // 循环遍历查询结果集
28                  list.add(rs.getString(1));                    // 将查询数据添加到 List 集合中
29              }
30          } catch (Exception e) {
31              e.printStackTrace();
32          }
33          return list;                                          // 返回查询结果
34      }
35  
36      // 备份数据库方法
37      public boolean mysqldump(String database, String path) { // 备份数据库
38          try {
39              Process p = Runtime.getRuntime().exec("cmd.exe /c mysqldump -uroot -p111 "
40                  + database + " >" + path + "");               // 定义进行数据备份的语句
41              StringBuffer out1 = new StringBuffer();           // 定义字符串缓冲对象
42              byte[] b = new byte[1024];                        // 定义字节数组
43              // 将数据写入到指定文件中
44              for (int i; ((i = p.getInputStream().read(b)) != -1);) {
45                  out1.append(new String(b, 0, i));             // 向流中追加数据
46              }
47          } catch (IOException e) {
48              e.printStackTrace();
49              return false;
50          }
51          return true;
52      }
53  }
```

上述代码的运行结果如图 16.9 所示。

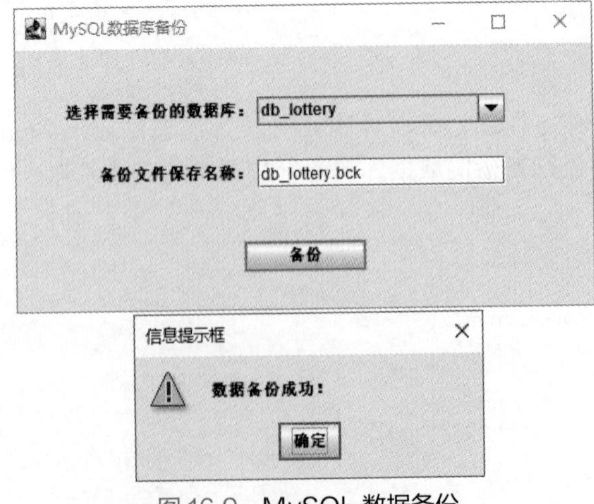

图 16.9　MySQL 数据备份

16.5 实战练习

① 使用预处理语句将窗体相应文本框中键入的员工信息（包括“姓名”“性别”“年龄”“部门”“电话”以及“备注”）添加到 MySQL 数据库 db_employeeInfo 中的数据表 tb_employer。（编写代码之前要先将 database 文件夹下的 db_employeeinfo.sql 文件通过“source”命令导入到 MySQL 数据库中）

② 首先通过没有通配符“？”的查询语句将 MySQL 数据库 test 中的数据表 tb_picture 中的用户 ID 和用户头像这两项数据显示在表格中。然后对表格的每一项设置单击事件，即单击表格的某行数据时，在相应的位置上显示用户 ID 和用户头像（在这个显示过程中，需要使用动态查询），运行效果如图 16.10 所示。

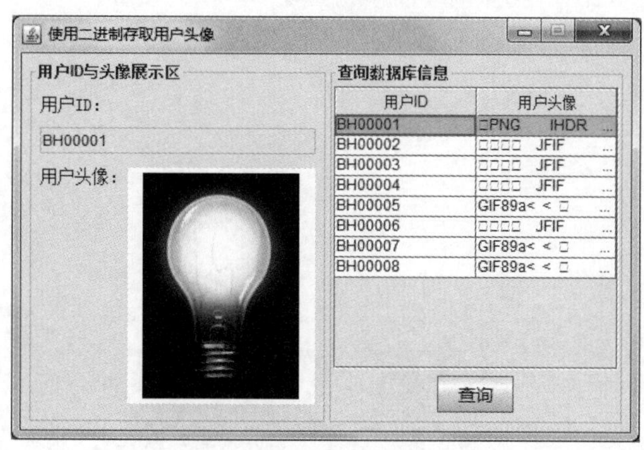

图 16.10 **运行结果**

小结

本章主要对如何使用 JDBC 操作 MySQL 数据库进行了详细的讲解，首先介绍了 JDBC 常用的类和接口，然后介绍了用于查询、添加、修改和删除数据的 SQL 语句的语法，最后对连接数据库、数据查询、动态查询和添加、修改、删除记录进行了实例讲解。

第 2 篇　案例篇

- 第 17 章　字符统计工具（StreamTokenizer+ Swing 实现）
- 第 18 章　带加密功能的压缩工具（RAR 命令 + IO+ Swing 实现）
- 第 19 章　英译汉小程序（IO+ Swing 实现）
- 第 20 章　带有图片验证码的登录窗体（AWT + Swing 实现）
- 第 21 章　仿画图工具中的裁剪功能（AWT + Swing 实现）
- 第 22 章　日历控件（Timer + AWT + Swing 实现）
- 第 23 章　拼图游戏（枚举 + AWT + Swing 实现）
- 第 24 章　海滩捉螃蟹游戏（线程 + AWT + Swing 实现）
- 第 25 章　简笔画小程序（AWT + Swing 实现）
- 第 26 章　模拟 QQ 登录（MySQL + JDBC 编程 + Swing 实现）
- 第 27 章　五子棋大对战（Socket + 线程 + AWT 实现）
- 第 28 章　人脸打卡 (webcam-capture + MySQL + Swing 实现）

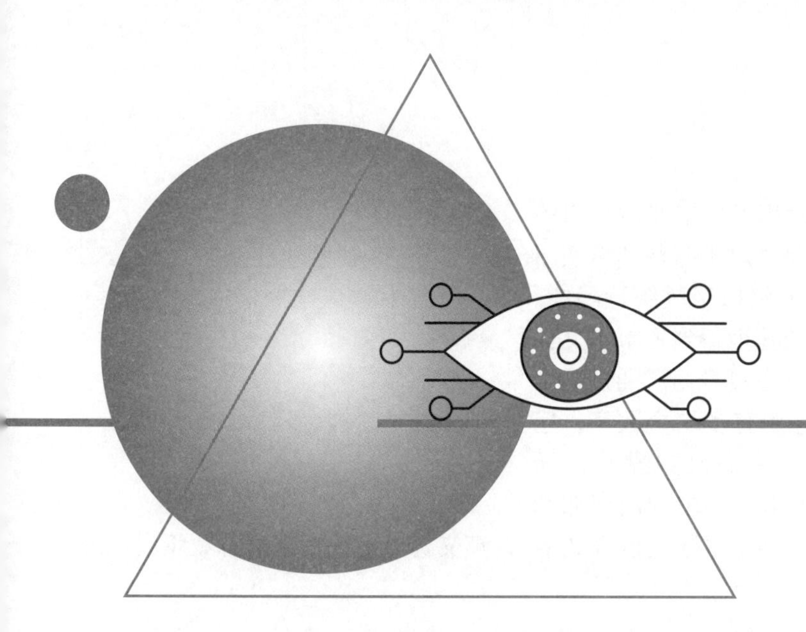

第17章 字符统计工具（StreamTokenizer+Swing 实现）

字符统计工具主要用于弥补记事本文件不能统计字符数的缺陷。为此，先使用 Swing 中的控件简单设计一个初始界面，再通过文件选择对话框，让用户自行选择一个记事本文件，接着使用 StreamTokenizer 类中的方法、常量统计出被选中的记事本文件中的数字总数、字母总数（包含文字）、英文标点总数和字符总数。

本章的知识结构如下图所示：

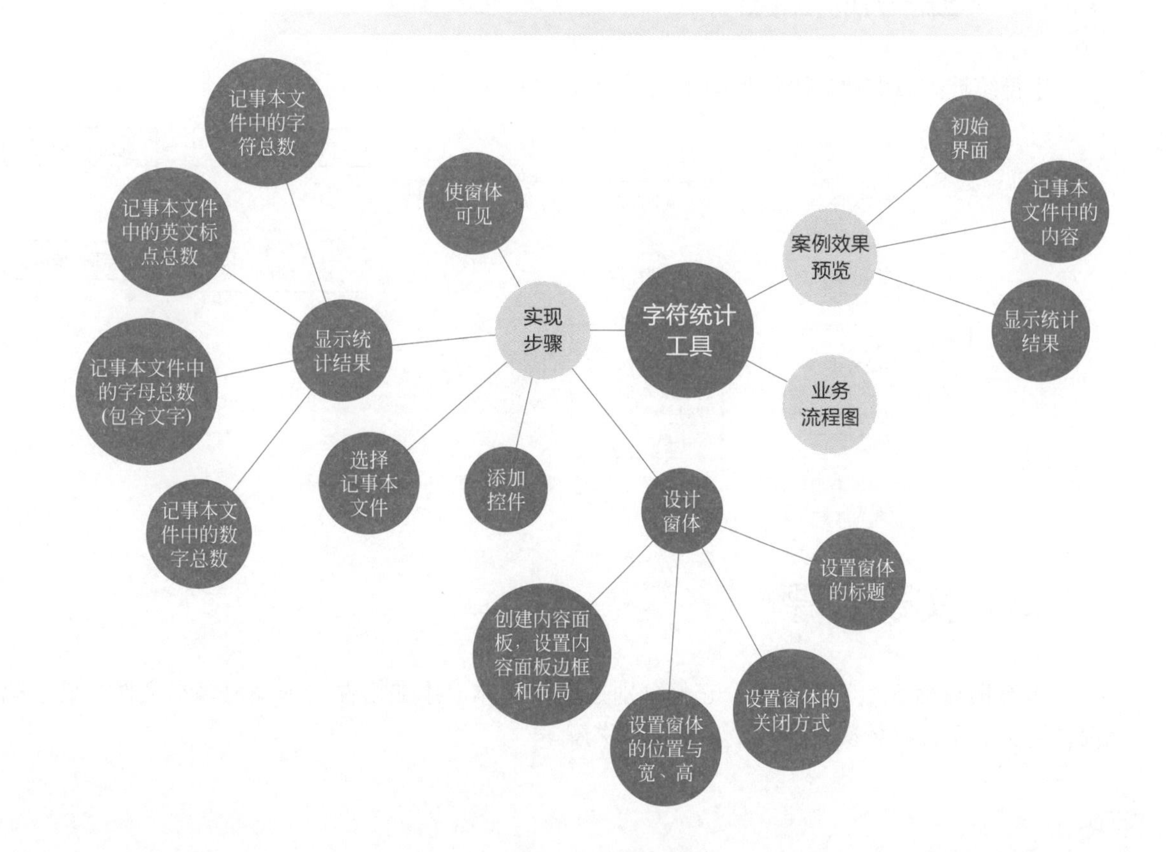

17.1 案例效果预览

Word 文档和记事本工具是两种日常生活和工作中非常常用的文本编辑器，它们的功能既丰富又强大。但是，对于有些非常实用的功能，Word 文档具备，记事本工具缺失，例如字数统计功能。因此，为了让用户在使用记事本工具后能够快速地得到记事本文件中的字符数，本章将开发一个简单的字符统计工具。用户通过这个工具，能够快速地得到在某一个记事本文件中有多少个数字、字母、英文标点和字符。运行字符统计工具后，将得到如图 17.1 所示的界面；选择某一个记事本文件后（记事本文件中的内容如图 17.2 所示），这个记事本文件中的数字总数、字母总数（包含文字）、英文标点总数和字符总数将会被统计、显示出来，显示的效果如图 17.3 所示。

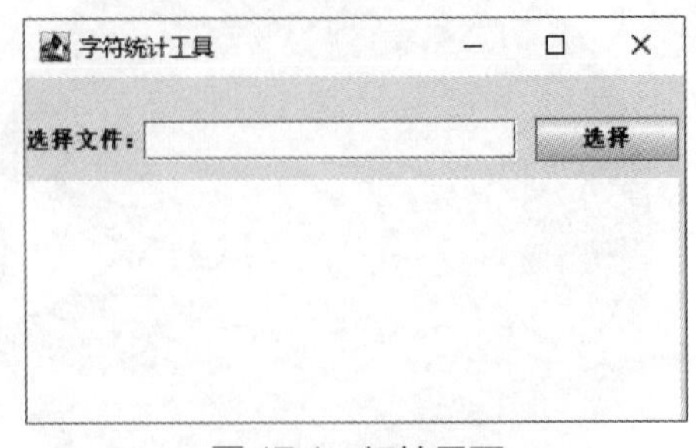

图 17.1　初始界面

```
import java.util.Calendar;
import java.util.Scanner;

public class BirthAndAge {
        public static void main(String[] args) {
                Calendar c = Calendar.getInstance();
                int thisYear = c.get(Calendar.YEAR);
                Scanner sc = new Scanner(System.in);
                System.out.println("Please print your year of birth[eg: 2021]: ");
                int birthYear = sc.nextInt();
                int age = thisYear - birthYear;
                System.out.println("Your age: " + age);
                sc.close();
        }
}
```

图 17.2　记事本文件中的内容

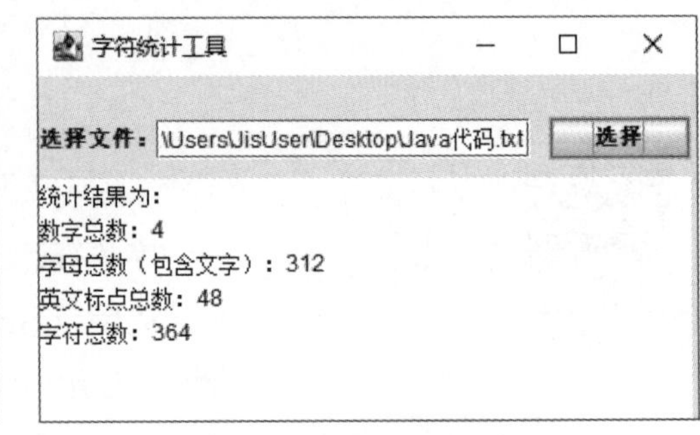

图 17.3　统计并显示结果

17.2 业务流程图

字符统计工具的业务流程如图 17.4 所示。

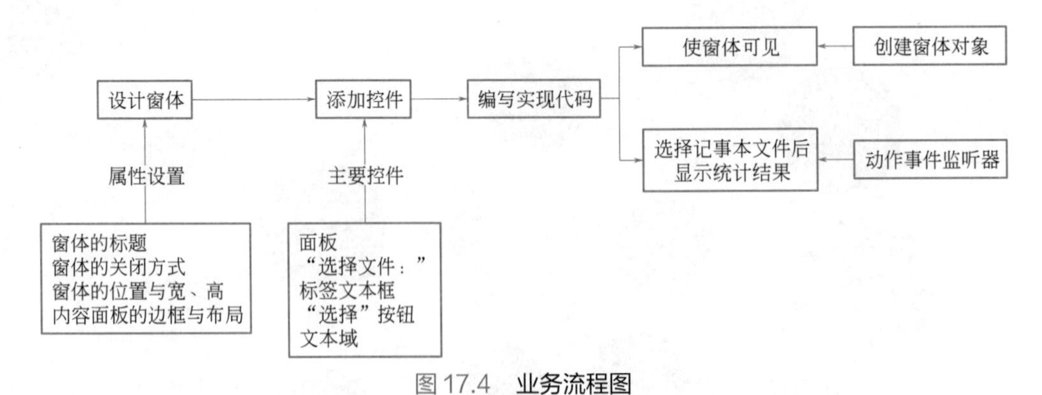

图 17.4　业务流程图

17.3 实现步骤

本案例包括 5 个实现步骤，它们分别是设计窗体、添加控件、选择记事本文件、显示统计结果和使窗体可见。下面将依次对这 5 个步骤进行讲解。

17.3.1 设计窗体

本案例将从以下 4 个方面设计窗体：

- 设置窗体的标题；
- 设置窗体的关闭方式；
- 设置窗体的位置与宽、高；
- 创建内容面板，设置内容面板边框和布局。

在编写设计窗体的代码前，需要在窗体类（StatFrame）中声明、定义 3 个成员变量。这 3 个成员变量分别表示内容面板（contentPane）、文本框（pathTextField）和文本域（resultTextArea）。其中，文本框（pathTextField）用于显示被选中的记事本文件的完整路径；文本域（resultTextArea）用于显示这个记事本文件中的数字总数、字母总数（包含文字）、英文标点总数和字符总数。

在窗体类（StatFrame）中声明、定义上述 3 个成员变量的代码如下所示：

```
01 public class StatFrame extends JFrame {
02     private JPanel contentPane;
03     private JTextField pathTextField;
04     private JTextArea resultTextArea = new JTextArea();
05     …// 省略其他代码
06 }
```

具备了上述 3 个成员变量后，即可在窗体类（StatFrame）的构造方法中，按照设计窗体的 4 个方面，编写用于设计窗体的代码。代码如下所示：

```
01 public StatFrame() {
02     setDefaultCloseOperation(JFrame.EXIT_ON_CLOSE);
03     setBounds(100, 100, 371, 220);
04     contentPane = new JPanel();
05     contentPane.setBorder(new EmptyBorder(5, 5, 5, 5));
06     setContentPane(contentPane);
07     contentPane.setLayout(null);
08     setTitle(" 字符统计工具 ");
09     …// 省略其他代码
10 }
```

17.3.2 添加控件

本案例用到的控件不多，本节将依次对这些控件进行讲解，并且予以编码实现（在窗体类“StatFrame”的构造方法中，编写用于实现添加控件的代码）。

（1）面板（panel）

面板（panel）的作用是容纳如图 17.1 所示的界面中的其他控件。那么，面板（panel）和内容面板（contentPane）的关系是什么呢？面板（panel）要置于内容面板（contentPane）中才会发挥作用。此外，在编写用于实现面板（panel）的代码时，还要设置面板（panel）的布局。代码如下所示：

```
01 JPanel panel = new JPanel();
02 panel.setBounds(0, 0, 355, 262);
03 contentPane.add(panel);
04 panel.setLayout(null);
```

（2）“选择文件：”标签（messageLabel）

“选择文件：”标签（messageLabel）的作用是提示用户被选中的是哪一个记事本文件。在编写用于实现“选择文件：”标签（messageLabel）的代码时，除了要设置该标签的宽、高外，还要设置该标签在面板（panel）中的位置。代码如下所示：

```
01 JLabel messageLabel = new JLabel("选择文件:");
02 messageLabel.setBounds(0, 22, 70, 22);
03 panel.add(messageLabel);
```

(3) 文本框（pathTextField）

文本框（pathTextField）的作用是显示被选中的记事本文件的完整路径。在编写用于实现文本框（pathTextField）的代码时，因为在 17.3.1 中已经对文本框（pathTextField）进行了声明，所以不必在窗体类（StatFrame）的构造方法中再次对其进行声明，直接对其在面板（panel）中的位置和宽、高进行设置即可。代码如下所示：

```
01 pathTextField = new JTextField();
02 pathTextField.setBounds(63, 23, 202, 21);
03 panel.add(pathTextField);
04 pathTextField.setColumns(10);
```

(4) "选择"按钮（chooseButton）

"选择"按钮（chooseButton）的作用有两个：一个是通过文件选择对话框，选择某一个记事本文件；另一个是在文本框（pathTextField）中显示被选中的记事本文件的完整路径的同时，统计并显示记事本文件中的数字总数、字母总数（包含文字）、英文标点总数和字符总数，如图 17.3 所示。这两个作用都来自于"选择"按钮（chooseButton）的动作事件监听器中的 do_chooseButton_actionPerformed() 方法。在编写用于实现"选择"按钮（chooseButton）的代码时，除了要为其添加动作事件监听器，还有对其在面板（panel）中的位置和宽、高进行设置。代码如下所示：

```
01 JButton chooseButton = new JButton("选择");
02 chooseButton.addActionListener(new ActionListener() {
03     public void actionPerformed(ActionEvent arg0) {
04         do_chooseButton_actionPerformed(arg0);
05     }
06 });
07 chooseButton.setBounds(275, 22, 77, 23);
08 panel.add(chooseButton);
```

(5) 文本域（resultTextArea）

文本域（resultTextArea）的作用是显示被选中的记事本文件中的数字总数、字母总数（包含文字）、英文标点总数和字符总数。在编写用于实现文本域（resultTextArea）的代码时，因为在 17.3.1 中已经对文本域（resultTextArea）进行了定义，所以在窗体类（StatFrame）的构造方法中直接对其在面板（panel）中的位置和宽、高进行设置即可。代码如下所示：

```
01 resultTextArea.setBounds(0, 54, 352, 134);
02 panel.add(resultTextArea);
```

以上 5 个控件的编码工作完成后，窗体类（StatFrame）的构造方法的编码工作也随即完成。

17.3.3 选择记事本文件

在 17.3.2 节中，已经对"选择"按钮（chooseButton）的两个作用进行了讲解，并且已经知晓这两个作用都来自于"选择"按钮（chooseButton）的动作事件监听器中的 do_chooseButton_actionPerformed() 方法。do_chooseButton_actionPerformed() 方法的位置在窗体类（StatFrame）中，代码如下所示：

```
01 protected void do_chooseButton_actionPerformed(ActionEvent arg0) {
02     java.awt.FileDialog fd = new FileDialog(this);
03     fd.setVisible(true);
```

```
04      String filePath = fd.getDirectory() + fd.getFile();
05      if (filePath.endsWith(".txt")) {
06          pathTextField.setText(filePath);
07          StatUtil util = new StatUtil();
08          int[] sum = util.statis(filePath);
09          int number = sum[0];
10          int word = sum[1];
11          int total = sum[2];
12          int sumNumber = sum[3];
13          resultTextArea.setText(
14                  "统计结果为:\n" + "数字总数:" + number + "\n字母总数（包含文字）:" + word +
15                  "\n英文标点总数:" + total + "\n字符总数:" + sumNumber);
16      }
17 }
```

运行程序后，单击“选择”按钮，就会弹出如图 17.5 所示的文件选择对话框。

图 17.5　文件选择对话框

17.3.4　显示统计结果

通过文件选择对话框选择某一个记事本文件后，这个记事本文件的完整路径就会显示在如图 17.1 所示的文本框中。

此外，本案例核心的功能是在文本框中显示被选中的记事本文件的完整路径的同时，统计并显示记事本文件中的数字总数、字母总数（包含文字）、英文标点总数和字符总数。实现这一核心功能的代码被编写在 StatUtil 类中，这就是为什么在上小节代码的第 7 行创建 StatUtil 类的对象 util 的原因。

在编写 StatUtil 类的代码前，需要学习一下 Java 中的 StreamTokenizer 类。StreamTokenizer 类用于将任何输入流分割为一系列标记。通常情况下，StreamTokenizer 类认为以下内容是标记：

- 英文字母：a～z、A～Z；
- 数字：0、1、2、3……；
- 空白字符：0 到 32 之间的 ASCII 值；
- 注释符号：/；
- 英文格式下的单引号和双引号：' 和 "。

StreamTokenizer 类的构造方法的语法格式如下所示：

```
StreamTokenizer(Reader r)
```

- r：提供输入流的 Reader 对象。

StreamTokenizer 类包含一些非常重要的用于标记读取文件中的内容的常量。这些常量与含义如表 17.1 所示。

表 17.1　StreamTokenizer 类中的常量及其说明

常量名	说明
TT_EOF	表示读取到文件末尾
TT_WORD	表示读到一个文字标记的常量
TT_NUMBER	表示读到一个数字标记的常量

需要注意的是，在统计文件的字符数时，不能简单统计标记的个数，因为文件的字符数不等于标记的个数。按照 StreamTokenizer 类对标记的说明，就算引号中的字符多达数百个，也会被 StreamTokenizer 类视作一个标记。因此，如果希望把引号和引号中的字符都做统计，就应该使用 StreamTokenizer 类中的 ordinaryChar() 方法把英文格式下的单引号和双引号都当作普通字符。

掌握了 StreamTokenizer 类后，下面将编写 StatUtil 类的代码。在 StatUtil 类中，有一个静态的，参数为记事本文件的完整路径的 statis() 方法。statis() 方法具有返回值，返回的是一个 int 型的一维数组。因为 StreamTokenizer 类的构造方法需要一个 Reader 对象，所以在 statis() 方法中，定义一个值为 null 的 FileReader 类的对象 fileReader。为了避免读写记事本文件的过程中发生异常，需要在 StatUtil 类中使用 try-catch 块对可能发生的异常进行捕获。代码如下所示：

```
01 public class StatUtil {
02     public static int[] statis(String fileName) {
03         FileReader fileReader = null;
04         try {
05             …// 省略 try 块中的代码
06         } catch (Exception e) {
07             e.printStackTrace();
08         }
09     }
10 }
```

借助 statis() 方法中的参数，即可创建一个 FileReader 类的对象，把这个对象赋值给已经定义的 FileReader 类的对象 fileReader。使用对象 fileReader，即可创建一个 StreamTokenizer 类的对象 stokenizer。在统计记事本文件的字符数时，为了把英文格式下的引号和引号中的字符都做统计，需要使用 StreamTokenizer 类中的 ordinaryChar() 方法把单引号和双引号都当作普通字符。此外，还需要把英文格式下的注释符号 “/” 当作普通字符。代码如下所示：

```
01 fileReader = new FileReader(fileName);          // 创建 FileReader 对象
02 // 创建 StreamTokenizer 对象
03 StreamTokenizer stokenizer = new StreamTokenizer(new BufferedReader(fileReader));
04 stokenizer.ordinaryChar('\'');                  // 将单引号当作是普通字符
05 stokenizer.ordinaryChar('\"');                  // 将双引号当作是普通字符
06 stokenizer.ordinaryChar('/');                   // 将 "/" 当作是普通字符
```

statis() 方法具有返回值，返回的是一个 int 型的一维数组。这个一维数组包含 4 个元素，它们分别是数字总数、字母总数（包含文字）、英文标点总数和字符总数。代码如下所示：

```
01 int[] length = new int[4];                      // 定义保存计算结果的 int 型数组
02 int numberSum = 0;                              // 定义保存数字的变量
03 int symbolSum = 0;                              // 定义保存英文标点数的变量
04 int wordSum = 0;
05 int sum = 0;                                    // 定义保存总字符数的变量
```

在使用 StreamTokenizer 类的对象 stokenizer 读取被选中的记事本文件时，如果没有读到这个记事本文件的末尾，就会一直读取被选中的记事本文件。为了体现这个读取的过程，将使用 while 循环语句。为了统计出记事本文件中的数字总数、字母总数（包含文字）和英文标点总数，需要用到表 17.1 中的常量，因为常量不止一个，所以使用 switch 语句会得到事半功倍的结果。最后，把得到的数字总数、字母总数（包含文字）和英文标点总数依次存储到 int 型的一维数组中。代码如下所示：

```
01 String str;
02 while (stokenizer.nextToken() != StreamTokenizer.TT_EOF) {    // 如果没有读到文件的末尾
03     switch (stokenizer.ttype) {                                // 判断读取标记的类型
04         case StreamTokenizer.TT_NUMBER:                        // 如果用户读取的是一个数字标记
```

```
05          str = String.valueOf(stokenizer.nval);            // 获取读取的数字值
06          numberSum += str.length() - 2;                    // 计算读取的数字长度
07          length[0] = numberSum;                            // 设置数组中的元素
08          break;                                            // 退出语句
09      case StreamTokenizer.TT_WORD:                         // 如果读取的是文字标记
10          str = stokenizer.sval;                            // 获取该标记
11          wordSum += str.length();                          // 计算该文字的长度
12          length[1] = wordSum;
13          break;
14      default:                                              // 如果读取的是其他标记
15          str = String.valueOf((char) stokenizer.ttype);    // 读取该标记
16          symbolSum += str.length();                        // 计算该标记的长度
17          length[2] = symbolSum;                            // 设置 int 数组中的元素
18      }
19 }
```

得到记事本文件中的数字总数、字母总数（包含文字）和英文标点总数后，把它们相加即可得到这个记事本文件中的字符总数，而且字符总数也要被存储到 int 型的一维数组中。因为 statis() 方法具有返回值，所以需要使用 return 关键字返回这个 int 型的一维数组。代码如下所示：

```
01 sum = symbolSum + numberSum + wordSum; // 获取总字符数
02 length[3] = sum;
03 return length;
```

虽然在 try 块中的结尾处已经使用 return 关键字返回了 int 型的一维数组，但是此时的 Eclipse 仍然在报错。为了消除这个错误，还需要在 catch 块中使用 return 关键字返回一个空值，即 null。代码如下所示：

```
01 } catch (Exception e) {
02     e.printStackTrace();
03     return null;
04 }
```

17.3.5 使窗体可见

通过以上内容，基本完成了对窗体类（StatFrame）和 StatUtil 类的编写。也就是说，窗体中的控件及其作用都进行了编码实现。但是，现在的程序还无法运行，因为程序中没有主方法。为此，要在窗体类（StatFrame）中键入主方法。在主方法中，只需要编写两行代码：一行是创建窗体类（StatFrame）的对象；另一行是使窗体可见。代码如下所示：

```
01 public static void main(String[] args) {
02     StatFrame frame = new StatFrame();
03     frame.setVisible(true);
04 }
```

小结

本案例控件不多，不仅易于操作，而且易于理解。其核心功能是在文本框中显示被选中的记事本文件的完整路径的同时，统计并显示记事本文件中的数字总数、字母总数（包含文字）、英文标点总数和字符总数。为了实现这两个效果，一个要借助按钮的动作事件监听器，另一个要借助 Java 中的 StreamTokenizer 类及其方法、常量等。特别需要注意的是，在使用 StreamTokenizer 类统计文件的字符数时，不能简单统计标记的个数，因为文件的字符数不等于标记的个数。

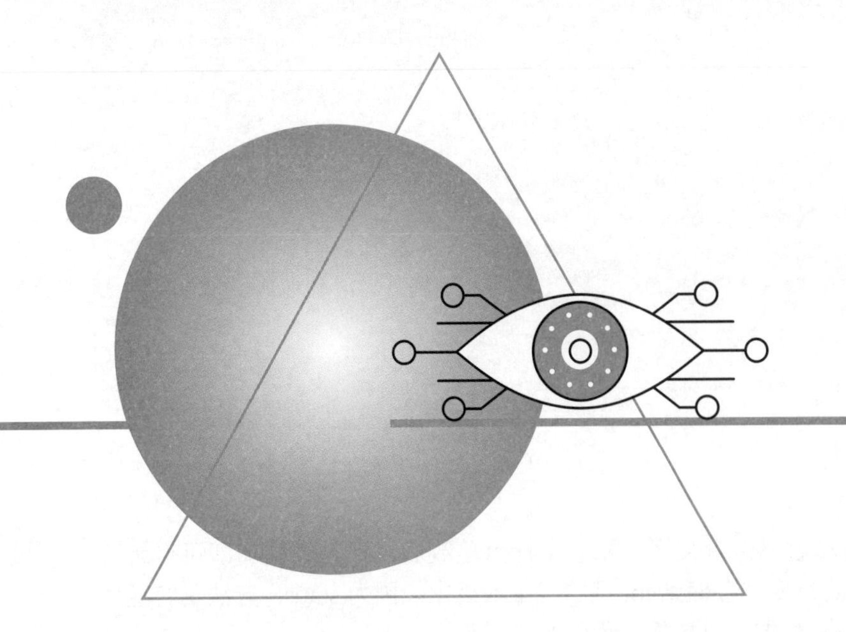

第18章 带加密功能的压缩工具(RAR 命令 + IO+ Swing 实现)

扫码领取

- 教学视频
- 配套源码
- 练习答案
- ……

在日常生活和工作中，需要对一些私密的、重要的文件执行加密压缩操作，以确保数据信息的安全性。这样，对方在接收到这个加密的压缩文档文件后，只有知道密码，才能对其执行解压缩操作。为了模拟上述过程，本章将借助 WinRAR 软件设计一个带加密功能的压缩工具。

本章的知识结构如下图所示：

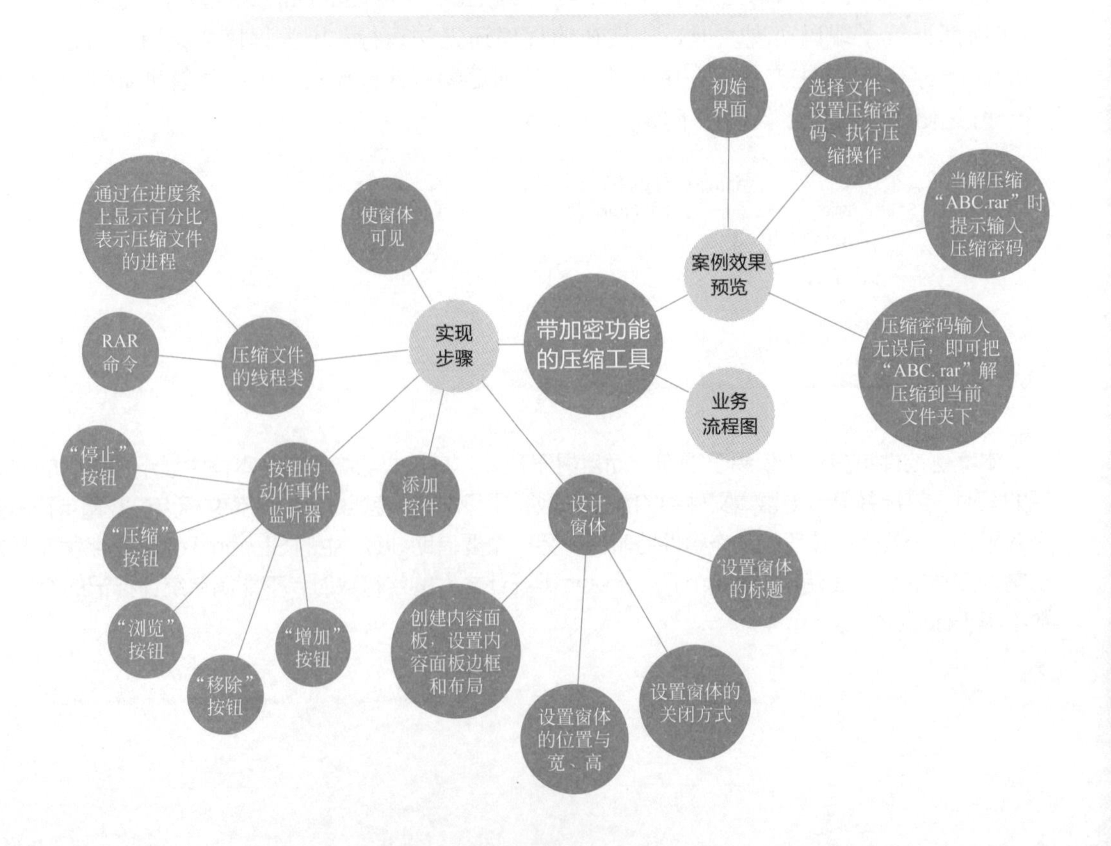

18.1 案例效果预览

WinRAR 是一款功能强大的压缩、解压缩软件。它不仅能够对其他类型的文件进行压缩操作，而且能够对从互联网上下载的 RAR、ZIP 和其他格式的压缩文件进行解压缩操作，还能够新建 RAR 和 ZIP 格式的压缩文件。

本案例将陆续使用到 WinRAR 的上述 3 个功能，具体内容如下所示：

- 在 D 盘新建一个名为“abc”的文件夹，在这个文件夹中，新建一个名为“ABC”的 RAR 文件，即“ABC.rar”；
- 通过文件选择对话框选择一个或者多个相同类型或者不同类型的文件，先设置对“ABC.rar”执行解压缩操作时所需的密码，再使用 WinRAR 把被选中的文件压缩到已经新建的“ABC.rar”中；
- 找到“ABC.rar”后，对其执行解压缩操作，此时 WinRAR 会提示需要输入密码；
- 密码输入无误后，即可把“ABC.rar”解压缩到当前文件夹下。

本案例运行后的初始界面如图 18.1 所示，选择文件、设置压缩密码、执行压缩操作的界面如图 18.2 所示，当解压缩“ABC.rar”时提示输入压缩密码界面如图 18.3 所示，压缩密码输入无误后，即可把“ABC.rar”解压缩到当前文件夹下的界面如图 18.4 所示。

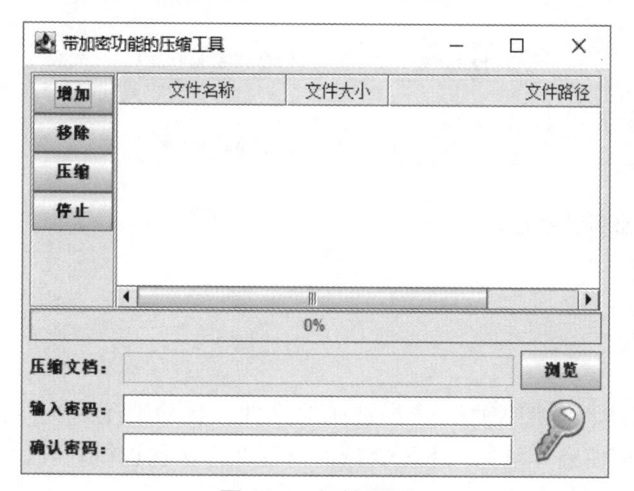

图 18.1 初始界面

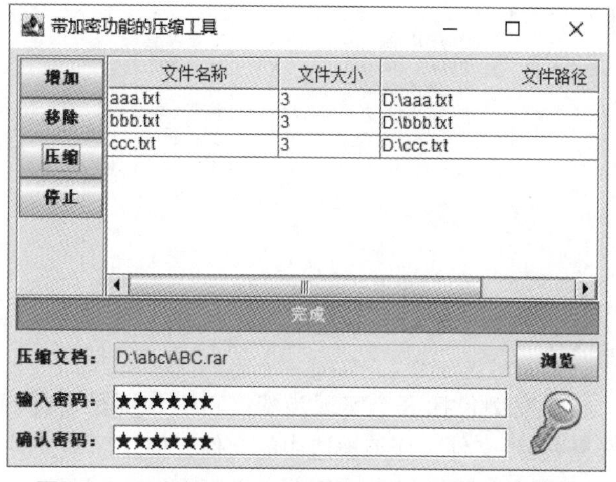

图 18.2 选择文件、设置压缩密码、执行压缩操作

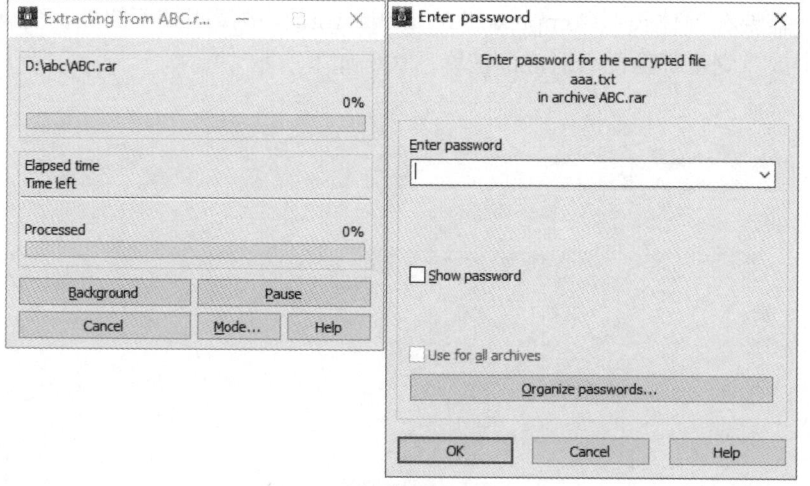

图 18.3 输入压缩密码

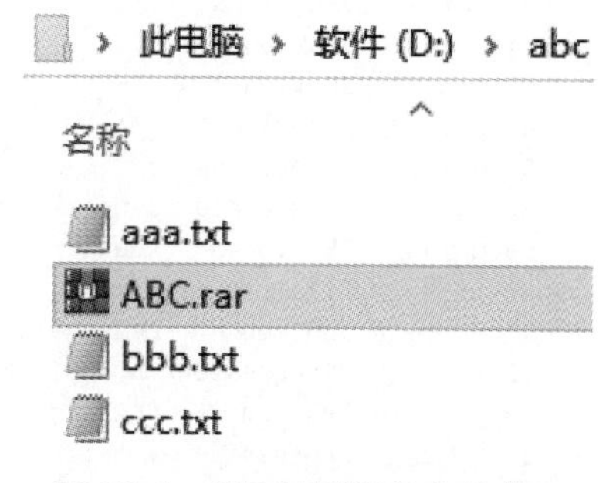

图 18.4 解压缩到当前文件夹下

注意

本案例必须使用 WinRAR 这款压缩、解压缩软件。如果使用其他压缩、解压缩软件（例如，好压等），运行程序后，程序会报错，无法得到上述的运行效果。

18.2 业务流程图

带加密功能的压缩工具的业务流程如图 18.5 所示。

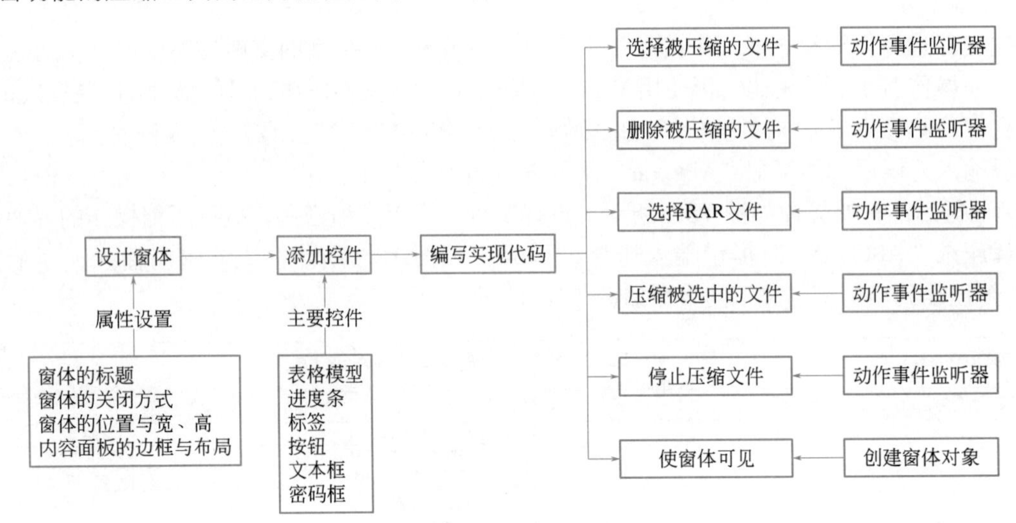

图 18.5 业务流程图

18.3 实现步骤

本案例包括 8 个实现步骤，它们分别是设计窗体、添加控件、选择被压缩文件、删除被压缩文件、选择 RAR 文件、压缩被选中的文件、停止压缩文件和使窗体可见。下面将依次对这 8 个步骤进行讲解。

18.3.1 设计窗体

在编写用于设计窗体的代码前，需要在窗体类（CompressFileWithPassword）中声明如下的成员变量。为了方便理解这些成员变量，每一个成员变量都匹配着对应的注释。代码如下所示：

```
01 private JPanel contentPane;                  // 内容面板
02 private JTable table;                        // 表格模型
03 private JPanel panel;                        // 按钮面板
04 private JButton addButton;                   // " 增加 " 按钮
05 private JButton removeButton;                // " 移除 " 按钮
06 private JPanel panel_1;                      // 用于容纳进度条、标签、文本框、密码框等组件的面板
07 private JLabel label;                        // " 压缩文档: " 标签
08 private JTextField compressFileField;        // " 压缩文档: " 文本框
09 private JButton browseButton;                // " 浏览 " 按钮
10 private File rarFile;                        // 用户选择的 RAR 文件
11 private JButton compressButton;              // " 压缩 " 按钮
12 private JProgressBar progressBar;            // 进度条
13 private JButton stopButton;                  // " 停止 " 按钮
14 private Process progress;                    // 进度条的进程
15 private JLabel label_1;                      // " 确认密码: " 标签
```

```
16 private JLabel label_2;                  // " 输入密码: " 标签
17 private JLabel label_3;                  // 图片标签
18 private JPasswordField passwordField1;   // " 输入密码: " 密码框
19 private JPasswordField passwordField2;   // " 确认密码: " 密码框
```

具备了上述的成员变量后，即可在窗体类（CompressFileWithPassword）的构造方法中，从窗体的标题，窗体的关闭方式，窗体的位置与宽、高和内容面板的边框和布局这 4 个方面，编写用于设计窗体的代码。代码如下所示：

```
01 public CompressFileWithPassword() {
02     setTitle(" 带加密功能的压缩工具 ");
03     setDefaultCloseOperation(JFrame.EXIT_ON_CLOSE);
04     setBounds(100, 100, 450, 332);
05     contentPane = new JPanel();
06     contentPane.setBorder(new EmptyBorder(5, 5, 5, 5));
07     contentPane.setLayout(new BorderLayout(0, 0));
08     setContentPane(contentPane);
09     …// 省略其他代码
10 }
```

18.3.2 添加控件

本节将在窗体类（CompressFileWithPassword）的构造方法中，编写用于实现添加控件的代码。

（1）滚动面板（scrollPane）和表格模型（table）

表格模型有 3 列，这 3 列的题头分别为文件名称、文件大小和文件路径。因此，表格模型的作用是显示被选中文件的文件名称、文件大小和文件路径。运行程序后，为了能够在窗体中显示表格模型，需要把这个表格模型置于一个滚动面板中。代码如下所示：

```
01 JScrollPane scrollPane = new JScrollPane();
02 contentPane.add(scrollPane, BorderLayout.CENTER);
03
04 table = new JTable();
05 table.setAutoResizeMode(JTable.AUTO_RESIZE_OFF);
06 table.setModel(new DefaultTableModel(
07     new Object[][] {}, new String[] { " 文件名称 ", " 文件大小 ", " 文件路径 " }));
08 table.getColumnModel().getColumn(0).setPreferredWidth(125);
09 table.getColumnModel().getColumn(2).setPreferredWidth(250);
10 table.getTableHeader().setReorderingAllowed(false);
11 scrollPane.setViewportView(table);
12 scrollPane.getViewport().setBackground(Color.WHITE);
```

（2）面板（panel_1）

面板（panel_1）用于容纳进度条、“压缩文档:” 标签、“压缩文档:” 文本框、“浏览” 按钮、“输入密码:” 标签、“输入密码:” 密码框、图片标签、“确认密码:” 标签、“确认密码:” 密码框等控件。面板（panel_1）采用的是网格包布局管理器（GridBagLayout），代码如下所示：

```
01 panel_1 = new JPanel();
02 contentPane.add(panel_1, BorderLayout.SOUTH);
03 GridBagLayout gbl_panel_1 = new GridBagLayout();
04 gbl_panel_1.columnWidths = new int[] { 0, 60, 0, 0 };
05 gbl_panel_1.rowHeights = new int[] { 0, 0, 0, 0, 0 };
06 gbl_panel_1.columnWeights = new double[] { 0.0, 1.0, 0.0, Double.MIN_VALUE };
07 gbl_panel_1.rowWeights = new double[] { 0.0, 0.0, 0.0, 0.0, Double.MIN_VALUE };
08 panel_1.setLayout(gbl_panel_1);
```

（3）进度条（progressBar）

进度条（progressBar）用于显示把被选中的文件压缩到 “ABC.rar” 中的进度。代码如下所示：

```
01 progressBar = new JProgressBar();
02 progressBar.setStringPainted(true);
03 GridBagConstraints gbc_progressBar = new GridBagConstraints();
04 gbc_progressBar.gridwidth = 3;
05 gbc_progressBar.insets = new Insets(0, 0, 5, 0);
06 gbc_progressBar.fill = GridBagConstraints.HORIZONTAL;
07 gbc_progressBar.gridx = 0;
08 gbc_progressBar.gridy = 0;
09 panel_1.add(progressBar, gbc_progressBar);
```

（4）“压缩文档：”标签、“压缩文档：”文本框和“浏览”按钮

通过单击“浏览”按钮打开文件选择对话框，选择 D 盘下的“abc”文件夹中的“ABC.rar”后，“压缩文档：”文本框就会显示“ABC.rar”的完整路径，并且这个完整路径是无法编辑的。而“压缩文档：”标签的作用是提示用户在“压缩文档：”文本框中显示的内容。代码如下所示：

```
01 // "压缩文档："标签
02 label = new JLabel("压缩文档：");
03 GridBagConstraints gbc_label = new GridBagConstraints();
04 gbc_label.fill = GridBagConstraints.HORIZONTAL;
05 gbc_label.insets = new Insets(0, 0, 5, 5);
06 gbc_label.gridx = 0;
07 gbc_label.gridy = 1;
08 panel_1.add(label, gbc_label);
09 // "压缩文档："文本框
10 compressFileField = new JTextField();
11 compressFileField.setEditable(false);
12 GridBagConstraints gbc_compressFileField = new GridBagConstraints();
13 gbc_compressFileField.insets = new Insets(0, 0, 5, 5);
14 gbc_compressFileField.fill = GridBagConstraints.HORIZONTAL;
15 gbc_compressFileField.gridx = 1;
16 gbc_compressFileField.gridy = 1;
17 panel_1.add(compressFileField, gbc_compressFileField);
18 compressFileField.setColumns(10);
19 // "浏览"按钮
20 browseButton = new JButton("浏览");
21 browseButton.addActionListener(new ActionListener() {
22     public void actionPerformed(ActionEvent arg0) {
23         do_browseButton_actionPerformed(arg0);
24     }
25 });
26 GridBagConstraints gbc_browseButton = new GridBagConstraints();
27 gbc_browseButton.insets = new Insets(0, 0, 5, 0);
28 gbc_browseButton.gridx = 2;
29 gbc_browseButton.gridy = 1;
30 panel_1.add(browseButton, gbc_browseButton);
```

（5）“输入密码：”标签和“输入密码：”密码框

“输入密码：”标签提示用户在“输入密码：”密码框中输入密码，这个密码在对“ABC.rar”执行解压缩操作时会被用到。输入密码后，密码会被“★”替代，进而对输入的密码起到保护作用。代码如下所示：

```
01 // "输入密码："标签
02 label_2 = new JLabel("输入密码：");
03 GridBagConstraints gbc_label_2 = new GridBagConstraints();
04 gbc_label_2.anchor = GridBagConstraints.EAST;
05 gbc_label_2.insets = new Insets(0, 0, 5, 5);
06 gbc_label_2.gridx = 0;
07 gbc_label_2.gridy = 2;
08 panel_1.add(label_2, gbc_label_2);
09 // "输入密码："密码框
```

```
10 passwordField1 = new JPasswordField();
11 passwordField1.setEchoChar('★');
12 GridBagConstraints gbc_passwordField1 = new GridBagConstraints();
13 gbc_passwordField1.insets = new Insets(0, 0, 5, 5);
14 gbc_passwordField1.fill = GridBagConstraints.HORIZONTAL;
15 gbc_passwordField1.gridx = 1;
16 gbc_passwordField1.gridy = 2;
17 panel_1.add(passwordField1, gbc_passwordField1);
```

（6）图片标签（label_3）

图片标签（label_3）用于显示一张钥匙图片。通过这张钥匙图片，提示用户这张图片所在的区域是用于设置对“ABC.rar”执行解压缩操作时所需的密码的。代码如下所示：

```
01 label_3 = new JLabel("");
02 label_3.setIcon(new ImageIcon(CompressFileWithPassword.class.getResource("key.png")));
03 GridBagConstraints gbc_label_3 = new GridBagConstraints();
04 gbc_label_3.gridheight = 2;
05 gbc_label_3.insets = new Insets(0, 0, 5, 0);
06 gbc_label_3.gridx = 2;
07 gbc_label_3.gridy = 2;
08 panel_1.add(label_3, gbc_label_3);
```

（7）“确认密码：”标签和“确认密码：”密码框

“确认密码：”标签提示用户在“确认密码：”密码框中再次输入密码，这个密码须与在“输入密码：”密码框中输入的密码一致。在“确认密码：”密码框中输入的密码仍然会被“★”替代，进而对其起到保护作用。代码如下所示：

```
01 // "确认密码:"标签
02 label_1 = new JLabel("确认密码:");
03 GridBagConstraints gbc_label_1 = new GridBagConstraints();
04 gbc_label_1.anchor = GridBagConstraints.EAST;
05 gbc_label_1.insets = new Insets(0, 0, 0, 5);
06 gbc_label_1.gridx = 0;
07 gbc_label_1.gridy = 3;
08 panel_1.add(label_1, gbc_label_1);
09 // "确认密码:"密码框
10 passwordField2 = new JPasswordField();
11 passwordField2.setEchoChar('★');
12 GridBagConstraints gbc_passwordField2 = new GridBagConstraints();
13 gbc_passwordField2.insets = new Insets(0, 0, 0, 5);
14 gbc_passwordField2.fill = GridBagConstraints.HORIZONTAL;
15 gbc_passwordField2.gridx = 1;
16 gbc_passwordField2.gridy = 3;
17 panel_1.add(passwordField2, gbc_passwordField2);
```

（8）按钮面板（panel）和 4 个按钮控件

本案例除滚动面板（scrollPane）和面板（panel_1）外，还需要一个按钮面板（panel）。在按钮面板（panel）中，容纳了 4 个按钮控件，它们分别是“增加”按钮、“移除”按钮、“压缩”按钮和“停止”按钮。代码如下所示：

```
01 // 按钮面板
02 panel = new JPanel();
03 contentPane.add(panel, BorderLayout.WEST);
04 panel.setBorder(new EtchedBorder(EtchedBorder.LOWERED, null, null));
05 panel.setLayout(new BoxLayout(panel, BoxLayout.Y_AXIS));
06 // "增加"按钮
07 addButton = new JButton("增加");
08 addButton.addActionListener(new ActionListener() {
```

```
09      public void actionPerformed(ActionEvent arg0) {
10          do_addButton_actionPerformed(arg0);
11      }
12 });
13 panel.add(addButton);
14 // "移除"按钮
15 removeButton = new JButton("移除");
16 removeButton.addActionListener(new ActionListener() {
17      public void actionPerformed(ActionEvent arg0) {
18          do_removeButton_actionPerformed(arg0);
19      }
20 });
21 panel.add(removeButton);
22 // "压缩"按钮
23 compressButton = new JButton("压缩");
24 compressButton.addActionListener(new ActionListener() {
25      public void actionPerformed(ActionEvent arg0) {
26          do_compressButton_actionPerformed(arg0);
27      }
28 });
29 panel.add(compressButton);
30 // "停止"按钮
31 stopButton = new JButton("停止");
32 stopButton.addActionListener(new ActionListener() {
33      public void actionPerformed(ActionEvent arg0) {
34          do_stopButton_actionPerformed(arg0);
35      }
36 });
37 panel.add(stopButton);
```

18.3.3 按钮的动作事件监听器

在图 18.1 中，有 5 个按钮，它们分别是“增加”按钮、“移除”按钮、“浏览”按钮、“压缩”按钮和“停止”按钮。下面将依次讲解这 5 个按钮的动作事件监听器，并予以编码实现（在窗体类“CompressFileWithPassword”的构造方法中进行编码）。

（1）“增加”按钮的动作事件监听器

当用户单击“增加”按钮时，会弹出文件选择对话框。通过文件选择对话框，选择要被执行压缩操作的文件。被选中的文件可以是一个，也可以是多个，并且被选中文件的文件名称、文件大小和文件路径会依次显示在表格模型中。代码如下所示：

```
01 protected void do_addButton_actionPerformed(ActionEvent arg0) {
02     JFileChooser chooser = new JFileChooser();        // 创建文件选择器
03     chooser.setAcceptAllFileFilterUsed(false);
04     chooser.setMultiSelectionEnabled(true);           // 设置允许文件多选
05     int option = chooser.showOpenDialog(this);        // 显示文件打开对话框
06     if (option != JFileChooser.APPROVE_OPTION)
07         return;
08     File[] files = chooser.getSelectedFiles();        // 获取用户选择文件数组
09     // 获取表格控件的数据模型
10     DefaultTableModel model = (DefaultTableModel) table.getModel();
11     for (File file : files) {                         // 遍历用户选择的文件数组
12         // 把文件信息添加到表格控件的模型中
13         model.addRow(new Object[] { file.getName(), file.length(), file });
14     }
15 }
```

（2）“移除”按钮的动作事件监听器

在单击“移除”按钮之前，用户需要选中表格模型里要被移除的文件，这样才能把被选中的文件从表格模型里移除出去。代码如下所示：

```
01 protected void do_removeButton_actionPerformed(ActionEvent arg0) {
02     int[] rows = table.getSelectedRows();   // 获取表格中选中的行索引的数组
03     DefaultTableModel model = (DefaultTableModel) table.getModel();
04     for (int i = rows.length - 1; i >= 0; i--) {
05         model.removeRow(rows[i]);           // 遍历并移除所有选中行
06     }
07 }
```

（3）“浏览”按钮的动作事件监听器

当单击“浏览”按钮时，会弹出文件选择对话框。通过文件选择对话框，找到 D 盘下的“abc”文件夹中已经新建好的“ABC.rar”。而后，“压缩文档：”文本框就会显示“ABC.rar”的完整路径。代码如下所示：

```
01 protected void do_browseButton_actionPerformed(ActionEvent arg0) {
02     JFileChooser chooser = new JFileChooser();       // 创建文件选择器
03     // 设置选择文件类型为 Rar
04     chooser.setFileFilter(new FileNameExtensionFilter("RAR 压缩文档 ", "rar"));
05     chooser.setAcceptAllFileFilterUsed(false);
06     int option = chooser.showSaveDialog(this);       // 显示保存对话框
07     if (option != JFileChooser.APPROVE_OPTION)
08         return;
09     rarFile = chooser.getSelectedFile();             // 获取用户定制的 RAR 文件
10     compressFileField.setText(rarFile.getPath());    // 显示 RAR 文件路径信息
11 }
```

（4）“压缩”按钮的动作事件监听器

当用户单击“压缩”按钮时，会出现两种情况。一种情况是没有单击“浏览”按钮，此时会弹出文件选择对话框，通过文件选择对话框，找到 D 盘下的“abc”文件夹中已经新建好的“ABC.rar”。然后，“压缩文档：”文本框就会显示“ABC.rar”的完整路径，并且把被选中的文件压缩到“ABC.rar”中。另一种情况是已经单击了“浏览”按钮，此时会直接把被选中的文件压缩到“ABC.rar”中。代码如下所示：

```
01 protected void do_compressButton_actionPerformed(ActionEvent arg0) {
02     if (rarFile == null) {
03         browseButton.doClick();
04         if (rarFile == null)
05             return;
06     }
07     progressBar.setVisible(true);
08     CompressThread compressThread = new CompressThread();     // 创建压缩文件的线程对象
09     compressThread.start();                                   // 启动线程
10 }
```

（5）“停止”按钮的动作事件监听器

当程序正在把被选中的文件压缩到“ABC.rar”中时，用户可以通过单击“停止”按钮停止正在进行的压缩文件的进程，此时显示压缩文件的进程的进度条会显示“0%”。代码如下所示：

```
01 protected void do_stopButton_actionPerformed(ActionEvent arg0) {
02     if (progress != null) {
03         progress.destroy();
04         progressBar.setValue(0);
05         progressBar.setVisible(false);
06     }
07 }
```

18.3.4 压缩文件的线程类

在讲解“压缩”按钮的动作事件监听器时，创建了一个压缩文件的线程对象，这个线程对象对应的是用于压缩文件的线程类（CompressThread）。在这个类中，需要使用 RAR 命令设置对“ABC.rar”执行解压缩操作时所需的密码，RAR 命令的语法格式如下所示：

```
rar a -p["password"]  <rarFile>
```

- password：设置的密码。
- rarFile：一个 RAR 压缩文档文件。

除了要掌握 RAR 命令，还要明确如何在进度条控件上显示百分比，进而通过百分比的不断变化显示压缩文件的进程。在窗体类（CompressFileWithPassword）中，编写用于压缩文件的线程类（CompressThread）的代码如下所示：

```
01 private final class CompressThread extends Thread {
02     public void run() {
03         try {
04             progressBar.setString(null);                                    // 初始化进度条控件
05             progressBar.setValue(0);
06             // 获取密码
07             String pass1 = String.valueOf(passwordField1.getPassword());
08             // 获取确认密码
09             String pass2 = String.valueOf(passwordField2.getPassword());
10             String passCommand = "";                                        // 设置密码命令字符串
11             if (pass1 != null) {
12                 if (pass1.equals(pass2)) {                                  // 判断两次密码是否相同
13                     passCommand = "-p\"" + pass1 + "\" ";                   // 完成密码命令
14                 } else {                                                    // 如果两次密码不一样则终止当前命令
15                     JOptionPane.showMessageDialog(null, " 两次输入密码不一致 ");
16                     return;
17                 }
18             }
19             // 获取表格控件的数据模型
20             DefaultTableModel model = (DefaultTableModel) table.getModel();
21             int rowCount = model.getRowCount();                             // 获取数据模型中表格行数
22             StringBuilder fileList = new StringBuilder();
23             for (int i = 0; i < rowCount; i++) {                            // 遍历数据表格模型中的文件对象
24                 File file = (File) model.getValueAt(i, 2);
25                 fileList.append(file.getPath() + "\n");                     // 把文件路径存到字符串构建器中
26             }
27             // 创建临时文件，用于保存压缩文件列表
28             File listFile = File.createTempFile("fileList", ".tmp");
29             FileOutputStream fout = new FileOutputStream(listFile);
30             fout.write(fileList.toString().getBytes());                     // 保存字符串构建器数据到临时文件
31             fout.close();
32 
33             // 创建压缩命令字符串
34             final String command = "C:\\Program Files\\WinRAR\\Rar.exe a "
35                     + passCommand + rarFile.getPath() + " @" + listFile.getPath();
36             Runtime runtime = Runtime.getRuntime();                         // 获取 Runtime 对象
37             progress = runtime.exec(command.toString() + "\n");             // 执行压缩命令
38             progress.getOutputStream().close();                             // 关闭进程输出流
39             // 获取进程输入流
40             Scanner scan = new Scanner(progress.getInputStream());
41             while (scan.hasNext()) {
42                 String line = scan.nextLine();                              // 获取进程提示单行信息
43                 // 获取提示信息的进度百分比的索引位置
44                 int index = line.lastIndexOf("%") - 3;
45                 if (index <= 0)
46                     continue;
47                 // 获取进度百分比字符串
48                 String substring = line.substring(index, index + 3);
49                 // 获取整数的百分比数值
50                 int percent = Integer.parseInt(substring.trim());
51                 progressBar.setValue(percent);// 在进度条控件显示百分比
52             }
```

```
53              progressBar.setString("完成");
54              scan.close();
55          } catch (IOException e) {
56              e.printStackTrace();
57          }
58      }
59 }
```

18.3.5 使窗体可见

通过以上内容，已经完成了对窗体类（CompressFileWithPassword）的构造方法和用于压缩文件的线程类（CompressThread）的编写。但是，现在的程序由于没有主方法而不能运行。为此，要在窗体类（CompressFileWithPassword）中键入主方法。代码如下所示：

```
01 public static void main(String[] args) {
02     CompressFileWithPassword frame = new CompressFileWithPassword();
03     frame.setVisible(true);
04 }
```

小结

本案例中的控件较多，许多控件不仅需要进行设置，还需要匹配动作事件监听器。因此在编写代码时，思维要清晰，要有条理，避免遗漏。此外，本案例需要重点掌握两个内容：一个是使用RAR命令设置对“ABC.rar”执行解压缩操作时所需的密码；另一个是如何在进度条控件上显示百分比，进而通过百分比的不断变化显示压缩文件的进程。

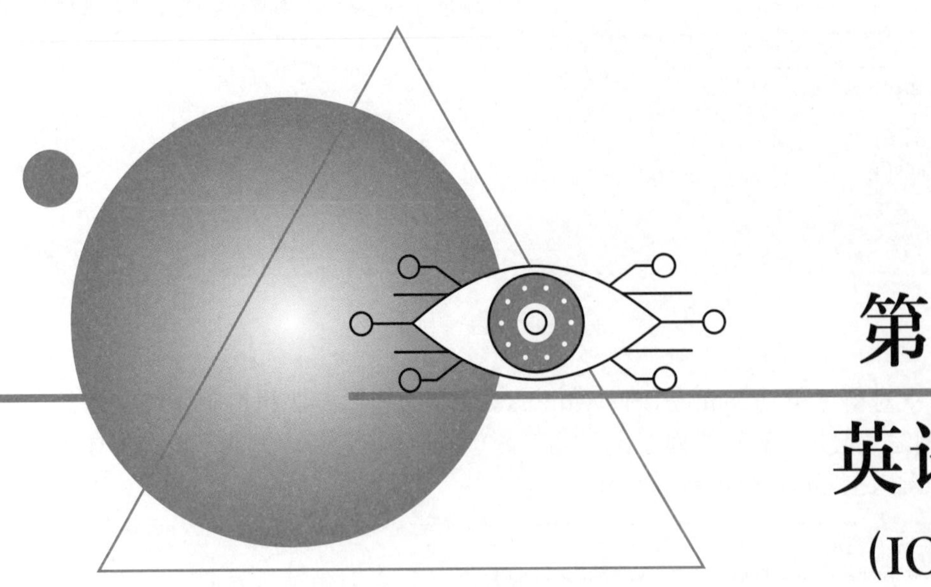

第19章 英译汉小程序（IO+ Swing 实现）

扫码领取

- 教学视频
- 配套源码
- 练习答案
- ……

市面上的翻译小程序数不胜数，它们不仅功能强大，而且准确度极高。翻译小程序是一个快速满足用户翻译需求的轻量级翻译应用，它不仅收录了众多常用的英语词条，还有海量双语例句、同反义词、词根词缀、同义词辨析、词语用例和英英释义等词典资源。本章将模拟翻译小程序中的一个重要功能：英译汉（仅用于查询英文单词）。

本章的知识结构如下图所示：

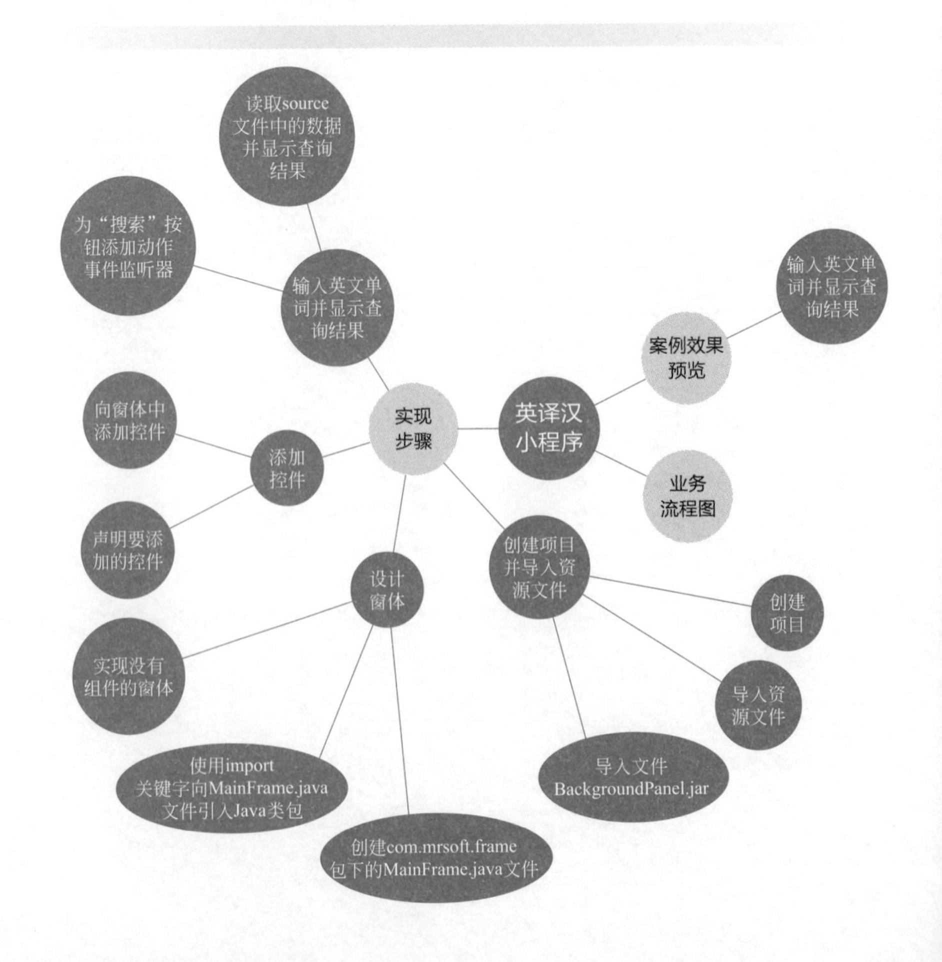

19.1 案例效果预览

金山词霸是一款经典、实用、免费的词典软件，可被用于 PC 端和移动端。它支持英、汉互译，可翻译的内容为字、词、句。本案例将模拟并实现金山词霸中的两个功能：英译汉（仅用于查询英文单词）和根据日期显示优秀的英文句子及其译文。

成功运行单词英译汉后，输入英文单词并显示查询结果时的运行效果如图 19.1 所示。

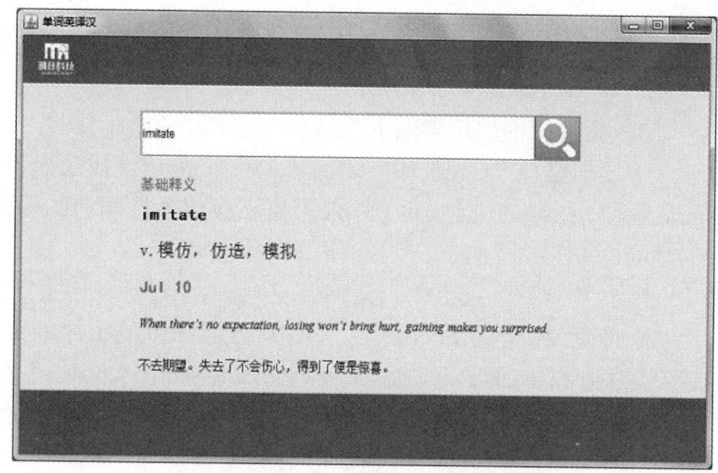

图 19.1　输入英文单词并显示查询结果

19.2 业务流程图

单词英译汉的业务流程如图 19.2 所示。

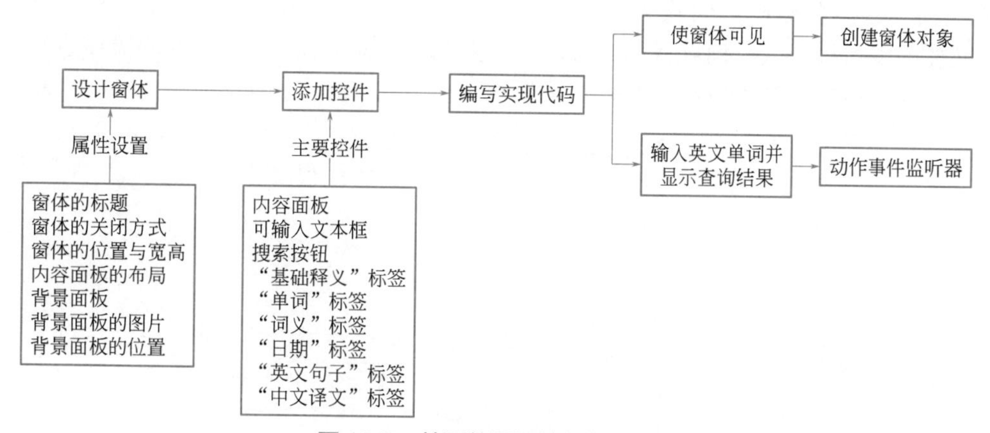

图 19.2　单词英译汉的业务流程图

19.3 实现步骤

19.3.1 创建项目并导入资源文件

在 Eclipse 中编写程序，必须先创建项目，然后导入与项目相关的资源文件，例如项目所需的图片、jar 包和相关文件等。

1. 创建项目

创建项目的步骤如下：

① 选择 File → New → Project 菜单项；

② 打开 New Project 对话框后，找到并打开 Java 文件夹，选择并单击 Java 文件夹中的 Java Project 菜单项，单击 Next 按钮；

③ 打开 New Java Project 对话框后，在 Project name 文本框中输入“Translation”，在 Project Layout 栏中选择单选按钮 Create separate folder for sources and class files，然后单击 Finish 按钮。

通过上述 3 个步骤，就完成了对项目 Translation 的创建。

2. 导入资源文件

导入资源文件的步骤如下：

① 根据路径“Code\19# 英译汉小程序 \Src”，找到如下 3 个文件夹：lib（用来存放 BackgroundPanel.jar 文件和 Sentence.jar 文件）、pic（用来存放项目所需的图片）和 words（用来存放存储单词及基础释义的 source 文件）；

② 按下 <Ctrl> 键，单击文件夹 pic 和 words 后，再按下复制快捷键 <Ctrl + C>；

③ 将窗口切换至 Eclipse 后，单击项目 Translation 中的 src 文件夹，待 src 文件夹的背景色变为蓝色后，按下快捷键 <Ctrl + V>。这样，就把文件夹 pic 和 words 成功粘贴到了项目 Translation 中的 src 文件夹下；

④ 根据路径“Code\19# 英译汉小程序 \Src”，找到文件夹 lib，单击文件夹 lib 后，再按下复制快捷键 <Ctrl + C>；

⑤ 将窗口切换至 Eclipse 后，单击项目 Translation，待项目 Translation 的背景色变为蓝色后，按下 <Ctrl + V>。这样，就把文件夹 lib 成功粘贴到了项目 Translation 中。

3. 导入文件 BackgroundPanel.jar

虽然文件夹 lib 已经被导入到项目 Translation 中，但文件夹 lib 中的 BackgroundPanel.jar 文件和 Sentence.jar 文件却没有被导入。向项目 Translation 导入 BackgroundPanel.jar 文件的操作步骤如图 19.3 所示（向项目 Translation 导入 Sentence.jar 文件请读者按照已有的步骤自行导入）。

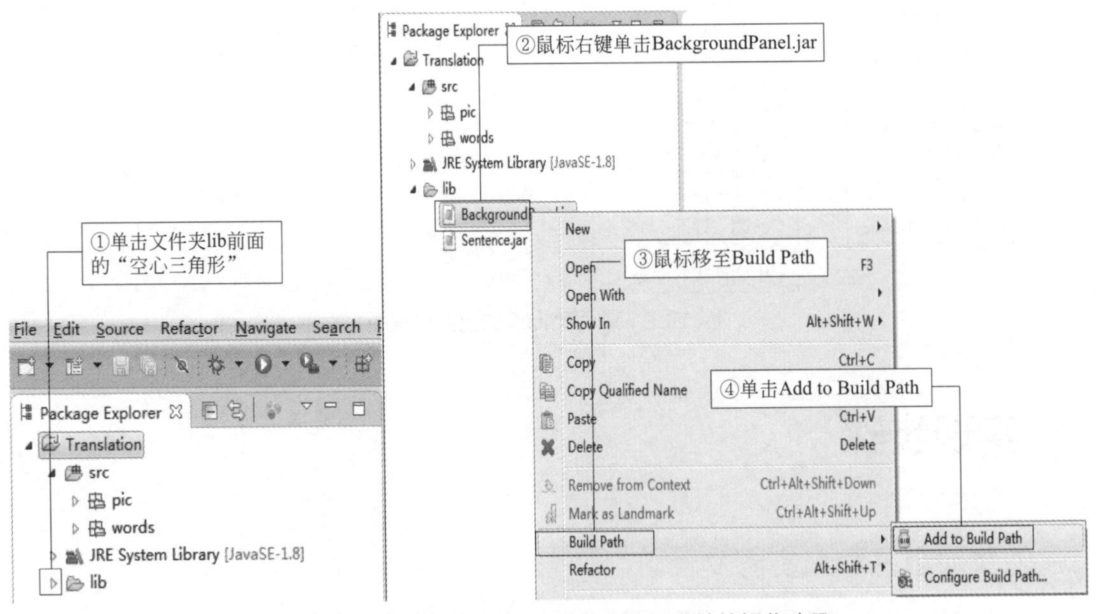

图 19.3　导入 BackgroundPanel.jar 文件的操作步骤

19.3.2　设计窗体

设计窗体主要从窗体的标题、窗体的关闭方式、窗体的位置与宽高、内容面板的布局、背景面板、背景面板的图片、背景面板的位置等方面入手。

1. 创建 com.mrsoft.frame 包下的 MainFrame.java 文件

创建 com.mrsoft.frame 包下的 MainFrame.java 文件的步骤如下：

① 鼠标右键单击项目 Translation 中的 src 文件夹，选择 New → Package 菜单项；

② 弹出 New Java Package 对话框后，首先在 Name 文本框中输入包名“com.mrsoft.frame”，然后单击 Finish 按钮；

③ 鼠标右键单击 com.mrsoft.frame 包，选择 New → Class 菜单项；

④ 弹出 New Java Class 对话框后，在 Name 文本框中输入“MainFrame”，单击 Finish 按钮。

通过以上 4 个步骤，就成功地创建了 com.mrsoft.frame 包下的 MainFrame.java 文件，项目 Translation 的结构如图 19.4 所示。

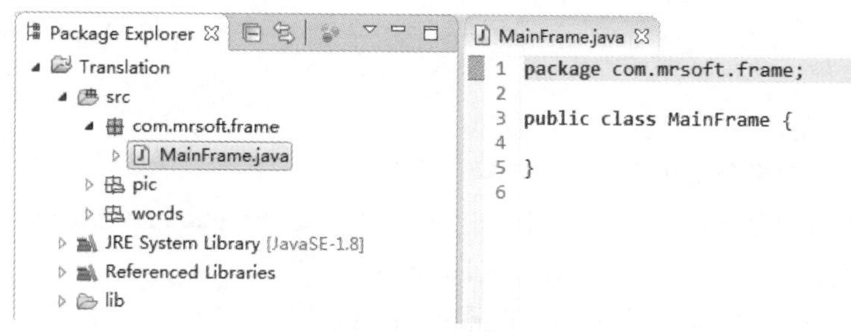

图 19.4　项目 Translation 的结构图

2. 使用 import 关键字向 MainFrame.java 文件引入 Java 类包

在单词英译汉中，需要引入如下几种 Java 类包：import javax.swing.XXX、import java.awt.XXX、import javax.swing.event.XXX、import java.awt.event.XXX、import java.io.XXX 和 import java.util. XXX。向 MainFrame.java 文件引入 Java 类包的代码及代码位置如图 19.5 所示。

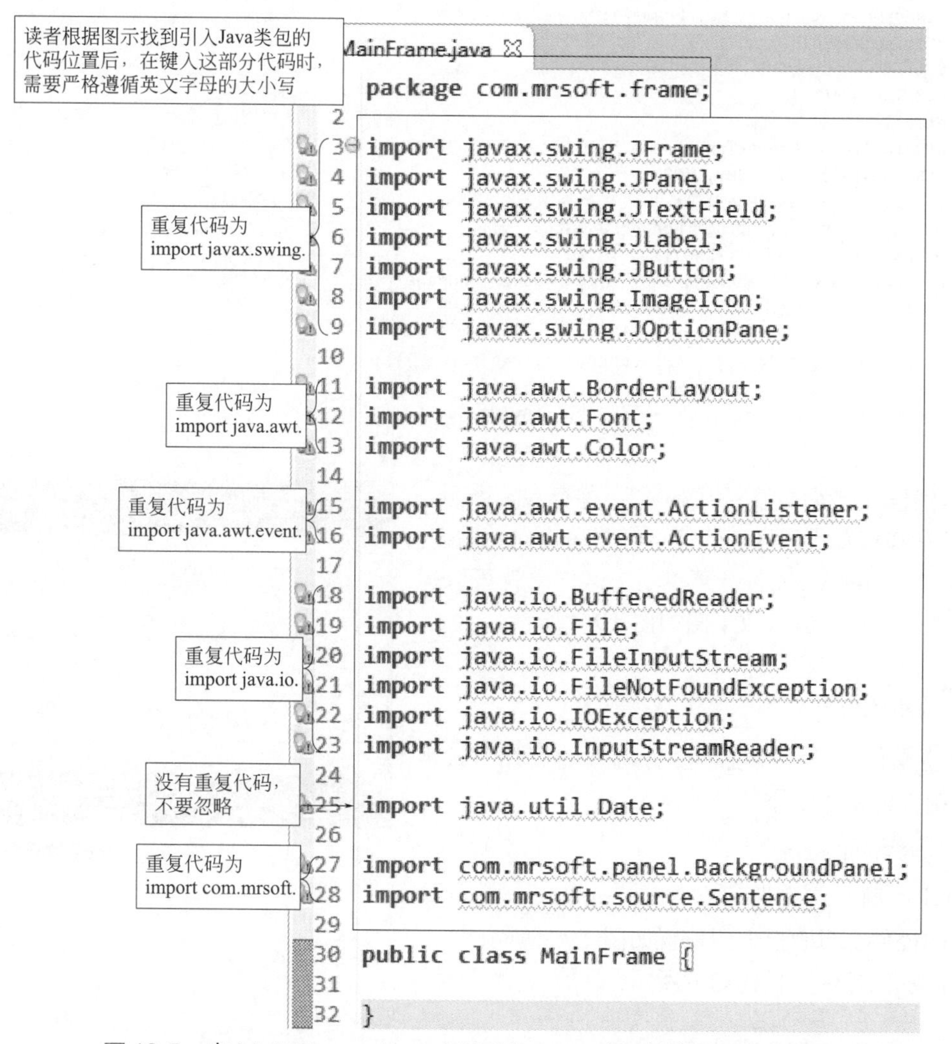

图 19.5　向 MainFrame.java 文件引入 Java 类包的代码及代码位置

说明

波浪线与行号前边的标记称为编译器警告，对程序的运行不会造成影响。重复代码可通过 <Ctrl + C> 复制、<Ctrl + V> 粘贴快速键入到 MainFrame.java 文件中。

3. 实现没有组件的窗体

如果要实现没有组件的窗体，那么就需要让 MainFrame 类继承 JFrame 类。首先，需要把 "public class MainFrame {" 修改为 "public class MainFrame extends JFrame {"。然后，在 MainFrame.java 文件中编写相关代码，代码的键入位置如图 19.6 所示。

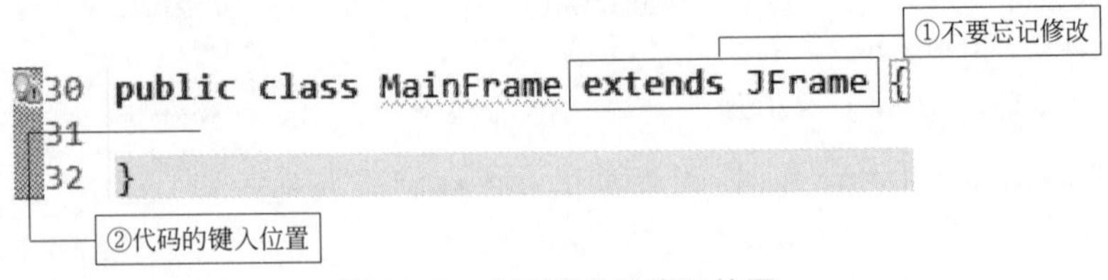

图 19.6　实现窗体的代码位置

要实现没有组件的窗体，需要编写的代码如下所示：

```
01 private JPanel contentPane;                                    // 内容面板
02 public static void main(String[] args) {
03     MainFrame frame = new MainFrame();                         // 创建主窗体
04     frame.setVisible(true);                                    // 使主窗体可见
05 }
06 public MainFrame() {                                           // 主窗体的构造方法
07     setTitle(" 单词英译汉 ");                                    // 设置主窗体的标题
08     setDefaultCloseOperation(JFrame.EXIT_ON_CLOSE);            // 设置主窗体的关闭方式
09     setBounds(340, 150, 800, 500);                             // 设置主窗体的位置与宽高
10     contentPane = new JPanel();                                // 创建内容面板
11     contentPane.setLayout(new BorderLayout(0, 0));             // 设置内容面板的布局为边界布局
12     setContentPane(contentPane);                               // 把内容面板放置在主窗体中
13     BackgroundPanel backgroundPanel = new BackgroundPanel();   // 创建背景面板
14     // 设置背景面板的图片
15     backgroundPanel.setImage(getToolkit().
16         getImage(getClass().getResource("/pic/main.png")));
17     // 把背景面板放置在内容面板的中间
18     contentPane.add(backgroundPanel, BorderLayout.CENTER);
19 }
```

上述代码编写完成后，按下 <Ctrl + S> 保存 MainFrame.java 文件，然后在编辑代码区域的任意位置单击鼠标右键，选择 Run As → 1 Java Application 菜单项。这样，就可以运行出没有组件的窗体，运行效果图如图 19.7 所示。

图 19.7　没有组件的窗体运行效果图

19.3.3　添加控件

通过上述操作，已经实现了没有组件的窗体。接下来，向没有组件的窗体中添加控件。

1. 声明要添加的控件

在添加控件前，首先需要在 MainFrame.java 文件中声明要添加的控件，声明控件的位置如图 19.8 所示。

声明要添加的控件，代码如下所示：

```
01 private JTextField textField;                 // 文本框
02 private JButton searchButton;                 // " 搜索 " 按钮
```

```
03 private JLabel noteLabel;                          // " 基础释义 " 标签
04 private JLabel wordLabel;                          // " 单词 " 标签
05 private JLabel explainLabel;                       // " 词义 " 标签
06 private String[][] data = new String[7989][2];     // 中英对照数据
07 private JLabel dateLabel;                          // " 日期 " 标签
08 private JLabel sentenceLabel;                      // " 英文句子 " 标签
09 private JLabel lblTranslation;                     // " 中文译文 " 标签
```

```
30 public class MainFrame extends JFrame {
31     private JPanel contentPane; // 内容面板
32     public static void main(String[] args) {
33         MainFrame frame = new MainFrame(); // 创建主窗体
34         frame.setVisible(true); // 使主窗体可见
35     }
```

把代码编辑区域内的鼠标光标置于public static void main(String[] args)前，按下一次回车键，目的是在public static void main(String[] args)的上方，产生一行空行。在产生的空行处，声明要添加的控件

图 19.8 声明控件的代码位置

2. 向窗体中添加控件

声明要添加的控件后，需要把这些控件添加到没有组件的窗体中。也就是说，要在 MainFrame 类的构造方法中，编写与这些控件相关的代码，编写这部分代码的位置如图 19.9 所示。

```
45     public MainFrame() { // 主窗体的构造方法
46         setTitle("单词英译汉"); // 设置主窗体的标题
47         setDefaultCloseOperation(JFrame.EXIT_ON_CLOSE); // 设置主窗体的关闭方式
48         setBounds(340, 150, 800, 500); // 设置主窗体的位置与宽高
49         contentPane = new JPanel(); // 创建内容面板
50         contentPane.setLayout(new BorderLayout(0, 0)); // 设置内容面板的布局为边界布局
51         setContentPane(contentPane); // 把内容面板放置在主窗体中
52         BackgroundPanel backgroundPanel = new BackgroundPanel(); // 创建背景面板
53         // 设置背景面板的图片
54         backgroundPanel.setImage(getToolkit().
55             getImage(getClass().getResource("/pic/main.png")));
56         // 把背景面板放置在内容面板的中间
57         contentPane.add(backgroundPanel, BorderLayout.CENTER);
58     }
```

把代码编辑区域内的鼠标光标置于“}”前，按下一次回车键，在产生的空行处，编写添加控件的相关代码

图 19.9 添加控件的代码位置

向窗体中添加控件，代码如下所示：

```
01 textField = new JTextField();                          // 创建文本框
02 textField.setBounds(133, 82, 453, 50);                 // 设置文本框的位置与宽高
03 backgroundPanel.add(textField);                        // 把文本框添加到背景面板中
04 searchButton = new JButton();                          // 创建 " 搜索 " 按钮
05 // 设置 " 搜索 " 按钮的图标
06 searchButton.setIcon(
07     new ImageIcon(MainFrame.class.getResource("/pic/btn0.jpg")));
08 searchButton.setBounds(585, 82, 52, 49);               // 设置 " 搜索 " 按钮的位置与宽高
09 backgroundPanel.add(searchButton);                     // 把 " 搜索 " 按钮添加到背景面板中
10 noteLabel = new JLabel();                              // 创建 " 基础释义 " 标签
11 noteLabel.setForeground(new Color(51, 153, 204));      // 设置 " 基础释义 " 标签的字体颜色
12 noteLabel.setFont(new Font(" 黑体 ", Font.PLAIN, 16));// 设置 " 基础释义 " 标签的字体样式
```

```
13 noteLabel.setBounds(133, 147, 100, 30);                      // 设置 " 基础释义 " 标签的位置与宽高
14 backgroundPanel.add(noteLabel);                              // 把 " 基础释义 " 标签添加到背景面板中
15 wordLabel = new JLabel();                                    // 创建 " 单词 " 标签
16 wordLabel.setFont(new Font(" 黑体 ", Font.BOLD, 20));         // 设置 " 单词 " 标签的字体样式
17 wordLabel.setBounds(133, 180, 200, 30);                      // 设置 " 单词 " 标签的位置与宽高
18 backgroundPanel.add(wordLabel);                              // 把 " 单词 " 标签添加到背景面板中
19 explainLabel = new JLabel();                                 // 创建 " 词义 " 标签
20 explainLabel.setFont(new Font(" 宋体 ", Font.PLAIN, 20));     // 设置 " 词义 " 标签的字体样式
21 explainLabel.setBounds(133, 220, 300, 30);                   // 设置 " 词义 " 标签的位置与宽高
22 backgroundPanel.add(explainLabel);                           // 把 " 词义 " 标签添加到背景面板中
23 dateLabel = new JLabel();                                    // 创建 " 日期 " 标签
24 dateLabel.setForeground(new Color(51, 153, 204));            // 设置 " 日期 " 标签的字体颜色
25 dateLabel.setFont(new Font(" 黑体 ", Font.BOLD, 18));         // 设置 " 日期 " 标签的字体样式
26 Date date = new Date();                                      // 创建 Date 类对象
27 String strDate = date + "";                                  // 把 Date 类对象转换为 String 类型
28 int spaceFirst = strDate.indexOf(" ");                       // 获得第一个空格的索引
29 int spaceSecond = strDate.indexOf(" ", spaceFirst + 1);      // 获得第二个空格的索引
30 int spaceThird = strDate.indexOf(" ", spaceSecond + 1);      // 获得第三个空格的索引
31 // 通过截取字符串，获得月份和日期
32 String target = strDate.substring(spaceFirst + 1, spaceThird);
33 dateLabel.setText(target);                   // 把 " 日期 " 标签的文本内容设置为已获得的月份和日期
34 dateLabel.setBounds(133, 260, 300, 30);      // 设置 " 日期 " 标签的位置与宽高
35 backgroundPanel.add(dateLabel);              // 把 " 日期 " 标签添加到背景面板中
36 // 通过截取字符串，获得日期
37 String day = strDate.substring(spaceSecond + 1, spaceThird);
38 Sentence sentence = new Sentence();          // 创建语句类对象
39 String strSentence = sentence.show(day);     // 根据已获得的日期，获取 " 英文句子 " 和 " 中文译文 "
40 String[] str = strSentence.split("#");       // 使用 "#" 拆分已获得的 " 英文句子 " 和 " 中文译文 "
41 sentenceLabel = new JLabel();                // 创建 " 英文句子 " 标签
42 // 设置 " 英文句子 " 标签的字体样式
43 sentenceLabel.setFont(new Font("Times New Roman", Font.ITALIC, 14));
44 sentenceLabel.setText("<html>" + str[0] + "</html>");         // " 英文句子 " 标签显示 " 英文句子 "
45 sentenceLabel.setBounds(133, 295, 504, 40);                  // 设置 " 英文句子 " 标签的位置与宽高
46 backgroundPanel.add(sentenceLabel);                          // 把 " 英文句子 " 标签添加到背景面板中
47 lblTranslation = new JLabel();                               // 创建 " 中文译文 " 标签
48 lblTranslation.setFont(new Font(" 宋体 ", Font.PLAIN, 14));   // 设置 " 中文译文 " 标签的字体样式
49 lblTranslation.setText("<html>" + str[1] + "</html>");        // " 中文译文 " 标签显示 " 中文译文 "
50 lblTranslation.setBounds(133, 340, 504, 40);                 // 设置 " 中文译文 " 标签的位置与宽高
51 backgroundPanel.add(lblTranslation);                         // 把 " 中文译文 " 标签添加到背景面板中
```

运行 MainFrame.java 文件的效果如图 19.10 所示。

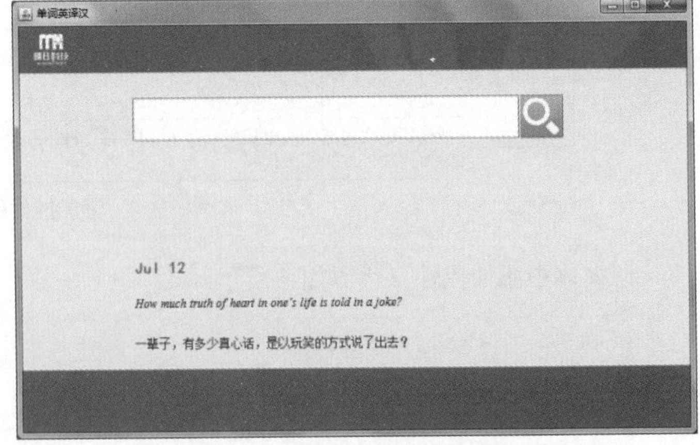

图 19.10　向窗体中添加控件后的效果图

19.3.4　输入英文单词并显示查询结果

在输入框中输入英文单词后，单击“搜索”按钮，即可显示查询结果。这个过程包含两个内容：一是为“搜索”按钮添加动作事件监听器；二是读取 source 文件中的数据并显示查询结果。

1. 为“搜索”按钮添加动作事件监听器

在 MainFrame 类的构造方法中，已经向窗体添加了“搜索”按钮。但是，“搜索”按钮不管是否被单击，均没有效果。为此，需要为“搜索”按钮添加动作事件监听器，代码的编写位置如图 19.11 所示。

```
58          textField = new JTextField(); // 创建文本框
59          textField.setBounds(133, 82, 453, 50); // 设置文本框的位置与宽高
60          backgroundPanel.add(textField); // 把文本框添加到背景面板中
61          searchButton = new JButton(); // 创建“搜索”按钮
62          // 设置“搜索”按钮的图标
63          searchButton.setIcon(
64              new ImageIcon(MainFrame.class.getResource("/pic/btn0.jpg")));
65          searchButton.setBounds(585, 82, 52, 49); // 设置“搜索”按钮的位置与宽高
66          backgroundPanel.add(searchButton); // 把“搜索”按钮添加到背景面板中
67          noteLabel = new JLabel(); // 创建“基础释义”标签
```

把代码编辑区域内的鼠标光标置于“// 设置“搜索”按钮的图标”前，按下一次回车键，在产生的空行处，为“搜索”按钮添加动作事件监听器

图 19.11　为“搜索”按钮添加动作事件监听器的代码位置

为“搜索”按钮添加动作事件监听器，代码如下所示：

```
01 searchButton = new JButton();                              // 创建 " 搜索 " 按钮
02 // 为 " 搜索 " 按钮添加动作事件监听器
03     searchButton.addActionListener(new ActionListener() {
04         public void actionPerformed(ActionEvent e) {       // " 搜索 " 按钮发生动作时
05             do_searchButton_actionPerformed(e);            // " 搜索 " 按钮发生动作时，需要执行的方法
06         }
07 });
```

说明

执行完上述操作后，Eclipse 会出现错误提示。这是因为“do_searchButton_actionPerformed(e);”只有方法名，没有方法体。

2. 读取 source 文件中的数据并显示查询结果

在为“搜索”按钮添加动作事件监听器后，Eclipse 会出现错误提示。为了消除这个错误提示，不仅要为“do_searchButton_actionPerformed(e);”编写方法体，还要读取 source 文件中的数据并显示查询结果，编写上述功能代码的位置如图 19.12 所示。

```
104         lblTranslation = new JLabel(); // 创建“中文译文”标签
105         lblTranslation.setFont(new Font("宋体", Font.PLAIN, 14)); // 设置“中文译文”标签的字体样式
106         lblTranslation.setText("<html>" + str[1] + "</html>"); // “中文译文”标签显示“中文译文”
107         lblTranslation.setBounds(133, 340, 504, 40); // 设置“中文译文”标签的位置与宽高
108         backgroundPanel.add(lblTranslation); // 把“中文译文”标签添加到背景面板中
109     }
110 }
111
```

把代码编辑区域内的鼠标光标置于红色直线指向的“}”前，按下一次回车键，在产生的空行处，为“do_searchButton_actionPerformed(e); ”编写方法体以及编写读取source文件中的数据并显示查询结果的相关代码

图 19.12　读取 source 文件中的数据并显示查询结果的位置

“do_searchButton_actionPerformed(e);”的方法体以及读取 source 文件中的数据并显示查询结果的代码如下所示：

```
01 protected void do_searchButton_actionPerformed(ActionEvent e) {    // " 搜索 " 按钮发生动作时
02     String word = textField.getText();                            // 获得文本框中的文本内容
03     if (word.equals("")) {                                        // 如果文本框中的文本内容为 ""
04         // 弹出警告对话框
05         JOptionPane.showMessageDialog(null, " 请输入要查询的单词 ",
06             " 警告 ", JOptionPane.WARNING_MESSAGE);
07     // 如果文本框中的文本内容不是英文字母（忽略大小写）
08     } else if (!word.matches("^[A-Za-z]+$")) {
09         // 弹出错误对话框
```

19

```
10          JOptionPane.showMessageDialog(null, " 注意：只能输入英文字符（大小写不限）",
11                  " 错误 ", JOptionPane.ERROR_MESSAGE);
12      } else {                                            // 如果文本框中的文本内容是英文字母（忽略大小写）
13          readFile();                                     // 调用读取翻译数据源文件的方法
14          translation();                                  // 调用翻译方法
15      }
16  }
17  private void translation() {                            // 翻译方法
18      String text = textField.getText().trim();           // 获取文本框中的内容
19      String trans = getTrans(text);                      // 根据文本框中的内容获取翻译内容
20      if ("".equalsIgnoreCase(trans) || null == trans) {  // 如果翻译结果为空
21          // " 词义 " 标签显示 " 本地没有，请尝试连网翻译 "
22          explainLabel.setText(" 本地没有，请尝试连网翻译 ");
23      } else { // 如果翻译结果不为空
24          noteLabel.setText(" 基础释义 ");                  // " 基础释义 " 标签显示 " 基础释义 "
25          wordLabel.setText(textField.getText().toLowerCase()); // " 单词 " 标签显示单词
26          explainLabel.setText(trans);                    // " 词义 " 标签显示词义
27      }
28  }
29  public String getTrans(String text) {                   // 根据单词内容获取翻译内容
30      for (int i = 0; i < data.length; i++) {             // 遍历翻译数据
31          if (data[i][0].equalsIgnoreCase(text)) {        // 判断有没有相同的单词
32              return data[i][1];                          // 返回单词的词义
33          }
34      }
35      return " 本地没有，请尝试连网翻译 ";                     // 否则返回输入的原文
36  }
37  private void readFile() {                               // 读取翻译数据源文件
38      BufferedReader br = null;                           // 缓冲字符流对象
39      try {
40          // 获取本类同目录下的数据源文件
41          File dateFile = new File("src/words/source");
42          // 按照 GBK 字符编码读取文件
43          br = new BufferedReader(new InputStreamReader
44                  (new FileInputStream(dateFile), "GBK"));
45          String tmp = "";                                // 临时字符串变量
46          // 逐行读取文件中的内容
47          for (int count = 0; (tmp = br.readLine()) != null; count++) {
48              String[] a = tmp.split("#");                // 按照 "#" 符号进行分割
49              data[count][0] = a[0];                      // 单词
50              data[count][1] = a[1];                      // 词义
51          }
52      } catch (FileNotFoundException e) {                 // 捕获文件没有被找到异常
53          e.printStackTrace();
54      } catch (IOException e) {                           // 捕获 I/O（输入 / 输出）异常
55          e.printStackTrace();
56      }
57  }
```

运行 MainFrame.java 文件后，先在文本框输入 imitate，再单击“搜索”按钮，即可得到如图 19.1 所示的运行效果。

小结

在开发 Swing 程序的过程中，由于要向窗体添加许多不同类型的控件，为了方便日后对这些控件进行管理和维护，要先对这些控件进行声明。此外，在判断字符串是否满足指定要求时，要熟练掌握正则表达式，正则表达式会提高编码效率，在日常开发工作中起到事半功倍的效果。

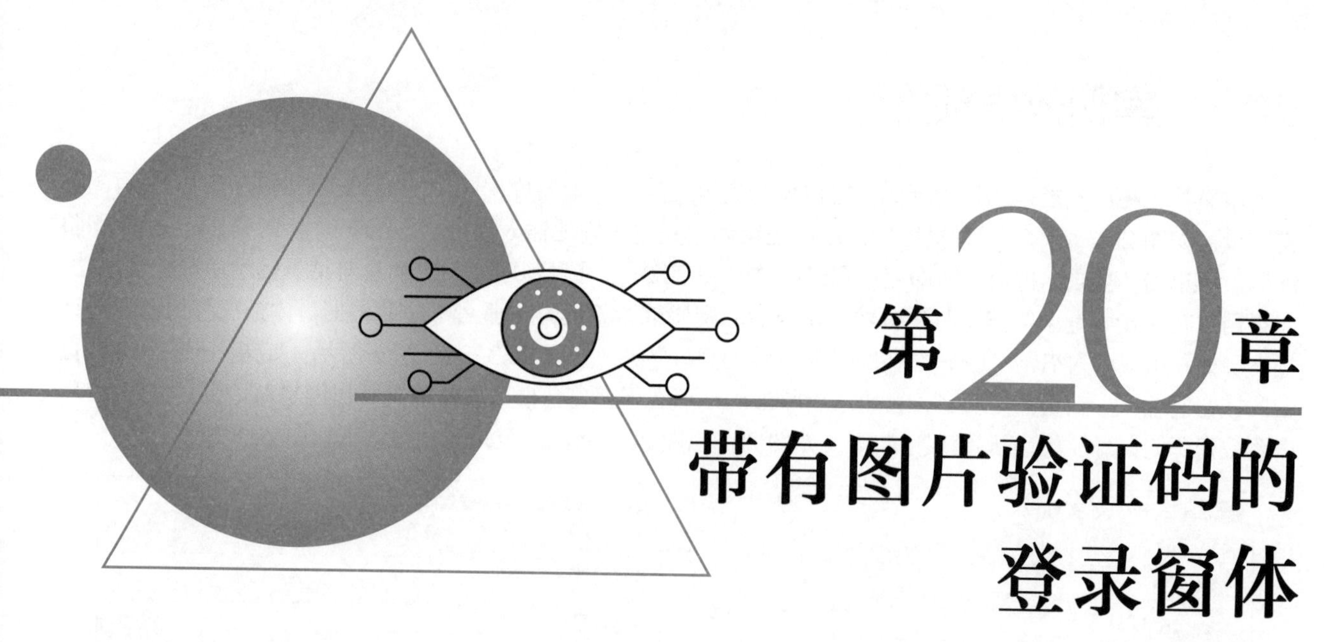

第20章 带有图片验证码的登录窗体（AWT + Swing 实现）

在日常工作生活中，用户在具有用户名和密码的情况下，当登录某个手机 App、某个网上商城或者其他领域的某个网上平台时，除了需要在登录界面中输入用户名和密码外，有时还需要输入一个验证码，以配合软件方完成进一步的身份验证。这个验证码可以是短信验证，也可以是图片验证。本章将以图片验证为例，设计一个带有图片验证码的登录窗体。

本章的知识结构如下图所示：

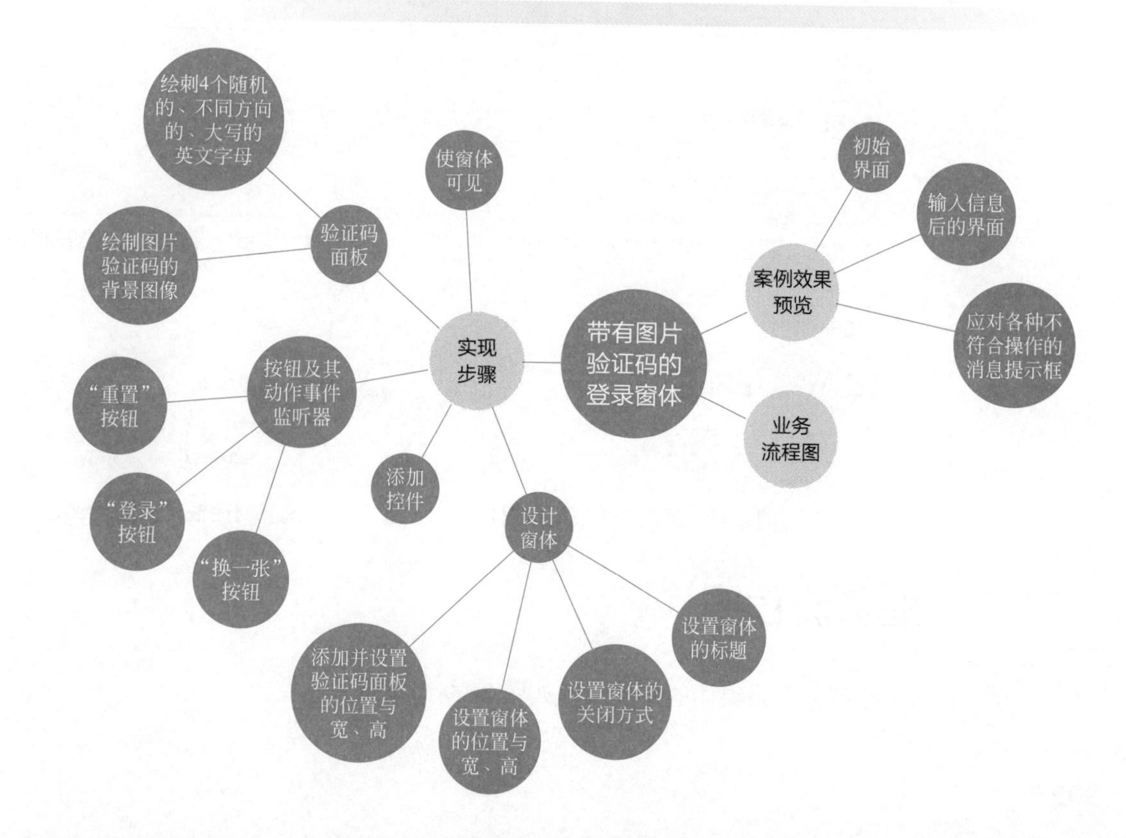

20.1 案例效果预览

本案例的核心功能是图片验证码。它由两个内容组成：背景图片和 4 个随机的、不同方向的、大写的英文字母，如图 20.1 所示。运行程序后，用户在窗体中先要正确地输入用户名“mrsoft”、密码“mrsoft”和验证码，再单击“登录”按钮，随即完成登录操作（图 20.2），并且程序会弹出消息对话框提示用户登录成功。如果用户在单击“登录”按钮时没有输入用户名、密码或者验证码，那么程序会根据具体情况弹出消息对话框。例如,“用户名为空！”“密码为空！”“验证码为空！”等，如图 20.3 ～图 20.5 所示。如果用户在单击“登录”按钮时输入了错误的用户名、密码或者验证码，那么程序也会根据具体情况弹出消息对话框。例如，“用户名或密码错误！”“验证码错误！”等，如图 20.6、图 20.7 所示。登录成功对话框如图 20.8 所示。

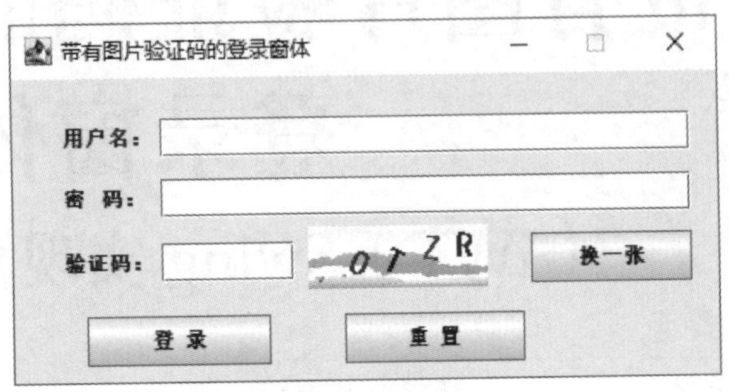

图 20.1 初始界面

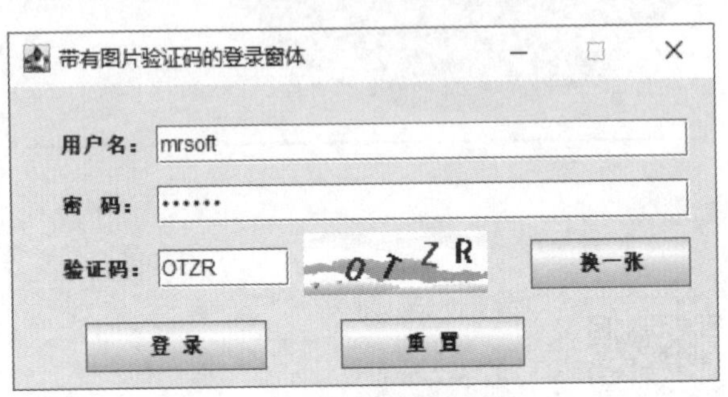

图 20.2 输入信息后的界面

图 20.3 消息对话框之“用户名为空！”

图 20.4 消息对话框之“密码为空！”

图 20.5 消息对话框之“验证码为空！”

图 20.6 消息对话框之“用户名或密码错误！”

图 20.7 消息对话框之“验证码错误！”

图 20.8 消息对话框之“登录成功”

20.2 业务流程图

带有图片验证码的登录窗体的业务流程如图 20.9 所示。

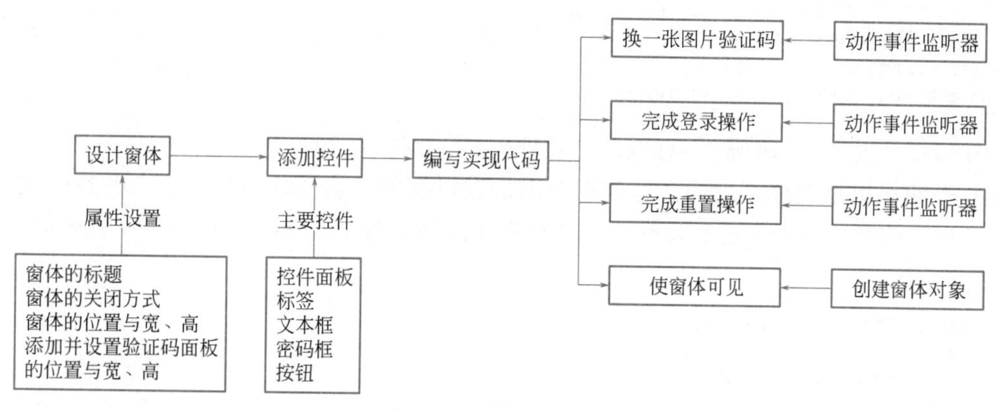

图 20.9　业务流程图

20.3　实现步骤

本案例包括 6 个实现步骤，它们分别是设计窗体、添加控件、换一张图片验证码、完成登录操作、完成重置操作和使窗体可见。下面将依次对这 6 个步骤进行讲解。

20.3.1　设计窗体

在编写用于设计窗体的代码前，需要在窗体类（MainFrame）中声明如下的成员变量。为了方便理解这些成员变量，每一个成员变量都匹配着对应的注释。代码如下所示：

```
01 private JTextField codeText;        // " 验证码: " 文本框
02 private JPasswordField pwdText;     // " 密码: " 密码框
03 private JTextField nameText;        // " 用户名: " 文本框
04 ImageCodePanel imageCode = null;    // 验证码面板
```

具备了上述 3 个成员变量后，即可在窗体类（MainFrame）的构造方法中，按照如图 20.9 所示的设计窗体的 4 个方面，编写用于设计窗体的代码。代码如下所示：

```
01 public MainFrame() {
02     super();
03     setResizable(false);
04     setTitle(" 带有图片验证码的登录窗体 ");
05     setBounds(100, 100, 426, 210);
06     setDefaultCloseOperation(JFrame.EXIT_ON_CLOSE);
07     imageCode = new ImageCodePanel();        // 创建类的实例
08     imageCode.setBounds(170, 85, 106, 35);  // 设置位置
09     getContentPane().add(imageCode);        // 添加验证码
10     …// 省略其他代码
11 }
```

20.3.2　添加控件

本节将在窗体类（MainFrame）的构造方法中，编写用于实现添加控件的代码。

（1）控件面板（panel）

控件面板（panel）用于容纳标签、文本框、密码框和按钮等控件。控件面板（panel）采用的是绝对布局。代码如下所示：

```
01 final JPanel panel = new JPanel();
02 panel.setLayout(null);
03 getContentPane().add(panel, BorderLayout.CENTER);
```

（2）“用户名：”标签、“密码：”标签和“验证码：”标签

这3个标签的作用是为标签后的文本框和密码框进行解释说明。在编写这3个标签的代码时，除了要设置这3个标签的宽、高外，还要设置这3个标签在控件面板（panel）中的位置。代码如下所示：

```
01 // "用户名:"标签
02 final JLabel label = new JLabel();
03 label.setText("用户名:");
04 label.setBounds(29, 25, 66, 18);
05 panel.add(label);
06 // "密码:"标签
07 final JLabel label_1 = new JLabel();
08 label_1.setText("密    码:");
09 label_1.setBounds(29, 59, 66, 18);
10 panel.add(label_1);
11 // "验证码:"标签
12 final JLabel label_1_1 = new JLabel();
13 label_1_1.setText("验证码:");
14 label_1_1.setBounds(29, 95, 66, 18);
15 panel.add(label_1_1);
```

（3）“用户名：”文本框和“验证码：”文本框

“用户名：”文本框（nameText）的作用是让用户输入自己的用户名。“验证码：”文本框（codeText）的作用是让用户根据图片上的4个大写的英文字母输入验证码。在编写这两个文本框的代码时，要对这两个文本框的宽、高和位置进行设置。代码如下所示：

```
01 // "用户名:"文本框
02 nameText = new JTextField();
03 nameText.setBounds(85, 23, 310, 22);
04 panel.add(nameText);
05 // "验证码:"文本框
06 codeText = new JTextField();
07 codeText.setBounds(85, 93, 77, 22);
08 panel.add(codeText);
```

（4）“密码：”密码框（pwdText）

“密码：”密码框（pwdText）的作用是让用户输入自己的密码。使用密码框的好处是用户输入的密码会自动地被“●”替代。在编写密码框的代码时，要对密码框的宽、高和位置进行设置。代码如下所示：

```
01 pwdText = new JPasswordField();
02 pwdText.setBounds(85, 57, 310, 22);
03 panel.add(pwdText);
```

20.3.3 按钮及其动作事件监听器

如图20.1所示，在窗体中，有3个按钮，它们分别是“换一张”按钮、“登录”按钮和“重置”按钮。这3个按钮的代码都编写在窗体类（MainFrame）的构造方法中，下面将依次对这3个按钮进行讲解并予以编码实现。

（1）“换一张”按钮（button）

当用户单击“换一张”按钮时，程序会更新图片上的验证码，得到4个新的、随机的、不同方向的、大写的英文字母。用于实现“换一张”按钮（button）及其动作事件监听器的代码如下所示：

```
01 final JButton button = new JButton();
02 button.addActionListener(new ActionListener() {
03     public void actionPerformed(final ActionEvent e) {
04         if (imageCode != null) {
05             imageCode.draw(); // 调用方法生成验证码
06         }
07     }
08 });
09 button.setText(" 换一张 ");
10 button.setBounds(301, 90, 94, 28);
11 panel.add(button);
```

（2）“登录”按钮（button_1）

用于实现“登录”按钮（button_1）及其动作事件监听器的代码如下所示：

```
01 final JButton button_1 = new JButton();
02 button_1.addActionListener(new ActionListener() {
03     public void actionPerformed(final ActionEvent e) {
04         String username = nameText.getText();                 // 从文本框中获取用户名
05         String password = new String(pwdText.getPassword()); // 从密码框中获取密码
06         String code = codeText.getText();                     // 获得输入的验证码
07         String info = "";// 用户登录信息
08         // 判断用户名是否为 null 或空的字符串
09         if (username == null || username.isEmpty()) {
10             info = " 用户名为空！ ";
11         }
12         // 判断密码是否为 null 或空的字符串
13         else if (password == null || password.isEmpty()) {
14             info = " 密码为空！ ";
15         }
16         // 判断验证码是否为 null 或空的字符串
17         else if (code == null || code.isEmpty()) {
18             info = " 验证码为空！ ";
19         }
20         // 判断 验证码是否正确
21         else if (!code.equals(imageCode.getNum())) {
22             info = " 验证码错误！ ";
23         }
24         // 如果用户名与密码均为 "mrsoft"，则登录成功
25         else if (username.equals("mrsoft") && password.equals("mrsoft")) {
26             info = " 恭喜，登录成功 ";
27         } else {
28             info = " 用户名或密码错误！ ";
29         }
30         JOptionPane.showMessageDialog(null, info);// 通过对话框弹出用户登录信息
31     }
32 });
33 button_1.setText(" 登  录 ");
34 button_1.setBounds(42, 134, 106, 28);
35 panel.add(button_1);
```

（3）“重置”按钮（button_1_1）

用户在窗体中输入用户名、密码和验证码后，如果想要重新输入用户名、密码或者验证码，就可以单击“重置”按钮。用户单击“重置”按钮后，已经输入的用户名、密码和验证码会被全部清空。用于实现“重置”按钮（button_1_1）及其动作事件监听器的代码如下所示：

```
01 final JButton button_1_1 = new JButton();
02 button_1_1.addActionListener(new ActionListener() {
03     public void actionPerformed(final ActionEvent e) {
04         nameText.setText("");       // 清除用户名文本框内容
05         pwdText.setText("");        // 清除密码文本框内容
```

```
06         codeText.setText("");      // 清除验证码文本框内容
07     }
08 });
09 button_1_1.setText("重  置");
10 button_1_1.setBounds(191, 134, 106, 28);
11 panel.add(button_1_1);
```

20.3.4 验证码面板

在编写用于设计验证码面板的代码前，需要在验证码面板类（ImageCodePanel）中声明如下的成员变量。为了方便理解这些成员变量，每一个成员变量都匹配着对应的注释。代码如下所示：

```
01 public class ImageCodePanel extends JPanel {
02     private static final long serialVersionUID = -3124698225447711692L;
03     public static final int WIDTH = 120;      // 宽度
04     public static final int HEIGHT = 35;      // 高度
05     private String num = "";                  // 验证码
06     Random random = new Random();             // 实例化 Random 类对象
07     …// 省略其他代码
08 }
```

在验证码面板类（ImageCodePanel）的构造方法中，需要编写两行代码：一行是让验证码面板在窗体中可见；另一行是把验证码面板的布局设置为绝对布局。验证码面板类（ImageCodePanel）的构造方法的代码如下所示：

```
01 public ImageCodePanel() {
02     this.setVisible(true);// 显示面板
03     setLayout(null);// 空布局
04 }
```

在验证码面板类（ImageCodePanel）中，有一个举足轻重的 paint() 方法。paint() 方法具有两个作用：一个是绘制图片验证码的背景图片；另一个是绘制 4 个随机的、不同方向的、大写的英文字母。paint() 方法的代码如下所示：

```
01 public void paint(Graphics g) {
02     BufferedImage image = new BufferedImage(WIDTH, HEIGHT,
03             BufferedImage.TYPE_INT_RGB);              // 实例化 BufferedImage
04     Graphics gs = image.getGraphics();                // 获取 Graphics 类的对象
05     if (!num.isEmpty()) {
06         num = "";                                     // 清空验证码
07     }
08     Font font = new Font("黑体", Font.BOLD, 20);      // 通过 Font 构造字体
09     gs.setFont(font);                                 // 设置字体
10     gs.fillRect(0, 0, WIDTH, HEIGHT);                 // 填充一个矩形
11
12     Image img = null;
13     try {
14         img = ImageIO.read(new File("image.jpg"));    // 创建图像对象
15     } catch (IOException e) {
16         e.printStackTrace();
17     }
18     // 在缓冲图像对象上绘制图像
19     image.getGraphics().drawImage(img, 0, 0, WIDTH, HEIGHT, null);
20
21     // 输出随机的验证文字
22     for (int i = 0; i < 4; i++) {
23         char ctmp = (char) (random.nextInt(26) + 65);         // 生成 A ~ Z 的字母
24         num += ctmp;                                          // 更新验证码
25         Color color = new Color(20 + random.nextInt(120), 20 + random
26                 .nextInt(120), 20 + random.nextInt(120));     // 生成随机颜色
27         gs.setColor(color);                                   // 设置颜色
```

```
28          Graphics2D gs2d = (Graphics2D) gs;
29          AffineTransform trans = new AffineTransform();             // 实例化 AffineTransform
30          trans.rotate(random.nextInt(45) * 3.14 / 180, 22 * i + 8, 7); // 将文字旋转指定角度
31          float scaleSize = random.nextFloat() + 0.8f;               // 缩放文字
32          if (scaleSize > 1f)
33              scaleSize = 1f;                                        // 如果 scaleSize 大于 1，则等于 1
34          trans.scale(scaleSize, scaleSize);                         // 进行缩放
35          gs2d.setTransform(trans);                                  // 设置 AffineTransform 对象
36          // 画出验证码
37          gs.drawString(String.valueOf(ctmp), WIDTH / 6 * i + 28, HEIGHT / 2);
38      }
39      g.drawImage(image, 0, 0, null);                                // 在面板中画出验证码
40 }
```

在验证码面板类（ImageCodePanel）中，有一个能够执行 paint() 方法的 draw() 方法。在 draw() 方法中，只有一个 repaint() 方法。draw() 方法被调用后，程序将通过调用 repaint() 方法执行 paint() 方法。draw() 方法的代码如下所示：

```
01 // 生成验证码的方法
02 public void draw() {
03     repaint();// 调用 paint() 方法
04 }
```

在验证码面板类（ImageCodePanel）中，除了 draw() 方法和 paint() 方法外，还有一个 getNum() 方法。getNum() 方法是一个具有返回值的方法，返回值是通过绘制得到的 4 个随机的、不同方向的、大写的英文字母，即验证码。getNum() 方法的代码如下所示：

```
01 public String getNum() {
02     return num;// 返回验证码
03 }
```

20.3.5　使窗体可见

通过以上内容，基本完成了对窗体类（MainFrame）和验证码面板类（ImageCodePanel）的编写。但是，由于程序中没有主方法，导致程序无法运行。为此，要在窗体类（MainFrame）中键入主方法。主方法的代码如下所示：

```
01 public static void main(String args[]) {
02     MainFrame frame = new MainFrame();
03     frame.setVisible(true);
04 }
```

小结

本案例核心代码都在验证码面板类（ImageCodePanel）中，核心代码的功能如下所示：

- 绘制图片验证码的背景图像；
- 绘制 4 个随机的、不同方向的、大写的英文字母。

其中，使用 rotate() 方法，可以让文字按照指定角度旋转。虽然本章已经对验证码面板类（ImageCodePanel）中的代码进行分步讲解，但是如何用编码实现，还需要每一位读者朋友潜心研究，达到融会贯通、以不变应万变的目的。

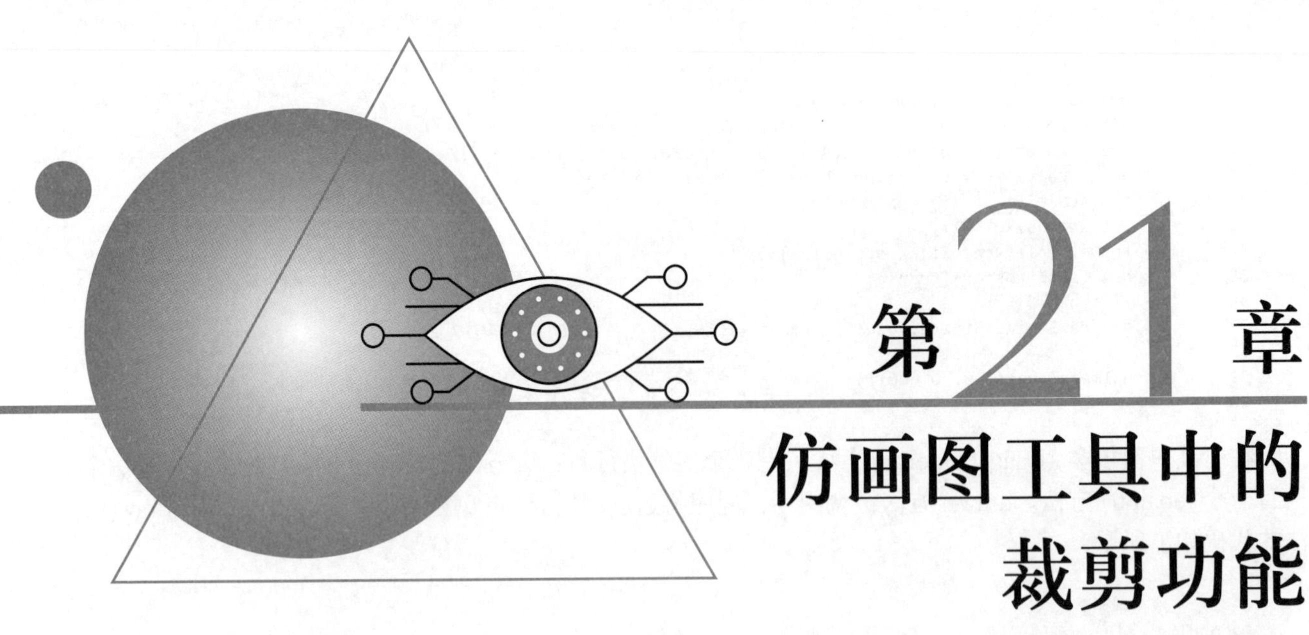

第21章 仿画图工具中的裁剪功能（AWT + Swing 实现）

扫码领取

- 教学视频
- 配套源码
- 练习答案
- ……

使用画图工具打开一张图片后，即可使用画图工具中的“裁剪”功能对这张图片的某个区域进行裁剪，而后这个区域就会显示在画图工具中。了解了画图工具中的“裁剪”功能后，如果使用 Java 绘图技术，能否实现这个功能呢？如果能，又该如何进行编码实现呢？本章就从这两个问题入手，直至给出这两个问题的答案。

本章的知识结构如下图所示：

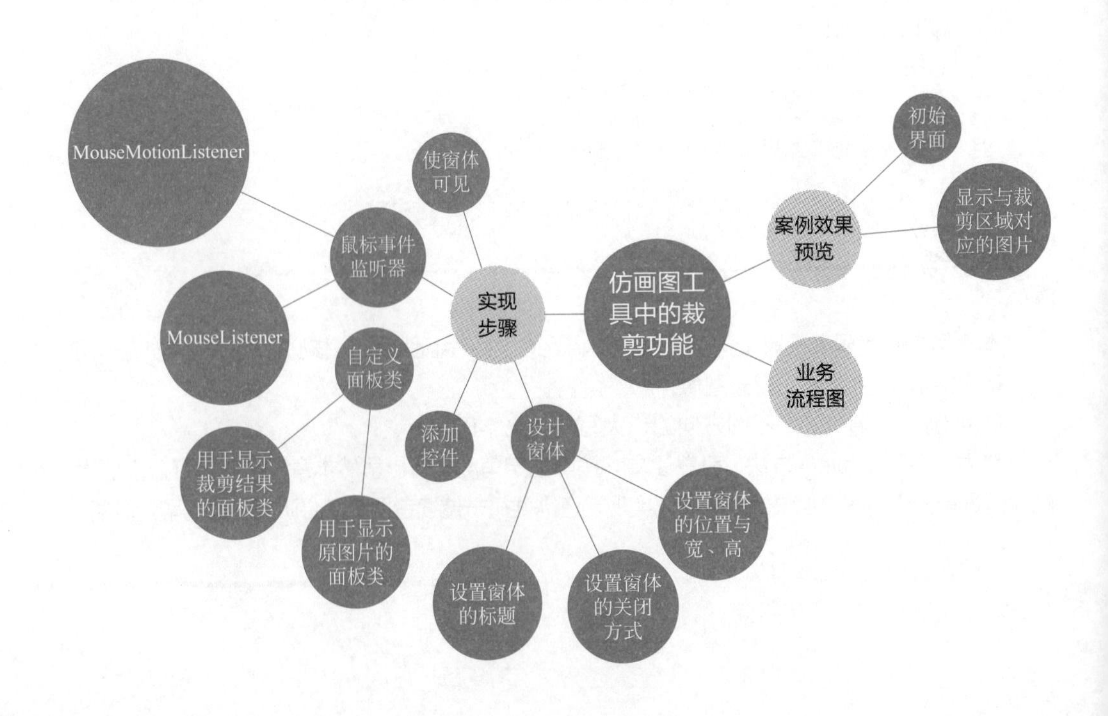

21.1　案例效果预览

本案例将演示如何利用 Java 绘图技术，对一张图片的某个区域进行裁剪操作。运行本案例后，会弹出一个窗口。在这个窗口中，有一个分割面板。在这个分割面板的左侧，会显示一张图片，如图 21.1 所示。通过鼠标按键被按下时和鼠标按键被释放时所触发的鼠标事件，不仅能够在这张图片上标记出一个用白色虚线围成的正方形的裁剪区域，还能够把与这个裁剪区域对应的图片显示在分割面板的右侧，如图 21.2 所示。

图 21.1　初始界面

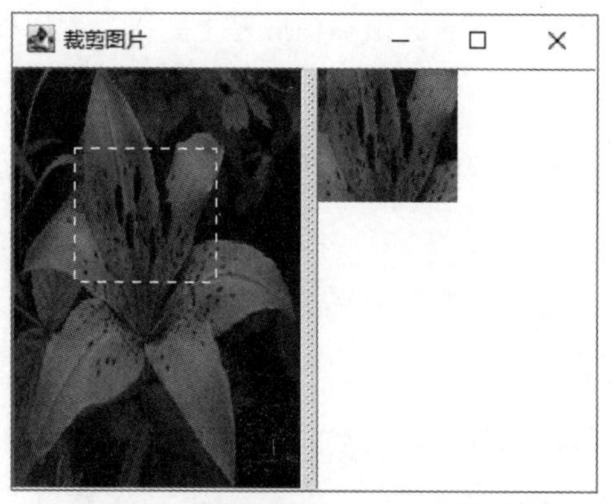

图 21.2　显示与裁剪区域对应的图片

21.2　业务流程图

仿画图工具中的裁剪功能的业务流程如图 21.3 所示。

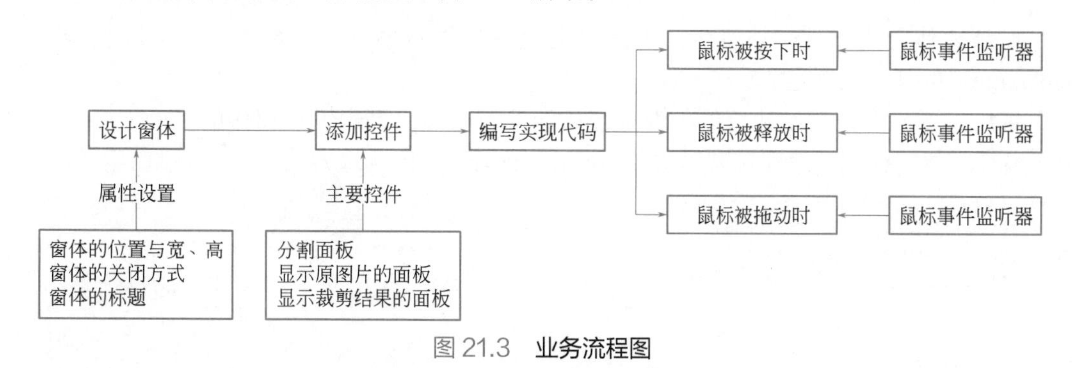

图 21.3　业务流程图

21.3　实现步骤

本案例包括 5 个实现步骤，它们分别是设计窗体、添加面板、读取图片、对这张图片的某个区域进行裁剪和使窗体可见。下面将依次对这 5 个步骤进行讲解。

21.3.1　设计窗体

在编写用于设计窗体的代码前，需要在窗体类（CutImageFrame）中定义、声明如下所示的成员变量:

- 值为空的 Image 类对象，即图片对象；

```
private Image img = null; // 声明图片对象
```

- 自定义的用于显示原图片的值为空的面板对象；

```
private OldImagePanel oldImagePanel = null; // 声明显示原图片的面板对象
```

- 当鼠标被按下时，鼠标在用于显示原图片的面板上的 X、Y 坐标 ；

```
private int pressPanelX, pressPanelY; // 鼠标按下点在面板上的 X、Y 坐标
```

- 当鼠标被按下时，鼠标在屏幕上的 X、Y 坐标 ；

```
private int pressX, pressY; // 鼠标按下点在屏幕上的 X、Y 坐标
```

- 当鼠标被释放时，鼠标在屏幕上的 X、Y 坐标 ；

```
private int releaseX, releaseY; // 鼠标释放点在屏幕上的 X、Y 坐标
```

- 用于实现截图的值为空的 Robot 类对象；

```
private Robot robot = null; // 声明 Robot 对象
```

- 用于缓冲图片的值为空的 BufferedImage 类对象；

```
private BufferedImage buffImage = null; // 声明缓冲图片对象
```

- 定义一个自定义的用于显示裁剪结果的面板对象；

```
private CutImagePanel cutImagePanel = new CutImagePanel(); // 创建绘制裁剪结果的面板
```

- 定义一个初始值为 false 的标记变量：

```
private boolean flag = false;  // 声明标记变量，为 true 时显示裁剪区域的矩形，否则不显示
```

虽然在设计窗体时用不到上述变量，但是这些变量作为本案例的成员变量，理应被编写在窗体类（CutImageFrame）的开头位置上。

本案例将从以下 3 个方面设计窗体：设置窗体的位置与宽、高，设置窗体的关闭方式和设置窗体的标题。用于设计窗体的代码被编写在窗体类（CutImageFrame）的构造方法中，代码如下所示：

```
01 this.setBounds(200, 160, 355, 276); // 设置窗体大小和位置
02 setDefaultCloseOperation(JFrame.EXIT_ON_CLOSE); // 设置窗体关闭模式
03 this.setTitle(" 裁剪图片 "); // 设置窗体标题
```

21.3.2 添加控件

本案例要用到的控件只有 3 个，它们分别是自定义的用于显示原图片的面板，自定义的用于显示裁剪结果的面板和分隔面板。

在 21.3.1 节中，不仅声明了一个值为自定义的用于显示原图片的空的面板对象 oldImagePanel，而且定义了一个自定义的用于显示裁剪结果的面板对象 cutImagePanel。在使用这两个对象时，要特别注意的是，面板对象 oldImagePanel 须先使用 new 关键字完成新建操作后再被使用，而面板对象 cutImagePanel 能够直接被使用。

具备了这两个面板对象后，还要创建一个分割面板类对象 splitPane，使用这个对象调用 setDividerLocation() 方法设置分割面板中的分隔条的位置。分隔条的位置确定后，把用于显示原图片的面板置于分割面板的左侧，把用于显示裁剪结果的面板置于分割面板的右侧。而后，把分割面板置于窗体

的内容面板的中间。

下面将在窗体类 CutImageFrame 的构造方法中，编写用于实现添加控件的代码。代码如下所示：

```
01 oldImagePanel = new OldImagePanel(); // 新建用于显示原图片的面板对象
02 final JSplitPane splitPane = new JSplitPane();
03 splitPane.setDividerLocation((this.getWidth() / 2) - 10);
04 getContentPane().add(splitPane, BorderLayout.CENTER);
05 splitPane.setLeftComponent(oldImagePanel);
06 splitPane.setRightComponent(cutImagePanel);
```

面板对象 oldImagePanel 是用于显示原图片的。但是，这张原图片在哪里？又该如何获取到这张图片呢？如图 21.4 所示，“原图片”指的是当前项目目录下的“image.jpg”。

在 21.3.1 节中，已经声明了一个值为空的表示图片对象的 Image 类对象 img。通过“image.jpg”这张图片的完整路径，能够赋予 Image 类对象 img 一个新值，这个新值就是“image.jpg”这张图片。用于实现上述赋值过程的代码如下所示：

仿画图工具中的裁剪功能
JRE System Library [JavaSE-11]
src
(default package)
CutImageFrame.java
image.jpg

图 21.4　原图片

```
01 URL imgUrl = CutImageFrame.class.getResource("image.jpg");// 获取图片资源的路径
02 img = Toolkit.getDefaultToolkit().getImage(imgUrl); // 获取图片资源
```

21.3.3　自定义面板类

在本案例中有两个自定义面板：一个是自定义的用于显示原图片的面板类；另一个是自定义的用于显示裁剪结果的面板类。下面将分别对这两个自定义面板进行讲解。

（1）用于显示原图片的面板类

在窗体类 CutImageFrame 中新建一个继承 JPanel 类的用于显示原图片的面板类 OldImagePanel。在面板类 OldImagePanel 中，只有一个参数为 Graphics 类的对象 g 的 paint() 方法。paint() 方法的作用有两个：一个是绘制“image.jpg”这张图片；另一个是在“image.jpg”这张图片上，绘制一个用白色虚线围成的正方形的裁剪区域。代码如下所示：

```
01 class OldImagePanel extends JPanel {                                    // 创建绘制原图片的面板类
02     public void paint(Graphics g) {
03         Graphics2D g2 = (Graphics2D) g;
04         g2.drawImage(img, 0, 0, this.getWidth(), this.getHeight(), this);      // 绘制图片
05         g2.setColor(Color.WHITE);
06         if (flag) {
07             float[] arr = { 5.0f };                                  // 创建虚线模式的数组
08             BasicStroke stroke = new BasicStroke(1, BasicStroke.CAP_BUTT,
09                     BasicStroke.JOIN_BEVEL, 1.0f, arr, 0);          // 创建宽度是 1 的平头虚线笔画对象
10             g2.setStroke(stroke);                                    // 设置笔画对象
11             g2.drawRect(pressPanelX, pressPanelY, releaseX - pressX,
12                     releaseY - pressY);                              // 绘制矩形选区
13         }
14     }
15 }
```

（2）用于显示裁剪结果的面板类

在窗体类 CutImageFrame 中新建一个继承 JPanel 类的用于显示裁剪结果的面板类 CutImagePanel。在面板类 CutImagePanel 中，也只有一个参数为 Graphics 类的对象 g 的 paint() 方法。这个 paint() 方法的作用同样有两个：一个是清除上一次绘制的裁剪结果；另一个是根据裁剪区域，绘制新的裁剪结果。代码如下所示：

```
01 class CutImagePanel extends JPanel {                              // 创建绘制裁剪结果的面板类
02     public void paint(Graphics g) {
03         g.clearRect(0, 0, this.getWidth(), this.getHeight());     // 清除绘图区域上下文的内容
04         g.drawImage(buffImage, 0, 0, releaseX - pressX, releaseY - pressY,
05                 this);                                            // 绘制图片
06     }
07 }
```

21.3.4 鼠标事件监听器

MouseEvent 类负责捕获鼠标事件，为了处理鼠标事件，需要为控件添加实现 MouseListener 接口或者 MouseMotionListener 接口的监听器。其中，MouseListener 用于监听鼠标移入或移出组件、鼠标按键被按下或者被释放和鼠标被单击等事件；MouseMotionListener 用于监听鼠标在移动和鼠标被拖动等事件。

本案例要用到 MouseListener 接口中的两个抽象方法：

- 鼠标按键（不区分鼠标的左、右键）被按下时；

```
public void mousePressed(MouseEvent e);
```

- 鼠标按键（不区分鼠标的左、右键）被释放时：

```
public void mouseReleased(MouseEvent e);
```

此外，本案例还要用到 MouseMotionListener 接口中的 1 个抽象方法：

- 鼠标被拖动时：

```
public void mouseDragged(MouseEvent e);
```

由于“image.jpg”这张图片会显示在面板 OldImagePanel 上，因此不仅要为面板 OldImagePanel 添加实现 MouseListener 接口的监听器，还要为面板 OldImagePanel 添加实现 MouseMotionListener 接口的监听器。下面将依次对上述两个监听器进行讲解。

① 实现 MouseListener 接口的监听器。当鼠标被按下时，说明将要开始绘制一个用白色虚线围成的、正方形的裁剪区域。此时，既要获取鼠标在面板 OldImagePanel 上的 X、Y 坐标，又要获取鼠标在屏幕上的 X、Y 坐标，而且要把标记变量的值替换为 true。需要注意的是，由于需要添加用于标记裁剪区域的白色虚线（白色虚线的宽度为 1），因此当鼠标被按下时，鼠标在屏幕上的 X、Y 坐标是与白色虚线的宽度相加后的结果。代码如下所示：

```
01 oldImagePanel.addMouseListener(new MouseAdapter() {
02     public void mousePressed(final MouseEvent e) {       // 鼠标键按下事件
03         pressPanelX = e.getX();                          // 获得鼠标按下点的 X 坐标
04         pressPanelY = e.getY();                          // 获得鼠标按下点的 Y 坐标
05         pressX = e.getXOnScreen() + 1;                   // 鼠标按下点在屏幕上的 X 坐标加 1，即添加选择线
06         pressY = e.getYOnScreen() + 1;                   // 鼠标按下点在屏幕上的 Y 坐标加 1，即添加选择线
07         flag = true;                                     // 为标记变量赋值为 true
08     }
09     // 省略鼠标被释放时的代码
10 });
```

当鼠标被释放时，说明裁剪区域已经绘制完成。此时，既要获取鼠标在屏幕上的 X、Y 坐标，又要把标记变量的值被替换为 false。需要注意的是，由于裁剪区域的周围有一条宽度为 1 的白色虚线，因此当鼠标被释放时，鼠标在屏幕上的 X、Y 坐标是与白色虚线的宽度相减后的结果。

此外，当鼠标被释放时，还要借助 Robot 类的 createScreenCapture() 方法根据裁剪区域实现截图功能。createScreenCapture() 方法的语法格式如下所示：

```
public BufferedImage createScreenCapture(Rectangle screenRect)
```

- screenRect：屏幕上被截取的矩形区域。
- BufferedImage：返回值类型，表示截取的缓冲图像对象。

理顺上述内容后，即可编写鼠标被释放时的代码。代码如下所示：

```
01 public void mouseReleased(final MouseEvent e) {        // 鼠标键释放事件
02     releaseX = e.getXOnScreen() - 1;                    // 鼠标释放点在屏幕上的 X 坐标减 1，即去除选择线
03     releaseY = e.getYOnScreen() - 1;                    // 鼠标释放点在屏幕上的 Y 坐标减 1，即去除选择线
04     try {
05         robot = new Robot();                            // 创建 Robot 对象
06         if (releaseX - pressX > 0 && releaseY - pressY > 0) {
07             Rectangle rect = new Rectangle(pressX, pressY, releaseX
08                     - pressX, releaseY - pressY);       // 创建 Rectangle 对象
09             buffImage = robot.createScreenCapture(rect);// 获得缓冲图片对象
10             cutImagePanel.repaint();                    // 调用 CutImagePanel 面板的 paint() 方法
11         }
12     } catch (AWTException e1) {
13         e1.printStackTrace();
14     }
15     flag = false;                                       // 为标记变量赋值为 false
16 }
```

② 实现MouseMotionListener接口的监听器。当鼠标被拖动时，说明正在绘制裁剪区域。当鼠标被释放时，先要获取鼠标在屏幕上的X、Y坐标（包含用于标记裁剪区域的白色虚线的宽度），再调用OldImagePanel面板的paint()方法完成对裁剪区域的绘制。代码如下所示：

```
01 oldImagePanel.addMouseMotionListener(new MouseMotionAdapter() {
02      public void mouseDragged(final MouseEvent e) {  // 鼠标拖动事件
03          if (flag) {
04              releaseX = e.getXOnScreen();            // 获得鼠标释放点在屏幕上的 X 坐标
05              releaseY = e.getYOnScreen();            // 获得鼠标释放点在屏幕上的 Y 坐标
06              oldImagePanel.repaint();                // 调用 OldImagePanel 面板的 paint() 方法
07          }
08      }
09  });
```

21.3.5 使窗体可见

通过以上内容，已经完成了对窗体类（CutImageFrame）的构造方法、用于显示原图片的面板类（OldImagePanel）和用于显示裁剪结果的面板类（CutImagePanel）的编写。但是，现在的程序由于没有主方法不能运行。为此，要在窗体类（CutImageFrame）中键入主方法。代码如下所示：

```
01 public static void main(String args[]) {
02     CutImageFrame frame = new CutImageFrame();
03     frame.setVisible(true);
04 }
```

小结

从JDK1.3开始，程序开发人员便可以使用Robot类实现程序自动化。Robot类提供了许多强调自动化的方法。程序开发人员通过调用这些方法，可以对鼠标和键盘进行操作，进而实现程序的自动化处理。

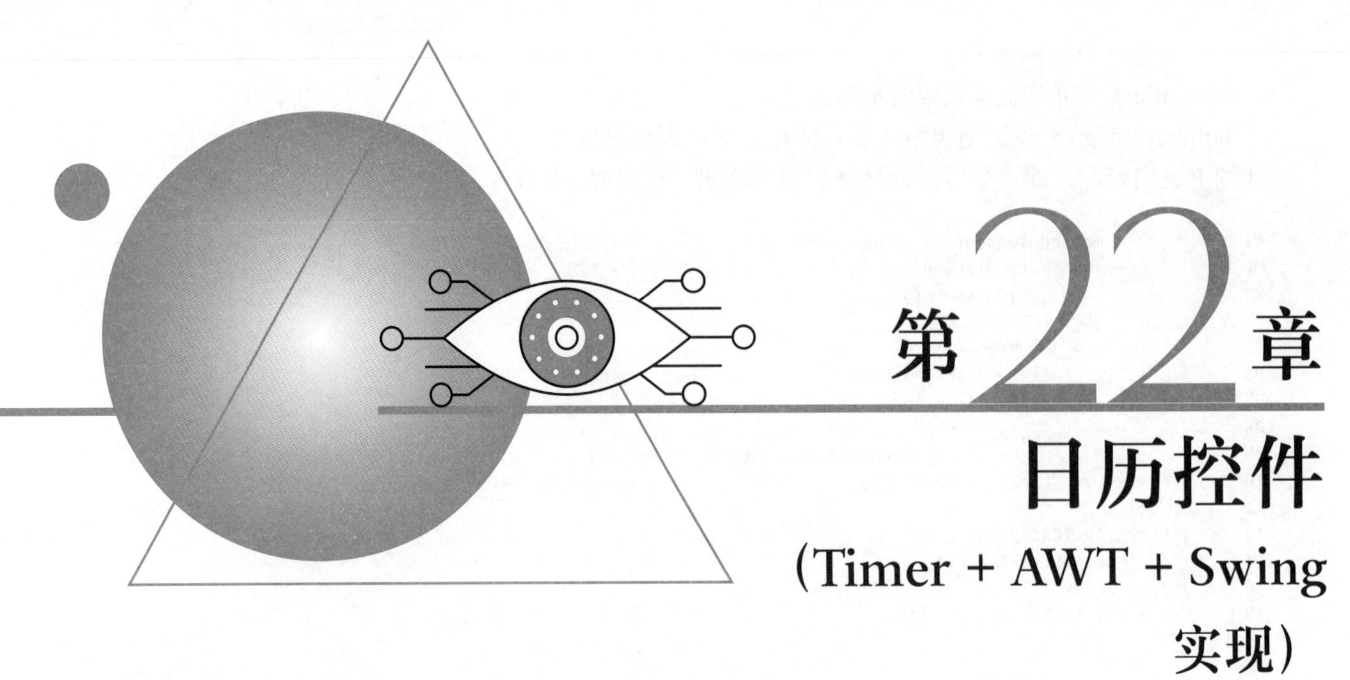

第22章 日历控件（Timer + AWT + Swing实现）

Windows 操作系统中的日历控件具有直观性、准确性和简洁性等特点。所谓直观性，指的是日历控件能够允许用户快速查看当前日期；所谓准确性，指的是日历控件能够准确无误地标记所有的日期；所谓简洁性，指的是日历控件的界面简洁明快，不会出现多余的文字或者图片。本章将使用 Java 语言中的 Timer、AWT 和 Swing 模拟 Windows 操作系统中的日历控件。

本章的知识结构如下图所示：

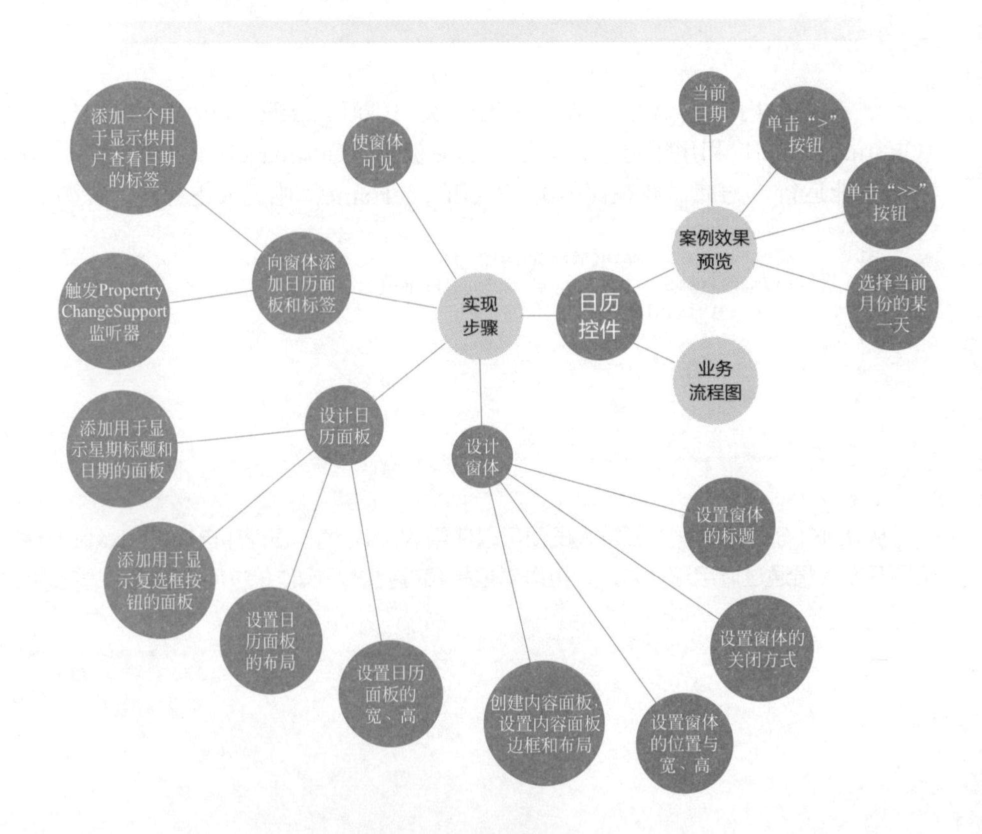

22.1　案例效果预览

本案例的日历控件是一款用于显示日期的控件，如图 22.1 所示，用户可以通过单击日历控件中的按钮或者当前月份的某一个日期改变正在显示的日期，如图 22.2 和图 22.3 所示，图 22.4 为选择当前月份的某一天的效果。由于 Java 现有的模块无法快速模拟出 Windows 操作系统中的日历控件，因此本案例将通过自定义的方式模拟一个日历控件。

图 22.1　当前日期是 2021 年 8 月 5 日（以笔者编写本篇文档的时间为准）

图 22.2　单击“>”按钮后，日期更新为当前年份的 9 月 5 日

图 22.3　单击“>>”按钮后，日期更新为下一年份的 8 月 5 日

图 22.4　选择当前月份的某一天

22.2　业务流程图

日历控件的业务流程如图 22.5 所示。

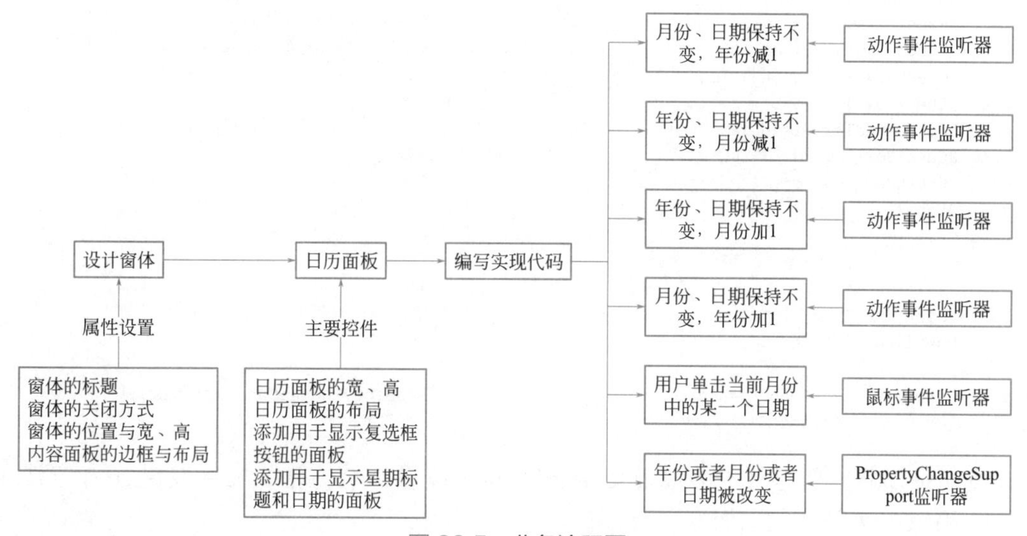

图 22.5　业务流程图

22.3 实现步骤

本案例包括 4 个实现步骤，它们分别是设计窗体、设计日历面板、向窗体添加日历面板和标签及使窗体可见。下面将依次对这 4 个步骤进行讲解。

22.3.1 设计窗体

在编写用于设计窗体的代码前，需要在窗体类（CalendarFrame）中声明如下的成员变量。为了方便理解这些成员变量，每一个成员变量都匹配着对应的注释。代码如下所示：

```
01 private JPanel contentPane; // 内容面板
02 private JLabel label; // 用于显示日期的标签
03 private String InfoStr; // 显示在标签上的字符串
04 private CalendarPanel calendarPanel; // 日历面板
```

具备了上述的成员变量后，即可在窗体类（CalendarFrame）的构造方法中，从窗体的标题，窗体的关闭方式，窗体的位置与宽、高和内容面板的边框与布局这 4 个方面，编写用于设计窗体的代码。代码如下所示：

```
01 public CalendarFrame() {
02     setTitle(" 日历控件 ");
03     setDefaultCloseOperation(JFrame.EXIT_ON_CLOSE);
04     setBounds(100, 100, 367, 222);
05     contentPane = new JPanel();
06     contentPane.setBackground(new Color(102, 204, 204));
07     contentPane.setBorder(new EmptyBorder(5, 5, 5, 5));
08     setContentPane(contentPane);
09     …// 省略其他代码
10 }
```

22.3.2 设计日历面板

在编写用于设计日历面板的代码前，需要在继承 JPanel 类的日历面板类（CalendarPanel）中声明如下的成员变量。为了方便理解这些成员变量，每一个成员变量都匹配着对应的注释。代码如下所示：

```
01 private Calendar calendar;                              // 日历对象
02 private java.sql.Date date;                            // 当前系统时间
03 private JPanel jPanel1 = null;                         // 显示星期标题和日期的面板
04 private JPanel toolBar = null;                         // 显示复选框按钮的面板
05 private JCheckBox jButton = null;                      // 复选框按钮 "<<"
06 private JCheckBox jButton1 = null;                     // 复选框按钮 "<"
07 private JFormattedTextField dateField = null;          // 用于显示指定格式的年月日的文本框
08 private JCheckBox jButton2 = null;                     // 复选框按钮 ">"
09 private JCheckBox jButton3 = null;                     // 复选框按钮 ">>"
10 private JLabel[][] days;                               // 用于显示日期的标签
11 private final int YEAR;                                // 年份
12 private final int MONTH;                               // 月份
13 private final int DAY;                                 // 日期
14 private Color gridColor = Color.DARK_GRAY;             // 设置用于标记日期的边框为深灰色
15 private DayClientListener dayClientListener;           // 日期标签的监听器
16 // 用于监听日期是否改变的监听器
17 private PropertyChangeSupport propertyChangeSupport = new PropertyChangeSupport(this);
18 public static final String DATE_CHANGED = "DateChanged"; // 权限名称
```

声明成员变量以后，要为其中的成员变量 gridColor 设置 set() 方法、date 设置 get() 方法和 calendar 设置 set() 方法和 get() 方法。代码如下所示：

```
01 public void setGridColor(Color gridColor) {
02     this.gridColor = gridColor;
03 }
04
05 public Calendar getCalendar() {
06     return calendar;
07 }
08
09 public void setCalendar(Calendar calendar) {
10     this.calendar = calendar;
11 }
12
13 public java.sql.Date getDate() {
14     long millis = getCalendar().getTimeInMillis();
15     date = new java.sql.Date(millis);
16     return date;
17 }
```

在日历面板类（CalendarPanel）的构造方法中，新建日历对象，获取当前时间的年份、月份和日期，并且设置当前日期。此外，还要初始化日期标签的监听器和日历面板。代码如下所示：

```
01 public CalendarPanel() {
02     super();
03     calendar = Calendar.getInstance();
04     YEAR = calendar.get(Calendar.YEAR);
05     MONTH = calendar.get(Calendar.MONTH);
06     DAY = calendar.get(Calendar.DAY_OF_MONTH);
07     dayClientListener = new DayClientListener();     // 初始化日期标签的监听器
08     initialize();
09     calendar.set(YEAR, MONTH, DAY);                  // 设置当前日期
10 }
```

在日历面板类（CalendarPanel）的构造方法中，需要初始化日期标签的监听器。初始化日期标签的监听器的作用是当用户按下当前月份的某一个日期按钮时，既要标记这个日期按钮，又要初始化日期文本框显示的日期。日期标签的监听器的代码如下所示：

```
01 private final class DayClientListener extends MouseAdapter {
02     @Override
03     public void mousePressed(MouseEvent e) {
04         JLabel label = (JLabel) e.getSource();
05         if (label.getText().isEmpty())
06             return;
07         reMark();
08         String text = label.getText();
09         int dayNum = Integer.parseInt(text);
10         calendar.set(Calendar.DAY_OF_MONTH, dayNum); // 改变当前日历缓存对象
11
12         initDateField();                            // 初始化日期文本框
13         label.setOpaque(true);
14         label.setBackground(new Color(0xeeee00));
15         calendarChanged();
16     }
17 }
```

当用户按下当前月份的某一个日期按钮时，需要标记这个日期按钮。这个操作由自定义的 reMark() 方法完成。reMark() 方法的代码如下所示：

```
01 private void reMark() {
02     int year = calendar.get(Calendar.YEAR);
03     int month = calendar.get(Calendar.MONTH);
04     int day = calendar.get(Calendar.DAY_OF_MONTH);
```

```
05      calendar.set(Calendar.DAY_OF_MONTH, 1);
06      // 获取本月第一天的星期数
07      int firstDayIndex = calendar.get(Calendar.DAY_OF_WEEK)
08              - calendar.getFirstDayOfWeek();
09      calendar.set(Calendar.DAY_OF_MONTH, day);
10      LineBorder lightGrayBorder = new LineBorder(gridColor, 1);
11      LineBorder redBorder = new LineBorder(Color.RED, 1);
12      int dateNum = 1;
13      for (int i = 0; i < days.length; i++) {
14          for (int j = 0; j < days[i].length; j++) {
15              days[i][j].setOpaque(false);
16              if (year == YEAR && month == MONTH && dateNum - firstDayIndex == DAY) {
17                  days[i][j].setBorder(redBorder);
18              } else {
19                  days[i][j].setBorder(lightGrayBorder);
20              }
21              dateNum++;
22          }
23      }
24  }
```

当用户按下当前月份的某一个日期按钮时，还要初始化日期文本框显示的日期。这个操作由自定义的 initDateField() 方法完成。initDateField() 方法的代码如下所示：

```
01 private void initDateField() {
02     Date time = calendar.getTime();
03     getDateField().setValue(time);
04 }
```

在日历面板类（CalendarPanel）的构造方法中，除了需要初始化日期标签的监听器，还需要初始化日历面板。初始化日历面板由自定义的 initialize() 方法完成。在 initialize() 方法中，设置日历面板的宽、高，设置日历面板的布局，添加用于显示复选框按钮的面板和添加用于显示星期标题和日期的面板。initialize() 方法的代码如下所示：

```
01 private void initialize() {
02     this.setSize(200, 260);
03     this.setLayout(new BorderLayout());
04     this.setOpaque(false);
05     this.add(getToolBar(), BorderLayout.NORTH);
06     this.add(getJPanel1(), BorderLayout.CENTER);
07 }
```

设计用于显示复选框按钮的面板由自定义的 getToolBar() 方法完成。在这个面板中，有 5 个组件，它们分别是复选框按钮“<<”、复选框按钮“<”、用于显示指定格式的年月日的文本框、复选框按钮“>”和复选框按钮“>>”。getToolBar() 方法的代码如下所示：

```
01 private JPanel getToolBar() {
02     if (toolBar == null) {
03         GridBagConstraints gridBagConstraints4 = new GridBagConstraints();
04         gridBagConstraints4.insets = new Insets(0, 0, 0, 0);
05         gridBagConstraints4.gridy = 0;
06         gridBagConstraints4.gridx = 4;
07         GridBagConstraints gridBagConstraints3 = new GridBagConstraints();
08         gridBagConstraints3.insets = new Insets(0, 0, 0, 0);
09         gridBagConstraints3.gridy = 0;
10         gridBagConstraints3.gridx = 3;
11         GridBagConstraints gridBagConstraints2 = new GridBagConstraints();
12         gridBagConstraints2.fill = GridBagConstraints.BOTH;
13         gridBagConstraints2.gridx = 2;
```

```
14          gridBagConstraints2.gridy = 0;
15          gridBagConstraints2.weightx = 1.0;
16          gridBagConstraints2.insets = new Insets(0, 0, 0, 0);
17          GridBagConstraints gridBagConstraints1 = new GridBagConstraints();
18          gridBagConstraints1.insets = new Insets(0, 0, 0, 0);
19          gridBagConstraints1.gridy = 0;
20          gridBagConstraints1.gridx = 1;
21          GridBagConstraints gridBagConstraints = new GridBagConstraints();
22          gridBagConstraints.insets = new Insets(0, 0, 0, 0);
23          gridBagConstraints.gridy = 0;
24          gridBagConstraints.gridx = 0;
25          toolBar = new JPanel();
26          toolBar.setLayout(new GridBagLayout());
27          toolBar.setMinimumSize(new Dimension(11, 22));
28          toolBar.setPreferredSize(new Dimension(162, 30));
29          toolBar.setOpaque(false);
30          toolBar.add(getJButton(), gridBagConstraints);
31          toolBar.add(getJButton1(), gridBagConstraints1);
32          toolBar.add(getDateField(), gridBagConstraints2);
33          toolBar.add(getJButton2(), gridBagConstraints3);
34          toolBar.add(getJButton3(), gridBagConstraints4);
35      }
36      return toolBar;
37 }
```

初始化复选框按钮“<<”及其动作事件监听器由自定义的 getJButton() 方法完成。当用户按下一次复选框按钮“<<”时，会改变日期文本框显示的日期，即月份、日期保持不变，年份减 1。getJButton() 方法代码如下所示：

```
01 private JCheckBox getJButton() {
02     if (jButton == null) {
03         jButton = new JCheckBox();
04         jButton.setText("<<");
05         jButton.setHorizontalTextPosition(SwingConstants.CENTER);
06         jButton.addActionListener(new ActionAdapter() {
07             @Override
08             public void actionPerformed(ActionEvent e) {
09                 calendar.add(Calendar.YEAR, -1);
10                 calendarChanged();
11                 initDayButtons();
12                 JCheckBox source = (JCheckBox) e.getSource();
13                 source.setSelected(false);
14                 super.actionPerformed(e);
15             }
16         });
17     }
18     return jButton;
19 }
```

当日期中的年份或者月份或者日期被改变时，会触发日期改变事件，此时需要赋予 Calendar 类对象新的值。这个操作由自定义的 calendarChanged() 方法完成。calendarChanged() 方法的代码如下所示：

```
01 private void calendarChanged() {
02     propertyChangeSupport.firePropertyChange(DATE_CHANGED, null, calendar);
03 }
```

需要注意的是，在使用 PropertyChangeSupport 监听器之前，要注册 PropertyChangeSupport 监听器。注册 PropertyChangeSupport 监听器的代码如下所示：

```
01 public void addDateChangeListener(PropertyChangeListener listener) {
02     propertyChangeSupport.addPropertyChangeListener(DATE_CHANGED, listener);
03 }
```

当日期中的年份或者月份被改变时，还要根据具体情况重新初始化所有日期按钮，确保每一个日期按钮显示的日期都准确无误。这个操作由自定义的 initDayButtons() 方法完成。initDayButtons() 方法的代码如下所示：

```
01 private void initDayButtons() {
02     int year = calendar.get(Calendar.YEAR);
03     int month = calendar.get(Calendar.MONTH);
04     int day = calendar.get(Calendar.DAY_OF_MONTH);
05     calendar.set(Calendar.DAY_OF_MONTH, 1);
06     // 获取本月天数
07     int dayNum = calendar.getActualMaximum(Calendar.DAY_OF_MONTH);
08     // 获取本月第一天的星期数
09     int firstDayIndex = calendar.get(Calendar.DAY_OF_WEEK) -
10             calendar.getFirstDayOfWeek();
11     int dateNum = 1;
12     // 清除原有日历日期
13     for (int i = 0; i < days.length; i++) {
14         for (int j = 0; j < days[i].length; j++) {
15             days[i][j].setText("");
16         }
17     }
18     // 填充新日历日期
19     for (int i = 0; i < days.length; i++) {
20         int j = 0;
21         if (i == 0)                          // 略过月初日期之前的位置
22             j = firstDayIndex;
23         for (; j < 7; j++) {
24             days[i][j].setText(dateNum + "");
25             dateNum++;
26             if (dateNum > dayNum + 1)        // 舍弃本月之后的日期
27                 days[i][j].setText("");
28         }
29     }
30     reMark();
31     calendar.set(year, month, day);          // 恢复当前日期
32 }
```

初始化复选框按钮“<”及其动作事件监听器由自定义的 getJButton1() 方法完成。当用户按下一次复选框按钮“<”时，会改变日期文本框显示的日期，即年份、日期保持不变，月份减 1。getJButton1() 方法代码如下所示：

```
01 private JCheckBox getJButton1() {
02     if (jButton1 == null) {
03         jButton1 = new JCheckBox();
04         jButton1.setText("<");
05         jButton1.setHorizontalTextPosition(SwingConstants.CENTER);
06         jButton1.addActionListener(new ActionAdapter() {
07             @Override
08             public void actionPerformed(ActionEvent e) {
09                 calendar.add(Calendar.MONTH, -1);
10                 calendarChanged();
11                 initDayButtons();
12                 JCheckBox source = (JCheckBox) e.getSource();
13                 source.setSelected(false);
14                 super.actionPerformed(e);
15             }
16         });
17     }
18     return jButton1;
19 }
```

初始化复选框按钮“>”及其动作事件监听器由自定义的 getJButton2() 方法完成。当用户按下一次复选框按钮“>”时，会改变日期文本框显示的日期，即年份、日期保持不变，月份加 1。getJButton2() 方法代码如下所示：

```
01 private JCheckBox getJButton2() {
02     if (jButton2 == null) {
03         jButton2 = new JCheckBox();
04         jButton2.setText(">");
05         jButton2.setHorizontalTextPosition(SwingConstants.CENTER);
06         jButton2.addActionListener(new ActionAdapter() {
07             @Override
08             public void actionPerformed(ActionEvent e) {
09                 calendar.add(Calendar.MONTH, 1);
10                 calendarChanged();
11                 initDayButtons();
12                 JCheckBox source = (JCheckBox) e.getSource();
13                 source.setSelected(false);
14                 super.actionPerformed(e);
15             }
16         });
17     }
18     return jButton2;
19 }
```

初始化复选框按钮“>>”及其动作事件监听器由自定义的 getJButton3() 方法完成。当用户按下一次复选框按钮“>>”时，会改变日期文本框显示的日期，即月份、日期保持不变，年份加 1。getJButton3() 方法代码如下所示：

```
01 private JCheckBox getJButton3() {
02     if (jButton3 == null) {
03         jButton3 = new JCheckBox();
04         jButton3.setText(">>");
05         jButton3.setHorizontalTextPosition(SwingConstants.CENTER);
06         jButton3.addActionListener(new ActionAdapter() {
07             @Override
08             public void actionPerformed(ActionEvent e) {
09                 calendar.add(Calendar.YEAR, 1);
10                 calendarChanged();
11                 initDayButtons();
12                 JCheckBox source = (JCheckBox) e.getSource();
13                 source.setSelected(false);
14                 super.actionPerformed(e);
15             }
16         });
17     }
18     return jButton3;
19 }
```

初始化用于显示指定格式的年月日的文本框及其鼠标事件监听器由自定义的 getDateField() 方法完成。当用户单击当前月份中的某一个日期时，程序需要执行初始化日期文本框，初始化日期按钮，赋予 Calendar 类对象新的值等操作。getDateField() 方法的代码如下所示：

```
01 private JFormattedTextField getDateField() {
02     if (dateField == null) {
03         dateField = new JFormattedTextField();
04         dateField.setColumns(12);
05         dateField.setEditable(false);
06         dateField.setHorizontalAlignment(SwingConstants.CENTER);
07         dateField.addMouseListener(new MouseAdapter() {
08             public void mousePressed(MouseEvent e) {
```

```
09                calendar.set(YEAR, MONTH, DAY);
10                initDateField();// 初始化日期文本框
11                initDayButtons();// 初始化日期按钮
12                calendarChanged();
13            }
14        });
15    }
16    return dateField;
17 }
```


在 initialize() 方法中，还需要设计用于显示星期标题和日期的面板，这个操作由自定义的 getJPanel1() 方法完成。需要注意的是，日期按钮不是真正的按钮，是由标签实现。getJPanel1() 方法的代码如下所示：

```
01 private JPanel getJPanel1() {                                    // 创建星期标题和日期按钮
02     if (jPanel1 == null) {
03         GridLayout gridLayout2 = new GridLayout();
04         gridLayout2.setColumns(7);
05         gridLayout2.setRows(0);
06         jPanel1 = new JPanel();                                  // 创建面板
07         jPanel1.setOpaque(false);
08         jPanel1.setLayout(gridLayout2);                          // 设置布局管理器
09         JLabel[] week = new JLabel[7];                           // 标题数组
10         week[0] = new JLabel("日");                              // 星期标题
11         week[0].setForeground(Color.MAGENTA);                    // 特色颜色值
12         week[1] = new JLabel("一");                              // 初始化其他星期标题
13         week[2] = new JLabel("二");
14         week[3] = new JLabel("三");
15         week[4] = new JLabel("四");
16         week[5] = new JLabel("五");
17         week[6] = new JLabel("六");
18         week[6].setForeground(Color.ORANGE);                     // 为周六设置特色颜色值
19         for (JLabel theWeek : week) {                            // 初始化所有标题标签
20             // 文本居中对齐
21             theWeek.setHorizontalAlignment(SwingConstants.CENTER);
22             Font font = theWeek.getFont();                       // 获取字体对象
23             Font deriveFont = font.deriveFont(Font.BOLD);        // 字体加粗样式
24             theWeek.setFont(deriveFont);                         // 更新标签字体
25             String info = theWeek.getText();
26             if (!info.equals("日") && !info.equals("六"))        // 改变周六周日前景色
27                 theWeek.setForeground(Color.BLUE);
28             getJPanel1().add(theWeek);
29         }
30         days = new JLabel[6][7];                                 // 创建日期控件按钮（有标签实现）
31         for (int i = 0; i < 6; i++) {
32             for (int j = 0; j < 7; j++) {                        // 初始化每个日期按钮
33                 days[i][j] = new JLabel();
34                 // 文本水平居中
35                 days[i][j].setHorizontalTextPosition(SwingConstants.CENTER);
36                 // 文本垂直居中
37                 days[i][j].setHorizontalAlignment(SwingConstants.CENTER);
38                 days[i][j].setOpaque(false);                     // 控件透明
39                 days[i][j].addMouseListener(dayClientListener);  // 添加事件监听器
40                 getJPanel1().add(days[i][j]);
41             }
42         }
43         initDateField();                                         // 初始化日期文本框
44         initDayButtons();                                        // 初始化日期按钮
45     }
46     return jPanel1;
47 }
```

22.3.3 向窗体添加日历面板和标签

在 22.3.2 节中，已经完成了对日历面板的编码。程序运行后，日历面板除了会显示当前的年份、月份和日期，还会显示当前月份所有的日期，此时就会触发 PropertyChangeSupport 监听器。此外，还要在窗体类（CalendarFrame）中，添加一个用于显示供用户查看日期的标签。用于完成上述两个功能的代码如下所示：

```
01 calendarPanel = new CalendarPanel();                    // 创建日历面板对象
02 calendarPanel.addDateChangeListener(new PropertyChangeListener() {
03   public void propertyChange(PropertyChangeEvent evt) {
04       do_calendarPanel_propertyChange(evt);              // 调用事件处理方法
05   }
06 });
07 calendarPanel.setBounds(6, 6, 162, 170);
08 contentPane.add(calendarPanel);
09 // 创建字符串模板
10 InfoStr = "<html> 您选择的日期是: <br><font size=6 color=red>%1s</font></html>";
11 // 设置标签控件显示日期
12 label = new JLabel(String.format(InfoStr, calendarPanel.getDate()));
13 label.setBounds(180, 6, 162, 170);
14 contentPane.add(label);
```

22.3.4 使窗体可见

通过以上内容，已经完成了对窗体类（CalendarFrame）和日历面板（CompressThread）的编写。但是，现在的程序由于没有主方法不能运行。为此，要在窗体类（CalendarFrame）中键入主方法。代码如下所示：

```
01 public static void main(String[] args) {
02     CalendarFrame frame = new CalendarFrame();
03     frame.setVisible(true);
04 }
```

小结

本案例的关键在于 Timer 控件的应用。因为 Timer 控件能够在指定的时间间隔内重复执行 Action，所以控件的 ActionListener 监听器将不断地捕获和处理该事件。此外，在日常开发工作中，要把不同类型的控件归类存储，方便以后对它们进行维护和管理。

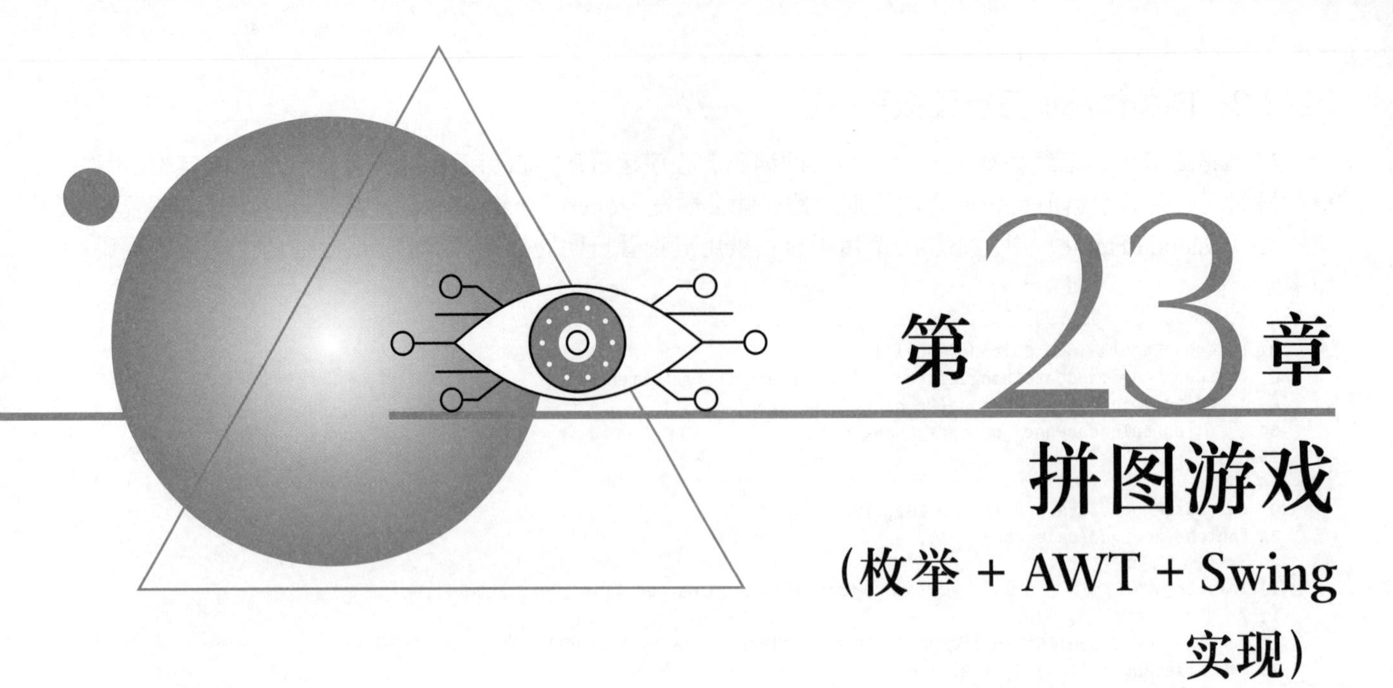

第23章 拼图游戏（枚举 + AWT + Swing 实现）

扫码领取

- 教学视频
- 配套源码
- 练习答案
- ……

拼图游戏是广受欢迎的一种智力游戏，它变化多端，难度不一，不仅可以锻炼儿童的动手动脑能力，还可帮助儿童加强还原能力。拼图的画面多以自然风光、建筑物和一些为人所熟识的动画图案为素材。本章将开发一款拼图游戏，这款游戏会把拼图的画面分为 9 块，并打乱这 9 块的顺序，要求用户每次只能移动一格，直至恢复拼图的画面。

本章的知识结构如下图所示：

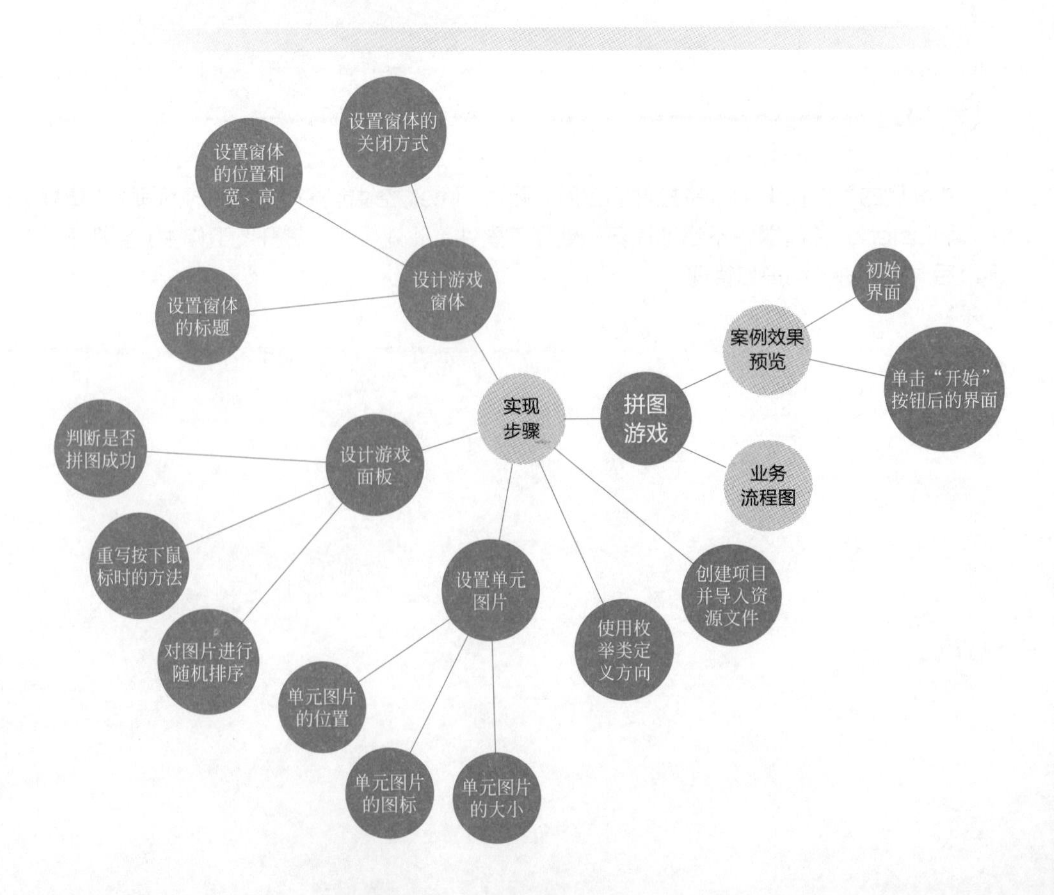

23.1 案例效果预览

拼图游戏把游戏面板平均分成了 9 个部分，每一部分均是一个正方形并配以相应的图片，其中最后一个部分配以空白图片，用来作为拼图游戏的空位置。这里提到的“每一部分”，均是按钮控件。当按钮被单击时，程序会调换当前被单击的按钮与配以空白图片的按钮位置。拼图游戏的初始界面如图 23.1 所示，单击“开始”按钮后（开始播放背景音乐）的运行效果如图 23.2 所示。

图 23.1　初始界面

图 23.2　单击“开始”按钮后的界面

23.2 业务流程图

拼图游戏的业务流程如图 23.3 所示。

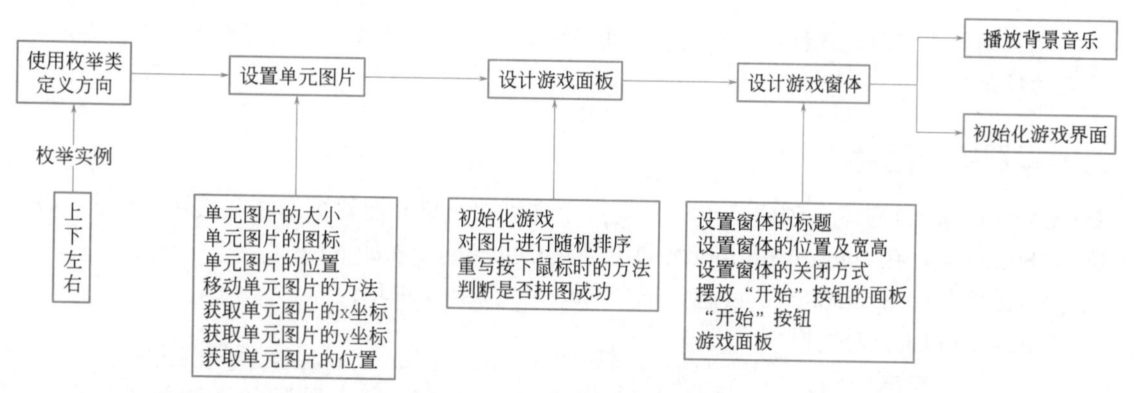

图 23.3　拼图游戏开发流程图

23.3 实现步骤

23.3.1 创建项目并导入资源文件

在 Eclipse 中，创建项目 Jigsaw。成功创建项目 Jigsaw 后，导入资源文件的步骤如下：

① 根据路径“Code\23# 拼图游戏 \Src”，找到如下 3 个文件夹：lib（用来存放 AudioPlayWave.jar 文件和 SwingResourceManager.jar 文件）、music（用来存放项目所需的背景音乐）和 pic（项目所需的图片）；

② 把文件夹 music 和文件夹 pic 复制到项目 Jigsaw 中的 src 文件夹下；

③ 把文件夹 lib 复制到项目 Jigsaw 中；

④ 向项目 Jigsaw 导入文件夹 lib 中的 AudioPlayWave.jar 文件和 SwingResourceManager. jar 文件。

23.3.2 使用枚举类定义方向

在 com.mrsoft.model 包下，创建枚举类 Direction。创建 com.mrsoft.model 包下的枚举类 Direction 的步骤如下：

① 鼠标右键单击项目 Jigsaw 中的 src 文件夹，选择 New → Enum 菜单项；

② 弹出 New Enum Type 对话框后，首先在 Package 文本框中输入包名“com.mrsoft.model”，然后在 Name 文本框中输入“Direction”，单击 Finish 按钮。

这样，就成功地在 com.mrsoft.model 包下创建了枚举类 Direction。Eclipse 在创建枚举类 Direction 后的效果如图 23.4 所示。

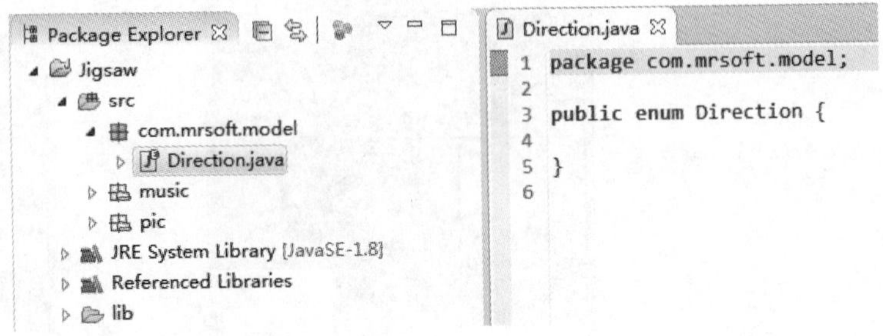

图 23.4　Eclipse 在创建枚举类 Direction 后的效果图

在图 23.4 中的第 4 行，声明枚举实例，代码如下所示：

```
01 UP,                // 上
02 DOWN,              // 下
03 LEFT,              // 左
04 RIGHT;             // 右
```

说明

在声明枚举实例时，枚举实例之间要用英文逗号隔开。待枚举实例列举结束后，要用英文分号作为结束。

23.3.3 设置单元图片

在 com.mrsoft.model 包下，创建 Cell 类。通过上文可知，单元图片被设置在按钮控件中，所以要让 Cell 类继承 JButton 类。在 com.mrsoft.model 包下创建 Cell 类的步骤如下：

① 鼠标右键单击 com.mrsoft.model 包，选择 New → Class 菜单项；

② 弹出 New Java Class 对话框后，首先在 Name 文本框中输入类名“Cell”，然后在 Superclass 文本框中输入“javax.swing.JButton”，单击 Finish 按钮。

这样，就成功地在 com.mrsoft.model 包下，创建了继承 JButton 类的 Cell 类。Eclipse 在创建 Cell 类后的效果如图 23.5 所示。

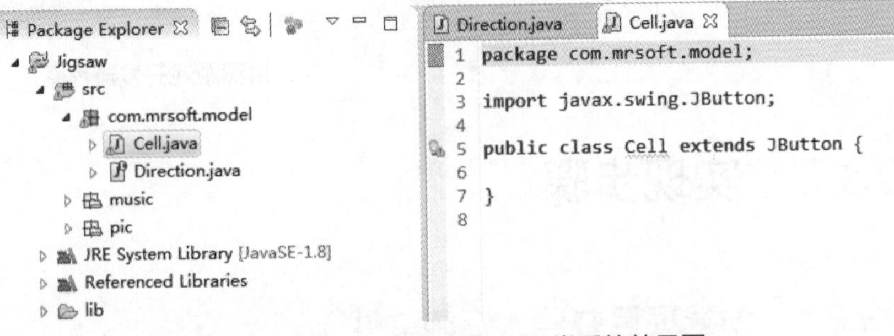

图 23.5　Eclipse 在创建 Cell 类后的效果图

在图 23.5 中的第 4 行，引入 Java 类包，代码如下所示：

```
01 import java.awt.Rectangle;
02 import javax.swing.Icon;
```

Eclipse 在引入 Java 类包后的效果如图 23.6 所示。

在图 23.6 中的第 7 行，依次声明图片宽度、图片位置、编写 Cell 类的有参构造方法、移动单元图片的方法、获取单元图片 x 坐标的方法、获取单元图片 y 坐标的方法和获取单元图片位置的方法，代码如下所示：

图 23.6　Eclipse 在引入 Java 类包后的效果图

```
01 public static final int IMAGEWIDTH = 117;                    // 图片宽度
02 private int place;                                            // 图片位置
03 public Cell(Icon icon, int place) {
04     this.setSize(IMAGEWIDTH, IMAGEWIDTH);                     // 单元图片的大小
05     this.setIcon(icon);                                       // 单元图片的图标
06     this.place = place;                                       // 单元图片的位置
07 }
08 public void move(Direction dir) {                             // 移动单元图片的方法
09     Rectangle rec = this.getBounds();                         // 获取图片的 Rectangle 对象
10     switch (dir) {                                            // 判断方向
11         case UP:                                              // 向上移动
12             this.setLocation(rec.x, rec.y - IMAGEWIDTH);
13             break;
14         case DOWN:                                            // 向下移动
15             this.setLocation(rec.x, rec.y + IMAGEWIDTH);
16             break;
17         case LEFT:                                            // 向左移动
18             this.setLocation(rec.x - IMAGEWIDTH, rec.y);
19             break;
20         case RIGHT:                                           // 向右移动
21             this.setLocation(rec.x + IMAGEWIDTH, rec.y);
22             break;
23     }
24 }
25 public int getX() {
26     return this.getBounds().x;                                // 获取单元图片的 x 坐标
27 }
28 public int getY() {
29     return this.getBounds().y;                                // 获取单元图片的 y 坐标
30 }
31 public int getPlace() {
32     return place;                                             // 获取单元图片的位置
33 }
```

23.3.4　设计游戏面板

在 com.mrsoft.panel 包下，创建 GamePanel 类，GamePanel 类既继承了 JPanel 类，又实现了 MouseListener 接口。在 com.mrsoft.panel 包下创建 GamePanel 类的步骤如下：

①鼠标右键单击项目 Jigsaw 中的 src 文件夹，选择 New → Class 菜单项；

②弹出 New Java Class 对话框后，首先在 Package 文本框中输入包名“com.mrsoft.panel”，然后在 Name 文本框中输入“GamePanel”，接着在 Superclass 文本框中输入“javax.swing.JPanel”，最后单击 Interfaces 后的 Add… 按钮，弹出 Implemented Interfaces Selection 对话框后，在 Choose interfaces 文本框中输入“MouseListener”，单击 Implemented Interfaces Selection 对话框中的 OK 按钮，单击 New Java Class 对话框中的 Finish 按钮。

这样，就成功地在 com.mrsoft.panel 包下创建了 GamePanel 类。Eclipse 在创建 GamePanel 类后的效果如图 23.7 所示。

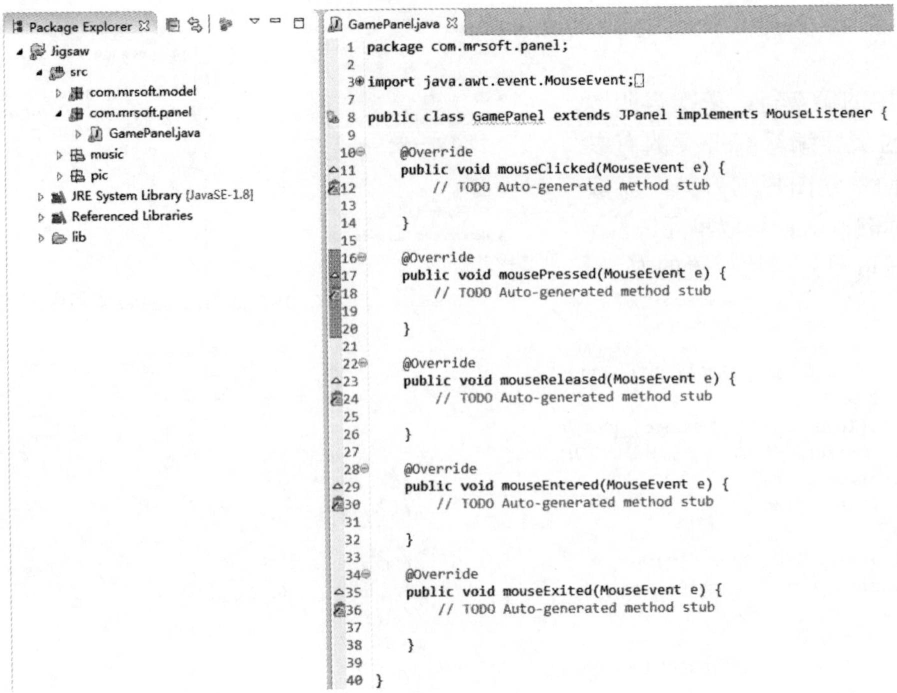

图 23.7　Eclipse 在创建 GamePanel 类后的效果图

在图 23.7 中的第 7 行，引入 Java 类包，代码如下所示：

```
01 import java.util.Random;
02 import javax.swing.Icon;
03 import javax.swing.JOptionPane;
04 import com.mrsoft.model.Cell;
05 import com.mrsoft.model.Direction;
06 import com.swtdesigner.SwingResourceManager;
```

Eclipse 在引入 Java 类包后的效果如图 23.8 所示。

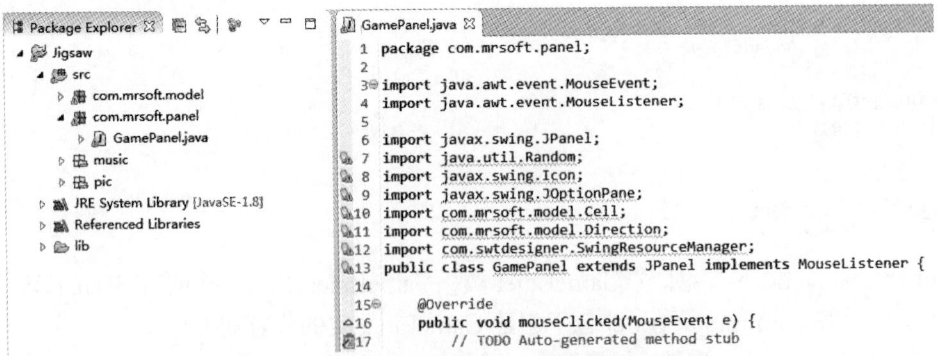

图 23.8　Eclipse 在引入 Java 类包后的效果图

在图 23.8 中的第 14 行，依次编写 GamePanel 类的构造方法、初始化游戏的方法、对图片进行随机排序的方法、判断是否拼图成功的方法。代码如下所示：

```
01 private Cell[] cells = new Cell[9];          // 创建单元图片数组
02 private Cell cellBlank = null;               // 空白
03 public GamePanel() {                         // 构造方法
04     super();
05     setLayout(null);                         // 设置空布局
```

```
06     init();                                          // 初始化
07 }
08 public void init() {                                 // 初始化游戏
09     int num = 0;                                     // 图片序号
10     Icon icon = null;                                // 图标对象
11     Cell cell = null;                                // 单元图片对象
12     for (int i = 0; i < 3; i++) {                    // 循环行
13         for (int j = 0; j < 3; j++) {                // 循环列
14             num = i * 3 + j;                         // 计算图片序号
15             icon = SwingResourceManager.getIcon(GamePanel.class, "/pic/"
16                     + (num + 1) + ".jpg");           // 获取图片
17             cell = new Cell(icon, num);              // 实例化单元图片对象
18             // 设置单元图片的坐标
19             cell.setLocation(j * Cell.IMAGEWIDTH, i * Cell.IMAGEWIDTH);
20             cells[num] = cell;                       // 将单元图片存储到单元图片数组中
21         }
22     }
23     for (int i = 0; i < cells.length; i++) {
24         this.add(cells[i]);                          // 向面板中添加所有单元图片
25     }
26 }
27 public void random() {                               // 对图片进行随机排序
28     Random rand = new Random();                      // 实例化 Random
29     int m, n, x, y;
30     if (cellBlank == null) {                         // 判断空白的图片位置是否为空
31         cellBlank = cells[cells.length - 1];         // 取出空白的图片
32         for (int i = 0; i < cells.length; i++) {     // 遍历所有单元图片
33             if (i != cells.length - 1) {
34                 cells[i].addMouseListener(this);     // 对非空白图片注册鼠标监听
35             }
36         }
37     }
38     for (int i = 0; i < cells.length; i++) {         // 遍历所有单元图片
39         m = rand.nextInt(cells.length);              // 产生随机数
40         n = rand.nextInt(cells.length);              // 产生随机数
41         x = cells[m].getX();                         // 获取 x 坐标
42         y = cells[m].getY();                         // 获取 y 坐标
43         // 对单元图片调换
44         cells[m].setLocation(cells[n].getX(), cells[n].getY());
45         cells[n].setLocation(x, y);
46     }
47 }
48 public boolean isSuccess() {                         // 判断是否拼图成功
49     for (int i = 0; i < cells.length; i++) {         // 遍历所有单元图片
50         int x = cells[i].getX();                     // 获取 x 坐标
51         int y = cells[i].getY();                     // 获取 y 坐标
52         if (i != 0) {
53             // 判断单元图片位置是否正确
54             if (y / Cell.IMAGEWIDTH * 3 + x / Cell.IMAGEWIDTH != cells[i].getPlace()) {
55                 return false;                        // 只要有一个单元图片的位置不正确，就返回 false
56             }
57         }
58     }
59     return true;                                     // 所有单元图片的位置都正确返回 true
60 }
```

编写完上述代码后，在 GamePanel.java 文件中找到重写的 mousePressed(MouseEvent e) 方法，mousePressed(MouseEvent e) 方法的代码位置如图 23.9 所示。

在图 23.9 中箭头指向的空行处，为重写的 mousePressed(MouseEvent e) 方法添加方法体，代码如下：

```
01 Cell cell = (Cell) e.getSource();                    // 获取触发时间的对象
02 int x = cellBlank.getX();                            // 获取 x 坐标
03 int y = cellBlank.getY();                            // 获取 y 坐标
```

```
04 if ((x - cell.getX()) == Cell.IMAGEWIDTH && cell.getY() == y) {
05     cell.move(Direction.RIGHT);                        // 向右移动
06     cellBlank.move(Direction.LEFT);
07 } else if ((x - cell.getX()) == -Cell.IMAGEWIDTH && cell.getY() == y) {
08     cell.move(Direction.LEFT);                         // 向左移动
09     cellBlank.move(Direction.RIGHT);
10 } else if (cell.getX() == x && (cell.getY() - y) == Cell.IMAGEWIDTH) {
11     cell.move(Direction.UP);                           // 向上移动
12     cellBlank.move(Direction.DOWN);
13 } else if (cell.getX() == x && (cell.getY() - y) == -Cell.IMAGEWIDTH) {
14     cell.move(Direction.DOWN);                         // 向下移动
15     cellBlank.move(Direction.UP);
16 }
17 if (isSuccess()) {                                     // 判断是否拼图成功
18     int i = JOptionPane.showConfirmDialog(this, "成功，再来一局？", "拼图成功",
19         JOptionPane.YES_NO_OPTION);                    // 提示成功
20     if (i == JOptionPane.YES_OPTION) {
21         random();                                      // 开始新一局
22 }
23 }
```

23.3.5　设计游戏窗体

在 com.mrsoft.frame 包下，创建 MainFrame 类。创建 com.mrsoft.frame 包下的 MainFrame 类的步骤如下：

① 鼠标右键单击项目 Jigsaw 中的 src 文件夹，选择 New → Class 菜单项；

② 弹出 New Java Class 对话框后，首先在 Package 文本框中输入包名“com.mrsoft.frame”，然后在 Name 文本框中输入“MainFrame”，接着在 Superclass 文本框中输入“javax.swing.JFrame”，最后单击 Finish 按钮。

```
GamePanel.java
71    @Override
72    public void mouseClicked(MouseEvent e) {
73        // TODO Auto-generated method stub
74
75    }
76
77    @Override
78    public void mousePressed(MouseEvent e) {
79        // TODO Auto-generated method stub
80
81    }
82
```

图 23.9　mousePressed(MouseEvent e) 方法的代码位置

这样，就成功地在 com.mrsoft.frame 包下创建了 MainFrame 类。Eclipse 在创建 MainFrame 类后的效果如图 23.10 所示。

```
Package Explorer
Jigsaw
  src
    com.mrsoft.frame
      MainFrame.java
    com.mrsoft.model
    com.mrsoft.panel
    music
    pic
  JRE System Library [JavaSE-1.8]
  Referenced Libraries
  lib

MainFrame.java
1 package com.mrsoft.frame;
2
3 import javax.swing.JFrame;
4
5 public class MainFrame extends JFrame {
6
7 }
8
```

图 23.10　Eclipse 在创建 MainFrame 类后的效果图

在图 23.10 中的第 4 行，引入 Java 类包，代码如下所示：

```
01 import java.awt.BorderLayout;
02 import java.awt.event.ActionEvent;
03 import java.awt.event.ActionListener;
04 import javax.swing.JButton;
05 import javax.swing.JPanel;
06 import com.mrsoft.music.AudioPlayWave;
07 import com.mrsoft.panel.GamePanel;
```

Eclipse 在引入 Java 类包后的效果如图 23.11 所示。

```
Package Explorer
Jigsaw
  src
    com.mrsoft.frame
      MainFrame.java
    com.mrsoft.model
    com.mrsoft.panel
    music
    pic
  JRE System Library [JavaSE-1.8]
  Referenced Libraries
  lib
```

```
1  package com.mrsoft.frame;
2
3  import javax.swing.JFrame;
4  import java.awt.BorderLayout;
5  import java.awt.event.ActionEvent;
6  import java.awt.event.ActionListener;
7  import javax.swing.JButton;
8  import javax.swing.JPanel;
9  import com.mrsoft.music.AudioPlayWave;
10 import com.mrsoft.panel.GamePanel;
11 public class MainFrame extends JFrame {
12
13 }
```

图 23.11　Eclipse 在引入 Java 类包后的效果图

在图 23.11 中的第 12 行，依次编写 main 方法和 mainFrame 类的构造方法。在 mainFramel 类的构造方法中，把游戏面板添加到主窗体（游戏窗体）中，代码如下所示：

```
01 public static void main(String args[]) {
02     MainFrame frame = new MainFrame();                          // 创建主窗体
03     frame.setVisible(true);                                     // 使主窗体可见
04     // 根据路径找到音乐路径，并创建音乐播放类
05     AudioPlayWave audioPlayWave = new AudioPlayWave("src/music/ 讨喜 .wav");
06     audioPlayWave.start();                                      // 播放音乐
07 }
08 public MainFrame() {                                            // 主窗体的构造方法
09     // 设置窗体内容面板的布局为边界布局
10     getContentPane().setLayout(new BorderLayout());
11     setTitle(" 拼图游戏 ");                                     // 设置窗体的标题
12     setBounds(300, 300, 358, 414);                              // 设置窗体的位置和宽高
13     setDefaultCloseOperation(JFrame.EXIT_ON_CLOSE);             // 设置窗体的关闭方式
14     // 实例化一个用来摆放 " 开始 " 按钮的面板
15     final JPanel panel = new JPanel();
16     // 把用来摆放 " 开始 " 按钮的面板添加到内容面板的上方（北部）
17     getContentPane().add(panel, BorderLayout.NORTH);
18     // 实例化游戏面板
19     final GamePanel gamePanel = new GamePanel();
20     // 把游戏面板添加到内容面板的中间
21     getContentPane().add(gamePanel, BorderLayout.CENTER);
22     // 实例化 " 开始 " 按钮
23     final JButton button = new JButton();
24     // 为 " 开始 " 按钮添加动作事件监听器
25     button.addActionListener(new ActionListener() {
26         public void actionPerformed(final ActionEvent e) {      // " 开始 " 按钮发生动作时
27             // 开始游戏
28             gamePanel.random();
29         }
30     });
31     button.setText(" 开始 ");                                   // 设置按钮中的文本内容
32     panel.add(button);                                          // 把按钮添加到面板中
33 }
```

小结

本案例演示了如何使用 enum 关键字创建枚举类型。此外，枚举类型还可以高效地对数据进行检查，例如在使用 switch 语句时，可以对其进行设置，使其只接受枚举类型的值。这样，就可以判断数据是否符合枚举类型，进而起到检查数据的作用。

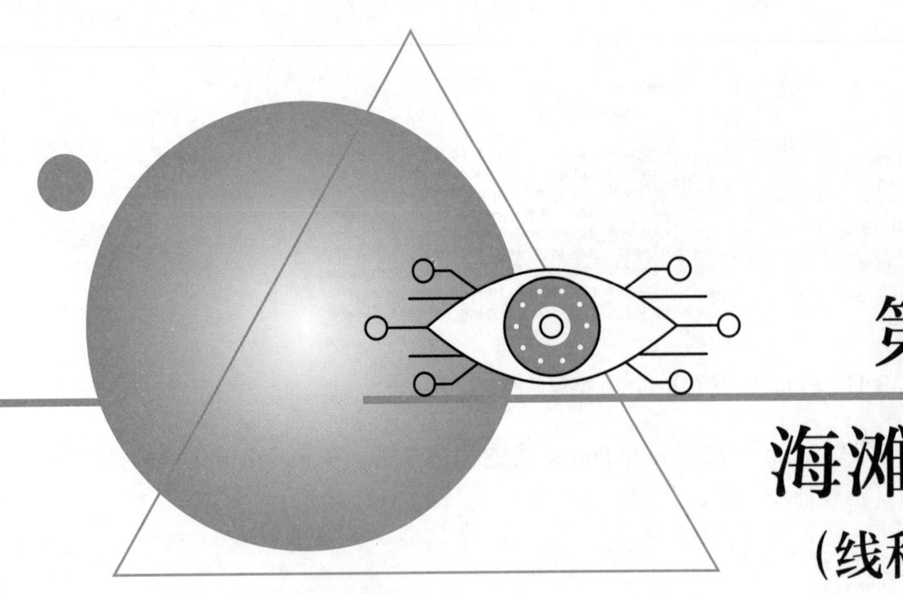

第24章 海滩捉螃蟹游戏（线程 + AWT + Swing 实现）

小游戏是一个比较模糊的概念，它相对于内存庞大、玩法复杂的单机游戏或者网络游戏而言，泛指所有内存很小、玩法简单的游戏，通常这类游戏以休闲益智类为主。小游戏非常重要的两个特点是娱乐性高和没有依赖性。本章将要开发的海滩捉螃蟹游戏就是一款小游戏。

本章的知识结构如下图所示：

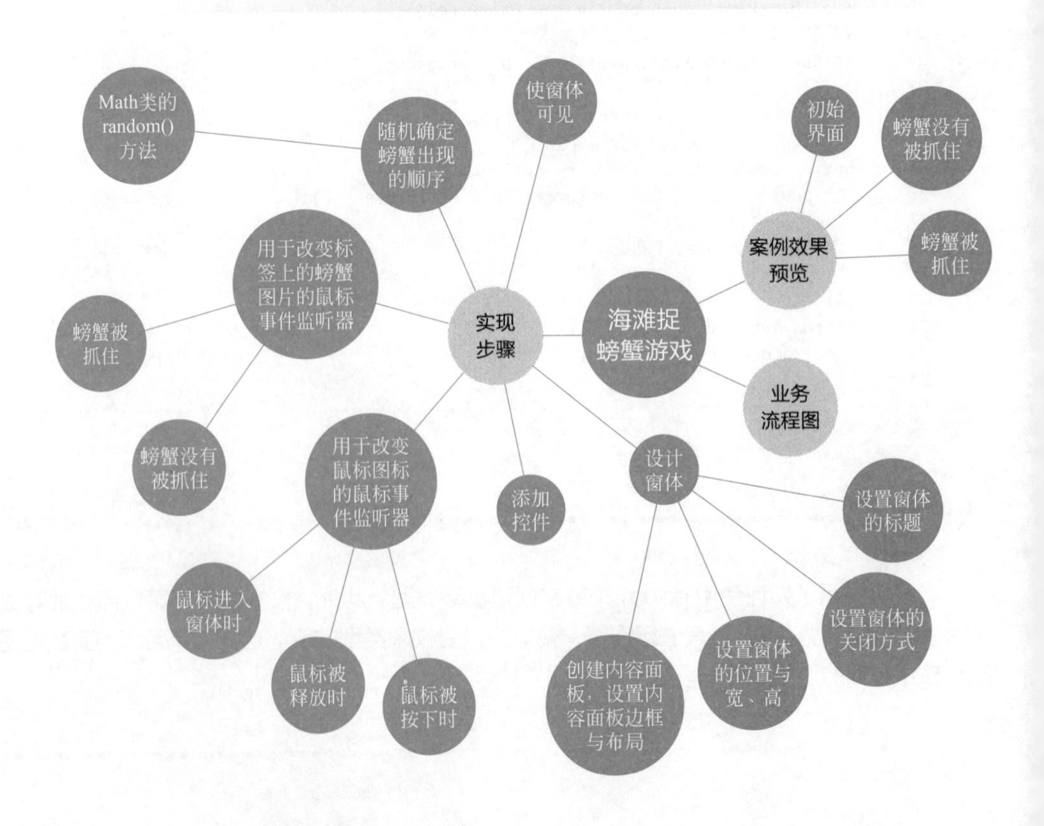

24.1 案例效果预览

本案例将演示如何使用线程和鼠标事件监听器开发一个海滩捉螃蟹游戏，初始界面如图 24.1 所示。运行程序后，会有一个线程控制 6 只螃蟹依次随机地从沙滩上的小洞里爬出来，此时，鼠标的光标呈现的图案是一只张开的、弯曲的手。当使用鼠标抓住某个爬出来的螃蟹时，被抓住的螃蟹会“流眼泪”，鼠标的光标呈现的图案会变成一只正在拾取物品的手如图 24.2 和图 24.3 所示。

图 24.1 初始界面

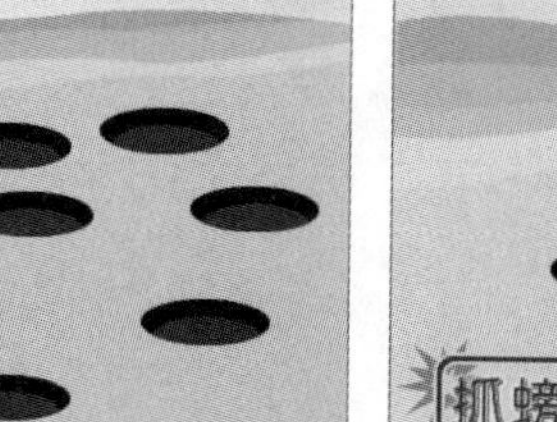
图 24.2 螃蟹没有被抓住

图 24.3 螃蟹被抓住

24.2 业务流程图

海滩捉螃蟹游戏的业务流程如图 24.4 所示。

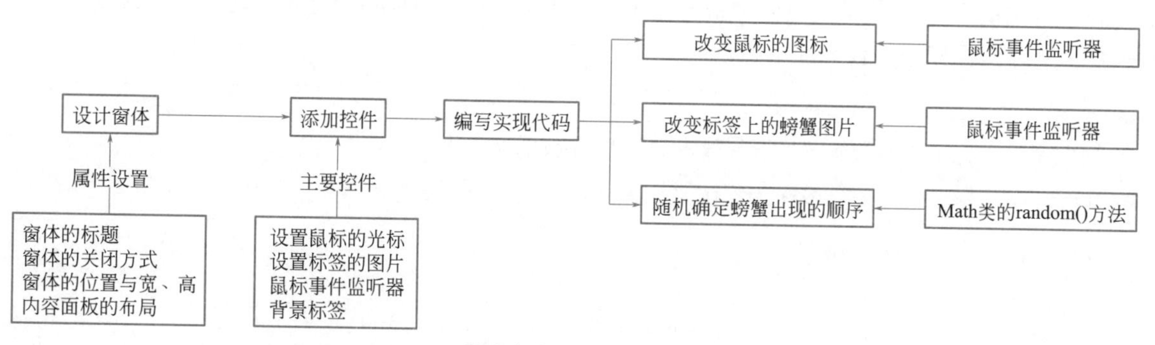

图 24.4 业务流程图

24.3 实现步骤

本案例包括 6 个实现步骤，它们分别是设计窗体、添加控件、用于改变鼠标图标的鼠标事件监听器、用于改变标签上的螃蟹图片的鼠标事件监听器、随机确定螃蟹出现的顺序和使窗体可见。下面将依次对这 6 个步骤进行讲解。

24.3.1 设计窗体

在编写用于设计窗体的代码前，需要在窗体类（CaptureCarbFrame）中声明如下的成员变量。为了方便理解这些成员变量，每一个成员变量都匹配着对应的注释。代码如下所示：

```
01 private JLabel[] carb;                // 存放显示螃蟹的标签数组
02 private ImageIcon imgCarb;            // " 螃蟹笑呵呵 " 的图片对象
03 private ImageIcon imgCarb2;           // " 螃蟹流眼泪 " 的图片对象
04 private MouseCrab mouseCrab;          // 显示螃蟹的标签控件的鼠标事件监听器
```

虽然在设计窗体时用不到上述变量，但是这些变量作为本案例的成员变量，理应被编写在窗体类（CaptureCarbFrame）的开头位置。

在窗体类（CaptureCarbFrame）的构造方法中，从窗体的标题，窗体的关闭方式，窗体的位置与宽、高和内容面板的边框与布局这 4 个方面，编写用于设计窗体的代码。代码如下所示：

```
01 public CaptureCarbFrame() {
02     super();
03     setResizable(false);                                  // 禁止调整窗体大小
04     getContentPane().setLayout(null);                     // 窗体不使用布局管理器
05     setTitle(" 海滩捉螃蟹 ");                              // 设置窗体标题
06     setDefaultCloseOperation(JFrame.EXIT_ON_CLOSE);       // 设置窗体的关闭方式
07     // 初始化背景图片对象
08     ImageIcon img = new ImageIcon(getClass().getResource("background.jpg"));
09     // 设置窗体近似背景图片大小
10     setBounds(100, 100, img.getIconWidth(), img.getIconHeight() + 30);
11     …// 省略其他代码
12 }
```

24.3.2 添加控件

本节将在窗体类（CompressFileWithPassword）的构造方法中，编写用于实现添加控件的代码。

（1）使用图片创建 2 个鼠标光标对象

为了提高游戏的画面质感，需要重新设计鼠标光标的样式。当鼠标进入窗体时，鼠标的光标呈现的图案是一只张开的、弯曲的手；当鼠标在窗体中没有被按下或者被释放时，鼠标的光标呈现的图案是一只张开的、弯曲的手；当鼠标在窗体中被按下时，鼠标的光标呈现的图案是一只正在拾取物品的手。用于重新设计鼠标光标样式的代码如下所示：

```
01 // 创建第一个鼠标图标
02 ImageIcon icon = new ImageIcon(getClass().getResource("hand.jpg"));
03 // 创建第二个鼠标图标
04 ImageIcon icon2 = new ImageIcon(getClass().getResource("hand2.jpg"));
05 // 获取每个图标的图片
06 Image image = icon.getImage();
07 Image image2 = icon2.getImage();
08 // 使用图片创建 2 个鼠标光标对象
09 final Cursor cursor1 = getToolkit().createCustomCursor(image, new Point(0, 0), "hand1");
10 final Cursor cursor2 = getToolkit().createCustomCursor(image2, new Point(0, 0), "hand2");
```

（2）初始化鼠标事件监听器

本案例包含两个鼠标事件监听器：一个用于监听显示螃蟹的标签；另一个用于监听鼠标。运行本案例后，即可开始游戏，这时就需要对显示螃蟹的标签和鼠标同时进行监听，直至游戏结束。用于初始化鼠标事件监听器的代码如下所示：

```
01 // 初始化用于改变鼠标图标的鼠标事件监听器
02 mouseCrab = new MouseCrab(cursor1, cursor2);
03 Catcher catcher = new Catcher();// 初始化用于改变标签上的螃蟹图片的鼠标事件监听器
```

（3）设置用于显示螃蟹的标签的图片

螃蟹被抓住和没有被抓住是两种状态，需要使用两张图片对显示螃蟹的标签进行设置。当螃蟹没有被抓住时，螃蟹“笑呵呵”；当螃蟹被抓住时，螃蟹“流眼泪”。使用两张图片对显示螃蟹的标签进行设置的代码如下所示：

```
01 // 初始化螃蟹图片对象
02 imgCarb = new ImageIcon(getClass().getResource("crab.png"));
03 imgCarb2 = new ImageIcon(getClass().getResource("crab2.png"));
```

（4）为每一个显示螃蟹的标签添加鼠标事件监听器

在游戏中，一共有 6 只螃蟹。也就是说，有 6 个用于显示螃蟹的标签。把这 6 个标签存储在一个数组里。当螃蟹没有被抓住时，螃蟹“笑呵呵”。当螃蟹被抓住时，螃蟹“流眼泪”，鼠标的光标的图案是一只正在拾取物品的手。也就是说，当螃蟹被抓住时，鼠标的光标也会随之改变。因此，要为每一个显示螃蟹的标签添加两个鼠标事件监听器：一个用于监听显示螃蟹的标签；另一个用于监听鼠标。此外，还要分别设置每个显示螃蟹的标签在内容面板上的位置。

用于为每一个显示螃蟹的标签添加鼠标事件监听器的代码如下所示：

```
01 carb = new JLabel[6];                    // 创建显示螃蟹的标签数组
02 for (int i = 0; i < 6; i++) {           // 遍历数组
03     carb[i] = new JLabel();              // 初始化每一个数组元素
04     // 设置标签与螃蟹图片大小相同
05     carb[i].setSize(imgCarb.getIconWidth(), imgCarb.getIconHeight());
06     // 为标签添加事件监听器
07     carb[i].addMouseListener(catcher);
08     carb[i].addMouseListener(mouseCrab);
09     getContentPane().add(carb[i]); // 添加显示螃蟹的标签到窗体
10 }
11 // 设置每个标签的位置
12 carb[0].setLocation(253, 315);
13 carb[1].setLocation(333, 265);
14 carb[2].setLocation(388, 311);
15 carb[3].setLocation(362, 379);
16 carb[4].setLocation(189, 368);
17 carb[5].setLocation(240, 428);
```

（5）背景标签

背景标签用于显示游戏的背景图片，背景标签的宽、高由背景图片的宽、高决定。创建并设置背景标签的代码如下所示：

```
01 final JLabel backLabel = new JLabel();        // 创建显示背景的标签
02 // 设置标签与背景图片大小相同
03 backLabel.setBounds(0, 0, img.getIconWidth(), img.getIconHeight());
04 backLabel.setIcon(img);                       // 添加背景到标签
05 getContentPane().add(backLabel);              // 添加背景标签到窗体
```

（6）游戏开始时的其他设置

开始游戏后，既要对鼠标的光标进行设置，又要为内容面板添加用于监听鼠标图标的监听器。实现上述两个功能的代码如下所示：

```
01 setCursor(cursor1);// 设置默认使用第一个鼠标光标
02 addMouseListener(mouseCrab);// 为面板添加鼠标事件监听器
```

24.3.3 用于改变鼠标图标的鼠标事件监听器

运行程序后，即可开始游戏。当鼠标进入窗体时，鼠标的光标呈现的图案是一只张开的、弯曲的手；当鼠标在窗体中被按下时，鼠标的光标呈现的图案是一只正在拾取物品的手；当鼠标在窗体中被释放时，鼠标的光标呈现的图案是一只张开的、弯曲的手。也就是说，鼠标的光标会根据鼠标被按下或者被释放呈现不同的图案。此外，当鼠标进入窗体时，鼠标的光标呈现的图案是一只张开的、弯曲的手。因此，本案例自定义一个鼠标事件监听器，用于改变鼠标的图标。代码如下所示：

```
01 private final class MouseCrab implements MouseListener {
02     private final Cursor cursor1;    // 鼠标图标 1
03     private final Cursor cursor2;    // 鼠标图标 2
04
05     /**
06      * 构造方法
07      * @param cursor1
08      * @param cursor2
09      */
10     private MouseCrab(Cursor cursor1, Cursor cursor2) {
11         this.cursor1 = cursor1;
12         this.cursor2 = cursor2;
13     }
14
15     @Override
16     public void mouseReleased(MouseEvent e) {
17         setCursor(cursor1);          // 鼠标按键释放时设置光标为 cursor1
18     }
19
20     @Override
21     public void mousePressed(MouseEvent e) {
22         setCursor(cursor2);          // 鼠标按键按下时设置光标为 cursor2
23     }
24
25     @Override
26     public void mouseExited(MouseEvent e) {
27         setCursor(cursor1);          // 鼠标离开控件区域时设置光标为 cursor1
28     }
29
30     @Override
31     public void mouseEntered(MouseEvent e) {
32     }
33
34     @Override
35     public void mouseClicked(MouseEvent e) {
36     }
37 }
```

24.3.4 用于改变标签上的螃蟹图片的鼠标事件监听器

游戏开始后，当螃蟹没有被抓住时，螃蟹“笑呵呵”；当螃蟹被抓住时，螃蟹“流眼泪”。也就是说，标签上的螃蟹图片会根据螃蟹有没有被抓住发生改变。此外，当螃蟹被抓住时，鼠标是被按下的；当被按下的鼠标被释放时，被抓住的螃蟹就会“消失”。因此，本案例自定义一个鼠标事件监听器，用于改变标签上的螃蟹图片。代码如下所示：

```
01 private final class Catcher extends MouseAdapter {
02     @Override
03     public void mousePressed(MouseEvent e) {
04         if (e.getButton() != MouseEvent.BUTTON1)
05             return;
06         Object source = e.getSource();       // 获取事件源，即螃蟹标签
07         if (source instanceof JLabel) {      // 如果事件源是标签组件
08             JLabel carb = (JLabel) source;   // 强制转换为 JLabel 标签
09             if (carb.getIcon() != null)
10                 carb.setIcon(imgCarb2);      // 为该标签添加螃蟹图片
11         }
12     }
13
14     @Override
15     public void mouseReleased(MouseEvent e) {
16         if (e.getButton() != MouseEvent.BUTTON1)
```

```
17              return;
18          Object source = e.getSource();      // 获取事件源，即螃蟹标签
19          if (source instanceof JLabel) {     // 如果事件源是标签组件
20              JLabel carb = (JLabel) source;  // 强制转换为 JLabel 标签
21              carb.setIcon(null);             // 清除标签中的螃蟹图片
22          }
23      }
24 }
```

24.3.5 随机确定螃蟹出现的顺序

本案例的一个难点是如何使用线程控制螃蟹从沙滩上的小洞里爬出来。为了提高游戏的娱乐性，螃蟹不能依次按照固定的顺序爬出来，而是应该依次随机地爬出来，这个操作由 Math 类的 random() 方法完成。此外，还要使用循环让螃蟹的图案不停地显示在标签上，如果当前标签没有显示螃蟹的图案，就设置这个标签的图标，达到显示螃蟹图案的目的。由于要使用线程实现上述两个功能，因此要把用于实现这两个功能的代码编写在 run() 方法里。run() 方法的代码如下所示：

```
01 public void run() {
02     while (true) {                                      // 使用无限循环
03         try {
04             Thread.sleep(1000);                         // 使线程休眠 1 秒
05             int index = (int) (Math.random() * 6);      // 生成随机的螃蟹索引
06             if (carb[index].getIcon() == null) {        // 如果螃蟹标签没有设置图片
07                 carb[index].setIcon(imgCarb);           // 为该标签添加螃蟹图片
08             }
09         } catch (InterruptedException e) {
10             e.printStackTrace();
11         }
12     }
13 }
```

24.3.6 使窗体可见

通过以上内容，已经完成了对窗体类（CaptureCarbFrame）的构造方法、初始化显示螃蟹标签组件的事件监听器、初始化改变鼠标图标的事件监听器和随机确定螃蟹出现的顺序的编写。但是，现在的程序由于没有主方法不能运行。为此，要在窗体类（CaptureCarbFrame）中键入主方法。代码如下所示：

```
01 public static void main(String args[]) {
02     // 创建程序窗体
03     CaptureCarbFrame frame = new CaptureCarbFrame();
04     frame.setVisible(true);         // 显示窗体
05     new Thread(frame).start();      // 创建线程并启动
06 }
```

小结

海滩捉螃蟹游戏还有很大的完善空间。例如，计分、设置游戏难度等。也就是说，本章的海滩捉螃蟹游戏只是一个雏形，读者可以根据本书所学的知识，充分发挥想象，把每一条好的想法都通过编码落实。这样，既能够完善海滩捉螃蟹游戏，又能够提高自身的编码能力。

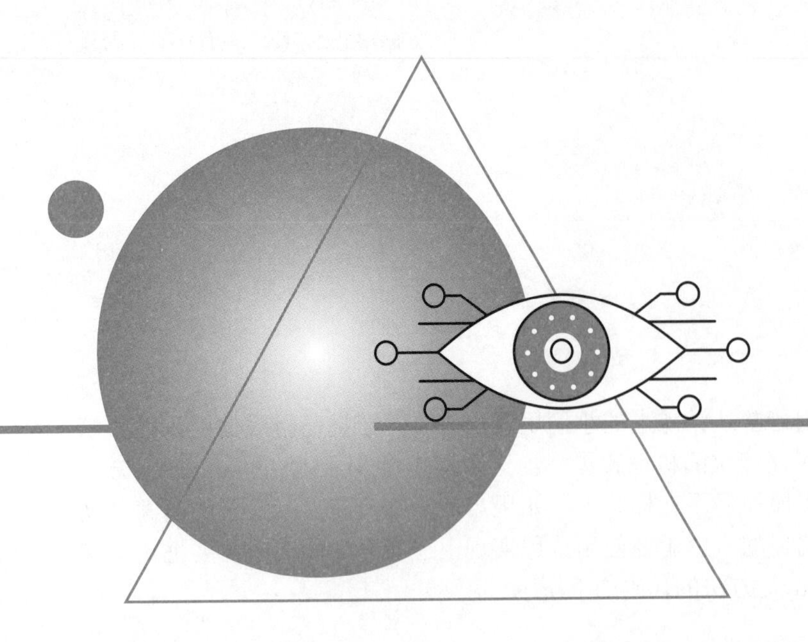

第25章 简笔画小程序（AWT + Swing 实现）

Windows 自带了一款画图软件，它不仅有各式各样的画笔、图形等工具，还有设置颜色、填充背景、添加文字等功能。用户能够使用鼠标在画图软件中绘画，并且能够把绘制好的图像保存为任何一种图片格式。本章将使用 Java 语言中的相关技术开发一个类似于画图软件的简笔画小程序。

本章的知识结构如下图所示：

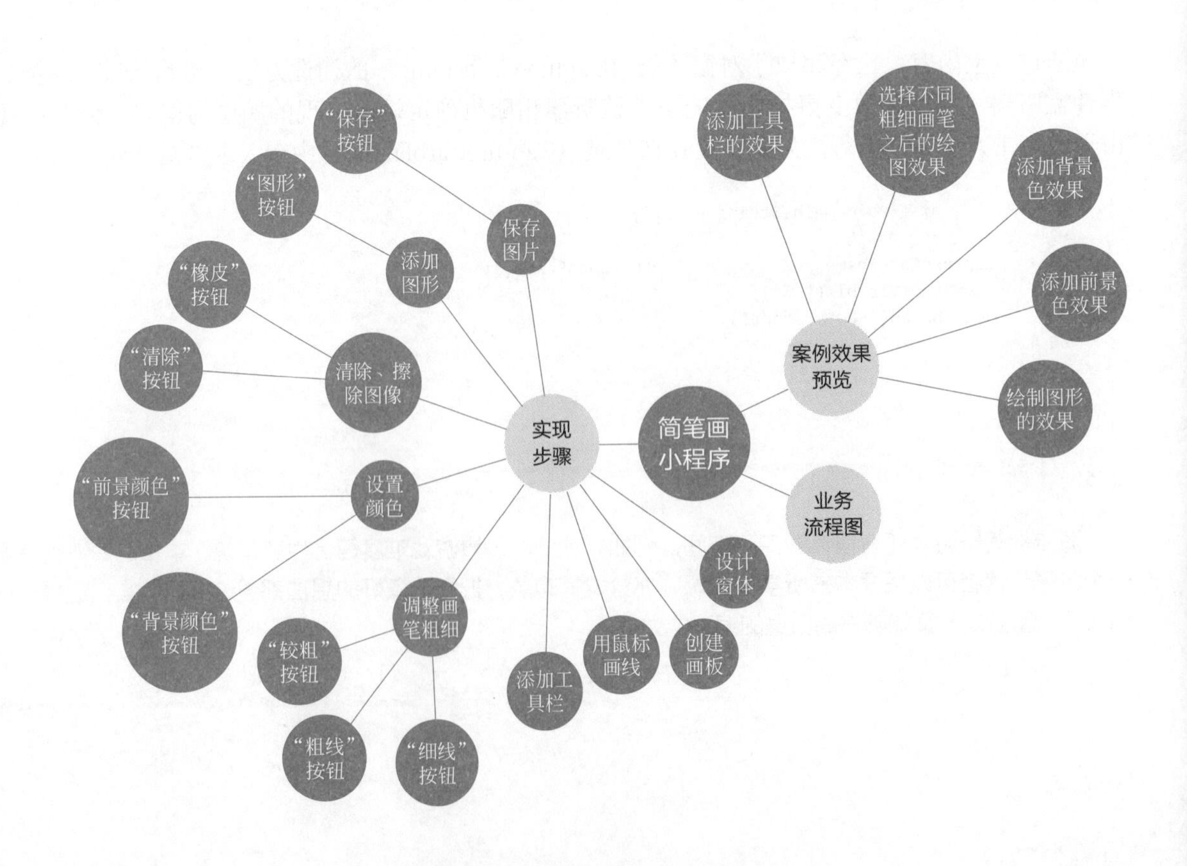

25.1 案例效果预览

简笔画小程序是一款由 Java 语言编写的类似于 Windows 的画图软件的小程序。简笔画小程序包含了设置画笔粗细、选择背景颜色、选择画笔颜色、绘制图形、清除图像、使用橡皮等功能。运行简笔画小程序后的效果如图 25.1 ～图 25.5 所示。

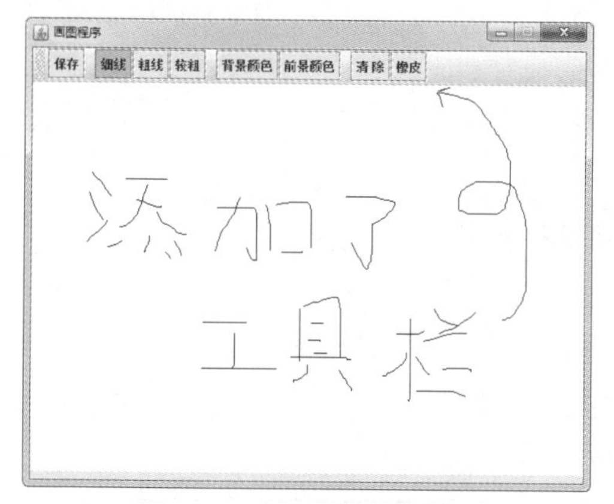

图 25.1 添加工具栏的效果

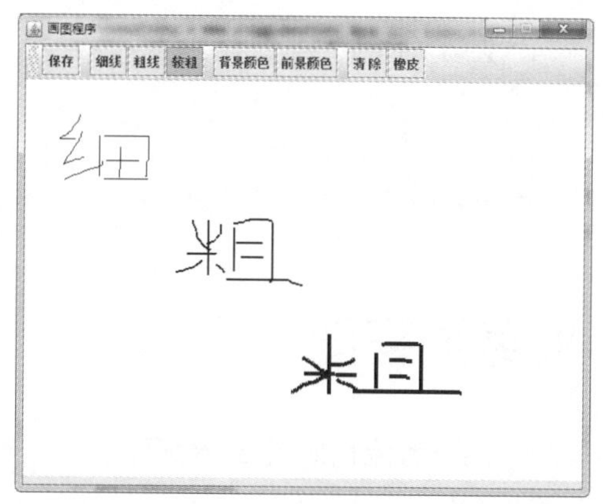

图 25.2 选择不同粗细画笔之后的绘图效果

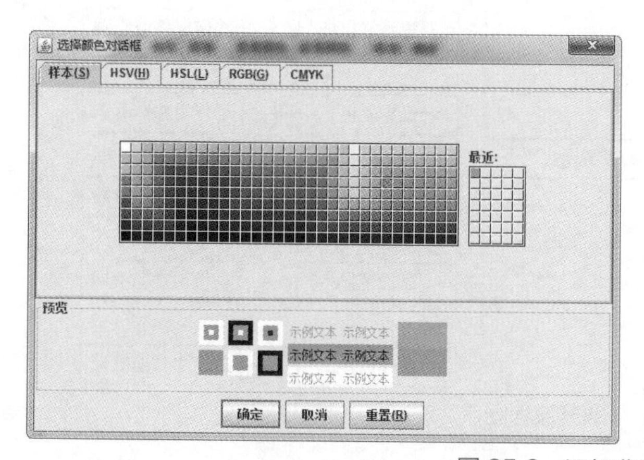

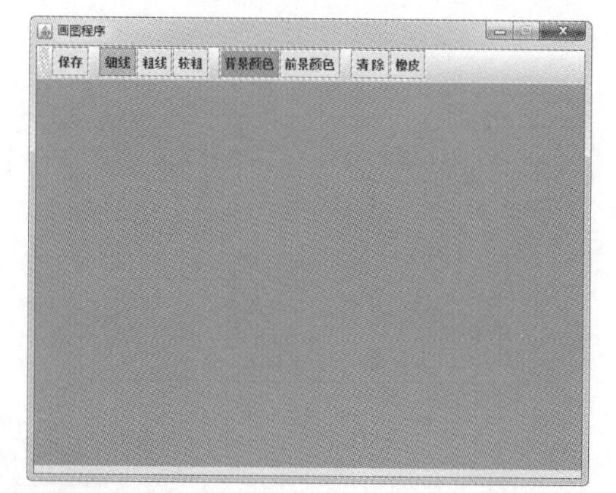

图 25.3 添加背景色效果

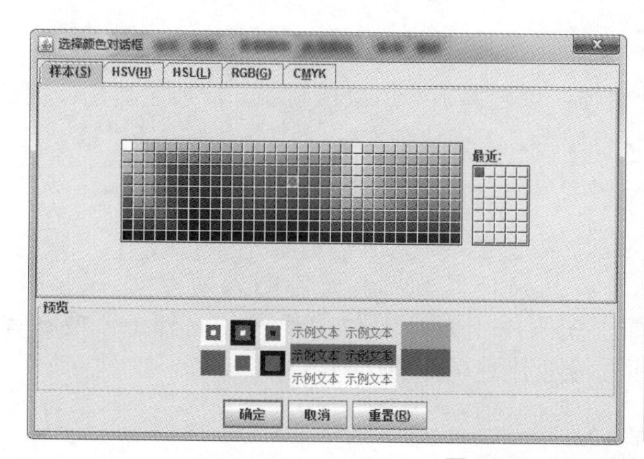

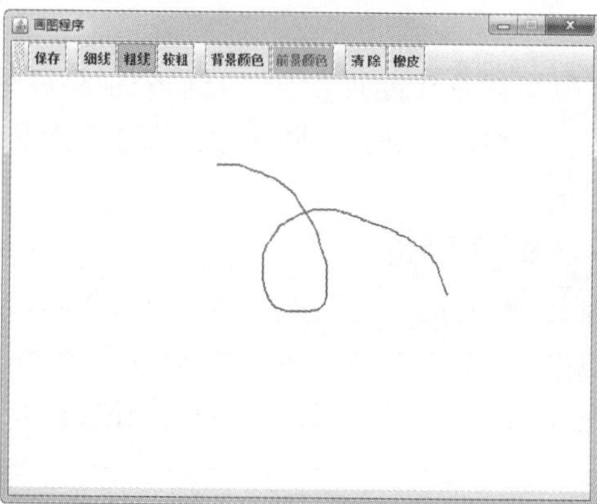

图 25.4 添加前景色效果

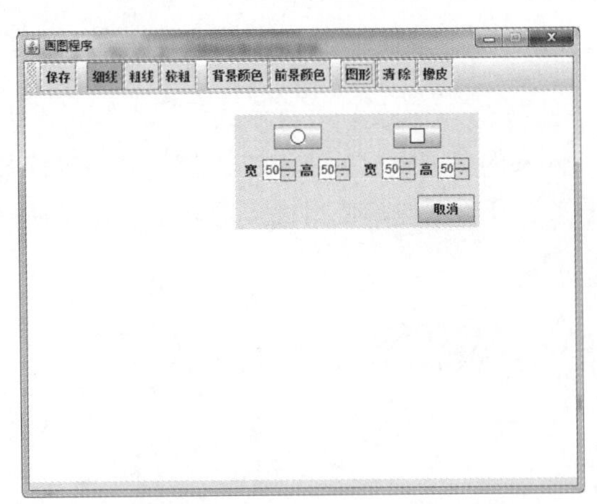

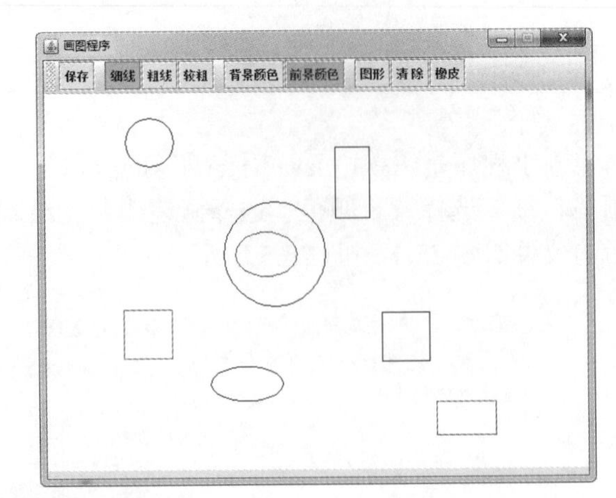

图 25.5 绘制图形的效果

25.2 业务流程图

简笔画小程序的业务流程如图 25.6 所示。

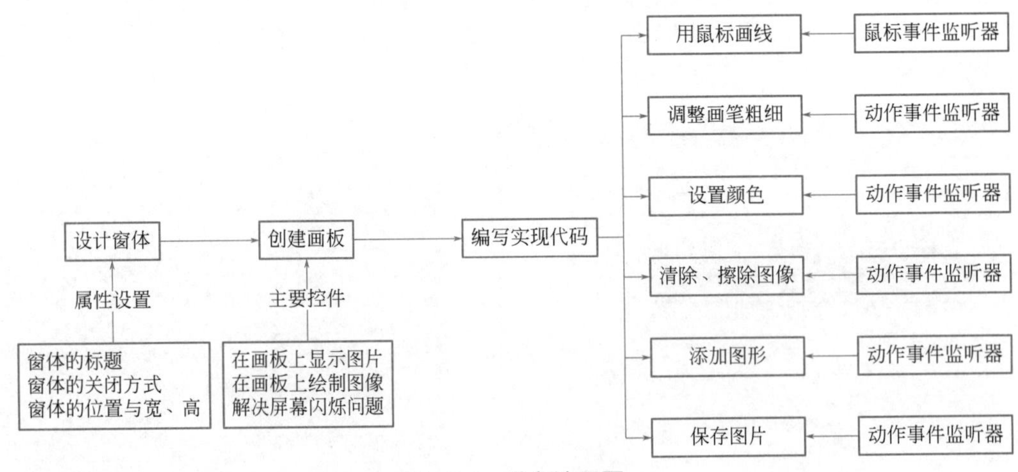

图 25.6 业务流程图

25.3 实现步骤

本案例包括 9 个实现步骤，它们分别是设计窗体，创建画板，用鼠标画线，添加工具栏，调整画笔粗细，设置颜色，清除、擦除图像，添加图形和保存图片。下面将依次对这 9 个步骤进行讲解。

25.3.1 设计窗体

在窗体类（DrawPictureFrame）的构造方法中，从窗体的标题，窗体的关闭方式，窗体的位置与宽、高和内容面板的边框与布局这 4 个方面，编写用于设计窗体的代码。此外，还要在窗体类（DrawPictureFrame）中，添加主方法，让窗体可见。实现上述功能的代码如下所示：

```
01 public class DrawPictureFrame extends JFrame {          // 继承窗体类
02   public DrawPictureFrame() {
03       setResizable(false);                               // 窗体不能改变大小
```

```
04        setTitle(" 画图程序 ");                              // 设置标题
05        setDefaultCloseOperation(JFrame.EXIT_ON_CLOSE);    // 窗体关闭则停止程序
06        setBounds(500, 100, 574, 460);                    // 设置窗体位置和宽高
07    }
08    public static void main(String[] args) {
09        DrawPictureFrame frame = new DrawPictureFrame();   // 创建窗体对象
10        frame.setVisible(true);                           // 让窗体可见
11    }
12 }
```

25.3.2 创建画板

（1）创建画板类

画板类是一个单独的类，它继承 Canvas 类。在画板类中，有 3 个方法：用于在画板上显示图片的 setImage() 方法、用于在画板上绘制图像的 paint() 方法和用于解决屏幕闪烁问题的 update() 方法。画板类的代码如下所示：

```
01 public class DrawPictureCanvas extends Canvas {
02    private Image image = null;                        // 创建画板中展示的图片对象
03
04    /**
05     * 在画板上显示图片
06     */
07    public void setImage(Image image) {
08        this.image = image;                            // 为成员变量赋值
09    }
10
11    /**
12     * 在画板上绘制图像
13     */
14    public void paint(Graphics g) {
15        g.drawImage(image, 0, 0, null);                // 在画布上绘制图像
16    }
17
18    /**
19     * 解决屏幕闪烁问题
20     */
21    public void update(Graphics g) {
22        paint(g); // 调用 paint 方法
23    }
24 }
```

（2）将画板放入窗体中

在窗体类（DrawPictureFrame）中添加画板类对象，以及准备显示在画板上的图片对象。在这段代码中，还使用了 java.awt.Graphics2D 这个类，它是用于在 Java(tm) 平台上呈现二维形状、文本和图像的基础类，它提供了丰富的绘图方法。将画板放入窗体中的代码如下所示：

```
01 // 创建一个 8 位 RGB 颜色分量的图像
02 BufferedImage image = new BufferedImage(570, 390,BufferedImage.TYPE_INT_BGR);
03 Graphics gs = image.getGraphics();                    // 获得图像的绘图对象
04 Graphics2D g = (Graphics2D) gs;                       // 将绘图对象转换为 Graphics2D 类型
05 DrawPictureCanvas canvas = new DrawPictureCanvas();   // 创建画布对象
06 Color foreColor = Color.BLACK;                        // 定义前景色
07 Color backgroundColor = Color.WHITE;                  // 定义背景色
08 public DrawPictureFrame() {
09   …// 省略设计窗体的代码
10   init();                                             // 组件初始化
11 }
```

```
12 private void init() {
13   g.setColor(backgroundColor);       // 用背景色设置绘图对象的颜色
14   g.fillRect(0, 0, 570, 390);        // 用背景色填充整个画布
15   g.setColor(foreColor);             // 用前景色设置绘图对象的颜色
16   canvas.setImage(image);            // 设置画布的图像
17   getContentPane().add(canvas);      // 将画布添加到窗体容器默认布局的中部位置
18 }
```

25.3.3 用鼠标画线

通过按下、移动鼠标，能够控制画笔的位置。为鼠标添加画笔功能后，即可实现在画板中画线的功能。Java 提供了鼠标事件监听器，用于监听鼠标一系列的动作。本程序要在窗体类（DrawPictureFrame）中为鼠标添加鼠标事件监听器，代码如下所示：

```
01 int x = -1;                                                  // 上一次鼠标绘制点的横坐标
02 int y = -1;                                                  // 上一次鼠标绘制点的纵坐标
03 boolean rubber = false;                                      // 橡皮标识变量
04 public DrawPictureFrame() {
05   …// 省略重复代码
06   addListener();                                             // 添加组件监听
07 }
08 private void addListener() {
09   // 画板添加鼠标移动事件监听
10   canvas.addMouseMotionListener(new MouseMotionAdapter() {
11       public void mouseDragged(final MouseEvent e) {         // 当鼠标拖拽时
12           if (rubber) {                                      // 橡皮标识为 true，表示使用橡皮
13               if (x > 0 && y > 0) {                          // 如果 x 和 y 存在鼠标记录
14                   g.setColor(backgroundColor);               // 绘图工具使用背景色
15                   g.fillRect(x, y, 10, 10);                  // 在鼠标划过的位置画填充的正方形
16               }
17               x = e.getX();                                  // 获得鼠标在画布上的横坐标
18               y = e.getY();                                  // 获得鼠标在画布上的纵坐标
19           } else {                                           // 如果橡皮标识为 false，表示画图
20               if (x > 0 && y > 0) {                          // 如果 x 和 y 存在鼠标记录
21               // 在鼠标划过的位置画直线
22                   g.drawLine(x, y, e.getX(), e.getY());
23               }
24               x = e.getX();                                  // 上一次鼠标绘制点的横坐标
25               y = e.getY();                                  // 上一次鼠标绘制点的纵坐标
26           }
27           canvas.repaint();                                  // 更新画布
28       }
29   });
30   canvas.addMouseListener(new MouseAdapter() {               // 画板添加鼠标点击事件监听
31       public void mouseReleased(final MouseEvent arg0) {     // 当按键抬起时
32           x = -1;                                            // 将记录上一次鼠标绘制点的横坐标恢复成 -1
33           y = -1;                                            // 将记录上一次鼠标绘制点的纵坐标恢复成 -1
34       }
35   });
36 }
```

25.3.4 添加工具栏

工具栏提供了一些按钮，可以满足日常操作。工具栏可以随意地被拖拽到窗体的四周，甚至可以被拖离窗体。在工具栏中，有 9 个按钮，它们分别是“保存”按钮、“细线”按钮、“粗线”按钮、“较粗”按钮、“背景颜色”按钮、“前景颜色”按钮、“图形”按钮、“清除”按钮和“橡皮”按钮。下面将在窗体类（DrawPictureFrame）中编写用于实现工具栏的代码。

首先，在窗体类（DrawPictureFrame）中，声明如下成员变量：

```
01 boolean drawShape = false;                        // 画图形标识变量
02 Shapes shape;                                     // 绘制的图形
03 private JToolBar toolBar;                         // 工具栏
04 private JButton eraserButton;                     // 橡皮按钮
05 private JToggleButton strokeButton1;              // 细线按钮
06 private JToggleButton strokeButton2;              // 粗线按钮
07 private JToggleButton strokeButton3;              // 较粗按钮
08 private JButton backgroundButton;                 // 背景色按钮
09 private JButton foregroundButton;                 // 前景色按钮
10 private JButton ShapeButton;                      // 图形按钮
11 private JButton clearButton;                      // 清除按钮
12 private JButton saveButton;                       // 保存按钮
```

然后，在窗体类（DrawPictureFrame）的 init() 方法中，初始化上述成员变量，代码如下所示：

```
01 toolBar = new JToolBar();                         // 初始化工具栏
02 getContentPane().add(toolBar, BorderLayout.NORTH); // 工具栏添加到窗体最北位置
03
04 saveButton = new JButton(" 保存 ");                // 初始化按钮对象，并添加文本内容
05 toolBar.add(saveButton);                          // 工具栏添加按钮
06 toolBar.addSeparator();                           // 添加分割条
07
08 strokeButton1 = new JToggleButton(" 细线 ");       // 初始化有选中状态的按钮对象，并添加文本内容
09 strokeButton1.setSelected(true);                  // 细线按钮处于被选中状态
10 toolBar.add(strokeButton1);                       // 工具栏添加按钮
11 strokeButton2 = new JToggleButton(" 粗线 ");       // 初始化有选中状态的按钮对象，并添加文本内容
12 toolBar.add(strokeButton2);                       // 工具栏添加按钮
13 strokeButton3 = new JToggleButton(" 较粗 ");       // 初始化有选中状态的按钮对象，并添加文本内容
14 ButtonGroup strokeGroup = new ButtonGroup();      // 画笔粗细按钮组，保证同时只有一个按钮被选中
15 strokeGroup.add(strokeButton1);                   // 按钮组添加按钮
16 strokeGroup.add(strokeButton2);                   // 按钮组添加按钮
17 strokeGroup.add(strokeButton3);                   // 按钮组添加按钮
18 toolBar.add(strokeButton3);                       // 工具栏添加按钮
19 toolBar.addSeparator();                           // 添加分割
20 backgroundButton = new JButton(" 背景颜色 ");       // 初始化按钮对象，并添加文本内容
21 toolBar.add(backgroundButton);                    // 工具栏添加按钮
22 foregroundButton = new JButton(" 前景颜色 ");       // 初始化按钮对象，并添加文本内容
23 toolBar.add(foregroundButton);                    // 工具栏添加按钮
24 toolBar.addSeparator();                           // 添加分割条
25 shapeButton = new JButton(" 图形 ");               // 初始化按钮对象，并添加文本内容
26 toolBar.add(shapeButton);                         // 工具栏添加按钮
27 clearButton = new JButton(" 清除 ");               // 初始化按钮对象，并添加文本内容
28 toolBar.add(clearButton);                         // 工具栏添加按钮
29 eraserButton = new JButton(" 橡皮 ");              // 初始化按钮对象，并添加文本内容
30 toolBar.add(eraserButton);                        // 工具栏添加按钮
```

25.3.5 调整画笔粗细

默认情况下，Java 绘图类的画笔属性是粗细为 1 个像素的正方形，而 Graphics2D 类可以调用 setStroke() 方法设置画笔的属性，如改变线条的粗细、虚实和定义线段端点的形状、风格等。setStroke() 方法必须接受一个 Stroke 接口的实现类作参数，java.awt 包中提供了 BasicStroke 类，它实现了 Stroke 接口，并且通过不同的构造方法创建画笔属性不同的对象。下面将使用 BasicStroke 类实现调整画笔粗细的功能。

在工具栏中，有“细线”按钮、“粗线”按钮和“较粗”按钮。用户通过单击这 3 个按钮调整画笔粗细。在窗体类（DrawPictureFrame）的 addListener() 方法中，对用于监听这 3 个按钮的监听器进行编码，代码如下所示：

```
01 strokeButton1.addActionListener(new ActionListener() {        // "细线"按钮添加动作监听
02   public void actionPerformed(final ActionEvent arg0) {        // 点击时
03       // 声明画笔的属性，粗细为 1 像素，线条末端无修饰，折线处呈尖角
04       BasicStroke bs = new BasicStroke(1, BasicStroke.CAP_BUTT, BasicStroke.JOIN_MITER);
05       g.setStroke(bs); // 画图工具使用此画笔
06   }
07 });
08
09 strokeButton2.addActionListener(new ActionListener() {        // "粗线"按钮添加动作监听
10   public void actionPerformed(final ActionEvent arg0) {
11       // 声明画笔的属性，粗细为 2 像素，线条末端无修饰，折线处呈尖角
12       BasicStroke bs = new BasicStroke(2, BasicStroke.CAP_BUTT, BasicStroke.JOIN_MITER);
13       g.setStroke(bs);                                         // 画图工具使用此画笔
14   }
15 });
16
17 strokeButton3.addActionListener(new ActionListener() {        // "较粗"按钮添加动作监听
18   public void actionPerformed(final ActionEvent arg0) {
19       // 声明画笔的属性，粗细为 4 像素，线条末端无修饰，折线处呈尖角
20       BasicStroke bs = new BasicStroke(4, BasicStroke.CAP_BUTT, BasicStroke.JOIN_MITER);
21       g.setStroke(bs);                                         // 画图工具使用此画笔
22   }
23 });
```

25.3.6 设置颜色

使用 Color 类可以创建任何颜色的对象，不用担心不同平台是否支持该颜色，因为 Java 以跨平台和与硬件无关的方式支持颜色管理。使用绘图类的 setColor() 方法既能够设置画笔的颜色（即前景色），又能够实现添加背景颜色的功能。

在工具栏中，有“背景颜色”按钮和“前景颜色”按钮。用户通过单击这两个按钮，能够添加背景颜色或者设置画笔的颜色（即前景色）。在窗体类（DrawPictureFrame）的 addListener() 方法中，对用于监听这两个按钮的监听器进行编码，代码如下所示：

```
01 backgroundButton.addActionListener(new ActionListener() {           // 背景颜色按钮添加动作监听
02   public void actionPerformed(final ActionEvent arg0) {           // 点击时
03       // 打开选择颜色对话框，参数依次为：父窗体、标题、默认选中的颜色（青色）
04       Color bgColor = JColorChooser.
05           showDialog(DrawPictureFrame.this, "选择颜色对话框", Color.CYAN);
06       if (bgColor != null) {                                      // 如果选中的颜色不是空的
07           backgroundColor = bgColor;                              // 将选中的颜色赋给背景色变量
08       }
09       backgroundButton.setBackground(backgroundColor);            // 背景色按钮也更换为这种背景颜色
10       g.setColor(backgroundColor);                                // 绘图工具使用背景色
11       g.fillRect(0, 0, 570, 390);                                 // 画一个背景颜色的方形填满整个画布
12       g.setColor(foreColor);                                      // 绘图工具使用前景色
13       canvas.repaint();                                           // 更新画布
14   }
15 });
16
17 foregroundButton.addActionListener(new ActionListener() {           // 前景色颜色按钮添加动作监听
18   public void actionPerformed(final ActionEvent arg0) {           // 点击时
19       // 打开选择颜色对话框，参数依次为：父窗体、标题、默认选中的颜色（青色）
20       Color fColor = JColorChooser.
21           showDialog(DrawPictureFrame.this, "选择颜色对话框", Color.CYAN);
22       if (fColor != null) {                                       // 如果选中的颜色不是空的
23           foreColor = fColor;                                     // 将选中的颜色赋给前景色变量
24       }
25       foregroundButton.setForeground(foreColor);                  // 前景色按钮的文字也更换为这种颜色
26       g.setColor(foreColor);                                      // 绘图工具使用前景色
27   }
28 });
```

25.3.7 清除、擦除图像

在工具栏中，有“清除”按钮和“橡皮”按钮。当用户单击“清除”按钮时，绘制完成的图像会被重新绘制成与背景颜色相同的颜色，达到“清除图像”的效果；当用户单击“橡皮”按钮时，画笔会变成与背景颜色相同的颜色，使用画笔对绘制完成的图像进行涂鸦后，就能够达到“擦除图像”的效果。在窗体类（DrawPictureFrame）的 addListener() 方法中，对用于监听这两个按钮的监听器进行编码，代码如下所示：

```
01 clearButton.addActionListener(new ActionListener() {          // 清除按钮添加动作监听
02   public void actionPerformed(final ActionEvent arg0) {       // 点击时
03       g.setColor(backgroundColor);                            // 绘图工具使用背景色
04       g.fillRect(0, 0, 570, 390);                             // 画一个背景颜色的方形填满整个画布
05       g.setColor(foreColor);                                  // 绘图工具使用前景色
06       canvas.repaint();                                       // 更新画布
07   }
08 });
09
10 eraserButton.addActionListener(new ActionListener() {         // 橡皮按钮添加动作监听
11   public void actionPerformed(final ActionEvent arg0) {       // 点击时
12       if (eraserButton.getText().equals(" 橡皮 ")) {          // 单击工具栏上的橡皮按钮，使用橡皮
13           rubber = true;                                      // 设置橡皮标识为 true
14           eraserButton.setText(" 画图 ");                     // 改变按钮上显示的文本为画图
15       } else {                                                // 单击工具栏上的画图按钮，使用画笔
16           rubber = false;                                     // 设置橡皮标识为 false
17           eraserButton.setText(" 橡皮 ");                     // 改变按钮上显示的文本为橡皮
18           g.setColor(foreColor);                              // 设置绘图对象的前景色
19       }
20   }
21 });
```

25.3.8 添加图形

Java 可以分别使用 Graphics 和 Graphics2D 绘制图形，Graphics 类使用不同的方法实现不同图形的绘制，例如，drawLine() 方法可以绘制直线，drawRect() 方法用于绘制矩形，drawOval() 方法用于绘制椭圆形等。要绘制指定形状的图形，首先需要创建并初始化该图形类的对象，这些图形类必须是 Shape 接口的实现类，然后使用 Graphics2D 类的 draw() 方法绘制该图形对象或者使用 fill() 方法填充该图形对象。

在工具栏中，有一个“图形”按钮。当用户单击“图形”按钮时，即可在画板上绘制指定形状的图形。在窗体类（DrawPictureFrame）的 addListener() 方法中，对用于监听“图形”按钮的监听器进行编码，代码如下所示：

```
01 shapeButton.addActionListener(new ActionListener() {          // 图形按钮添加动作监听
02   public void actionPerformed(ActionEvent e) {                // 点击时
03       ShapeWindow shapeWindow = new ShapeWindow(
04               DrawPictureFrame.this);                         // 创建图形选择组件
05       int shapeButtonWidth = shapeButton.getWidth();          // 获取图形按钮宽度
06       int shapeWindowWidth = shapeWindow.getWidth();          // 获取图形选择组件宽度
07       int shapeButtonX = shapeButton.getX();                  // 获取图形按钮横坐标
08       int shapeButtonY = shapeButton.getY();                  // 获取图形按钮纵坐标
09       // 计算图形组件横坐标
10       int shapeWindowX = getX() + shapeButtonX
11               - (shapeWindowWidth - shapeButtonWidth) / 2;
12       // 计算图形组件纵坐标
13       int shapeWindowY = getY() + shapeButtonY + 80;
14       // 设置图形组件坐标位置
15       shapeWindow.setLocation(shapeWindowX, shapeWindowY);
16       shapeWindow.setVisible(true);                           // 图形组件可见
17   }
18 });
```

为了能够实现绘制指定形状的图形，窗体类（DrawPictureFrame）要实现 FrameGetShape 接口，并且要重写用于获取指定形状的图形的 getShape() 方法。代码如下所示：

```
01 public class DrawPictureFrame extends JFrame implements FrameGetShape{// 实现接口
02   …// 省略重复代码
03   public void getShape(Shapes shape) {
04       this.shape = shape;              // 将返回的图形对象付给类的全局变量
05       drawShape = true;                // 画图形标识变量为 true，说明选择鼠标画的是图形，而不是线
06   }
07 }
```

25.3.9 保存图片

在工具栏中，有一个“保存”按钮。当用户单击“保存”按钮时，会弹出文件选择对话框，用户选择某一个路径后，即可把绘制完成的图像保存在这个路径下。在窗体类（DrawPictureFrame）的 addListener() 方法中，对用于监听“保存”按钮的监听器进行编码，代码如下所示：

```
01 saveButton.addActionListener(new ActionListener() {           // 保存按钮添加动作监听
02   public void actionPerformed(final ActionEvent arg0) {        // 点击时
03       DrawImageUtil.saveImage(DrawPictureFrame.this, image); // 打印图片
04   }
05 });
```


小结

虽然简笔画小程序存在诸多难点，但是本章详细地为代码添加了注释，读者可以通过阅读注释加快并加深对代码的理解。此外，读者在学习本章的同时，要养成自动查阅 Java API 的习惯，这样既能够熟悉陌生方法的功能，又能够提高自主学习能力。

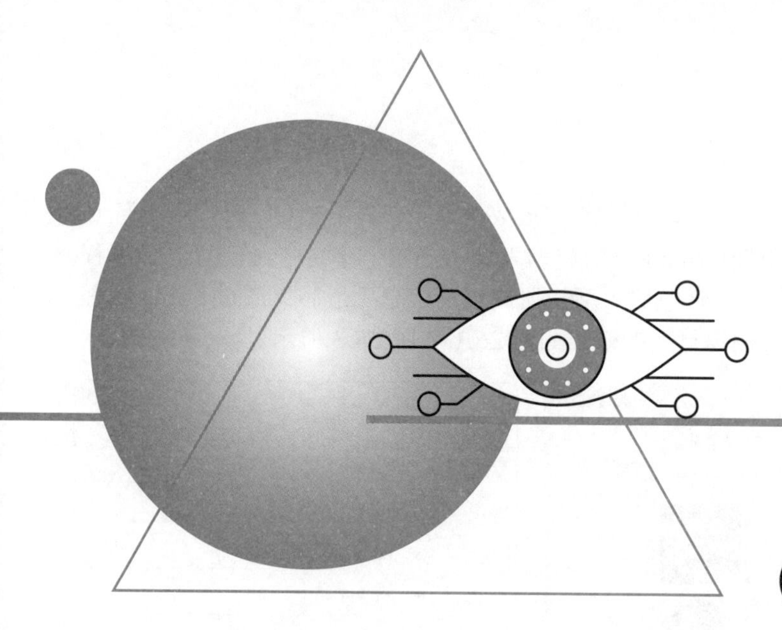

第26章 模拟QQ登录（MySQL + JDBC编程 + Swing实现）

QQ是由腾讯公司自主开发的基于Internet的即时通信网络工具。QQ支持在线聊天、视频聊天以及语音聊天、点对点断点续传文件、共享文件、网络硬盘、自定义面板、远程控制、QQ邮箱、传送离线文件等功能。但是，这些功能都需要在用户登录QQ后才可以使用。本章将使用Java语言的相关技术模拟用户登录QQ的过程。

本章的知识结构如下图所示：

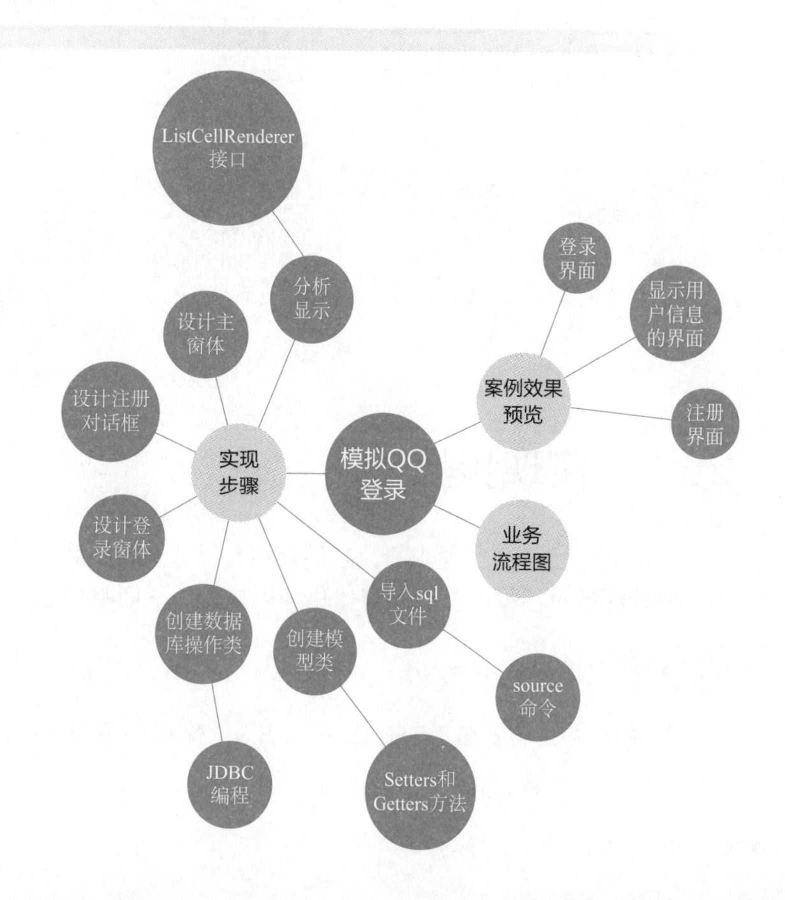

26.1 案例效果预览

模拟QQ登录使用到的工具有Swing编程、JDBC编程和MySQL数据库。首先，把QQ号、用户名（昵称）、密码、头像和个性签名录入到数据库 db_information 的数据表 tb_user 中。然后，通过 JDBC 编程，查询数据表 tb_user 中的用户信息，向数据表 tb_user 中插入新注册的用户信息。最后，通过 Swing 编程，把数据表 tb_user 中的数据显示在窗体中。本实例运行后的效果如图 26.1 ～图 26.3 所示。

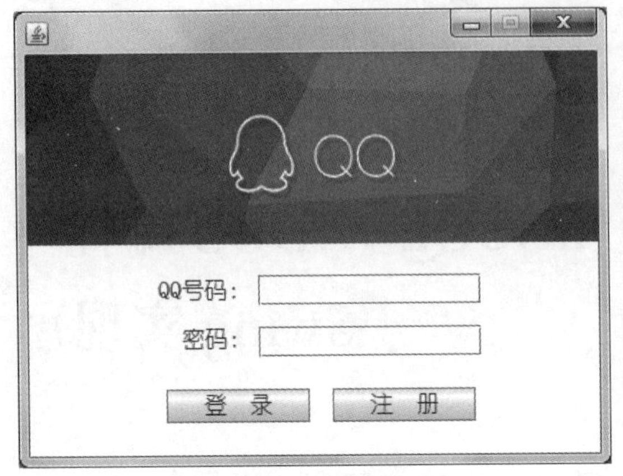

图 26.1 登录界面

图 26.2 显示用户信息的界面

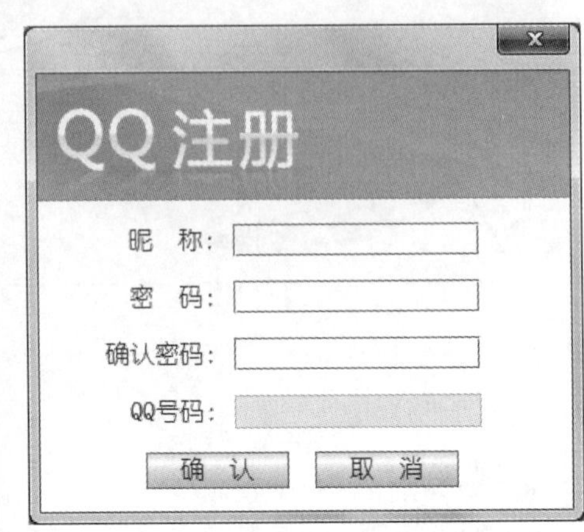

图 26.3 注册界面

26.2 业务流程图

模拟 QQ 登录的业务流程如图 26.4 所示。

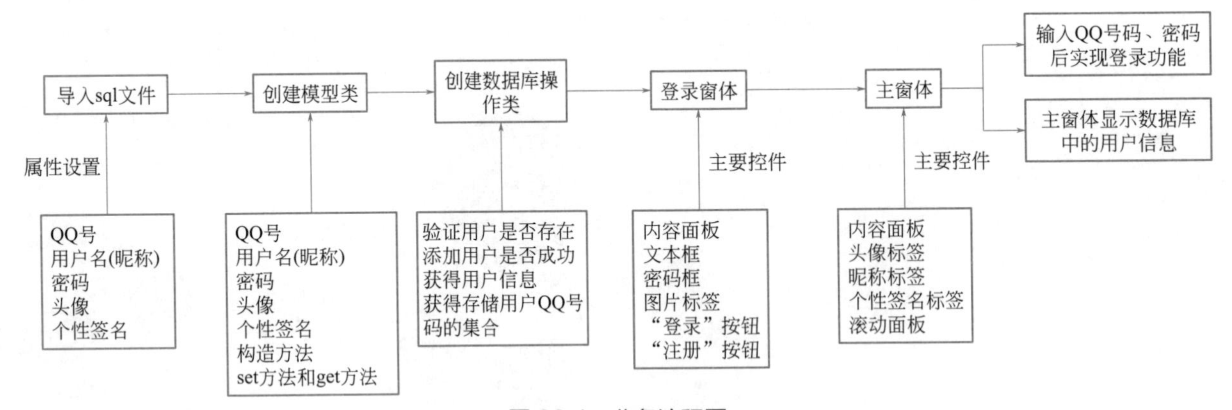

图 26.4 业务流程图

26.3 实现步骤

本案例包括 7 个实现步骤，它们分别是导入 sql 文件、创建模型类、创建数据库操作类、设计登录窗体、设计注册对话框、设计主窗体和分栏显示。下面将依次对这 7 个步骤进行讲解。

26.3.1 导入 sql 文件

首先确认成功安装 MySQL Server 5.7，然后在开始菜单中选择“所有程序”→ MySQL → MySQL

Server 5.7 → MySQL 5.7 Command Line Client，打开 MySQL 客户端命令行窗口。在已打开的 MySQL 客户端命令行窗口中，输入 root 用户的密码（笔者 MySQL 数据库的密码为 root），登录 MySQL 服务器。

在本案例的源码文件夹中找到并双击文件夹 database 后，把 db_information.sql 文件复制到桌面上。

在 MySQL 客户端命令行窗口中，首先在光标闪烁处输入“source + 空格”，然后将桌面上的 db_information.sql 文件拖曳到“source + 空格”后的光标闪烁处。在 MySQL 客户端命令行窗口中，拼接 source 命令的效果如图 26.5 所示。

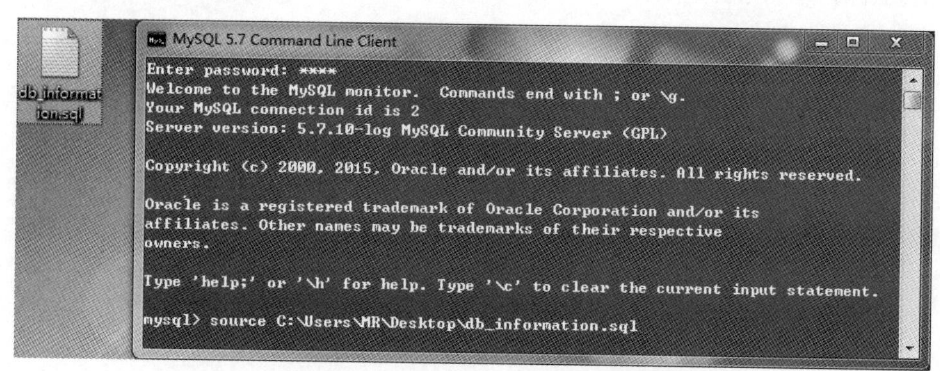

图 26.5　拼接 source 命令的效果图

完成拼接 source 命令后，按下 <Enter> 键。在 MySQL 客户端命令行窗口中，将执行 db_information.sql 文件中的 SQL 语句。待 SQL 语句执行完毕后，在 MySQL 客户端命令行窗口中的光标闪烁处输入“exit;”，按下 <Enter> 键，即可退出 MySQL 服务器。

26.3.2　创建模型类

在 com.mrsoft.model 包下，自定义一个表示“用户类”的 User 类，声明 User 类的成员属性（例如 QQ 号、用户名、密码、头像、个性签名等）、声明 User 类的无参构造方法、声明 User 类的有参构造方法以及 User 类中各个成员属性的 Setters 和 Getters 方法。User 类的代码如下所示：

```
01 public class User {
02     private String number;          // QQ 号
03     private String userName;        // 用户名
04     private String password;        // 密码
05     private String portrait;        // 头像
06     private String signature;       // 个性签名
07     public User() {                 // 无参构造方法
08         super();
09     }
10     public User(String number, String userName, String password) {     // 有参构造方法
11         // 把参数的值赋给成员变量
12         this.number = number;
13         this.userName = userName;
14         this.password = password;
15     }
16     public String getNumber() {                                         // 获得 QQ 号
17         return number;
18     }
19     public void setNumber(String number) {                              // 为 QQ 号赋值
20         this.number = number;
21     }
22     public String getUserName() {                                       // 获得用户名
23         return userName;
24     }
25     public void setUserName(String userName) {                          // 为用户名赋值
```

```
26          this.userName = userName;
27      }
28      public String getPassword() {                    // 获得密码
29          return password;
30      }
31      public void setPassword(String password) {       // 为密码赋值
32          this.password = password;
33      }
34      public String getPortrait() {                    // 获得头像
35          return portrait;
36      }
37      public void setPortrait(String portrait) {       // 为头像赋值
38          this.portrait = portrait;
39      }
40      public String getSignature() {                   // 获得个性签名
41          return signature;
42      }
43      public void setSignature(String signature) {     // 为个性签名赋值
44          this.signature = signature;
45      }
46 }
```

26.3.3 创建数据库操作类

在 com.mrsoft.dao 包下，自定义一个用于操作数据库的 DBUtil 类。在 DBUtil 类中，依次声明连接 MySQL 数据库的驱动、连接 MySQL 数据库的路径、连接 MySQL 数据库的用户名、连接 MySQL 数据库的密码，初始化连接 MySQL 数据库的对象，初始化预处理 SQL 语句的对象，创建连接数据库的方法，创建验证用户是否存在的方法，创建添加用户是否成功的方法，创建获得用户信息的方法以及创建获得存储用户 QQ 号码集合的方法等。DBUtil 类的代码如下所示：

```
01 public class DBUtil {                                                    // 数据库
02     private static final String DRIVER = "com.mysql.jdbc.Driver";       // 连接 MySQL 数据库的驱动
03     // 连接 MySQL 数据库的路径
04     private static final String URL = "jdbc:mysql://localhost:3306/db_information";
05     private static final String USERNAME = "root";                       // 连接 MySQL 数据库的用户名
06     private static final String PASSWORD = "root";                       // 连接 MySQL 数据库的密码
07     private static Connection conn = null;                               // 初始化连接 MySQL 数据库的对象
08     private static PreparedStatement pst = null;                         // 初始化预处理 SQL 语句的对象
09     // 静态代码块负责加载驱动
10     static {
11         try {
12             Class.forName(DRIVER);                                       // 加载 MySQL 数据库的驱动
13         } catch (ClassNotFoundException e) {
14             e.printStackTrace();
15         }
16     }
17     public static Connection getConnection() {                           // 建立 MySQL 数据库的连接
18         if (conn == null) {
19             try {
20                 // 根据连接 MySQL 数据库的路径、用户名、密码连接 MySQL 数据库
21                 conn = DriverManager.getConnection(URL, USERNAME, PASSWORD);
22             } catch (SQLException e) {
23                 e.printStackTrace();
24             }
25         }
26         return conn;
27     }
28     public boolean verifyUser(User user) {                               // 验证用户是否存在
29         String number = user.getNumber();                                // 获取 QQ 号
30         String password = user.getPassword();                            // 获取密码
```

```
31          conn = DBUtil.getConnection();                          // 连接数据库
32          // 在用户表中，根据 QQ 号和密码查询用户信息的 SQL 语句
33          String sql = "select * from tb_user where number = ? and password = ?";
34          try {
35              pst = conn.prepareStatement(sql);                   // 实例化预处理 SQL 语句的对象
36              pst.setString(1, number);                           // 为第一个 "?" 赋值 QQ 号
37              pst.setString(2, password);                         // 为第二个 "?" 赋值密码
38              ResultSet rs = pst.executeQuery();                  // 获得结果集
39              if (rs.next()) {                                    // 如果结果集中存在数据
40                  return true;                                    // 返回 true
41              }
42          } catch (SQLException e) {
43              e.printStackTrace();
44          } finally {
45              try {
46                  if (pst != null)                                // 如果预处理 SQL 语句的对象不为空
47                      pst.close();                                // 关闭预处理 SQL 语句的对象
48              } catch (SQLException e) {
49                  e.printStackTrace();
50              }
51          }
52          return false;
53      }
54      public boolean insertUser(User user) {                      // 添加用户是否成功
55          String number = user.getNumber();                       // 获取 QQ 号
56          String userName = user.getUserName();                   // 获取用户名
57          String password = user.getPassword();                   // 获取密码
58          conn = DBUtil.getConnection();                          // 连接数据库
59          // 向用户表中插入用户信息的 SQL 语句
60          String sql = "insert into tb_user values(?, ?, ?, ?, ?)";
61          try {
62              pst = conn.prepareStatement(sql);                   // 实例化预处理 SQL 语句的对象
63              pst.setString(1, number);                           // 为第一个 "?" 赋值 QQ 号
64              pst.setString(2, userName);                         // 为第二个 "?" 赋值用户名
65              pst.setString(3, password);                         // 为第三个 "?" 赋值密码
66              pst.setString(4, "src/image/default.jpg");          // 为第四个 "?" 赋值图片
67              pst.setString(5, "< 编辑个性签名 >");               // 为第五个 "?" 赋值 "< 编辑个性签名 >"
68              int bar = pst.executeUpdate();                      // 执行预处理 SQL 语句的个数
69              if (bar > 0) {                                      // 如果执行预处理 SQL 语句的个数大于 1
70                  return true;                                    // 返回 true
71              }
72          } catch (SQLException e) {
73              e.printStackTrace();
74          } finally {
75              try {
76                  if (pst != null)                                // 如果预处理 SQL 语句的对象不为空
77                      pst.close();                                // 关闭预处理 SQL 语句的对象
78              } catch (SQLException e) {
79                  e.printStackTrace();
80              }
81          }
82          return false;
83      }
84      public List<User> getUserInfo() {                           // 获得用户信息
85          List<User> list = new ArrayList<User>();                // 用来存储用户信息的集合
86          conn = DBUtil.getConnection();                          // 连接数据库
87          String sql = "select * from tb_user";                   // 查询用户表中所有数据的 SQL 语句
88          try {
89              Statement st = conn.createStatement();
90              ResultSet rs = st.executeQuery(sql);
91              while (rs.next()) {
92                  User user = new User();                         // 定义与数据表对应的 JavaBean 对象
93                  // 设置对象属性
94                  user.setNumber(rs.getString(1));
```

```
95                  user.setUserName(rs.getString(2));
96                  user.setPassword(rs.getString(3));
97                  user.setPortrait(rs.getString(4));
98                  user.setSignature(rs.getString(5));
99                  list.add(user);                              // 向集合中添加对象
100             }
101         } catch (SQLException e) {
102             e.printStackTrace();
103         }
104         return list;                                         // 返回集合
105     }
106     public List<String> getQQNumber() {                      // 获得存储用户 QQ 号码的集合
107         List<String> list = new ArrayList<String>();         // 用来存储用户 QQ 号码的集合
108         conn = DBUtil.getConnection();                       // 连接数据库
109         String sql = "select number from tb_user";           // 查询用户表中所有用户的 QQ 号的 SQL 语句
110         try {
111             Statement st = conn.createStatement();           // 创建用来执行 SQL 语句的工具接口
112             ResultSet rs = st.executeQuery(sql);             // 获得执行 SQL 语句的结果集
113             while (rs.next()) {                              // 遍历结果集
114                 String number = rs.getString(1);             // 获得 QQ 号
115                 list.add(number);                            // 向存储用户 QQ 号码的集合中添加 QQ 号
116             }
117         } catch (SQLException e) {
118             e.printStackTrace();
119         }
120         return list;                                         // 返回集合
121     }
122 }
```

26.3.4 设计登录窗体

在 com.mrsoft.frame 包下，自定义一个用于设计登录窗体的 LoginFrame 类。LoginFrame 类继承 JFrame 类，在 LoginFrame 类的构造方法中，除了要设置窗体的标题，窗体的关闭方式，窗体的位置与宽、高和内容面板的边框与布局，还要添加“QQ 号码:”标签、用于输入 QQ 号码的文本框、“密码:”标签、用于输入密码的密码框、“登录”按钮和“注册”按钮等组件。

用户准确输入 QQ 号码和密码后，当按下登录按钮时，界面会从登录界面跳转到显示用户信息的界面。用户准确输入 QQ 号码和密码后，鼠标光标会停留在密码框，这时用户按下回车键，界面也会从登录界面跳转到显示用户信息的界面。用户如果没有 QQ 号码，需要单击“注册”按钮，在注册对话框中，完成注册 QQ 号码的操作。

LoginFrame 类的代码如下所示:

```
01 public class LoginFrame extends JFrame {
02     // 声明窗体中的组件
03     private JPanel contentPane;                              // 内容面板
04     private JTextField numberTF;                             // 文本框
05     private JPasswordField passwordPF;                       // 密码框
06     private JLabel bannerLabel;                              // 图片标签
07     public static void main(String[] args) {
08         LoginFrame loginFrame = new LoginFrame();            // 创建登录窗体对象
09         loginFrame.setVisible(true);                         // 使登录窗体可见
10     }
11     public LoginFrame() {
12         setResizable(false);                                 // 不可改变窗体大小
13         setDefaultCloseOperation(JFrame.EXIT_ON_CLOSE);      // 设置窗体关闭的方式
14         Toolkit kit = Toolkit.getDefaultToolkit();           // 定义工具包
15         Dimension screenSize = kit.getScreenSize();          // 获取屏幕尺寸
16         int screenWidth = screenSize.width;                  // 获取屏幕宽度
17         int screenHeight = screenSize.height;                // 获取屏幕高度
```

```
18          setBounds(screenWidth/2 - 404/2, screenHeight/2 - 300/2, 404, 300);// 设置窗体大小
19          contentPane = new JPanel();                                 // 创建内容面板
20          contentPane.setBackground(Color.WHITE);                     // 设置内容面板的颜色
21          setContentPane(contentPane);                                // 把内容面板放置在登录窗体中
22          contentPane.setLayout(null);                                // 设置内容面板的布局为绝对布局
23          JLabel lbl_userName = new JLabel("QQ 号码: ");             // 实例化 "QQ 号码 " 标签
24          // 设置标签显示的文本内容的字体样式
25          lbl_userName.setFont(new Font(" 幼圆 ", Font.PLAIN, 16));
26          lbl_userName.setBounds(90, 151, 64, 18);                    // 设置标签的位置及宽、高
27          contentPane.add(lbl_userName);                              // 把标签放置在内容面板中
28          numberTF = new JTextField();                                // 实例化文本框
29          numberTF.setBounds(160, 150, 156, 21);                      // 设置文本框的位置及宽、高
30          contentPane.add(numberTF);                                  // 把文本框放置在内容面板中
31          JLabel lbl_password = new JLabel(" 密码: ");                // 实例化 " 密码 " 标签
32          // 设置标签显示的文本内容右对齐
33          lbl_password.setHorizontalAlignment(SwingConstants.RIGHT);
34          // 设置标签显示的文本内容的字体
35          lbl_password.setFont(new Font(" 幼圆 ", Font.PLAIN, 16));
36          lbl_password.setBounds(100, 186, 54, 15);                   // 设置标签的位置及宽、高
37          contentPane.add(lbl_password);                              // 把标签放置在内容面板中
38          JButton btn_login = new JButton(" 登  录 ");                // 实例化 " 登录 " 按钮
39          btn_login.addActionListener(new ActionListener() {          // 为按钮添加动作事件监听器
40              public void actionPerformed(ActionEvent e) {            // 按钮发生动作时
41                  do_btn_login_actionPerformed(e);                    // 按钮发生动作时，需要执行的方法
42              }
43          });
44          // 设置按钮显示的文本内容的字体样式
45          btn_login.setFont(new Font(" 幼圆 ", Font.PLAIN, 16));
46          btn_login.setBounds(95, 227, 100, 23);                      // 设置按钮的位置及宽、高
47          contentPane.add(btn_login);                                 // 把按钮放置在内容面板中
48          passwordPF = new JPasswordField();                          // 实例化密码框
49          passwordPF.setBounds(160, 185, 156, 21);                    // 设置密码框的位置及宽、高
50          contentPane.add(passwordPF);                                // 把密码框放置在内容面板中
51          passwordPF.addActionListener(new ActionListener() {         // 为密码框添加动作事件监听器
52              public void actionPerformed(ActionEvent e) {            // 密码框发生动作时
53                  btn_login.doClick();                                // " 登录 " 按钮被单击
54              }
55          });
56          bannerLabel = new JLabel();                                 // 实例化图片标签
57          bannerLabel.setIcon(new ImageIcon(
58                  LoginFrame.class.getResource("/image/login.png")));
59          bannerLabel.setBounds(-1, 0, 400, 129);                     // 设置图片标签的位置及宽、高
60          contentPane.add(bannerLabel);                               // 把图片标签放置在内容面板中
61
62          JButton btn_register = new JButton(" 注  册 ");             // 实例化 " 注册 " 按钮
63          btn_register.addActionListener(new ActionListener() {       // 为按钮添加动作事件监听器
64              public void actionPerformed(ActionEvent e) {            // 按钮发生动作时
65                  do_btn_register_actionPerformed(e);                 // 按钮发生动作时，需要执行的方法
66              }
67          });
68          // 设置按钮显示的文本内容的字体样式
69          btn_register.setFont(new Font(" 幼圆 ", Font.PLAIN, 16));
70          btn_register.setBounds(211, 227, 100, 23);                  // 设置按钮的位置及宽、高
71          contentPane.add(btn_register);                              // 把按钮放置在内容面板中
72      }
73      protected void do_btn_login_actionPerformed(ActionEvent e) {
74          User user = new User();                                     // 创建用户对象
75          user.setNumber(numberTF.getText().trim());                  // 为用户对象的 QQ 号赋值
76          // 为用户对象的密码赋值
77          user.setPassword(new String(passwordPF.getPassword()).trim());
78          DBUtil util = new DBUtil();                                 // 创建数据库对象
79          if (util.verifyUser(user)) {                                // 如果用户存在
80              List<User> list = util.getUserInfo();                   // 获得存储用户信息的集合
81              for (int i = 0; i < list.size(); i++) {                 // 遍历存储用户信息的集合
```

```
82                User ur = list.get(i);                          // 获得集合中的用户
83                // 如果用户的 QQ 号与文本框中的相同
84                if (ur.getNumber().equals(numberTF.getText().trim())) {
85                    list.remove(i);                             // 从获得存储用户信息的集合中删除该用户对象
86                    MainFrame mainFrame = new MainFrame(ur, list);// 创建主窗体对象
87                    mainFrame.setVisible(true);                 // 使主窗体可见
88                    this.dispose();                             // 销毁登录窗体
89                    return;
90                }
91            }
92        } else {                                                // 如果用户不存在
93            // 弹出提示框
94            JOptionPane.showMessageDialog(null, "用户名或密码不正确，请重新登录……");
95            numberTF.setText(null);                             // 文本框为空
96            passwordPF.setText(null);                           // 密码框为空
97        }
98    }
99    protected void do_btn_register_actionPerformed(ActionEvent e) {
100       RegisterFrame registerFrame = new RegisterFrame();      // 创建注册对话框对象
101       registerFrame.setVisible(true);                         // 使注册对话框可见
102   }
103 }
```

26.3.5 设计注册对话框

在 com.mrsoft.frame 包下，自定义一个用于设计注册对话框的 RegisterFrame 类。RegisterFrame 类继承 JDialog 类，在 RegisterFrame 类的构造方法中，除了要设置窗体的关闭方式，窗体的位置与宽、高和内容面板的边框与布局，还要添加“昵称：”标签、用于输入昵称的文本框、“密码：”标签、用于输入密码的密码框、“确认密码：”标签、用于再次输入密码的密码框、“QQ 号码：”标签、用于显示 QQ 号码的文本框、“确认”按钮和“取消”按钮等组件。

用户输入的昵称要区别于完成注册的用户的昵称。确定昵称后，如果用户两次输入的密码相同，用户单击“确认”按钮后，就会得到一个由 Random 类对象随机生成的 10 位 QQ 号码。用户如果不想通过注册得到一个 QQ 号码，就单击“取消”按钮，关闭注册对话框。

RegisterFrame 类的代码如下所示：

```
01 public class RegisterFrame extends JDialog {                 // 注册窗体
02     private JPanel contentPane;                              // 内容面板
03     private JTextField userNameTF;                           // "昵称"文本框
04     private JPasswordField passwordPF;                       // 密码框
05     private JPasswordField confirmPwdPF;                     // "确认密码"密码框
06     private JTextField qqNumberTF;                           // "QQ 号码"文本框
07     private JButton confirmBtn;                              // "确认"按钮
08     public RegisterFrame() {                                 // 注册窗体的构造方法
09         setResizable(false);                                 // 设置窗体的大小不可改变
10         Toolkit kit = Toolkit.getDefaultToolkit();           // 定义工具包
11         Dimension screenSize = kit.getScreenSize();          // 获取屏幕尺寸
12         int screenWidth = screenSize.width;                  // 获取屏幕宽度
13         int screenHeight = screenSize.height;                // 获取屏幕高度
14         setBounds(screenWidth/2 - 404/2, screenHeight/2 - 300/2, 350, 304);// 设置窗体大小
15         contentPane = new JPanel();                          // 实例化内容面板
16         contentPane.setBackground(Color.WHITE);              // 设置内容面板的背景色为白色
17         setContentPane(contentPane);                         // 把内容面板放置在注册窗体中
18         contentPane.setLayout(null);                         // 设置内容面板的布局为绝对布局
19         JLabel bannerLBL = new JLabel();                     // 创建图片标签
20         // 设置图片标签的图片
21         bannerLBL.setIcon(new ImageIcon(
22                 RegisterFrame.class.getResource("/image/register.png")));
23         bannerLBL.setBounds(-1, 0, 345, 80);                 // 设置图片标签的位置及宽、高
```

```
24          contentPane.add(bannerLBL);                                    // 把图片标签放置在内容面板中
25          JLabel nicknameLBL = new JLabel(" 昵　称: ");                   // 创建 " 昵称 " 标签
26          // 设置 " 昵称 " 标签中的文本内容水平右对齐
27          nicknameLBL.setHorizontalAlignment(SwingConstants.RIGHT);
28          // 设置 " 昵称 " 标签中的文本内容的字体样式
29          nicknameLBL.setFont(new Font(" 幼圆 ", Font.PLAIN, 16));
30          nicknameLBL.setBounds(58, 96, 64, 18);                         // 设置 " 昵称 " 标签的位置及宽、高
31          contentPane.add(nicknameLBL);                                  // 把 " 昵称 " 标签放置在内容面板中
32          JLabel passwordLBL = new JLabel(" 密　码: ");                   // 创建 " 密码 " 标签
33          // 设置 " 密码 " 标签中的文本内容的字体样式
34          passwordLBL.setFont(new Font(" 幼圆 ", Font.PLAIN, 16));
35          passwordLBL.setBounds(58, 132, 64, 18);                        // 设置 " 密码 " 标签的位置及宽、高
36          contentPane.add(passwordLBL);                                  // 把 " 密码 " 标签放置在内容面板中
37          JLabel confirmPwdLBL = new JLabel(" 确认密码: ");               // 创建 " 确认密码 " 标签
38          // 设置 " 确认密码 " 标签中的文本内容的字体样式
39          confirmPwdLBL.setFont(new Font(" 幼圆 ", Font.PLAIN, 16));
40          confirmPwdLBL.setBounds(42, 168, 80, 18);                      // 设置 " 确认密码 " 标签的位置及宽、高
41          contentPane.add(confirmPwdLBL);                                // 把 " 确认密码 " 标签放置在内容面板中
42          JLabel qqNumberLBL = new JLabel("QQ 号码: ");                   // 创建 "QQ 号码 " 标签
43          // 设置 "QQ 号码 " 标签中的文本内容水平右对齐
44          qqNumberLBL.setHorizontalAlignment(SwingConstants.RIGHT);
45          // 设置 "QQ 号码 " 标签中的文本内容的字体样式
46          qqNumberLBL.setFont(new Font(" 幼圆 ", Font.PLAIN, 16));
47          qqNumberLBL.setBounds(42, 204, 80, 18);                        // 设置 "QQ 号码 " 标签的位置及宽、高
48          contentPane.add(qqNumberLBL);                                  // 把 "QQ 号码 " 标签放置在内容面板中
49          userNameTF = new JTextField();                                 // 实例化 " 昵称 " 文本框
50          userNameTF.setBounds(126, 95, 160, 21);                        // 设置 " 昵称 " 文本框的位置及宽、高
51          contentPane.add(userNameTF);                                   // 把 " 昵称 " 文本框放置在内容面板中
52          passwordPF = new JPasswordField();                             // 实例化密码框
53          passwordPF.setBounds(126, 131, 160, 21);                       // 设置密码框的位置及宽、高
54          contentPane.add(passwordPF);                                   // 把密码框放置在内容面板中
55          confirmPwdPF = new JPasswordField();                           // 实例化 " 确认密码 " 密码框
56          confirmPwdPF.setBounds(126, 167, 160, 21);                     // 设置 " 确认密码 " 密码框的位置及宽、高
57          contentPane.add(confirmPwdPF);                                 // 把 " 确认密码 " 密码框放置在内容面板中
58          qqNumberTF = new JTextField();                                 // 实例化 "QQ 号码 " 文本框
59          qqNumberTF.setEditable(false);                                 // 设置 "QQ 号码 " 文本框不可编辑
60          qqNumberTF.setBounds(126, 203, 160, 21);                       // 设置 "QQ 号码 " 文本框的位置及宽、高
61          contentPane.add(qqNumberTF);                                   // 把 "QQ 号码 " 文本框放置在内容面板中
62          confirmBtn = new JButton(" 确　认 ");                           // 实例化 " 确认 " 按钮
63          confirmBtn.addActionListener(new ActionListener() {// 为 " 确认 " 按钮添加动作事件监听器
64              public void actionPerformed(ActionEvent e) {               // " 确认 " 按钮发生动作时
65                  do_btn_confirm_actionPerformed(e);                     // " 确认 " 按钮发生动作时，需要执行的操作
66              }
67          });
68          // 设置 " 确认 " 按钮中的文本内容的字体样式
69          confirmBtn.setFont(new Font(" 幼圆 ", Font.PLAIN, 16));
70          confirmBtn.setBounds(68, 239, 93, 23);                         // 设置 " 确认 " 按钮的位置及宽、高
71          contentPane.add(confirmBtn);                                   // 把 " 确认 " 按钮放置在内容面板中
72          JButton btn_cancel = new JButton(" 取　消 ");                   // 实例化 " 取消 " 按钮
73          btn_cancel.addActionListener(new ActionListener() {            // 为 " 取消 " 按钮添加动作事件监听器
74              public void actionPerformed(ActionEvent e) {               // " 取消 " 按钮发生动作时
75                  do_btn_cancel_actionPerformed(e);                      // " 取消 " 按钮发生动作时，需要执行的操作
76              }
77          });
78          // 设置 " 取消 " 按钮中的文本内容的字体样式
79          btn_cancel.setFont(new Font(" 幼圆 ", Font.PLAIN, 16));
80          btn_cancel.setBounds(178, 239, 93, 23);                        // 设置 " 取消 " 按钮的位置及宽、高
81          contentPane.add(btn_cancel);                                   // 把 " 取消 " 按钮放置在内容面板中
82      }
83      protected void do_btn_confirm_actionPerformed(ActionEvent e) {// 确认按钮的动作监听事件
84          DBUtil util = new DBUtil();                                    // 创建数据库对象
85          List<String> list = util.getQQNumber();                        // 获得存储用户 QQ 号码的集合
86          String number = null;                                          // 声明注册后产生的 QQ 号码
87          boolean flag = true;                                           // 控制用于生成新 QQ 号码的循环的标记
```

```
88        String userName = userNameTF.getText().trim();                  // 获得昵称
89        String password = new String(passwordPF.getPassword()).trim() ;       // 获得密码
90        String confirmPwd = new String(confirmPwdPF.getPassword()).trim();    // 获得确认密码
91        if (userName == null || "".equals(userName)) {                  // 如果尚未输入昵称
92            JOptionPane.showMessageDialog(null, " 请输入昵称！ "); // 弹出提示框
93            return;
94        }
95        if (password == null || "".equals(password)) {                  // 如果尚未输入密码
96            JOptionPane.showMessageDialog(null, " 请输入密码！ "); // 弹出提示框
97            return;
98        }
99        if (confirmPwd == null || "".equals(confirmPwd)) {              // 如果尚未输入确认密码
100           JOptionPane.showMessageDialog(null, " 请输入确认密码！ "); // 弹出提示框
101           return;
102       }
103       if (!(password.equals(confirmPwd))) {                           // 如果密码与确认密码不一致
104           JOptionPane.showMessageDialog(null, " 两次输入的密码不一致！ ");    // 弹出提示框
105           return;
106       }
107       if (confirmPwd.equals(password)) {                              // 如果密码与确认密码一致
108           while (flag) {                                              // 通过 " 死循环 " 为注册用户生成新的 QQ 号码
109               number = createNumber();                                // 为注册用户生成新的 QQ 号码
110               if (!list.contains(number)) {                           // 如果存储用户 QQ 号码的集合不包含新的 QQ 号码
111                   flag = false;                                       // 将控制 " 死循环 " 的标记替换为 false
112               }
113           }
114           qqNumberTF.setText(number);                                 // 设置 QQ 号码文本框中的文本内容为新的 QQ 号码
115       }
116       if (!qqNumberTF.getText().equals("")) {                         // 如果 "QQ 号码 " 文本框中的文本内容不为空
117           confirmBtn.setEnabled(false);                               // 禁用 " 确认 " 按钮
118       }
119       // 创建参数为 QQ 号码、昵称和密码的用户对象
120       User user = new User(number, userName, password);
121       boolean response = util.insertUser(user);                       // 获取添加用户的结果
122       if (response) {                                                 // 如果添加用户成功
123           // 弹出提示框
124           JOptionPane.showMessageDialog(
125                   null, " 注册成功！ ", " 提示 ", JOptionPane.INFORMATION_MESSAGE);
126           this.dispose();                                             // 销毁当前窗体
127       }
128   }
129   protected void do_btn_cancel_actionPerformed(ActionEvent e) { // 取消按钮的动作监听事件
130       this.dispose();                                                 // 销毁当前窗体
131   }
132   public String createNumber() {                                      // 为注册用户生成新的 QQ 号码
133       Random random = new Random();                                   // 创建随机数对象
134       int first = random.nextInt(9) + 1;                              // QQ 号码的第 1 位大于等于 1
135       String number = "" + first;                                     // 把 int 型的 QQ 号码第 1 位转换为 String 型
136       for (int i = 0; i < 9; i++) {                                   // 循环产生 9 个数
137           int extra = random.nextInt(10);                             // 在 0 ～ 9 的范围内随机生成一个数
138           number += extra;                                            // 连接字符串，生成一个新的 10 位 QQ 号码
139       }
140       return number;                                                  // 返回一个新的 10 位 QQ 号码
141   }
142 }
```

26.3.6 设计主窗体

在 com.mrsoft.frame 包下，自定义一个用于设计主窗体的 MainFrame 类，主窗体用于显示用户信息的界面。MainFrame 类继承 JFrame 类，在 MainFrame 类的构造方法中，除了要设置窗体的标题，窗体的关闭方式，窗体的位置与宽、高和内容面板的边框与布局，还要添加用于显示头像的标签、用于显示昵称的标签、用于显示个性签名的标签、面板、滚动面板和列表框等组件。MainFrame 类的代码如下所示：

```
01 public class MainFrame extends JFrame {                          // 主窗体类
02     private JPanel contentPane;                                  // 内容面板
03     private JLabel portraitLabel;                                // 头像标签
04     private JLabel nicknameLabel;                                // 昵称标签
05     private JLabel messageLabel;                                 // 个性签名标签
06     User user;                                                   // 用户对象
07     List<User> list;                                             // 存储用户的集合
08     public MainFrame(User user, List<User> list) {               // 主窗体类的构造方法
09         this.user = user;                                        // 为成员属性 " 用户对象 " 赋值
10         this.list = list;                                        // 为成员属性 " 存储用户的集合 " 赋值
11         setResizable(false);                                     // 不能改变窗体大小
12         setDefaultCloseOperation(JFrame.EXIT_ON_CLOSE);          // 设置窗体的关闭方式
13         Toolkit kit = Toolkit.getDefaultToolkit();               // 定义工具包
14         Dimension screenSize = kit.getScreenSize();              // 获取屏幕尺寸
15         int screenWidth = screenSize.width;                      // 获取屏幕宽度
16         int screenHeight = screenSize.height;                    // 获取屏幕高度
17         setBounds(screenWidth/2 - 404/2, screenHeight/2 - 300/2, 248, 486);// 设置窗体大小
18         contentPane = new JPanel();                              // 实例化内容面板
19         setContentPane(contentPane);                             // 把内容面板放置在主窗体中
20         contentPane.setLayout(null);                             // 设置内容面板的布局为绝对布局
21         JPanel infoPanel = new JPanel();                         // 创建信息面板
22         infoPanel.setBackground(Color.WHITE);                    // 设置信息面板的背景色为白色
23         infoPanel.setBounds(0, 0, 242, 108);                     // 设置信息面板的位置及宽、高
24         contentPane.add(infoPanel);                              // 把信息面板放置在内容面板中
25         infoPanel.setLayout(null);                               // 设置信息面板的布局为绝对布局
26         portraitLabel = new JLabel();                            // 实例化头像标签
27         portraitLabel.setBounds(4, 4, 100, 100);                 // 设置头像标签的位置及宽、高
28         Icon portrait = new ImageIcon(user.getPortrait());       // 创建图标对象
29         portraitLabel.setIcon(portrait);                         // 设置头像标签的图标
30         infoPanel.add(portraitLabel);                            // 把头像标签放置在信息面板中
31         nicknameLabel = new JLabel();                            // 实例化昵称标签
32         nicknameLabel.setText(user.getUserName());               // 设置昵称标签的文本内容
33         nicknameLabel.setBounds(114, 4, 124, 35);                // 设置昵称标签的位置及宽、高
34         infoPanel.add(nicknameLabel);                            // 把昵称标签放置在信息面板中
35         messageLabel = new JLabel();                             // 实例化个性签名标签
36         messageLabel.setBounds(114, 49, 124, 55);                // 设置个性签名标签的位置及宽、高
37         messageLabel.setText(user.getSignature());               // 设置个性签名标签的文本内容
38         infoPanel.add(messageLabel);                             // 把个性签名标签放置在信息面板中
39         JPanel contactsPanel = new JPanel();                     // 创建联系人面板
40         contactsPanel.setBackground(Color.WHITE);                // 设置联系人面板的背景色为白色
41         contactsPanel.setBounds(0, 109, 242, 349);               // 设置联系人面板的位置及宽、高
42         contentPane.add(contactsPanel);                          // 把联系人面板放置在内容面板中
43         contactsPanel.setLayout(new BorderLayout(0, 0));         // 设置联系人面板的布局为边界布局
44         JScrollPane scrollPane = new JScrollPane();              // 创建滚动面板
45         // 把滚动面板放置在联系人面板的中间
46         contactsPanel.add(scrollPane, BorderLayout.CENTER);
47         String[] names = new String[list.size()];                // 创建用来存储用户名的数组
48         ImageIcon[] icons = new ImageIcon[list.size()];          // 创建用来存储图标的数组
49         for (int i = 0; i < list.size(); i++) {                  // 遍历存储用户的集合
50             User ur = list.get(i);                               // 获得集合中的用户对象
51             String name = ur.getUserName();                      // 获得用户名
52             String prt = ur.getPortrait();                       // 获得图标
53             names[i] = name;                                     // 把获取到的用户名存储到用来存储用户名的数组中
54             icons[i] = new ImageIcon(prt);                       // 把获取到的图标存储到用来存储图标的数组中
55         }
56         DefaultListModel listModel = new DefaultListModel();     // 创建列表数据模型
57         for (int i = 0; i < names.length; i++) {                 // 遍历用来存储用户名的数组
58             listModel.add(i, names[i]);                          // 把用户名添加到列表数据模型中
59         }
60         JList jlt = new JList(listModel);                        // 把列表数据模型放到列表框中
61         jlt.setCellRenderer(new MyCellRenderer(icons));          // 使用自定义的 CellRenderer
62         // 设置列表的选择模式为一次只能选择一个
63         jlt.setSelectionMode(ListSelectionModel.SINGLE_SELECTION);
64         scrollPane.setViewportView(jlt); // 滚动面板显示列表框
65     }
66 }
```

26.3.7 分栏显示

在 com.mrsoft.frame 包下，自定义一个 MyCellRenderer 类，MyCellRenderer 类的作用是使用一个标签显示用户的头像和个性签名。因为普通的标签不能同时显示用户的头像和个性签名，所以 MyCellRenderer 类需要在继承 JLabel 类的同时，实现 ListCellRenderer 接口。MyCellRenderer 类的代码如下所示：

```
01 public class MyCellRenderer extends JLabel implements ListCellRenderer {
02     Icon[] icons;
03     public MyCellRenderer() {
04     };
05     public MyCellRenderer(Icon[] icons) {
06         this.icons = icons;
07     }
08     @Override
09     public Component getListCellRendererComponent(JList list, Object value,
10             int index, boolean isSelected, boolean cellHasFocus) {
11         String s = value.toString();
12         setText(s);
13         setBorder(BorderFactory.createEmptyBorder(5, 5, 5, 5));// 加入宽度为 5 的空白边框
14         if (isSelected) {
15             setBackground(list.getSelectionBackground());
16             setForeground(list.getSelectionForeground());
17         } else {
18             setBackground(list.getBackground());
19             setForeground(list.getForeground());
20         }
21         setIcon(icons[index]);// 设置图片
22         setEnabled(list.isEnabled());
23         setFont(list.getFont());
24         setOpaque(true);
25         return this;
26     }
27 }
```


小结

JDBC 编程是 Java 语言用于连接数据库与应用程序的纽带。学习 Java 语言，必须学习 JDBC 编程。当开发一款需要使用数据库保存数据的应用程序时，使用 JDBC 编程可以快速地访问和操作数据库，例如查找满足条件的记录，向数据库中添加、修改、删除记录等。此外，使用 JDBC 编程还能够对数据库进行管理和维护。

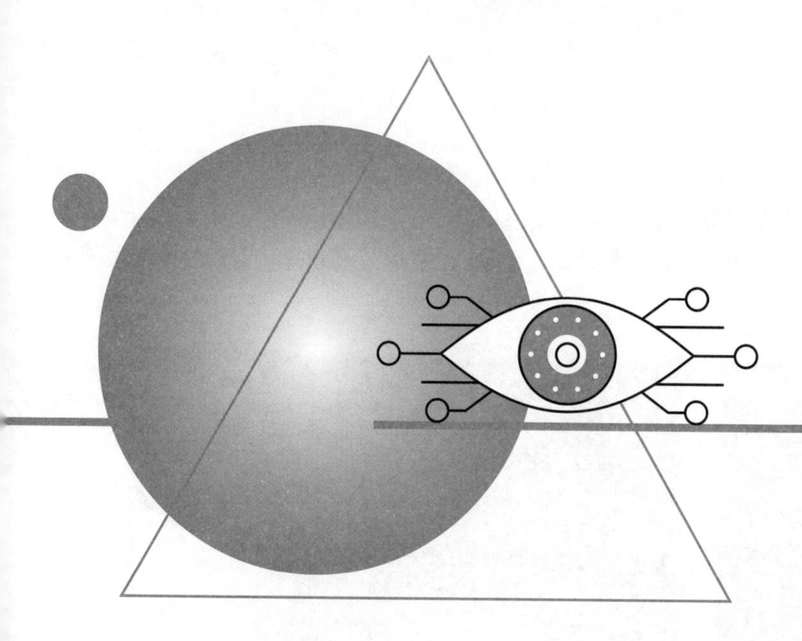

第27章 五子棋大对战（Socket + 线程 + AWT 实现）

五子棋是起源于中国古代的传统黑白棋种之一。它不仅能增强思维能力，提高智力，而且富含哲理，有助于修身养性。本章将开发一款五子棋大作战的游戏，这款游戏既支持玩家与计算机对战，又支持玩家与玩家对战。

本章的知识结构如下图所示：

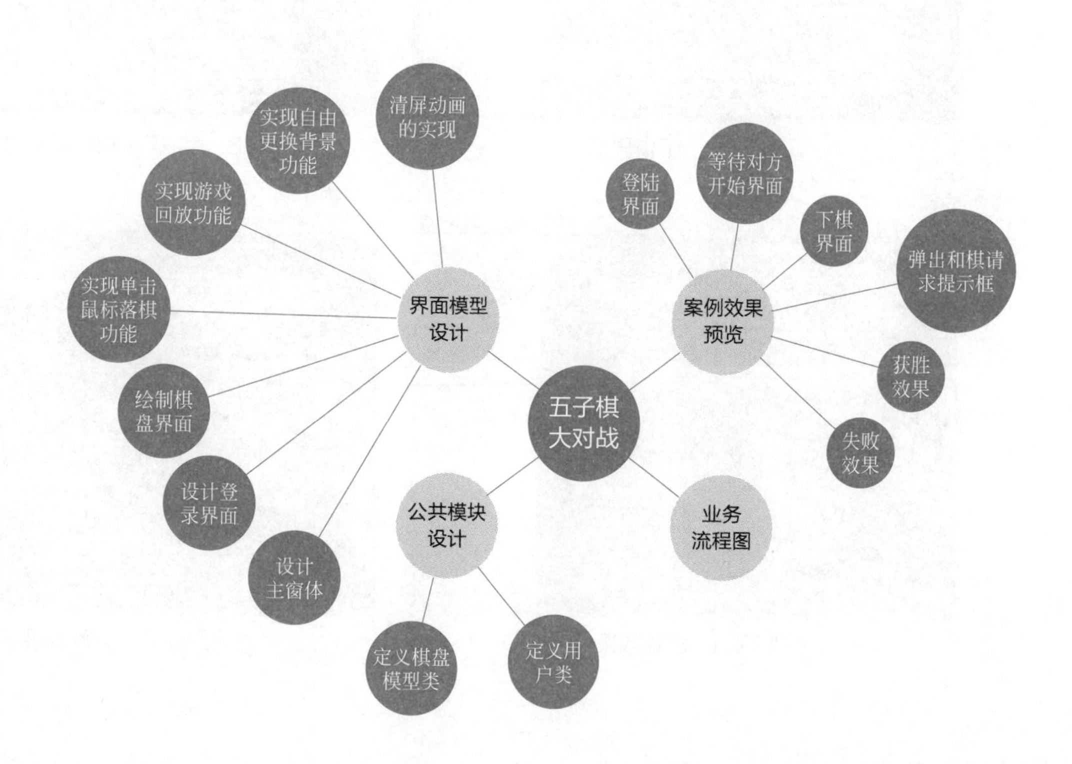

27.1 案例效果预览

在进行五子棋大对战的过程中，当一位玩家率先让 5 个相同颜色的棋子连续地出现在一条直线上时，这条直线的方向不论是水平方向、垂直方向，还是斜对角线方向，这位玩家都是获胜者。五子棋大对战运行后的效果如图 27.1 ～图 27.6 所示。

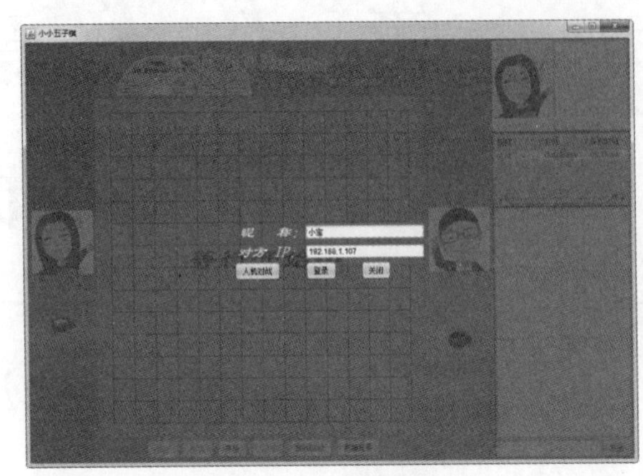

图 27.1 登录界面

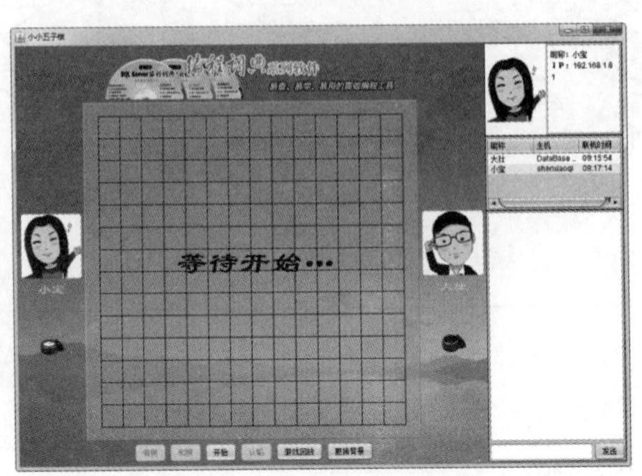

图 27.2 等待对方开始界面

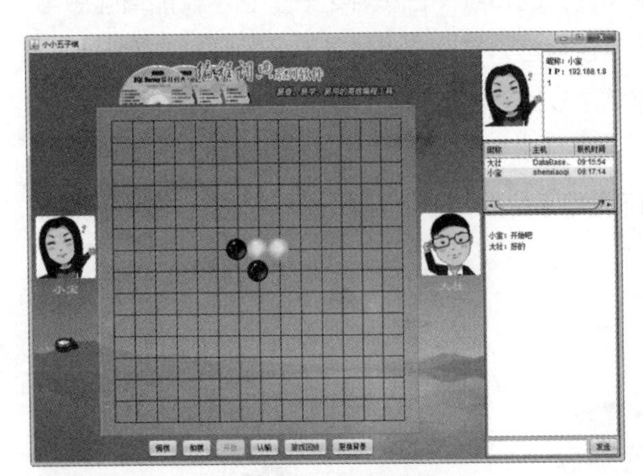

图 27.3 下棋界面

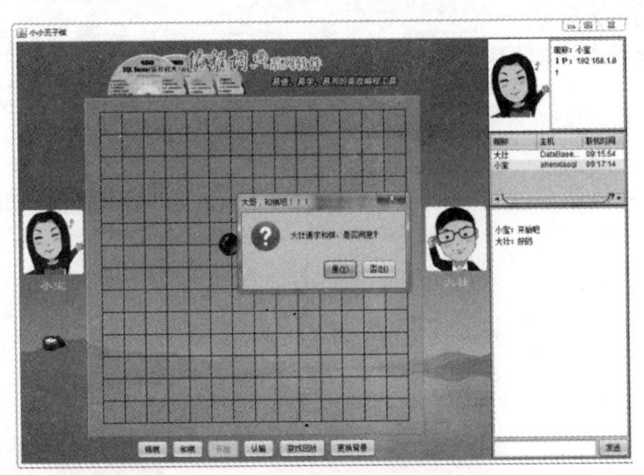

图 27.4 弹出和棋请求提示框

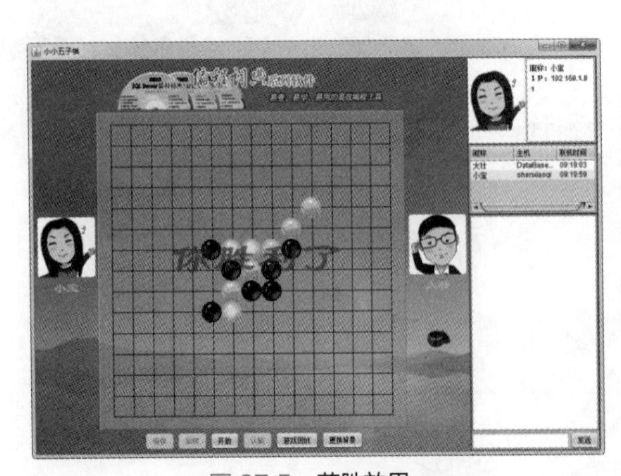

图 27.5 获胜效果

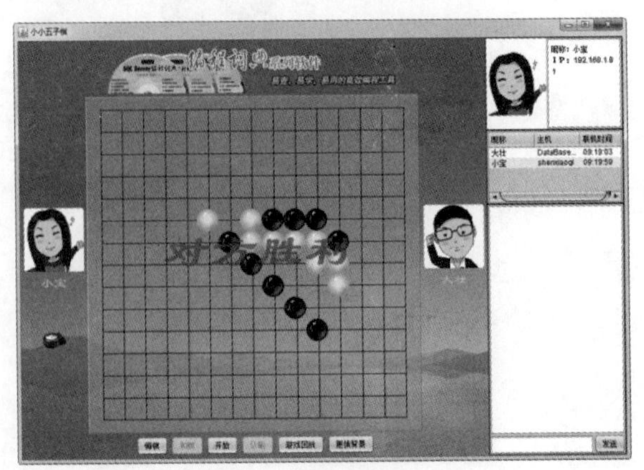

图 27.6 失败效果

27.2　业务流程图

五子棋大对战的业务流程如图 27.7 所示。

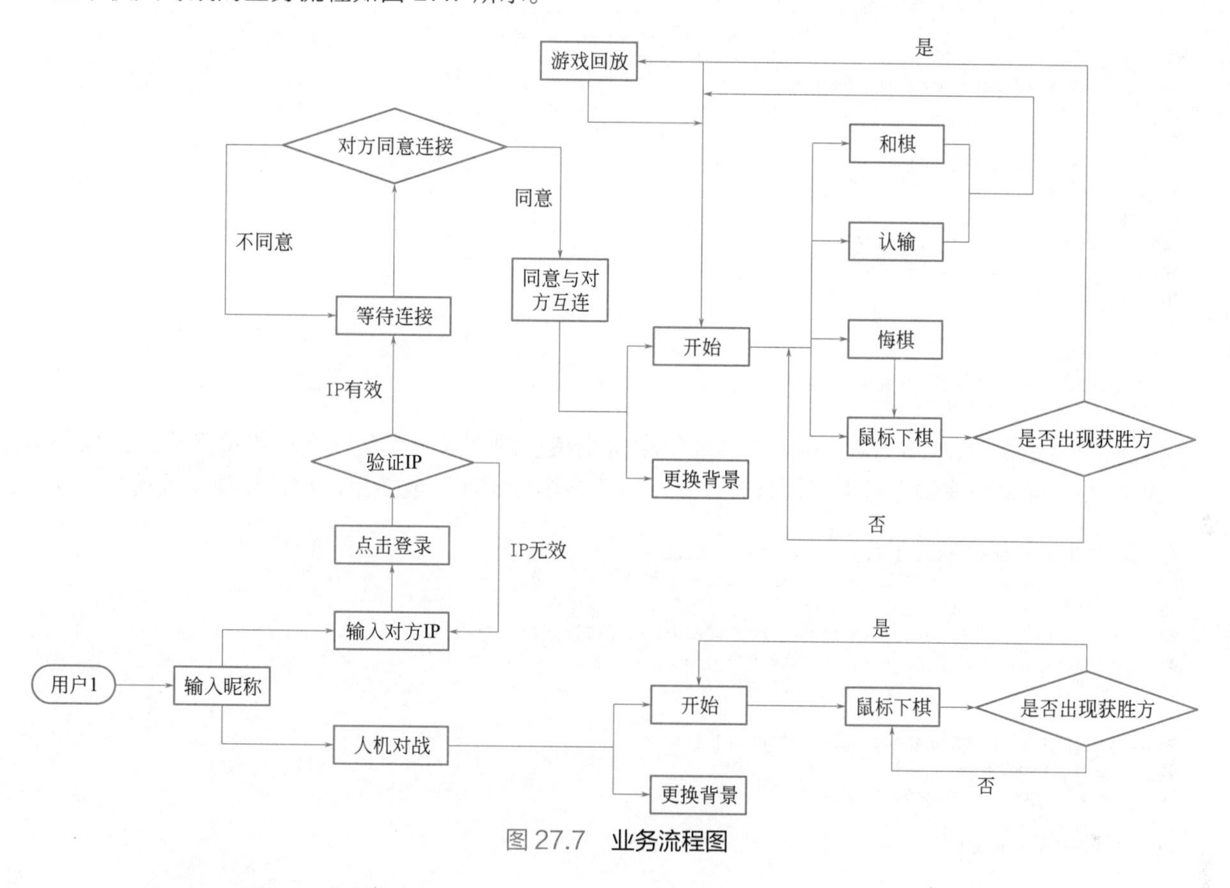

图 27.7　业务流程图

27.3　公共模块设计

某些类在项目的各个功能模块中都会用到，但又不归属于任何功能模块，这样的类称为公共类。五子棋大对战中有两个功能类：用户类和棋盘模型类。

27.3.1　定义用户类

用户类是用来保存登录用户信息的类，类中包含用户的名称、IP 地址和创建时间。用户名称就是用户自己起的昵称，可以在用户列表中展示；IP 地址用来定位对方；创建时间用来判断用户使用哪种颜色的棋子，创建时间早的用户使用黑子，优先下棋。用户类代码如下所示：

```
01 public class UserBean implements Serializable {
02   protected String name = "游客";                     // 用户名称
03   protected InetAddress host;                          // 用户 IP 地址
04   private Time time;                                   // 用户创建时间
05   /*  以下为各属性的 get、set 方法 */
06   public InetAddress getHost() {
07       return host;
08   }
09   public void setHost(InetAddress host) {
10       this.host = host;
```

```
11     }
12     public String getName() {
13         return name;
14     }
15     public void setName(String name) {
16         this.name = name;
17     }
18     public void setTime(Time time) {
19         this.time = time;
20     }
21     public Time getTime() {
22         return time;
23     }
24     public String toString() {
25         return getName();
26     }
27 }
```

27.3.2 定义棋盘模型类

棋盘模型类包含一个 15 行 15 列的二维数组和两个棋子的常量。棋盘模型采用单例模式，保证棋盘数据的唯一性。类中也提供克隆棋子数组的方法，用于悔棋或游戏回放使用。棋盘模型类代码如下所示：

```
01 public class GobangModel implements Serializable {
02     定义自身对象，单例模式可保持所有的 GobangModel 都是同一个对象
03     static private GobangModel model;
04     static private byte[][] chessmanArray = new byte[15][15];  // 定义棋子数组
05     public final static byte WHITE_CHESSMAN = 1;               // 白棋的值
06     public final static byte BLACK_CHESSMAN = -1;              // 黑棋的值
07 
08     public static GobangModel getInstance() {                  // 获取本类实例的方法
09         if (model == null) {                                   // 如果 model 是 null
10             model = new GobangModel();                         // 则创建新对象
11         }
12         return model;
13     }
14     private GobangModel() {                                    // 棋盘模型的构造方法
15         model = this;
16     }
17     public byte[][] getChessmanArray() {                       // 获取棋盘的棋子数组的方法
18         return chessmanArray;                                  // 返回棋子数组
19     }
20     public void setChessmanArray(byte[][] chessmanArray) {     // 载入棋子数组的方法
21         // 设置棋盘数组方法开始执行
22         this.chessmanArray = chessmanArray;                    // 将参数传来的棋盘数据作为本类的棋盘数据
23     }
24     byte[][] getChessmanArrayCopy() {                          // 获取棋盘上棋子数组的拷贝
25         byte[][] newArray = new byte[15][15];                  // 创建一个二维数组
26         for (int i = 0; i < newArray.length; i++) {
27             // 复制数组
28             newArray[i] = Arrays.copyOf(chessmanArray[i], newArray[i].length);
29         }
30         return newArray;
31     }
32 }
```

27.4 界面模型设计

登录界面不需要输入用户名和密码，而是输入玩家昵称和对方主机的 IP 地址。昵称将显示在游戏界

面中，包括我方和对方的昵称。IP 地址是确定对方玩家的唯一条件，只有确定双方的 IP 地址，且双方都同意连接之后，才能开始游戏。

27.4.1 设计主窗体

游戏的主窗体是 MainFrame 类，主窗体中包含下棋面板、用户信息面板、用户列表和聊天面板等。主窗体界面如图 27.8 所示。

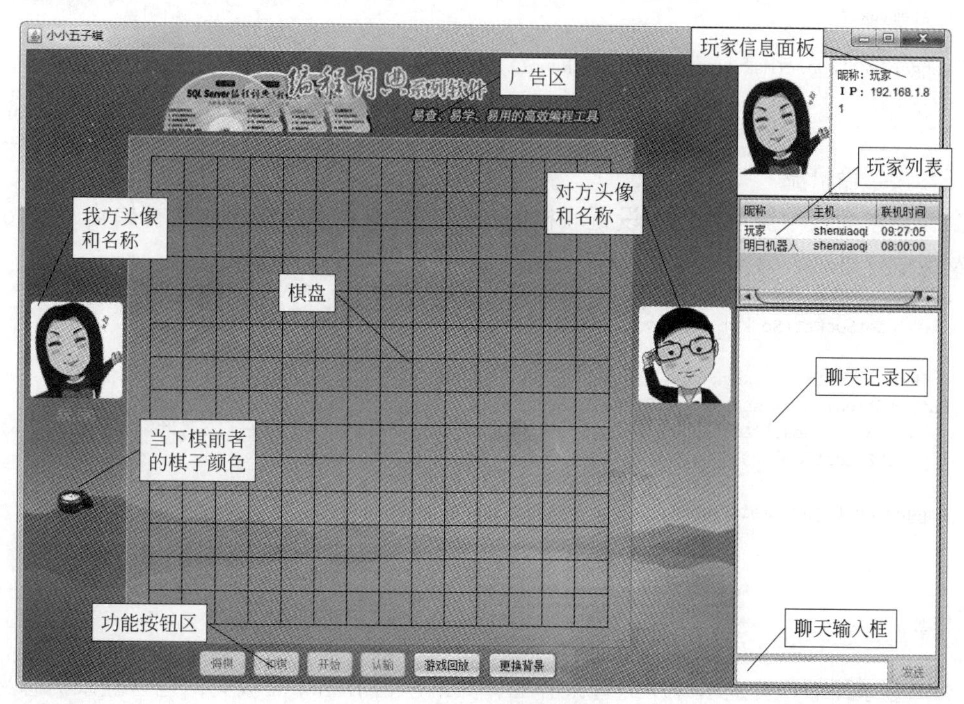

图 27.8 **主窗体界面**

（1）主窗体中的属性

主窗体在成员属性中定义了服务器套接字、接收套接字和对象流，这三个属性用于网络连接和收发信息；“我方玩家”和“对方玩家”，这两个属性用于记录双方身份信息；聊天记录文本域、聊天输入框、发送按钮、用户信息表格、用户信息文本域，这五个属性是聊天面板的组件。主窗体中成员属性的关键代码如下所示：

```
01 public class MainFrame extends javax.swing.JFrame {
02   private Socket socket;                          // 服务器套接字接收的套接字
03   private ObjectOutputStream objout;              // 对象流，用于向套接字发送数据
04   private UserBean towardsUser;                   // 对方玩家
05   protected UserBean user;                        // 我方玩家
06   Socket serverSocket;                            // 服务器套接字
07   private javax.swing.JTextArea chatArea;         // 聊天记录文本域
08   private javax.swing.JTextField chatTextField;   // 聊天输入框
09   private com.lzw.gobang.ChessPanel chessPanel1;  // 下棋面板
10   private com.lzw.gobang.LoginPanel loginPanel1;  // 登录面板
11   private javax.swing.JButton sendButton;         // 发送按钮
12   protected javax.swing.JTable userInfoTable;     // 用户信息表格
13   private javax.swing.JTextArea userInfoTextArea; // 用户信息文本域
14
15   /* 省略其他方法 */
16 }
```

（2）启动服务器套接字

此方法将创建 ServerSocket 类的实例对象，该对象用于接收远程用户的连接。程序关键代码如下所示：

```
01 public void startServer() {
02   try {
03       // 创建 Socket 服务器对象
04       final ServerSocket chatSocketServer = new ServerSocket(9527);
05       // 创建接收信息的线程
06       new ReceiveThread(chatSocketServer, this).start();
07   } catch (IOException ex) {
08       JOptionPane.showMessageDialog(this, "本程序禁止重复运行，只能同时存在一个实例。",
09               "你敢重复运行？ ", JOptionPane.ERROR_MESSAGE);           // 弹出对话框
10       System.exit(0);                                               // 关闭程序
11       // 保存日志
12       Logger.getLogger(MainFrame.class.getName()).log(Level.SEVERE, null, ex);
13   }
14 }
```

（3）打开套接字输出流

此方法会在登录面板中调用，用于设置联机的 Socket 对象。本方法同时也初始化了 objout 对象输出流，它用于发送字符串对象或其他对象到对家主机。程序关键代码如下所示：

```
01 public void setSocket(Socket chatSocketArg) {
02   try {
03       socket = chatSocketArg;                                // 给套接字赋值
04       OutputStream os = socket.getOutputStream();            // 获取 Socket 的输出流
05       objout = new ObjectOutputStream(os);                   // 创建对象输出流
06   } catch (IOException ex) {
07       // 保存日志
08       Logger.getLogger(MainFrame.class.getName()).log(Level.SEVERE, null,      ex);
09   }
10 }
```

27.4.2 设计登录界面

LoginPanel（登录面板）类是本程序的登录界面，其继承自 JPanel 面板类，包含登录信息文本框和“登录”按钮、人机对战按钮等组件。登录界面类的 isManMachineWar 属性可以用于记录本局游戏是否是人机对战模式。LoginPanel 的关键代码如下所示：

```
01 public class LoginPanel extends javax.swing.JPanel {
02   private Socket socket;                                  // 客户端套接字
03   private UserBean user;                                  // 本地创建的用户
04   private javax.swing.JButton closeButton;                // 关闭按钮
05   private javax.swing.JTextField ipTextField;             // IP 输入框
06   private javax.swing.JLabel nameLabel;                   // 昵称标签
07   private javax.swing.JLabel ipLabel;                     // IP 标签
08   private javax.swing.JButton loginButton;                // 登录按钮
09   private javax.swing.JTextField nameTextField;           // 用户名输入框
10   private javax.swing.JButton machineButton;              // 人机对战按钮
11   public static boolean isManMachineWar;                  // 是否为人机对战
12
13   protected void paintComponent(Graphics g) {             // 绘制组件界面的方法
14       Graphics2D g2 = (Graphics2D) g;                     // 获取 2D 绘图上下文
15       Composite composite = g2.getComposite();            // 备份合成模式
16       // 设置绘图使用透明合成规则
17       g2.setComposite(AlphaComposite.getInstance(AlphaComposite.SRC_OVER, 0.8f));
18       g2.fillRect(0, 0, getWidth(), getHeight());         // 使用当前颜色填充矩形空间
19       g2.setComposite(composite);                         // 恢复原有合成模式
20       super.paintComponent(g2);                           // 执行超类的组件绘制方法
21   }
22
23   /* 省略其他方法 */
24 }
```

登录界面使用了半透明的 GlassPane 玻璃面板，它位于窗体的最顶层，Swing 默认该面板为隐藏模式。主窗体调用 setGlassPane() 方法将登录面板设置为玻璃面板。效果如图 27.9 所示。

27.4.3 绘制棋盘界面

GobangPanel 类是棋盘界面面板，用于游戏的控制，包括游戏的开始、悔棋、和棋、认输、清屏、更换游戏背景图等，它还负责游戏开始时，为双方玩家分配棋子颜色等业务。

（1）绘制棋盘方法

drawPanel() 方法是绘制棋盘的方法，此方法将利用半透明合成规则绘制透明背景的棋盘，另外，为了更好地支持棋盘缩放，使用户能自由调整棋盘大小，这里使用 drawLine() 画线的方法绘制了棋盘的网格。代码如下所示：

```
01 private void drawPanel(Graphics2D g) {
02   Composite composite = g.getComposite();                  // 备份合成规则
03   Color color = g.getColor();                              // 备份前景颜色
04   g.setComposite(AlphaComposite.SrcOver.derive(0.6f));     // 设置透明合成
05   g.setColor(new Color(0xAABBAA));                         // 设置前景白色
06   g.fill3DRect(0, 0, getWidth(), getHeight(), true);       // 绘制半透明的矩形
07   g.setComposite(composite);                               // 恢复合成规则
08   g.setColor(color);                                       // 恢复原来前景色
09   int w = getWidth();                                      // 棋盘宽度
10   int h = getHeight();                                     // 棋盘高度
11   int chessW = w / 15, chessH = h / 15;                    // 棋子宽度和高度
12   int left = chessW / 2 + (w % 15) / 2;                    // 棋盘左边界
13   int right = left + chessW * 14;                          // 棋盘右边界
14   int top = chessH / 2 + (h % 15) / 2;                     // 棋盘上边界
15   int bottom = top + chessH * 14;                          // 棋盘下边界
16   for (int i = 0; i < 15; i++) {
17       // 画每条横线
18       g.drawLine(left, top + (i * chessH), right, top + (i * chessH));
19   }
20   for (int i = 0; i < 15; i++) {
21       // 画每条竖线
22       g.drawLine(left + (i * chessW), top, left + (i * chessW), bottom);
23   }
24 }
```

绘制出的棋盘效果如图 27.10 所示。

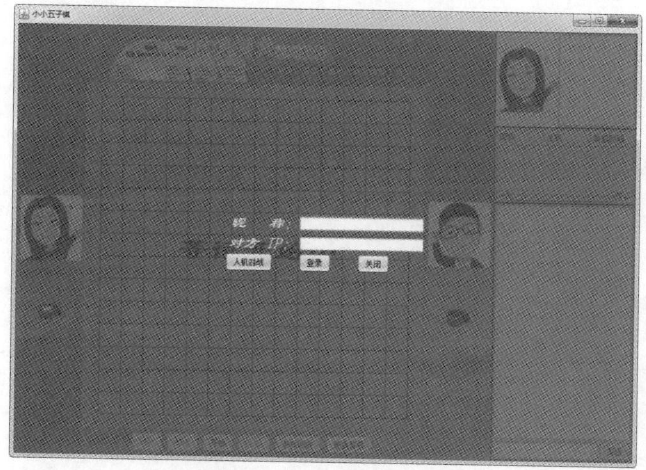

图 27.9　登录界面

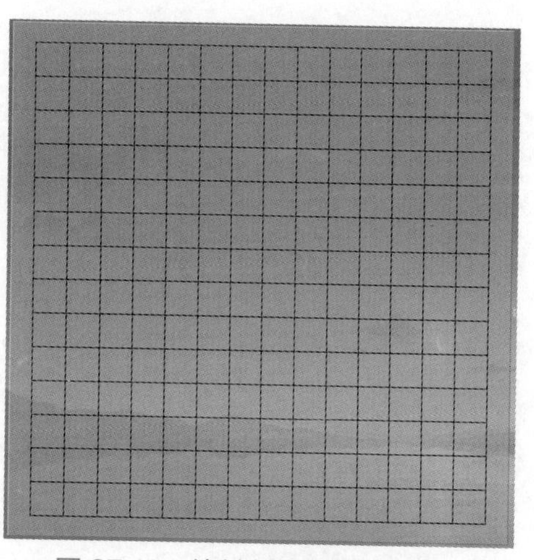
图 27.10　绘制半透明的棋盘效果

(2) 绘制棋子和获胜信息

重写 GobangPanel 类的 paint() 方法，在绘制棋盘的同时，遍历棋盘数组中的值，将数组中的黑棋和白棋绘在对应坐标上。如果是带有获胜标志的棋子，则在棋子上覆盖星星图案。如果游戏结束，则在棋盘中央绘制获胜信息文字。代码如下所示：

```
01 public void paint(Graphics g1) {
02   Graphics2D g = (Graphics2D) g1;                          // 使用新绘图类
03   super.paint(g);                                          // 调用父类的绘图方法
04   if (chessPanel != null) {
05       chessPanel.setTurn(turn);
06   }
07   Composite composite = g.getComposite();                  // 备份合成模式
08   drawPanel(g);                                            // 调用绘制棋盘的方法
09   g.translate(4, 4);                                       // 将（4,4）位置设为坐标原点
10   size = new Dimension(getWidth(), getHeight());           // 设置棋盘面板的大小
11   chessWidth = size.width / 15;                            // 初始化棋子宽（除以 15 个棋子）
12   chessHeight = size.height / 15;                          // 初始化棋子高
13   byte[][] chessmanArray = gobangModel1.getChessmanArrayCopy();   // 获取棋盘数据
14   for (int i = 0; i < chessmanArray.length; i++) {         // 双 for 循环遍历棋盘数据模型
15       for (int j = 0; j < chessmanArray[i].length; j++) {
16           byte chessman = chessmanArray[i][j];
17           int x = i * chessWidth;                          // 获取此处棋子左上角的横坐标
18           int y = j * chessHeight;                         // 获取此处棋子左上角的纵坐标
19           if (chessman != 0)                               // 如果此处有棋子
20               if (chessman == GobangModel.WHITE_CHESSMAN) {   // 如果是白子
21                   // 绘制白子图片，在指定坐标，指定宽高，绘于棋盘上
22                   g.drawImage(white_chessman_img, x, y, chessWidth,
23                           chessHeight, this);
24               } else if (chessman == GobangModel.BLACK_CHESSMAN) {   // 如果是黑子
25                   g.drawImage(black_chessman_img, x, y, chessWidth,
26                           chessHeight, this);              // 绘制黑子
27               } else if (chessman == (byte) (GobangModel.WHITE_CHESSMAN ^ 8)) {
28                   // 如果是导致胜利的白旗的连线
29                   g.drawImage(white_chessman_img, x, y, chessWidth,
30                           chessHeight, this);              // 绘制白子
31                   g.drawImage(rightTop_img, x, y, chessWidth,
32                           chessHeight, this);              // 绘制星星
33               } else if (chessman == (byte) (GobangModel.BLACK_CHESSMAN ^ 8)) {
34                   // 绘制导致胜利的黑旗的连线
35                   g.drawImage(black_chessman_img, x, y, chessWidth,
36                           chessHeight, this);              // 绘制黑子
37                   g.drawImage(rightTop_img, x, y, chessWidth,
38                           chessHeight, this);              // 绘制星星
39               }
40       }
41   }
42   if (!isStart()) { // 如果游戏不处于开始状态
43       // 如果处于对方胜利或者自己胜利或者和棋状态，绘制棋盘提示信息
44       if (towardsWin || win || draw) {
45           // 透明的合成规则，设置 70%
46           g.setComposite(AlphaComposite.SrcOver.derive(0.7f));
47           String mess = " 对方胜利 ";                        // 定义提示信息
48           g.setColor(Color.RED);                           // 设置前景色为红色
49           if (win) { // 如果是自己胜利
50               mess = " 你胜利了 ";                          // 设置胜利提示信息
51               g.setColor(new Color(0x007700));             // 设置绿色为前景色
52           } else if (draw) {                               // 如果是和棋状态
53               mess = " 此战平局 ";                          // 定义和棋提示信息
54               g.setColor(Color.YELLOW);                    // 设置和棋信息，使用黄色提示
55           }
56           // 设置提示文本的字体为隶书、粗斜体、大小 72
57           Font font = new Font(" 隶书 ", Font.ITALIC | Font.BOLD, 72);
58           g.setFont(font);                                 // 载入此字体
```

```
59            // 获取字体渲染上下文对象
60            FontRenderContext context = g.getFontRenderContext();
61            // 计算提示信息的文本所占用的像素空间
62            Rectangle2D stringBounds = font.getStringBounds(mess, context);
63            double fontWidth = stringBounds.getWidth();                    // 获取提示文本的宽度
64            g.drawString(mess, (int) ((getWidth() - fontWidth) / 2),
65                    getHeight() / 2);                                      // 居中绘制提示信息
66            g.setComposite(composite);                                     // 恢复原有合成规则
67        } else {                                                           // 如果当前处于其他未开始游戏的状态
68            String mess = "等待开始…";                                      // 定义等待提示信息
69            Font font = new Font("隶书", Font.ITALIC | Font.BOLD, 48);
70            g.setFont(font);                                               // 设置 48 号隶书字体
71            // 获取字体渲染上下文对象
72            FontRenderContext context = g.getFontRenderContext();
73            // 计算提示信息的文本所占用的像素空间
74            Rectangle2D stringBounds = font.getStringBounds(mess, context);
75            double fontWidth = stringBounds.getWidth();                    // 获取提示文本的宽度
76            g.drawString(mess, (int) ((getWidth() - fontWidth) / 2),
77                    getHeight() / 2);                                      // 居中绘制提示文本
78        }
79    }
80 }
```

绘制棋子和获胜信息的效果如图 27.11 所示。

27.4.4 实现单击鼠标落棋功能

GobangPanel（棋盘面板）类中 formMouseClicked() 方法实现鼠标落棋功能。棋盘面板初始化时调用此方法，可以判断鼠标在棋盘上单击位置的坐标，然后除以棋子的宽和高，就得出了棋子所在的坐标，也就是棋盘二维数组中的索引位置。将当前下棋者的棋子常量保存到棋盘数组中，然后触发棋盘面板的重绘方法，就可以在游戏界面上看到落下的棋子了。代码如下所示：

```
01 private void formMouseClicked(java.awt.event.MouseEvent evt) {
02     // 如果游戏没有开始，或者对方没有开始，或者自己没有分配到棋子，或者没有轮到自己下棋
03     if (!start || !isTowardsStart() || myColor == 0 || !turn) {
04         return;
05     }
06     Point point = evt.getPoint();                                  // 获得鼠标在棋盘上的位置
07     int xindex = point.x / chessWidth;                             // 鼠标位置除以棋子宽度 = 棋子位置
08     int yindex = point.y / chessHeight;                            // 鼠标位置除以棋子高度 = 棋子位置
09     byte[][] chessmanArray = gobangModel1.getChessmanArray();      // 获得棋盘数组
10     if (chessmanArray[xindex][yindex] == 0) {                      // 如果鼠标位置上没有棋子
11         turn = !turn;// 丧失下棋权限
12         chessmanArray[xindex][yindex] = (byte) myColor;            // 将棋子放入棋盘
13         gobangModel1.setChessmanArray(chessmanArray);              // 将棋盘数据更新到棋子模型当中
14         chessPanel.backButton.setEnabled(false);                   // 悔棋按钮不可用
15         repaint();                                                 // 重绘组件
16         // 判断下棋之后是否获得胜利，返回胜利的棋子颜色
17         int winColor = arithmetic(myColor, xindex, yindex);
18         chessPanel.send(chessmanArray);                            // 发送当前棋盘数据
19         pustChessQueue(gobangModel1.getChessmanArray());           // 将当前棋局保存到队列中
20         // 在判断胜负情况后再发送 model 中的棋盘数组，因为这个数组可能带有标识连线的棋子数据
21         // 如果棋子胜利并且是和自己的棋子颜色一致
22         if (winColor != 0 && winColor == myColor) {
23             chessPanel.send(ChessPanel.WIN);                       // 发送胜利代码
24             win = true;                                            // 将自己胜利的标志设置为 true
25             chessPanel.reInit();                                   // 重新初始化游戏状态
26         }
27     }
28 }
```

因为程序不区分鼠标按键，所以单击鼠标左键或右键，都可以在指定位置绘制棋子，效果如图 27.12 所示。

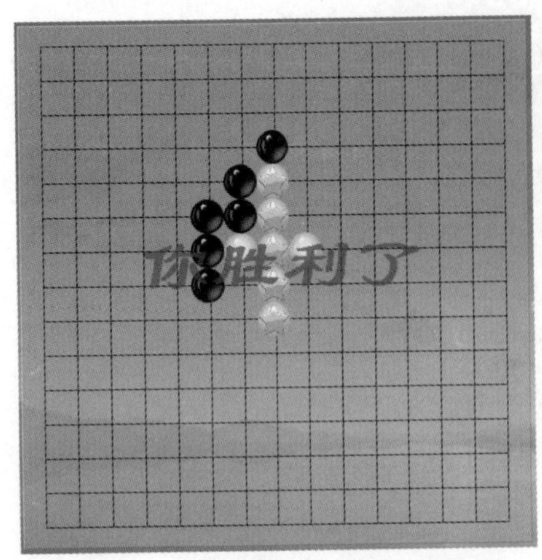

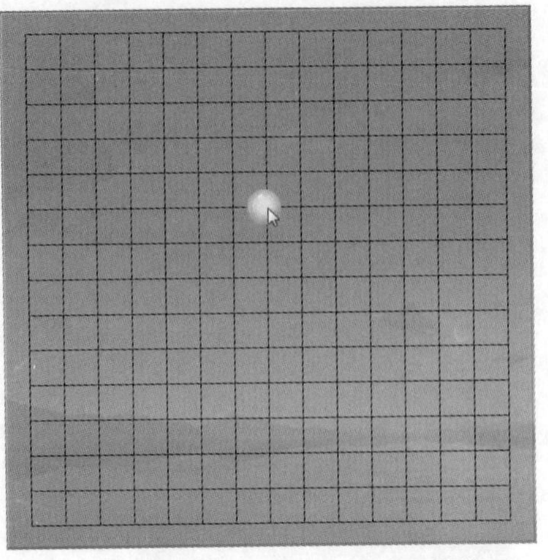

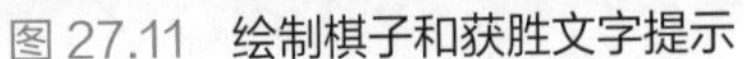

图 27.11　绘制棋子和获胜文字提示　　图 27.12　鼠标单击棋盘绘制棋子的效果

27.4.5　实现游戏回放功能

联机对战结束后可以单击“游戏回放”按钮，查看上一局的回放动画。此时会调用 ChessPanel（下棋面板）类中的 backplayToggleButtonActionPerformed() 方法。方法获取 GobangPanel（棋盘面板）类中的保存棋盘记录的对象数组 oldRec，然后依次将记录中的棋局按照 1 秒刷新一次的频率，展现在棋盘上。代码如下所示：

```
01 private void backplayToggleButtonActionPerformed(
02       java.awt.event.ActionEvent evt) {
03   if (gobangPanel1.isStart()) {                        // 如果游戏进行中，提示用户游戏结束后再观看游戏回放
04       // 弹出对话框
05       JOptionPane.showMessageDialog(this, "请在游戏结束后，观看游戏回放。");
06       backplayToggleButton.setSelected(false);                 // 取消按钮选中状态
07       return;
08   }
09   if (LoginPanel.isManMachineWar) {                            // 如果是人机对战模式
10       // 弹出对话框
11       JOptionPane.showMessageDialog(this, "人机模式暂不支持回放。");
12       backplayToggleButton.setSelected(false);                 // 取消按钮选中状态
13       return;
14   }
15   if (!backplayToggleButton.isSelected()) {                    // 如果按钮没有被选中
16       backplayToggleButton.setText("游戏回放");                 // 更改按钮显示文本
17   } else {
18       backplayToggleButton.setText("终止回放");                 // 更改按钮显示文本
19       new Thread() {                                           // 开启新的线程播放游戏记录
20       public void run() {                                      // 线程运行方法
21           Object[] toArray = gobangPanel1.getOldRec();         // 获取棋盘记录
22           if (toArray == null) {                               // 如果不存在棋盘记录
23               // 弹出提示框
24               JOptionPane.showMessageDialog(ChessPanel.this,
25                       "没有游戏记录", "游戏回放", JOptionPane.WARNING_MESSAGE);
26               backplayToggleButton.setText("游戏回放");         // 更改按钮显示文本
27                   backplayToggleButton.setSelected(false);     // 取消按钮选中状态
28                   return;                                      // 方法结束线程
29               }
30               // 清除界面的结局文字，包括"对方胜利"、"你胜利了"、"此战平局"
```

```
31             gobangPanel1.setTowardsWin(false);                    // 对方胜利
32             gobangPanel1.setWin(false);                           // 自己胜利的状态
33             gobangPanel1.setDraw(false);                          // 和棋状态
34             // 如果玩家没开始游戏，并且回放按钮是选中的，反序遍历棋盘记录数组
35             for (int i = toArray.length - 1; !gobangPanel1.isStart()
36                     && backplayToggleButton.isSelected() && i >= 0; i--) {
37                 try {
38                     Thread.sleep(1000);                           // 线程休眠 1 秒
39                 } catch (InterruptedException ex) {
40             // 记录日志
41                     Logger.getLogger(ChessPanel.class.getName()).log(
42                             Level.SEVERE, null, ex);
43                 }
44             // 根据游戏记录更换每一步游戏的棋谱
45                 GobangModel.getInstance().setChessmanArray((byte[][]) toArray[i]);
46                 gobangPanel1.repaint();                           // 重绘棋盘
47             }
48             backplayToggleButton.setSelected(false);              // 取消按钮选中状态
49             backplayToggleButton.setText(" 游戏回放 ");            // 更改按钮文字
50         }
51     }.start();                                                    // 开启线程
52   }
53 }
```

27.4.6 实现自由更换背景功能

玩家对战和人机对战都有更换背景的功能，单击“更换背景”按钮，触发 ChessPanel（下棋面板）类中的 ButtonActionListener 自定义按钮点击事件监听。监听使用求余算法，让 backIndex 的值在 1 ～ 9 的范围中循环，然后到项目中“/res/bg/”包下读取对应数字名称的图片，将图片重新加载到棋盘界面中。代码如下所示：

```
01 private class ButtonActionListener implements ActionListener {
02   public void actionPerformed(final ActionEvent e) {
03       backIndex = backIndex % 9 + 1;                  // 获取 9 张背景图片的索引的递增
04       // 获取图片路径
05       URL url = getClass().getResource("/res/bg/" + backIndex + ".jpg");
06       backImg = new ImageIcon(url).getImage();        // 初始化棋盘图片
07       repaint();                      // 重新绘制下棋面板
08   }
09 }
```

更换背景的效果如图 27.13 ～图 27.15 所示。

图 27.13　更换背景效果 1

图 27.14　更换背景效果 2

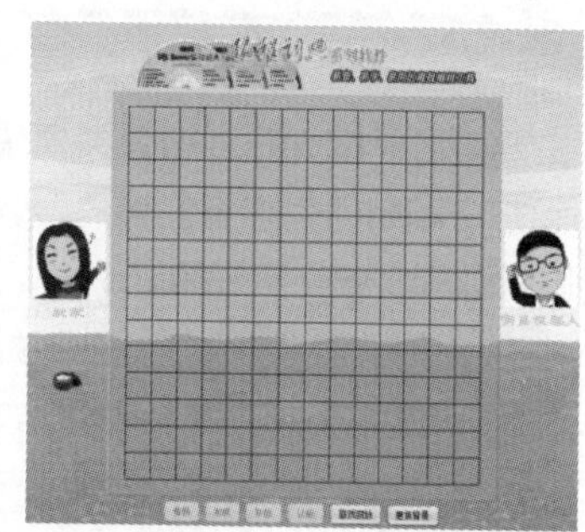

图 27.15　更换背景效果 3

27.4.7 清屏动画的实现

单击“开始”按钮之后，会出现“棋子铺满屏幕再消失”的动画，这段动画是由 ChessPanel（下棋面

板）类中的 fillChessBoard() 方法实现的，此方法可以每隔 10 毫秒向棋盘中填充两列棋子。方法中的参数 chessman 表示填充的棋子常量，-1 表示黑棋，0 表示空棋子，1 表示白棋。代码如下所示：

```
01 private void fillChessBoard(final byte chessman) {
02   try {
03       Runnable runnable = new Runnable() {                        // 创建清屏的动画线程
04           public void run() {                                     // 线程的主体方法
05               byte[][] chessmanArray = GobangModel.getInstance()
06                       .getChessmanArray();                        // 获取棋盘数组
07               for (int i = 0; i < chessmanArray.length; i += 2) {
08                   try {
09                       Thread.sleep(10);                           // 动画间隔时间
10                   } catch (InterruptedException ex) {
11                       Logger.getLogger(ChessPanel.class.getName()).log(
12                               Level.SEVERE, null, ex);
13                   }
14               // 使用指定颜色的棋子填充数组的一列
15                   Arrays.fill(chessmanArray[i], chessman);        // 填充偶数列
16                   Arrays.fill(chessmanArray[(i + 1) % 15], chessman); // 填充奇数列
17                   GobangModel.getInstance().setChessmanArray(
18                           chessmanArray);                         // 更新棋盘上的棋子
19                   gobangPanel1.paintImmediately(0, 0, getWidth(),
20                           getHeight());                           // 立即重绘指定区域的棋盘
21               }
22           }
23       };
24       // 在事件队列中执行清屏
25       if (SwingUtilities.isEventDispatchThread()) {               // 如果是当前窗体的线程
26           runnable.run();                                         // 线程直接执行
27       } else {
28           SwingUtilities.invokeAndWait(runnable);                 // 指派该线程等待执行
29       }
30   } catch (Exception ex) {
31       Logger.getLogger(ChessPanel.class.getName()).log(Level.SEVERE, null, ex);
32   }
33 }
```

执行两次动画填充，分别填充自己的棋子和空棋子，就实现了清屏动画，代码如下所示：

```
01 fillChessBoard(gobangPanel1.getMyColor());       // 使用自己的棋子颜色清屏
02 fillChessBoard((byte) 0);                         // 使用空棋子清屏
```

小结

本章主要对五子棋大对战的公共模块和界面模型进行了讲解。在公共模块中，要掌握如何为属性添加 Setters 和 Getters 方法和如何克隆棋盘等内容。在界面模型中，要掌握 Swing 组件的应用，Graphics2D 绘图类的应用，如何使用鼠标落棋，如何实现清屏动画、游戏回放功能和如何更新游戏界面背景等内容。

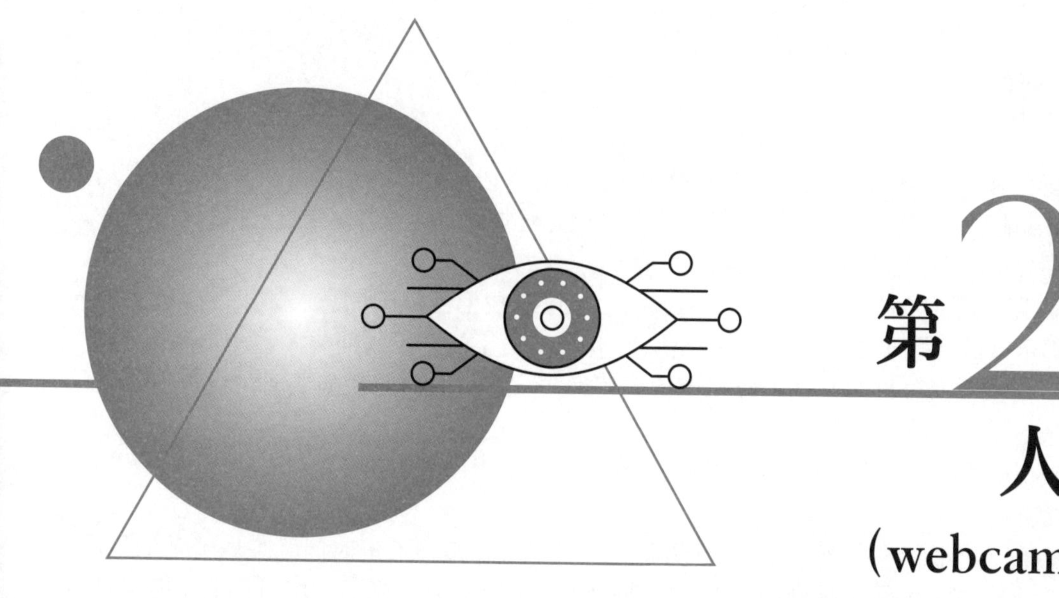

第28章 人脸打卡（webcam-capture + MySQL + Swing 实现）

很多公司都使用打卡机或打卡软件进行考勤。传统的打卡方式包括点名、签字、刷卡、指纹等。随着技术的不断发展，计算机视觉技术越来越强大，已经可以实现人脸打卡功能。人脸打卡的准确性不输于指纹打卡，甚至安全性和便捷性都高于指纹打卡。本章使用虹软科技发布的人脸识别 SDK 作为人脸识别的核心技术，结合 webcam-capture、MySQL 数据库和 Java Swing 的开发一个人脸打卡的程序。

本章的知识结构如下图所示：

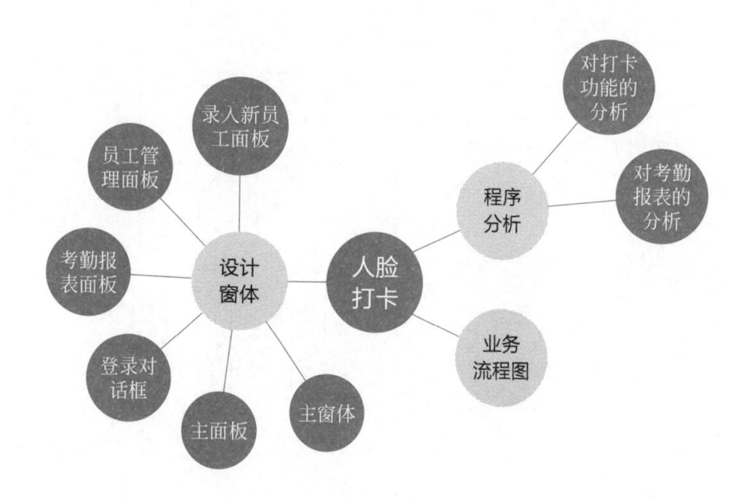

28.1 程序分析

人脸打卡有三个核心功能：维护员工资料、视频打卡和查看打卡记录。在满足核心功能的基础之上需要完善一些附加功能和功能细节。在开发人脸打卡程序之前，应先对本程序的一些需求进行拆解和分析：

（1）对打卡功能的分析

程序可以通过摄像头识别人脸信息，并在公司的人脸信息库查找相匹配的信息。如果确定镜头前的人是本公司员工，则提示该员工打卡成功，并将在数据库中保存该员工的打卡时间。

程序在录入新员工时需要通过拍照方式保存员工的照片样本。当员工面对摄像头时，点击拍照或录入按钮就可以生成一张正面特写照片文件。

所有员工都有视频打卡的权限，但只有程序管理员有权录入新员工或删除员工。

（2）对考勤报表的分析

每个公司的考勤制度都不同，很多公司都主动设置“上班时间”和“下班时间”来做考勤的标准。员工要在“上班时间”之前打卡才算正常到岗，在“下班时间”之后打卡才算正常离岗。未在规定时间内打卡的情况属于“打卡异常”，“打卡异常”通常分为三种情况：迟到、早退和缺席（或者叫缺勤）。

本程序会分析每一位员工在某一天的打卡记录，如果该员工在“上班时间”前和“下班时间”后都有打卡记录，则认为该员工当天全勤，该员工当天的其他打卡记录会被忽略。但如果该员工在“上班时间”前未能打卡，而是在“上班时间”后到中午 12 点前打卡，这种情况被视为迟到。如果该员工在“下班时间”后未打卡，而是在中午 12 点之后到“下班时间”前打卡，这种情况被视为早退。没有打卡记录被视为缺席。

但只有程序管理员有权查看考勤报表。

28.2 业务流程图

人脸打卡的业务流程如图 28.1 所示。

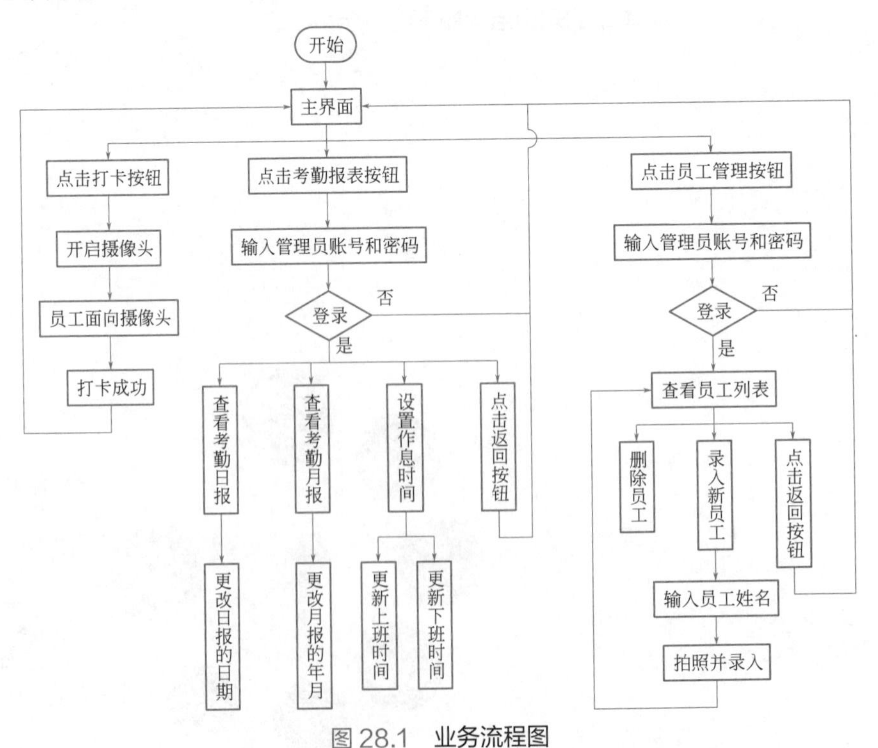

图 28.1 业务流程图

28.3 设计窗体

本案例在设计窗体的过程中包括 6 个内容，它们分别是主窗体、主面板、登录对话框 / 考勤报表面板、员工管理面板和录入新员工面板。下面将依次对这 6 个内容进行讲解。

28.3.1 主窗体

图 28.2　不显示任何内容的主窗体

图 28.3　关闭窗体时弹出的确认对话框

com.mr.clock.frame 包下的 MainFrame 类就是主窗体类，该类继承 JFrame 窗体类。主窗体除了做主容器以外，不显示任何内容，如图 28.2 所示。但主窗体会提供以下三种功能：

① 数据初始化。主窗体对象是项目启动后第一个被创建的对象，所以在构造主窗体时，让 Session 做数据初始化操作，这样就可以在窗体显示前一次性将所有数据都加载完毕。

② 可以更换窗体中的面板。主窗体需要提供更换面板的功能，以确保相应用户切换界面的操作。

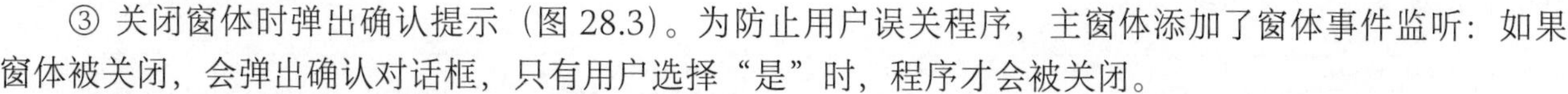

③ 关闭窗体时弹出确认提示（图 28.3）。为防止用户误关程序，主窗体添加了窗体事件监听：如果窗体被关闭，会弹出确认对话框，只有用户选择“是”时，程序才会被关闭。

MainFrame 类的具体代码如下所示：

```
01 public class MainFrame extends JFrame {
02
03     public MainFrame() {
04         Session.init();                                           // 全局会话初始化
05         addListener();                                            // 添加监听
06         setSize(640, 480);                                        // 窗体宽高
07         setDefaultCloseOperation(DO_NOTHING_ON_CLOSE);            // 点击关闭按钮不触发任何事件
08         Toolkit tool = Toolkit.getDefaultToolkit();               // 创建程序默认组件工具包
09         Dimension d = tool.getScreenSize();                       // 获取屏幕尺寸，赋给坐标对象
10         // 让主窗体在屏幕中间显示
11         setLocation((d.width - getWidth()) / 2, (d.height - getHeight()) / 2);
12     }
13
14     /**
15      * 添加组件监听
16      */
17     private void addListener() {
18         addWindowListener(new WindowAdapter() {                   // 添加窗体事件监听
19             @Override
20             public void windowClosing(WindowEvent e) {            // 窗体关闭时
21                 // 弹出选择对话框，并记录用户做出的选择
22                 int closeCode = JOptionPane.
23                         showConfirmDialog(MainFrame.this, "是否退出程序？", "提示！",
24                         JOptionPane.YES_NO_OPTION);
25                 if (closeCode == JOptionPane.YES_OPTION) {        // 如果用户选择确定
26                     Session.dispose();                            // 释放全局资源
27                     System.exit(0);                               // 关闭程序
28                 }
29             }
30         });
31     }
32
33     /**
34      * 更换主容器中的面板
35      * @param panel 更换的面板
```

```
36      */
37     public void setPanel(JPanel panel) {
38         Container c = getContentPane();                    // 获取主容器对象
39         c.removeAll();                                     // 删除容器中所有组件
40         c.add(panel);                                      // 容器添加面板
41         c.validate();                                      // 容器重新验证所有组件
42     }
43 }
```

28.3.2 主面板

com.mr.clock.frame 包下的 MainPanel 类就是主面板类，该类继承 JPanel 面板类。主面板也叫主菜单面板，是主窗体启动后加载的第一个功能面板，效果如图 28.4 所示。

主面板中部是人脸打卡的功能区，左侧信息提示栏可以输出摄像头启动日志和员工打卡成功提示。右侧黑色区域是摄像头画面，全黑或者“提示相机未就绪”则表示摄像头尚未开启工作。画面区域下方有一个较大的“打卡”按钮，鼠标点击此按钮后，程序会打开计算机默认连接的摄像头，并将摄像头捕捉到的画面展示在上方，效果如图 28.5 所示。如果摄像头捕捉到某位员工的正脸，就会在提示栏中输出该员工名称和打卡时间，然后自动关闭摄像头，效果如图 28.6 所示。如果计算机没有连接任何摄像头，则会弹出如图 28.7 所示的对话框。

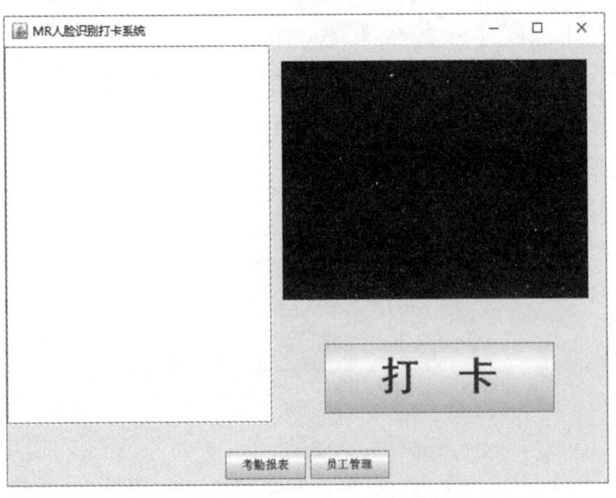

图 28.4　主面板界面

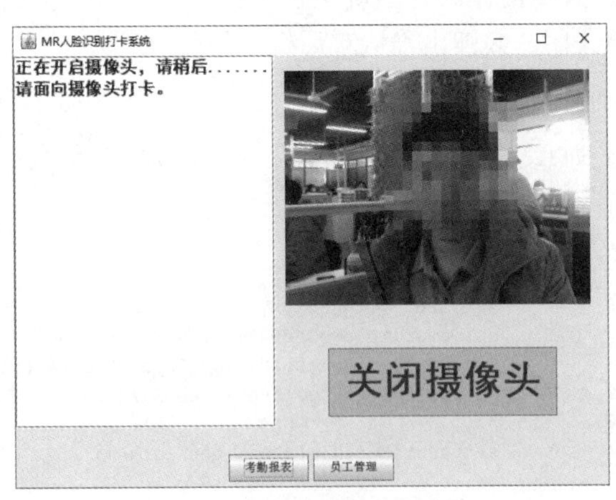

图 28.5　开启摄像头打卡

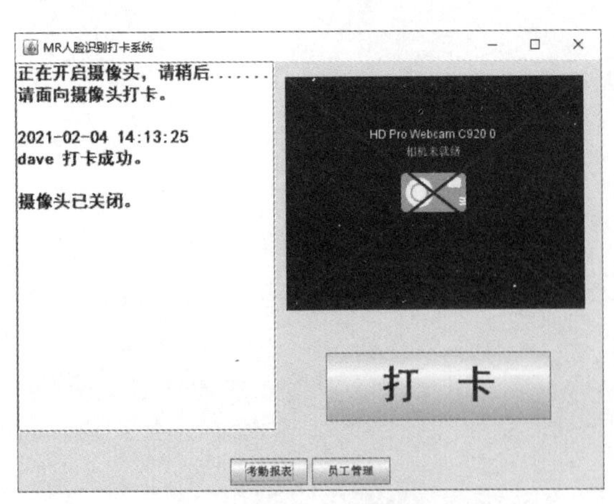

图 28.6　打卡成功

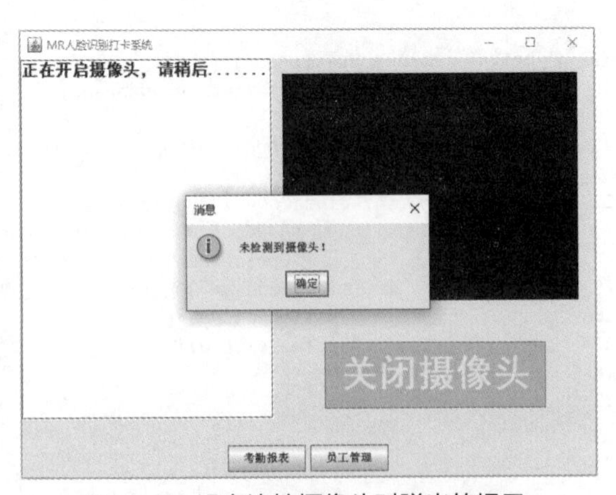

图 28.7　没有连接摄像头时弹出的提示

主面板底部有两个按钮，分别是“考勤报表”按钮和“员工管理”按钮，如果用户用鼠标点击这两个按钮，则会让主窗体切换至对应的功能界面。

MainPanel 类将很多面板中使用的组件定义成了类属性，具体如下：

```
01 private MainFrame parent;           // 主窗体
02 private JToggleButton daka;         // 打卡按钮
03 private JButton kaoqin;             // 考勤按钮
04 private JButton yuangong;           // 员工按钮
05 private JTextArea area;             // 提示信息文本域
06 private DetectFaceThread dft;       // 人脸识别线程
07 private JPanel center;              // 中部面板
```

因为 webcam；capture 组件是通过一个摄像头线程让前台画面不断变化的，如果想要检测是否有员工正在刷脸打卡，就需要再单独创建一个人脸识别线程去不断地分析当前画面。主面板类中的成员内部类 DetectFaceThread 就是人脸识别线程类。DetectFaceThread 继承 Thread 线程类，并在 run() 方法中写了一个不停执行的 while 循环不断地捕捉当前摄像头捕捉的帧画面。如果摄像头处于工作状态，线程就会获取当前一帧画面，并交给 FaceEngineService 人脸识别服务来看看画面中的人是谁。如果 FaceEngineService 返回了一个员工特征码，说明找到了匹配员工，就 HRService 人事服务为该员工添加打卡记录，并在提示栏里输出打卡成功，最后关闭摄像头。

DetectFaceThread 线程类中有一个 work 属性，表示该线程是否持续循环执行，如果 stopThread() 被执行，work 的值就会变成 false，使 run() 方法中的 while 循环停止，也就停止了人脸识别线程。

DetectFaceThread 类的具体代码如下所示：

```
01 private class DetectFaceThread extends Thread {
02     boolean work = true;                                 // 人脸识别线程是否继续扫描 image
03 
04     @Override
05     public void run() {
06         while (work) {
07             if (CameraService.cameraIsOpen()) {          // 如果摄像头已开启
08                 // 获取摄像头的当前帧
09                 BufferedImage frame = CameraService.getCameraFrame();
10                 if (frame != null) {                     // 如果可以获得有效帧
11                     // 获取当前帧中出现的人脸对应的特征码
12                     String code = FaceEngineService.
13                         detectFace(FaceEngineService.getFaceFeature(frame));
14                     if (code != null) {                  // 如果特征码不为 null，表明画面中存在某员工的人脸
15                         Employee e = HRService.getEmp(code); // 根据特征码获取员工对象
16                         HRService.addClockInRecord(e);       // 为此员工添加打卡记录
17                         // 文本域添加提示信息
18                         area.append("\n" + DateTimeUtil.dateTimeNow() + " \n");
19                         area.append(e.getName() + " 打卡成功。\n\n");
20                         releaseCamera();                 // 释放摄像头
21                     }
22                 }
23             }
24         }
25     }
26 
27     public synchronized void stopThread() {              // 停止人脸识别线程
28         work = false;
29     }
30 }
```

releaseCamera() 方法用于释放摄像头以及释放主面板中的一些资源，重置一些组件的属性。该方法通常会在员工打卡完成、切换其他功能面板或者用户手动关闭摄像头之后触发。该方法的具体代码如下所示：

```
01 /**
02  * 释放摄像头及面板中的一些资源
```

```
03  */
04 private void releaseCamera() {
05     CameraService.releaseCamera();          // 释放摄像头
06     area.append("摄像头已关闭。\n");          // 添加提示信息
07     if (dft != null) {                      // 如果人脸识别线程被创建
08         dft.stopThread();                   // 停止线程
09     }
10     daka.setText("打  卡");                  // 更改打卡按钮的文本
11     daka.setSelected(false);                // 打卡按钮变为未选中状态
12     daka.setEnabled(true);                  // 打卡按钮可用
13 }
```

当“打卡”按钮被点击后，会触发 ActionListener 监听，按钮的文本会变成“关闭摄像头”，创建一个临期线程启动摄像头，并将摄像头的画面展示在主面板中，同时启动人脸识别线程。使用临时线程启动摄像头是为了防止摄像头的启动过程过长而阻塞主程序线程。如果按钮被再次点击，按钮的文本会变回“打卡”，并释放摄像头及其他资源。

“打卡”按钮触发事件的具体代码如下所示：

```
01 daka.addActionListener(new ActionListener() {                   // 打卡按钮的事件
02     @Override
03     public void actionPerformed(ActionEvent e) {
04         if (daka.isSelected()) {                                // 如果打卡按钮是选中状态
05             // 文本域添加提示信息
06             area.append("正在开启摄像头，请稍后.......\n");
07             daka.setEnabled(false);                             // 打卡按钮不可用
08             daka.setText("关闭摄像头");                          // 更改打卡按钮的文本
09             // 创建启动摄像头的临时线程
10             Thread cameraThread = new Thread() {
11                 public void run() {
12                     // 如果摄像头可以正常开启
13                     if (CameraService.startCamera()) {
14                         area.append("请面向摄像头打卡。\n");      // 添加提示
15                         daka.setEnabled(true);                  // 打卡按钮可用
16                         // 获取摄像头画面面板
17                         JPanel cameraPanel = CameraService.getCameraPanel();
18                         // 设置面板的坐标与宽高
19                         cameraPanel.setBounds(286, 16, 320, 240);
20                         center.add(cameraPanel);                // 放到中部面板当中
21                     } else {
22                         // 弹出提示
23                         JOptionPane.showMessageDialog(parent, "未检测到摄像头！");
24                         releaseCamera();                        // 释放摄像头资源
25                         return;                                 // 停止方法
26                     }
27                 }
28             };
29             cameraThread.start();                               // 启动临时线程
30             dft = new DetectFaceThread();                       // 创建人脸识别线程
31             dft.start();                                        // 启动人脸识别线程
32         } else {                                                // 如果打卡按钮不是选中状态
33             releaseCamera();                                    // 释放摄像头资源
34         }
35     }
36 });
```

“考勤报表”按钮和“员工管理”按钮触发的事件就相对简单了，首先会判断用户是否有管理员身份，如果没有就弹出登录对话框让用户登录，当用户登录成功之后，就会让主窗体切换至各自的功能界面。

“考勤报表”按钮和“员工管理”按钮触发事件的代码具体如下：

```
01 kaoqin.addActionListener(new ActionListener() { // 考勤报表按钮的事件
02     @Override
```

```
03      public void actionPerformed(ActionEvent e) {
04          if (Session.user == null) {                 // 如果没有管理员登录
05              // 创建登录对话框
06              LoginDialog ld = new LoginDialog(parent);
07              ld.setVisible(true);                    // 展示登录对话框
08          }
09          if (Session.user != null) {                 // 如果管理员已登录
10              // 创建考勤报表面板
11              AttendanceManagementPanel amp = new AttendanceManagementPanel(parent);
12              parent.setPanel(amp);                   // 主窗体切换至考勤面板
13              releaseCamera();                        // 释放摄像头
14          }
15      }
16  });
17
18  yuangong.addActionListener(new ActionListener() {   // 员工管理按钮的事件
19      @Override
20      public void actionPerformed(ActionEvent e) {
21          if (Session.user == null) {                 // 如果没有管理员登录
22              // 创建登录对话框
23              LoginDialog ld = new LoginDialog(parent);
24              ld.setVisible(true);                    // 展示登录对话框
25          }
26          if (Session.user != null) {                 // 如果管理员已登录
27              // 创建员工管理面板
28              EmployeeManagementPanel emp = new EmployeeManagementPanel(parent);
29              parent.setPanel(emp);                   // 主窗体切换至考勤面板
30              releaseCamera();                        // 释放摄像头资源
31          }
32      }
33  });
```

28.3.3 登录对话框

本小节使用的数据表：t_user。

如果用户想要查看考勤报表或者管理公司员工数据的话，需要以管理员身份登录程序。登录对话框就是让用户输入用户名和密码的界面，效果如图 28.8 所示。

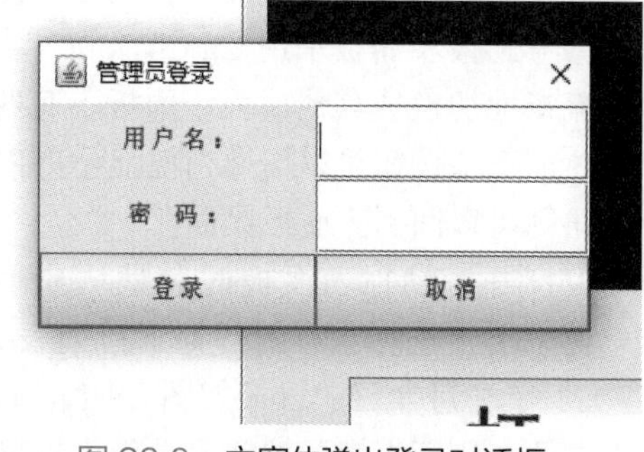

图 28.8 主窗体弹出登录对话框

com.mr.clock.frame 包下的 LoginDialog 类就是登录对话框类，该类继承 JDialog 对话框类。既然它是一个对话框而不是一个面板，它就是一个独立的小窗体，可以在主容器之外显示。对话框有一个特点：可以阻塞主窗体。这表示弹出登录对话框之后，用户无法对对话框后面的主窗体做任何操作。

LoginDialog 类使用的组件很少，关键性的组件被定义成了类属性，具体代码如下所示：

```
01 private JTextField usernameField = null;           // 用户名文本框
02 private JPasswordField passwordField = null;       // 密码输入框
03 private JButton loginBtn = null;                   // 登录按钮
04 private JButton cancelBtn = null;                  // 取消按钮
05 private final int WIDTH = 300, HEIGHT = 150;       // 对话框的宽高
```

LoginDialog 类重写了父类的构造方法，并在构造方法中调用了父类的另一个构造方法 Dialog(Frame owner, String title, boolean modal)，该构造方法的第一个参数 owner 表示对话框在哪个窗体上弹出，第二个参数设置了对话框的标题，第三个参数 modal 表示对话框是否会阻塞该窗体。

LoginDialog 类重写构造方法的具体代码如下所示：

```
01 public LoginDialog(Frame owner, boolean modal) {
02     super(owner, "管理员登录", modal);                           // 阻塞主窗体
03     setSize(WIDTH, HEIGHT);                                    // 设置宽高
04     // 在主窗体中央显示
05     setLocation(owner.getX() + (owner.getWidth() - WIDTH) / 2,
06         owner.getY() + (owner.getHeight() - HEIGHT) / 2);
07     init();                                                    // 组件初始化
08     addListener();                                             // 为组件添加监听
09 }
```

登录面板只有两个按钮，“登录”按钮用于校验用户名和密码是否正确，如果正确就将登录成功的管理员对象保存在 Session 中，如果不正确就弹出错误提示。“取消”按钮只是简单地关闭了对话框。

“登录”按钮触发事件的具体代码如下所示：

```
01 // 登录按钮的事件
02 loginBtn.addActionListener(new ActionListener() {
03     @Override
04     public void actionPerformed(ActionEvent e) {
05         String username = usernameField.getText().trim();                  // 获取用户输入的用户名
06         String password = new String(passwordField.getPassword());        // 获取用户输入的密码
07         boolean result = HRService.userLogin(username, password);         //检查用户名和密码是否正确
08         if (result) {                                                      // 如果正确
09             LoginDialog.this.dispose();                                    // 销毁登录对话框
10         } else {
11             // 提示用户名、密码错误
12             JOptionPane.showMessageDialog(LoginDialog.this, "用户名或密码有误！");
13         }
14     }
15 });
```

28.3.4 考勤报表面板

本小节使用的数据表：t_emp，t_lock_in_record，t_work_time。

考勤报表是本程序的特色功能之一，程序会分析每一名员工的考勤状况，然后生成日报和月报。考勤报表面板就是用来设置和展现这两种报表的。

考勤报表面板采用 CardLayout 卡片式布局，这样可以保证同时只有一种报表展示在窗体中，但也可以流畅地切换成其他报表。面板下有四个按钮，如图 28.9 所示。前三个按钮可以切换当前显示的内容，最后一个“返回”按钮则可以回到主面板界面。

图 28.9　考勤报表下方的四个按钮

打开考勤报表面板时会默认显示今日的考勤日报，用户可以通过选择上方的日期下拉列表更换日报的日期，例如，2021 年 1 月 2 日的日报如图 28.10 所示，2021 年 1 月 8 日的日报如图 28.11 所示。如果修改完作息时间之后日报没有同步更新，可以点击下拉列表右侧“刷新报表”按钮来重新生成日报。

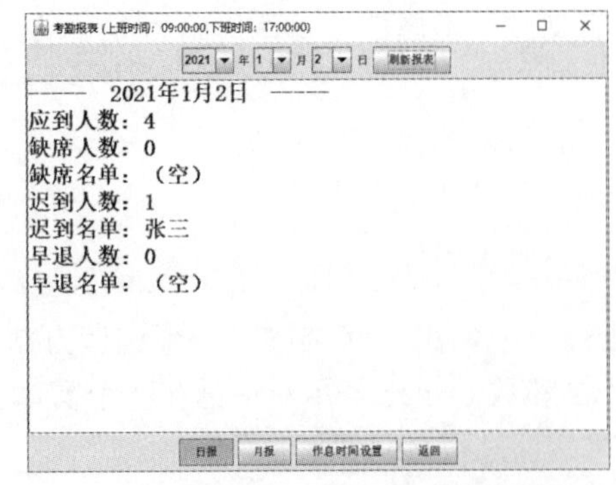

图 28.10　2021 年 1 月 2 日的日报

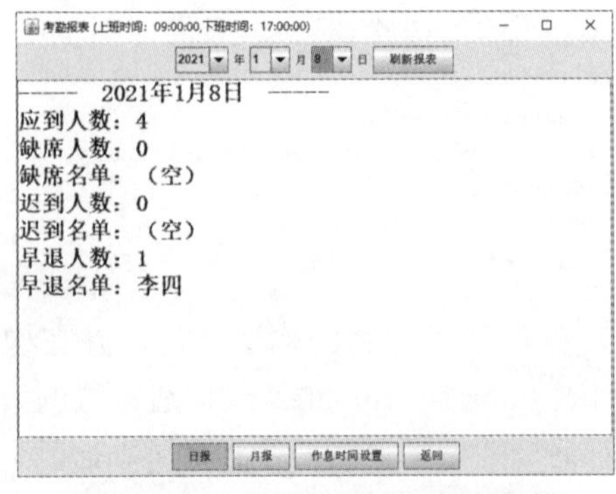

图 28.11　2021 年 1 月 8 日的日报

如果点击了下方的“月报”按钮，面板会切换至月报界面。与日报不同，月报是以表格的方式显示所有员工在某一月的打卡情况，用户可以通过选择上方的日期下拉列表更换月报的具体月份，例如，2021 年 1 月的月报如图 28.12 所示，2021 年 2 月的月报如图 28.13 所示。如果修改完作息时间之后月报没有同步更新，也可以点击下拉列表右侧“刷新报表”按钮来重新生成月报。

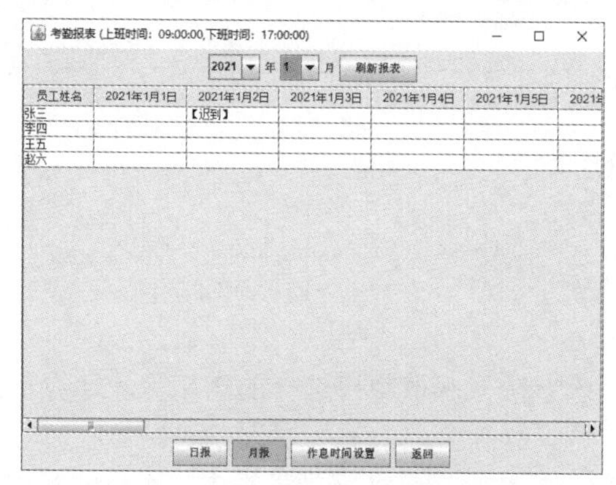

图 28.12 2021 年 1 月的月报

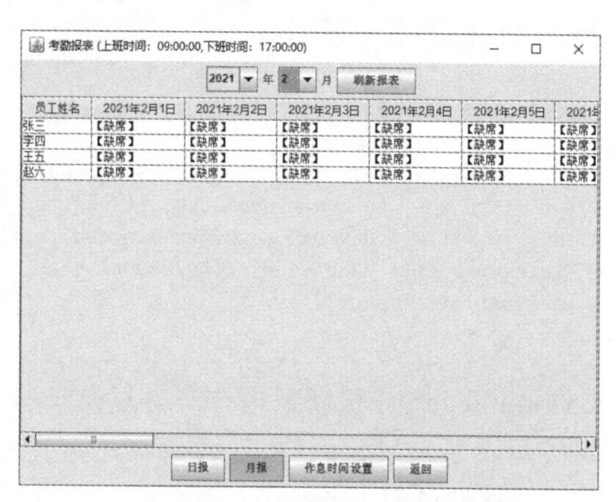

图 28.13 2021 年 2 月的月报

如果点击了下方的“作息时间设置”按钮，面板会切换至作息时间设置界面。该界面会用几个文本框显示当前启动的作息时间，效果如图 28.14 所示。用户可以修改数值，但必须保证符合时间格式，否则会弹出错误提示。设置完之后点击最大的“替换作息时间”按钮，程序就换成了新的作息时间。

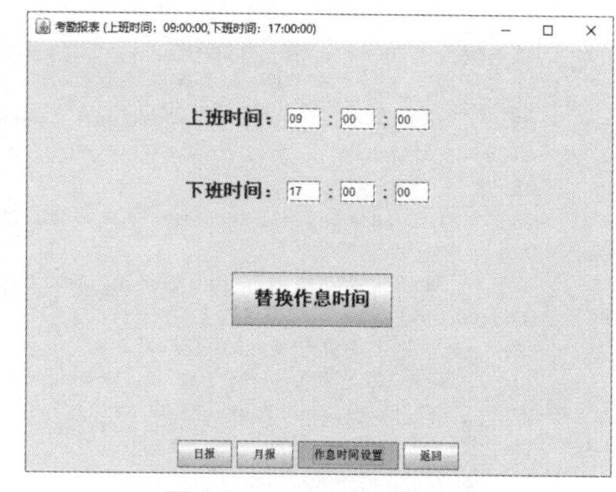

图 28.14 设置作息时间

com.mr.clock.frame 包下的 AttendanceManagementPanel 类就是考勤报表面板类，该类继承 JPanel 面板类。考勤报表面板中使用的组件非常多，其中一些关键性的组件被定义成了类属性，具体代码如下所示：

```
01 private MainFrame parent;                                      // 主窗体
02 private JToggleButton dayRecordBtn;                            // 日报按钮
03 private JToggleButton monthRecordBtn;                          // 月报按钮
04 private JToggleButton worktimeBtn;                             // 作息时间设置按钮
05 private JButton back;                                          // 返回按钮
06 private JButton flushD, flushM;                                // 分别在日报和月报面板中的刷新按钮
07 private JPanel centerdPanel;                                   // 中央面板
08 private CardLayout card;                                       // 中央面板使用的卡片布局
09 private JPanel dayRecordPanel;                                 // 日报面板
10 private JTextArea area;                                        // 日报面板里的文本域
11 // 日报面板里的年、月、日下拉列表
12 private JComboBox<Integer> yearComboBoxD, monthComboBoxD, dayComboBoxD;
13 // 年、月、日下拉列表使用的数据模型
14 private DefaultComboBoxModel<Integer> yearModelD, monthModelD, dayModelD;
15 private JPanel monthRecordPanel;                               // 月报面板
16 private JTable table;                                          // 月报面板里的表格
17 private DefaultTableModel model;                               // 表格的数据模型
18 private JComboBox<Integer> yearComboBoxM, monthComboBoxM;      // 月报面板里的年、月下拉列表
19 // 年、月下拉列表使用的数据模型
20 private DefaultComboBoxModel<Integer> yearModelM, monthModelM;
21 private JPanel worktimePanel;                                  // 作息时间面板
22 private JTextField hourS, minuteS, secondS;                    // 上班时间的时、分、秒文本框
23 private JTextField hourE, minuteE, secondE;                    // 下班时间的时、分、秒文本框
24 private JButton updateWorktime;                                // 替换作息时间按钮
```

考勤报表面板中两个核心方法是 updateDayRecord()（更新日报方法）和 updateMonthRecord()（更新月报方法）。

updateDayRecord() 更新日报方法首先会获取用户在日期下拉列表中选中的年、月、日，然后交给 HRService 人事服务生成这一天的日报字符串，最后将字符串覆盖到文本域中，这样就实现了日报的更新，方法的具体代码如下所示：

```
01 private void updateDayRecord() {
02     // 获取日报面板中选中的年、月、日
03     int year = (int) yearComboBoxD.getSelectedItem();
04     int month = (int) monthComboBoxD.getSelectedItem();
05     int day = (int) dayComboBoxD.getSelectedItem();
06     String report = HRService.getDayReport(year, month, day);        // 获取日报报表
07     area.setText(report);                                            // 日报报表覆盖到文本域中
08 }
```

updateMonthRecord() 更新月报方法会复杂一些。该方法只获取用户选择的年和月，计算出此月的最大天数后，按照姓名 + 最大天数来分配表格的列数，确保每一个记录都能展现在表格当中。等表格的结构设计完之后，再通过 HRService 人事服务生成当月的月报数据，并填充到表格中，这样就实现了月报的更新。具体代码如下所示：

```
01 private void updateMonthRecord() {
02     // 获取月报面板中选中的年、月
03     int year = (int) yearComboBoxM.getSelectedItem();
04     int month = (int) monthComboBoxM.getSelectedItem();
05
06     int lastDay = DateTimeUtil.getLastDay(year, month);            // 此月最大天数
07
08     String tatle[] = new String[lastDay + 1];                      // 表格列头
09     tatle[0] = "员工姓名";                                          // 第一列是员工姓名
10     //选中月份的每一天的日期
11     for (int day = 1; day <= lastDay; day++) {
12         tatle[day] = year + "年" + month + "月" + day + "日";
13     }
14     // 获取月报数据
15     String values[][] = HRService.getMonthReport(year, month);
16     model.setDataVector(values, tatle);                            // 将数据和列头放入表格数据模型中
17     int columnCount = table.getColumnCount();                      // 获取表格中的所有列数
18     for (int i = 1; i < columnCount; i++) {                        // 遍历每一列
19         // 从第 2 列开始，每一列都设为 100 宽度
20         table.getColumnModel().getColumn(i).setPreferredWidth(100);
21     }
22 }
```

当用户修改重新选择下拉列表里的日期时，月报和日报会按照用户选择的日期重新生成。这就需要为每一个下拉列表添加事件监听。例如，当月报的日期下拉列表被重新选择时，表格中的月报会更新，其关键代码如下所示：

```
01 // 月报面板中的年份、月份下拉列表使用的监听对象
02 ActionListener yearM_monthM_Listener = new ActionListener() {
03     @Override
04     public void actionPerformed(ActionEvent e) {
05         updateMonthRecord();// 更新月报
06     }
07 };
08
09 yearComboBoxM.addActionListener(yearM_monthM_Listener);           // 添加监听
10 monthComboBoxM.addActionListener(yearM_monthM_Listener);
```

日报的日期下拉列表之间是存在联动的，如果用户修改了年和月，日下拉列表的天数会随之变化。例如，选择2021年1月之后，日下拉列表里就有31天；选中2021年2月之后，日下拉列表里就有28天。实现联动功能的关键代码如下所示：

```
01 // 日报面板中的日期下拉列表使用的监听对象
02 ActionListener dayD_Listener = new ActionListener() {
03     @Override
04     public void actionPerformed(ActionEvent e) {
05         updateDayRecord();                                  // 更新日报
06     }
07 };
08 dayComboBoxD.addActionListener(dayD_Listener);              // 添加监听
09
10 // 日报面板中的年份、月份下拉列表使用的监听对象
11 ActionListener yearD_monthD_Listener = new ActionListener() {
12     @Override
13     public void actionPerformed(ActionEvent e) {
14         // 删除日期下拉列表使用的监听对象，防止日期改变后自动触发此监听
15         dayComboBoxD.removeActionListener(dayD_Listener);
16         updateDayModel();                                   // 更新日下拉列表中的天数
17         updateDayRecord();                                  // 更新日报
18         // 重新为日期下拉列表添加监听对象
19         dayComboBoxD.addActionListener(dayD_Listener);
20     }
21 };
22 yearComboBoxD.addActionListener(yearD_monthD_Listener);     // 添加监听
23 monthComboBoxD.addActionListener(yearD_monthD_Listener);
```

更新日下拉列表中的天数被单独封装成了一个 updateDayModel() 方法，在该方法中会根据用户选择的年和月来计算出此月共有多少天，并重置日下拉列表的内容。该方法的具体代码如下所示：

```
01 /**
02  * 更新日下拉列表中的天数
03  */
04 private void updateDayModel() {
05     int year = (int) yearComboBoxD.getSelectedItem();       // 获取年下拉列表选中的值
06     int month = (int) monthComboBoxD.getSelectedItem();     // 获取月下拉列表选中的值
07     int lastDay = DateTimeUtil.getLastDay(year, month);     // 获取选中月份的最大天数
08     dayModelD.removeAllElements();                          // 清除已有元素
09     for (int i = 1; i <= lastDay; i++) {
10         dayModelD.addElement(i);                            // 将每一天都添加到日下拉列表数据模型中
11     }
12 }
```

“替换作息时间”按钮触发事件的代码较多，但逻辑却很简单。从每一个文本框中获取用户输入的值，将这些值拼接成上班时间和下班时间两个字符串，并交给 DateTimeUtil 日期时间工具类校验格式是否正确。如果格式正确就让 HRService 人事服务更新作息时间，如果错误就弹出提示让用户检查自己的输入。其关键代码如下所示：

```
01 updateWorktime.addActionListener(new ActionListener() {     // 替换作息时间按钮的事件
02     @Override
03     public void actionPerformed(ActionEvent e) {
04         String hs = hourS.getText().trim();                 // 上班的小时
05         String ms = minuteS.getText().trim();               // 上班的分钟
06         String ss = secondS.getText().trim();               // 上班的秒
07         String he = hourE.getText().trim();                 // 下班的小时
08         String me = minuteE.getText().trim();               // 下班的分钟
09         String se = secondE.getText().trim();               // 下班的秒
10
11         boolean check = true;                               // 时间校验成功标志
```

```
12          String startInput = hs + ":" + ms + ":" + ss;                // 拼接上班时间
13          String endInput = he + ":" + me + ":" + se;                  // 拼接下班时间
14          if (!DateTimeUtil.checkTimeStr(startInput)) {                // 如果上班时间不是正确的时间格式
15              check = false;                                           // 校验失败
16              JOptionPane.showMessageDialog(parent, " 上班时间的格式不正确 ");      // 弹出提示
17          }
18          // 如果下班时间不是正确的时间格式
19          if (!DateTimeUtil.checkTimeStr(endInput)) {
20              check = false;// 校验失败
21              JOptionPane.showMessageDialog(parent, " 下班时间的格式不正确 ");      // 弹出提示
22          }
23
24          if (check) {                                                          // 如果校验通过
25              // 弹出选择对话框，并记录用户选择
26              int confirmation = JOptionPane.showConfirmDialog(parent,
27                          " 确定做出以下设置？ \n 上班时间：" + startInput + "\n 下班时间：" +
28                          endInput, " 提示！ ", JOptionPane.YES_NO_OPTION);
29              if (confirmation == JOptionPane.YES_OPTION) {                     // 如果用户选择确定
30                  WorkTime input = new WorkTime(startInput, endInput);
31                  HRService.updateWorkTime(input);                              // 更新作息时间
32                  // 修改主窗体标题
33                  parent.setTitle(" 考勤报表 ( 上班时间：" + startInput + ", 下班时间：" +
34                          endInput + ")");
35              }
36          }
37      }
38 });
```

28.3.5 员工管理面板

本节使用的数据表：t_emp。

员工管理面板用于查看和删除员工，同时也是录入新员工的入口。员工管理面板界面的效果如图 28.15 所示。当管理员选中某位员工时，点击“删除员工”按钮会弹出确认对话框，效果如图 28.16 所示。如果管理员点选择“是”，则会彻底删除该员工的一切数据，包括员工信息、打卡记录和员工照片。

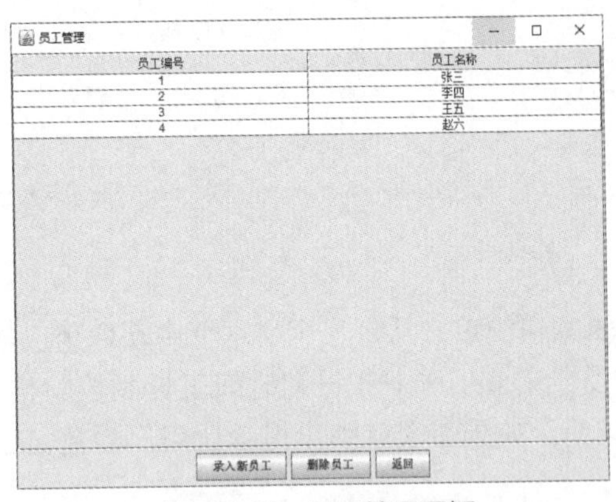

图 28.15　**员工管理面板**

图 28.16　**删除员工时弹出确认对话框**

com.mr.clock.frame 包下的 EmployeeManagementPanel 类就是员工管理面板类，该类继承 JPanel 面板类。员工管理面板使用的组件很少，关键性的组件被定义成了类属性，具体代码如下所示：

```
01 private MainFrame parent;                          // 主窗体
02 private JTable table;                              // 员工信息表格
03 private DefaultTableModel model;                   // 表格的数据模型
04 private JButton add;                               // 录入新员工按钮
05 private JButton delete;                            // 删除员工按钮
06 private JButton back;                              // 返回按钮
```

员工管理面板显示的表格是一个自定义的表格，由 EmpTable 内部类实现，该类继承 JTable 表格类。EmpTable 类重写了父类的 isCellEditable() 方法，确保表格中的内容无法被编辑；重写 getDefaultRenderer() 方法，让表格中的所有内容居中显示。

EmpTable 类的具体代码如下所示：

```
01 private class EmpTable extends JTable {
02
03     public EmpTable(TableModel dm) {
04         super(dm);
05         setSelectionMode(ListSelectionModel.SINGLE_SELECTION);      // 只能单选
06     }
07
08     @Override
09     public boolean isCellEditable(int row, int column) {
10         return false;                                                // 表格不可编辑
11     }
12
13     @Override
14     public TableCellRenderer getDefaultRenderer(Class<?> columnClass) {
15         // 获取单元格渲染对象
16         DefaultTableCellRenderer cr =
17                 (DefaultTableCellRenderer) super.getDefaultRenderer(columnClass);
18         // 表格文字居中显示
19         cr.setHorizontalAlignment(DefaultTableCellRenderer.CENTER);
20         return cr;
21     }
22 }
```

表格中的第一列为员工编号，所以用户点击“删除员工”按钮时，就可以根据用户选择的行数确定被选中员工的编号。将员工编号交给 HRService 人事服务彻底删除该员工。“删除员工”按钮触发事件的具体代码如下所示：

```
01 // 删除员工按钮的事件
02 delete.addActionListener(new ActionListener() {
03     public void actionPerformed(ActionEvent e) {
04         int selecRow = table.getSelectedRow();                       // 获取表格选中的行索引
05         if (selecRow != -1) {                                        // 如果有行被选中
06             // 弹出选择对话框，并记录用户选择
07             int deleteCode = JOptionPane.
08                     showConfirmDialog(parent, "确定删除该员工？", "提示！",
09                     JOptionPane.YES_NO_OPTION);
10             if (deleteCode == JOptionPane.YES_OPTION) {              // 如果用户选择确定
11                 // 获取选中的员工编号
12                 String id = (String) model.getValueAt(selecRow, 0);
13                 HRService.deleteEmp(Integer.parseInt(id));           // 删除此员工
14                 model.removeRow(selecRow);                           // 表格删除此行
15             }
16         }
17     }
18 });
```

28.3.6 录入新员工面板

本小节使用的数据表：t_emp。

如果管理员在员工管理面板中点击了“录入新员工”按钮，主窗体则会切换至录入新员工面板。该面板会立刻打开摄像头，效果如图 28.17 所示。此时员工需在下方输入自己的名字，并正面面向摄像头，最后点击下方的“拍照并录入”按钮，就会弹出如图 28.18 所示的提示框。

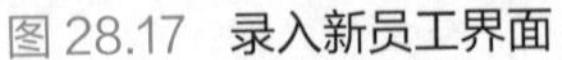
图 28.17　录入新员工界面

图 28.18　录入成功弹出的提示框

点击提示框上的“确定”按钮之后，主窗体会切换回员工管理面板，此时可以在表格中看到新员工的编号和名称，如图 28.19 所示。同时也可以在项目的 face 包下看到为新员工拍摄的照片文件，位置如图 28.20 所示，文件名为该员工特征码。

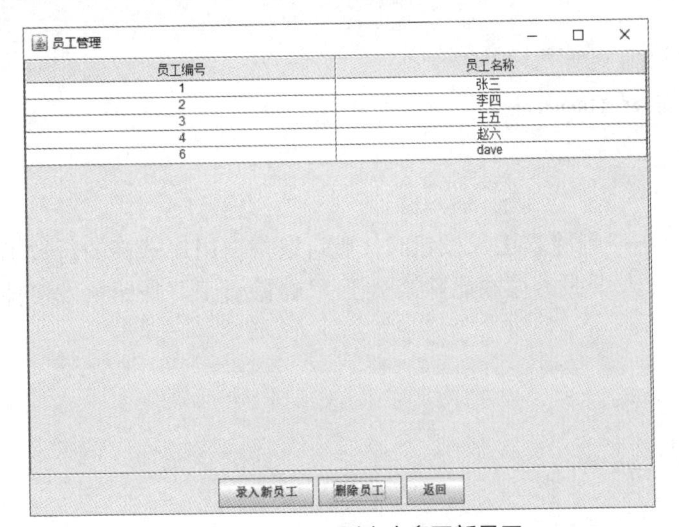

图 28.19　员工列表中多了新员工

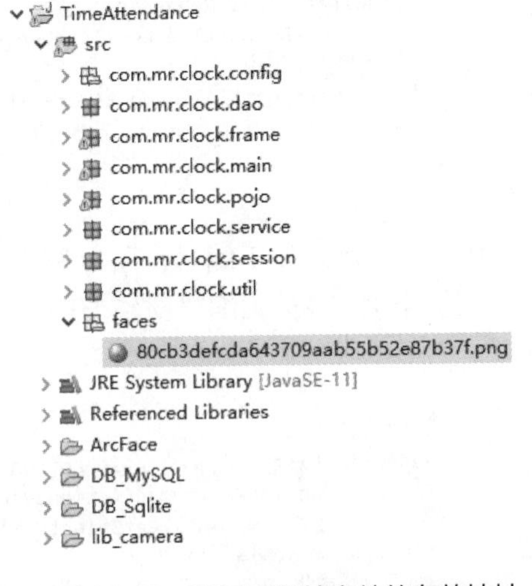

图 28.20　新员工照片文件的存放地址

com.mr.clock.frame 包下的 AddEmployeePanel 类就是录入新员工面板类，该类继承 JPanel 面板类。录入新员工面板使用的组件很少，关键性的组件被定义成了类属性，具体代码如下所示：

```
01 private MainFrame parent;                    // 主窗体
02 private JLabel message;                      // 提示
03 private JTextField nameField;                // 姓名文本框
04 private JButton submit;                      // 提交按钮
05 private JButton back;                        // 返回按钮
06 private JPanel center;                       // 中部面板
```

与主面板一样，录入新员工面板也为启动摄像头编写了一个临时线程，只不过在未检测到摄像头的情况下会自动触发“返回”按钮的点击事件，也就是让主窗体切换回员工管理面板。

其关键代码如下所示：

```
01 Thread cameraThread = new Thread() {             // 摄像头启动线程
02     public void run() {
03         if (CameraService.startCamera()) {       // 如果摄像头成功开启
04             message.setText(" 请正面面向摄像头 ");  // 更换提示信息
```

```
05            JPanel cameraPanel = CameraService.getCameraPanel();      // 获取摄像头画面面板
06            cameraPanel.setBounds(150, 75, 320, 240);                 // 设置面板的坐标和宽高
07            center.add(cameraPanel);                                  // 放到中部面板
08        } else {
09            // 弹出提示
10            JOptionPane.showMessageDialog(parent, "未检测到摄像头！");
11            back.doClick();                                           // 触发返回按钮的点击事件
12        }
13    }
14 };
15 cameraThread.start();                                                // 开启线程
```

录入新员工面板的主要业务都集中在“拍照并录入”按钮上，该按钮被点击后会做三种校验：员工是否输入了自己的姓名？摄像头是否正常工作？摄像头是否拍到了员工的脸？只有这三种校验都通过的情况下，才会通过 HRService 人事服务添加新员工，并从摄像头中取一帧有人脸的画面作为员工的照片，交给 ImageService 图片服务保存照片文件，同时将该员工的面部特征保存在 Session 的面部特征库里。

“拍照并录入”按钮触发事件的具体代码如下所示：

```
01 submit.addActionListener(new ActionListener() {                    // 提交按钮的事件
02     @Override
03     public void actionPerformed(ActionEvent e1) {
04         String name = nameField.getText().trim();                  // 获取文本框里的名字
05         if (name == null || "".equals(name)) {                     // 如果是空内容
06             JOptionPane.showMessageDialog(parent, "名字不能为空！");
07             return;                                                // 中断方法
08         }
09         if (!CameraService.cameraIsOpen()) {                       // 如果摄像头未开启
10             JOptionPane.showMessageDialog(parent, "摄像头尚未开启，请稍后。");
11             return;
12         }
13         BufferedImage image = CameraService.getCameraFrame();      // 获取当前摄像头捕捉的帧
14         // 获取此图像中人脸的面部特征
15         FaceFeature ff = FaceEngineService.getFaceFeature(image);
16         if (ff == null) {                                          // 如果不存在面部特征
17             JOptionPane.showMessageDialog(parent, "未检测到有效人脸信息");
18             return;
19         }
20         Employee e = HRService.addEmp(name, image);                // 添加新员工
21         ImageService.saveFaceImage(image, e.getCode());            // 保存员工照片文件
22         Session.FACE_FEATURE_MAP.put(e.getCode(), ff);             // 记录此人面部特征
23         JOptionPane.showMessageDialog(parent, "员工添加成功！");   // 弹出提示框
24         back.doClick();                                            // 触发返回按钮的点击事件
25     }
26 });
```


小结

人脸打卡这个案例以 service 服务来体现模块化开发，每一个服务只处理某一类功能，所有服务使用同一个全局会话对象作为数据缓存，最后将结果呈现在窗体界面当中。虽然这样的设计模式会增加代码量，但可以大大提高程序的可读性，让所有业务变得清晰透明，方便技术人员进行测试或维护，为将来升级改造打下良好的基础。

第 3 篇　应用篇

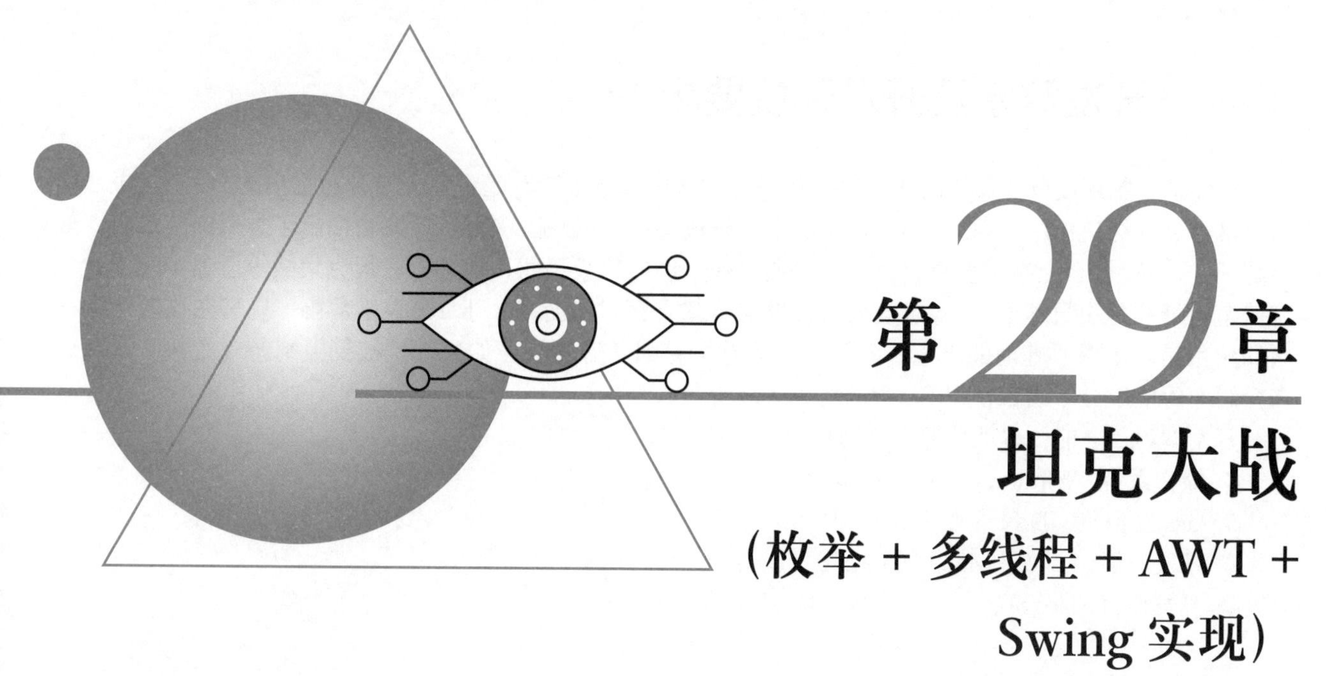

第29章 坦克大战（枚举 + 多线程 + AWT + Swing 实现）

Java API 中包含了大量的窗体组件和绘图工具，再配合键盘事件监听就可以开发一些简单的小游戏。想要让游戏生动、有趣，首先创建一个用来显示游戏画面的图片，通过监听和算法不断改变图片中的内容，然后将图片展示在窗体之中，每过几十毫秒就刷新一次图片，这样就可以从视觉角度上达到动画的效果。当玩家发出游戏指令，游戏中的元素就可以按照指令“行动”起来。

本章的知识结构如下图所示：

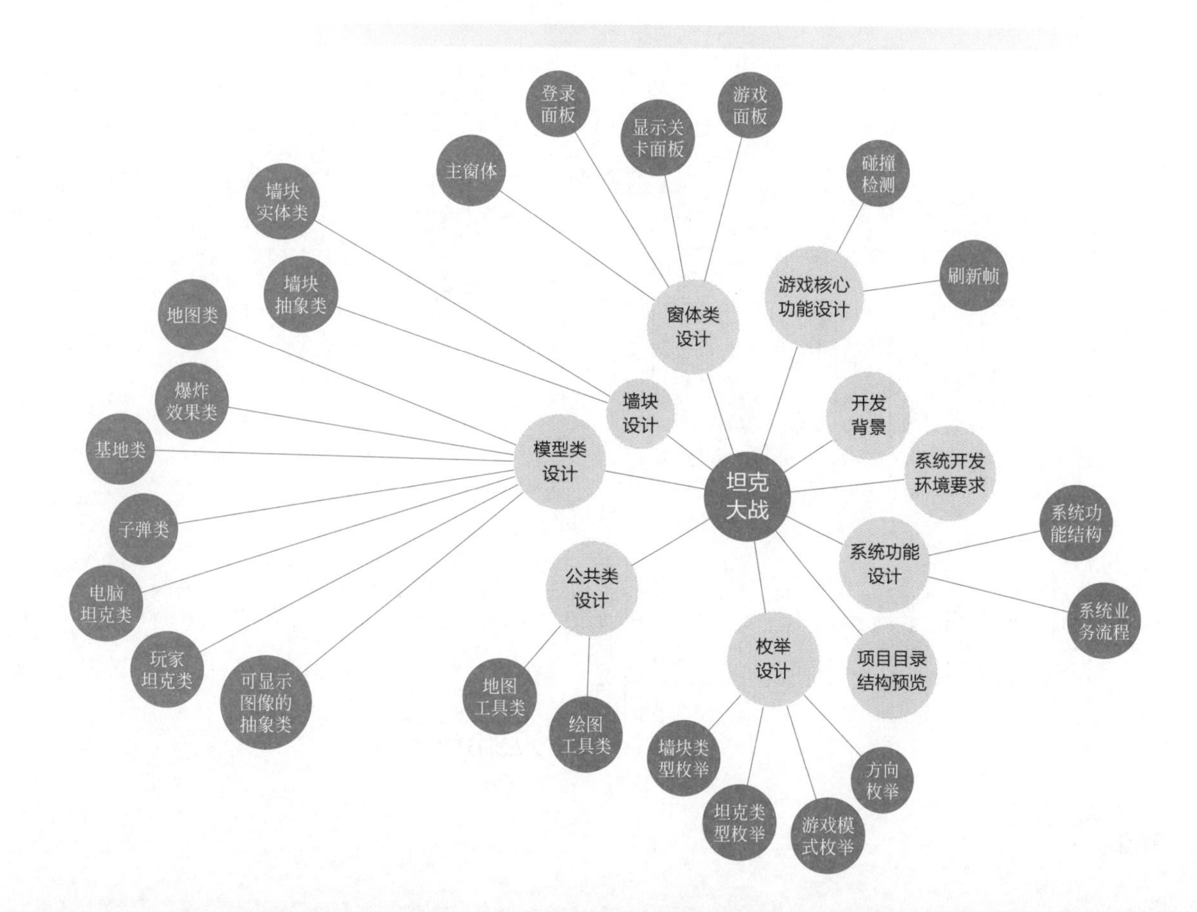

29.1 开发背景及开发环境要求

在那个电脑还没有普及的时代，很多孩子第一次接触电子游戏是在任天堂公司推出的 FC 游戏机（国内通常称之为红白机），这是一种卡带式的电视游戏平台。后来国内很多厂家也推出了类似的游戏机，如小霸王。在 FC 平台上有很多享誉世界的经典游戏，例如超级玛丽、魂斗罗、坦克大战等。其中坦克大战这款游戏最初是由日本 Namco 游戏公司开发的一款平面射击游戏，于 1985 年发售。玩家在该游戏中扮演的角色是一个保卫基地的坦克，消灭所有敌方坦克即获得胜利，如果基地被摧毁则游戏失败。本章就来介绍如何使用 Java 语言模拟 FC 中的坦克大战游戏。

开发本项目之前，本地计算机需满足以下条件:

- 操作系统: Windows 7（SP1）以上。
- Java 虚拟机: JDK1.8 以上。
- 开发环境: Eclipse Mars（即 4.5.0）以上。
- 开发语言: Java SE。

29.2 系统功能设计

29.2.1 系统功能结构

坦克大战游戏功能结构如图 29.1 所示。

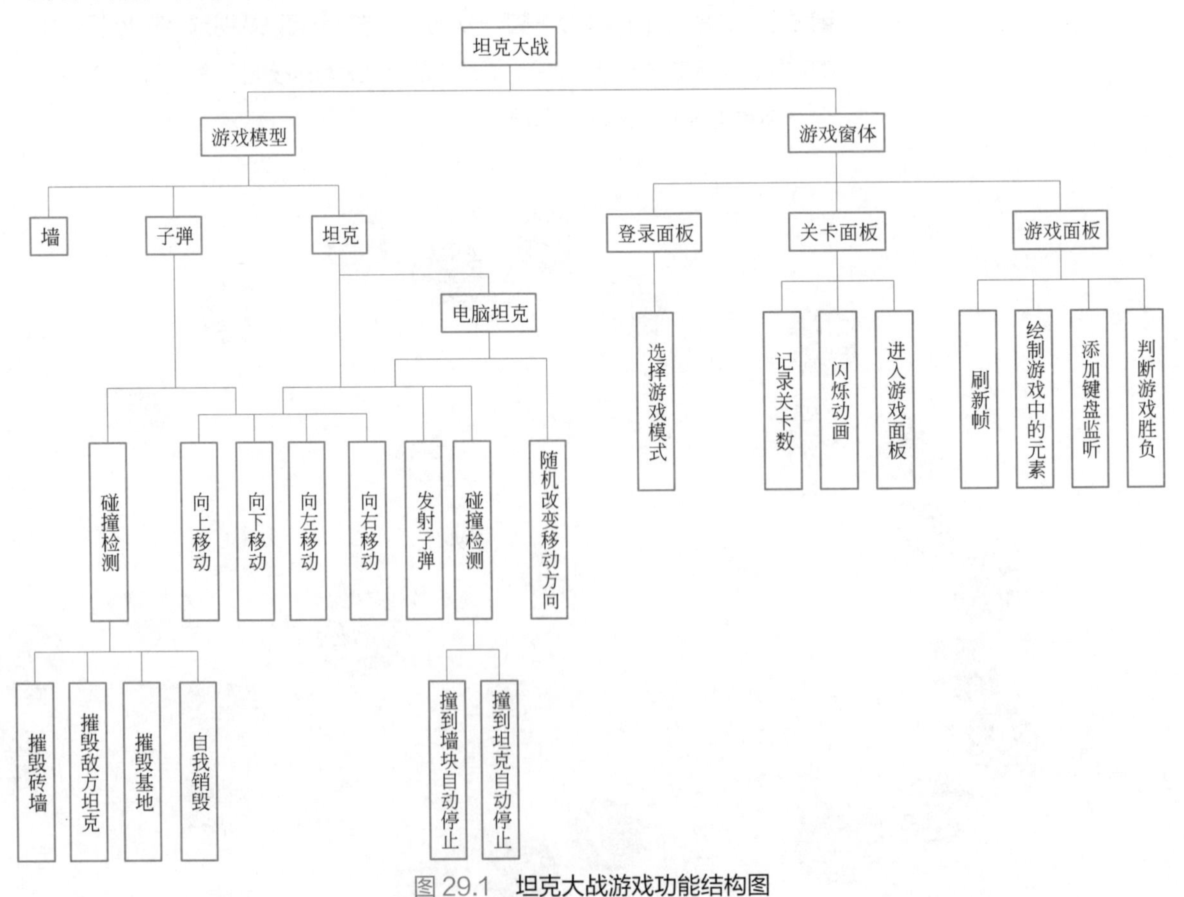

图 29.1 坦克大战游戏功能结构图

29.2.2 系统业务流程

坦克大战游戏系统业务流程如图 29.2 所示。

29.3 项目目录结构预览

坦克大战游戏的目录结构图如图 29.3 所示。

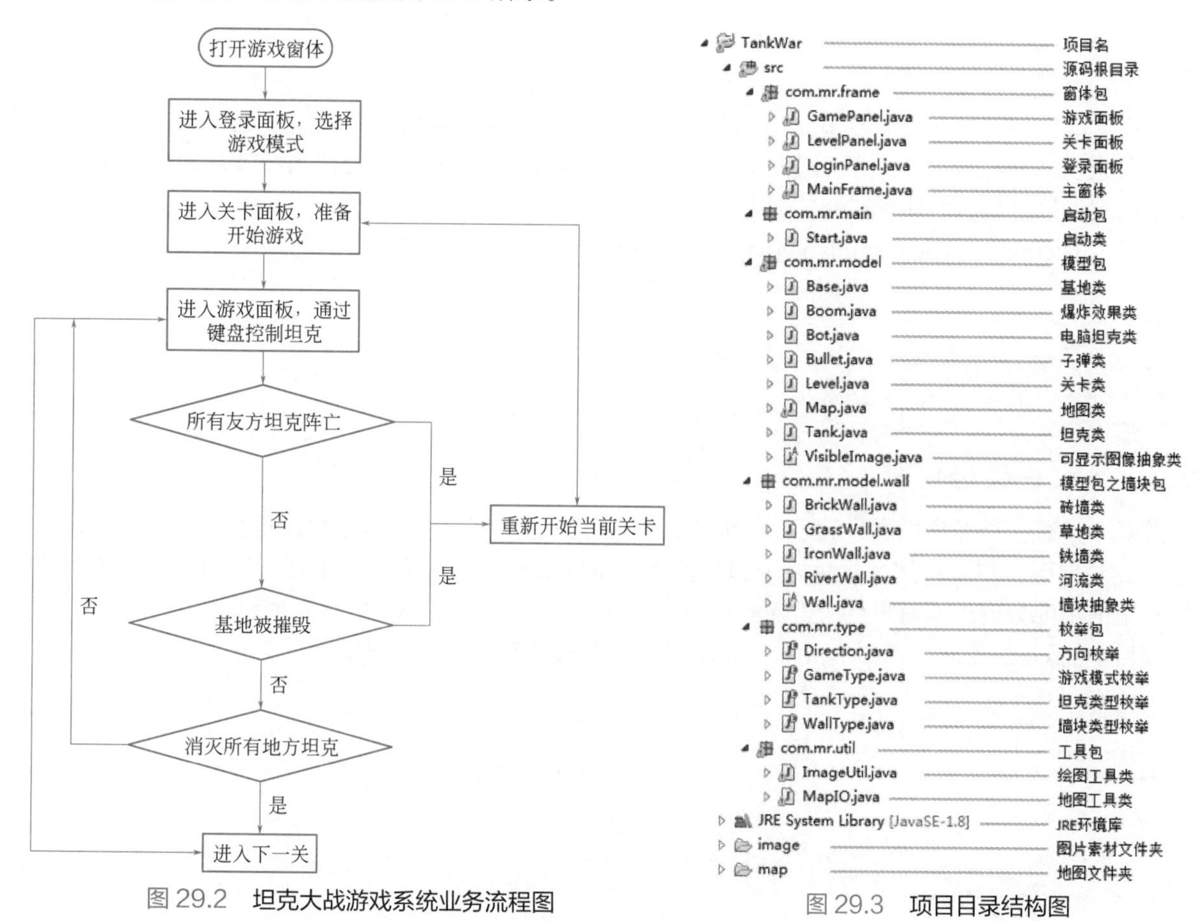

图 29.2 坦克大战游戏系统业务流程图

图 29.3 项目目录结构图

29.4 枚举设计

因为游戏中包含的元素多，计算过程复杂，所以需要制定大量的游戏规则。对于一些具有共性的规则，可以将其划分成固定的分类。Java 中的枚举技术就恰好符合这种分类要求。枚举的结构简单、清晰，可以适用于所有条件判断语句。在本游戏中，将创建方向、游戏模式、坦克类型和墙块类型的枚举类。

29.4.1 方向枚举

坦克大战是一个平面 2D 游戏，整个游戏只有上下左右四个方向。创建一个方向枚举类 Direction 类，在这个类中创建四个枚举对象，分别代表四个方向，如图 29.4 所示。这四个方向枚举将会用在坦克和子弹的移动方法中，首先判断坦克

图 29.4 方向枚举示意图

或子弹的移动方向，然后再根据方向计算出其移动的坐标。

项目中的 com.mr.type.Direction.java 表示方向枚举类，代码如下所示：

```
01 public enum Direction {
02     UP,                      // 上
03     RIGHT,                   // 右
04     DOWN,                    // 下
05     LEFT,                    // 左
06 }
```

29.4.2 游戏模式枚举

坦克大战提供了两种游戏模式：单人模式和双人模式。在单人模式下，只有玩家 1 的一辆坦克守卫基地，双人模式则在玩家 1 的基础上，添加了玩家 2 的坦克。此枚举将会传入游戏面板中，游戏面板判断游戏模式，选择是否创建玩家 2 的坦克对象。

项目中的 com.mr.type.GameType.java 表示游戏模式枚举类，代码如下所示：

```
01 public enum GameType {
02     ONE_PLAYER,              // 单人游戏
03     TWO_PLAYER,              // 双人游戏
04 }
```

29.4.3 坦克类型枚举

游戏中共有三种坦克类型：玩家 1、玩家 2 和电脑。针对这三种类型创建出坦克类型枚举类，然后在创建坦克对象时，需要指定此坦克属于哪种类型。不同类型的坦克会采用不同的贴图，这样可以让玩家在游戏中清晰地分辨出所有坦克所扮演的角色。不同类型坦克的贴图如图 29.5 所示。

项目中的 com.mr.type.TankType.java 表示坦克类型枚举类，代码如下所示：

```
01 public enum TankType {
02     player1,                 // 玩家 1
03     player2,                 // 玩家 2
04     bot,                     // 电脑
05 }
```

29.4.4 墙块类型枚举

游戏中另外一个重要的元素就是墙块，也可以叫墙体。墙体共有以下 5 种类型：

- 砖墙。可以阻挡坦克前进，被子弹击中后会同子弹一起消失；
- 草地。不会阻挡坦克和子弹行进，但会遮住坦克；
- 河流。可以阻挡坦克前进，但不会阻挡子弹行进；
- 铁墙。可以阻挡坦克和子弹前进；
- 基地。玩家守护的重点对象，可以阻挡坦克前进，被子弹击中后则游戏失败。

各墙块示意图如图 29.6 所示。

图 29.5 坦克类型示意图　　图 29.6 墙块类型示意图

项目中的 com.mr.type.WallType.java 表示墙块类型枚举类，此类包含上述的 5 种墙块类型，代码如下所示：

```
01 public enum WallType {
02     brick,              // 砖墙
03     grass,              // 草地
04     river,              // 河流
05     iron,               // 钢铁
06     base,               // 基地
07 }
```

29.5 公共类设计

公共类是代码重用的一种形式，它将各个功能模块经常调用的方法提取到公共的 Java 类中。本节将介绍坦克大战中使用到的公共类。

29.5.1 绘图工具类

项目中的 com.mr.util.ImageUtil.java 表示绘图工具类，此类记录了所有游戏模型使用的图片路径。所有图片路径均以静态字符常量进行声明，直接用“类 . 常量”的方式可以调用这些图片路径，例如：

```
ImageUtil.PLAYER1_UP_IMAGE_URL
```

绘图工具类的代码如下所示：

```
01 public class ImageUtil {
02   // 玩家 1 向上图片路径
03   public static final String PLAYER1_UP_IMAGE_URL = "image/tank/player1_up.jpg";
04   // 玩家 1 向下图片路径
05   public static final String PLAYER1_DOWN_IMAGE_URL = "image/tank/player1_down.jpg";
06   // 玩家 1 向左图片路径
07   public static final String PLAYER1_LEFT_IMAGE_URL = "image/tank/player1_left.jpg";
08   // 玩家 1 向右图片路径
09   public static final String PLAYER1_RIGHT_IMAGE_URL = "image/tank/player1_right.jpg";
10   // 玩家 2 向上图片路径
11   public static final String PLAYER2_UP_IMAGE_URL = "image/tank/player2_up.jpg";
12   // 玩家 2 向下图片路径
13   public static final String PLAYER2_DOWN_IMAGE_URL = "image/tank/player2_down.jpg";
14   // 玩家 2 向左图片路径
15   public static final String PLAYER2_LEFT_IMAGE_URL = "image/tank/player2_left.jpg";
16   // 玩家 2 向右图片路径
17   public static final String PLAYER2_RIGHT_IMAGE_URL = "image/tank/player2_right.jpg";
18   // 电脑向上图片路径
19   public static final String BOT_UP_IMAGE_URL = "image/tank/bot_up.jpg";
20   // 电脑向下图片路径
21   public static final String BOT_DOWN_IMAGE_URL = "image/tank/bot_down.jpg";
22   // 电脑向左图片路径
23   public static final String BOT_LEFT_IMAGE_URL = "image/tank/bot_left.jpg";
24   // 电脑向右图片路径
25   public static final String BOT_RIGHT_IMAGE_URL = "image/tank/bot_right.jpg";
26   // 基地图片路径
27   public static final String BASE_IMAGE_URL = "image/wall/base.jpg";
28   // 摧毁后的基地图片路径
29   public static final String BREAK_BASE_IMAGE_URL = "image/wall/break_base.jpg";
30   // 砖墙图片路径
31   public static final String BRICKWALL_IMAGE_URL = "image/wall/brick.jpg";
32   // 草地图片路径
33   public static final String GRASSWALL_IMAGE_URL = "image/wall/grass.jpg";
```

```
34  // 铁墙图片路径
35  public static final String IRONWALL_IMAGE_URL = "image/wall/iron.jpg";
36  // 河流图片路径
37  public static final String RIVERWALL_IMAGE_URL = "image/wall/river.jpg";
38  // 坦克爆炸图片路径
39  public static final String BOOM_IMAGE_URL = "image/boom/boom.jpg";
40  // 登录面板背景图片路径
41  public static final String LOGIN_BACKGROUD_IMAGE_URL = "image/login_background.png";
42 }
```

29.5.2 地图工具类

项目中的 com.mr.util.MapIO.java 表示地图工具类。此类记录了地图相关文件的存放地址及属性，例如地图文件的存放路径、地图文件的后缀名以及地图浏览图的存放路径等。此类还提供了解析地图数据文件的功能，将地图文件中的坐标数据解析成具体的墙块对象，供游戏面板调用。

地图工具类的成员属性代码如下所示:

```
01 public class MapIO {
02         // 地图数据文件路径
03     public final static String DATA_PATH = "map/data/";
04         // 地图预览图路径
05     public final static String IMAGE_PATH = "map/image/";
06         // 地图数据文件后缀
07     public final static String DATA_SUFFIX = ".map";
08         // 地图预览图后缀
09     public final static String IMAGE_SUFFIX = ".jpg";
10 }
```

地图工具类提供了 readMap() 方法用来解析地图数据文件，方法中有一个字符串参数 mapName，此参数表示地图名称，如第一关的地图名称就是数字“1”，第二关是数组“2”……以此类推。此方法会到地图文件存放路径查找相应名称的地图文件，然后交给另一个重载方法进行解析，并使用重载方法的返回值。

读取指定名称地图数据方法的代码如下所示:

```
01 public static List<Wall> readMap(String mapName) {
02     // 创建对应名称的地图文件
03     File file = new File(DATA_PATH + mapName + DATA_SUFFIX);
04     return readMap(file);                          // 调用重载方法
05 }
```

上一段代码中引用了 readMap() 方法的另一个重载形式，这个重载方法中的参数是一个 File 文件对象，这个文件就是具体的地图数据文件。因为地图数据是按照通用配置文件格式存储的，所以方法中会创建 Properties 属性集类对象来对文件进行解析。Properties 对象可以读取地图文件中的指定属性内容，因此可以将不同墙块类型的数据分别读取出来。将这些墙块创建出来之后，将所有墙块类型的集合都添加到总墙块集合中并返回。

重载的 readMap() 方法的代码如下所示:

```
01 public static List<Wall> readMap(File file) {
02   Properties pro = new Properties();                // 创建属性集对象
03   List<Wall> walls = new ArrayList<>();             // 创建总墙块集合
04   try {
05       pro.load(new FileInputStream(file));          // 属性集对象读取地图文件
06       // 读取地图文件中砖墙名称属性的字符串数据
07       String brickStr = (String) pro.get(WallType.brick.name());
08       // 读取地图文件中草地名称属性的字符串数据
```

```
09      String grassStr = (String) pro.get(WallType.grass.name());
10      // 读取地图文件中河流名称属性的字符串数据
11      String riverStr = (String) pro.get(WallType.river.name());
12      // 读取地图文件中铁墙名称属性的字符串数据
13      String ironStr = (String) pro.get(WallType.iron.name());
14      if (brickStr != null) {                                  // 如果读取的砖墙数据不是 null
15          // 解析数据，并将数据中解析出的墙块集合添加到总墙块集合中
16          walls.addAll(readWall(brickStr, WallType.brick));
17      }
18      if (grassStr != null) {                                  // 如果读取的草地数据不是 null
19          // 解析数据，并将数据中解析出的墙块集合添加到总墙块集合中
20          walls.addAll(readWall(grassStr, WallType.grass));
21      }
22      if (riverStr != null) {                                  // 如果读取的河流数据不是 null
23          // 解析数据，并将数据中解析出的墙块集合添加到总墙块集合中
24          walls.addAll(readWall(riverStr, WallType.river));
25      }
26      if (ironStr != null) {                                   // 如果读取的铁墙数据不是 null
27          // 解析数据，并将数据中解析出的墙块集合添加到总墙块集合中
28          walls.addAll(readWall(ironStr, WallType.iron));
29      }
30      return walls;                                            // 返回总墙块集合
31  } catch (FileNotFoundException e) {
32      e.printStackTrace();
33  } catch (IOException e) {
34      e.printStackTrace();
35  }
36  return null;
37 }
```

在上面的代码中调用了一个 readWall() 方法，这个方法是用来将墙块坐标数据转化为具体墙块对象的。方法有两个参数：第一个参数是字符串，将地图文件中读出的数据作为第一个参数；第二个参数是转化的墙块类型，方法会根据这个类型生成指定的墙块对象。

readWall() 方法的代码如下所示：

```
01 private static List<Wall> readWall(String data, WallType type) {
02   String walls[] = data.split(";");                  // 使用 ";" 分割字符串
03   Wall wall;                                         // 创建墙块对象
04   List<Wall> w = new LinkedList<>();                 // 创建墙块集合
05   switch (type) {                                    // 判断坦克类型
06   case brick:                                        // 如果是砖墙
07       for (String wStr : walls) {                    // 遍历分割结果
08           String axes[] = wStr.split(",");           // 使用 "," 分割字符串
09           // 创建墙块对象，分割的第一个值为横坐标，分割的第二个值为纵坐标
10           wall = new BrickWall(Integer.parseInt(axes[0]),
11                                Integer.parseInt(axes[1])); // 在此坐标上创建砖墙对象
12           w.add(wall);                               // 集合中添加此墙块
13       }
14       break;
15   case river:                                        // 如果是河流
16       for (String wStr : walls) {                    // 遍历分割结果
17           String axes[] = wStr.split(",");           // 使用 "," 分割字符串
18           // 创建墙块对象，分割的第一个值为横坐标，分割的第二个值为纵坐标
19           wall = new RiverWall(Integer.parseInt(axes[0]),
20                                Integer.parseInt(axes[1])); // 在此坐标上创建河流对象
21           w.add(wall);                               // 集合中添加此墙块
22       }
23       break;
24   case grass:                                        // 如果是草地
25       for (String wStr : walls) {                    // 遍历分割结果
26           String axes[] = wStr.split(",");           // 使用 "," 分割字符串
27           // 创建墙块对象，分割的第一个值为横坐标，分割的第二个值为纵坐标
```

```
28          wall = new GrassWall(Integer.parseInt(axes[0]),
29                               Integer.parseInt(axes[1])); // 在此坐标上创建草地对象
30          w.add(wall);                                      // 集合中添加此墙块
31      }
32      break;
33  case iron:                                                // 如果是铁墙
34      for (String wStr : walls) {                           // 遍历分割结果
35          String axes[] = wStr.split(",");                  // 使用","分割字符串
36          // 创建墙块对象，分割的第一个值为横坐标，分割的第二个值为纵坐标
37          wall = new IronWall(Integer.parseInt(axes[0]),
38                              Integer.parseInt(axes[1])); // 在此坐标上创建铁墙对象
39          w.add(wall);                                      // 集合中添加此墙块
40      }
41      break;
42  }
43  return w;                                                 // 返回墙块集合
44 }
```

29.6 模型类设计

模型泛指在游戏界面中的虚拟物体，比如坦克、墙、子弹等。

29.6.1 可显示图像的抽象类

每个游戏模型都有一些共同的特点：都有图片，并且图片大小是固定的；都有横纵坐标；都在游戏面板中占用一部分区域（这部分区域可以做碰撞检测）。

把这些特点汇总一下，就可以创建出所有模型的父类——可显示图像的抽象类。作为抽象类，不能创建实体对象，因为抽象类就是用来给子类继承的。在抽象类中定义好公共属性，可以避免各个子类定义重复的成员属性。

项目中的 com.mr.model.VisibleImage.java 表示可显示图像抽象类，该类的成员属性如下所示：

```
01 public abstract class VisibleImage {
02   public int x;                  // 图像横坐标
03   public int y;                  // 图像纵坐标
04   int width;                     // 图像的宽
05   int height;                    // 图像的高
06   BufferedImage image;           // 图像对象
07 }
```

虽然抽象类不能创建实体对象，但仍然可以创建构造方法。VisibleImage 类中有两个构造方法，分别采用两种方式对图片进行初始化：

① 指定图片的坐标和大小，并根据此大小创建一个空图片。

② 指定图片的坐标和本地图片的文件路径。

这两种构造方法是用来给子类继承用的，子类只要重写并实现其中一个构造方法，就可以完成成员属性的赋值。构造方法的代码如下所示：

```
01 /**
02 * 构造方法
03 * @param x - 横坐标
04 * @param y - 纵坐标
05 * @param width - 宽
06  * @param height - 高
07  */
```

```
08 public VisibleImage(int x, int y, int width, int height) {
09   this.x = x;                                    // 横坐标
10   this.y = y;                                    // 纵坐标
11   this.width = width;                            // 宽
12   this.height = height;                          // 高
13   // 实例化图片
14   image = new BufferedImage(width, height, BufferedImage.TYPE_INT_BGR);
15 }
16
17 /**
18  * 构造方法
19  * @param x - 横坐标
20  * @param y - 纵坐标
21  * @param url - 图片路径
22  */
23 public VisibleImage(int x, int y, String url) {
24   this.x = x;                                    // 横坐标
25   this.y = y;                                    // 纵坐标
26   try {
27       image = ImageIO.read(new File(url));       // 获取此路径的图片对象
28       this.width = image.getWidth();             // 宽为图片宽
29       this.height = image.getHeight();           // 高为图片高
30   } catch (IOException e) {
31       e.printStackTrace();
32   }
33 }
```

有时候模型图片需要更改，例如坦克转向、基地被毁等。由于图片属性不是 public（公有的）修饰的，所以建议给图片属性添加 Getter/Setter 方法。除了标准的 setImage() 方法以外，再给 setImage() 方法添加一个重载形式，参数是本地图片地址字符串。这两种设置图片方法的代码如下所示：

```
01 public void setImage(String url) {                 // 设置图片，参数为图片文件路径
02   try {
03       this.image = ImageIO.read(new File(url));    // 读取指定位置的图片
04   } catch (IOException e) {
05       e.printStackTrace();
06   }
07 }
```

只要图片展示在坐标系中，则必有边界。使用 Rectangle 矩形空间区域类来作为所有模型的边界类，VisibleImage 类中的 getBounds() 方法会返回与图片坐标、大小都相同的 Rectangle 对象，此对象即边界对象。getBounds() 方法的代码如下所示：

```
01 public Rectangle getBounds() {
02   // 创建一个坐标在 (x,y) 位置，宽高为 (width, height) 的矩形边界对象并返回
03   return new Rectangle(x, y, width, height);
04 }
```

获得边界对象之后，就可以做图形重合判断了。Rectangle 类提供了 intersects() 方法，此方法可以判断两个 Rectangle 对象是否发生了重合。因为 VisibleImage 类使用 Rectangle 对象代表此图像的边界，并且在游戏中大部分图像是“运动”的状态，所以可以将“图像是否重合”的结果作为“游戏中物体是否碰撞”的结果。VisibleImage 类中的 hit() 方法就是判断两个图片边界是否发生了碰撞，代码如下所示：

```
01 public boolean hit(Rectangle r) {
02   if (r == null) {                               // 如果目标为空
03       return false;                              // 返回不发生碰撞
04   }
05   return getBounds().intersects(r);              // 返回两者的边界对象是否相交
06 }
```

29.6.2 玩家坦克类

坦克是本游戏的主角，玩家可以控制自己的坦克进行移动、射击的操作。不仅玩家的坦克形象与电脑坦克形象不同，玩家之间的形象也不同，这样可以让玩家更好地区分彼此。本节将从构造、移动和攻击三部分内容来介绍玩家坦克类（以下简称坦克类）是如何实现的。

1. 构造

创建一个坦克，首先要记录坦克的一些重要属性，例如坦克类型、移动方向、移动速度等。在坦克类中还创建了游戏面板的对象，通过游戏面板对象可以获取当前游戏界面中的所有模型，例如当前地图中的所有墙块和坦克对象。

坦克类的成员属性代码如下所示：

```
01 public class Tank extends VisibleImage {
02   GamePanel gamePanel;                              // 游戏面板
03   Direction direction;                              // 移动方向
04   protected boolean alive = true;                   // 是否存活
05   protected int speed = 3;                          // 移动速度
06   private boolean attackCoolDown = true;            // 攻击冷却状态
07   private int attackCoolDownTime = 500;             // 攻击冷却时间，毫秒
08   TankType type;                                    // 坦克类型
09   private String upImage;                           // 向上移动时的图片
10   private String downImage;                         // 向下移动时的图片
11   private String rightImage;                        // 向右移动时的图片
12   private String leftImage;                         // 向左移动时的图片
13 }
```

坦克类的构造方法有 5 个参数，x 和 y 表示坦克的初始横纵坐标，字符串 url 表示坦克使用的图片文件路径，游戏面板对象 gamePanel 就是创建坦克的游戏面板，最后一个坦克类型枚举对象 type 指定了构造的坦克类型。

坦克类的构造方法首先会调用父类（VisibleImage 类）的构造方法，将图片文件地址 url 传入，就完成了图片对象的初始化操作，然后让坦克的初始化方向向上，最后根据坦克类型，记录坦克四个方向移动时的图片。

构造方法的代码如下所示：

```
01 public Tank(int x, int y, String url, GamePanel gamePanel, TankType type) {
02   super(x, y, url);
03   this.gamePanel = gamePanel;
04   this.type = type;
05   direction = Direction.UP;                         // 初始化方向向上
06   switch (type) {                                   // 判断坦克类型
07   case player1:                                     // 如果是玩家 1
08       upImage = ImageUtil.PLAYER1_UP_IMAGE_URL;     // 记录玩家 1 四个方向的图片
09       downImage = ImageUtil.PLAYER1_DOWN_IMAGE_URL;
10       rightImage = ImageUtil.PLAYER1_RIGHT_IMAGE_URL;
11       leftImage = ImageUtil.PLAYER1_LEFT_IMAGE_URL;
12       break;
13   case player2:                                     // 如果是玩家 2
14       upImage = ImageUtil.PLAYER2_UP_IMAGE_URL;     // 记录玩家 2 四个方向的图片
15       downImage = ImageUtil.PLAYER2_DOWN_IMAGE_URL;
16       rightImage = ImageUtil.PLAYER2_RIGHT_IMAGE_URL;
17       leftImage = ImageUtil.PLAYER2_LEFT_IMAGE_URL;
18       break;
19   case bot:                                         // 如果是电脑
20       upImage = ImageUtil.BOT_UP_IMAGE_URL;         // 记录电脑四个方向的图片
21       downImage = ImageUtil.BOT_DOWN_IMAGE_URL;
22       rightImage = ImageUtil.BOT_RIGHT_IMAGE_URL;
23       leftImage = ImageUtil.BOT_LEFT_IMAGE_URL;
24       break;
25   }
26 }
```

2. 移动

因为游戏只有上、下、左、右四个方向，所以想让坦克移动就直接对坦克的横纵坐标做加减运算即可。但是坦克在游戏里要模拟出真实的移动场景，就需要添加很多限制条件，例如坦克撞到墙壁、坦克撞到其他坦克，甚至要考虑坦克移动出游戏画面。针对这些情况需要编写一些判断方法。

hitWall() 方法是用来判断坦克是否撞到墙块，传入的两个参数 x 和 y 表示坦克前往的目的地横纵坐标。该方法会从游戏面板中取出所有墙块的集合，遍历墙块集合，然后让每一个墙块都与当前位置的坦克做碰撞判断，只要有坦克撞到任意一个墙块，方法直接结束并返回 true，如果没有发生任何碰撞则返回默认值 false。

hitWall() 的代码如下所示：

```
01 private boolean hitWall(int x, int y) {
02   Rectangle next = new Rectangle(x, y, width, height);          // 创建坦克移动后的目标区域
03   List<Wall> walls = gamePanel.getWalls();                     // 获取所有墙块
04   for (int i = 0, lengh = walls.size(); i < lengh; i++) {      // 遍历所有墙块
05       Wall w = walls.get(i);                                   // 获取墙块对象
06       if (w instanceof GrassWall) {                            // 如果是草地
07           continue;                                            // 执行下一次循环
08       } else if (w.hit(next)) {                                // 如果撞到墙块
09           return true;                                         // 返回撞到墙块
10       }
11   }
12   return false;
13 }
```

与 hitWall() 方法类似，hitTank() 方法用来判断坦克是否撞到其他坦克，传入的两个参数 x 和 y 依然代表坦克前往的目的地横纵坐标。该方法从游戏面板中取出所有坦克集合，让玩家的坦克与这些坦克进行碰撞判断，只要任何一个坦克与玩家发生碰撞，方法直接返回 true，如果没有发生任何碰撞则返回默认值 false。

hitTank() 方法的代码如下所示：

```
01 boolean hitTank(int x, int y) {
02   Rectangle next = new Rectangle(x, y, width, height);          // 创建坦克移动后的目标区域
03   List<Tank> tanks = gamePanel.getTanks();                     // 获取所有坦克
04   for (int i = 0, lengh = tanks.size(); i < lengh; i++) {      // 遍历所有坦克
05       Tank t = tanks.get(i);                                   // 获取 tank 对象
06       if (!this.equals(t)) {                                   // 如果此坦克与自身不是同一个对象
07           if (t.isAlive() && t.hit(next)) {                    // 如果此坦克存活并且与自身相撞
08               return true;                                     // 返回相撞
09           }
10       }
11   }
12   return false;
13 }
```

除了要判断坦克是否撞到其他物体以外，还要判断坦克是否超出了游戏边界。moveToBorder() 方法用来处理坦克越界的情况，并且没有返回值。该方法会在坦克坐标超出游戏边界的时候，将坦克拉回至游戏界面内。

moveToBorder() 方法的代码如下所示：

```
01 protected void moveToBorder() {
02   if (x < 0) {                                       // 如果坦克横坐标小于 0
03       x = 0;                                         // 让坦克横坐标等于 0
04   } else if (x > gamePanel.getWidth() - width) {     // 如果坦克横坐标超出了最大范围
05       x = gamePanel.getWidth() - width;              // 让坦克横坐标保持最大值
06   }
```

```
07   if (y < 0) {                                          // 如果坦克纵坐标小于 0
08       y = 0;                                            // 让坦克纵坐标等于 0
09   } else if (y > gamePanel.getHeight() - height) {     // 如果坦克纵坐标超出了最大范围
10       y = gamePanel.getHeight() - height;                         // 让坦克纵坐标保持最大值
11   }
12 }
```

所有的移动限制方法都写完之后，就可以创建移动方法。leftward()、rightward()、upward() 和 downward() 这四个方法分别表示坦克向左、右、上、下四个方向移动。四个移动方法逻辑大致相同，首先判断当前方向属性是否与移动的方向相同，如果两者不同就更改坦克图片，以保证坦克的炮口指向移动方向，然后判断坦克移动之后会不会发生碰撞或越界情况，如果发生碰撞或越界，则阻止坦克移动，如果没发生碰撞或越界，则按照移动方向对横纵坐标进行加减。

四个方向的移动方法的代码如下所示：

```
01 // 向左移动
02 public void leftward() {
03   if (direction != Direction.LEFT) {                        // 如果移动之前的方向不是左移
04       setImage(leftImage);                                  // 更换左移图片
05   }
06   direction = Direction.LEFT;                               // 移动方向设为左
07   // 如果左移之后的位置不会撞到墙块和坦克
08   if (!hitWall(x - speed, y) && !hitTank(x - speed, y)) {
09       x -= speed;                                           // 横坐标递减
10       moveToBorder();                                       // 判断是否移动到面板的边界
11   }
12 }
13 // 向右移动
14 public void rightward() {
15   if (direction != Direction.RIGHT) {                       // 如果移动之前的方向不是左移
16       setImage(rightImage);                                 // 更换右移图片
17   }
18   direction = Direction.RIGHT;                              // 移动方向设为右
19   // 如果右移之后的位置不会撞到墙块和坦克
20   if (!hitWall(x + speed, y) && !hitTank(x + speed, y)) {
21       x += speed;                                           // 横坐标递增
22       moveToBorder();                                       // 判断是否移动到面板的边界
23   }
24 }
25 // 向上移动
26 public void upward() {
27   if (direction != Direction.UP) {                          // 如果移动之前的方向不是上移
28       setImage(upImage);                                    // 更换上移图片
29   }
30   direction = Direction.UP;                                 // 移动方向设为上
31   // 如果上移之后的位置不会撞到墙块和坦克
32   if (!hitWall(x, y - speed) && !hitTank(x, y - speed)) {
33       y -= speed;                                           // 纵坐标递减
34       moveToBorder();                                       // 判断是否移动到面板的边界
35   }
36 }
37 // 向下移动
38 public void downward() {
39   if (direction != Direction.DOWN) {                        // 如果移动之前的方向不是下移
40       setImage(downImage);                                  // 更换下移图片
41   }
42   direction = Direction.DOWN;                               // 移动方向设为下
43   // 如果下移之后的位置不会撞到墙块和坦克
44   if (!hitWall(x, y + speed) && !hitTank(x, y + speed)) {
45       y += speed;                                           // 纵坐标递增
46       moveToBorder();                                       // 判断是否移动到面板的边界
47   }
48 }
```

3. 攻击

攻击是坦克的一个重要动作事件，当玩家发出攻击指令之后，坦克会发出子弹，子弹在弹道上移动直到击中物体或者越界。

坦克的攻击事件是由玩家在键盘上触发的，但不意味着玩家按的越快，攻击频率越快，所以要对攻击频率做控制，最常用的方法就是增加攻击的冷却时间。坦克类的成员属性中有一个布尔值 attackCoolDown 代表攻击是否处于冷却中，还有一个整型值 attackCoolDownTime 表示攻击的冷却时间。坦克类有一个 AttackCD 线程子类，这个线程类启动后会将攻击冷却状态变量 attackCoolDown 的值变为 false，在过了冷却时间 attackCoolDownTime 的毫秒值之后，攻击冷却状态变量 attackCoolDown 的值恢复为 ture。这样就实现了添加攻击冷却时间的功能。

AttackCD 攻击冷却时间线程类的代码如下所示：

```
01 private class AttackCD extends Thread {
02   public void run() {                                          // 线程主方法
03       attackCoolDown = false;                                  // 将攻击功能设为冷却状态
04       try {
05           Thread.sleep(attackCoolDownTime);                    // 休眠 0.5 秒
06       } catch (InterruptedException e) {
07           e.printStackTrace();
08       }
09       attackCoolDown = true;                                   // 将攻击功能解除冷却状态
10   }
11 }
```

设计好攻击冷却线程之后，就可以设计攻击方法了。坦克类中的攻击方法是 attack()，该方法会判断攻击是否处于冷却中，如果没有处于冷却状态，就获取坦克的头点坐标，即炮口的坐标，然后创建一个子弹的对象，子弹的初始化坐标就是坦克的头点坐标，行进方向就用坦克的移动方向，将这个新子弹交给游戏面板，游戏面板就会自动将这个子弹绘制到游戏画面中。

attack() 方法的代码如下所示：

```
01 public void attack() {
02   if (attackCoolDown) {                                        // 如果攻击功能完成冷却
03       Point p = getHeadPoint();                                // 获取坦克头点对象
04       Bullet b = new Bullet(p.x - Bullet.LENGTH / 2, p.y - Bullet.LENGTH / 2,
05                 direction, gamePanel, type);                   // 在坦克头位置发射与坦克角度相同的子弹
06       gamePanel.addBullet(b);                                  // 游戏面板添加子弹
07       new AttackCD().start();                                  // 攻击功能开始冷却
08   }
09 }
```

29.6.3 电脑坦克类

电脑坦克是由计算机智能算法控制的坦克，也可以叫机器人坦克。电脑坦克在游戏中充当“敌人”的角色。电脑坦克和玩家坦克有着相同的属性，所以程序中将玩家坦克作为电脑坦克的父类，这样就可重用玩家坦克类的绝大部分代码。但电脑坦克也与玩家坦克有不同之处，就是电脑不需要玩家控制。电脑可以通过简单的 AI（人工智能）算法判断下一步的行动。本小节也通过构造、移动、攻击和展开行动四个部分来介绍电脑坦克是如何实现的。

1. 构造

项目中的 com.mr.model.Bot.java 表示电脑坦克，因为此类继承自玩家坦克类，所以有着与玩家坦克同样的成员属性。但又因为电脑坦克的特殊性，需要增加一些独有的属性，例如随机类、移动计时器和刷新时间。

Bot 类的成员属性如下所示：

```
01 public class Bot extends Tank {
02   private Random random = new Random();              // 随机类
03   private Direction dir;                              // 移动方向
04   private int fresh = GamePanel.FRESH;                // 刷新时间，采用游戏面板的刷新时间
05   private int MoveTimer = 0;                          // 移动计时器
06 }
```

电脑坦克重写父类的构造方法，除了直接调用父类的构造方法以外，电脑坦克的默认的初始化方向是向下的，攻击冷却时间是 1 秒。构造方法的代码如下所示：

```
01 public Bot(int x, int y, GamePanel gamePanel, TankType type) {
02   // 调用父类构造方法，使用默认机器人坦克图片
03   super(x, y, ImageUtil.BOT_DOWN_IMAGE_URL, gamePanel, type);
04   dir = Direction.DOWN;// 移动方向默认向下
05   setAttackCoolDownTime(1000);// 设置攻击冷却时间
06 }
```

2. 移动

电脑坦克在使用父类移动方法的基础上，添加了获取随机方向的功能。在 0 ～ 3 的范围内取随机数，然后用 switch 语句判断这个随机数，并根据判断结果更改电脑坦克的方向。这个功能是在 randomDirection() 方法中实现的，该方法的代码如下所示：

```
01 private Direction randomDirection() {
02   int rnum = random.nextInt(4);                      // 获取随机数，范围在 0 ~ 3
03   switch (rnum) {                                    // 判断随机数
04   case 0:                                            // 如果是 0
05       return Direction.UP;                           // 返回向上
06   case 1:                                            // 如果是 1
07       return Direction.RIGHT;                        // 返回向右
08   case 2:                                            // 如果是 2
09       return Direction.LEFT;                         // 返回向左
10   default:
11       return Direction.DOWN;                         // 返回向下
12   }
13 }
```

由于电脑不受玩家控制，为避免电脑坦克发生“堵车”现象，所以需要给电脑坦克添加一个“发生碰撞时改变行进路线”的逻辑，此处只需重写父类的 hitTank() 碰撞坦克方法即可。当电脑撞到其他电脑时，立即更改移动方向。重写的 hitTank() 方法代码如下所示：

```
01 boolean hitTank(int x, int y) {
02   Rectangle next = new Rectangle(x, y, width, height);          // 创建碰撞位置
03   List<Tank> tanks = gamePanel.getTanks();                      // 获取所有坦克集合
04   for (int i = 0, lengh = tanks.size(); i < lengh; i++) {       // 遍历坦克集合
05       Tank t = tanks.get(i);                                    // 获取坦克对象
06       if (!this.equals(t)) {                                    // 如果此坦克对象与本对象不是同一个
07           if (t.isAlive() && t.hit(next)) {                     // 如果对方是存活的，并且与本对象发生碰撞
08               if (t instanceof Bot) {                           // 如果对方也是电脑
09                   dir = randomDirection();                      // 随机调整移动方向
10               }
11               return true;                                      // 发生碰撞
12           }
13       }
14   }
15   return false;                                                 // 未发生碰撞
16 }
```

3. 攻击

电脑坦克重写父类的attack()攻击方法，在方法中添加随机数，每次触发攻击事件时，只有4%的概率会发射子弹。此方法会在游戏面板中循环执行，所以需要用小概率控制攻击次数，否则电脑坦克会一直发射子弹，会大大增加玩家的生存难度。

重写的attack()方法代码如下所示：

```
01 public void attack() {
02   int rnum = random.nextInt(100);              // 创建随机数，范围在0～99
03   if (rnum < 4) {                              // 如果随机数小于4
04       super.attack();                          // 执行父类攻击方法
05   }
06 }
```

4. 展开行动

因为电脑坦克是由计算机控制的，所以让电脑坦克类提供一个方法，供计算机循环执行。这个方法就是go()方法。在go()方法中，首先判断攻击冷却是否结束，如果结束就触发攻击事件，然后再检查离上一次改变方向时是否已经过了3秒，如果过了3秒就再次改变方向，最后根据移动方向调用相应的移动事件。

go()方法的代码如下所示：

```
01 public void go() {
02   if (isAttackCoolDown()) {                    // 如果攻击冷却时间结束
03       attack();                                // 攻击
04   }
05   if (MoveTimer >= 3000) {                     // 如果移动计时器记录超过3秒
06       dir = randomDirection();                 // 随机调整移动方向
07       MoveTimer = 0;                           // 重置移动计时器
08   } else {
09       MoveTimer += fresh;                      // 计时器按照刷新时间递增
10   }
11   switch (dir) {                               // 判断移动方向
12   case UP:                                     // 如果方向向上
13       upward();                                // 向上移动
14       break;
15   case DOWN:                                   // 如果方向向下
16       downward();                              // 向下移动
17       break;
18   case RIGHT:                                  // 如果方向向右
19       rightward();                             // 向右移动
20       break;
21   case LEFT:                                   // 如果方向向左
22       leftward();                              // 向左移动
23       break;
24   }
25 }
```

29.6.4 子弹类

子弹是游戏中的另一个重要元素。子弹是用一个黑色外边、黄色实心的圆形图片表示的，效果如图29.7所示。

图29.7 坦克发射子弹

所有的坦克都可以发射子弹，子弹会根据击中目标的不同，而产生不同的效果，比如所有子弹都可以摧毁砖墙和基地，但不同阵营的坦克只能摧毁对方的坦克，不会摧毁友方坦克。

本节将从子弹的构造和移动两方面进行介绍。

1. 构造

项目中的 com.mr.model.Bullet.java 表示子弹类。子弹类有着与坦克类似的成员属性，同样有着移动方向、移动速度、存活状态等，除了这些以外还有子弹独有的属性，例如子弹颜色、发出子弹的坦克类型。

Bullet 类的成员属性的代码如下所示：

```
01 public class Bullet extends VisibleImage {
02   Direction direction;                              // 移动方向
03   static final int LENGTH = 8;                      // 子弹的（正方体）边长
04   private GamePanel gamePanel;                      // 游戏面板
05   private int speed = 7;                            // 移动速度
06   private boolean alive = true;                     // 子弹是否存活（有效）
07   Color color = Color.ORANGE;                       // 子弹颜色为橙色
08   TankType owner;                                   // 发出子弹的坦克类型
09 }
```

Bullet 类有一个初始化的方法 init()，这个方法是用来绘制子弹形状的。init() 方法的代码如下所示：

```
01 private void init() {
02   Graphics g = image.getGraphics();                 // 获取图片的绘图方法
03   g.setColor(Color.WHITE);                          // 使用白色绘图
04   g.fillRect(0, 0, LENGTH, LENGTH);                 // 绘制一个铺满整个图片的白色实心矩形
05   g.setColor(color);                                // 使用子弹颜色
06   g.fillOval(0, 0, LENGTH, LENGTH);                 // 绘制一个铺满整个图片的实心圆形
07   g.setColor(Color.BLACK);                          // 使用黑色
08   // 给圆形绘制一个黑色的边框，防止绘出界，宽高减小 1 像素
09   g.drawOval(0, 0, LENGTH - 1, LENGTH - 1);
10 }
```

Bullet 类的构造方法参数中，x 和 y 指定了子弹的初始横纵坐标，direction 指定了行进方向，gamePanel 是游戏面板对象，owner 指定了子弹属于哪种坦克发射出来的。构造方法的代码如下所示：

```
01 public Bullet(int x, int y, Direction direction, GamePanel gamePanel, TankType owner) {
02   super(x, y, LENGTH, LENGTH);                      // 调用父类构造方法
03   this.direction = direction;
04   this.gamePanel = gamePanel;
05   this.owner = owner;
06   init();// 初始化组件
07 }
```

2. 移动

子弹的移动方法与坦克类似，同样是针对四个方向对横纵坐标做加减运算。移动的过程中也要做越界检查，如果子弹飞出游戏界面，则销毁子弹。子弹四个方向移动方法的代码如下所示：

```
01 private void leftward() {                           // 向左移动
02   x -= speed;                                       // 横坐标减少
03   moveToBorder();                                   // 移动出面板边界时销毁子弹
04 }
05 private void rightward() {                          // 向右移动
06   x += speed;                                       // 横坐标增加
07   moveToBorder();                                   // 移动出面板边界时销毁子弹
08 }
09 private void upward() {                             // 向上移动
10   y -= speed;                                       // 总坐标减少
11   moveToBorder();                                   // 移动出面板边界时销毁子弹
12 }
13 private void downward() {                           // 向下移动
14   y += speed;                                       // 纵坐标增加
15   moveToBorder();                                   // 移动出面板边界时销毁子弹
16 }
```

子弹的运动是由电脑自动控制的，所以光有移动方法不够，还需要让电脑可以判断子弹的移动方向，然后选择相应的移动方法。Bullet 类中的 move() 方法就是子弹的移动事件，游戏面板只需调用此方法，就可以控制子弹不断向前移动。

move() 方法的代码如下所示：

```
01 public void move() {
02   switch (direction) {                          // 判断移动方向
03   case UP:                                      // 如果向上
04       upward();                                 // 向上移动
05       break;
06   case DOWN:                                    // 如果向下
07       downward();                               // 向下移动
08       break;
09   case LEFT:                                    // 如果向左
10       leftward();                               // 向左移动
11       break;
12   case RIGHT:                                   // 如果向右
13       rightward();                              // 向右移动
14       break;
15   }
16 }
```

29.6.5 基地类

基地是整个游戏的一个关键元素，玩家要保证基地存活的情况下，消灭所有敌方坦克。而基地则是一个固定坐标不会移动的建筑，在程序中将基地按照墙块来设计，于是 Base 基地类就继承了 Wall 墙块类，这样基地就实现了可以被摧毁、可以阻挡坦克前进的效果。基地有两种图标，一种是正常存时的图标，另一种是被摧毁后的图标，效果如图 29.8 所示。

基地

被摧毁后

图 29.8　基地图标

Base 基地类的代码如下所示：

```
01 public class Base extends Wall {
02   public Base(int x, int y) {
03       super(x, y, ImageUtil.BASE_IMAGE_URL);            // 调用父类构造方法，使用默认基地图片
04   }
05 }
```

29.6.6 爆炸效果类

为了让游戏在视觉上更有趣味性，游戏添加了坦克爆炸的效果。本游戏的爆炸效果是一个静态的图片，但因为游戏界面是逐帧刷新的，所以不能使用更改坦克图片的方法，因为坦克被摧毁后会被从界面中清除，并且游戏几十毫秒就会刷新一帧，玩家无法看到爆炸效果，所以单独为爆炸效果编写了一个类，就是 Boom 爆炸效果类。这个类会记录游戏刷新频率，在游戏面板的指定位置绘制一个爆炸效果，然后让这个爆炸效果图片停留 0.5 秒。这样就可以直观地看到坦克被击中之后爆炸的场面，效果如图 29.9 所示。

图 29.9　坦克被摧毁后的爆炸效果

Boom 爆炸效果类仅是在游戏中展示一个图片效果，所以它继承自 VisibleImage 可显示的图像抽象类。

Boom 爆炸效果类的成员属性包含游戏计时器、刷新时间和爆炸效果是否存活（有效），刷新时间采用游戏面板的刷新时间，代码如下所示：

```
01 public class Boom extends VisibleImage {
02   private int timer = 0;                          // 计时器
03   private int fresh = GamePanel.FRESH;            // 刷新时间
04   private boolean alive = true;                   // 是否存活
05 }
```

Boom 爆炸效果类的构造方法非常简单，参数只有图片的横纵坐标，代码如下所示：

```
01 public Boom(int x, int y) {
02   super(x, y, ImageUtil.BOOM_IMAGE_URL);          // 调用父类构造方法，使用默认爆炸效果图片
03 }
```

Boom 爆炸效果类的关键方法是 show() 展示方法，这个方法需要传入游戏面板的绘图对象。如果计时器的记录超过 0.5 秒，也就是爆炸效果已经存在了 0.5 秒，就把爆炸效果的存活状态改为 false，否则计时器就按照刷新时间递增，直到超过 0.5 秒。

show() 方法的代码如下所示：

```
01 public void show(Graphics2D g2) {
02   if (timer >= 500) {                             // 当计时器记录已到 0.5 秒
03       alive = false;                              // 爆炸效果失效
04   } else {
05       g2.drawImage(getImage(), x, y, null);       // 绘制爆炸效果
06       timer += fresh;                             // 计时器按照刷新时间递增
07   }
08 }
```

29.6.7 地图类

游戏中有很多关卡，不同的关卡的墙块排列顺序都不相同，这样就构成了地图的概念。项目中的 com.mr.model.Map.java 表示地图类，地图类记录墙块的排列规则。

Map 类中只有一个成员数据，就是所有墙块的集合，这个集合中包括砖墙、河流、草地和铁墙，但不包括基地。Map 类也提供了墙块集合的 get 方法，让游戏面板可以获取到地图中的所有墙块。

Map 类的成员属性及其 get 方法的代码如下所示：

```
01 public class Map {
02   private static List<Wall> walls = new ArrayList<>();      // 地图中所有墙块的集合
03   public List<Wall> getWalls() {                           // 获取地图对象中的所有墙块
04       return walls;
05   }
06 }
```

Map 类使用私有的构造方法，这样可以防止其他创建地图类对象。地图类的构造方法没有实现任何逻辑，代码如下所示：

```
01 private Map() {
02 }
```

因为 Map 类不能创建对象，所以需要编写一个可以获取 Map 类对象的方法。getMap() 方法就是用来获取地图对象的，参数 level 表示要获取的具体关卡，传入“1”就会获取第一关，传入“2”就会获取第二关，以此类推。getMap() 方法会根据传入的具体关卡值，利用地图工具类获取此关卡的所有墙块排列信息，并保存到墙块集合中。

getMap() 方法的代码如下所示：

```
01 public static Map getMap(String level) {
02   walls.clear();                                       // 墙块集合清空
03   walls.addAll(MapIO.readMap(level));                  // 读取指定关卡的墙块集合
04   // 基地砖墙
05   for (int a = 347; a <= 407; a += 20) {               // 循环基地砖墙的横坐标
06       for (int b = 512; b <= 572; b += 20) {           // 循环基地砖墙的纵坐标
07           if (a >= 367 && a <= 387 && b >= 532) {      // 如果墙块与基地发生重合
08               continue;                                // 执行下一次循环
09           } else {
10               walls.add(new BrickWall(a, b));          // 墙块集合中添加墙块
11           }
12       }
13   }
14   return new Map();                                    // 返回新的地图对象
15 }
```

29.7 墙块设计

墙块也属于游戏中的模型，但墙块本身有着多样性的分类，所以在本节会单独介绍。

29.7.1 墙块抽象类

所有墙块除了都是可显示的图片以外，还有一些共同的特点，比如都有存活状态，都是同一类模型。根据墙块的共同特点，创建了一个墙块的抽象类。项目中的 com.mr.model.wall.Wall.java 表示墙块抽象类。该类的成员属性如下所示：

```
01 public abstract class Wall extends VisibleImage {
02   private boolean alive = true;                        // 墙块是否存活（有效）
03 }
```

因为 Wall 类继承自 VisibleImage 可显示图像抽象类，所以构造方法的参数与父类的参数相同。传入图片的横纵坐标和图片文件路径，代码如下所示：

```
01 public Wall(int x, int y, String url) {
02   super(x, y, url);                                    // 调用父类构造方法
03 }
```

创建 Wall 类有一个关键之处，就是重写 equals() 方法。为什么要重写 equals() 方法呢？因为游戏中不可能有两个墙块是重合放置的，子弹击中的墙块不可能既是砖墙又是铁墙，这样会对程序的核心算法产生干扰。为了避免这样的情况，就需要给所有墙块一个判断逻辑，即同一个位置只能有一个墙块。重写 equals() 方法，在父类原有逻辑基础上，添加坐标的判断，同一坐标的两个墙块认定为是相同的墙块。有了这个逻辑，再调用 List 集合的 contains(Object o) 查找集合中是否有自定义元素方法时，可以直接排除相同坐标的墙块。

重写 equals() 方法的代码如下所示：

```
01 public boolean equals(Object obj) {
02   if (obj instanceof Wall) {                           // 如果传入的对象是墙块或其子类对象
03       Wall w = (Wall) obj;                             // 强制转为墙块对象
04       if (w.x == x && w.y == y) {                      // 如果两个墙块坐标相同
05           return true;                                 // 两个墙块是相同的
06       }
07   }
08   return super.equals(obj);                            // 返回父类方法
09 }
```

29.7.2 墙块实体类

墙块有 4 个实体类，分别是砖墙、草地、河流和铁墙，这 4 个实体类都是 Wall 墙块抽象类的子类。下面分别介绍这四种实体类的是如何创建的。

1. 砖墙

砖墙是游戏中出现最多的墙块，也是基地周围的默认墙块。砖墙可以阻挡坦克前进，但被子弹击中后会同子弹一起消失。项目中的 com.mr.model.wall.BrickWall.java 表示砖墙类，代码如下所示：

```
01 public class BrickWall extends Wall {
02   public BrickWall(int x, int y) {
03       super(x, y, ImageUtil.BRICKWALL_IMAGE_URL);// 调用父类构造方法，使用默认砖墙图片
04   }
05 }
```

2. 草地

草地具有装饰和隐蔽的效果，草地不会阻挡坦克和子弹行进，但会遮住所有坦克，如果电脑坦克藏到草地下面可以出其不意地攻击玩家坦克。项目中的 com.mr.model.wall.GrassWall.java 表示草地类，代码如下所示：

```
01 public class GrassWall extends Wall {
02   public GrassWall(int x, int y) {
03       super(x, y, ImageUtil.GRASSWALL_IMAGE_URL);// 调用父类构造方法，使用默认草地图片
04   }
05 }
```

3. 河流

河流除了具有装饰效果以外，还有阻断效果。河流可以阻挡坦克前进，但不会阻挡子弹行进。玩家坦克可以攻击河对岸的电脑坦克。项目中的 com.mr. model.wall.RiverWall.java 表示河流类，代码如下所示：

```
01 public class RiverWall extends Wall {
02   public RiverWall(int x, int y) {
03       super(x, y, ImageUtil.RIVERWALL_IMAGE_URL);// 调用父类构造方法，使用默认河流图片
04   }
05 }
```

4. 铁墙

铁墙是游戏中最结实的墙块，它可以阻挡所有坦克和子弹前进。项目中的 com.mr. model.wall. IronWall.java 表示铁墙类，代码如下所示：

```
01 public class IronWall extends Wall {
02   public IronWall(int x, int y) {
03       super(x, y, ImageUtil.IRONWALL_IMAGE_URL);// 调用父类构造方法，使用默认铁墙图片
04   }
05 }
```

29.8 窗体类设计

窗体类是游戏的载体，让游戏可以在电脑屏幕中显示，并在窗体中展示各种游戏模型。游戏模型之间的交互让游戏产生了趣味性。

29.8.1 主窗体

主窗体是整个游戏最外层的载体，所有的界面都是在主窗体中展示的。主窗体的本身没有任何内容，仅是一个宽 800 像素，高 600 像素的窗体，如图 29.10 所示，但主窗体会根据不同的场景更换不同的面板，同时主窗体也会加载相应键盘事件监听，让玩家可以在不同的面板中输入游戏指令。

项目中的 com.mr.frame.MainFrame.java 表示主窗体类，该类的构造方法中指定了主窗体的外观样式并直接加载登录面板，代码如下所示：

```
01  public MainFrame() {
02      setTitle(" 坦克大战 ");                                  // 设置标题
03      setSize(800, 600);                                      // 设置宽高
04      setResizable(false);                                    // 不可调整大小
05      Toolkit tool = Toolkit.getDefaultToolkit();             // 创建系统的默认组件工具包
06      Dimension d = tool.getScreenSize();                     // 获取屏幕尺寸，赋给一个二维坐标对象
07      // 让主窗体在屏幕中间显示
08      setLocation((d.width - getWidth()) / 2, (d.height - getHeight()) / 2);
09      setDefaultCloseOperation(DO_NOTHING_ON_CLOSE); // 关闭窗体时无操作
10      addListener();                                          // 添加事件监听
11      setPanel(new LoginPanel(this));                         // 添加登录面板
12  }
```

29.8.2 登录面板

登录面板是玩家打开主窗体之后，首先显示的界面，如图 29.11 所示。在这个界面中玩家可以选择游戏的模式。玩家可以使用 <W>、<S>、<Up> 或 <Down> 中任意一个按键控制选择图片，然后使用 <Y>、<Home> 或 <Enter> 中任意按键确认游戏模式。当玩家确认游戏模式之后，会进入显示关卡面板。

图 29.10 空的主窗体

图 29.11 登录面板效果

项目中的 com.mr.frame.LoginPanel.java 表示登录面板类，该类除了继承 JPanel 面板类以外，还实现了 KeyListener 键盘事件监听接口。

LoginPanel 类的成员属性包含主窗体对象、游戏模式、背景图片和用于做选择图片的坦克图标等，代码如下所示：

```
01 public class LoginPanel extends JPanel implements KeyListener {
02   private MainFrame frame;                             // 主窗体
03   private GameType type;                               // 游戏模式
04   private Image backgroud;                             // 背景图片
05   private Image tank;                                  // 坦克图标
06   private int y1 = 370, y2 = 430;                      // 坦克图标可选择的两个 Y 坐标
07   private int tankY = y1;                              // 坦克图标 Y 坐标
08 }
```

LoginPanel 类的构造方法需要将主窗体对象当作参数传入，然后为主窗体添加键盘事件监听，同时在构造方法中会对面板中的图片进行初始化。构造方法的代码如下所示：

```
01 public LoginPanel(MainFrame frame) {
02   this.frame = frame;
03   addListener();                                                    // 添加组件监听
04   try {
05       // 读取背景图片
06       backgroud = ImageIO.read(new File(ImageUtil.LOGIN_BACKGROUD_IMAGE_URL));
07       tank = ImageIO.read(new File(ImageUtil.PLAYER1_RIGHT_IMAGE_URL));       // 读取坦克图标
08   } catch (IOException e) {
09       e.printStackTrace();
10   }
11 }
```

addListener() 方法是 LoginPanel 类添加组件监听的方法，因为 LoginPanel 类实现了 KeyListener 键盘事件监听接口，所以主窗体添加的键盘事件直接使用本类对象 this 即可。addListener() 方法的代码如下所示：

```
01 private void addListener() {
02   frame.addKeyListener(this);       // 主窗体载入键盘监听，本类已实现 KeyListener 接口
03 }
```

因为需要将背景图片、选择图片和选项文字展示在面板当中，所以 LoginPanel 类重写了父类的 paint() 组件绘图方法。在该方法中，将各个元素绘制在指定的坐标上。重写的 paint() 方法的代码如下所示：

```
01 public void paint(Graphics g) {
02   // 绘制背景图片，填满整个面板
03   g.drawImage(backgroud, 0, 0, getWidth(), getHeight(), this);
04   Font font = new Font(" 黑体 ", Font.BOLD, 35);        // 创建字体
05   g.setFont(font);                                        // 使用字体
06   g.setColor(Color.WHITE);                                // 使用白色
07   g.drawString("1 PLAYER", 350, 400);                     // 绘制第一行文字
08   g.drawString("2 PLAYER", 350, 460);                     // 绘制第二行文字
09   g.drawImage(tank, 280, tankY, this);                    // 绘制坦克图标
10 }
```

因为 LoginPanel 类实现了 KeyListener 键盘事件监听接口，就需要重写键盘事件监听接口的抽象方法，根据实际需求 keyPressed() 按键按下触发的方法即可。当玩家按下的是用于选择的按键，例如 <W> 等，程序会改变选择图标的坐标，并调用 repaint() 方法重新绘制界面；当玩家按下的是用于确认选择的按键，例如 <Enter>，程序会记录玩家选择的游戏模式，并跳转到关卡面板。实现 keyPressed() 方法的代码如下所示：

```
01 public void keyPressed(KeyEvent e) {
02   int code = e.getKeyCode();                  // 获取按下的按键值
03   switch (code) {                             // 判断按键值
04   case KeyEvent.VK_W:                         // 如果按下的是 "W"，效果同下
05   case KeyEvent.VK_UP:                        // 如果按下的是 " ↑ "，效果同下
06   case KeyEvent.VK_S:                         // 如果按下的是 "S"，效果同下
07   case KeyEvent.VK_DOWN:                      // 如果按下的是 " ↓ "
08       if (tankY == y1) {                      // 如果坦克图标在第一个位置
09           tankY = y2;                         // 将图标放在第二个位置
10       } else {
11           tankY = y1;                         // 将图标放在第一个位置
12       }
13       repaint();                              // 重绘组件
14       break;
15   case KeyEvent.VK_Y:                         // 如果按下的是 "Y"，效果同下
16   case KeyEvent.VK_NUMPAD1:                   // 如果按下的是小键盘 1，效果同下
17   case KeyEvent.VK_ENTER:                     // 如果按下的是 "Enter"，效果同下
18       if (tankY == y1) {                      // 如果坦克图标在第一个位置
```

```
19            type = GameType.ONE_PLAYER;                    // 游戏模式为单人模式
20        } else {
21            type = GameType.TWO_PLAYER;                    // 游戏模式为双人模式
22        }
23        gotoLevelPanel();                                  // 跳转关卡面板
24        break;
25    }
26 }
```

29.8.3 关卡面板

关卡面板是登录面板与游戏面板之间的过渡面板。关卡面板中只有一个动画效果：闪烁当前关卡数，在游戏正式开始前会有准备提示，效果如图 29.12 所示。

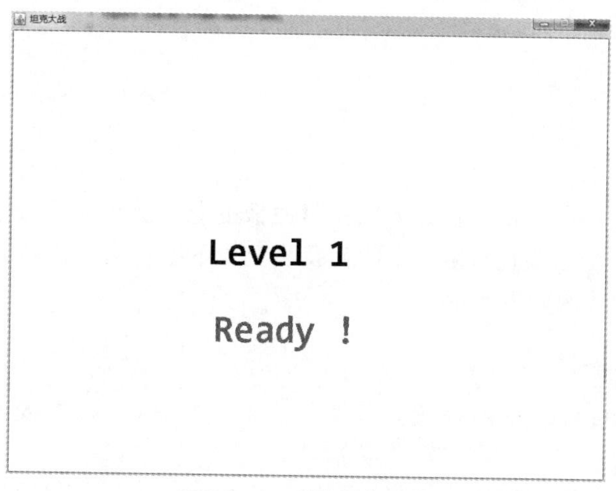

图 29.12 关卡面板界面

项目中的 com.mr.frame.LevelPanel.java 表示关卡面板类，该类的成员属性中，除了登录面板传入的主窗体对象和游戏模式以外，还有当前关卡值和两个用来做闪烁动画的字符串对象，代码如下所示：

```
01 public class LevelPanel extends JPanel {
02   private int level;                                   // 关卡值
03   private GameType type;                               // 游戏模式
04   private MainFrame frame;                             // 主窗体
05   private String levelStr;                             // 面板中央闪烁的关卡字符串
06   private String ready = "";                           // 准备提示
07 }
```

LevelPanel 类的构造方法有三个参数，分别是 level 当前关卡值、frame 主窗体对象和 type 游戏模式。构造方法的代码如下所示：

```
01 public LevelPanel(int level, MainFrame frame, GameType type) {
02   this.frame = frame;
03   this.level = level;
04   this.type = type;
05   levelStr = "Level " + level;                        // 初始化关卡字符串
06   Thread t = new LevelPanelThread();                  // 创建关卡面板动画线程
07   t.start();                                          // 启动线程
08 }
```

构造方法中创建并启动了一个线程，线程的实现类是 LevelPanelThread 类，这个 LevelPanelThread 类是关卡面板的一个子类。LevelPanelThread 类用于实现面板的动画效果，可以让关卡字符串闪烁三次。在闪烁第三次的时候，会显示准备提示文字。LevelPanelThread 类的代码如下所示：

```
01 private class LevelPanelThread extends Thread {
02   public void run() {
03       for (int i = 0; i < 6; i++) {                      // 循环 6 次
04           if (i % 2 == 0) {                              // 如果循环变量是偶数
05               levelStr = "Level " + level;               // 关卡字符串正常显示
06           } else {
07               levelStr = "";                             // 关卡字符串不显示任何内容
08           }
09           if (i == 4) {                                  // 如果循环变量等于 4
10               ready = "Ready !";                         // 准备提示显示文字
11           }
12           repaint();                                     // 重绘组件
13           try {
14               Thread.sleep(500);                         // 休眠 0.5 秒
15           } catch (InterruptedException e) {
16               e.printStackTrace();
17           }
18       }
19       gotoGamePanel();                                   // 跳转到游戏面板
20   }
21 }
```

关卡面板重写了 paint() 绘图方法，在该方法中将面板的背景颜色绘制成了白色，并且在相应位置绘制了两个提示性的字符串。动画线程每隔 0.5 秒就会改变一下字符串的内容，每次执行之后都会重绘面板。重写 paint() 绘图方法的代码如下所示：

```
01 public void paint(Graphics g) {
02   g.setColor(Color.WHITE);                               // 使用白色
03   g.fillRect(0, 0, getWidth(), getHeight());             // 填充一个覆盖整个面板的白色矩形
04   g.setFont(new Font("Consolas", Font.BOLD, 50));        // 设置绘图字体
05   g.setColor(Color.BLACK);                               // 使用黑色
06   g.drawString(levelStr, 260, 300);                      // 绘制关卡字符串
07   g.setColor(Color.RED);                                 // 使用红色
08   g.drawString(ready, 270, 400);                         // 绘制准备提示
09 }
```

29.8.4 游戏面板

游戏面板是整个程序的核心，几乎所有的算法都是以游戏面板为基础实现的。游戏面板的主要作用是绘制游戏界面，将所有的游戏元素都展现出来，如图 29.13 所示。游戏界面会按照（默认）20 毫秒每次的刷新频率实现游戏帧数的刷新，这样不仅可以让界面中的元素运动起来，也可以让各个元素在运动的过程中进行逻辑的运算。

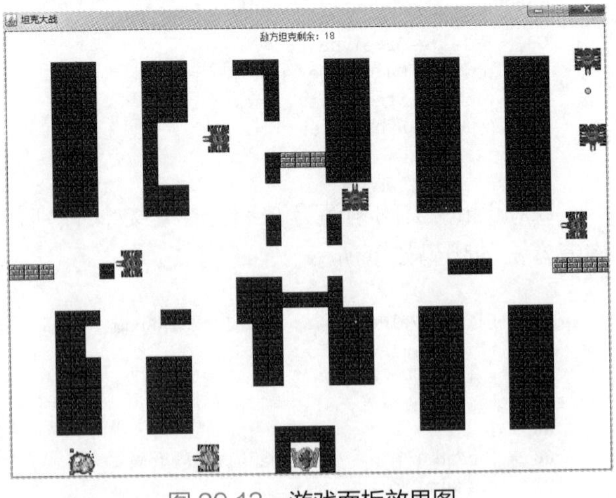

项目中的 com.mr.frame.GamePanel.java 表示游戏面板类。该类中有着丰富的成员属性，其中关键的成员属性有静态常量游戏界面刷新时间 FRESH、所有子弹的集合 bullets、所有坦克的集合 botTanks、所有墙块的集合 walls 等。因为玩家需要在游戏面板中输入游戏指令，所以该类实现了 KeyListener 键盘事件监听接口。

图 29.13 游戏面板效果图

游戏面板类的关键代码设计如下所示：

```
01 public class GamePanel extends JPanel implements KeyListener {
02   public static final int FRESH = 20;              // 游戏界面刷新时间：20 毫秒
```

```
03   private BufferedImage image;                    // 在面板中显示的主图片
04   private Graphics2D g2;                          // 图片的绘图对象
05   private MainFrame frame;                        // 主窗体
06   private GameType gameType;                      // 游戏模式
07   private Tank play1, play2;                      // 玩家 1、玩家 2
08   private boolean y_key, s_key, w_key, a_key, d_key, up_key, down_key, left_key,
09                    right_key, num1_key;           // 按键是否按下标志，左侧单词是按键名
10   private int level;                              // 关卡值
11   private List<Bullet> bullets;                   // 所有子弹集合
12   private volatile List<Tank> allTanks;           // 所有坦克集合
13   private List<Tank> botTanks;                    // 电脑坦克集合
14   private final int botCount = 20;                // 电脑坦克总数
15   private int botReadyCount = botCount;           // 准备出场的电脑坦克总数
16   private int botSurplusCount = botCount;         // 电脑坦克剩余量
17   private int botMaxInMap = 6;                    // 场上最大电脑坦克数
18   private int botX[] = { 10, 367, 754 };          // 电脑坦克出生的 3 个横坐标位置
19   private List<Tank> playerTanks;                 // 玩家坦克集合
20   private volatile boolean finish = false;        // 游戏是否结束
21   private Base base;                              // 基地
22   private List<Wall> walls;                       // 所有墙块
23   private List<Boom> boomImage;                   // 坦克阵亡后的爆炸效果集合
24   private Random r = new Random();                // 随机数对象
25   private int createBotTimer = 0;                 // 生产电脑计时器
26   private Tank survivor;                          // （玩家）幸存者，用于绘制最后一个爆炸效果
27 }
```

因为游戏界面需要进行大量的绘图处理，所以游戏面板类采用双缓冲的方式进行绘制。成员属性中的 image 就是用于绘制整个游戏界面的图片，由于 image 是个自带缓冲的图片对象，因此可以大大降低游戏面板的绘制压力，只要在游戏面板的 paint() 方法中将此图片对象填充至整个面板即可。同时 paint() 方法也处理一些业务逻辑，例如执行坦克的动作、循环创建电脑坦克。这样可以保证游戏界面中绘制的元素集合和元素坐标都是实时更新的。重写 paint() 绘图方法的代码如下所示：

```
01 public void paint(Graphics g) {
02   paintTankActoin();                              // 执行坦克动作
03   CreateBot();                                    // 循环创建电脑坦克
04   paintImage();                                   // 绘制主图片
05   g.drawImage(image, 0, 0, this);                 // 将主图片绘制到面板上
06 }
```

paint() 方法中调用了一个 paintImage() 方法，这个方法就是用来绘制图片对象的。该方法中包含了绘制所有物品和判断游戏是否胜利的逻辑。在绘制方面，首先是填充了一个白色的背景，然后依次将所有爆炸效果、坦克剩余数量字符串、所有电脑坦克、所有玩家坦克、所有墙块和所有子弹绘制在图片当中，最后判断当前绘制的这些元素是否符合游戏胜利或游戏失败的条件。符合任意条件则进入相应的场景当中。

paintImage() 方法的代码如下所示：

```
01 private void paintImage() {
02   g2.setColor(Color.WHITE);                                      // 使用白色
03    g2.fillRect(0, 0, image.getWidth(), image.getHeight());       // 填充一个覆盖整个图片的白色矩形
04   panitBoom();                                                   // 绘制爆炸效果
05   paintBotCount();                                               // 在屏幕顶部绘制剩余坦克数量
06   panitBotTanks();                                               // 绘制电脑坦克
07   panitPlayerTanks();                                            // 绘制玩家坦克
08   allTanks.addAll(playerTanks);                                  // 坦克集合添加玩家坦克
09   allTanks.addAll(botTanks);                                     // 坦克集合添加电脑坦克
10   panitWalls();                                                  // 绘制墙块
11   panitBullets();                                                // 绘制子弹
12   if (botSurplusCount == 0) {                                    // 如果所有电脑都被消灭
13       stopThread();                                              // 结束游戏帧刷新线程
14       paintBotCount();                                           // 在屏幕顶部绘制剩余坦克数量
```

```
15        g2.setFont(new Font(" 楷体 ", Font.BOLD, 50));           // 设置绘图字体
16        g2.setColor(Color.green);                                // 使用绿色
17        g2.drawString(" 胜   利 !", 250, 400);                  // 在指定坐标绘制文字
18        gotoNextLevel();                                         // 进入下一关卡
19    }
20 if (gameType == GameType.ONE_PLAYER) {                          // 如果是单人模式
21        if (!play1.isAlive()) {                                  // 如果玩家阵亡
22            stopThread();                                        // 结束游戏帧刷新线程
23            boomImage.add(new Boom(play1.x, play1.y));           // 添加玩家 1 爆炸效果
24            panitBoom();                                         // 绘制爆炸效果
25            paintGameOver();                                     // 在屏幕中央绘制 game over
26            gotoPrevisousLevel();                                // 重新进入本关卡
27        }
28    } else {                                                     // 如果是双人模式
29        if (play1.isAlive() && !play2.isAlive()) {               // 如果玩家 1 是幸存者
30            survivor = play1;                                    // 幸存者是玩家 1
31        } else if (!play1.isAlive() && play2.isAlive()) {
32            survivor = play2;                                    // 幸存者是玩家 2
33        } else if (!(play1.isAlive() || play2.isAlive())) {      // 如果两个玩家全部阵亡
34            stopThread();                                        // 结束游戏帧刷新线程
35            boomImage.add(new Boom(survivor.x, survivor.y));     // 添加幸存者爆炸效果
36            panitBoom();                                         // 绘制爆炸效果
37            paintGameOver();                                     // 在屏幕中央绘制 game over
38            gotoPrevisousLevel();                                // 重新进入本关卡
39        }
40    }
41 if (!base.isAlive()) {                                          // 如果基地被击中
42        stopThread();                                            // 结束游戏帧刷新线程
43        paintGameOver();                                         // 在屏幕中央绘制 game over
44        base.setImage(ImageUtil.BREAK_BASE_IMAGE_URL);           // 基地使用阵亡图片
45        gotoPrevisousLevel();                                    // 重新进入本关卡
46    }
47    g2.drawImage(base.getImage(), base.x, base.y, this);        // 绘制基地
48 }
```

paintImage() 方法中调用了许多绘制模型的方法，panitWalls() 就是其中一个，这个方法用于绘制所有的墙块。此方法会遍历所有墙块的集合，如果墙块是有效的状态，就会绘制到相应的坐标上，否则会从集合中删除这个墙块对象。

panitWalls() 方法的代码如下所示：

```
01 private void panitWalls() {
02    for (int i = 0; i < walls.size(); i++) {                     // 循环遍历墙块集合
03        Wall w = walls.get(i);                                   // 获取墙块对象
04        if (w.isAlive()) {                                       // 如果墙块有效
05            g2.drawImage(w.getImage(), w.x, w.y, this);          // 绘制墙块
06        } else {                                                 // 如果墙块无效
07            walls.remove(i);                                     // 在集合中删除此墙块
08            i--;                         // 循环变量 -1，保证下次循环 i 的值不会变成 i+1，防止下标越界
09        }
10    }
11 }
```

panitBullets() 方法是用来绘制子弹，该方法的逻辑与绘制墙块基本类似，不同的是在绘制子弹之后，还会调用子弹的一些业务方法，例如让子弹移动、判断子弹是否击中基地、判断子弹是否击中墙壁和判断子弹是否击中坦克。游戏的每一帧都会在不同的坐标重新绘制子弹，这样就实现了子弹的移动动画。在移动的同时，子弹一直在做击中物体判断，这样就可以实时触发游戏的一些事件，例如摧毁墙块等。

panitBullets() 方法的代码如下所示：

```
01 private void panitBullets() {
02    for (int i = 0; i < bullets.size(); i++) {                   // 循环遍历子弹集合
```

```
03        Bullet b = bullets.get(i);                          // 获取子弹对象
04        if (b.isAlive()) {                                  // 如果子弹有效
05            b.move();                                       // 子弹执行移动操作
06            b.hitBase();                                    // 子弹执行击中基地判断
07            b.hitWall();                                    // 子弹执行击中墙壁判断
08            b.hitTank();                                    // 子弹执行击中坦克判断
09            g2.drawImage(b.getImage(), b.x, b.y, this);     // 绘制子弹
10        } else {                                            // 如果子弹无效
11            bullets.remove(i);                              // 在集合中删除此子弹
12            i--;                      // 循环变量 -1，保证下次循环 i 的值不会变成 i+1，防止下标越界
13        }
14    }
15 }
```

panitBotTanks() 方法是用来绘制电脑坦克的。电脑坦克提供了一个用于展开行动的方法 go()，只要程序不断地执行这个方法，电脑坦克就会自动移动和射击。与绘制墙块类似，绘制电脑坦克也是遍历电脑坦克集合，将存活的坦克绘制到图片当中，将阵亡的坦克从集合中删除，每删除一个电脑坦克，游戏提示的剩余坦克数量就会减一，并在坦克阵亡的位置创建爆炸效果。

panitBotTanks() 方法的代码如下所示：

```
01 private void panitBotTanks() {
02    for (int i = 0; i < botTanks.size(); i++) {             // 循环遍历电脑坦克集合
03        Bot t = (Bot) botTanks.get(i);                      // 获取电脑坦克对象
04        if (t.isAlive()) {                                  // 如果坦克存活
05            t.go();                                         // 电脑坦克展开行动
06            g2.drawImage(t.getImage(), t.x, t.y, this);     // 绘制坦克
07        } else {                                            // 如果坦克阵亡
08            botTanks.remove(i);                             // 集合中删除此坦克
09            i--;                      // 循环变量 -1，保证下次循环 i 的值不会变成 i+1，防止下标越界
10            boomImage.add(new Boom(t.x, t.y));              // 在坦克位置创建爆炸效果
11            decreaseBot();                                  // 剩余坦克数量 -1
12        }
13    }
14 }
```

同绘制电脑坦克类似，panitPlayerTanks() 用来绘制玩家坦克。因为是玩家在控制坦克，所以绘制坦克的同时不需要触发任何方法。panitPlayerTanks () 方法的代码如下所示：

```
01 private void panitPlayerTanks() {
02    for (int i = 0; i < playerTanks.size(); i++) {          // 循环遍历玩家坦克
03        Tank t = playerTanks.get(i);                        // 获取玩家坦克对象
04        if (t.isAlive()) {                                  // 如果坦克存活
05            g2.drawImage(t.getImage(), t.x, t.y, this);     // 绘制坦克
06        } else {                                            // 如果坦克阵亡
07            playerTanks.remove(i);                          // 集合中删除此坦克
08            i--;          // 循环变量 -1，保证下次循环 i 的值不会变成 i+1，防止下标越界
09            boomImage.add(new Boom(t.x, t.y));              // 在坦克位置创建爆炸效果
10        }
11    }
12 }
```

29.9 游戏核心功能设计

游戏的核心功能包括对游戏规则的设定和模拟真实场景的算法。坦克大战是一款平面射击类的游戏，这类游戏使用的最有难度的算法就是子弹的碰撞检测。本节除了会介绍碰撞检测以外，还会介绍刷新帧功能。

29.9.1 碰撞检测

碰撞检测是游戏中最复杂的算法。在 VisibleImage 可显示图像的抽象类中，已经为所有模型设计好图片重合检测了，利用 VisibleImage 类中提供的 hit() 方法作为两个模型是否碰撞的检验方法。因为不同的模型之间，有着不同的碰撞规则，所以本小节将会分成坦克的碰撞检测和子弹的碰撞检测两部分内容进行介绍。

1. 坦克的碰撞检测

在游戏中，除子弹以外，可能与坦克发生碰撞的有两种物体：墙块和其他坦克。

坦克类中编写 hitWall() 方法，用于检测坦克是否撞到墙块，传入的参数 x 和 y 分别表示坦克的目的地坐标。在该方法中首先会创建坦克在目的地的边界对象，然后从游戏面板对象中获取所有墙块的集合，然后遍历集合，检查目的地的边界对象是否与某一个墙块发生了重合。只要与一个墙块发生重合，方法就返回 true，表示坦克撞到墙块了，坦克移动方法会停止对坦克坐标的运算，坦克就无法再继续前进了，这样就模拟了"坦克撞到墙壁无法前进"的场景。但墙块有一个特例——草地，坦克是可以穿过草地的，所以在循环中会有一个判断，如果当前遍历的墙块是草地，那么不做任何碰撞检测，直接进入下一次循环。这样坦克忽略了对草地的碰撞检测。

坦克类的 hitWall() 方法的代码如下所示：

```
01 private boolean hitWall(int x, int y) {
02   Rectangle next = new Rectangle(x, y, width, height);       // 创建坦克移动后的目标区域
03   List<Wall> walls = gamePanel.getWalls();                   // 获取所有墙块
04   for (int i = 0, lengh = walls.size(); i < lengh; i++) {    // 遍历所有墙块
05       Wall w = walls.get(i);                                 // 获取墙块对象
06       if (w instanceof GrassWall) {                          // 如果是草地
07           continue;                                          // 执行下一次循环
08       } else if (w.hit(next)) {                              // 如果撞到墙块
09           return true;                                       // 返回撞到墙块
10       }
11   }
12   return false;
13 }
```

如果坦克撞到其他坦克，也是不可以前进的。Tank 玩家坦克类中编写 hitTank() 方法，用于检测坦克是否撞到其他坦克，传入的参数 x 和 y 分别表示自己坦克的目的地坐标。与上文的 hitWall() 方法类似，该方法中首先会创建坦克在目的地的边界对象，然后从游戏面板中获取所有坦克对象的集合，然后遍历集合，检查自己的坦克是否与任意其他的坦克发生重合，只要与任意一个坦克发生重合，方法就返回 true，表示撞到了其他坦克，此时停止坦克的坐标计算，坦克就停住了。

坦克类的 hitTank() 方法的代码如下所示：

```
01 boolean hitTank(int x, int y) {
02   Rectangle next = new Rectangle(x, y, width, height);       // 创建坦克移动后的目标区域
03   List<Tank> tanks = gamePanel.getTanks();                   // 获取所有坦克
04   for (int i = 0, lengh = tanks.size(); i < lengh; i++) {    // 遍历所有坦克
05       Tank t = tanks.get(i);                                 // 获取 tank 对象
06       if (!this.equals(t)) {                                 // 如果此坦克与自身不是同一个对象
07           if (t.isAlive() && t.hit(next)) {                  // 如果此坦克存活并且与自身相撞
08               return true;                                   // 返回相撞
09           }
10       }
11   }
12   return false;
13 }
```

2. 子弹的碰撞检测

游戏中子弹可以击中的物体有两个：墙块和坦克。其中有个比较特殊的模型就是玩家守护的基地，基地也属于墙块，但被子弹击中后触发的逻辑会有所不同。

在 Bullet 子弹类中编写 hitWall() 方法，用于检测子弹是否击中墙块。在该方法中首先会从游戏面板对象中获取所有墙块的集合，然后遍历集合，检查子弹是否与某一个墙块发生了重合。针对不同的墙块类型，会触发不同的效果：

① 如果击中了砖墙，墙块和子弹会同时摧毁，将墙块和子弹的 alive 属性设为 false 即可。

② 如果击中了草地或河流，不做任何的处理，子弹继续向前飞行。

③ 如果击中了铁墙，子弹不会摧毁铁墙，但子弹本身会被销毁。

子弹类的 hitWall() 方法的代码如下所示：

```
01 public void hitWall() {
02   List<Wall> walls = gamePanel.getWalls();                        // 获取所有墙块
03   for (int i = 0, lengh = walls.size(); i < lengh; i++) {         // 遍历所有墙块
04       Wall w = walls.get(i);                                      // 获取墙块对象
05       if (this.hit(w)) {                                          // 如果子弹击中墙块
06           if (w instanceof BrickWall) {                           // 如果是砖墙
07               alive = false;                                      // 子弹销毁
08               w.setAlive(false);                                  // 砖墙销毁
09           }
10           if (w instanceof IronWall) {                            // 如果是铁墙
11               alive = false;                                      // 子弹销毁
12           }
13       }
14   }
15 }
```

Bullet 子弹类中编写 hitTank() 方法，用于检测子弹是否击中坦克。在该方法中首先从游戏面板对象中获取所有墙块的集合，然后遍历集合，检查子弹是否与某一坦克发生了重合。不同角色发射的子弹击中坦克后的效果还不同，例如玩家击中电脑，可以将电脑坦克摧毁，但玩家击中玩家不会将队友坦克摧毁，同样电脑不会摧毁其他电脑坦克，但会摧毁玩家坦克。于是 hitTank() 方法中需要编写一个复杂的身份验证，子弹类的 owner 属性记录了发射子弹的坦克类型，所以可以根据 owner 属性判断坦克被击中的后果。

hitTank() 方法的代码如下所示：

```
01 public void hitTank() {
02   List<Tank> tanks = gamePanel.getTanks();                        // 获取所有坦克的集合
03   for (int i = 0, lengh = tanks.size(); i < lengh; i++) {         // 遍历坦克集合
04       Tank t = tanks.get(i);                                      // 获取坦克对象
05       if (t.isAlive() && this.hit(t)) {                           // 如果坦克是存活的并且子弹击中了坦克
06           switch (owner) {                                        // 判断子弹属于哪种坦克
07           case player1:                                           // 如果是玩家 1 的子弹，效果同下
08           case player2:                                           // 如果是玩家 2 的子弹
09               if (t instanceof Bot) {                             // 如果击中的坦克是电脑
10                   alive = false;                                  // 子弹销毁
11                   t.setAlive(false);                              // 电脑坦克阵亡
12               } else if (t instanceof Tank) {                     // 如果击中的是玩家
13                   alive = false;                                  // 子弹销毁
14               }
15               break;
16           case bot:                                               // 如果是电脑的子弹
17               if (t instanceof Bot) {                             // 如果击中的坦克是电脑
```

```
18                  alive = false;                          // 子弹销毁
19              } else if (t instanceof Tank) {             // 如果击中的是玩家
20                  alive = false;                          // 子弹销毁
21                  t.setAlive(false);                      // 玩家坦克阵亡
22              }
23              break;
24          default:                                        // 默认
25              alive = false;                              // 子弹销毁
26              t.setAlive(false);                          // 坦克阵亡
27          }
28      }
29  }
30 }
```

不管是玩家发射的子弹，还是电脑发射的子弹，都可以摧毁基地。因为基地被摧毁之后，游戏会结束，所以在基地被摧毁的同时，子弹也要被摧毁，否则会出现“游戏已结束，子弹还在飞”的情况。在 Bullet 子弹类中编写 hitBase() 方法，用于检测子弹是否击中基地，该方法的代码如下所示：

```
01 public void hitBase() {
02   Base b = gamePanel.getBase();                         // 获取基地对象
03   if (this.hit(b)) {                                    // 如果子弹击中基地
04       alive = false;                                    // 子弹销毁
05       b.setAlive(false);                                // 基地阵亡
06   }
07 }
```

29.9.2 刷新帧

帧是一个量词，一幅静态画面就是一帧。无数的不同的静态画面交替放映，就形成了动画。帧的刷新频率决定了画面中的动作是否流畅，例如电影在正常情况下是 24 帧，也就是影片一秒钟会闪过 24 幅静态的画面。想让游戏中的物体运动起来，就需要让游戏画面不断地刷新，像播放电影一样，这就是刷新帧的概念。

本游戏中使用线程对游戏画面进行刷新帧的操作。FreshThead 类是 GamePanel 游戏面板类当中的一个子类，该类继承 Thread 线程类，并在线程的主方法中无限地循环，每过 FRESH（游戏面板类记录刷新时间的成员属性，默认 20 毫秒）秒，就执行一次重绘组件的 repaint() 方法，成员属性 finish（游戏是否停止）的值变为 true，也就是游戏结束，当前线程才会停止。

FreshThead 类的代码如下所示：

```
01 private class FreshThead extends Thread {
02   public void run() {                                   // 线程主方法
03       while (!finish) {                                 // 如果游戏未停止
04           repaint();                                    // 执行本类重绘方法
05           try {
06               Thread.sleep(FRESH);                      // 指定时间后重新绘制界面
07           } catch (InterruptedException e) {
08               e.printStackTrace();
09           }
10       }
11   }
12 }
```

创建完刷新帧的线程之后，直接在游戏面板类的构造方法创建并启动该线程，游戏面板类的构造方法的代码如下所示：

```
01 public GamePanel(MainFrame frame, int level, GameType gameType) {
02   this.frame = frame;
03   this.level = level;
04   this.gameType = gameType;
05   setBackground(Color.WHITE);                        // 面板使用白色背景
06   init();                                            // 初始化组件
07   Thread t = new FreshThead();                       // 创建游戏帧刷新线程
08   t.start();                                         // 启动线程
09   addListener();                                     // 开启监听
10 }
```

虽然只要将成员属性 finish 变为 true 就可以将线程停止，但停止之后还需要其他善后工作，例如删除当前主窗体使用的键盘事件监听对象，所以创建 stopThread() 方法专门用来触发停止线程的业务。stopThread() 方法的代码如下所示：

```
01 private synchronized void stopThread() {
02   frame.removeKeyListener(this);                     // 主窗体删除本类键盘事件监听对象
03   finish = true;                                     // 游戏停止标志为 true
04 }
```

小结

本章通过 Java 的枚举 + AWT+Swing 及多线程技术编写了一个简单的坦克大战游戏。通过使用无限循环的线程实现游戏界面刷新帧的效果，让各种图片素材可以在窗体界面中移动，同时给这些图片素材添加很多移动限制条件，如果满足指定的条件，则会触发某些效果，例如停止移动、消失、更换图片等。整个项目结构清晰，使用多层继承关系减少了开发代码量，并大量使用枚举让逻辑判断语句变得更为直观。如果玩家有更好的图片素材，直接替换文件夹中的文件，就可以让自己的素材出现在游戏之中了。

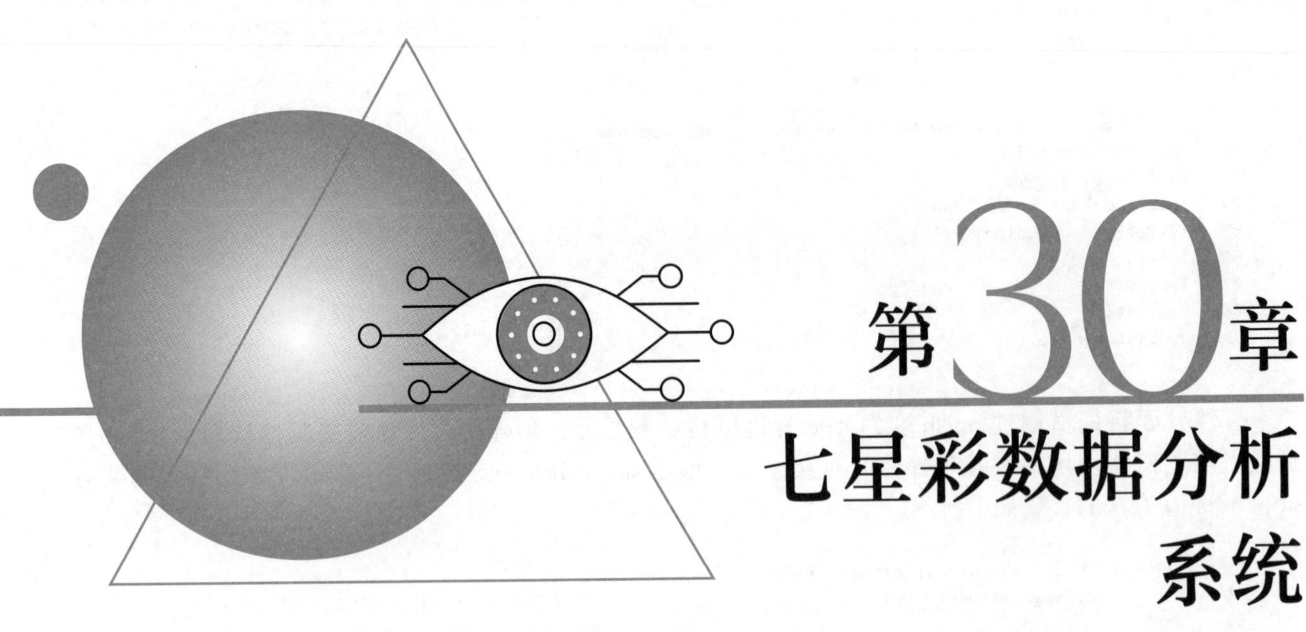

第30章 七星彩数据分析系统（Swing + MySQL 5.7 实现）

七星彩数据分析系统的基本功能有彩票开奖信息的查看、添加、批量添加和修改。该系统的特色功能为随机选号、记录所购买过的彩票、根据历届开奖信息统计出各个奖号在某一位上出现次数的比例、查询中奖情况和自动统计出所购买彩票的中奖情况。

本章的知识结构如下图所示：

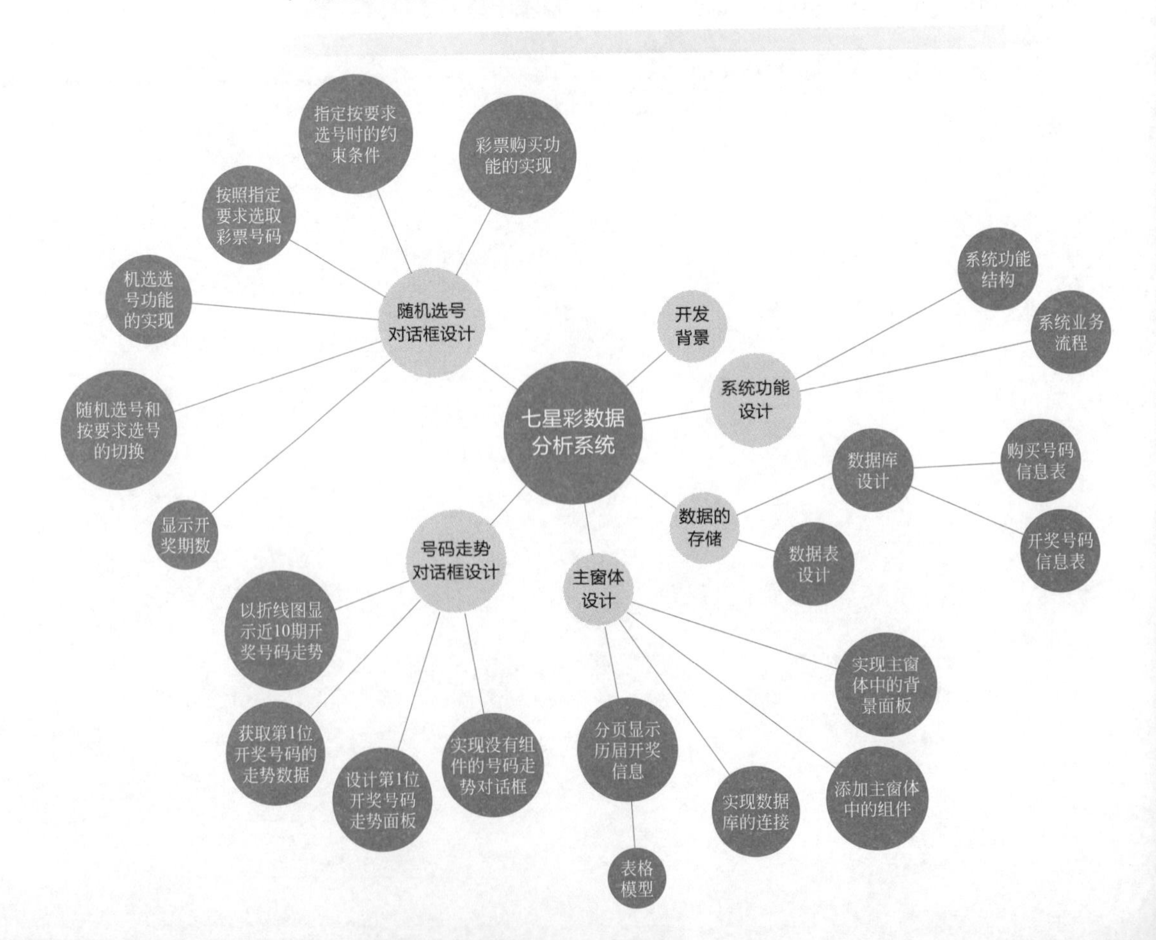

30.1 开发背景

七星彩是指从 0 ～ 9 中随机选出 7 位自然数（无序且可以重复）进行投注。七星彩根据投注号码与开奖号码相符情况确定相应中奖等级：

一等奖：投注号码与开奖号码全部相符且排列一致，即中奖 (5000000 元)；

二等奖：投注号码有连续 6 位号码与开奖号码相同位置的连续 6 位号码相同，即中奖 (50000 元)；

三等奖：投注号码有连续 5 位号码与开奖号码相同位置的连续 5 位号码相同，即中奖 (1800 元)；

四等奖：投注号码有连续 4 位号码与开奖号码相同位置的连续 4 位号码相同，即中奖 (300 元)；

五等奖：投注号码有连续 3 位号码与开奖号码相同位置的连续 3 位号码相同，即中奖 (20 元)；

六等奖：投注号码有连续 2 位号码与开奖号码相同位置的连续 2 位号码相同，即中奖 (5 元)。

七星彩数据分析系统针对七星彩的历届开奖号码进行统计，给出具体的数据供用户参考，提高用户的中奖概率。本系统开发细节设计如图 30.1 所示。

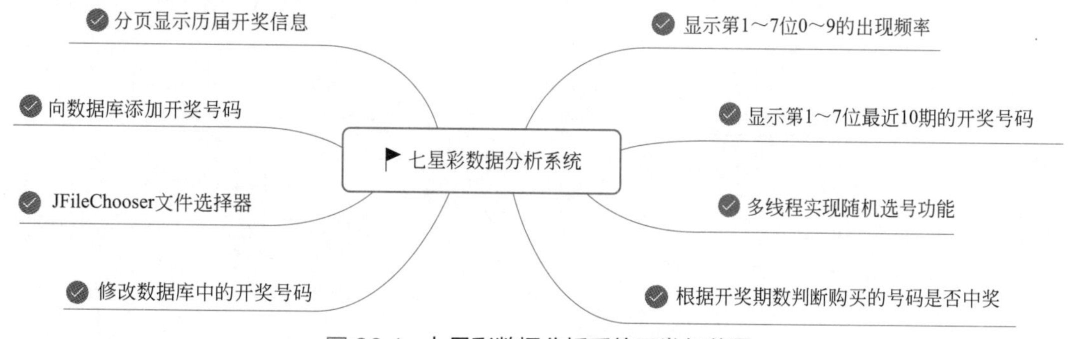

图 30.1 七星彩数据分析系统开发细节图

30.2 系统功能设计

30.2.1 系统功能结构

七星彩数据分析系统共分 9 个部分，分别是查看历届开奖、添加开奖号码、批量添加号码、修改开奖号码、查看号码走势、随机选号、中奖查询、历史战绩、退出系统等，具体功能如图 30.2 所示。

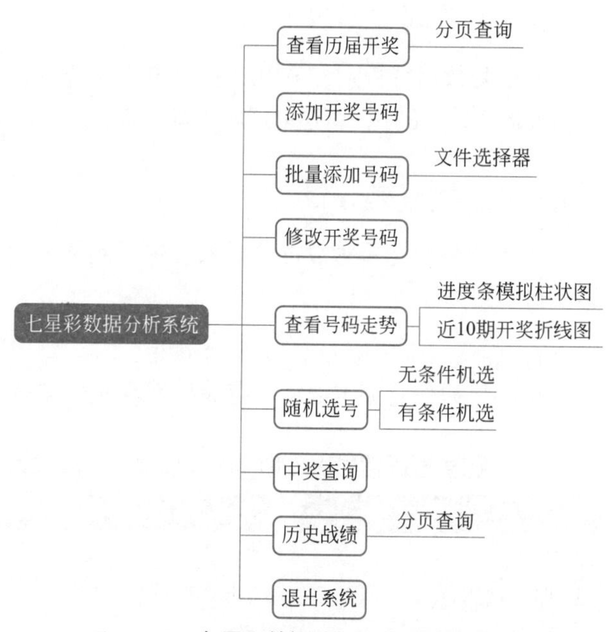

图 30.2 七星彩数据分析系统功能结构图

30.2.2 系统业务流程

在七星彩数据分析系统中，用户直接单击登录窗体，即可进入到主窗体中。然后，用户可根据自己的需求，依次单击主窗体中的功能按钮，达到人机交互的目的。七星彩数据分析系统的业务流程如图 30.3 所示。

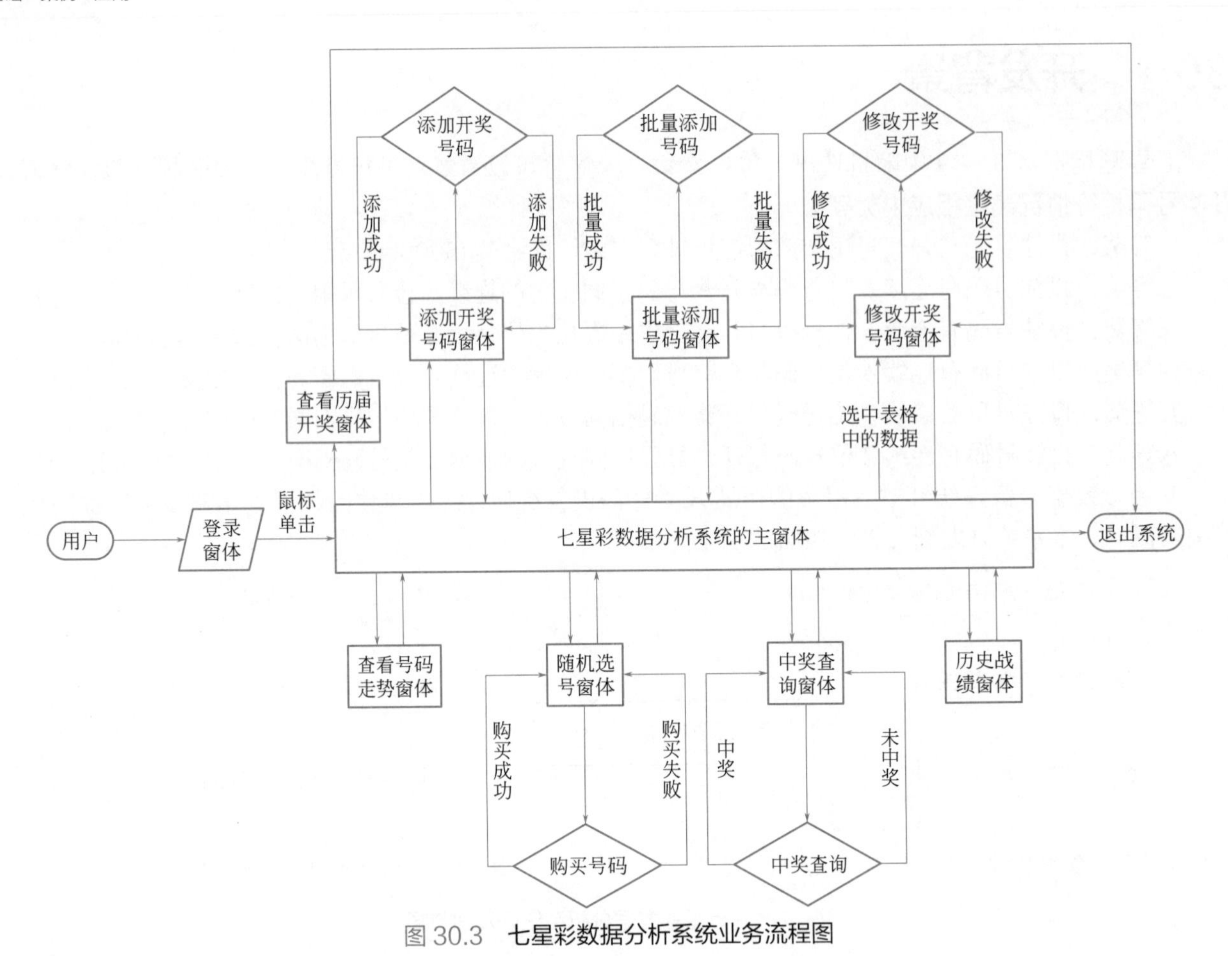

图 30.3　七星彩数据分析系统业务流程图

30.3　数据的存储

30.3.1　数据库设计

七星彩数据分析系统采用的是 MySQL 数据库，主要用于存储彩票的开奖号码信息和购买号码信息。在 Navicat for MySQL 中，新建数据库，将其命名为 db_lottery，数据库 db_lottery 中包含的数据表如图 30.4 所示。

30.3.2　数据表设计

本小节将对七星彩数据分析系统中用到的两个数据表的结构进行讲解。

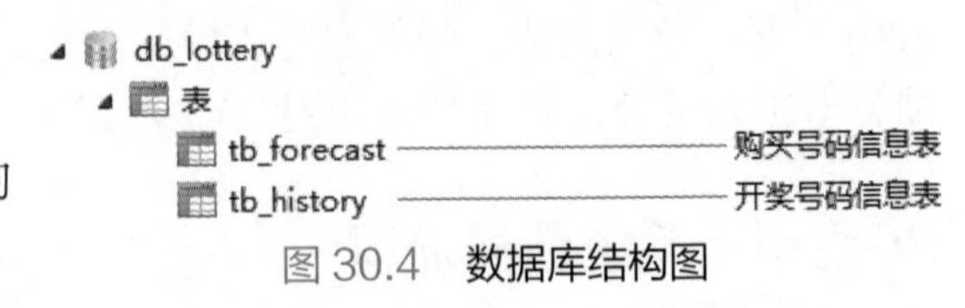

图 30.4　数据库结构图

1. 购买号码信息表（tb_forecast）

购买号码信息表主要用于存储该期购买彩票的信息，购买信息表字段设计如表 30.1 所示。

表 30.1　购买号码信息表（tb_forecast）字段设计

字段	类型	主键 / 外键	说明
id	integer	auto_increment	购买彩票的编号
number	integer		购买彩票的期数
a	char(1)		购买的第一位号码

续表

字段	类型	主键 / 外键	说明
b	char(1)		购买的第二位号码
c	char(1)		购买的第三位号码
d	char(1)		购买的第四位号码
e	char(1)		购买的第五位号码
f	char(1)		购买的第六位号码
g	char(1)		购买的第七位号码
forecasttime	varchar(45)		购买彩票的时间
neutron	integer		所得奖金

2. 开奖号码信息表（tb_history）

开奖号码信息表主要用于存储彩票的历届开奖信息，开奖信息表字段设计如表 30.2 所示。

表 30.2　开奖号码信息表（tb_history）字段设计

字段	类型	主键 / 外键	说明
id	integer	auto_increment	开奖信息编号
number	integer		开奖期数
a	char(1)		第一位开奖号码
b	char(1)		第二位开奖号码
c	char(1)		第三位开奖号码
d	char(1)		第四位开奖号码
e	char(1)		第五位开奖号码
f	char(1)		第六位开奖号码
g	char(1)		第七位开奖号码
historytime	varchar(45)		开奖日期

30.4 主窗体设计

主窗体包含四个部分：主窗体的背景（背景面板）、功能按钮（其中的“查看历届开奖”按钮处于被按下的状态）、表格模型（显示历届开奖信息）以及分页按钮（分页显示数据）。主窗体的效果如图 30.5 所示。

30.4.1 实现主窗体中的背景面板

主窗体背景面板的作用是让人机交互界面美观、大方。由于七星彩数据分析系统将背景面板压缩成 BackgroundImage.jar 包，故将通过创建背景面板的实例对象（contentPane）实现主窗体背景面板。代码如下所示：

```
01 public MainFrame() {                                    // 主窗体的构造方法
02     setForeground(Color.BLACK);                         // 设置前景色为黑色
03     setTitle(" 七星彩数据分析系统 ");                      // 主窗体的标题
04     setResizable(false);                                // 主窗体不能改变大小
05     // 主窗体的标题图标
06     setIconImage(
07     Toolkit.getDefaultToolkit().getImage(MainFrame.class.getResource("/imgs/log.png"))
08     );
09     // 对登录窗体发起 "close" 时，退出应用程序
10     setDefaultCloseOperation(JFrame.EXIT_ON_CLOSE);
```

```
11     setBounds(200, 100, 1100, 600);                    // 登录窗体的位置及宽高
12     jcontentPane = new JPanel();                       // 实例化内容面板
13     jcontentPane.setLayout(new BorderLayout(0, 0));    // 设置内容面板的布局为边界布局
14     setContentPane(jcontentPane);                      // 把内容面板放入主窗体中
15     BackgroundPanel contentPane = new BackgroundPanel(); // 创建自定义背景面板
16     // 设置背景面板的图片
17     contentPane.setImage(getToolkit().
18         getImage(getClass().getResource("/imgs/main.png")));
19     jcontentPane.add(contentPane, BorderLayout.CENTER);  // 添加背景面板到内容面板
20 }
```

七星彩数据分析系统

七星彩数据分析系统

查看历届开奖
添加开奖号码
批量添加号码
修改开奖号码
查看号码走势
随机选号
中奖查询
历史战绩
退出系统

期数	第1位	第2位	第3位	第4位	第5位	第6位	第7位	开奖时间
10138	9	6	2	7	6	8	8	2018-11-23
10137	7	7	7	7	0	7	7	2018-11-21
10136	1	3	3	4	7	3	1	2018-11-19
10135	1	9	0	0	8	4	1	2018-11-16
10134	6	7	9	9	4	3	6	2018-11-14
10133	9	8	9	4	4	6	8	2018-11-12
10132	7	6	5	8	3	3	8	2018-11-09
10131	2	7	6	0	2	1	2	2018-11-07
10130	6	6	7	4	5	2	1	2018-11-05
10129	3	1	4	8	9	9	8	2018-11-02
10128	9	7	4	0	6	1	1	2018-10-31
10127	6	4	8	2	5	7	4	2018-10-29
10126	3	9	6	6	0	2	4	2018-10-26
10125	5	8	2	2	1	4	6	2018-10-24
10124	9	9	7	7	0	3	0	2018-10-22
10123	3	8	6	9	6	9	7	2018-10-19
10122	0	2	7	7	8	3	4	2018-10-17
10121	4	1	3	0	7	3	5	2018-10-15
10120	2	1	9	6	7	5	2	2018-10-12
10119	5	1	5	2	6	5	7	2018-10-10

首页　上一页　下一页　尾页

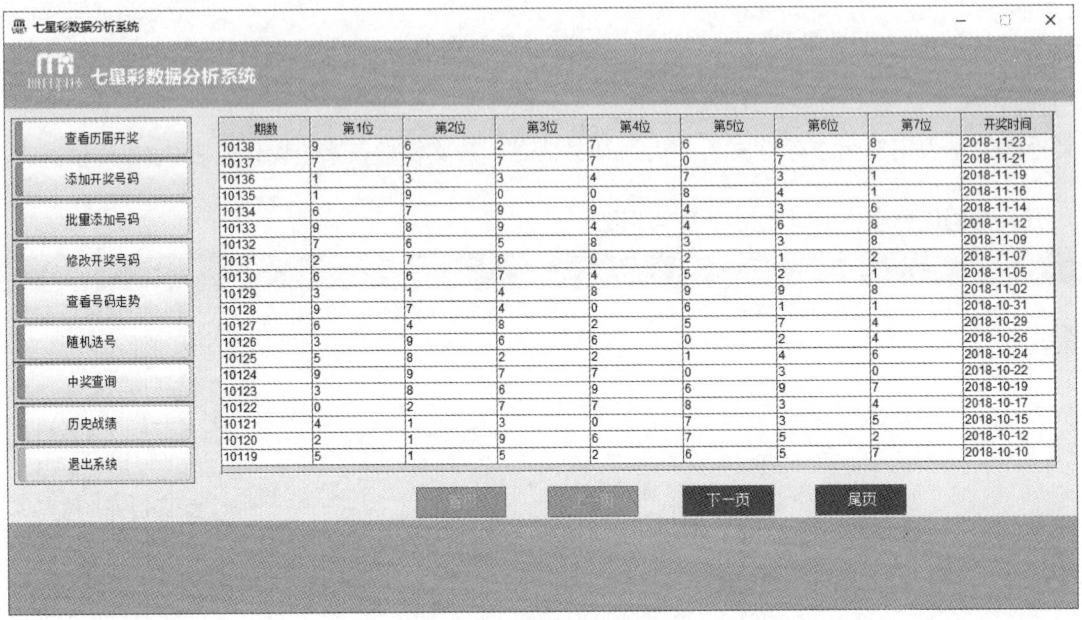

图 30.5　**主窗体效果图**

30.4.2　添加主窗体中的组件

1. 功能按钮（一）

主窗体中的功能按钮一共有九个：查看历届开奖、添加开奖号码、批量添加号码、修改开奖号码、查看号码走势、随机选号、中奖查询、历史战绩以及退出系统。向主窗体面板中添加“前四个功能按钮”的代码如下所示：

```
01 JButton btnNewButton = new JButton("");                 // " 添加开奖号码 " 按钮
02 // 设置 " 添加开奖号码 " 按钮的图标
03 btnNewButton.setIcon(
04     new ImageIcon(MainFrame.class.getResource("/img_btn/10.png"))
05     );
06 btnNewButton.setBounds(6, 114, 184, 40);               // " 添加开奖号码 " 按钮的位置及宽高
07 contentPane.add(btnNewButton);                         // 将 " 添加开奖号码 " 按钮添加到自定义背景面板中
08 JButton button = new JButton("");                      // " 查看历届开奖 " 按钮
09 // 设置 " 查看历届开奖 " 按钮的图标
10 button.setIcon(
11     new ImageIcon(MainFrame.class.getResource("/img_btn/09.png"))
12     );
13 button.setBounds(6, 74, 184, 40);                      // " 查看历届开奖 " 按钮的位置及宽高
14 contentPane.add(button);                               // 将 " 查看历届开奖 " 按钮添加到自定义背景面板中
15 JButton button_1 = new JButton("");                    // " 批量添加号码 " 按钮
16 // 设置 " 批量添加号码 " 按钮的图标
```

```
17 button_1.setIcon(
18     new ImageIcon(MainFrame.class.getResource("/img_btn/11.png"))
19     );
20 button_1.setBounds(6, 154, 184, 40);                    // " 批量添加号码 " 按钮的位置及宽高
21 contentPane.add(button_1);                              // 将 " 批量添加号码 " 按钮添加到自定义背景面板中
22 JButton updatebutton = new JButton("");                 // " 修改开奖号码 " 按钮
23 // 设置 " 修改开奖号码 " 按钮的图标
24 updatebutton.setIcon(
25     new ImageIcon(MainFrame.class.getResource("/img_btn/12.png"))
26     );
27 updatebutton.setBounds(6, 194, 184, 40);                // " 修改开奖号码 " 按钮的位置及宽高
28 contentPane.add(updatebutton);                          // 将 " 修改开奖号码 " 按钮添加到自定义背景面板中
```

2. 功能按钮（二）

接下来，将向主窗体中添加剩余的五个功能按钮，代码如下所示：

```
01 JButton button_3 = new JButton("");                     // " 查看号码走势 " 按钮
02 // 设置 " 查看号码走势 " 按钮的图标
03 button_3.setIcon(
04     new ImageIcon(MainFrame.class.getResource("/img_btn/14.png"))
05     );
06 button_3.setBounds(6, 234, 184, 40);                    // " 查看号码走势 " 按钮的位置及宽高
07 contentPane.add(button_3);                              // 将 " 查看号码走势 " 按钮添加到自定义背景面板中
08 JButton button_4 = new JButton("");                     // " 随机选号 " 按钮
09 // 设置 " 随机选号 " 按钮的图标
10 button_4.setIcon(
11     new ImageIcon(MainFrame.class.getResource("/img_btn/15.png"))
12     );
13 button_4.setBounds(6, 274, 184, 40);                    // " 随机选号 " 按钮的位置及宽高
14 contentPane.add(button_4);                              // 将 " 随机选号 " 按钮添加到自定义背景面板中
15 JButton button_5 = new JButton("");                     // " 中奖查询 " 按钮
16 // 设置 " 中奖查询 " 按钮的图标
17 button_5.setIcon(
18     new ImageIcon(MainFrame.class.getResource("/img_btn/17.png"))
19     );
20 button_5.setBounds(6, 314, 184, 40);                    // " 中奖查询 " 按钮的位置及宽高
21 contentPane.add(button_5);                              // 将 " 中奖查询 " 按钮添加到自定义背景面板中
22 JButton button_6 = new JButton("");                     // " 历史战绩 " 按钮
23 // 设置 " 历史战绩 " 按钮的图标
24 button_6.setIcon(
25     new ImageIcon(MainFrame.class.getResource("/img_btn/18.png"))
26     );
27 button_6.setBounds(6, 354, 184, 40);                    // " 历史战绩 " 按钮的位置及宽高
28 contentPane.add(button_6);                              // 将 " 历史战绩 " 按钮添加到自定义背景面板中
29 JButton button_2 = new JButton("");                     // " 退出系统 " 按钮
30 // 设置 " 退出系统 " 按钮的图标
31 button_2.setIcon(
32     new ImageIcon(MainFrame.class.getResource("/img_btn/08.png"))
33     );
34 button_2.setBounds(6, 394, 184, 40);                    // " 退出系统 " 按钮的位置及宽高
35 contentPane.add(button_2);                              // 将 " 退出系统 " 按钮添加到自定义背景面板中
```

3. 表格模型与分页按钮

最后，向主窗体面板中添加表格模型与分页按钮，代码如下所示：

```
01 JScrollPane scrollPane = new JScrollPane();             // 滚动面板
02 scrollPane.setBackground(new Color(0, 51, 204));        //滚动面板背景色
03 scrollPane.setBounds(217, 74, 848, 351);                // 滚动面板在主窗体中的位置及宽高
04 contentPane.add(scrollPane);                            // 将滚动面板添加到自定义背景面板中
05 table = new JTable();                                   // 表格模型
06 scrollPane.setViewportView(table);                      // 向滚动面板中添加表格
```

```
07 firstPageButton = new JButton(" 首页 ");                                // " 首页 " 按钮
08 // 设置 " 首页 " 按钮的图标
09 firstPageButton.setIcon(
10     new ImageIcon(MainFrame.class.getResource("/img_btn/7_08.png")));
11 firstPageButton.setBounds(416, 439, 84, 27);                          // " 首页 " 按钮的位置及宽高
12 contentPane.add(firstPageButton);                                     // 将 " 首页 " 按钮添加到自定义背景面板中
13 latePageButton = new JButton(" 上一页 ");                              // " 上一页 " 按钮
14 // 设置 " 上一页 " 按钮的图标
15 latePageButton.setIcon(
16     new ImageIcon(MainFrame.class.getResource("/img_btn/7_10.png")));
17 latePageButton.setBounds(550, 439, 84, 27);                           // " 上一页 " 按钮的位置及宽高
18 contentPane.add(latePageButton);                                      // 将 " 上一页 " 按钮添加到自定义背景面板中
19 nextPageButton = new JButton(" 下一页 ");                              // " 下一页 " 按钮
20 // 设置 " 下一页 " 按钮的图标
21 nextPageButton.setIcon(
22     new ImageIcon(MainFrame.class.getResource("/img_btn/7_09.png")));
23 nextPageButton.setBounds(686, 439, 84, 27);                           // " 下一页 " 按钮的位置及宽高
24 contentPane.add(nextPageButton);                                      // 将 " 下一页 " 按钮添加到自定义背景面板中
25 lastPageButton = new JButton(" 尾页 ");                                // " 尾页 " 按钮
26 // 设置 " 尾页 " 按钮的图标
27 lastPageButton.setIcon(
28     new ImageIcon(MainFrame.class.getResource("/img_btn/7_11.png")));
29 lastPageButton.setBounds(819, 439, 84, 27);                           // " 尾页 " 按钮的位置及宽高
30 contentPane.add(lastPageButton);                                      // 将 " 尾页 " 按钮添加到自定义背景面板中
```

30.4.3 实现数据库的连接

使用 JDBC 连接数据库的步骤：加载 JDBC 驱动程序、提供 JDBC 连接的 URL、创建数据库的连接、创建 Statement 对象、执行 SQL 语句、处理结果以及关闭 JDBC 对象。代码如下所示：

```
01 private final String dbDriver = "com.mysql.jdbc.Driver";         // 连接 MySQL 数据库的驱动
02 // 连接 MySQL 数据库的路径
03 private static final String URL = "jdbc:mysql://localhost:3306/db_lottery";
04 private static final String USERNAME = "root";                   // 连接 MySQL 数据库的用户名
05 private static final String PASSWORD = "root";                   // 连接 MySQL 数据库的密码
06 private static Connection con = null;                            // 初始化连接 MySQL 数据库的对象
07 public ConnMySQL() {                                             // 连接 MySQL 数据库的构造方法
08     try {
09         Class.forName(dbDriver);                                 // 加载 MySQL 数据库的驱动
10     } catch (ClassNotFoundException e) {
11         e.printStackTrace();
12         System.out.println(" 数据库加载失败 ");
13     }
14 }
15 public static boolean creatConnection() {                        // 建立 MySQL 数据库的连接
16     try {
17         // 根据连接 MySQL 数据库的路径、用户名、密码连接 MySQL 数据库
18         con = (Connection) DriverManager.getConnection(URL, USERNAME, PASSWORD);
19     } catch (SQLException e) {
20         e.printStackTrace();
21     }
22     return true;
23 }
24 public void closeConnection() {                                  // 关闭 MySQL 数据库的连接
25     if (con != null) {                                           // 判断 Connection 对象是否为空
26         try {
27             con.close();                                         // 关闭 MySQL 数据库连接
28         } catch (SQLException e) {
29             e.printStackTrace();
30         } finally {
31             con = null;                                          // 重置 Connection 对象为空
32         }
33     }
34 }
```

30.4.4 分页显示历届开奖信息

本模块使用的数据表: tb_history。

历届开奖信息包含开奖期数、第 1 ～ 7 位的开奖号码以及开奖时间。为了能够实现在表格模型中显示历届开奖信息:

① 在数据库连接类（ConnMySQL）中，编写用于显示所有开奖信息的 showAll() 方法，代码如下所示:

```
01 public ResultSet showAll(String sql) {                    // 显示所有开奖信息
02     Statement statement = null;                           // 声明用于执行 SQL 语句的接口
03     if (con == null) {                                    // Connection 对象为空
04         creatConnection();                                // 建立 MySQL 数据库的连接
05     }
06     try {
07         statement = con.createStatement();                // 创建执行 SQL 语句的 Statement 对象
08         ResultSet rs = statement.executeQuery(sql);       // 执行查询语句获得结果集
09         return rs;
10     } catch (SQLException e) {
11         e.printStackTrace();
12     }
13     return null;
14 }
```

② 在主窗体类（MainFrame）中，编写用于分页显示开奖号码的 selecttable() 方法，并在 selecttable() 方法中调用 showAll() 方法。代码如下所示:

```
01 public void selecttable() {                                         // 分页显示开奖号码的方法
02     defaultModel = (DefaultTableModel) table.getModel();            // 获得表格模型
03     defaultModel.setRowCount(0);                                    // 清空表格模型中的数据
04     // 定义表头
05     defaultModel.setColumnIdentifiers(new Object[]
06     { " 期数 ", " 第 1 位 ", " 第 2 位 ", " 第 3 位 ", " 第 4 位 ",
07       " 第 5 位 ", " 第 6 位 ", " 第 7 位 ", " 开奖时间 " });
08     String sql = "select count(id) from tb_history";                // 定义 SQL 语句
09     ConnMySQL con = new ConnMySQL();                                // 连接数据库
10     ResultSet rs = con.showAll(sql);                                // 执行 SQL 语句后获得的结果集
11     try {
12         if (rs.next())       // 因为上面的执行结果有且只有一个，所以用 if 来遍历集合
13         {
14             maxrows = rs.getInt(1);                                 // 为最大行数赋值
15         }
16         con.closeConnection();                                      // 关闭连接
17     } catch (SQLException eq) {
18         eq.printStackTrace();
19     }
20     if (maxrows != 0) {                                             // 判断如果有数据，则执行下面的方法
21         // 按照开奖期数降序排列获得表 tb_history 中数据的 SQL 语句
22         sql = "select * from tb_history order by number desc";
23         rs = con.showAll(sql);                                      // 执行 SQL 语句后获得的结果集
24         try {
25             // 为表格中每一行的单元格赋值
26             while (rs.next()) {
27                 defaultModel.addRow(new Object[] { rs.getInt(2), rs.getInt(3),
28                         rs.getInt(4), rs.getInt(5),rs.getInt(6), rs.getInt(7),
29                         rs.getInt(8), rs.getInt(9), rs.getString(10) });
30             }
31         } catch (SQLException e1) {
32             e1.printStackTrace();
33         }
34         // 计算总页数
35         maxPageNumber = (int)
36             (maxrows % pageSize == 0 ? maxrows / pageSize : maxrows / pageSize + 1);
```

```
37          DefaultTableModel newModel = new DefaultTableModel();// 创建新的表格模型
38          // 定义表头
39          newModel.setColumnIdentifiers(new Object[]
40          { "期数", "第1位", "第2位", "第3位", "第4位",
41            "第5位", "第6位", "第7位", "开奖时间" });
42          for (int i = 0; i < pageSize; i++) {
43              // 根据页面大小来获得数据
44              newModel.addRow((Vector) defaultModel.getDataVector().elementAt(i));
45          }
46          table.getTableHeader().setReorderingAllowed(false);
47          table.setModel(newModel);                          // 设置表格模型
48          firstPageButton.setEnabled(false);                 // 禁用"首页"按钮
49          latePageButton.setEnabled(false);                  // 禁用"上一页"按钮
50          nextPageButton.setEnabled(true);                   // 启用"下一页"按钮
51          lastPageButton.setEnabled(true);                   // 启用"尾页"按钮
52      } else {
53          firstPageButton.setEnabled(false);                 // 禁用"首页"按钮
54          latePageButton.setEnabled(false);                  // 禁用"上一页"按钮
55          nextPageButton.setEnabled(false);                  // 禁用"下一页"按钮
56          lastPageButton.setEnabled(false);                  // 禁用"尾页"按钮
57      }
58  }
```

30.5 号码走势对话框设计

单击七星彩数据分析系统中的“查看号码走势”按钮，会弹出号码走势对话框。号码走势对话框包含两个功能：

① 通过选项卡来查看 0 ～ 9 每个数字在第 1 ～ 7 位每位中的出现次数和所占比例，运行效果如图 30.6 所示。

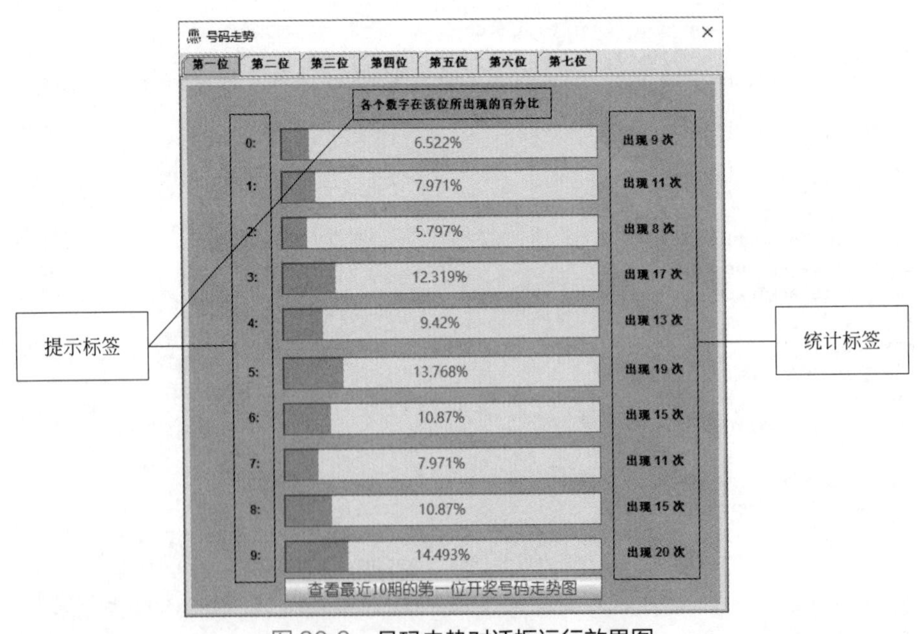

图 30.6　号码走势对话框运行效果图

② 单击“查看最近 10 期的第一位开奖号码走势图”按钮，通过折线图查看最近 10 期开奖号码中每位出现的数字，运行效果如图 30.7 所示。

下文将以第 1 位开奖号码为例，分别讲解如何设计第 1 位开奖号码走势面板和如何实现最近 10 期的第 1 位开奖号码走势图。

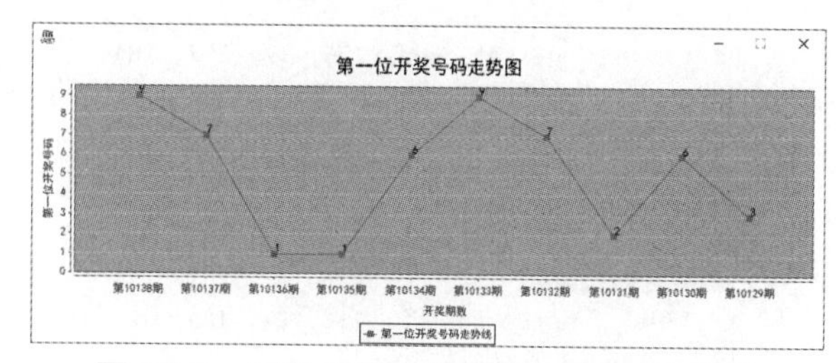

图 30.7　最近 10 期的第一位开奖号码走势图

30.5.1　实现没有组件的号码走势对话框

首先，在“七星彩数据分析系统”项目中创建名为“com.allpanel”的包，在 com.allpanel 包下创建第 1 位开奖号码走势面板 Apanel 类。然后，在项目的 com.frame 包下创建号码走势对话框 SparBuoy 类。在实现完整的号码走势对话框之前，先要实现没有组件的号码走势对话框。没有组件的号码走势对话框的代码如下所示:

```
01 public class SparBuoy extends JDialog {                          // 号码走势对话框
02     JTabbedPane tp = new JTabbedPane();                          // 创建选项卡面板
03     public SparBuoy() {                                          // 号码走势对话框的构造方法
04         setTitle(" 号码走势 ");                                   // 设置号码走势对话框的标题
05         setResizable(false);                                     // 不可改变号码走势对话框的大小
06         // 设置号码走势对话框的窗体图标
07         setIconImage(Toolkit.getDefaultToolkit().getImage
08                 (SparBuoy.class.getResource("/imgs/log.png")));
09         // 把显示第 1 ~ 7 位开奖号码的走势面板添加到选项卡面板中
10         tp.add(" 第一位 ",new Apanel());
11         this.getContentPane().add(tp);                           // 把选项卡面板添加到号码走势对话框的内容面板中
12         // 这是号码走势对话框的关闭方式
13         this.setDefaultCloseOperation(JFrame.DISPOSE_ON_CLOSE);
14         this.setBounds(450, 100, 563, 593);                      // 设置号码走势对话框的位置和宽高
15     }
16 }
```

30.5.2　设计第 1 位开奖号码走势面板

第 1 位开奖号码走势面板包括背景面板、提示标签、进度条和统计标签。下面予以逐一实现。

1. 实现背景面板

第 1 位开奖号码走势面板的背景面板与主窗体中的背景面板作用相同，都是让人机交互界面美观、大方。在第 1 位开奖号码走势面板 Apanel 类的构造方法中，通过 setImage() 方法设置背景面板的图片，代码如下所示:

```
01 public Apanel() {                                                // 第 1 位开奖号码的走势面板
02         // 设置第 1 位开奖号码走势面板的边框样式
03         this.setBorder(new EmptyBorder(5, 5, 5, 5));
04         setLayout(new BorderLayout(0, 0));                       // 设置第 1 位开奖号码走势面板的布局为边界布局
05         BackgroundPanel contentPane = new BackgroundPanel();    // 创建自定义背景面板
06         // 设置背景面板的图片
07         contentPane.setImage
08             (getToolkit().getImage(getClass().getResource("/imgs/a9.png")));
09         add(contentPane, BorderLayout.CENTER);                   // 添加背景面板到第 1 位开奖号码走势面板的中间
10         contentPane.setLayout(null);                             // 设置背景面板的布局为绝对布局
11     }
12 }
```

2. 实现提示标签

第 1 位开奖号码走势面板的提示标签的作用是提高七星彩数据分析系统在人机交互时的易读性。提示标签将通过标签类 JLabel 类的构造方法予以实现，代码如下所示:

```
01 // " 各个数字在该位所出现的百分比 " 标签
02 JLabel lblNewLabel = new JLabel(" 各个数字在该位所出现的百分比 ");
03 // 设置 " 各个数字在该位所出现的百分比 " 标签的位置和宽高
```

```
04 lblNewLabel.setBounds(175, 12, 217, 18);
05 // 把 " 各个数字在该位所出现的百分比 " 标签添加到背景面板中
06 contentPane.add(lblNewLabel);
07 JLabel label = new JLabel("1:");                    //"1:" 标签
08 label.setBounds(60, 91, 27, 18);                    // 设置 "1:" 标签的位置和宽高
09 contentPane.add(label);                             // 把 "1:" 标签添加到背景面板中
10 JLabel label_1 = new JLabel("2:");                  //"2:" 标签
11 label_1.setBounds(60, 136, 27, 18);                 // 设置 "2:" 标签的位置和宽高
12 contentPane.add(label_1);                           // 把 "2:" 标签添加到背景面板中
13 JLabel label_2 = new JLabel("4:");                  //"4:" 标签
14 label_2.setBounds(60, 226, 27, 18);                 // 设置 "4:" 标签的位置和宽高
15 contentPane.add(label_2);                           // 把 "4:" 标签添加到背景面板中
16 JLabel label_3 = new JLabel("3:");                  //"3:" 标签
17 label_3.setBounds(60, 181, 27, 18);                 // 设置 "3:" 标签的位置和宽高
18 contentPane.add(label_3);                           // 把 "3:" 标签添加到背景面板中
19 JLabel label_4 = new JLabel("5:");                  //"5:" 标签
20 label_4.setBounds(60, 274, 27, 18);                 // 设置 "5:" 标签的位置和宽高
21 contentPane.add(label_4);                           // 把 "5:" 标签添加到背景面板中
22 JLabel label_5 = new JLabel("6:");                  //"6:" 标签
23 label_5.setBounds(60, 319, 27, 18);                 // 设置 "6:" 标签的位置和宽高
24 contentPane.add(label_5);                           // 把 "6:" 标签添加到背景面板中
25 JLabel label_6 = new JLabel("7:");                  //"7:" 标签
26 label_6.setBounds(60, 364, 27, 18);                 // 设置 "7:" 标签的位置和宽高
27 contentPane.add(label_6);                           // 把 "7:" 标签添加到背景面板中
28 JLabel label_7 = new JLabel("8:");                  //"8:" 标签
29 label_7.setBounds(60, 409, 27, 18);                 // 设置 "8:" 标签的位置和宽高
30 contentPane.add(label_7);                           // 把 "8:" 标签添加到背景面板中
31 JLabel label_8 = new JLabel("9:");                  //"9:" 标签
32 label_8.setBounds(60, 454, 27, 18);                 // 设置 "9:" 标签的位置和宽高
33 contentPane.add(label_8);                           // 把 "9:" 标签添加到背景面板中
34 JLabel label_9 = new JLabel("0:");                  //"0:" 标签
35 label_9.setBounds(60, 44, 27, 29);                  // 设置 "0:" 标签的位置和宽高
36 contentPane.add(label_9);                           // 把 "0:" 标签添加到背景面板中
```

3. 实现进度条

第 1 位开奖号码走势面板的进度条的作用是显示历届开奖信息第 1 位中 0 ～ 9 这 10 个号码的出现频率。进度条将通过 JProgressBar 类的构造方法予以实现，代码如下所示：

```
01 JProgressBar progressBar_0 = new JProgressBar();           // 与 "0:" 标签对应的进度条
02 progressBar_0.setBounds(94, 43, 321, 32);                  // 设置与 "0:" 标签对应的进度条的位置和宽高
03 progressBar_0.setForeground(new Color(255, 165, 0));       // 设置与 "0:" 标签对应的进度条的前景色
04 progressBar_0.setStringPainted(true);                      // 设置与 "0:" 标签对应的进度条呈现进度字符串
05 // 设置与 "0:" 标签对应的进度条的字体样式和大小
06 progressBar_0.setFont(new Font(" 微软雅黑 ", Font.PLAIN, 14));
07 contentPane.add(progressBar_0);                            // 把与 "0:" 标签对应的进度条添加到背景面板中
08 JProgressBar progressBar_1 = new JProgressBar();           // 与 "1:" 标签对应的进度条
09 progressBar_1.setBounds(94, 85, 321, 32);                  // 设置与 "1:" 标签对应的进度条的位置和宽高
10 progressBar_1.setForeground(new Color(255, 165, 0));       // 设置与 "1:" 标签对应的进度条的前景色
11 progressBar_1.setStringPainted(true);                      // 设置与 "1:" 标签对应的进度条呈现进度字符串
12 // 设置与 "1:" 标签对应的进度条的字体样式和大小
13 progressBar_1.setFont(new Font(" 微软雅黑 ", Font.PLAIN, 14));
14 contentPane.add(progressBar_1);                            // 把与 "1:" 标签对应的进度条添加到背景面板中
15 JProgressBar progressBar_2 = new JProgressBar();           // 与 "2:" 标签对应的进度条
16 progressBar_2.setBounds(94, 130, 321, 32);                 // 设置与 "2:" 标签对应的进度条的位置和宽高
17 progressBar_2.setForeground(new Color(255, 165, 0));       // 设置与 "2:" 标签对应的进度条的前景色
18 progressBar_2.setStringPainted(true);                      // 设置与 "2:" 标签对应的进度条呈现进度字符串
19 // 设置与 "2:" 标签对应的进度条的字体样式和大小
20 progressBar_2.setFont(new Font(" 微软雅黑 ", Font.PLAIN, 14));
21 contentPane.add(progressBar_2);                            // 把与 "2:" 标签对应的进度条添加到背景面板中
22 JProgressBar progressBar_3 = new JProgressBar();           // 与 "3:" 标签对应的进度条
23 progressBar_3.setBounds(94, 175, 321, 32);                 // 设置与 "3:" 标签对应的进度条的位置和宽高
24 progressBar_3.setForeground(new Color(255, 165, 0));       // 设置与 "3:" 标签对应的进度条的前景色
```

```
25 progressBar_3.setStringPainted(true);                       // 设置与 "2:" 标签对应的进度条呈现进度字符串
26 // 设置与 "3:" 标签对应的进度条的字体样式和大小
27 progressBar_3.setFont(new Font(" 微软雅黑 ", Font.PLAIN, 14));
28 contentPane.add(progressBar_3);                             // 把与 "3:" 标签对应的进度条添加到背景面板中
29 JProgressBar progressBar_4 = new JProgressBar();            // 与 "4:" 标签对应的进度条
30 progressBar_4.setBounds(94, 220, 321, 32);                  // 设置与 "4:" 标签对应的进度条的位置和宽高
31 progressBar_4.setForeground(new Color(255, 165, 0));        // 设置与 "4:" 标签对应的进度条的前景色
32 progressBar_4.setStringPainted(true);                       // 设置与 "4:" 标签对应的进度条呈现进度字符串
33 // 设置与 "4:" 标签对应的进度条的字体样式和大小
34 progressBar_4.setFont(new Font(" 微软雅黑 ", Font.PLAIN, 14));
35 contentPane.add(progressBar_4);                             // 把与 "4:" 标签对应的进度条添加到背景面板中
36 JProgressBar progressBar_5 = new JProgressBar();            // 与 "5:" 标签对应的进度条
37 progressBar_5.setBounds(94, 268, 321, 32);                  // 设置与 "5:" 标签对应的进度条的位置和宽高
38 progressBar_5.setForeground(new Color(255, 165, 0));        // 设置与 "5:" 标签对应的进度条的前景色
39 progressBar_5.setStringPainted(true);                       // 设置与 "5:" 标签对应的进度条呈现进度字符串
40 // 设置与 "5:" 标签对应的进度条的字体样式和大小
41 progressBar_5.setFont(new Font(" 微软雅黑 ", Font.PLAIN, 14));
42 contentPane.add(progressBar_5);                             // 把与 "5:" 标签对应的进度条添加到背景面板中
43 JProgressBar progressBar_6 = new JProgressBar();            // 与 "6:" 标签对应的进度条
44 progressBar_6.setBounds(94, 313, 321, 32);                  // 设置与 "6:" 标签对应的进度条的位置和宽高
45 progressBar_6.setForeground(new Color(255, 165, 0));        // 设置与 "6:" 标签对应的进度条的前景色
46 progressBar_6.setStringPainted(true);                       // 设置与 "6:" 标签对应的进度条呈现进度字符串
47 // 设置与 "6:" 标签对应的进度条的字体样式和大小
48 progressBar_6.setFont(new Font(" 微软雅黑 ", Font.PLAIN, 14));
49 contentPane.add(progressBar_6);                             // 把与 "6:" 标签对应的进度条添加到背景面板中
50 JProgressBar progressBar_7 = new JProgressBar();            // 与 "7:" 标签对应的进度条
51 progressBar_7.setBounds(94, 358, 321, 32);                  // 设置与 "7:" 标签对应的进度条的位置和宽高
52 progressBar_7.setForeground(new Color(255, 165, 0));        // 设置与 "7:" 标签对应的进度条的前景色
53 progressBar_7.setStringPainted(true);                       // 设置与 "7:" 标签对应的进度条呈现进度字符串
54 // 设置与 "7:" 标签对应的进度条的字体样式和大小
55 progressBar_7.setFont(new Font(" 微软雅黑 ", Font.PLAIN, 14));
56 contentPane.add(progressBar_7);                             // 把与 "7:" 标签对应的进度条添加到背景面板中
57 JProgressBar progressBar_8 = new JProgressBar();            // 与 "8:" 标签对应的进度条
58 progressBar_8.setBounds(94, 403, 321, 32);                  // 设置与 "8:" 标签对应的进度条的位置和宽高
59 progressBar_8.setForeground(new Color(255, 165, 0));        // 设置与 "8:" 标签对应的进度条的前景色
60 progressBar_8.setStringPainted(true);                       // 设置与 "8:" 标签对应的进度条呈现进度字符串
61 // 设置与 "8:" 标签对应的进度条的字体样式和大小
62 progressBar_8.setFont(new Font(" 微软雅黑 ", Font.PLAIN, 14));
63 contentPane.add(progressBar_8);                             // 把与 "8:" 标签对应的进度条添加到背景面板中
64 JProgressBar progressBar_9 = new JProgressBar();            // 与 "9:" 标签对应的进度条
65 progressBar_9.setBounds(94, 448, 321, 32);                  // 设置与 "9:" 标签对应的进度条的位置和宽高
66 progressBar_9.setForeground(new Color(255, 165, 0));        // 设置与 "9:" 标签对应的进度条的前景色
67 progressBar_9.setStringPainted(true);                       // 设置与 "9:" 标签对应的进度条呈现进度字符串
68 // 设置与 "9:" 标签对应的进度条的字体样式和大小
69 progressBar_9.setFont(new Font(" 微软雅黑 ", Font.PLAIN, 14));
70 contentPane.add(progressBar_9);                             // 把与 "9:" 标签对应的进度条添加到背景面板中
```

4. 实现统计标签

第 1 位开奖号码走势面板的统计标签的作用是显示历届开奖信息第 1 位中 0 ～ 9 这 10 个号码的出现次数。统计标签的实现方式与提示标签的相同，将通过标签类 JLabel 类的构造方法予以实现，代码如下所示：

```
01 JLabel l_0 = new JLabel("");                 // 统计 0 出现的次数标签
02 l_0.setBounds(439, 49, 104, 18);             // 设置统计 0 出现的次数标签的位置和宽高
03 contentPane.add(l_0);                        // 把统计 0 出现的次数标签添加到背景面板中
04 JLabel l_1 = new JLabel("");                 // 统计 1 出现的次数标签
05 l_1.setBounds(439, 91, 104, 18);             // 设置统计 1 出现的次数标签的位置和宽高
06 contentPane.add(l_1);                        // 把统计 1 出现的次数标签添加到背景面板中
07 JLabel l_2 = new JLabel("");                 // 统计 2 出现的次数标签
08 l_2.setBounds(439, 136, 104, 18);            // 设置统计 2 出现的次数标签的位置和宽高
09 contentPane.add(l_2);                        // 把统计 2 出现的次数标签添加到背景面板中
10 JLabel l_3 = new JLabel("");                 // 统计 3 出现的次数标签
```

```
11 l_3.setBounds(439, 181, 104, 18);            // 设置统计 3 出现的次数标签的位置和宽高
12 contentPane.add(l_3);                        // 把统计 3 出现的次数标签添加到背景面板中
13 JLabel l_4 = new JLabel("");                 // 统计 4 出现的次数标签
14 l_4.setBounds(439, 226, 104, 18);            // 设置统计 4 出现的次数标签的位置和宽高
15 contentPane.add(l_4);                        // 把统计 4 出现的次数标签添加到背景面板中
16 JLabel l_5 = new JLabel("");                 // 统计 5 出现的次数标签
17 l_5.setBounds(439, 274, 104, 18);            // 设置统计 5 出现的次数标签的位置和宽高
18 contentPane.add(l_5);                        // 把统计 5 出现的次数标签添加到背景面板中
19 JLabel l_6 = new JLabel("");                 // 统计 6 出现的次数标签
20 l_6.setBounds(439, 319, 104, 18);            // 设置统计 6 出现的次数标签的位置和宽高
21 contentPane.add(l_6);                        // 把统计 6 出现的次数标签添加到背景面板中
22 JLabel l_7 = new JLabel("");                 // 统计 7 出现的次数标签
23 l_7.setBounds(439, 364, 104, 18);            // 设置统计 7 出现的次数标签的位置和宽高
24 contentPane.add(l_7);                        // 把统计 7 出现的次数标签添加到背景面板中
25 JLabel l_8 = new JLabel("");                 // 统计 8 出现的次数标签
26 l_8.setBounds(439, 409, 104, 18);            // 设置统计 8 出现的次数标签的位置和宽高
27 contentPane.add(l_8);                        // 把统计 8 出现的次数标签添加到背景面板中
28 JLabel l_9 = new JLabel("");                 // 统计 9 出现的次数标签
29 l_9.setBounds(439, 454, 104, 18);            // 设置统计 9 出现的次数标签的位置和宽高
30 contentPane.add(l_9);                        // 把统计 9 出现的次数标签添加到背景面板中
```

30.5.3 获取第 1 位开奖号码走势数据

本模块使用的数据表：tb_history。

通过以上操作，已经完成了第 1 位开奖号码走势面板中的进度条和统计标签，但是进度条和统计标签并没有显示历届开奖信息第 1 位中 0 ～ 9 这 10 个号码的出现频率和出现次数。以下内容将逐一予以实现。

1. 在数据库连接类（ConnMySQL 类）中编写 getABC(String abc, int number) 方法

getABC(String abc, int number) 方法被用于从数据库中获取进度条和统计标签中的数据。其中，abc 表示开奖号码的位数（例如，对于第 1 位开奖号码，abc 的值为 1），number 表示某一位开奖号码出现的次数。getABC(String abc, int number) 方法的代码如下所示：

```
01 public int getABC(String abc, int number) {                  // 进度条数据
02     // 获得 number(0 ～ 9) 在历届开奖号码中第 abc(a ～ g) 位出现的总次数
03     String sql = "select count(" + abc + ") from tb_history where " + abc + "=" + number;
04     Statement statement = null;                              // 声明用于执行 SQL 语句的接口
05     int i = 0;                                               // 初始化 " 开奖期数 "
06     if (con == null) {                                       //Connection 对象为空
07         creatConnection();                                   // 建立 MySQL 数据库的连接
08     }
09     try {
10         statement = con.createStatement();                   // 创建执行 SQL 语句的 Statement 对象
11         ResultSet rs = statement.executeQuery(sql);          // 执行查询语句获得结果集
12         while (rs.next()) {                                  // 遍历结果集
13             i = rs.getInt(1);                                // 获得 " 开奖期数 "
14         }
15     } catch (SQLException e) {
16         e.printStackTrace();
17     } finally {
18         closeStatement(statement);
19     }
20     return i;
21 }
```

在 getABC(String abc, int number) 方法中，通过调用 closeStatement(Statement) 方法关闭用于执行 SQL 语句的 Statement 对象。closeStatement(statement) 方法的代码如下所示：

```
01 public static void closeStatement(Statement stat) {           // 关闭用于执行 SQL 语句的 Statement 对象
02     if (stat != null) {
```

```
03         try {
04             stat.close();
05         } catch (SQLException e) {
06             System.err.println(" 关闭数据库语句异常 ");
07             e.printStackTrace();
08         }
09     }
10 }
```

2. 显示第 1 开奖号码走势数据

从数据库中获取进度条和统计标签中的数据后，需要使用 JLabel 类的 setText() 方法和 JProgressBar 类的 setString()、setValue() 方法，将这些数据分别显示在进度条和统计标签中。显示第 1 开奖号码走势数据的代码如下所示：

```
01 ConnMySQL con = new ConnMySQL();                              // 连接 MySQL 数据库
02 String ab = "a";                                              // 第 1 位开奖号码
03 int i0 = con.getABC(ab, 0);                                   // 获得第 1 位开奖号码 0 出现的次数
04 con.closeConnection();                                        // 关闭数据库连接
05 int i1 = con.getABC(ab, 1);                                   // 获得第 1 位开奖号码 1 出现的次数
06 con.closeConnection();                                        // 关闭数据库连接
07 int i2 = con.getABC(ab, 2);                                   // 获得第 1 位开奖号码 2 出现的次数
08 con.closeConnection();                                        // 关闭数据库连接
09 int i3 = con.getABC(ab, 3);                                   // 获得第 1 位开奖号码 3 出现的次数
10 con.closeConnection();                                        // 关闭数据库连接
11 int i4 = con.getABC(ab, 4);                                   // 获得第 1 位开奖号码 4 出现的次数
12 con.closeConnection();                                        // 关闭数据库连接
13 int i5 = con.getABC(ab, 5);                                   // 获得第 1 位开奖号码 5 出现的次数
14 con.closeConnection();                                        // 关闭数据库连接
15 int i6 = con.getABC(ab, 6);                                   // 获得第 1 位开奖号码 6 出现的次数
16 con.closeConnection();                                        // 关闭数据库连接
17 int i7 = con.getABC(ab, 7);                                   // 获得第 1 位开奖号码 7 出现的次数
18 con.closeConnection();                                        // 关闭数据库连接
19 int i8 = con.getABC(ab, 8);                                   // 获得第 1 位开奖号码 8 出现的次数
20 con.closeConnection();                                        // 关闭数据库连接
21 int i9 = con.getABC(ab, 9);                                   // 获得第 1 位开奖号码 9 出现的次数
22 con.closeConnection();                                        // 关闭数据库连接
23 double all = i0 + i1 + i2 + i3 + i4 + i5 + i6 + i7 + i8 + i9; // 获得开奖次数
24 // 设置统计开奖号码出现次数标签中的文本内容
25 l_0.setText(" 出现 " + i0 + " 次 ");
26 l_1.setText(" 出现 " + i1 + " 次 ");
27 l_2.setText(" 出现 " + i2 + " 次 ");
28 l_3.setText(" 出现 " + i3 + " 次 ");
29 l_4.setText(" 出现 " + i4 + " 次 ");
30 l_5.setText(" 出现 " + i5 + " 次 ");
31 l_6.setText(" 出现 " + i6 + " 次 ");
32 l_7.setText(" 出现 " + i7 + " 次 ");
33 l_8.setText(" 出现 " + i8 + " 次 ");
34 l_9.setText(" 出现 " + i9 + " 次 ");
35 DecimalFormat df = new DecimalFormat(".###");                 // 格式化（保留三位有效数字）
36 // 设置被格式化的进度字符串的值，并设置进度条当前值
37 progressBar_0.setString(df.format(i0 * 100 / all) + "%");
38 progressBar_0.setValue(i0);
39 progressBar_1.setString(df.format(i1 * 100 / all) + "%");
40 progressBar_1.setValue(i1);
41 progressBar_2.setString(df.format(i2 * 100 / all) + "%");
42 progressBar_2.setValue(i2);
43 progressBar_3.setString(df.format(i3 * 100 / all) + "%");
44 progressBar_3.setValue(i3);
45 progressBar_4.setString(df.format(i4 * 100 / all) + "%");
46 progressBar_4.setValue(i4);
47 progressBar_5.setString(df.format(i5 * 100 / all) + "%");
48 progressBar_5.setValue(i5);
```

```
49 progressBar_6.setString(df.format(i6 * 100 / all) + "%");
50 progressBar_6.setValue(i6);
51 progressBar_7.setString(df.format(i7 * 100 / all) + "%");
52 progressBar_7.setValue(i7);
53 progressBar_8.setString(df.format(i8 * 100 / all) + "%");
54 progressBar_8.setValue(i8);
55 progressBar_9.setString(df.format(i9 * 100 / all) + "%");
56 progressBar_9.setValue(i9);
```

30.5.4 以折线图显示近 10 期开奖号码走势

在实现“以折线图显示近 10 期开奖号码走势”的功能之前，需要先在项目中创建名为“com.model”的包，再在 com.model 包下创建两个模型类：历届开奖结果类（History 类）和预测开奖结果类（Forecast 类）。

1. 声明并封装模型类中的成员变量

Java 语言中的成员变量（又称成员属性）被用来描述对象的特征，是类的重要组成部分。使用类的封装时，当前类的成员变量要由 private 修饰。为了使得其他类能够访问当前类被 private 修饰的成员变量，需要为类中成员变量设置 get 和 set 方法。历届开奖结果类（History 类）的代码如下所示：

```
01 public class History {                                    // 历届开奖结果
02     private int id;                                       //id（数据库中的 id）
03     private int number;                                   // 开奖期数
04     private int a;                                        // 第 1 位
05     private int b;                                        // 第 2 位
06     private int c;                                        // 第 3 位
07     private int d;                                        // 第 4 位
08     private int e;                                        // 第 5 位
09     private int f;                                        // 第 6 位
10     private int g;                                        // 第 7 位
11     private String historytime;                           // 开奖时间
12     // 使用 Getters and Setters 方法将对象的私有属性封装起来
13     public int getId() {
14         return id;
15     }
16     public void setId(int id) {
17         this.id = id;
18     }
19     public int getNumber() {
20         return number;
21     }
22     public void setNumber(int number) {
23         this.number = number;
24     }
25     public int getA() {
26         return a;
27     }
28     public void setA(int a) {
29         this.a = a;
30     }
31     public int getB() {
32         return b;
33     }
34     public void setB(int b) {
35         this.b = b;
36     }
37     public int getC() {
38         return c;
39     }
40     public void setC(int c) {
41         this.c = c;
```

```
42      }
43      public int getD() {
44          return d;
45      }
46      public void setD(int d) {
47          this.d = d;
48      }
49      public int getE() {
50          return e;
51      }
52      public void setE(int e) {
53          this.e = e;
54      }
55      public int getF() {
56          return f;
57      }
58      public void setF(int f) {
59          this.f = f;
60      }
61      public int getG() {
62          return g;
63      }
64      public void setG(int g) {
65          this.g = g;
66      }
67      public String getHistorytime() {
68          return historytime;
69      }
70      public void setHistorytime(String historytime) {
71          this.historytime = historytime;
72      }
73 }
```

同理，预测开奖结果类（Forecast 类）的代码如下所示：

```
01 public class Forecast {                              // 预测开奖结果
02     private int id;                                 //id（数据库中的 id）
03     private int number;                             // 开奖期数
04     private int a;                                  // 第 1 位
05     private int b;                                  // 第 2 位
06     private int c;                                  // 第 3 位
07     private int d;                                  // 第 4 位
08     private int e;                                  // 第 5 位
09     private int f;                                  // 第 6 位
10     private int g;                                  // 第 7 位
11     private String forecasttime;                    // 预测时间
12     private Long neutron;                           // 奖金
13     // 使用 Getters and Setters 方法将对象的私有属性封装起来
14     public int getId() {
15         return id;
16     }
17     public void setId(int id) {
18         this.id = id;
19     }
20     public int getNumber() {
21         return number;
22     }
23     public void setNumber(int number) {
24         this.number = number;
25     }
26     public int getA() {
27         return a;
28     }
29     public void setA(int a) {
```

```
30          this.a = a;
31      }
32      public int getB() {
33          return b;
34      }
35      public void setB(int b) {
36          this.b = b;
37      }
38      public int getC() {
39          return c;
40      }
41      public void setC(int c) {
42          this.c = c;
43      }
44      public int getD() {
45          return d;
46      }
47      public void setD(int d) {
48          this.d = d;
49      }
50      public int getE() {
51          return e;
52      }
53      public void setE(int e) {
54          this.e = e;
55      }
56      public int getF() {
57          return f;
58      }
59      public void setF(int f) {
60          this.f = f;
61      }
62      public int getG() {
63          return g;
64      }
65      public void setG(int g) {
66          this.g = g;
67      }
68      public String getForecasttime() {
69          return forecasttime;
70      }
71      public void setForecasttime(String forecasttime) {
72          this.forecasttime = forecasttime;
73      }
74      public Long getNeutron() {
75          return neutron;
76      }
77      public void setNeutron(Long neutron) {
78          this.neutron = neutron;
79      }
80  }
```

2. 实现折线图显示近 10 期开奖号码走势

（1）在数据库连接类（ConnMySQL 类）中编写 getFirstTenData() 方法

getFirstTenData() 方法被用于获取最近 10 期的开奖结果，该方法的返回值类型为 List<History>，即把每一期的开奖结果以历届开奖结果类（History 类）对象的形式存储在 List 集合中。getFirstTenData() 方法代码如下所示：

```
01 public static List<History> getFirstTenData() {                    // 获得最近 10 期的开奖结果
02     String sql = "SELECT * FROM tb_history ORDER BY number DESC LIMIT 10";     // 生成 SQL 语句
03     List<History> list = new ArrayList<>();                        // 用来最近 10 期开奖结果的集合
```

```
04      Statement statement = null;                        // 声明用于执行 SQL 语句的接口
05      if (con == null) {                                 //Connection 对象为空
06          creatConnection();                             // 建立 MySQL 数据库的连接
07      }
08      try {
09          statement = con.createStatement();             // 创建执行 SQL 语句的 Statement 对象
10          ResultSet rs = statement.executeQuery(sql);    // 执行查询语句获得结果集
11          while (rs.next()) {                            // 遍历结果集
12              History history = new History();           // 创建历届开奖结果对象
13              history.setNumber(rs.getInt(2));           // 获得开奖期数
14              history.setA(rs.getInt(3));                // 获得第一位开奖号码
15              history.setB(rs.getInt(4));                // 获得第二位开奖号码
16              history.setC(rs.getInt(5));                // 获得第三位开奖号码
17              history.setD(rs.getInt(6));                // 获得第四位开奖号码
18              history.setE(rs.getInt(7));                // 获得第五位开奖号码
19              history.setF(rs.getInt(8));                // 获得第六位开奖号码
20              history.setG(rs.getInt(9));                // 获得第七位开奖号码
21              list.add(history);                         // 向集合中开奖结果添加对象
22          }
23      } catch (SQLException e) {
24          e.printStackTrace();
25      } finally {
26          closeStatement(statement);
27      }
28      return list;                                       // 返回存储最近 10 期开奖结果的集合
29 }
```

（2）折线图显示近 10 期开奖号码走势

折线图的实现过程被压缩成 linechartgraph.jar 这个 jar 包，七星彩数据分析系统将通过“查看最近 10 期的第一位开奖号码走势图”的按钮来调用这个 jar 包。首先，在 Apanel 类的构造方法中添加“查看最近 10 期的第 1 位开奖号码走势图”按钮，代码如下所示：

```
01 JButton button = new JButton();                               // 按钮
02 button.addActionListener(new ActionListener() {
03     public void actionPerformed(ActionEvent e) {
04         do_button_actionPerformed(e);                         // 为按钮添加动作事件的监听
05     }
06 });
07 button.setBounds(94, 485, 321, 32);                           // 设置按钮的位置和宽高
08 button.setText(" 查看最近 10 期的第 1 位开奖号码走势图 ");        // 设置按钮中的文本内容
09 button.setFont(new Font(" 幼圆 ", Font.PLAIN, 16));            // 设置按钮中的字体样式和大小
10 button.setForeground(new Color(0, 102, 153));                 // 设置按钮的前景色
11 contentPane.add(button);                                      // 把按钮添加到背景面板中
```

然后，在 Apanel 类的构造方法的外部，编写 do_button_actionPerformed(e) 方法，代码如下所示：

```
01 // " 查看最近 10 期的第 1 位开奖号码走势图 " 动作事件的监听
02 protected void do_button_actionPerformed(ActionEvent e) {
03     // 创建 " 第 1 位开奖号码走势图 " 折线图窗体对象
04     ALineChart chart = new ALineChart(null, " 第 1 位开奖号码走势图 ");
05     chart.pack();                                    // 调整窗口的大小，以适应折线图对象的首选大小和布局
06     RefineryUtilities.centerFrameOnScreen(chart);    // 将折线图对象置于屏幕中间
07     chart.setVisible(true);                          // 设置折线图窗体对象可见
08 }
```

30.6 随机选号对话框设计

在随机选号对话框中的“机选要求”位置上，有一个默认选中的单选按钮“无”，此时直接单击“机选一注”按钮，系统会随机生成一个 7 位号码。如果选择“机选要求”位置上“有”的单选按钮，0 ～ 9

的复选框会被启用，选择某几个复选框并在相应的文本框中输入“同号的个数”后，在号码位数不超过 7 位的前提下，系统随机生成的 7 位号码会包含指定个数的、被选中的号码。

随机选号对话框在“无机选要求”情况下的运行效果如图 30.8 所示。

随机选号对话框在“有机选要求”情况下的运行效果如图 30.9 所示。

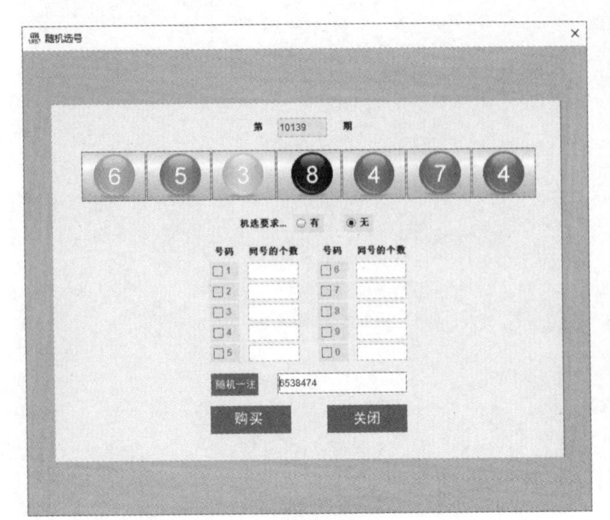

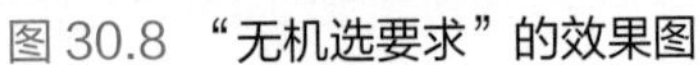
图 30.8 “无机选要求”的效果图

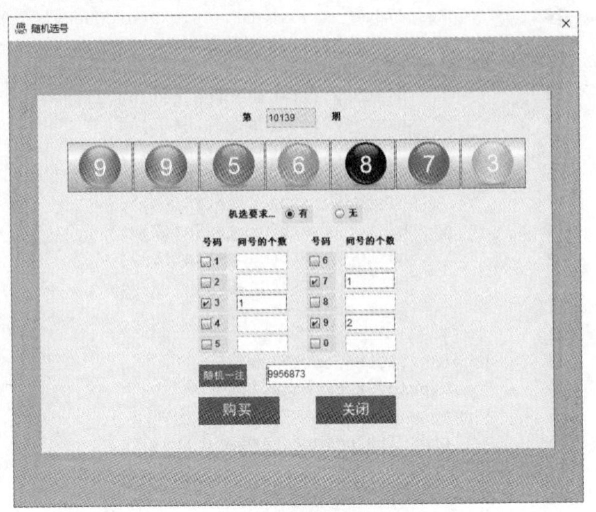

图 30.9 “有机选要求”的效果图

30.6.1 显示开奖期数

本模块使用的数据表：tb_history

数据库连接类（ConnMySQL 类）中的 selectNumber() 方法被用于获取开奖期数，selectNumber() 方法的代码如下所示：

```
01 public int selectNumber(String sql) {                    // 查询期数
02     Statement statement = null;                           // 声明用于执行 SQL 语句的接口
03     int i = 10001;                                        // 初始化 " 开奖期数 "
04     if (con == null) {                                    //Connection 对象为空
05         creatConnection();                                // 建立 MySQL 数据库的连接
06     }
07     try {
08         statement = con.createStatement();
09         ResultSet rs = statement.executeQuery(sql);
10         while (rs.next()) {
11             i = rs.getInt(1);                             // 替换 " 开奖期数 "
12         }
13     } catch (SQLException e) {
14         System.out.println(" 历史开奖号码添加失败！ ");
15         e.printStackTrace();
16     } finally {
17         closeStatement(statement);
18     }
19     return i;
20 }
```

30.6.2 随机选号和按要求选号的切换

Java 语言中，除可以为按钮 JButton 添加监听事件外，还可以为单选按钮 JRadioButton 添加监听事件。在 ForecastAddframe.java 文件中，当单选按钮“无”被选中时，程序将执行 do_rabtnNone_actionPerformed(ActionEvent e) 方法，代码如下所示：

```
01 protected void do_rabtnNone_actionPerformed(ActionEvent e) {// 单选按钮 " 无 " 动作事件的监听
02     // 复选框没被选中
03     ckBox_1.setSelected(false);
04     ckBox_2.setSelected(false);
05     ckBox_3.setSelected(false);
06     ckBox_4.setSelected(false);
07     ckBox_5.setSelected(false);
08     ckBox_6.setSelected(false);
09     ckBox_7.setSelected(false);
10     ckBox_8.setSelected(false);
11     ckBox_9.setSelected(false);
12     ckBox_0.setSelected(false);
13     // 禁用复选框
14     ckBox_1.setEnabled(false);
15     ckBox_2.setEnabled(false);
16     ckBox_3.setEnabled(false);
17     ckBox_4.setEnabled(false);
18     ckBox_5.setEnabled(false);
19     ckBox_6.setEnabled(false);
20     ckBox_7.setEnabled(false);
21     ckBox_8.setEnabled(false);
22     ckBox_9.setEnabled(false);
23     ckBox_0.setEnabled(false);
24     // 清空文本框中的内容
25     tf_1.setText("");
26     tf_2.setText("");
27     tf_3.setText("");
28     tf_4.setText("");
29     tf_5.setText("");
30     tf_6.setText("");
31     tf_7.setText("");
32     tf_8.setText("");
33     tf_9.setText("");
34     tf_0.setText("");
35     // 禁用文本框
36     tf_1.setEnabled(false);
37     tf_2.setEnabled(false);
38     tf_3.setEnabled(false);
39     tf_4.setEnabled(false);
40     tf_5.setEnabled(false);
41     tf_6.setEnabled(false);
42     tf_7.setEnabled(false);
43     tf_8.setEnabled(false);
44     tf_9.setEnabled(false);
45     tf_0.setEnabled(false);
46 }
```

当单选按钮“有”被选中时，程序将执行 do_rabtnNone_actionPerformed(ActionEvent e) 方法，代码如下所示：

```
01 protected void do_rdbtnHave_actionPerformed(ActionEvent e) {// 单选按钮 " 有 " 动作事件的监听
02     // 启用复选框
03     ckBox_1.setEnabled(true);
04     ckBox_2.setEnabled(true);
05     ckBox_3.setEnabled(true);
06     ckBox_4.setEnabled(true);
07     ckBox_5.setEnabled(true);
08     ckBox_6.setEnabled(true);
09     ckBox_7.setEnabled(true);
10     ckBox_8.setEnabled(true);
11     ckBox_9.setEnabled(true);
12     ckBox_0.setEnabled(true);
13     // 复选框的选项事件
```

```
14     itemEvent(ckBox_1, tf_1);
15     itemEvent(ckBox_2, tf_2);
16     itemEvent(ckBox_3, tf_3);
17     itemEvent(ckBox_4, tf_4);
18     itemEvent(ckBox_5, tf_5);
19     itemEvent(ckBox_6, tf_6);
20     itemEvent(ckBox_7, tf_7);
21     itemEvent(ckBox_8, tf_8);
22     itemEvent(ckBox_9, tf_9);
23     itemEvent(ckBox_0, tf_0);
24 }
```

在上述代码中，引入了复选框的选项事件，即 itemEvent(JCheckBox ckBox, JTextField tf) 方法。itemEvent(JCheckBox ckBox, JTextField tf) 方法的代码如下所示：

```
01 private String itemEvent(JCheckBox ckBox, JTextField tf) {      // 复选框的选项事件
02     ckBox.addItemListener(new ItemListener() {
03         public void itemStateChanged(ItemEvent e) {
04             if (e.getStateChange() == ItemEvent.SELECTED) {     // 复选框被选中
05                 tf.setEnabled(true);                            // 启用复选框
06                 tf.setText("1");                                // 设置文本框中的内容为 1
07             } else if (e.getStateChange() == ItemEvent.DESELECTED) {  // 复选框没被选中
08                 tf.setText("");                                 // 清空文本框中的内容
09                 tf.setEnabled(false);                           // 禁用复选框
10             }
11         }
12     });
13     return ckBox.getText() + " : " + tf.getText();              // 返回复选框与文本框中的文本内容
14 }
```

30.6.3 机选选号功能的实现

机选选号功能指的是在单选按钮“无”被选中的情况下，按下“机选一注”按钮后，系统会随机生成一个在 0 ～ 9 范围内的 7 位号码。随着每位号码依次停止滚动，“选号号码”文本框也会依次显示对应的号码。

当单击“机选一注”按钮时，程序将执行 actionPerformed(ActionEvent e) 方法，代码如下所示：

```
01 public void actionPerformed(ActionEvent e) {
02     noteLabel.setText("");                    // 设置 " 提示 " 标签内容为空
03     bt1.setText("");                          // 设置显示随机选号第 1 位的按钮内容为空
04     bt2.setText("");                          // 设置显示随机选号第 2 位的按钮内容为空
05     bt3.setText("");                          // 设置显示随机选号第 3 位的按钮内容为空
06     bt4.setText("");                          // 设置显示随机选号第 4 位的按钮内容为空
07     bt5.setText("");                          // 设置显示随机选号第 5 位的按钮内容为空
08     bt6.setText("");                          // 设置显示随机选号第 6 位的按钮内容为空
09     bt7.setText("");                          // 设置显示随机选号第 7 位的按钮内容为空
10     sevenTextField.setText("");               // 设置 " 选号号码 " 文本框内容为空
11     bol = true;
12     index = 0;                                // 为奖号变换时间赋值
13     but.setEnabled(false);                    // 设置 " 机选一注 " 按钮不可用
14     Thread th1 = new Thread(this);            // 在随机选号对话框中创建线程
15     th1.start();                              // 启动线程
16 }
```

在上述代码中，创建了 Thread 类对象 th1，其作用在于当单击“机选一注”按钮时，使得每位号码开始滚动并依次停止滚动。当单击“机选一注”按钮时，线程将执行的代码如下所示：

```
01 String s = "";                               // 存储随机生成的选号
02 Random ram = new Random();                   // 随机数对象
```

```
03 if (rabtnNone.isSelected()) {                                    // 单选按钮 " 无 " 被选中
04     while (bol) {
05         try {
06             if (i >= 10) {                                       // i 表示奖号，所以 i 不能大于 10
07                 i = 0;
08             }
09             if (index < (500 - ram.nextInt(20))) {// 控制停止时间在 500 毫秒减去 20 毫秒以内的随机数的范围内
10                 a = i;                                           // 获得随机选号第 1 位的数字
11                 bt1.setIcon(
12                 new ImageIcon(ForecastAddframe.class.getResource("/imgs/" + i + ".png"))
13                     );                                           // 通过循环变换图片以达到随机选号第 1 位的摇奖结果
14             }
15             // 控制停止时间在 1000 毫秒减去 20 毫秒以内的随机数的范围内
16             if (index < (1000 - ram.nextInt(20))) {
17                 b = i;                                           // 获得随机选号第 2 位的数字
18                 bt2.setIcon(
19                 new ImageIcon(ForecastAddframe.class.getResource("/imgs/" + i + ".png"))
20                     );                                           // 通过循环变换图片以达到随机选号第 2 位的摇奖结果
21             }
22             // 控制停止时间在 1500 毫秒减去 20 毫秒以内的随机数的范围内
23             if (index < (1500 - ram.nextInt(20))) {
24                 c = i;                                           // 获得随机选号第 3 位的数字
25                 bt3.setIcon(
26                 new ImageIcon(ForecastAddframe.class.getResource("/imgs/" + i + ".png"))
27                     );                                           // 通过循环变换图片以达到随机选号第 3 位的摇奖结果
28             }
29             // 控制停止时间在 2000 毫秒减去 20 毫秒以内的随机数的范围内
30             if (index < (2000 - ram.nextInt(20))) {
31                 d = i;                                           // 获得随机选号第 4 位的数字
32                 bt4.setIcon(
33                 new ImageIcon(ForecastAddframe.class.getResource("/imgs/" + i + ".png"))
34                     );                                           // 通过循环变换图片以达到随机选号第 4 位的摇奖结果
35             }
36             // 控制停止时间在 3000 毫秒减去 20 毫秒以内的随机数的范围内
37             if (index < (3000 - ram.nextInt(20))) {
38                 e = i;                                           // 获得随机选号第 5 位的数字
39                 bt5.setIcon(
40                 new ImageIcon(ForecastAddframe.class.getResource("/imgs/" + i + ".png"))
41                     );                                           // 通过循环变换图片以达到随机选号第 5 位的摇奖结果
42             }
43             // 控制停止时间在 4000 毫秒减去 20 毫秒以内的随机数的范围内
44             if (index < (4000 - ram.nextInt(20))) {
45                 f = i;                                           // 获得随机选号第 6 位的数字
46                 bt6.setIcon(
47                 new ImageIcon(ForecastAddframe.class.getResource("/imgs/" + i + ".png"))
48                     );                                           // 通过循环变换图片以达到随机选号第 6 位的摇奖结果
49             }
50             // 控制停止时间在 5000 毫秒减去 20 毫秒以内的随机数的范围内
51             if (index < (5000 - ram.nextInt(20))) {
52                 g = i;                                           // 获得随机选号第 7 位的数字
53                 bt7.setIcon(
54                 new ImageIcon(ForecastAddframe.class.getResource("/imgs/" + i + ".png"))
55                     );                                           // 通过循环变换图片以达到随机选号第 7 位的摇奖结果
56             }
57             switch (index) {                                     // 以奖号变换时间为参数的多分支语句
58                 case 500:                                        // 500 毫秒时
59                     s = sevenTextField.getText();                // 获取 " 选号号码 " 文本框中的空内容
60                     sevenTextField.setText(s + a);               // 把第 1 位的值添加到 " 选号号码 " 文本框中
61                     break;
62                 case 1000:                                       // 1000 毫秒时
63                     // 获取 " 选号号码 " 文本框中的第 1 位奖号
64                     s = sevenTextField.getText();
65                     sevenTextField.setText(s + b);               // 把第 2 位的值添加到 " 选号号码 " 文本框中
66                     break;
```

```
67                  case 1500:                                    // 1500 毫秒时
68                      // 获取 " 选号号码 " 文本框中的前 2 位奖号
69                      s = sevenTextField.getText();
70                      sevenTextField.setText(s + c);            // 把第 3 位的值添加到 " 选号号码 " 文本框中
71                      break;
72                  case 2000:                                    // 2000 毫秒时
73                      // 获取 " 选号号码 " 文本框中的前 3 位奖号
74                      s = sevenTextField.getText();
75                      sevenTextField.setText(s + d);            // 把第 4 位的值添加到 " 选号号码 " 文本框中
76                      break;
77                  case 3000:                                    // 3000 毫秒时
78                      // 获取 " 选号号码 " 文本框中的前 4 位奖号
79                      s = sevenTextField.getText();
80                      sevenTextField.setText(s + e);            // 把第 5 位的值添加到 " 选号号码 " 文本框中
81                      break;
82                  case 4000:                                    // 4000 毫秒时
83                      // 获取 " 选号号码 " 文本框中的前 5 位奖号
84                      s = sevenTextField.getText();
85                      sevenTextField.setText(s + f);            // 把第 6 位的值添加到 " 选号号码 " 文本框中
86                      break;
87                  case 5000:                                    // 5000 毫秒时
88                      // 获取 " 选号号码 " 文本框中的前 6 位奖号
89                      s = sevenTextField.getText();
90                      sevenTextField.setText(s + g);            // 把第 7 位的值添加到 " 选号号码 " 文本框中
91                      bol = false;
92                      but.setEnabled(true);                     // 设置 " 机选一注 " 按钮可用
93                      break;
94                  }
95                  i++;                                          // i = i + 1
96                  Thread.sleep(0);                              // 线程不休眠
97                  index++;                                      // index = index + 1
98          } catch (InterruptedException e) {
99              e.printStackTrace();
100         }
101     }
102 }
```

30.6.4 按照指定要求选取彩票号码

按要求选号功能指的是在单选按钮“有”被选中的情况下，0 ～ 9 的复选框会被启用，选择某几个复选框并在相应的文本框中输入“同号的个数”后，在号码位数不超过 7 位的前提下，系统随机生成的 7 位号码会包含指定个数的被选中的号码。

在单选按钮“有”被选中的情况下，线程需要执行的代码如下所示：

```
01 if (rdbtnHave.isSelected()) {                                // 单选按钮 " 有 " 被选中
02     List<Integer> list = new ArrayList<>();                  // " 号码 " 集合
03     String[] str = new String[10];                           // 存储复选框与文本框中文本内容的数组
04     // 填充数组
05     str[0] = itemEvent(ckBox_1, tf_1);
06     str[1] = itemEvent(ckBox_2, tf_2);
07     str[2] = itemEvent(ckBox_3, tf_3);
08     str[3] = itemEvent(ckBox_4, tf_4);
09     str[4] = itemEvent(ckBox_5, tf_5);
10     str[5] = itemEvent(ckBox_6, tf_6);
11     str[6] = itemEvent(ckBox_7, tf_7);
12     str[7] = itemEvent(ckBox_8, tf_8);
13     str[8] = itemEvent(ckBox_9, tf_9);
14     str[9] = itemEvent(ckBox_0, tf_0);
15     // 遍历数组
16     for (int i = 0; i < str.length; i++) {
17         String[] text = str[i].split(":");                   // 拆分数组中的元素
```

```
18          if (text.length == 2) {
19              int number = Integer.parseInt(text[0]);              // 号码
20              int quantity = Integer.parseInt(text[1]);            // 同号的个数
21              // 向集合 list 中添加元素
22              if (quantity > 1) {
23                  for (int j = 0; j < quantity; j++) {
24                      list.add(number);
25                  }
26              } else {
27                  list.add(number);
28              }
29          }
30      }
31      // 集合中的元素个数小于 7
32      while (list.size() < 7) {
33          int num = ram.nextInt(10);                             // 随机生成一个在 0 ～ 9 范围内的整数
34          if (list.contains(num)) {                              // 集合中包含随机生成一个在 0 ～ 9 范围内的整数
35              continue;                                          // 跳过本次循环，执行下一次循环
36          } else {                                               // 集合中不包含随机生成一个在 0 ～ 9 范围内的整数
37              list.add(num);                                     // 向集合 list 中添加元素
38          }
39      }
40      List<Integer> indexes = new ArrayList<>();                 //" 号码 " 集合中元素索引的集合
41      // 集合中的元素个数小于 7
42      while (indexes.size() < 7) {
43          int index = ram.nextInt(7);                            // 随机生成一个在 0 ～ 6 范围内的整数
44          if (indexes.contains(index)) {                         // 集合中包含随机生成一个在 0 ～ 6 范围内的整数
45              continue;                                          // 跳过本次循环，执行下一次循环
46          } else {                                               // 集合中不包含随机生成一个在 0 ～ 6 范围内的整数
47              indexes.add(index);                                // 向集合 indexes 中添加元素
48          }
49      }
50      while (bol) {
51          try {
52              // 控制停止时间在 500 毫秒减去 20 毫秒以内的随机数的范围内
53              if (index < (500 - ram.nextInt(20))) {
54                  a = list.get(indexes.get(0));                  // 获得随机选号第 1 位的数字
55                  bt1.setIcon(
56                  new ImageIcon(ForecastAddframe.class.getResource
57                  ("/imgs/" + a + ".png")));                     // 通过循环变换图片以达到随机选号第 1 位的摇奖结果
58              }
59              // 控制停止时间在 1000 毫秒减去 20 毫秒以内的随机数的范围内
60              if (index < (1000 - ram.nextInt(20))) {
61                  b = list.get(indexes.get(1));                  // 获得随机选号第 2 位的数字
62                  bt2.setIcon(
63                  new ImageIcon(ForecastAddframe.class.getResource
64                  ("/imgs/" + b + ".png")));                     // 通过循环变换图片以达到随机选号第 2 位的摇奖结果
65              }
66              // 控制停止时间在 1500 毫秒减去 20 毫秒以内的随机数的范围内
67              if (index < (1500 - ram.nextInt(20))) {
68                  c = list.get(indexes.get(2));                  // 获得随机选号第 3 位的数字
69                  bt3.setIcon(
70                  new ImageIcon(ForecastAddframe.class.getResource
71                  ("/imgs/" + c + ".png")));                     // 通过循环变换图片以达到随机选号第 3 位的摇奖结果
72              }
73              // 控制停止时间在 2000 毫秒减去 20 毫秒以内的随机数的范围内
74              if (index < (2000 - ram.nextInt(20))) {
75                  d = list.get(indexes.get(3));                  // 获得随机选号第 4 位的数字
76                  bt4.setIcon(
77                  new ImageIcon(ForecastAddframe.class.getResource
78                  ("/imgs/" + d + ".png")));                     // 通过循环变换图片以达到随机选号第 4 位的摇奖结果
79              }
80              // 控制停止时间在 3000 毫秒减去 20 毫秒以内的随机数的范围内
81              if (index < (3000 - ram.nextInt(20))) {
```

```
82                  e = list.get(indexes.get(4));                      // 获得随机选号第 5 位的数字
83                  bt5.setIcon(
84                  new ImageIcon(ForecastAddframe.class.getResource
85                  ("/imgs/" + e + ".png")));                         // 通过循环变换图片以达到随机选号第 5 位的摇奖结果
86              }
87              // 控制停止时间在 4000 毫秒减去 20 毫秒以内的随机数的范围内
88              if (index < (4000 - ram.nextInt(20))) {
89                  f = list.get(indexes.get(5));                      // 获得随机选号第 6 位的数字
90                  bt6.setIcon(
91                  new ImageIcon(ForecastAddframe.class.getResource
92                  ("/imgs/" + f + ".png")));                         // 通过循环变换图片以达到随机选号第 6 位的摇奖结果
93              }
94              // 控制停止时间在 5000 毫秒减去 20 毫秒以内的随机数的范围内
95              if (index < (5000 - ram.nextInt(20))) {
96                  g = list.get(indexes.get(6));                      // 获得随机选号第 7 位的数字
97                  bt7.setIcon(
98                  new ImageIcon(ForecastAddframe.class.getResource
99                  ("/imgs/" + g + ".png")));                         // 通过循环变换图片以达到随机选号第 7 位的摇奖结果
100             }
101             switch (index) {                                       // 以奖号变换时间为参数的多分支语句
102             case 500:                                              //500 毫秒时
103                 s = sevenTextField.getText();                      // 获取 " 选号号码 " 文本框中的空内容
104                 sevenTextField.setText(s + a);                     // 把第 1 位的值添加到 " 选号号码 " 文本框中
105                 break;
106             case 1000:                                             //1000 毫秒时
107                 s = sevenTextField.getText();                      // 获取 " 选号号码 " 文本框中的第 1 位奖号
108                 sevenTextField.setText(s + b);                     // 把第 2 位的值添加到 " 选号号码 " 文本框中
109                 break;
110             case 1500:                                             //1500 毫秒时
111                 s = sevenTextField.getText();                      // 获取 " 选号号码 " 文本框中的前 2 位奖号
112                 sevenTextField.setText(s + c);                     // 把第 3 位的值添加到 " 选号号码 " 文本框中
113                 break;
114             case 2000:                                             //2000 毫秒时
115                 s = sevenTextField.getText();                      // 获取 " 选号号码 " 文本框中的前 3 位奖号
116                 sevenTextField.setText(s + d);                     // 把第 4 位的值添加到 " 选号号码 " 文本框中
117                 break;
118             case 3000:                                             //3000 毫秒时
119                 s = sevenTextField.getText();                      // 获取 " 选号号码 " 文本框中的前 4 位奖号
120                 sevenTextField.setText(s + e);                     // 把第 5 位的值添加到 " 选号号码 " 文本框中
121                 break;
122             case 4000:                                             //4000 毫秒时
123                 s = sevenTextField.getText();                      // 获取 " 选号号码 " 文本框中的前 5 位奖号
124                 sevenTextField.setText(s + f);                     // 把第 6 位的值添加到 " 选号号码 " 文本框中
125                 break;
126             case 5000:                                             //5000 毫秒时
127                 s = sevenTextField.getText();                      // 获取 " 选号号码 " 文本框中的前 6 位奖号
128                 sevenTextField.setText(s + g);                     // 把第 7 位的值添加到 " 选号号码 " 文本框中
129                 bol = false;//
130                 but.setEnabled(true);                              // 设置 " 机选一注 " 按钮可用
131                 break;
132             }
133             i++;                                                   //i = i + 1
134             Thread.sleep(0);                                       // 线程不休眠
135             index++;                                               //index = index + 1
136         } catch (InterruptedException e) {
137             e.printStackTrace();
138         }
139     }
140 }
```

30.6.5 指定按要求选号时的约束条件

① 在单选按钮“有”被选中的情况下，直接单击“机选一注”按钮后，系统将会产生空指针异常。

为了避免这类异常，需要为这种情况添加约束条件，代码如下所示：

```
01 // 单选按钮 " 有 " 被选中且文本框为空时
02 if (rdbtnHave.isSelected() && tf_1.getText().equals("") &&
03         tf_2.getText().equals("") && tf_3.getText().equals("") &&
04         tf_4.getText().equals("") && tf_5.getText().equals("") &&
05         tf_6.getText().equals("") && tf_7.getText().equals("") &&
06         tf_8.getText().equals("") && tf_9.getText().equals("") &&
07         tf_0.getText().equals("")) {
08         JOptionPane.showMessageDialog(null,
09             " 警告：文本框不能为空！ ",
10             " 警告 ",
11             JOptionPane.WARNING_MESSAGE);                     // 弹出提示框
12     but.setEnabled(true);                                     // 设置 " 机选一注 " 按钮可用
13     return;
14 }
```

② 在单选按钮“有”被选中的情况下，如果文本框中的数字之和大于 7，系统将会产生下标越界异常。为了避免这类异常，需要为这种情况添加约束条件，代码如下所示：

```
01 // 单选按钮 " 有 " 被选中且文本框中的数组之和大于 7
02 if (rdbtnHave.isSelected() && (exchangeInteger(tf_1) + exchangeInteger(tf_2)
03         + exchangeInteger(tf_3) + exchangeInteger(tf_4) + exchangeInteger(tf_5)
04         + exchangeInteger(tf_6) + exchangeInteger(tf_7) + exchangeInteger(tf_8)
05         + exchangeInteger(tf_9) + exchangeInteger(tf_0)) > 7) {
06     JOptionPane.showMessageDialog(null,
07             " 警告：号码个数多于 7 个！ ",
08             " 警告 ",
09             JOptionPane.WARNING_MESSAGE);                     // 弹出提示框
10     but.setEnabled(true);                                     // 设置 " 机选一注 " 按钮可用
11     return;
12 }
```

30.6.6 彩票购买功能的实现

本模块使用的数据表：tb_forecast。

确定要购买的彩票号码后，单击“购买”按钮，系统会把已经购买的号码存入到购买号码信息表（tb_forecast）中。

为了实现购买彩票的功能，首先需要在数据库连接类（ConnMySQL）中编写被用于添加号码的 addForecast(Forecast fr) 方法，其中 fr 表示预测开奖结果类（Forecast 类）的对象。addForecast(Forecast fr) 方法的代码如下所示：

```
01 public Boolean addForecast(Forecast fr) {                     // 添加号码
02     if (con == null) {                                         //Connection 对象为空
03         creatConnection();                                     // 建立 MySQL 数据库的连接
04     }
05     try {
06         PreparedStatement statement = con.prepareStatement(
07             "insert into tb_forecast (number,a,b,c,d,e,f,g,forecasttime) "
08             + "values(?,?,?,?,?,?,?,?,?)"
09             );                                                 // 定义插入数据库的预处理语句
10         statement.setInt(1, fr.getNumber());                   // 设置预处理语句的参数值
11         statement.setInt(2, fr.getA());
12         statement.setInt(3, fr.getB());
13         statement.setInt(4, fr.getC());
14         statement.setInt(5, fr.getD());
15         statement.setInt(6, fr.getE());
16         statement.setInt(7, fr.getF());
```

```
17         statement.setInt(8, fr.getG());
18         statement.setString(9, fr.getForecasttime());
19         statement.executeUpdate();                                  // 执行预处理语句
20         return true;
21     } catch (SQLException e) {
22         System.out.println(" 机选号码添加失败！ ");
23         e.printStackTrace();
24         return false;
25     }
26 }
```

然后需要为“购买”按钮添加动作事件监听器，代码如下所示：

```
01 // 为 " 购买 " 添加动作事件的监听
02 protected void do_btnNewButton_actionPerformed(ActionEvent e) {
03     LotteryValidate validate = new LotteryValidate();               // 实例化验证信息
04     // " 选号号码 " 框输入的 " 选号号码 " 的格式错误
05     if (!validate.validateNumber(sevenTextField.getText())) {
06         noteLabel.setText(" 购买号码格式不正确 ");                    // 设置 " 提示 " 标签内容
07     }
08     // " 选号号码 " 框输入的 " 选号号码 " 的格式正确
09     if (validate.validateNumber(sevenTextField.getText())) {
10         noteLabel.setText("");                                      // 设置 " 提示 " 标签内容为空
11         ForecastDao fr = new ForecastDao();                         // 实例化操作购买彩票记录信息
12         Boolean b;
13         b = fr.addForecastDao(Integer.parseInt(numberTextField.getText()),
14                 sevenTextField.getText());                          // 获得添加购买号码的返回值
15         if (b) {                                                    // 添加购买号码成功
16             noteLabel.setText(" 购买成功！ ");                        // 设置 " 购买状态 " 标签内容
17             HistoryDao his = new HistoryDao();                      // 实例化操作开奖信息
18             // 设置 " 开奖期数 " 文本框中的内容
19             numberTextField.setText(his.selectNumber() + "");
20         } else {                                                    // 添加购买号码失败
21             noteLabel.setText(" 购买失败！ ");                        // 设置 " 购买状态 " 标签内容
22         }
23     }
24 }
```

小结

本章的主要内容包括数据的存储、主窗体设计、号码走势对话框设计、随机选号对话框设计等。其中，号码走势对话框设计包括两个内容：一是查看 0 ～ 9 每个数字在第 1 ～ 7 位每位中的出现次数和所占比例；二是以折线图显示近 10 期开奖号码的走势。随机选号对话框设计也包括两个内容：一是系统会随机生成一个 7 位号码；二是系统随机生成的 7 位号码会包含指定个数的被选中的号码。